制冷热泵助力碳中和技术途径与案例

（2024）

中国制冷学会
清华大学建筑技术科学系　组织编写
青岛海信日立空调系统有限公司

中国建材工业出版社

北　　京

图书在版编目（CIP）数据

制冷热泵助力碳中和技术途径与案例 . 2024/中国
制冷学会，清华大学建筑技术科学系，青岛海信日立空调
系统有限公司组织编写 . --北京：中国建材工业出版社，
2024.10. -- ISBN 978-7-5160-4262-5

Ⅰ. TH3；X511

中国国家版本馆 CIP 数据核字第 2024SB1532 号

制冷热泵助力碳中和技术途径与案例（2024）

ZHILENG REBENG ZHULI TANZHONGHE JISHU TUJING YU ANLI（2024）

中国制冷学会

清华大学建筑技术科学系

青岛海信日立空调系统有限公司　组织编写

出版发行：中国建材工业出版社

地　　址：北京市西城区白纸坊东街 2 号院 6 号楼

邮　　编：100054

经　　销：全国各地新华书店

印　　刷：北京天恒嘉业印刷有限公司

开　　本：889mm×1194mm　1/16

印　　张：25

字　　数：700 千字

版　　次：2024 年 10 月第 1 版

印　　次：2024 年 10 月第 1 次

定　　价：180.00 元

编 委 会

主　编：石文星

副主编：杨子旭　高恩元　胡剑涌

委　员：（以姓氏笔画排序）

王如竹	王　欢	王宝龙	付　林	丛　辉
任兆亭	刘贵廷	刘　剑	刘　涛	刘　敏
许　洋	孙志利	李先庭	李宏军	李晓琼
吴彦廷	余　娟	张小松	张文强	张世铭
张振涛	陈江平	陈　启	林波荣	荆华乾
胡　斌	俞彬彬	高蓬辉	黄　翔	曹　锐
梁　浩	梁　超	褚俊杰	颜承初	

秘书组：（以姓氏笔画排序）

刘心怡	刘树荣	李天成	肖寒松	应雨铮
林奕男	高　骁			

1

各章节作者

序一

《制冷热泵助力碳中和技术途径与案例（2024）》一书即将付梓，邀我作序。恰好我也在研究未来绿色建筑节能减碳技术，出于对制冷热泵领域在未来有效减少能源消耗和碳排放的期待，我想可以说几句。

对中国而言，城市和建筑领域实现碳中和不仅是一次行业的全面经济和技术转型，更是一次设计观念、生产与生活方式的革命。实现"双碳"目标，不是别人让我们做，而是我们自己必须要做。目前，我国城镇化和建筑业已进入新发展阶段，只有抓住了碳中和绿色转型的重大机遇，才能处理好未来中国特色城乡建设中人与自然、经济与环境、发展与减排等之间的关系，探索出新时代中国城乡建设高质量发展的新路径。

为了实现碳中和目标，各行各业都在积极探索新的方法和技术，以减少能源消耗和碳排放。由于制冷和热泵设备使用广泛，数据显示，其耗电量占我国全社会发电量的 20％以上，每年折合排放二氧化碳当量超过 5.5 亿吨，而且随着民众对生活生产场所舒适度需求的不断提升，这部分碳排放占比还有可能快速上升。作为能源消耗和碳排放的重要领域，制冷热泵行业在国家节能减排事业中承担着不可或缺的责任和义务。

《中共中央 国务院关于完整准确全面贯彻新发展理念做好碳达峰碳中和工作的意见》指出，因地制宜推进热泵等清洁低碳供暖。《2030 年前碳达峰行动方案》要求，积极推广使用高效制冷、先进通风、余热利用、智能化用能控制等技术，提高设施能效水平。《"十四五"现代能源体系规划》提出，因地制宜推广空气源热泵、水源热泵、蓄热电锅炉等新型电采暖设备。我国持续采取更加有力的政策和措施，将指引制冷热泵行业不断优化实现"双碳"目标的路径和方式。

如何在不同气候区和各类建筑中高效应用制冷热泵？如何通过科学的配额管理，进一步改善以HFCs 为代表的制冷剂供需关系？如何通过新能源、新材料、新技术的创新应用，提高制冷热泵产品的能效和环保性能？推动并实现终端用能的电气化，还需要在哪些方面持续发力……种种问题的解答可供行业同仁思考和选择前进的具体方向时参考，以期把握住绿色低碳转型的新机遇。希望《制冷热泵助力碳中和技术途径与案例（2024）》的出版发行能够为全国制冷热泵领域深入开展节能减排方面的研究和实践提供经验，为推进整个建筑行业绿色低碳发展提供技术支撑。

仇保兴

国际欧亚科学院　院士

住房城乡建设部　原副部长

2024 年 5 月 22 日

序二

当今时代正面对着全球气候变化的挑战，绿色低碳转型已成为全球共识。力争 2030 年前实现碳达峰，2060 年前实现碳中和，是我国基于推动构建人类命运共同体的责任担当和实现可持续发展的内在要求作出的重大战略决策，也是我国向世界作出的庄严承诺。

中国是当今全球最大的制冷空调设备研发、制造国和消费市场，行业内多项产品产量已位居世界第一。从人们的日常家居生活中普遍使用的冰箱、空调，到各种交通工具，从农林牧副渔行业与食品加工、医疗卫生、电子电器、工业过程到国防工业等领域，都离不开制冷热泵设备。"双碳"目标同时也给制冷热泵的行业发展、低碳转型带来机遇和挑战。目前，中国有不少全球领先的制冷、空调、供暖等自主创新成果，这些技术为绿色产业链提供了新的绿色变革方案，同时也是制造行业的低碳转型基础。发展低碳热泵产业，势在必行，更大有可为。

《制冷热泵助力碳中和技术途径与案例（2024）》一书，从技术和应用的角度深入探讨了如何利用制冷热泵技术实现碳中和目标，通过对实际案例的分析和总结，希望能够激发行业更多的创新思维和实践行动。通过研究报告的方式分享给行业，期待这些成果为未来的产品研发、系统集成、运维管理提供技术示范和重要参考，为推动碳中和目标的实现贡献一份力量。

江亿

江亿

中国工程院　院士

中国制冷学会　理事长

清华大学建筑节能研究中心　主任、教授

2024 年 5 月 20 日

前　言

在应对全球气候变化的背景下，制冷热泵行业在提高产品和系统能效、推动碳减排、促进可持续发展方面发挥了重要作用并作出了卓越贡献。随着全球范围内碳中和目标的提出，我们有责任、也有义务来共同总结行业的优秀成果，梳理低碳节能的技术途径，以推动制冷、热泵技术的创新与应用。

《制冷热泵助力碳中和技术途径与案例（2024）》一书应运而生，旨在集结行业智慧，通过对前期理论研究成果和实际应用案例的梳理，探讨制冷热泵技术的发展方向和创新途径，为推动全球"碳中和"进程提供重要参考。

本报告共分为 7 章。首先，从碳中和的概念出发，阐述制冷热泵技术在实现碳中和方面的基本原理和技术路线；随后，第 2 章剖析如何降低制冷热泵系统的直接碳排放，包括非二氧化碳温室气体制冷剂导致温室效应的原因，以及国内外应对低碳发展的制冷剂发展现状、政策和替代技术等内容；第 3 章详细介绍降低间接碳排放的制冷热泵设备新技术，包括空气源热泵、房间空调器、冷（热）水机组等设备及其关键部件；第 4、第 5、第 6 章则重点介绍制冷热泵设备在民用建筑和工、农业生产环境营造等实际工程中的应用进展，涵盖了住宅与公共建筑、工业与工艺环境、数据中心与通信基站、物流冷链、设施农业与水产养殖、电动汽车、轨道交通、高大空间站场等领域；最后，在第 7 章中探讨了余热回收和远程输热技术在实现"碳中和"目标中的重要作用。

本书的编撰得到了众多行业专家和企业的大力支持和积极参与，特别感谢住房城乡建设部科技与产业化发展中心、人民日报·中国城市报、中国制冷学会、青岛海信日立空调系统有限公司对本书编撰工作的支持和帮助。在编写过程中，得到了清华大学、东南大学、上海交通大学、南京工业大学、中国科学院理化技术研究所、天津商业大学、中国矿业大学、中国农业大学、海信空调有限公司、天津三电汽车空调有限公司的专家学者的支持，感谢他们的专业知识、宝贵经验和无私奉献，为本书的顺利完成和质量保障提供了不可或缺的支撑。

在碳中和道路上，我们需要共同努力、共享智慧，共同推动制冷热泵技术的创新与应用，为实现全球碳中和目标贡献力量。希望本书能够为制冷热泵行业提供有益的信息和启发，并激发更多的创新思维和实践行动，共同开创生态文明的美好未来！

石文星

石文星

清华大学建筑技术科学系　长聘教授

全国冷冻空调设备标准化技术委员会　副主任委员

2024 年 5 月 4 日

目　录

第1章 制冷热泵助力碳中和的基本原理

1.1 碳中和概念

1.1.1 碳中和的含义

自工业革命以来，地球的自然平衡受到了前所未有的冲击，气候变化已成为 21 世纪人类面临的最严峻挑战之一。随着地球碳源和碳汇平衡被打破，大气层中的碳不断累积，全球平均温度开始持续上升，随之频繁出现冰川融化、海平面上升、洪水及干旱等极端恶劣气候，对人类的生活安全及生存环境都产生了不可忽视的威胁。为积极应对气候变化的风险，全球亟须采取行动削减人为源碳排放，同时增加自然或人工吸收温室气体的能力，以实现碳源和碳汇的平衡恢复，即达成"碳中和"目标。

20 世纪 90 年代以来，人们开始广泛关注气候变化和碳排放问题并进行深入探讨，"Carbon neutral"作为由环保人士倡导的一项概念逐渐出现在大众的视野中。2006 年，由于该词获得了越来越多民众支持，且成为了受到美国政府所重视的实际绿化行动，《新牛津美国字典》将该词评为当年年度词汇，并将其正式编列入 2007 版的《新牛津英语字典》中。在中国，"Carbon neutral"被翻译为"碳中和"，逐渐作为一种节能减排术语广泛为政府及社会所提及。2020 年 9 月 22 日在第七十五届联合国大会一般性辩论中，习近平主席作出了"中国将提高国家自主贡献力度，采取更加有力的政策和措施，二氧化碳排放力争于 2030 年前达到峰值，努力争取 2060 年前实现碳中和"的庄严承诺。2022 年 8 月，"碳中和"一词被正式收释于《现代汉语规范词典》第四版。

"碳中和"一词中，"碳"即二氧化碳，"中和"即正负相抵，一般是指国家、企业、产品、活动或个人在一定时间内直接或间接产生的二氧化碳或温室气体排放总量，通过植树造林、节能减排等形式，以抵消自身产生的二氧化碳或温室气体排放量，实现正负抵消，达到相对"零排放"。碳中和的含义可以从碳排放（碳源）和碳固定（碳汇）这两个侧面来进行理解。

碳排放是指在能源消费过程中所产生的二氧化碳等温室气体的排放，与气候变化直接相关，既可以由人为过程产生，又可以由自然过程产生。人为过程的碳排放主要来自两大块：一是化石燃料的燃烧形成二氧化碳释放，二是土地利用变化，例如森林砍伐后土壤中的碳被氧化成二氧化碳释放到大气中。自然过程的碳排放也包括火山喷发、煤炭地下自燃等多种途径。但需要明确的是，近一个多世纪以来，自然过程碳排放比之于人为过程碳排放，对大气二氧化碳浓度变化的影响几乎可以忽略不计，因此，人为过程碳排放的减少是实现碳减排的主要途径。

碳固定是指通过相应手段将多余的碳封存起来，以减少排放到大气中的碳的有效措施。碳固定同样可分为自然固定和人为固定两大类，但与碳排放过程不同，碳固定以来自陆地生态系统的自然固定为主，在陆地生态系统的诸多类型中又以森林生态系统占大头，最主要、也最为人知的固碳方式便是植物的光合作用，被认为是缓解全球变暖最具前景的方法。而所谓的人为固定二氧化碳，一种方式是把二氧化碳收集起来后，通过生物或化学过程，把它转化成其他化学品，另一种方式则是把二氧化碳封存到地下深处和海洋深处。

在过去的几十年中，人为排放的二氧化碳大致有 54% 被自然过程所吸收固定，剩下的 46% 则留存于大气中。在自然吸收的 54% 中，23% 由海洋完成，31% 由陆地生态系统完成。比如最近几年，全球每年的碳排放量大约为 400 亿 t 二氧化碳，其中的 86% 来自化石燃料燃烧，14% 由土地利用变化造成。这 400 亿 t 二氧化碳中的 184 亿 t（46%）加入大气中，导致大约 $2×10^{-6}$ 的大气二氧化碳体积分数增加。

而所谓"碳中和"，就是要使大气二氧化碳浓度不再增加。以中国现有的经济社会运作体系，即使到有能力实现碳中和的阶段，也一定会存在一部分"不得不排放的二氧化碳"。而通过上述数据可以发现，对这部分二氧化碳的处理措施会有 54% 左右的自然固碳过程，余下的 46% 就得通过生态系统固碳、人为地将二氧化碳转化成化工产品或封存到地下等方式来消除。只有当排放的量等于固定的量之后，才算实现了碳中和。由此可见，碳中和目标的实现是以大气二氧化碳浓度不再增加为标志，同碳的零排放是两个不同的概念。

1.1.2 碳中和的实现方法

碳中和的根本目标是实现碳源和碳汇的平衡，因此其实现途径也可大致归为两种形式：减少碳排放与加强碳捕集。

碳排放受经济发展、产业结构、能源使用、技术水平等诸多因素影响，根源是化石能源的大量开发使用。目前我国化石能源占一次能源比重为 85%[1]，产生的碳排放约为每年 98 亿 t，占全社会碳排放总量的近 90%[2]。解决碳排放问题关键要减少能源碳排放，治本之策是转变能源发展方式，加快推进清洁替代和电能替代，彻底摆脱化石能源依赖，从源头上消除碳排放。清洁替代即在能源生产环节以太阳能、风能、水能等清洁能源替代化石能源发电，加快形成清洁能源为主的能源供应体系，以清洁和绿色方式满足用能需求。电能替代即在能源消费环节以电代煤、以电代油、以电代气、以电代柴，用的是清洁发电，加快形成电为中心的能源消费体系，让能源使用更绿色、更高效。图 1.1-1 为能源链条转换图。

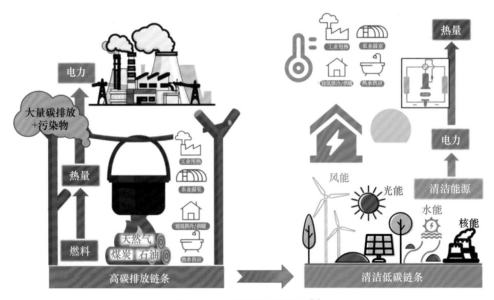

图 1.1-1　能源链条转换图[3]

国家能源局印发的《2021 年能源工作指导意见》[4]指出，应大力推广高效节能技术，支持传统领域节能改造升级，推进节能标准制修订，因地制宜推进实施电能替代，大力推进以电代煤和以电代油，有序推进以电代气，提升终端用能电气化水平，彰显了国家推动能源链条转换的坚定信心。2022 年党的二十大报告指出"中国式现代化是人与自然和谐共生的现代化"，要"加快推动产业结构、能源结构、交通运输结构等调整优化。推进工业、建筑、交通等领域清洁低碳转型"。电气化是推动各产业清洁低碳转型的重要途径。工业、建筑、交通运输部门作为中国二氧化碳排放的主要领域，具有较为可行的电气化改造前景和路径[4]。图 1.1-2 为中国 2050 零碳情景图景。

建筑部门需要运用电气设备解决日常用能需求，着力推动供暖方式低碳转型。未来需要从政

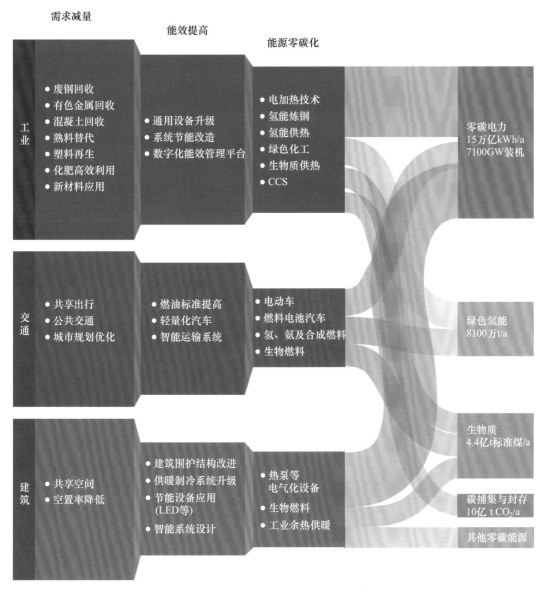

图 1.1-2　中国 2050 零碳情景图景[5]

策、资金、技术以及基础配套设施等方面支持各部门电气化发展。更广泛地采用先进热泵技术和最先进的建筑保温材料，并在建筑部门的有关领域发挥长距离工业废热运输和生物质的作用。到 2050年，预计 75% 的建筑供暖和制冷能源需求将由电力提供。

　　工业部门需要引导重点碳排放行业实施电气化设备技术改造，实现工业生产减碳。其具体实施路径包括向循环经济转型，显著提高关键材料的利用率和回收率，包括钢铁、水泥、肥料和塑料等；利用电气化、氢能、碳捕集和封存以及生物能源实现重工业领域的完全脱碳，包括钢铁、水泥和化工等部门。直接电气化最适用于中低温度要求的工业领域，而氢能和生物能可用于满足高温要求。

　　交通运输部门需要推广电动化、燃料电池和新型电力基建，促进交通运输低碳运行。实现路面运输（公路和铁路服务）全面电气化，在轻型车领域大力推广电动车，而氢燃料电池电动车将最终主导重型公路运输。中国庞大的高铁网络和广泛的地铁系统将在一定程度上帮助控制道路交通的增长，且所有的铁路出行都可在远早于 2050 年前完成电气化；而长途国际航空和海运部门则可利用生物燃料、合成燃料、氢能或氨等实现脱碳。

　　综上所述，钢铁和水泥需求的降低、更多的资源循环利用以及因地面交通和建筑供热领域的电气化实现的相关能效进步，可以推动中国终端能源需求总量从当今的 30 亿 t 标准煤降低到 2050

的 22 亿 t 标准煤（见图 1.1-3），减幅为近 30%，这意味着我国的能源供给组合将发生重大转变。其中电力将扮演最重要的角色，可以直接使用，也可以用来生产氢气、氨气或其他合成燃料。总的来说，中国需要将发电量从目前的 7 万亿 kWh 增加到 2050 年的 15 万亿 kWh 左右（见图 1.1-4）。此外，氢气的用量需要从目前的每年 2500 万 t 增加到 8100 万 t 以上。

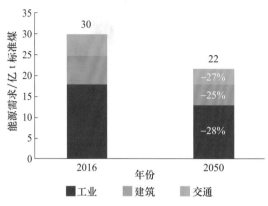

图 1.1-3　中国各部门终端能源需求（工业、建筑和交通)[5]

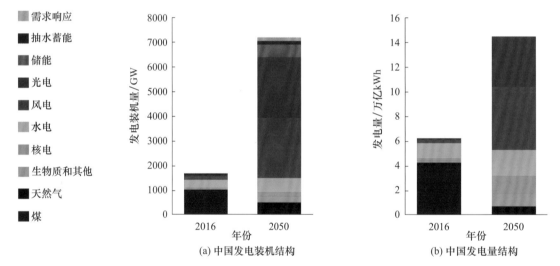

图 1.1-4　中国的发电装机量和发电组合[5]

考虑到中国具有非常丰富的可再生能源电力资源以及开发氢能和生物质能等脱碳选项的潜力，碳捕集在中国实现零碳经济进程中将仅发挥有限的作用，普遍被视为一种过渡性战略选择，为向低碳能源体系全面转型争取更多的时间；但由于现阶段我国仍以煤炭作为主力能源，在目前推动碳减排的几个行业中，建筑领域居民的生活能源需求比较容易用电力、地热、太阳能来替代，交通领域目前已经在大力发展电动汽车，并持续推进以氢能驱动船和飞机等大型交通工具，比较难替代的是工业领域，包括冶金、化工、建材、矿山等等如何替代，还需要进一步研究。因此煤炭作为能源结构主要部分的情况未来还会持续较长一段时期，碳捕集技术的推进仍然是我国实现碳中和途径中不可或缺的一部分。

受资源、技术、经济性等因素影响，到 2055 年左右，我国能源生产、消费以及工业非能利用领域还有约 14t 吨碳排放需要通过自然碳汇、碳捕集等措施予以解决。在自然固碳方面，我国目前地表碳储量相当于 363 亿 t 二氧化碳，每年固碳速率是 10～40 亿 t 二氧化碳，据相关研究预测，我国现保有森林在 2060 年前将会达到固碳的峰值，因此应积极开展生态治理，加大力度实施植树造林、荒漠改善、水土保护等行动，发挥森林、农田、湿地等重要作用增加自然碳汇。同时，积极研发和推广化石燃料碳捕集利用与封存、生物质碳捕集与封存、直接空气捕集等技术，提高碳捕集能力，目前全球范围内主要推进的碳捕集利用及封存技术包括将二氧化碳制成化学品、将二氧化碳制成燃料、微藻的生产、混凝土碳捕集、提高原油采集率、生物能源的碳捕捉和储存、硅酸盐岩石的风化和矿物碳化、植树造林、土壤有机碳和土壤无机碳、农作物的秸秆烧成木炭还田等（表 1.1-1）。预计到 2055 年，自然碳汇和碳捕集能够分别提供约 10 亿 t、4.5 亿 t 负排放，助力实现全社会碳中和目标。

表 1.1-1　全球实现碳中和的主要技术[6]

负排放技术路径	碳移除/碳捕捉途径	形成的可利用产品	碳移除/碳利用潜力（亿 t CO_2/a）
二氧化碳制化学品	烟道气等来源 CO_2→化学产品	甲醇、尿素和塑料等	0.1～0.3/3～6
二氧化碳制燃料	烟道气等来源 CO_2→燃料，催化氢化	甲醇、甲烷等	0/10～42
微藻的生产	CO_2→微藻生物	水产养殖饲料等生物制品	0/2～9
混凝土碳捕集	烟道气等来源 CO_2→水泥建筑物、混凝土	碳化的水泥、混凝土	1～14
提高原油采收率	烟道气等来源 CO_2→储油池	石油	1～18
生物能源的碳捕捉和储存	植物的生长	农作物、植物等	5～50
矿物碳化	CO_2→粉状硅酸盐岩石	农作物利用形成生物质	20～40
植树造林	森林的光合作用	森林、木材等	5～36/0.7～11
土壤碳封存技术	CO_2→土壤有机碳	农作物利用形成生物质	23～53/9～19
生物炭	CO_2→木炭	农作物利用形成生物质	3～20/1.7～10

除了减少温室气体排放、增加碳吸收与抵消等技术层面的推动发展，碳中和的实现离不开相关政策及资金的支持。应坚持清洁发展，筑牢思想根基，正确处理好经济发展与生态保护的关系，转变依赖化石能源的发展观念，打破碳惯性，解除碳锁定，加快形成绿色发展方式和绿色生活方式，坚定不移走绿色、低碳、循环、可持续的创新发展之路。坚持市场导向，完善保障机制，加快推进全国碳排放权交易市场建设，进一步扩大碳市场参与行业、交易主体和交易品种，运用市场机制降低减排成本。加快完善有利于低碳发展的价格、税收、金融等政策机制，大力发展绿色金融市场，引导社会资本加速流向绿色产业，为实现碳中和目标提供充足资金保障。如图 1.1-5 所示。

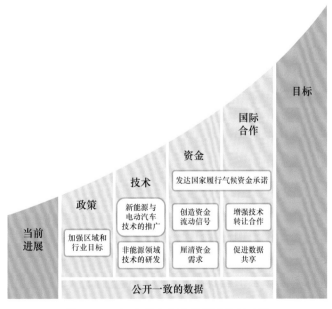

图 1.1-5　加速碳中和进程所需的行动[7]

综上所述，实现碳中和是一个复杂而长期的过程，需要政府、企业、社会组织和公众共同努力，通过减排、增吸、国际合作、政策支持、科技创新、投资支持、公众参与和教育宣传等多种手段和途径，逐步减少温室气体排放，增加碳吸收与抵消，最终达到全球碳排放净零的目标。

1.1.3 全球碳中和进程

碳中和正由全球政治共识转化为各国政策目标。2015 年达成的《巴黎协定》提出到本世纪末将全球温升控制在 2℃甚至 1.5℃以内的愿景目标，且更进一步提出了全球碳排放应尽快达峰，在本世纪下半叶实现净零碳排放的具体目标。在《巴黎协定》所制定全球目标体系的推动下，各国不断提高碳减排的行动力度，提出并不断更新碳减排量化目标，努力持续对标零碳的全球长期目标。制定零碳排放目标正成为越来越多国家贡献全球气候、开展应对气候变化行动的核心内容。

1. 全球碳中和目标进展

截至 2023 年 9 月，全球已有 130 多个国家提出碳中和目标，覆盖 92％的 GDP（PPP）、89％的人口和 88％的排放。并有部分国家出台了具体的政策和行动计划，以确保承诺得以付诸实践，最终转化为碳排放净削减的成效。这些政策和行动涵盖了各个领域，从能源转型到森林管理，从交通系统到农业实践。这些国家不仅关注国内的减排努力，还积极参与国际合作，共同应对全球气候挑战。2023 年《巴黎协定》下的首次"全球盘点"将系统地评估各国碳中和行动的全面进展，评价各国减排目标、政策与行动的有效性，各国碳中和承诺下的政策与成效受到了密切的关注。

如图 1.1-6 所示，统计显示目前全球已提出碳中和目标的 130 多个国家中，90％的国家将实现碳中和目标的年份设定为 2050 年及 2050 年以后，仅有 12 个国家承诺在 2050 年以前实现碳中和。

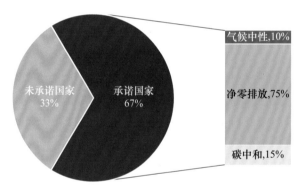

图 1.1-6　全球碳中和目标类型

在三种目标类型中，"碳中和"指的是"净零二氧化碳排放"，即国家在一年内的二氧化碳排放通过二氧化碳去除技术应用达到平衡。"净零排放"目标即排放量与清除量的平衡不局限于二氧化碳，包含所有温室气体。"气候中性"即考虑区域或局部的地球物理效应，希望自身的活动对气候系统没有产生净影响。因此，"碳中和"目标只与二氧化碳有关，目标强度相对较低；而"净零排放"目标包括所有温室气体；"气候中性"目标考虑了地球物理效应对温室气体的影响，找出了根源所在，目标强度最高。

目前有 100 个国家以实现"净零排放"作为其碳中和目标，占提出碳中和目标国家的 75％；由于气候中性对碳减排的要求更高，基于各国国情，以"气候中性"作为目标的国家仅占提出目标国家的 10％，且主要为欧盟国家。如图 1.1-7 所示，全球 50％的国家在碳中和目标中不但考虑了二氧化碳，还涵盖了《京都议定书》及《多哈修正案》中提及的其他温室气体。

就目前而言，世界各国计划实现碳中和的年份与实现温升控制目标所需的减排节奏之间仍有差距，发展中国家相比发达国家在碳中和目标年份上制定了更加远大的目标。在目前提出碳中和目标的国家中，超过 90％的国家将实现碳中和目标的年份设定为 2050 年及 2050 年以后，发达国家仅有冰岛、德国、芬兰和瑞典 4 个国家承诺在 2050 年以前实现碳中和。从发展阶段角度看，德国、英国、法国等发达国家早在 1990 年就实现了碳达峰，从碳达峰到碳中和有 55～60 年的间隔；美国、

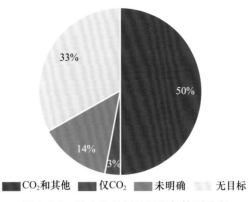

图 1.1-7　碳中和目标的温室气体覆盖度

加拿大、澳大利亚等发达国家在 2000—2006 年实现碳达峰，与碳中和目标年份也有着 45～50 年的间隔。然而，中国、墨西哥、阿根廷等大多数发展中国家虽然尚未实现碳达峰，但是仍然提出了 2050 或者 2060 年的碳中和目标和 2030 年的达峰目标，二者仅仅间隔 20～30 年。这意味着发展中国家需要在碳达峰之后，使用发达国家从碳达峰到碳中和一半的时间实现本国的碳中和承诺。

2. 全球碳中和政策进展

国家层面的气候政策是全球实现碳中和目标的重要基石。提出碳中和目标的大多数国家出台了具体的政策和行动计划，以确保承诺付诸实践，最终转化为碳排放净削减的成效。这些政策和行动涵盖了各个领域，从能源转型到森林管理，从交通系统到农业实践。

58% 的国家设有国家级碳中和路线图，38% 的国家则没有这样的路线图，剩下的国家未明确是否有。考虑历史排放和发展阶段，发展中国家相比发达国家制定了更加有雄心的人均碳排放中短期—长期碳中和目标。如图 1.1-8 所示，对于已达峰的发达国家：法国、德国、英国和韩国的人均碳排放峰值为 10t～16t 二氧化碳当量，达峰时人均 GDP 在 2.7 万～3.1 万美元；美国和澳大利亚的人均碳排放峰值为 26t 二氧化碳当量，达峰时人均 GDP 约为 5 万美元。反观发展中国家，中国计划于 2030 年前实现碳达峰，预计碳达峰峰值为人均 10t 二氧化碳当量，峰值仅为美国、澳大利亚的 40%，与法国的峰值相似；南非、印度和巴西的达峰峰值均小于等于 10t，达峰时的人均 GDP 均在 1 万美元以下。由此可见，发展中国家虽然在平衡经济和碳排放上面临更大挑战，但仍然制定了更加远大的中短期—长期碳中和目标。

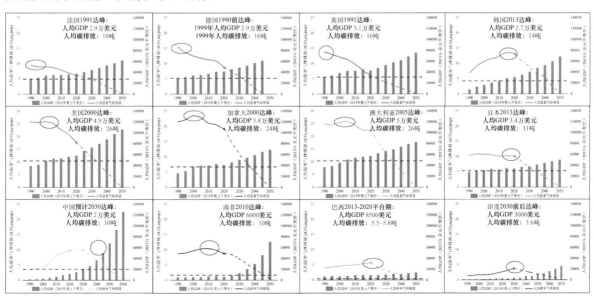

图 1.1-8　部分 G20 国家历史人均 GDP、人均碳排放及未来趋势[7]

各国区域碳中和目标的政策偏好存在差异，如图 1.1-9 所示，意大利和韩国倾向于在城市范围内制定碳中和目标，中国则主要基于省份提出碳中和目标，大多数欧盟国家的区域碳中和政策倾向于在地区级及城市级行政区双管齐下。英国、加拿大和日本有碳中和的两类行政区域占比均在 85%以上。美国、法国和德国在两类行政区域包含碳中和政策的区域比例在 60%～80%。中国的区域碳中和政策主要聚焦二级行政区域，区域碳中和政策覆盖度达到了 80%。其他发展中国家的二级和三级行政区碳中和政策覆盖比例低于 50%。

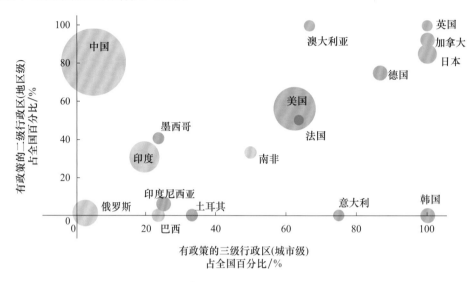

图 1.1-9 全球各国有政策区域的数量占比[7]

注：数据来源 Net Zero Tracker；气泡大小表示 G20 国家 2021 年碳排放；不同颜色代表不同的国家集团，
蓝色代表欧盟、橙色代表 OECD、黄色代表金砖国家、绿色代表其他国家。

碳中和目标尚未普遍纳入发展中国家的法律框架，而发达国家将碳中和目标纳入法律框架的比例相对较高。目前全球仅有 18 个国家（9%）以法律形式确立了碳中和目标，政策文件和拟议的国家数量较为相似，分别占比 21%和 25%。

3. 全球碳中和技术进展

碳中和技术替代传统化石燃料技术是碳中和路径的核心体现。然而，在绝大多数情况下，碳中和技术的综合成本要高于化石燃料技术，这使得碳中和技术往往不会成为市场的首要选择。因此，碳中和技术的加速应用需要政府的介入、引导和支持，打破技术在初期部署中缺乏足够内生动能的瓶颈期。

通过统计对发展中国家和发达国家的七类碳中和技术的政策支持信息可知，其中，强制型政策涵盖立法、标准、命令等多个层面，激励型政策主要为补贴、税收、基金、贷款等绿色金融手段及试点/合作项目部署，电动汽车、可再生氢技术辅以相应配套型措施。可再生能源发电政策覆盖度最广，超一半国家提出可再生能源推动支持政策，其中近 30 个国家提出了化石燃料禁令政策，禁令时间集中在 2030 年及以后，电力部门关注度最高。电动汽车、节能、碳汇开发技术覆盖范围较广。可再生氢、生物燃料、CCUS 等资源/经济依赖性技术仅在少数国家进行强有力的政策组合推动。对主要技术应用国家进行支持政策对比发现，发达国家相对于发展中国家对技术支持的重视度整体较高，但发展中国家中中国表现较为亮眼，在各个技术上均推行了支持政策。此外，国家间在技术选择、政策模式上存在差异性。在技术选择上，美国、中国、加拿大等经济体量大国在各个技术上均推行了支持政策。欧洲发达国家倾向于推进交通领域技术发展，重点支持电动汽车、可再生氢、生物燃料发展。得益于当地资源条件，部分东南亚及非洲国家倾向于推行生物燃料及碳汇开发技术支持政策。在政策模式上，中国和美国倾向于强制型和激励型政策并重，欧洲国家倾向于通过激励型政策支持各技术发展。

不同技术类别政策推动模式的差异性如图 1.1-10 所示，可再生能源发电技术、电动汽车技术倾向于以税收减免、补贴、投资等绿色金融政策手段来推进发展，少数国家搭配强制性政策或配套措施来促进技术推行。节能技术、生物燃料技术倾向于以强制命令型政策推动激励型政策驱动技术发展。CCUS 技术、可再生氢技术、碳汇开发技术倾向于推进试点项目激励技术发展，并辅以相应的标准、财政补助及配套设施。

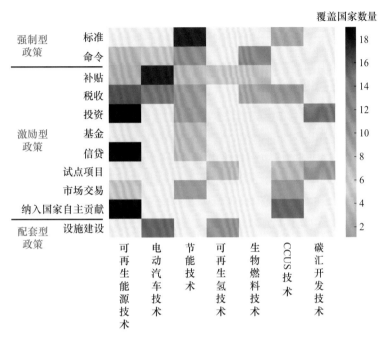

图 1.1-10　不同技术类别政策推动模式

4. 全球碳中和实施成效

基于上述统计数据，图 1.1-11 展示了世界前 20 大经济体碳减排的成效情况。

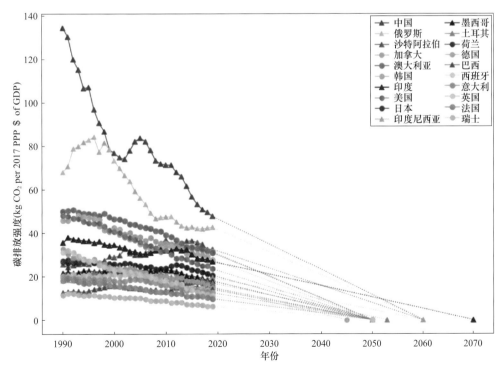

图 1.1-11　世界前 20 大经济体碳减排成效情况[7]

注：kgCO₂ per 2017 PPP ＄ of GDP 指在购买力平价（PPP）计算下，产生 1 美元 GDP（2017 年不变价国际元）对应的二氧化碳排放量（kg）。

通过相关数据，可以得出以下结论。

1）全球超 50％国家碳中和进程步入正轨，但仍有 12 个国家碳排放强度尚未达峰。

如图 1.1-11，世界前 20 大经济体中已有 8 个国家迈入碳中和的正轨，包括中国、俄罗斯、英国、德国、美国、法国、瑞士和西班牙。据统计，47.6％的发展中国家正在逐步实现减排转型，东帝汶、刚果民主共和国、尼泊尔、吉布提、圣基茨和尼维斯、格林纳达、多米尼加等国家表现突出，其碳排放强度达峰后至 2019 年的年均下降量均超过 2019 年至碳中和目标所需年均下降量的 4 倍。67.6％的发达国家减碳速度步入转型正轨，尤其是马耳他、爱沙尼亚、丹麦等国家的表现相对突出。此外，布隆迪、马达加斯加、肯尼亚、布基纳法索、苏丹、科摩罗、马里、柬埔寨、越南、阿尔及利亚、刚果共和国、阿曼 12 个国家的碳排放强度尚未达峰，面临着发展（减贫）和减排的多重矛盾，亟须得到国际支持。

2）不到 30％的国家面向碳中和目标的降碳进度过半，近 50％国家降碳进度超 30％。

世界前 20 大经济体中，仅英国、中国、德国、美国等 4 个国家降碳进度过半。仅 24.8％的发展中国家降碳进度过半，其中亚美尼亚、赤道几内亚、阿塞拜疆及格鲁吉亚等国表现亮眼，至 2019 年，其降碳进度均超 80％；但仍有 40.7％的发展中国家降碳进度不到 20％，亟须国际援助帮助其实现减排目标与公正转型。在发达国家中，有 56.6％的国家的减排进度已经过半，而且所有发达国家的减排进度都超过了 20％，马耳他、爱沙尼亚、斯洛伐克、爱尔兰、波兰、丹麦 6 个国家降碳进度超 70％。

3）超 60％国家的碳排放强度达峰值低于当年世界碳排放强度平均值。

发展中国家中，有 63.4％的国家的碳排放强度达峰值低于当年世界碳排放强度平均值。其中，索马里、中非共和国、马拉维、刚果民主共和国、乌干达等国家整体降碳难度相对较大，其碳排放强度达峰值低于当年世界碳排放强度平均值的 25％。发达国家中，有 70.3％的国家的碳排放强度达峰值低于当年世界碳排放强度平均值，瑞士、挪威、法国、意大利的碳排放强度达峰值低于当年世界碳排放强度平均值的 70％。

综上所述，能源是碳中和进展最为显著的领域，无论是技术、资金还是国际合作都占据了相对主导的地位，全球有 127 个国家设置了可再生能源发电相关的目标，已有相对成熟的目标与政策配套体系和较高的市场渗透率；全球超过 50％的气候资金用于可再生能源和电网投资，其中光伏和风电是吸引投资规模最大的发电技术，低碳交通技术投资近年来增长迅速；将近 50％的国际碳中和技术转让发生在能源领域。加速碳中和进程需要"行胜于言"，在目标支撑、资金投入、技术推广和国际合作等各方面加大投入，并解决技术和资金方面的数据不足和透明度问题。

1.2　制冷热泵助力碳中和的技术路线

制冷和供热是现代社会不可或缺的重要手段，它们利用制冷和热泵技术，调节环境温度，满足人们生活和工业生产的需要。制冷、空调和热泵三者密切相关，它们都利用相似的原理和循环路线来实现热量的转移和调节，因此可以统称为制冷技术。制冷行业的服务领域非常广泛，涵盖了家电、商业、食品、国防、航空航天等多个领域。在家庭中，制冷设备如冰箱、空调等为人们提供了舒适的生活环境；在商业领域，制冷设备用于保鲜食品、冷藏药品等；在国防和航天领域，制冷技术则被用于航空器、卫星等高科技设备中，确保其正常运行。

现代的制冷与热泵技术问世已经超过 150 年，在给人们带来巨大便利的同时，也消耗大量能源，产生大量二氧化碳和非二氧化碳温室气体。随着现代科学技术的发展，一方面，人民的生活需求不断提升，因此能源消耗也逐年增加；另一方面，科学技术的进步使得制冷热泵实现碳中和成为可能。因此，本节将从我国制冷热泵行业发展现状、制冷热泵设备的全寿命周期碳排放、碳排放政策及评价方法出发，分析制冷热泵产品的现状、碳排放关键要素及评价，形成碳中和背景下制冷热泵发展的技术途径。

1.2.1 我国制冷热泵行业发展现状

1. 产业现状

据统计，2021 年我国制冷空调行业（包括房间空调器、多联机、电冰箱、工商业制冷空调设备及配件，不包括家用制冷空调配件及配套设备）的工业总产值约为 7600 亿元。如果考虑相关制冷空调配件及配套设备，其总产值将超过 1 万亿元。如表 1.2-1 所示，中国在制冷空调产品的制造、消费和国际贸易中扮演着重要的领导角色，其生产的房间空调、冰箱、冰柜、工商制冷设备、汽车空调等产品在全球市场占据主导地位。中国是全球制冷空调产品制造第一大国，同时也是全球消费第一大国和国际贸易第一大国。

表 1.2-1 2021 年我国制冷空调行业重点产品销售情况汇总

类别	产品	销售		内销		出口	
		量值（亿元）	增幅（%）	量值（亿元）	增幅（%）	量值（亿元）	增幅（%）
家用制冷空调设备	家用空调	3068.3	12.8	2173.4	11.0	894.9	17.3
	家用电冰箱	1266	10.0	811	5.7	455	18.5
	家用冰柜	266	15.6	61	16.9	205	15.2
	热泵热水器			36.6	11.8		
工商用制冷空调设备	单元式空调机	162.9	18.7	124.6	22.6	38.3	7.7
	多联式空调（热泵）机组	719.9	30.4	680.8	31.6	39.9	12.1
	涡旋式冷水（热泵）机组	36.0	13.8	33.3	14.2	2.7	9.5
	螺杆式冷水（热泵）机组	72.7	10.0	64.3	9.5	8.4	13.9
	离心式冷水（热泵）机组	91.9	29.6	78.3	31.0	13.6	22.2
	吸收式冷水（热泵）机组	28.8	10.6	25.5	11.8	3.3	3.2
	热泵热水机			19.7	20.5		
	空气处理设备	87.4	19.8	82.0	20.5	5.4	9.8
	商用冰柜	276	20.3	188	20.9	88	18.9
	冷库（新增）			435	11.5		
	冷藏运输车（新增）			46400	38.4		

2022 年中国家用空调市场规模达到了 3765 亿元，同比增长了 9.8%；电冰箱市场规模达到了 1470 亿元，同比增长了 6.5%。据中国家用电器协会统计，2021 年房间空调器产量约 1.55 亿台，全球占比接近 80%。2022 年美的集团、格力电器、海尔等三家公司的空调业务收入分别为 1506.35 亿元、1348.59 亿元和 400.59 亿元，三大巨头的空调业务收入在 2022 年都呈增长态势，其中美的集团的空调业务收入最高。我国空调市场发展如图 1.2-1 所示。

2. 用能现状

然而，随着建筑面积的迅速增长（图 1.2-2），以及人民生活水平的提高，使得制冷空调设备的普及和使用规模的扩大，其能耗问题日益引起关注。据统计，制冷空调产品的年总用电量高达 1.35 万亿 kWh，约占全社会用电量的 18.6%，相应的二氧化碳排放量达到了 7.65t 吨当量。

制冷空调三大领域包括家电、工商制冷热泵和工商空调领域。从制冷空调行业三大领域耗电量占比情况来看，家用电冰箱和家用空调耗电量约占制冷空调行业总耗电量的 44.72%。就节能潜力而言，家电领域具有最大的节能潜力，节电量约占 34.8%；其次是工商制冷热泵和工商空调领域。具体而言，最具节能潜力的三种产品分别为房间空调器、多联式空调机组和自携冷凝机组商用冷柜，它们的节电量分别占 29 种产品总节电量的 21.9%、12.3% 和 10.5%。

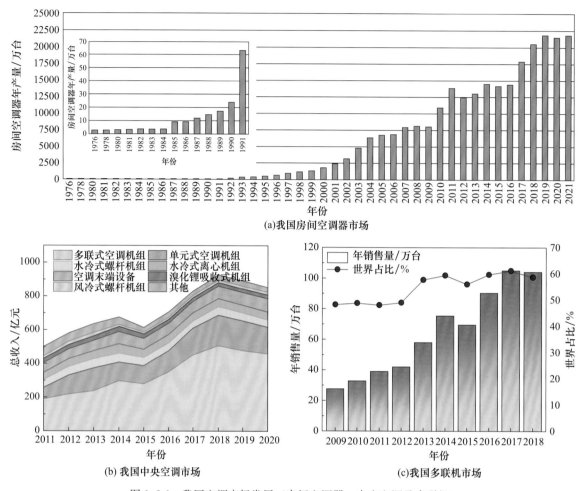

图 1.2-1 我国空调市场发展（房间空调器、中央空调及多联机）

制冷热泵产品的能源消耗和二氧化碳排放的大规模存在对环境和气候造成了重要影响。为解决这一问题，国家发展改革委、财政部等七部门联合印发了《绿色高效制冷行动方案》。根据该方案的预测，未来 10 年的实施将可实现累计节电量 22618 亿 kWh，减排量达到 11.23 亿 t 二氧化碳当量。这一举措将为我国制冷空调行业的可持续发展和环境保护作出重要贡献，促进能源利用效率的提升，降低对气候变化的负面影响。

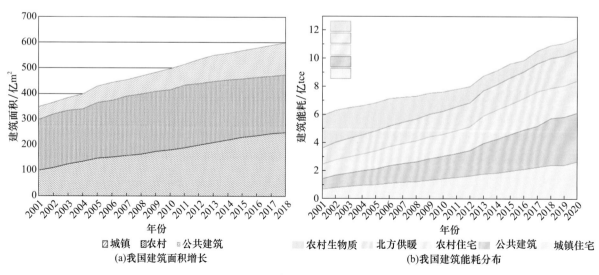

图 1.2-2 我国建筑面积及建筑能耗增加

1.2.2　制冷热泵设备的全寿命周期碳足迹分析

1. 典型过程

碳足迹（Carbon footprint）[8]指的是由个人、事件、机构、服务、地点或产品产生的温室气体（GHG）排放总量，以二氧化碳当量（CO_2）表示。计算和分析空调整个寿命周期的碳排放对于制冷技术的选择和相关政策制定具有重要意义。使用寿命周期评价方法（LCA）来计算家用空调的碳足迹是一种全面的方式，因为其能够考虑空调产品或服务的整个寿命周期过程中的环境影响。空调的碳排放（图 1.2-3）主要可以分为以下五个部分[9]。

1）原材料生产阶段：这个阶段主要包括制冷剂的生产制作以及金属和塑料材料的生产。具体来说，包括铝、铜、弹性体、聚乙烯、聚苯乙烯和钢等原材料的生产过程。

2）制造组装阶段：在这个阶段，将原材料制造成组件，然后组装成最终的空调产品。这个阶段包括了施工、安装、压力测试、泄漏测试等活动。

3）空调运输阶段：空调产品需要从生产地运输到最终的使用地，这个过程涉及公路和水路等多种运输方式，其运输过程会产生一定量的碳排放。

4）空调使用阶段：在使用阶段，空调的环境影响主要来自两个方面，一是空调使用过程中消耗的电力，二是可能发生的制冷剂泄漏。这两个方面都会产生碳排放。

5）空调废弃处理阶段：在空调报废后，废弃的部件需要进行处理和回收利用，包括回收利用钢、铁、铜、铝和 ABS 等材料，以及部分制冷剂的回收处理等过程。

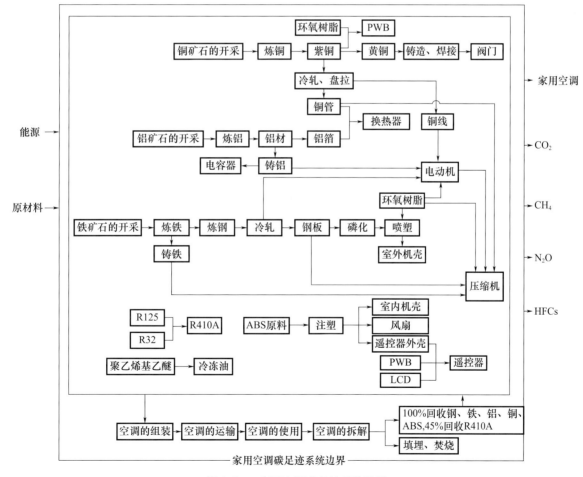

图 1.2-3　家用空调碳足迹系统边界

2. 典型结果

产品的碳排放计算公式根据碳排放系数（因子）法可以统一表达为：

$$G = \sum k_i = \sum K_i m_i \qquad (1.2\text{-}1)$$

式中　G——总碳排放量；

　　　i——碳排放系统中第 i 个碳物料；

　　　k——单项碳物料的碳排放量；

　　　m_i——第 i 个碳物料对应的量值；

　　　K_i——第 i 个碳物料对应的碳排放系数。

具体计算过程本报告不再赘述。在碳排放核算过程中，将运用碳排放系数计算各个阶段的排放量。通过碳排放系数进行碳核算可以直接量化碳排放的数据。

多项研究表明，家用空调的寿命周期环境影响主要聚焦在使用阶段。瑞士[10]的一项研究发现，在标准房屋类型中，电力占总碳排放的 80％～83％，制冷剂占 15％～18％（制冷剂以 R410A 为代表），设备（金属和塑料）占 2％～4％。另一项国内案例研究显示，采用 R410A 的家用空调的寿命周期碳足迹约为 4813kg，其中使用阶段的碳足迹最大占 90％（其中电力占 67％，制冷剂泄漏占 23％），其次是生产制造阶段，占 16％[11]。运输阶段的碳足迹较小，为 22kg；而在废弃处理阶段，由于对有价值材料的回收利用，碳足迹为负值，为−304kg，即减少了 6％的碳排放。

区别于 R410A 制冷剂，R290 和 R32 被视为制冷剂替代主要方向[12]。研究表明，R290 空调的寿命周期碳排放量约为 R32 空调的 85％。其中，减少的 15％碳排放主要来自使用阶段和回收阶段，分别贡献了约 38％和 63％。这是因为 R290 的 GWP（全球变暖潜能值）值较小，单位制冷量较大，因此使用阶段和回收阶段因制冷剂泄漏向大气中排放的温室气体减少得更多。因此，采用低 GWP 值的制冷剂有助于显著减少碳排放。此外，采用 R290 和 R32 制冷剂的空调器中，使用阶段碳排放占比分别占 96.3％和 87.7％。如图 1.2-4 所示。

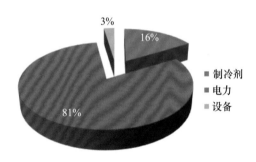

(a)研究1(制冷剂：R410A)

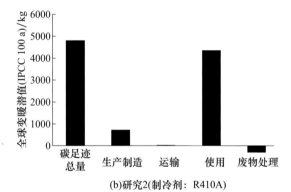

(b)研究2(制冷剂：R410A)

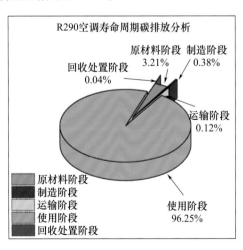

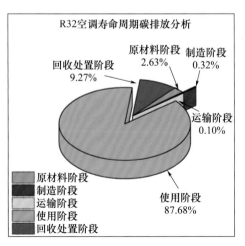

(c) 研究3(制冷剂：R290与R32)

图 1.2-4　全寿命周期碳足迹结果

3. 影响因素分析

敏感性分析揭示了几个关键因素对家用空调碳足迹的影响程度：制冷剂的回收率对减缓废物处理阶段的碳足迹有着重要作用。提高制冷剂回收利用率可以显著降低空调寿命周期中对温室效应的影响；制冷剂的泄漏比例也影响了家用空调碳足迹分析，因为制冷剂的泄漏将直接导致温室气体的排放。制冷剂的回收率对减缓废物处理阶段碳足迹的作用最大，但是对于低 GWP 制冷剂，由于使用低 GWP 值的制冷剂替代高 GWP 值的制冷剂至少可以降低 45.57% 的制冷剂碳排放，因此其回收率提升效果并不明显。但是，对于 HFCs 类制冷剂（甚至 HCFC 制冷剂），提高回收率则尤为重要，而 R32 空调制冷剂回收率从 0 提高到 80%，可以降低 7.41% 的碳排放。这说明了改善制冷剂回收率和选择低 GWP 值制冷剂的重要性，这些措施可以有效地降低家用空调的碳足迹，减少其对环境的影响。

无论采用何种制冷剂，空调的日使用时间和年使用季节都是最为敏感的因素，空调的日使用时间和年使用季节及空调器使用参数的设定将直接影响到能源消耗和碳排放量。研究表明，空调使用时间增加 10%，空调寿命周期碳足迹将增加 6%～9%。

1.2.3　制冷热泵设备碳排放政策与评价

1. 制冷热泵设备相关政策

随着全球对气候变化问题的日益关注，各国政府和国际组织都在制定和实施旨在减少碳排放的政策。自全球范围内第一个关于保护大气臭氧层的协议《蒙特利尔议定书》出现以来，便引起了世界人民的广泛关注。《基加利修正案》作为《蒙特利尔议定书》的一个重要补充，主要关注氢氟烃（HFCs）这一强效温室气体的减排。HFCs 广泛应用于制冷空调等行业，对全球变暖具有显著的潜在影响。修正案要求各签署国逐步减少 HFCs 的使用，以减缓全球变暖和气候变化的影响。这一措施将促使相关行业采用更环保的替代品和技术，降低温室气体排放。这些协议也体现了全球环保意识的提高和国际社会对气候变化的共同关注，为构建人类命运共同体、实现可持续发展目标奠定了基础。

欧盟设定了一系列碳排放减少目标，旨在实现长期的减排目标。为了实现这些目标，欧洲各国政府鼓励采用高效、低碳的热泵设备，以减少能源消耗和碳排放。同时，欧盟还设定了可再生能源目标、提供财政激励和支持机制，以及推动可再生能源的市场竞争力。制冷热泵设备作为一种高效利用可再生能源的技术，自然成为这些政策的重要受益者。此外，欧洲多国还推出了针对空气源热泵的补贴政策，以鼓励人们采用这种低碳、高效的供暖方式。这些补贴政策不仅降低了热泵设备的购买成本，还提高了其在市场上的竞争力。在技术方面，欧盟也制定了相关技术标准，改进热泵系统的材料，提高系统的运行效率，为其更宽广的应用铺平了道路。针对制冷热泵设备，这些政策通常旨在推动高效、低碳的技术和产品的应用。

对于中国而言，实现"碳达峰、碳中和"是国家做出的重大战略决策，强调强化能源消费强度和总量双控，并严格控制能耗和二氧化碳排放强度。这意味着制冷热泵设备作为能源消耗的重要领域，其碳排放问题受到了高度关注。"双碳"目标提出以来，我国把"双碳"工作纳入生态文明建设整体布局和经济社会发展全局，加快构建碳达峰碳中和"1+N"政策体系，有序开展"碳达峰＋大行动"，坚定实施积极应对气候变化的国家战略，扎实推动产业结构、能源结构、交通运输结构等调整优化，协同推进降碳、减污、扩绿、增长，建成全球规模最大的碳市场和清洁发电体系，使"双碳"目标日益成为我国经济高质量发展的绿色引擎。中国工程院院士、清华大学建筑节能研究中心主任江亿也指出了热泵技术的重要性。他认为热泵技术将是破解"零碳能源"问题的关键方案，强调了热泵在减少能源消耗和排放方面的优势，以及其在实现"双碳"目标中的重要作用。

其次，中国针对制冷热泵设备的"血液"制冷剂也制定了一系列具体的政策措施。生态环境部印发的《2024 年度氢氟碳化物配额总量设定与分配方案》通知指出，根据基线年 HFCs 生产核查结果和海关进口贸易记录，确定 2024 年我国 HFCs 生产配额总量为 18.53 亿 t 二氧化碳当量（tCO_2e），内用生产配额总量为 8.95 亿 tCO_2、进口配额总量为 0.1 亿 tCO_2，并就配额总量分配、配额核发、调整做出详细规定。这不仅有助于降低制冷设备的碳排放，也推动了制冷技术的更新换代。相关政策同样提高了制冷热泵设备的能效标准，要求制冷设备在使用制冷剂时，必须达到一定的能效标准，从而减少了能源消耗和碳排放。这促使制造商改进设备设计，提高制冷效率，以满足政策要求。此外，政策还促进了制冷热泵设备的市场转型。随着环保理念的深入人心和政策的推动，越来越多的消费者开始关注制冷设备的环保性能。这使得高效、低碳的制冷热泵设备在市场上更具竞争力，推动了市场的绿色转型。政策对制冷热泵设备的产业链也产生了积极影响。政策推动了制冷剂及相关产业的绿色发展，加速了产业链的优化和升级；同时，政策还鼓励企业加强国际合作，引进先进技术和管理经验，推动制冷热泵设备产业的国际化发展。

此外，我国政府还通过财政补贴、税收优惠等激励措施，鼓励企业和个人采用高效、低碳的制冷热泵设备。这些政策旨在降低低碳技术的成本，提高其市场竞争力，从而推动整个行业的绿色低碳转型。

同时，我国还加强了与国际社会的合作，借鉴和吸收国际先进的制冷热泵技术和碳排放管理经验。多年来，中国作为国际气候治理中的关键行为体，在气候治理进程中经历了以下阶段。第一，理念与原则上，在坚持"共区"原则下的发达国家和发展中国家二元划分的基础上，推动国际气候治理的公正转型；第二，意愿与行动上，中国不断加强对国际气候谈判、公约履行、治理方案提供等内容的参与，采取有力度的气候行动；第三，立场与角色上，从被动谨慎到开放积极，再到引领和贡献。究其根本原因，是整体国家利益、国家实力地位和国家角色等三大因素共同作用的结果，表现为一方面受到《联合国气候变化框架公约》为核心的国际气候制度的塑造和影响，另一方面，随着经济发展和温室气体排放的增加，中国也获得了参与国际气候治理的结构性权力，引领了《巴黎协定》"自下而上"的国际气候制度安排。可见，中国在这个过程中从参与者到积极贡献者和引领者，其理念、行动和角色的变迁深刻影响了国际气候治理格局，当前《巴黎协定》已从规则制定转向行动落实。同时，作为负责任大国，中国提出全球发展倡议，强调要坚持人与自然和谐共生，坚持行动导向，完善全球环境治理，加快绿色低碳转型，实现绿色复苏发展。未来中国将以更积极的姿态引领国际气候治理进程，推动人与自然生命共同体和全球发展命运共同体的构建[13]。

总的来说，制冷热泵设备的相关政策可分成能效标准类、碳排放类、指导意见类等，如表 1.2-2 所示。我国对于制冷热泵设备的碳排放政策愈发全面而严格，旨在通过政策引导和市场机制，推动制冷热泵设备的绿色低碳发展。未来，随着技术的不断进步和政策的持续完善，制冷热泵设备的碳排放问题将得到更好的解决。

表 1. 2-2 不同类型政策汇总

政策类型	政策概览
能效标准类	《重点用能产品设备能效先进水平、节能水平和准入水平（制冷设备类）》
	《关于开展家用空调能效标识管理工作的通知》
	《绿色高效制冷行动方案》
	《制冷设备能效标准更新与修订》
	《多联式空调（热泵）机组能源效率标识实施规则》
	《制冷设备能效监管与执法指南》
碳排放类	《制冷热泵设备碳排放限制与减排政策》
	《制冷热泵设备碳排放权交易政策》
	《制冷热泵设备低碳技术研发与推广政策》
	《制冷热泵设备绿色供应链政策》
	《制冷热泵设备碳排放监测与报告政策》

续表

政策类型	政策概览
指导意见类	《制冷热泵设备行业发展规划》
	《关于进一步做好家用空调节能补贴工作的通知》
	《制冷热泵设备能效提升指导意见》
	《关于促进绿色智能家电消费若干措施的通知》
	《绿色制冷热泵技术发展指导意见》
	《关于推动轻工业高质量发展的指导意见》
	《制冷热泵设备市场规范指导意见》
	《制冷热泵设备国际合作指导意见》

2. 制冷热泵设备碳排放评价

制冷热泵设备碳排放评价是评估其对环境影响和可持续性的重要方法。这一评价不仅涉及设备在运行过程中产生的直接碳排放，还包括其制造、运输、安装、维护以及最终处置等整个寿命周期内的碳排放。

首先，对制冷热泵设备在运行阶段的碳排放进行评价至关重要。这主要取决于设备的能效和所使用的能源类型。高效的制冷热泵设备能够有效降低能源消耗，从而减少碳排放。同时，采用可再生能源或低碳能源作为动力源，也能显著减少设备的碳排放。

其次，制冷热泵设备的制造过程也会产生一定的碳排放。这包括原材料开采、加工、零部件制造以及组装等各个环节。因此，在评价制冷热泵设备的碳排放时，需要综合考虑其制造过程的能源消耗和排放情况。

此外，设备的运输、安装和维护等阶段也会对碳排放产生影响。优化运输方式、缩短运输距离以及采用低碳的安装和维护方法，都有助于降低制冷热泵设备的碳排放。

最后，设备的最终处置阶段同样需要考虑碳排放问题。对于报废的制冷热泵设备，应采用环保的回收和处理方式，避免对环境造成二次污染。

为了合理评估各领域各环节的碳排放责任，需要建立一定的评价体系方法及基准，科学合理的碳排放责任评价方法辅以针对性的减碳政策可以建立正确的价值导向，有效促进各方采取减碳行动，同时也有利于各利益相关方接受并承担自身相应的减排义务，促进国家之间的减排合作，是推动解决气候变化问题的重要基础[14]。

温室效应总当量 TEWI（total equivalent warming impact）作为评价房间空调制冷剂使用造成的温室气体排放的重要指标，用于综合评价制冷过程中的全球变暖效应，其中包括评价制冷剂排放的直接温室效应和产品寿命周期过程中能源消耗所产生的温室气体排放的间接影响（产品使用过程中制冷剂泄漏及使用过程所消耗能源），TEWI 的计算公式如式（1.2-2）所示。

$$TEWI_i = \sum_{j=1}^{k} (GWP_j l_j n_{ij} + GWP_j L_j m_{ij} + n_{ij} E\beta) \tag{1.2-2}$$

式中　$TEWI_i$——第 i 年温室效应总当量，tCO_2e（CO_2e 代表二氧化碳当量）；

GWP_j——第 j 种制冷剂的全球温室效应潜值，CO_2e；

L_j——第 j 种制冷剂平均充注量，t/万台；

l_j——第 j 种制冷剂平均泄漏量，t/万台；

n_{ij}——使用第 j 种制冷剂房间空调产品在第 i 年的保有量，万台；

m_{ij}——使用第 j 种制冷剂房间空调产品在第 i 年的报废量，万台；

E——产品每年能源消耗，kWh/（a·万台）；

β——能源产生的 CO_2 排放因子，tCO_2/kWh。

式中各项分别表示：$GWP_j l_j n_{ij}$ 为第 j 种制冷剂房间空调产品使用过程中因制冷剂泄漏造成的

温室效应影响，tCO_2e；$GWP_jL_jm_{ij}$ 为第 j 种制冷剂房间空调产品在报废过程中制冷剂排放的温室效应影响，tCO_2e；$n_{ij}E\beta$ 为第 j 种制冷剂房间空调产品使用过程中能源消耗所导致的间接温室效应影响，tCO_2e。

$TEWI$ 指标可以在相应的情景模型下，对于实现不同制冷剂管控程度下家用空调行业的温室效应影响的判断和预测。图 1.2-5 为不同增速下行业 $TEWI$ 的测算结果。

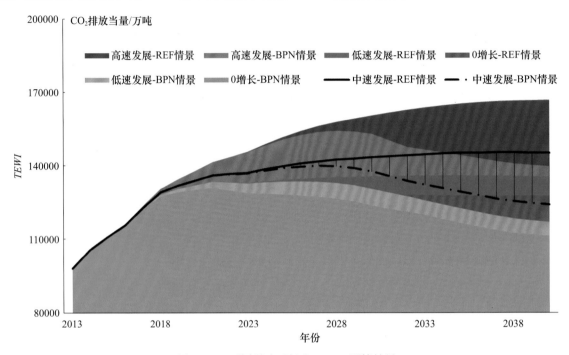

图 1.2-5　不同增速下行业 $TEWI$ 测算结果

其中，三种场景分别为：BPN（Best Performance Scene）情景，此情景用于描述在管控政策利好、企业积极推动、产品市场化障碍得以解决情况下，中国家用空调行业 R290 制冷剂产品健康发展的情况；CPM（Compromise Scene）情景，此情景用于描述在产品市场化障碍的负面影响下，中国家用空调行业 R290 制冷剂产品的正常发展受到全面抑制的情况；REF（Reference Scene）情景，此情景将作为 BPN 情景与 CPM 情景的对照，用于评价 HFCs 的管控与 R290 制冷剂家用空调产品健康发展未来可能带来的环境效益。

为了评价家用空调产品的节能水平，同时考虑环保制冷剂的使用带来的因制冷剂排放和产品运行所造成温室气体排放的减少效果，采用式（1.2-3）作为减排核算公式。

$$C_0 = t\frac{CC}{EER}\beta + GWPL \tag{1.2-3}$$

式中　t——家用空调产品寿命周期内运行时间，h；

　　CC——产品制冷量，kW；

　EER——能效比，W/W；

　　　β——CO_2 排放因子，tCO_2/kWh；

　GWP——制冷剂的全球温室效应潜值，CO_2e；

　　　L——制冷剂充注量，kg；

　　C_0——综合排放量，CO_2e。

该公式全面核算了能效和制冷剂因素导致的温室气体排放，多方报告建议将其纳入现有产品能效标准体系中，以鼓励更多产品在总体温室气体减排效果上的提升。

同时，部分行业标准中也提到了对寿命周期运行能耗碳排放进行评价的相关指标，JB/T 14573—2023 将设备寿命周期运行能耗碳排放分为机组寿命周期能耗碳排放和寿命周期制冷剂耗量碳排放两个部分，分别如式（1.2-4）和式（1.2-5）所示。

$$E_1 = HSTE \, (1-k_s) \, k_e N \tag{1.2-4}$$

$$E_2 = m_R \times [(1-\alpha_R) + LN] \, GWP \tag{1.2-5}$$

式中　E_1——机组寿命周期能耗碳排放，kg CO_2 e；

　$HSTE$——制热季节耗电量，kWh；

　k_s——清洁能源利用率，%；

　k_e——单位供电 CO_2 排放，kg CO_2 e/kWh；

　N——机组的设计使用寿命，a；

　E_2——机组寿命周期制冷剂耗量碳排放，kg CO_2e；

　m_R——制冷剂的充注量，kg；

　α_R——制冷剂回收再循环系数，%；

　L——制冷剂年泄漏率，%；

　GWP——制冷剂的全球变暖潜值。

因此，机组的寿命周期总碳排放公式为式（1.2-6）。

$$E_{LC} = E_1 + E_2 \tag{1.2-6}$$

式中　E_{LC}——设备寿命周期碳排放，kg CO_2 e。

除了国家发布的相关指导文件及相关标准中所提到的评价指标，1.2.2 节中对所述 R290、R32 的家用空调器进行了全寿命周期的碳排放研究[12]，将两种样本在原材料获取阶段、制造阶段、运输阶段、使用阶段以及回收处置阶段的物料和能量消耗利用式（1.2-7）分别进行了分析与对比。

$$C_U = C_{U,ele} + C_{U,leak} = C_{ele} Pt + 10 \times 6\% \times m_{ref} GWP_{ref} \tag{1.2-7}$$

式中　C_U——空调寿命周期使用阶段的碳排放量，kg；

　$C_{U,ele}$——空调使用阶段由于耗电而产生的碳排放，kg；

　$C_{U,leak}$——空调使用阶段由于制冷剂泄漏而产生的碳排放，kg；

　C_{ele}——空调使用单位用电折合二氧化碳当量，kgCO_2 e/kWh；

　P——空调器的功率，kW；

　t——寿命周期内运行时间，h；

　m_{ref}——空调器内制冷剂充灌量，kg。

除此之外，有学者提出了基于基准值的碳排放责任核算方法[15]，该方法基于产品碳排放基准值划分排放责任，在能耗与材耗的问题上统一了核算边界，并且在使生产者和终端消费者共同承担责任的基础上，实现了其排放责任与可采取的减排行动相对应，形成了核算生产和消费各环节碳排放责任的框架体系。

综上所述，制冷热泵设备碳排放评价是一个复杂而重要的任务。通过全面考虑设备在整个寿命周期内的碳排放情况，可以更加准确地评估其环境影响和可持续性，为推动绿色低碳发展提供有力支持。

1.2.4　碳中和背景下制冷热泵发展的技术路线

前面给出了制冷热泵设备的全寿命周期碳足迹分析，制冷空调设备的寿命周期环境影响主要聚焦在使用阶段。下面对此进行重点分析，以家用和商用空调为例[16]，空调系统的年碳排放量可以表达为：

$$C = \varepsilon \sum_{j=1}^{j=8760} \left(\sum \frac{qAT}{COP_{sys}} - \Delta E \right) + \frac{GWPG\beta}{N} \tag{1.2-8}$$

$$COP_{sys} = \alpha \left(\frac{1}{COP_{SCE,term}} + \frac{1}{COP_{SCE,dis}} + \frac{1}{COP_{UNIT}} + \frac{1}{COP_{SINK,dis}} + \frac{1}{COP_{SINK,term}} \right)^{-1} \tag{1.2-9}$$

式中　ε——碳排放因子，kg/kWh；

　q——建筑的冷热负荷强度，kW/m^2；

A——空调系统对应的服务面积，m²；

T——空调系统的服务时间，h；

ΔE——太阳能等可再生能源生产电能的使用量，kWh；

G——空调系统的制冷剂充注量，kg；

β——制冷剂泄漏率，是指空调系统在使用年限内制冷剂的总泄漏量与初始充注量之比，$0 \leqslant \beta \leqslant 1$；

COP_{sys}——空调系统的逐时能效比，包括：冷热量采集与释放设备的逐时能效比（$COP_{SCE,term}$，$COP_{SINK,term}$）、冷热量采集与输配系统的逐时能效比（$COP_{SCE,dis}$，$COP_{SCE,term}$）、空调设备的逐时能效比（COP_{UNIT}）；

α——实际工程的环境条件对空调系统能效比的影响系数，$0 < \alpha \leqslant 1$。

根据年碳排放量计算公式，以降低空调系统的间接和直接碳排放为目标，可采取以下措施。

降低空调系统的间接碳排放：①在确保舒适性的前提下，降低空调系统的冷热需求（qAT）；②提高空调系统的运行能效，即提升空调系统的综合性能系数（COP_{sys}），通过使用高效率的空调、先进控制策略等方式，减少空调系统的能源消耗；③开发利用可再生能源（ε 与 ΔE），并提高空调系统吸纳电网可再生电力的"柔性"。

降低空调系统的直接碳排放量：采用低 GWP 制冷剂，减少氢氟碳化物（HFCs）的充灌量，延长设备使用寿命，通过定期检查和维护，减小运行周期内制冷剂的泄漏率，并加强对制冷剂的回收利用工作，确保废弃制冷剂的安全处理和再利用。

1. 可再生能源（ΔE）与空调系统"柔性"（ε）

可再生能源是空调系统唯一的碳汇，是空调热泵系统实现碳中和的核心[17]。光伏直驱空调采用一种实现可再生能源自发自用、即时就近消纳的模式[18]，特别是通过建筑墙面、屋顶的光伏发电，以及余电上网、电网调节等，可以实现建筑用电的低碳化，并降低空调用电的碳排放因子；此外，结合空调与储能技术[19]，以及基于需求侧响应的室内环境控制技术[20]，通过预制冷、风机变频控制、冷却阀控制等手段，可以实现可再生电能的消纳和错峰运行，提高可再生电能的利用率，从而为空调系统"碳中和"提供重要的 CO_2 负排放技术支撑。

2. 降低空调系统承担冷热负荷（qAT）

降低空调系统承担冷热负荷的方式主要包括：降低服务区域冷热负荷强度（q）、减小空调设备的运行时间（T）与服务面积（A），这是实现空调系统碳中和的基础。

1）降低建筑围护结构的传热系数

降低围护结构的传热量是降低冷热负荷强度的重要方法。超低能耗建筑技术的发展使得建筑围护结构性能发生较大改善，建筑保温特性近年来已有较大进步，不同地区非透光围护结构传热系数平均值下限已降低至 $0.1 \sim 0.3 \mathrm{W/(m^2 \cdot K)}$[21]；此外，在智能围护结构方面，除采用动态调节窗户、遮阳系统、玻璃幕墙实现可变传热系数外，Trombe 墙[22]、热管墙[23]等围护结构的研发也为围护结构拦截室外负荷提供了新的方法。随着现代建筑玻璃幕墙玻璃使用率的逐渐上升，建筑透明围护结构的节能要求愈加不可忽视。智能窗作为一种新型的动态可调围护结构，通过主动调控（电致变色）或被动自适应（热致变色）的方式响应室外气候变化，可有效地控制室外进入室内的太阳辐射量，调节室内光热环境并降低负荷。如图 1.2-6、图 1.2-7 所示。

2）通过负荷分级处理降低空调系统处理的负荷

负荷除了具有热、湿品位外，还可根据空气分级处理所需冷热源温度的不同，分为多级品位负荷[24]。按各级负荷品位来制造冷热源，就可最大限度避免温度品位的浪费，从而显著降低空调系统的能耗，为采用自然能源、空气排风等低品位冷热源调控室内环境参数提供了重要途径，有效降低了机械冷热源需处理的空调系统负荷。根据匹配方法实现热源匹配与流程构建（热能离散分级原则），提出基于品位匹配的空气冷热处理流程构建方法，实现了自然能源和废能的充分利用以及机械制取冷热源的品位最低。

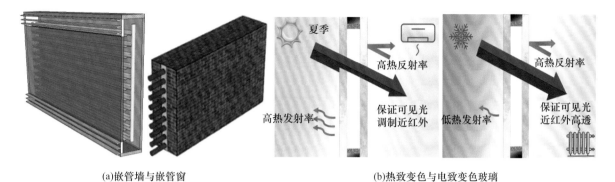

(a)嵌管墙与嵌管窗 　　　　　(b)热致变色与电致变色玻璃

图 1.2-6　降低建筑围护结构的传热系数

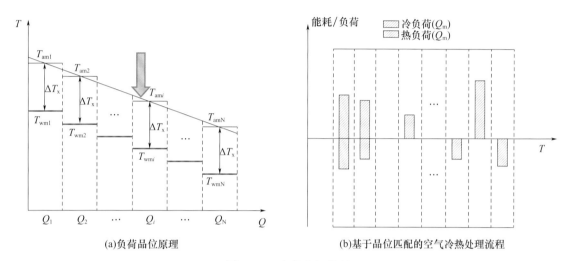

(a)负荷品位原理 　　　　　(b)基于品位匹配的空气冷热处理流程

图 1.2-7　负荷分级处理

3）减少空调系统的运行时间和服务面积

发展具有"部分时间、部分空间"特征的空调系统[25]，实现"分时、分户控制"，在南方非集中供暖区，避免完全效仿北方推行集中供暖，宣传和倡导行为节能理念，可降低空调系统承担的冷（热）负荷，以降低其碳排放。此外，还可以通过优化室内气流组织、形成非均匀的室内环境以降低需求负荷，如在商业或工业建筑中，采用人员位置辨识技术面向人员的高效送风、地板下送风、个性化送风[26]等，可极大程度减少能源消耗，并进一步降低碳排放。近年来，工位式空调末端可以实现办公环境下的个人舒适，对于开敞办公空间使用尤其广泛，可实现运行节能并提高用户舒适度。如图 1.2-8 所示。

3. 构建全场景高效热泵空调技术体系，提高空调系统能效（COP_{sys}）

在多样多变热源、热汇条件下，构建全场景高效热泵空调技术体系，研发满足不同温度的高效空调热泵系统，以提高空调系统的能效。

1）提高空调设备能效（COP_{UNIT}）

根据环境适应性要求确定空调设备的设计工况[27]是确保空调热泵设备高效运行和适用的前提，空调设备应采用高效制冷循环形式、优化控制策略，提高空调设备的全工况性能。对于中央空调系统，典型技术中无油压缩冷水机组［磁悬浮离心机组、气悬浮离心机组（图 1.2-9）、液悬浮离心机组］无须润滑油、IPLV 极高[28]，具有广泛的推广前景；而对于空调器、多联机等直膨式空调系统，研发了高效转子压缩机[29]、涡旋压缩机，研发了高性能蒸气压缩循环[30]，如压比适应及容量调节压缩方案，研发了新型端面补气和滑板补气压缩机，并基于上述技术途径，优化了系统设计方法，推动了技术发展。此外，还有空气源热泵除霜、抑霜技术，可实现不间断制热，保证室内的舒适性和设备高效运行。

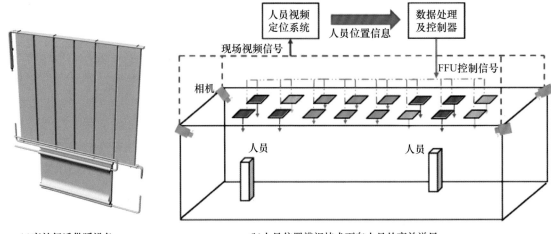

(a)高效舒适供暖设备　　　　　　　(b)人员位置辨识技术面向人员的高效送风

(c)几种工位末端

图 1.2-8　部分时间局部空间的环境控制末端

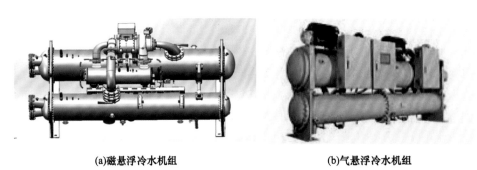

(a)磁悬浮冷水机组　　　　　　　　(b)气悬浮冷水机组

图 1.2-9　无油压缩冷水机组

优质热源或热汇对于提升空调系统运行能效尤其重要，选择时应根据采集和使用侧的特征进行因地制宜的确定。同类型的热泵系统具有各自的优势和适用场景，例如，水地源热泵能够充分利用地下水体温度的稳定性，特别适用于地表水资源丰富的地区，地下水源热泵应在确保100％回灌才能使用，土壤源热泵需要通过补冷、补热满足土壤冷热平衡，污水源热泵则需要满足过滤等方面的需要[31]；此外一些复合热泵，如无霜空气源热泵采用直接接触式的全热交换过程，具有冬季无霜、夏季水冷的特点[32]，而复合源热泵则结合了各种不同的热源和热汇，充分发挥各种资源的优势，从而进一步提升系统的整体能效。对于使用侧，除了提高制冷和降低供暖室内温度以减小冷凝与蒸发之间的温差外，还可以通过划分不同负荷品位，构建品位匹配、梯级利用的空调流程或处理方法[24]，也提高了空调设备的运行能效。此外，当存在合适的太阳能和余废热资源时，利用吸收式热泵或太阳能集热器供暖也能够大大降低空调运行的碳排放，实现能源的可持续利用和减少对传统能源的依赖。

2）提高空调系统输配及采集使用能效（$COP_{\text{SCE/SINK,term}}$，$COP_{\text{SCE/SINK,dis}}$）

为提升冷热量采集与输配效率，在居民住宅和小型办公商业建筑中发展直膨式空调系统，以减少能量输配环节。对于中央空调系统，应采用变频调节技术（图 1.2-10），以避免大流量、小温差现象出现，并通过台数与频率控制实现输配系统总能耗最低、效率最高。此外，提高热源采集及使用末端的能效也是提升空调系统整体能效的关键，例如优化土壤源热泵地埋管理管形式、优化冷却塔的填料布置[33] 及配水[34] 等措施。

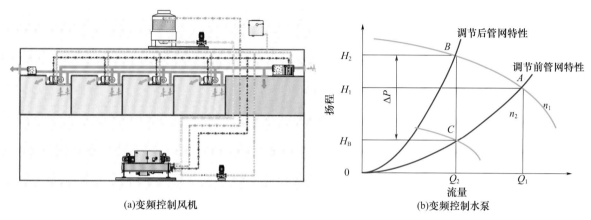

图 1.2-10   提高空调系统输配效率的变频技术

3）发展空调系统的调适技术（见图 1.2-11）

由于空调系统的安装方式、使用工况以及运行条件的差异，实际使用性能往往与设计状态存在较大差异。因此，为了发挥空调设备和系统的应有能效，必须重视基于实际运行性能和大数据技术的智能控制、系统调适和健康诊断技术，这将成为未来相当长一段时间内必须高度关注的节能降碳措施。尤其是在大数据时代，随着 GPT 技术的兴起，其在文本生成、语音识别、自然语言处理等领域的应用刷新着对人工智能的认知，其与空调热泵领域结合实现实际运行控制也成为热点。

对于中央空调系统，需优化冷（却）水系统阻力、保障合理的供回水温差，改善冷却塔进口空气状态以提升其换热效能[35]；而对于冷水机组，应明确其最优负荷率，通过台数控制和频率调节，使各台机组高效运行[36]；此外，还应充分挖掘空调热泵系统运行中产生的大量运行数据，提高智能和智慧运维水平[37]。持续调适提升空调系统运行效率与效益，以大幅度降低空调系统运行能耗。

对于直膨式空调系统，应研发具有高效气流组织的室内机，在实际使用过程中提高舒适性的同时降低运行能耗；优化室外机安装平台，避免室外机的排风回流和风量衰减[38]；优化空调器实际控制水平，包括频率控制、回油控制、除霜控制等；对于多联机系统，还应尽可能缩短配管长度、提高低负荷率的能效比。

4）使用低 GWP 制冷剂，减少充灌量，降低制冷剂泄漏，做好制冷剂回收（见图 1.2-12）

降低直接碳排放，在制冷空调设备中应使用低 GWP 制冷剂，包括使用自然工质、氢氟烯烃（HFO）等[39]；此外，还可以减少制冷剂充注量（G），包括发展细管径、微通道换热器等技术，实现充注量降低换热量不衰减；进一步地，应当采取措施降低制冷剂排放比（β），需禁止空调维修、拆卸时的制冷剂直排，并且应该在生产、运输等过程中尽量减少制冷剂的泄漏，根据制冷剂不同的特征，健全制冷剂监管机制，推动制冷剂回收利用与再生技术的进步，以最大限度地减少碳排放。此外，延缓空调系统的性能衰减，延长其使用寿命（N），也是减少碳排放、减少资源与能源消耗的重要措施。

4. 其他工业工艺需求的制冷空调产品技术路径

本节 1～3 部分给出了家用、商用制冷空调设备的全年碳排放计算公式，并以此为基准研究了碳中和背景下家用和商用空调发展的技术路线。然而，制冷空调和热泵不仅在建筑环境营造中为人

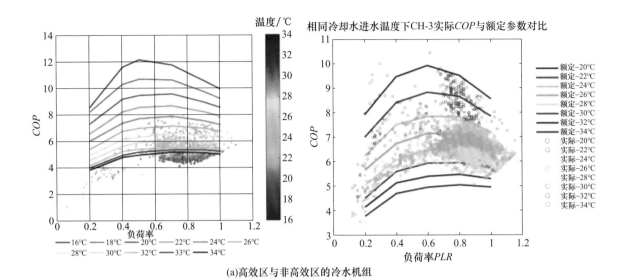

(a)高效区与非高效区的冷水机组

(b)在线性能测量方法

图 1.2-11 空调系统的调适技术

(a)R32与R290制冷剂 (b)制冷剂回收装置

图 1.2-12 低 GWP 制冷剂与制冷剂的回收

民生活提供冷、热能量，还服务于食品、机械电子、化工、冶金、电力、交通、轻工等多个领域。实际上，降低其他工业需求制冷热泵产品碳排放的技术途径是类似的，如式（1.2-10）所示。

$$C = \varepsilon \sum_{j=1}^{8760} \left(\sum \frac{Q}{COP} - \Delta E \right) + \frac{GWPG\beta}{N} \tag{1.2-10}$$

例如，在冷链中的节能与低碳化中，降低空调系统冷热负荷可等价转化为冷链低冷负荷需求环境构建（qAT），例如一些新材料、新结构的应用，可对换热能力进行削弱，将其应用在冷链物流与设施的围护结构中，能减少冷链物流储运过程中的冷损失；我国冬季北方地区天气低寒，室外空气是理想的自然冷源，也可以利用自然冷能进行果蔬冷藏，设计自然能源与机械制冷相结合的系统。对于提高系统能效（COP）的方法，除了传统的高效制冷部件研发、换热系统的研发外，还可以结合冷库的特征，如应对冷库室内蒸发侧结霜的问题，采用控制排管或冷风机的传热温差控制或减缓结霜，采用变翅片间距蒸发器延缓除霜时间。同时，对于冷加工、冷冻冷藏、冷藏运输等冷链装备与设施可以采用较低成本的蓄冷技术，是提高"低碳电能"利用比例的潜在用户，实现柔性用能（ΔE）。相比于常规家用和商用空调，在制冷剂替代方面，冷链用制冷设备的制冷剂又有更多的选择（GWP）。其中，氨/二氧化碳复合制冷系统是一种颇具潜力的替代方案。这种系统在不降低氨制冷系统能效的前提下，能减少 $80\% \sim 90\%$ 的氨充注量。此外，该系统将氨制冷剂的使用范围限制在制冷机房内，从根本上降低了安全风险，提高了系统的安全性。另一种选择是跨临界二氧化碳制冷系统，这种系统既安全又环保。近年来，随着跨临界二氧化碳压缩机、平行压缩和回收膨胀功等关键技术的突破，这种系统的性能得到了极大的提升。跨临界二氧化碳制冷系统能有效降低碳排放，同时保障系统的运行安全，成为冷链行业可持续发展的重要选择。冷链系统关键技术见图 1.2-13。

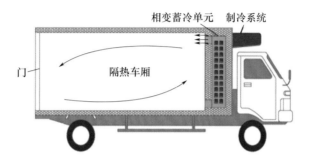

(a) 相变蓄冷冷藏车结构

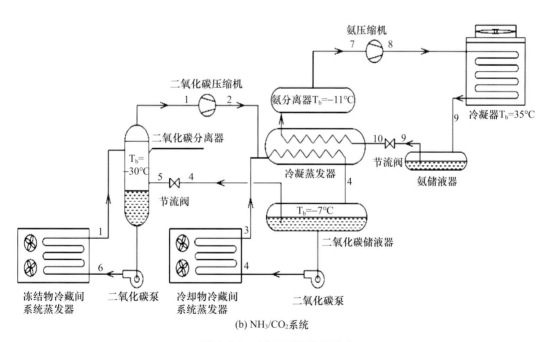

(b) NH$_3$/CO$_2$系统

图 1.2-13　冷链系统关键技术

因此，本书将从以下几个维度阐述实现碳中和的具体技术措施及方法。

第 2 章：降低制冷热泵系统的直接碳排放。通过分析制冷剂导致温室效应的原因，总结国内外制冷剂发展现状、政策及发展趋势，从而探究碳中和背景下制冷剂替代技术发展方向，分析新型制冷剂的物性特征及新型制冷剂的应用趋势及其技术研究，即降低 GWP、降低泄漏率 β。

第3章：降低制冷热泵系统间接碳排放的设备。本章将主要介绍民用、工商用等各种领域的空调热泵设备，包括空气源热泵、房间空调器、多联机系统、室内空气处理装置末端、冷水机组与水源热泵机组、间接蒸发冷却冷水机组、民用与商用生活热水机组及高温热水和蒸汽机组等，即提升机组系统的能效比 COP_{sys}。

第4章：降低民用建筑环境营造碳排放的技术应用。应用上述间接碳排放的设备并通过控制优化、热回收系统等提升实际应用效果，主要包括绿色建筑技术、高效集中式空调系统、空调蓄冷蓄热技术，即提升机组系统的能效比 COP_{sys}、同时讨论降低空调系统处理的负荷的方法 q_{AT}。

第5章：降低工农业生产及环境营造碳排放的技术应用。主要包括冷链及工业制冷、数据中心与通信基站、储能站冷却及热管理技术、洁净厂房、煤矿降温与通风、设施农业与农产品加工，前文所述主要是对民用及商业建筑环境营造的节能减碳措施，而本章将研究对象置于工农业等多场景，将分析上述对象特征、分析节能降碳技术途径，并对关键技术进行研究分析。

第6章：降低交通运输及环境营造碳排放的技术应用。本章介绍了交通领域节能减碳的关键技术，主要包括电动汽车热管理、运输场站技术等。

第7章：余热回收与长输供热技术。基于第一类吸收式换热器的大温差、长距离输热装置，基于第二类吸收式换热器的余热回收装置，基于第一类吸收式换热器的水热同输技术，以及余热的跨季节蓄存及其应用，可以直接降低供热碳排放的方法，这一章将进行独立介绍。

参考文献

[1] 国家能源局. 能源系统转型对实现碳达峰、碳中和目标至关重要 [Z]. 北京，2021.

[2] 国家能源局. 打赢低碳转型硬仗 [Z]. 北京，2021.

[3] 中国节能协会热泵专业委员会. 热泵助力碳中和白皮书（2022）[R]. 北京，2022.

[4] 国家能源局. 2021 年能源工作指导意见 [Z]. 北京，2021.

[5] Energy Transitions Commission. 中国 2050：一个全面实现现代化国家的零碳图景 [R].

[6] 丁仲礼. 中国碳中和框架路线图研究 [R]. 北京：中科院学部第七届学术年会，2021.

[7] 清华大学碳中和研究院. 2023 全球碳中和年度进展报告 [R]. 北京：2023.

[8] What is a carbon footprint？ [EB/OL] http：//www. carbontrust. co. uk/solutions/CarbonFootprinting/what _ is _ a _ carbon _ footprint. htm.

[9] 孙锌，刘晶茹，杨东，等. 家用空调碳足迹及其关键影响因素分析 [J]. 环境科学学报，2014，34（4）：1054-1060. DOI：10. 13671/j. hjkxxb. 2014. 0168.

[10] JOHNSON E P. Air-source heat pump carbon footprints：HFC impacts and comparison to other heat sources [J]. Energy Policy，2011，39：1369-1381.

[11] 张城，田晓飞，阚欢迎，等. 面向低碳认证的家电产品碳排放核算方法研究 [J]. 合肥工业大学学报（自然科学版），2018，41（9）：1158-1165.

[12] 李小燕，宁前，何国庚. 采用 R290 和 R32 的家用空调器全生命周期碳排放研究 [J]. 低温工程，2021（2）：33-40.

[13] 李志斐，董亮，张海滨. 中国参与国际气候治理 30 年回顾 [J]. 中国人口·资源与环境，2021，31（9）：202-210.

[14] RODRIGUES J，DOMINGOS T. Consumer and producer environmental responsibility：Comparing two approaches [J]. Ecological Economics，2008：533-546.

[15] 张洋，江亿，胡姗，等. 基于基准值的碳排放责任核算方法 [J]. 中国人口·资源与环境，2020，30（11）：43-53.

[16] 石文星，杨子旭. 家用和商用空调与供暖低碳技术研究及应用进展 [C] //中国制冷学会. "2022 年双碳背景下中国制冷技术研究及应用进展论坛"会议论文集.

[17] 江亿. 光储直柔——助力实现零碳电力的新型建筑配电系统 [J]. 暖通空调，2021，51（10）：1-12.

[18] BAKTHAVATCHALAM B，HABIB K，SAIDUR R，et al. Cooling performance analysis of nanofluid assisted

novel photovoltaic thermoelectric air conditioner for energy efficient buildings [J]. Applied Thermal Engineering，2022，213：18691.

[19] 李泽阳，孟庆龙，孙哲，等. 考虑需求响应的蓄能空调系统灵活用能实验研究 [J]. 暖通空调，2022，52 (9)：153-160.

[20] 刘晓华，张涛，刘效辰. 如何描述建筑在新型电力系统中的基本特征？——现状与展望 [J]. 暖通空调：1-16.

[21] 中华人民共和国住房和城乡建设部. 近零能耗建筑技术标准：GB/T 51350—2019 [S]. 北京：中国建筑工业出版社，2019.

[22] STAZI F，MASTRUCCI A，DI PERNA C. The behaviour of solar walls in residential buildings with different insulation levels：An experimental and numerical study [J]. Energy and Buildings，2012，47：217-229.

[23] ZHANG Z，SUN Z，DUAN C. A new type of passive solar energy utilization technology — The wall implanted with heat pipes [J]. Energy and Buildings，2014，84：111-116.

[24] ZHENG G H，LI X T. Dividing air handling loads into different grades and handling air with different grade energies [J]. Indoor and Built Environment，2020：1-14.

[25] 姚润明，喻伟，王晗，等. 长江流域建筑供暖空调解决方案和相应系统重点项目研究 [J]. 暖通空调，2018，48 (2)：1-9.

[26] 杨建荣，李先庭，彦启森，等. 个性化送风波动对热感觉和室内空气品质的影响 [J]. 清华大学学报（自然科学版），2003 (10)：1405-1407，1419.

[27] 石文星，杨子旭，王宝龙. 对我国空气源热泵室外名义工况分区的思考 [J]. 制冷学报，2019，40 (5)：1-12.

[28] 刘华. 我国离心式制冷机组发展现状及趋势 [J/OL]. 暖通空调：1-10 [2022-10-10]. http：//kns. cnki. net/kcms/detail/11. 2832. TU. 20220314. 0921. 002. html.

[29] WANG B L，LIU X R，DING Y C，et al. Optimal design of rotary compressor oriented to end-plate gas injection with check valve [J]. International Journal of Refrigeration，2018，88：516-522.

[30] YANG X F，WANG B L，CHENG Z，et al. Upper-limit of performance improvement by using (quasi) two-stage vapor compression [J]. Applied Thermal Engineering，2021，185：116426.

[31] 住房和城乡建设部. "十四五"建筑节能与绿色建筑发展规划 [EB/OL]. http：//www. gov. cn/zhengce/zhengceku/2022-03/12/content_5678698. htm.

[32] 宋鹏远. 利用过冷热实现实时再生的溶液喷淋式热泵特性研究 [D]. 北京：清华大学，2019.

[33] 黄兵. 土壤源热泵地下换热器优化设计与运行研究 [D]. 长沙：湖南大学，2010.

[34] 王淼，王锦，张超. 优化填料布置及配水对冷却塔性能的影响 [J]. 哈尔滨工业大学学报，2018，50 (8)：124-131.

[35] 邓杰文，何适，魏庆芃，等. 公共建筑空调系统运行调适方法研究 (1)：冷水系统 [J]. 暖通空调，2019，49 (8)：85-91，102.

[36] 邓杰文，何适，魏庆芃，等. 公共建筑空调系统运行调适方法研究 (3)：冷水机组 [J]. 暖通空调，2020，50 (1)：103-109.

[37] 张梦华，周镇新，刘念，等. 应用人工神经网络算法的冷水机组能效提升策略 [J]. 制冷技术，2022，42 (2)：39-44，52.

[38] 杨子旭，于洋，石文星. 室外机安装平台对房间空调器性能的影响（二）——对空调器实际运行能耗的影响 [J]. 家电科技，2020 (6)：39-44.

[39] 张朝晖，陈敬良，高钰，等.《蒙特利尔议定书》基加利修正案对制冷空调行业的影响分析 [J]. 制冷与空调，2017，17 (1)：1-7，15.

第 2 章　降低制冷热泵系统的直接碳排放

2.1　制冷剂导致温室效应的原理及现状

2.1.1　制冷剂的温室效应原理

早期的制冷剂主要使用天然工质，例如二氧化碳和氨等物质，这些气体具有较好的制冷性能，但具有毒性和腐蚀性等缺陷。随后随着科技的不断发展，人造的合成制冷剂研究逐渐取得了显著进展。氟利昂是其中的代表，主流制冷剂也逐渐向含氟类制冷剂转变。渐渐地，人们意识到含氟制冷剂的危害，例如其具有较高的臭氧层破坏能力。国际社会为保护环境以防臭氧层进一步遭受破坏，于 1987 年在加拿大进一步签署了关于控制消耗臭氧层物质的《蒙特利尔议定书》，文献表明，截至 2010 年 1 月 1 日，在全球范围内已实现了对氯氟烃（CFCs）的全面淘汰[1]。此外，国际社会于 2007 年举行的《蒙特利尔议定书》第 19 次缔约方大会上达成了加速淘汰含氢氯氟烃（HCFCs）物质的修正案，要求发达国家应在 2020 年实现 HCFCs 的全面淘汰，发展中国家应在 2030 年完成 HCFCs 的全面淘汰[1]。而 HFCs 制冷剂被当作主要的 HCFCs 制冷剂的替代品。

《京都议定书》是一项旨在减少温室气体排放的国际协议，全称为《联合国气候变化框架公约的京都议定书》，是《联合国气候变化框架公约》的补充条款。该议定书于 1997 年在日本京都通过，并于 2005 年正式生效。《京都议定书》将二氧化碳、甲烷、氧化亚氮、氢氟碳化物、全氟化碳以及六氟化硫纳入了温室气体的范畴[1]。在这六种物质中，氢氟碳化物、全氟化碳以及六氟化硫展现出了尤为强烈的温室效应潜能。因此，为了有效遏制温室效应，控制这三类物质的排放至关重要[2]。

温室效应原理要从物体电磁波特征说起，物体温度越高，辐射的波长越短。太阳表面温度高，它发射的电磁波长很短，称为太阳短波辐射。地球发射的电磁波长因为温度较低而较长，称为地面长波辐射。而温室气体在大气中则具有吸收地面长波辐射和部分太阳短波辐射热量的能力，并向地面重新释放能量的功能，以保护地面温度。若温室气体不足，则地球的自然温室效应会变弱，无法实现全球地表温度的保温。若温室气体增多，温室效应能力增强，则会使全球平均表面温度升高，造成全球变暖效应[3]。

根据气候及清洁空气联盟（Climate and Clean Air Coalition，CCAC）数据显示，全球约 80% 的 HFCs 用于制冷空调热泵行业[4]。HFCs 物质主要作为制冷空调热泵行业的制冷剂被应用，随着制冷空调热泵行业的需求不断增加，HFCs 的使用需求也会不断增长。2020 年全球 HFCs 使用情况见图 2.1-1。许多氢氟碳化合物是寿命短暂的气候污染物，在大气中的平均寿命为 15 年。尽管氢氟碳化合物目前约占温室气体总量的 2%，但其对全球变暖的影响可能比单位质量的二氧化碳大数百至数千倍[4]。因此，制冷剂的温室效应在未来不容小觑。

图 2.1-1　2020 年全球 HFCs 使用情况[5]

2.1.2　制冷设备全寿命期排放途径

根据 IPCC 2006 推荐的自下而上的排放因子法，制冷设备全寿命期排放主要源于四个环节：制冷剂容器管理过程排放量；生产过程排放量；寿命期间排放量；制冷设备寿命终期的排放量。因此，排放总量应该为以上四项排放源的总和[6]。

1）制冷剂容器管理过程排放量

与制冷剂容器管理有关的排放量主要是指：将制冷剂从大容积容器向小容积容器转移时与制冷剂有关的所有排放，以及各个容器中剩余制冷剂造成的所有排放。

$$E_{容器,t} = RM_t \cdot \frac{c}{100} \tag{2.1-1}$$

式中　$E_{容器,t}$——t 年所有制冷剂容器产生的排放量，kg；

$\quad\quad RM_t$——t 年所有用于生产和维修的制冷剂使用量，kg；

$\quad\quad c$——当前制冷剂市场容器管理的排放因子。

2）生产过程排放量

由于向新生产的制冷设备中充注制冷剂时涉及到制冷剂容器和设备的连接与断开过程，该过程存在制冷剂的泄漏现象。除此之外，制冷设备生产企业在进行制冷剂充注量、配比及性能等研发过程中，向研发测试产品充注的制冷剂往往全部排放，因此与设备研发相关的制冷剂排放也算作生产过程排放量的一部分。

$$E_{生产,t} = M_t \cdot \frac{k}{100} \tag{2.1-2}$$

式中　$E_{生产,t}$——t 年所有生产设备排放量，kg；

$\quad\quad M_t$——t 年所有用于生产的制冷剂使用量（包括本国生产用于出口的制冷剂使用量），kg；

$\quad\quad k$——当前生产过程的排放因子。

3）寿命期间排放量

寿命期间排放量主要包括慢漏排放量和维修排放量两部分。慢漏排放量指连接件、接缝、轴密封等造成的泄漏，还有管道或热交换器的破裂会导致部分或全部制冷剂释放造成制冷剂排放。维修排放量指制冷设备进行维修时，维修过程造成的排放。

$$E_{寿命期间,t} = B_t \cdot \frac{x}{100} \tag{2.1-3}$$

式中　$E_{寿命期间,t}$——t 年制冷设备运行期间的排放量，kg；

$\quad\quad B_t$——t 年所有现存制冷设备系统中制冷剂存量，kg；

$\quad\quad x$——寿命期间的排放因子（包括慢漏和维修）。

4）寿命终期排放量

寿命终期排放量指从报废的制冷设备系统中释放出的制冷剂量，它取决于报废时系统中剩余的制冷剂量以及回收的制冷剂量。

$$E_{寿命终期,t} = M_{t-d} \cdot \frac{p}{100} \cdot \left(1 - \frac{\eta_{rec,d}}{100}\right) \tag{2.1-4}$$

式中　$E_{寿命终期,t}$——t 年制冷设备寿命终期的排放量，kg；

$\quad\quad M_{t-d}$——（$t-d$）年充注到新设备系统中的最初制冷剂量（d 指设备寿命），kg；

$\quad\quad p$——该报废设备中制冷剂的残余量占总初始充注量的比例；

$\quad\quad \eta_{rec,d}$——设备报废时制冷剂的回收率，即回收的制冷剂占系统初始充注量的比例。

2.1.3　全球及中国制冷剂排放现状

制冷在全球经济中占据着愈发重要的地位，它在食品保存、健康维护、热舒适创造以及环境保护等领域都作出了显著的贡献。展望未来，制冷行业预计将迎来持续的增长，特别是在发展中国家，对制冷技术的需求不断上升。然而，该行业在推动经济发展的同时，也伴随着温室气体排放的问题。这些排放主要源于两个方面：一方面是直接排放，主要由制冷系统制冷剂泄漏、维修或报废处置时不受控制的制冷剂排放造成；另一方面是间接排放，主要指制冷系统运行用电所消耗能源引起的间接排放。根据国际制冷学会（International Institute of Refrigeration，简称 IIR）报告，2014 年全球制冷行业的直接排放量约为 1.53Gt 二氧化碳当量，占该行业总排放量的 37%；2014 年制冷行业间接排放量约为 2.61Gt 二氧化碳当量，占该行业总排放量的 63%。如图 2.1-2 所示。总的来说，全球温室气体排放量中 4.14Gt 二氧化碳当量来自制冷行业，约占全球温室气体排放量的 7.8%[7]。

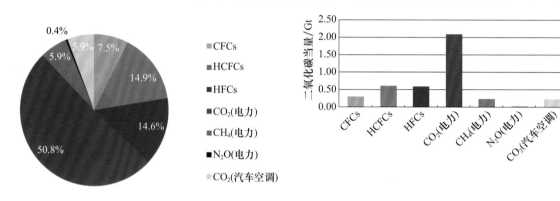

(a)2014年全球制冷行业温室气体排放占比　　　　　　(b)2014年全球制冷行业温室气体排放量

图 2.1-2　2014 年全球制冷行业温室气体排放情况[7]

同时，根据国际制冷学会的估算，2014 年中国的制冷行业温室气体排放量高达 1000Mt 二氧化碳当量，位居全球之首；而美国的排放量紧随其后，达到 750Mt 二氧化碳当量。两国合计的排放量占据了全球制冷行业温室气体排放量的近 43%。值得注意的是，尽管欧盟作为仅次于美国的世界第二大经济体（以国内生产总值 GDP 衡量），且人口众多，但其温室气体排放量约为美国的 40%。此外，尽管印度是世界上人口第二多的国家，但其制冷行业的温室气体排放量相对较低，仅为 180Mt 二氧化碳当量。如图 2.1-3 所示。

如图 2.1-4 所示，从人均排放量的角度来看，在所研究的国家中，卡塔尔制冷行业的人均温室气体排放量最多，为人均 4500kg 二氧化碳当量。其次是美国，人均排放量为 2300kg 二氧化碳当量。日本和中国的人均排放量位列第三和第四。欧洲和俄罗斯的人均排放量相似，约为人均 550kg 二氧化碳当量[7]。

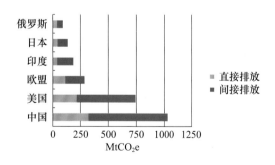

图 2.1-3　2014 年制冷行业温室气体
直接和间接排放情况[7]

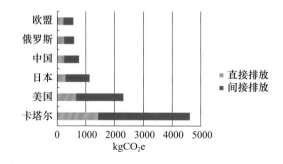

图 2.1-4　2014 年制冷行业人均温室气体
直接和间接排放情况[7]

2.1.4　制冷剂减排技术路径

从图 2.1-5 所示的制冷剂全寿命期排放环节来看，制冷行业的减排路径可以分为两类。第一类是降低制冷空调热泵系统的二氧化碳排放，这主要从间接排放的角度出发，由于冷热负荷或冷热需求是制冷空调热泵系统需实现的主要目标，因此降低冷热需求和能量品位是从源头降低制冷制热量的主要方法。其次，提高设备能效和使用清洁能源替代传统火电可以在有效减少制冷空调热泵系统耗电量的同时减小生产电力所产生的二氧化碳排放，因此降低制冷空调热泵系统的二氧化碳排放途径可以总结为以下三个方面：使用清洁能源替代传统火电；降低冷热需求数量和品位；提高设备能效。

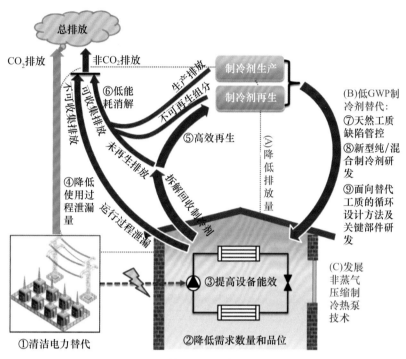

图 2.1-5　制冷剂全寿命期排放环节

第二类制冷行业的减排路径是降低制冷空调热泵系统的非二氧化碳温室气体排放，主要从直接排放的角度考虑，制冷剂在生产、使用、维修和报废等环节的泄漏是造成制冷空调热泵系统直接排放的主要环节，因此减少各环节的泄漏量、提高制冷剂回收率、研发并发展高效的再生技术是降低直接排放的关键，同时对于不可回收的制冷剂应发展低能耗消解技术。同时在《蒙特利尔议定书（基加利修正案）》的背景下应使用低 GWP（全球变暖潜能值）制冷剂作为替代制冷剂，但天然工质具有可燃性等缺陷，因此应发展天然工质的缺陷管控技术并研发新型纯/混合制冷剂，同时研发面向替代工质的循环设计方法及关键部件以保证替代工作的应用能效。除蒸气压缩系统外，可加强发展固态制冷等不使用含氟制冷剂的替代制冷空调热泵技术。综上所述，降低制冷空调热泵系统的非二氧化碳温室气体排放途径主要包括：一是降低排放量，例如减少使用过程泄漏量、回收制冷剂并加强高效再生技术、不可回收制冷剂发展低能耗消解技术；二是替代使用低 GWP 制冷剂，例如发展天然工质的缺陷管控技术、研发新型纯/混合制冷剂、研发面向替代工质的循环设计方法及关键部件；三是发展不使用含氟制冷剂的替代制冷空调热泵技术。

2.2　制冷剂替代

2.2.1　不同领域替代制冷剂

根据 IEA 报告，绝大多数 HFC 消耗在制冷领域，包括移动式和固定式的制冷空调热泵系统（RACHP）。2012 年，制冷空调热泵领域氢氟碳化物消费量占全球氢氟碳化物消费总量的 86%（以二氧化碳当量为单位)[8]。据估计，其中 65％来自空调设备（其中汽车空调占 36％），35％来自制冷设备，如图 2.2-1 所示。

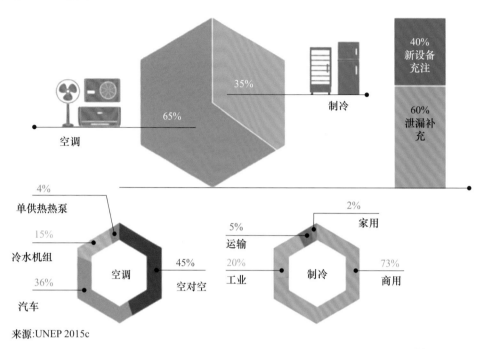

来源:UNEP 2015c

图 2.2-1　2012 年制冷空调热泵行业的全球氢氟碳化物使用量份额分布[9]

　　图 2.2-2 为 IEA 报告中罗列的制冷空调市场部分低 GWP 替代物发展趋势，表 2.2-1 为中国制冷学会制冷节能降碳及制冷剂替代工作组及行业内专家开展的各制冷、空调和热泵领域制冷剂替代物发展方向的初步研究结果。可见低 GWP 替代物逐渐向 HCs、HFOs 及其混合物和 CO_2 的方向发展。但这些替代制冷剂普遍带有一些显著缺陷，如易燃性、高压力特征或容积效率低等，这些因素共同导致在特定阶段内，其成本相较于现有产品会显著上升。同时，市场对这类新型替代产品的接纳程度也将成为一个严峻的挑战。未来的替代技术选择和行业履约工作还将面临巨大的压力和挑战。需采取"缺陷管理"模式，针对各种制冷剂存在的不同问题进行细致处理，以确保这些替代制冷剂在规定的条件下能够安全、稳定地投入使用[1]。

市场类别	当前使用的HFC制冷剂(GWP)	低GWP替代制冷剂举例(GWP)
家用冰箱	HFC-134a(1360)	→HC-600a(<<1)
小型分体式空调	R410A(2100)	→HFC-32(704) →HC-290(<1)
冷水机组	HFC-134a(1360)	→HFO-1234ze(<1) →HFO-1233zd(1) →R514A(NA)
冷藏销售	R404A(4200)	→R744(1) →R448A(1400) →R449A(1400)
汽车空调	HFC-134a(1360)	→HFO-1234yf(<1) →HFO-152a(148) →R744(1)

图 2.2-2　制冷空调市场部分低 GWP 替代物发展趋势[9]

表 2.2-1　中国制冷空调领域制冷剂替代物发展方向[10]

序号	领域	产品类别	主要的传统制冷剂	未来替代可能的选择
1	家用制冷空调	家用空调	R22 R410A	R32，R290，R454B，R161
		家用冰箱和冰柜	R134a R600a	R290，R600a，R404A
		热泵热水器	R22 R134a，R410A，R407C	CO$_2$，R32，R290，HFOs
2	工商用制冷空调	热泵热水机	R22 R134a，R410A，R407C	CO$_2$，R32，HFOs
		小型冷水 （热泵）机组	R22 R410A	R32，HFOs，R452B，R454B，R513A，R515B
		大中型冷水 （热泵）机组	R22，R123 R134a，R245fa	HFOs，R32，R514A
		单元式空调机	R22，R142b R410A，R407C	R32，HFOs，R290
		多联式空调 （热泵）机组	R410A	R32，HFOs
		冷冻冷藏设备	R22 R134a，R404A，R507A， NH$_3$	NH$_3$，CO$_2$，R290，R600a，R32，R1270，HFOs
		汽车空调	R134a	HFOs，CO$_2$

2.2.2　替代制冷剂的 GWP 与 COP 的协同

制冷剂的全球变暖潜能值（Global Warming Potential，GWP 值）与其应用系统能效是评价制冷剂性能与环境影响的两个重要指标。GWP 是一种衡量制冷剂对气候影响程度的指标，为减缓气候温升，逐渐由高 GWP 值制冷剂向低 GWP 值制冷剂替代的方向发展，以减小制冷空调热泵系统的直接排放。而系统能效则反映了制冷剂在制冷空调热泵系统运行时的效率高低，即代表每消耗一定电能所能产生的制冷量或制热量，若系统能效较低，会导致相同制冷量或制热量下耗电量增加，进而影响制冷空调热泵系统的间接排放。从以上分析可以看出，制冷空调热泵领域在向低 GWP 制冷剂发展以减小直接排放的同时，应同时关注与制冷剂性能相关的系统能效的影响。

目前，很多国内外学者都在对不同领域替代制冷剂的选择开展研究。例如汽车空调领域主要对 R134a 的替代制冷剂展开研究，如表 2.2-2 所示。对于汽车空调而言，若采用 R1234yf 和 R290 作为替代制冷剂，虽然其 GWP 很低，但制冷空调热泵系统的能效会有所降低，不利于减小间接排放。R152a 的 GWP 值低于 150，同时能够提升系统能效，可以同时做到减小直接排放和间接排放，但其可燃性制约了它的应用与发展。可见，替代制冷剂的 GWP 与 COP 之间存在一定的协同性。然而在实际应用中，往往难以同时实现 GWP 与 COP 的最优化。为实现 GWP 与 COP 的协同优化可考虑：

1）研发新型单质及混合制冷剂

研发具有更低 GWP 值的新型制冷剂，同时兼顾热力学性质、可燃性、经济成本等因素。开发具有更多优势的混合制冷剂，例如对于汽车空调领域研发 R13I1/R152a 的混合物，利用 R13I1 的阻燃性，降低 R152a 可燃性造成的缺陷风险。

2）优化制冷系统设计

通过改进制冷系统结构、提高换热器换热效率、优化控制系统等方式，以提高制冷空调热泵系统的能效。例如，①优化换热器结构、采用高效的传热材料和增加传热面积等方式强化传热；②研发更高效的压缩机，采用先进的控制策略和优化算法，以减少压缩机的能耗，提高制冷效率；③对制冷系统的各个部件进行匹配和优化，确保整个系统的高效运行。例如，合理调整冷凝器和蒸发器的尺寸和配置，优化制冷剂流量和温度控制等。

表 2.2-2 不同领域替代制冷剂的 GWP 与能效的协同

领域	原使用制冷剂（GWP）	替代制冷剂（GWP）	系统能效变化
汽车空调	R134a（1430）	R1234yf（<1）	下降[11]
		R152a（124）	提升[11]
		R290（3.3）	下降[12]
		R13I1/R152a（35/124）	提升[13]
房间空调器	R410A（2087.5）	R32（675）	提升[14]
		R290（3.3）	相近/下降[15]
		R161（5）	EER 提升[16]
多联机	R410A（2087.5）	R32（675）	提升[17]
		R454B（465）	下降[18]
		R452B（698）	下降[18]
热泵热水器	R134a（1430）	R290（3.3）	下降[19]
		R744/R290（1/3.3）	提升[20]
		R290/R600a/R13I1（3.3/4/35）	提升[21]
冷水机组	R134a（1430）	R515A（403）	相近[22]
		R1234ze（<1）	下降[23]（离心式）
			提升[24]（螺杆式）
		R513A（387）	下降[25]
商用制冷	R404A/R507A	R448A（1086）	提升[26]
		R455A（148）	提升[26]
		R454C（148）	提升[27]

2.2.3 替代制冷剂国内外政策

1）欧洲政策

欧盟是第一个对含氟温室气体管理控制立法的地区。Regulation（EU）No 517/2014（F-gas regulation）是一部旨在减少氟化温室气体排放量的法规。法规涵盖 6 个章节、27 个条款和 8 个附录。欧盟于 2024 年 2 月 7 日正式发布了最新的含氟温室气体(F-gas)法规修订案，该法案于 2024 年 3 月 11 日正式生效。新法规明确了含氟温室气体的范畴，包括 HFCs（氢氟烃）、PFCs（全氟烃）、HFOs（氢氟烯烃）、HFEs（氢氟醚）及其混合物等。其中，特别规定了对 HFCs 的削减目标，以 2015 年的 1.8 亿 t CO_2 当量作为基线值，并制定了逐年削减的详细计划：到 2025 年削减至 75.7%，2027 年削减至 87.7%，2030 年削减至 94.8%，至 2045 年削减至 97.3%，最终于 2050 年实现 100% 的削减[28]。新欧盟 F-gas 法规修订案针对制冷空调产品采用制冷剂及其 GWP 限制规定见表 2.2-3～表 2.2-5。

表 2.2-3 新欧盟 F-gas 法规修订案针对空调和热泵产品的规定[28]

产品名称		采用制冷剂及 GWP 的限制	实施日期
整体式空调和热泵	可移动的房间空调器	HFCs<150	2020-01-01
		含氟温室气体<150；安装现场有特殊安全要求的，含氟温室气体<750	2027-01-01

产品名称		采用制冷剂及 GWP 的限制	实施日期
整体式空调和热泵	制冷量或制热量≤12kW	含氟温室气体禁止使用；安装现场有特殊安全要求的，含氟温室气体<750	2032-01-01
	12kW<制冷量或制热量≤50kW	含氟温室气体<150；安装现场有特殊安全要求的，含氟温室气体<750	2027-01-01
	其他产品	含氟温室气体<150；安装现场有特殊安全要求的，含氟温室气体<750	2030-01-01
分体式空调和热泵	制冷剂充注量<3kg	含氟温室气体（附录Ⅰ）<750	2025-01-01
		含氟温室气体<150（安装现场有特殊安全要求的除外）	2027-01-01
	制冷量或制热量≤12kW 的水冷系统	含氟温室气体<150（安装现场有特殊安全要求的除外）	2029-01-01
	制冷量或制热量≤12kW 的风冷系统	含氟温室气体禁止使用（安装现场有特殊安全要求的除外）	2035-01-01
	制冷量或制热量<12kW 的所有产品	含氟温室气体<750（安装现场有特殊安全要求的除外）	2029-01-01
	制冷量或制热量>12kW	含氟温室气体<150（安装现场有特殊安全要求的除外）	2033-01-01

表 2.2-4 新欧盟 F-gas 法规修订案针对冷水机组的规定[28]

产品名称		采用制冷剂及 GWP 的限制	实施日期
冷水机组	−50℃以下产品除外	HFCs<2500	2020-01-01
	制冷量或制热量≤12kW（安装现场有特殊安全要求的除外）	含氟温室气体<150	2027-01-01
	制冷量或制热量≤12kW（安装现场有特殊安全要求的除外）	含氟温室气体禁止使用	2032-01-01
	制冷量或制热量>12kW（安装现场有特殊安全要求的除外）	含氟温室气体<750	2027-01-01

表 2.2-5 新欧盟 F-gas 法规修订案针对冷冻冷藏产品的规定[28]

产品名称	采用制冷剂及 GWP 的限制	实施日期
家用冰箱和冷柜	HFCs<150	2015-01-01
	含氟温室气体禁止使用（安装现场有特殊安全要求的除外）	2026-01-01
自携式商用冰箱和冷柜	HFCs<2500	2020-01-01
	HFCs<150	2022-01-01
	其他含氟温室气体<150	2025-01-01
所有自携式制冷产品（不含冷水机组，安装现场有特殊安全要求的除外）	含氟温室气体<150	2025-01-01
制冷量或制热量≥40kW 的多压缩机商用集中控制制冷系统	含氟温室气体（附录Ⅰ）<150；复叠系统的高温级采用的含氟温室气体<1500	2022-01-01

续表

产品名称		采用制冷剂及 GWP 的限制	实施日期
其他制冷产品	−50℃以下产品除外	HFCs＜2500	2020-01-01
		含氟温室气体＜2500	2025-01-01
	安装现场有特殊安全要求的除外	含氟温室气体＜150	2030-01-01

2）美国政策

美国于 1988 年签署加入了《蒙特利尔议定书》，在其国内主要通过《清洁空气法案》作为立法保证来确保《蒙特利尔议定书》履约目标的达成。2020 年 12 月美国国会颁布了《美国创新与制造法案》（The American Innovation and Manufacturing Act，AIM），该法案将服务于推进美国实现 HFCs 生产和消费的削减目标。基于 AIM 法案，EPA 制订了 HFCs 配额制度，并于 2021 年 10 月发布了 HFCs allocation final rule（HFCs 配额最终规则）。也对制冷空调热泵领域规定了 GWP 限值或禁用物质及合规日期[29]。如表 2.2-6 所示。

表 2.2-6 AIM 法案中限制 HFC 提案中制冷与空调领域部分 GWP 限值[29]

部门	系统	拟议的 GWP 限值或禁用物质	限值日期
家用空调	家用空调及热泵系统	700	2025-01-01
多联机	可变制冷剂流量系统	700	2026-01-01
冷（热）水机组	舒适性空调	700	2025-01-01
汽车空调	轻型乘用车	150	2025 年生产
	中型乘用车，重型皮卡，全套重型货车	150	2028 年生产
冷库	充注量在 200 磅或以上，不包括复叠系统的高温侧	150	2026-01-01
	充注量小于 200 磅	300	2026-01-01
	复叠系统高温侧	300	2026-01-01
零售食品制冷——商超系统	商超系统充注量在 200 磅或以上，不包括复叠系统的高温侧	150	2027-01-01
	充注量小于 200 磅	300	2027-01-01
	复叠系统高温侧	300	2027-01-01
零售食品制冷——远置式冷凝装置	商超系统充注量在 200 磅或以上，不包括复叠系统的高温侧	150	2026-01-01
	充注量小于 200 磅	300	2026-01-01
	复叠系统高温侧	300	2026-01-01
工业制冷（不使用制冷机）	进入蒸发器的制冷剂温度低于−50℃	未覆盖	未覆盖
	进入蒸发器的制冷剂等于或高于−50℃及低于−30℃	700	2028-01-01
	复叠系统高温侧并且进入蒸发器的制冷剂等于或高于−30℃	300	2026-01-01
	制冷剂充注量在 200 磅或以上，不包括复叠系统的高温侧和进入蒸发器的制冷剂的温度等于或高于−30℃	150	2026-01-01
工业制冷（使用制冷机）	制冷剂出口温度低于−50℃的工业制冷	未覆盖	未覆盖
	制冷剂出口温度高于−50℃、低于−30℃的工业制冷	700	2028-01-01
	制冷剂出口温度高于−30℃的工业制冷	700	2026-01-01

3）日本政策

日本的制冷剂替代进程也较快。自 1998 年以来，日本环境省先后颁布了四部与 HFCs 的管理控制相关的法律法规，包括《全球变暖对策促进法》《家用电器回收法》《氟碳化合物回收及销毁法》《机动车报废法》。日本目前已颁布的法律法规多将重点集中于含 HFCs 产品寿命周期过程中的排放控制，明确了生产及进口商、零售商、消费者多方的责任和义务，在各个环节上减少了 HFCs 的排放。根据 2016 年 10 月通过的《蒙特利尔议定书》修正案，日本拟将修订《通过管制指定物质和其他措施保护臭氧层法》。

日本修订了《碳氟化合物合理使用和妥善管理法》，该法旨在限制氟碳的排放，为氟碳化合物的整个寿命周期提供了全面的方法，包括定期检查使用氟碳化合物的商业制冷和空调设备（防止泄漏），以及在设备处置时加强氟碳化合物制冷剂的回收。如表 2.2-7 所示。

表 2.2-7　日本《碳氟化合物合理使用和妥善管理法》部分 GWP 限值[30]

指定产品分类	目前使用的主要制冷剂（GWP）	GWP 限值	目标年份
房间空调器	R410A（2087.5） R32（675）	750	2018
商店及办公室商用空调（额定制冷量小于 3RT，落地式除外）	R410A（2087.5）	750	2020
商店及办公室商用空调（额定制冷量大于 3RT，落地式和使用离心式冷水机组的中央空调除外）	R410A（2087.5）	750	2023
商店及办公室商用空调（使用离心式冷水机组的中央空调）	R134a（1430） R245fa（1030）	100	2025
汽车空调（11 座及以上除外）	R134a（1430）	150	2023
冷凝机组和固定式制冷机组（额定容量 1.5kW 及以下的设备除外）	R404A（3921.6） R410A（2087.5） R407C（1774） CO_2（1）	1500	2025
冷库（超过 5 万 m^3，新建设施）	R404A（3921.6） 氨（0）	100	2019

4）国内政策

《〈关于消耗臭氧层物质的蒙特利尔议定书〉基加利修正案》于 2021 年 9 月 15 日对我国生效，根据《基加利修正案》履约要求，自 2024 年起，我国将 HFCs 生产和使用冻结在基线水平，2029 年起 HFCs 生产和使用不超过基线的 90%，2035 年起不超过基线的 70%，2040 年起不超过基线的 50%，2045 年起不超过基线的 20%。2023 年 6 月我国发布了《中国消耗臭氧层物质替代品推荐名录》（如表 2.2-8 所示），将为我国控制、削减 HFCs 物质提供有效的政策保障。

表 2.2-8　中国消耗臭氧层物质替代品推荐名录[31]

序号	用途类型	替代品名称	消耗臭氧潜能值（ODP）	100 年全球升温潜能值（GWP）	主要应用领域（产品）	被替代的含氢氟烃（HCFCs）名称
1	制冷剂	丙烷（R290）	0	3	房间空调器、家用热泵热水器、商业用独立式制冷系统、工业用制冷系统	一氯二氟甲烷（HCFC-22）
2	制冷剂	异丁烷（R600a）	0	4	商业用独立式制冷系统	一氯二氟甲烷（HCFC-22）
3	制冷剂	二氧化碳（R744）	0	1	家用热泵热水器、工业或商业用热泵热水机、工业或商业用制冷系统、冷库	一氯二氟甲烷（HCFC-22）

序号	用途类型	替代品名称	消耗臭氧潜能值（ODP）	100年全球升温潜能值（GWP）	主要应用领域（产品）	被替代的含氢氟烃（HCFCs）名称
4	制冷剂	氨（R717）	0	0	工业用制冷系统、冷库、压缩冷凝机组	一氯二氟甲烷（HCFC-22）
5	制冷剂	二氟甲烷（HFC-32）	0	675	单元式空调机、冷水（热泵）机组、工业或商业用热泵热水机	一氯二氟甲烷（HCFC-22）
6	制冷剂	氟乙烷（HFC-161）	0	5	房间空调器	一氯二氟甲烷（HCFC-22）
7	制冷剂	丙烷和异丁烷混合物（R436C，R290/R600a质量分数95/5）	0	1	房间空调器	一氯二氟甲烷（HCFC-22）

2.3 制冷剂泄漏减少技术

2.3.1 减少制冷剂充注的技术

制冷设备的制冷剂充注量最小化是制冷技术发展的一个重要目标。制冷剂充注量最小化可以减少制冷剂全寿命期的直接排放，也可以减少制冷剂生产量。此外，制冷剂充注量的减少意味着单位成本的降低，对于具有易燃性或毒性等有害特性的制冷剂而言，相关风险也会降低。然而，不能以牺牲能效为代价来实现充注量的最小化，因为能效低意味着耗电量增加，从而引起更高的间接二氧化碳排放。为了确保二氧化碳当量总排放量达到最低，必须对设备的设计及充注量进行详尽且全面的优化。此外，政策法规通常会针对不同类型的制冷剂及其应用场景，设定相应的最大制冷剂充注量标准。因此，制冷剂充注量最小化成为未来制冷设备最重要的要求之一。

通过减少制冷剂的充注量，可以显著提升系统的安全性、灵活性和市场竞争力。制冷剂充注量的减少可以通过多种策略来实现，并且这些策略还可能为系统带来额外的优势，比如提升满载和部分负载时的运行效率，或是减小系统的总体尺寸，进而提升整体性能和成本效益。目前，一些企业已经明确提出了多种由工程师实施的方法，旨在减少制冷剂充注量，同时确保不会牺牲系统的安全性和运行效率。这些包括：

1）通过减少管道来减少内部容积

内部容积与制冷剂的充注量紧密相关，是其重要的考量因素。内部容积的大小主要取决于系统组件的尺寸和数量，因此，缩短管道长度至最佳状态变得尤为关键，同时，在条件允许的情况下，也可采用更小直径的系统管路。此外，鉴于液体制冷剂的密度显著高于蒸气，即便系统中制冷剂多以气体形式存在，液相制冷剂的质量仍占据主导地位。因此，液体管路容积的微小减少，都会对总充注量产生显著的影响。为了应对这一问题，一个潜在的解决方案是将部分组件重新布局，使其更靠近冷凝器，缩短液体管路管长并相应减小液体管路的直径[32]。

2）使用微小通道换热器

研究表明，约75%的制冷剂会储存于冷凝器与蒸发器中[33]。因此换热器的设计对系统具有重大影响。以微通道换热器（MCHE）为例，其高效传热过程对系统设计产生了显著的积极影响，有效提升了系统的整体效率。这种换热器利用扁平管设计，内部包含微小通道，不仅显著增强了传热效率，而且与传统的翅片管式换热器相比，其内部容积和制冷剂充注量最多可减少70%。此外，采用小管径翅片管换热器也是一种有效的优化方法。例如，将管径从9.52mm缩小至5mm时，换热器的内部容积可以显著缩小约75.4%。这意味着，通过减小管径，系统的制冷剂充注量可以大幅减少至原来的25%[34-35]。

2.3.2 安装及维修检漏技术

制冷剂泄漏不仅影响环境，也会对系统性能产生负面影响，例如导致空调或制冷系统的性能下降，无法达到预期的制冷制热效果，也容易增加系统能耗和运行成本。通常制冷系统泄漏发生的原因主要有：①管路连接不严密，系统管路连接部件因长时间运行产生松动磨损或施工焊接工艺不精造成的漏点；②管路腐蚀；③压缩机排气管泄漏；④换热器泄漏；⑤系统维护不足等[36]。目前制冷系统常用的泄漏检测方法有：目测法、荧光检漏法、红外成像检漏法等。在这些检测手段中，制冷剂泄漏传感器凭借其高度的灵敏度和准确性，在制冷剂泄漏检测方面发挥了举足轻重的作用。例如，四方光电推出了制冷剂泄漏检测传感器，其满足及时报警要求，精度高，无误报漏报，并且在全温度量程内保持高检测精度，同时防冷凝结霜、防尘防水，可以监测 R32、R290、R454A、R454B、R1234ze、R1234yf、CO_2 等多种制冷剂。目前制冷剂泄漏检测传感器的价格较高，研发低成本、低价格传感器是解决其广泛应用的关键问题。丹佛斯推出 A2L 气体传感——TC 传感器，其使用气体导热特性作为气体存在的测量工具。以空气的导热系数读数为参考，当接触 R454B 时，导热系数下降、热阻上升，该种方法可以有效降低传感器成本[37]。

2.3.3 相关国内外标准、规范及发展趋势

若要充分发挥《蒙特利尔议定书》保护气候和臭氧层的潜力，就需要考虑受控物质的整个寿命周期：从生产和使用到减少泄漏、回收、再利用和无害环境的处置。这种协调的方法被称为制冷剂寿命周期管理（LRM），可以以低成本产生显著的气候保护。

制冷剂管理的最优实践方法可以在现有技术和低成本的情况下在寿命周期的每个阶段实施。可用的策略包括：①保持准确又全面的制冷剂库存和排放的估算；②实施最佳的安装、维修和监控操作，以减少制冷设备在使用寿命期间的泄漏；③确保设备报废时制冷剂的回收；④回收使用过的制冷剂，以减少对原始制冷剂生产的需求，并为回收气体创造再利用的机遇；⑤使用环保无害技术，销毁没有使用需求的被回收制冷剂；⑥改进新设备的设计，使用环境友好型制冷剂，提高能源效率，减少运行寿命期间的泄漏，并简化设备报废和制冷剂回收工序[38]。

在欧盟，自 2007 年 7 月 4 日起，所有含有氢氟碳化物的制冷、空调和热泵设备都在 F-gas 法规［法规（EC）No 842/2006］的范围内。某些国家（如丹麦、荷兰、挪威、奥地利、德国、瑞士、瑞典）已引入旨在减少泄漏的额外法规和措施[39]。例如，能源基金会的《管控 HFC 政策法规（研究报告）》中指出：丹麦提出从 2001 年 3 月 1 日起，根据 HFCs 的"温室效应潜能"（GWP）值的大小征收不同的税值，例如 HFC-134a 的 GWP 值为 130，每千克 HFC-134a 征税 20 美元左右，并计划从 2007 年 1 月起在新设备中禁用 HFCs；挪威提出从 2003 年起对 HFCs 征税，而且其税值比丹麦高 80％[40]，且所有以散装和产品形式进口的氢氟碳化物和全氟碳化物都要征税[41]。

2022 年中国制冷空调工业协会发布了 T/CRAAS 1009—2022《制冷空调设备及系统制冷剂管理规范》，其结合国内制冷空调产品的使用、制冷剂管理的现状，对 HCFCs、HFCs 等含氟制冷剂，且主要针对制冷剂充注量大于 5 吨二氧化碳当量的制冷空调设备提出了安装、维修、运行、保养等相关规定，为制冷空调行业相关产品、维修保养规范制定提供参考[42]。2022 年中国制冷空调工业协会发布了 T/CRAAS 1013—2022《单元式空气调节机维修保养技术规范》，对采用 A1 和 A2L 类制冷剂的单元式空气调节机的维修、保养、报废、制冷剂回收与再利用提出了基本技术要求[43]。

2.4 制冷剂回收及处置

制冷剂回收是一项重要的环保工作，对于保护地球环境、促进可持续发展具有重要意义。一方面其可以减少环境污染、维护大气稳定，避免含氟制冷剂排放到大气造成臭氧层破坏和全球变暖效

应；另一方面可以节约生产资源与生产成本，避免浪费和减少工艺损耗和排放。积极开展制冷剂回收和再利用工作，可加强制冷剂的循环利用，减少制冷剂的新生产量。

从欧美发达国家的制冷剂回收政策来看[44]：①美国《清洁空气法》明确规定，必须最大程度地回收并循环利用制冷剂。对于制冷设备在维护、保养、维修或处置过程中的故意排放行为，将制定相应的法律规范进行约束。此外，法案还将推行回收与再循环设备的认证方案，确保设备及其报废处理过程均符合法定标准，同时要求技术人员也必须通过相应的认证，以保障整个流程的规范性和安全性。②欧洲的《关于臭氧层消耗物质的法规》和《含氟气体法规》均对制冷剂的回收方法与分类以及技术人员的验证提出了明确要求。为了更有效地实施这些规定，欧盟的大部分成员国采用了联合机制，由政府、生产商和非政府组织共同合作，建立了多种报废设备的回收渠道。这一机制不仅加强了回收工作的效率，也促进了资源的循环利用。同时，消费者也被积极动员起来，共同参与这一环保行动。

目前我国制冷剂回收再利用处于起步阶段，且目前有关制冷剂回收再利用尚缺乏具体回收操作与处置等标准规范，也尚缺乏从业人员专业认证和回收设备认证体系，废旧制冷空调设备回收渠道不规范，设备回收率较低，消费者也缺乏主动回收意识，各地缺乏正规的设备回收中心，且较多厂家对回收回来的制冷剂没有做到良好的分类处理，导致制冷剂污染，加大再生难度[45]。但制冷剂回收越来越受到行业重视。自2008年起相继出台制冷剂回收相关标准，如表2.4-1所示。

表 2.4-1　我国制冷剂回收相关标准[45]

标准编号	标准名称
GB 4706.92—2008	家用和类似用途电器的安全　从空调和制冷设备中回收制冷剂的器具的特殊要求
GB/T 26205—2010	制冷空调设备和系统　减少卤代制冷剂排放规范
JT/T 774—2010	汽车空调制冷剂回收、净化、加注工艺规范
JT/T 783—2010	汽车空调制冷剂回收、净化、加注设备
JB/T 12844—2016	制冷剂回收循环处理设备
JB/T 12319—2015	制冷剂回收机
JB/T 11527—2013	制冷剂充注与回收用表阀组
T/CACE 023—2020	废弃电器电子产品制冷剂回收技术规范

我国正逐步深化对制冷剂回收重要性的认识，并通过一系列方案，如《绿色高效制冷行动方案》《中国应对气候变化的政策与行动》《"十四五"冷链物流发展规划》以及《制冷设备更新改造和回收利用实施指南》等，明确提出了积极推动制冷剂回收工作的要求[46]。

目前，回收后制冷剂的处理处置方式包含再生和销毁两种[47]。其中，再生又分为蒸馏再生及简易再生两种技术。蒸馏再生技术产品纯度高，通常可达到99.5％以上；而简易再生处理后制冷剂的纯度仅能达到98％左右。但由于投资成本的限制，目前国内制冷剂再生企业多采用简易再生技术[47]。

2.5　小结

降低制冷热泵系统的直接排放是应对全球气候变化、保护生态环境的重要举措。制冷热泵系统作为能源消耗和温室气体排放的主要来源之一，其全寿命期中的直接排放对大气环境造成了不可忽视的影响。

中国作为全球碳排放大国，在应对气候变化和推动绿色发展方面承担着重要责任。制冷剂排放是我国碳排放的重要来源之一，因此，减少制冷剂排放对于实现我国"二氧化碳排放力争于2030年前达到峰值，努力争取2060年前实现碳中和"的目标具有重要意义。同时，在《基加利修正案》的共同推动下，加速推进制冷剂替代、减少制冷剂全寿命期使用量和泄漏量、加强制冷剂回收与再生成为降低制冷热泵系统直接排放的重要途径。因此，低 GWP 制冷剂的选取、GWP 与 *COP* 的协同发展、减小制冷剂充注量、加强设备的维护管理等实质措施的重要性逐渐凸显。定期清洗和维护制冷热泵设备，可以确保其正常运行和最佳性能，避免因设备老化或故障导致的能耗增加和排放上升。同时，积极有效的制冷剂泄漏检测，及时更换损坏的部件和密封件，也能有效防止制冷剂泄漏等环境问题。

除了技术层面的改进，政策引导和社会参与也至关重要。制冷剂回收与再生还处于初级阶段，制定合理的制冷剂回收与再生政策、法规、制度成为未来制冷剂回收与再生的重要途径。降低制冷热泵系统的直接排放需要技术、政策和社会多方面的共同努力。通过采用低 GWP 制冷剂、小充注量设计、加强维护管理以及加强政策引导和社会参与等方式，努力实现制冷热泵系统的绿色、低碳运行，为制冷热泵降碳贡献力量。

参考文献

[1] 陈敏良，史琳，李红旗，等. 由制冷剂替代谈起 [J]. 制冷与空调，2017，17 (9)：1-5.

[2] 梁晓霞. 浅谈温室效应及其影响 [J]. 中国高新区，2019 (7)：203.

[3] LINDSEY R，Climate change：atmospheric carbon dioxide [EB/OL]. https：//www. climate. gov/news-features/understanding-climate/climate-change-atmospheric-carbon-dioxide.

[4] Hydrofluorocarbons [EB/OL]. https：//www. ccacoalition. org/short-lived-climate-pollutants/hydrofluorocarbons-hfcs.

[5] 张朝晖，王若楠，高钰，等. 由制冷剂替代历程探究产业新时期发展之路 [J]. 制冷与空调，2023，23 (1)：1-10，15.

[6] 2006 IPCC Guidelines for National Greenhouse Gas Inventories：emissions of fluorinated substitutes for ozone depleting substances [R]. 2006.

[7] MORLET V，COULOMB D，DUPONT J. L. The impact of the refrigeration sector on climate change，35th Informatory Note on refrigeration technologies [R]. 2017.

[8] UNEP Ozone Secretariat Workshop on HFC Management：Technical Issues，Fact Sheet 2：Overview of HFC Market Sectors. Bangkok [R].

[9] IEA. Cooling emissions and policy synthesis report [R]. 2020.

[10] 中国制冷学会. 碳中和制冷技术发展路线 [R]. 2022.

[11] CHEN X W，LIANG K，LI Z H，et al. Experimental assessment of alternative low global warming potential refrigerants for automotive air conditioners application [J]. Case Studies in Thermal Engineering，2020，22：100800.

[12] VAGHELA J K. Comparative evaluation of an automobile air-conditioning system using R134a and its alternative refrigerants [J]. Energy Procedia，2017，109：153-160.

[13] ZHANG N C，DAI Y D，FENG L H，et al. Study on environmentally friendly refrigerant R13I1/R152a as an alternative for R134a in automotive air conditioning system [J]. Chinese Journal of Chemical Engineering，2022，44：292-299.

[14] 徐志亮，熊军，陈绍林，等. R32 与 R410A 对变频空调器 APF 影响的对比分析 [J]. 家电科技，2018 (11)：22-23，21.

[15] 马闯，李廷勋. 家用房间空调器 R290 研究及应用分析 [J]. 日用电器，2021 (3)：68-73.

[16] UTAGE A S，MALI K V，PHADAKE H C. Performance simulation of HFC-161 as an alternative refrigerant to HCFC-22 for room air conditioner [J]. Materials Today：Proceedings，2021，47 (16)：5594-5597.

[17] 刘合心，宋培刚，黄浪彬. R32 多联机可行性分析 [J]. 日用电器，2013 (4)：57-61.

[18] Devecioglu A G. Seasonal performance assessment of refrigerants with low GWP as substitutes for R410A in heat pump air conditioning devices [J]. Applied Thermal Engineering，2017，125：401-411.

[19] 胡敏东，王昶，胡懿梵，等. R290 替代 R134a 热泵热水器的性能分析与试验研究 [J]. 流体机械，2014，42 (5)：67-70.

［20］范晓伟，巨福军，张仙平，等. 二氧化碳/丙烷用于热泵系统循环性能分析［J］. 热科学与技术，2014，13（4）：295-299.

［21］XIAO B，CHANG H W，HE L，et al. Annual performance analysis of an air source heat pump water heater using a new eco-friendly refrigerant mixture as an alternative to R134a［J］. Renewable Energy，2020，147（1）：2013-2023.

［22］贾磊，程立权，蔡松素，等. R515A 制冷剂用于水冷式冷水机组的理论与试验研究［J］. 制冷与空调，2023，23（6）：86-91.

［23］衣可心，俞国新，赵远扬. R1234ze（E）在 R134a 离心式制冷压缩机中的直接替代研究［J］. 制冷与空调（四川），2022，36（3）：409-415.

［24］杜国良. R1234ze（E）与 R134a 在冷水机组中的应用对比与探讨［J］. 制冷与空调，2018，18（8）：51-54.

［25］王勇，杜国良，王发忠，等. R513A 与 R1234ze 在螺杆冷水机组上替代 R134a 的试验研究［J］. 制冷与空调，2019，19（9）：77-82.

［26］郜文静，王子龙，周颖. R448A 和 R455A 在复叠制冷系统中替代 R404A 的性能分析［J］. 上海理工大学学报，2021，43（6）：536-544.

［27］孙志利，孟珂欣，李雄亚，等. R404A 制冷剂替代方案及研究进展［J］. 冷藏技术，2022，45（2）：52-59.

［28］王若楠，陈敬良. 最新规定 | 欧盟 F-gas 法规修订案［EB/OL］. http://www.chinarefc.com/.

［29］Final rule-phasedown of hydrofluorocarbons：restrictions on the use of certain hydrofluorocarbons under subsection（i）of the American Innovation and Manufacturing Act of 2020［EB/OL］. https：//www. epa. gov/system/files/documents/2023-10/technology-transitions-final-rule-fact-sheet-2023. pdf.

［30］Resource book for life cycle management of fluorocarbons，good practice portfolio for policy makers［EB/OL］. ccacoalition. org.

［31］环办大气函〔2023〕198 号. 关于印发《中国消耗臭氧层物质替代品推荐名录》的通知［Z］，2023.

［32］marimac. Design changes that reduce refrigerant charge［R］. 2022.

［33］IIF-IIR，CORBERÁN J M，et al. Refrigerant charge reduction in refrigerating systems，25th Informatory Note on refrigeration technologies［R］. 2014.

［34］丁国良，吴国明，刘挺. 制冷空调换热器的研究进展（一）——小管径翅片管换热器［J］. 家电科技，2019，（4）：40-45，58.

［35］杨丁丁，柳建华，宋吉，等. 小管径内螺纹铜管在空调换热器上的应用分析［J］. 有色金属材料与工程，2017，38（6）：334-338.

［36］白旭升. 制冷系统泄漏检测方法的应用与展望［J］. 节能，2021，40（4）：77-79.

［37］丹佛斯传感方案. 丹佛斯 A2L 气体传感器荣获 2024 中国制冷展"创新产品"大奖［Z］.

［38］MAYHEW C，CHAO T，O'ROURKE A. Lifecycle refrigerant management：maximizing the atmospheric and economic benefits of the Montreal Protocol［M］，2023.

［39］COWAN D，GARTSHORE J，CHAER I，et al. REAL zero-reducing refrigerant emissions & leakage-feedback from the IOR Project［M］，2010.

［40］北京大学环境科学与工程学院. 管控 HFC 政策法规（研究报告）［R］. 能源基金会，2018.

［41］GARG A，KUMAR S，BHASIN S，et al. Global best practices on lifecycle refrigerant management［M］，2023.

［42］刘璐璐.《制冷空调设备及系统制冷剂管理规范》解读与发布［R］. 中国制冷空调工业协会，2023.

［43］单元式空气调节机维修保养技术规范：T/CRAAS 1013—2022［S］.

［44］王祖光，胡俊杰，李仓敏，等. 欧美制冷剂回收管理模式对我国的启示［J］. 制冷与空调，2023，23（7）：70-73.

［45］臧建彬，王海鹰. 制冷剂绿色回收再生利用产业化关键技术与实施路径分析与展望［J］. 制冷与空调，2023，23（7）：64-69.

［46］胡俊杰，徐淑民，李仓敏，等. 我国 HFC-134a 制冷剂回收现状及环境无害化管理建议［J］. 化工环保，2023，43（6）：838-841.

［47］生态环境部固体废物与化学品管理技术中心.《蒙特利尔议定书》受控物质制冷剂回收再用管理模式研究报告［R］. 能源基金会，2022.

第3章 降低制冷热泵系统间接碳排放的设备

本章主要探讨如何通过降低制冷热泵系统的间接碳排放，实现节能减排目标。制冷热泵系统在民用和工商用领域的广泛应用，使其成为节能减排的重要对象。为此，本章将详细介绍各类空调热泵设备，包括空气源热泵、房间空调器、多联机系统、室内空气处理装置、冷水机组与水源热泵机组、间接蒸发冷却冷水机组、民用与商用生活热水机组以及高温热水和蒸汽机组等。通过优化这些设备的能效比 COP_{sys}，可以显著减少其碳排放。同时，部分设备结合了可再生能源利用技术，也直接降低了设备的碳排放。本章将重点分析不同设备的技术特点、应用场景及其在节能减排中的实际效果，从而为读者提供全面、深入的技术指导和实践案例，帮助实现更高效的能源利用和碳排放控制。

3.1 空气源热泵

3.1.1 空气源热泵分区设计

我国气候多样，不同地区的气候和建筑负荷各异，导致空气源热泵在提供冷热量时面临差异巨大的运行条件。从青藏高原的严寒到华南地区亚热带的高热湿润，再到东北地区的严寒，不同地区存在显著的气候差异。为了开发高效空气源热泵设备，首先需要充分了解气候特征。

空气源热泵性能主要取决于系统设计（如：制冷循环形式、换热器的设计容量、电机与压缩机效率等）、控制策略和运行工况［如：使用侧的回水（风）温度与流量，热源侧的环境温湿度条件］。由于使用侧需求受到人的舒适性或工艺要求的影响，已经有许多研究成果涉及此方面。确定使用侧工况后，空气源热泵的制冷和制热性能主要受室外参数影响。因此，本节将重点分析室外工况条件，特别关注室外温度对热泵性能的影响，并结合建筑负荷特征，以明确研发适用于各地的空气源热泵技术路线。

1. 分区参数

图 3.1-1 展示了我国不同气候区典型城市在制冷和制热季节的空气源热泵室外平均温度与极值温度的统计数据。数据显示，全国制冷季节的平均室外温度为 27.0℃，各地平均温度的最大偏差仅约 4℃。而在制热季节，室外平均温度为 4.0℃，但平均温度的最大偏差却高达 13℃，极端工况的差异更为显著，如长春冬季低至 −33℃，而海口的最低温度仅为 8℃，两地相差约 40℃。这凸显了不同地区在制热季节的极端温度差异，对于空气源热泵性能的适应性提出了更高的要求[1]。

为了客观评估不同地区和使用习惯下的空调供暖系统效果，需要使用相同的负荷基准。以空气源热泵在居住建筑中的应用为例，采用相同的建筑模型、人员、室内灯光设备和新风设定基准进行负荷分析。图 3.1-2 是我国不同气候区四个典型城市居住建筑的负荷分布情况。由于住宅用空调器具有间歇性运行特征，故建筑负荷在同一室外温度下分散，即在同一室外温度下需要压缩机提供不同的输气量以适应负荷大范围变化，同时空气源热泵的工作温度跨度大，要求其压缩比大范围变化[1]。

2. 分区方案

空气源热泵产品的名义工况至关重要，它不仅是产品设计的基准，更是产品技术方案选择、容量确定和能效水平定位的前提[2]。长期以来，我国空气源热泵的名义工况主要基于 ISO 5151 中 T1 气候区的标准，制冷时的室外干/湿球温度为 35℃/24℃，制热时的室外工况为 7℃/6℃。由于我

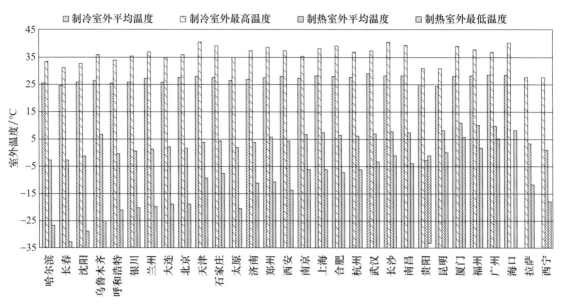

图 3.1-1　我国主要城市的供冷季和制热季的室外温度

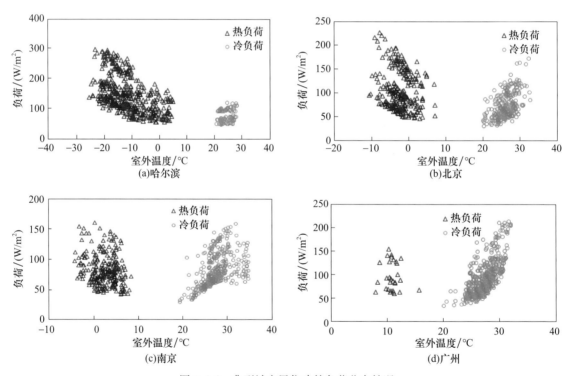

图 3.1-2　典型城市居住建筑负荷分布情况

国南北气候存在显著差异，为适应北方地区的空气源热泵供暖需求，2010 年颁布了低环境温度空气源热泵产品标准，制热时的室外侧名义工况为－12℃／－14℃，丰富了我国空气源热泵标准体系。

　　然而，这两类热泵仍不能覆盖我国所有地区尤其是长江流域供暖用空气源热泵的应用需求。考虑到我国幅员辽阔、气候差异大的特点，结合室外工况和建筑负荷特点，制冷性能可以采用目前的统一室外名义工况（室外干/湿球温度为 35℃／24℃），而制热性能则需要根据不同的室外侧名义工况进行设计，以研发适应性强、能效高的空气源热泵设备。为了与 GB 50176 提供的建筑热工分区和 GB 50352 建筑气候区划相匹配，我国将空气源热泵划分为四个类型，具体如表 3.1-1 所示。

表 3.1-1　全国空气源热泵制热分区方案及适用温度范围

室外温度 t_j 的适用范围	热泵制热分区类型	对应现行标准的气候分区	
		GB 50176 建筑热工分区	GB 50352 建筑气候区划
$t_j \geqslant 2℃$	制热 A 区型	夏热冬暖地区	Ⅳ区
$-7℃ \leqslant t_j < 2℃$	制热 B 区型	夏热冬冷地区及温和地区	Ⅲ区和Ⅴ区
$-25℃ \leqslant t_j < -7℃$	制热 C 区型	寒冷地区	Ⅱ区、ⅦD区
	制热 C 区（高寒）型		ⅥC区
$-35℃ \leqslant t_j < -25℃$	制热 D 区型	严寒地区	Ⅰ区、ⅦA、ⅦB、ⅦC区
	制热 D 区（高寒）型		ⅥA、ⅥB区

对于同一气候区域的空气源热泵，其设计时采用的室外侧名义工况均相同。室外侧"名义工况"通常定义为：制冷与制热的不保证时间为 3% 所对应的干球温度，以及基于名义干球温度 ±1℃ 内的室外干球温度所对应湿球温度的统计平均值所确定的湿球温度。考虑到典型城市、典型气候年的干球温度统计平均值，确定了各地区的空气源热泵制冷及制热名义工况，具体如表 3.1-2 所示[1]。

表 3.1-2　空气源热泵制热分区类型及其室外侧的名义工况

热泵分区类型	名义制冷工况/℃		名义制热工况/℃	
	干球温度	湿球温度	干球温度	湿球温度
制热 A 区型	35	24[1)]	7	6
制热 B 区型			—2	—3
制热 C 区型[2)]			—12	—13.5
制热 D 区型[2)]			—25	—[3)]

注：1）当采用蒸发冷却式冷凝器时对室外环境湿球温度的要求，而对风冷式冷凝器无此要求。
　　2）制热 C 区（高寒）、D 区（高寒）型与制热 C 区、D 区型热泵机组相比，风冷换热器的风量存在差异，但制冷剂侧无显著差异，故采用相同的名义工况。
　　3）制热 D 区名义制热工况对应的含湿量极低，对湿球温度可不作要求。

以长江流域为例，大部分地区处于制热 B 区。以前通常采用统一的 7℃/6℃ 作为制热名义设计工况，但根据图 3.1-1 给出的长江流域典型城市室外温度情况，这明显不能满足空气源热泵系统的应用需求。引入制热 B 区的名义制热工况（—2℃/—3℃）有效解决了这一问题，确保了在制冷与制热设计工况下的容量需求，并提高了全年运行能效。

空气源热泵设计分区这一技术路线已纳入我国多部国家标准和行业标准中，如 GB/T 25127《低环境温度空气源热泵（冷水）机组》、JB/T 14077—2022《空气源热泵冷热水两联供机组》、JB/T 14070—2022《地板采暖用空气源热泵热水机组》等，并将逐渐推广到我国所有的空气源热泵产品标准中。其中，JB/T 14077、JB/T 14070 两部标准更是首次提出了制热 B 区的名义工况设计要求。经过多年的发展，中国的空气源热泵标准体系相对令人满意。基于热源侧和需求侧等级的空气源热泵标准体系已经建立，涉及不同应用领域的 20 多个产品标准。此外，还有与之相对应的能效等级、安装要求、测试方法等标准。相关标准已列在表 3.1-3 和表 3.1-4 中。

表 3.1-3　国内不同空气源热泵产品标准

		水机						空气	
		民用				工业用		民用	工业用
		地暖	风机盘管	散热器	生活热水	高温	低温		
制热	A 区	/	• 1、2	/	• 14、15、16	• 17	• 17	• 7、8、9、10、11	•
	B 区	• 5、6	• 1、2、5、6	• 5、6	• /	• 17	• 17	• 7、8、9、10、11	•

续表

		水机						空气	
		民用				工业用		民用	工业用
		地暖	风机盘管	散热器	生活热水	高温	低温		
制热	C区	• 3, 4	• 3, 4	• 3, 4	• /	• 18	• 18	• 12, 13	○
	D区	•	○	○		/	/	•	○
制冷		/	• 1, 2	/	/	/	/	• 7, 8, 9, 10, 11	/

注：•代表有对应产品；○代表产品研发中；/代表没有这类产品。

表 3.1-4　空气源热泵产品标准清单

类型	序号	编号	名称
空气-水机组	1	GB/T 18430.1—2007	蒸气压缩循环冷水（热泵）机组 第1部分：工业或商业用及类似用途的冷水（热泵）机组
	2	GB/T 18430.2—2016	蒸气压缩循环冷水（热泵）机组 第2部分：户用及类似用途的冷水（热泵）机组
	3	GB/T 25127.1—2020	低环境温度空气源热泵（冷水）机组 第1部分：工业或商业用及类似用途的热泵（冷水）机组
	4	GB/T 25127.2—2020	低环境温度空气源热泵（冷水）机组 第2部分：户用及类似用途的热泵（冷水）机组
	5	JB/T 14070—2022	地板采暖用空气源热泵热水机组
	6	JB/T 14077—2022	空气源热泵冷热水两联供机组
空气-空气机组	7	GB/T 7725—2022	房间空气调节器
	8	GB/T 17758—2023	单元式空气调节机
	9	GB/T 18836—2017	风管送风式空调（热泵）机组
	10	GB/T 18837—2015	多联式空调（热泵）机组
	11	GB/T 20738—2018	屋顶式空气调节机组
	12	GB/T 25857—2022	低环境温度空气源多联式热泵（空调）机组
	13	JB/T 13573—2018	低环境温度空气源热泵热风机
热水系统	14	GB/T 21362—2023	商业或工业用及类似用途的热泵热水机
	15	GB/T 23137—2020	家用和类似用途热泵热水器
	16	JB/T 11969—2014	游泳池用空气源热泵热水机
	17	JB/T 12840—2016	空气源热泵高温热风、高温热水机组
	18	JB/T 12841—2016	低环境温度空气源热泵热水机

3. 理论研究——低环境温度空气源热泵热风机

针对普通空气源热泵在寒冷地区使用存在热量需求较大时、制热量不足，低温环境下运行可靠性差或无法正常运行，以及热舒适性不佳的问题，近年来企业研发了低环境温度空气源热泵热风机。为克服在寒冷地区空气源热泵系统效率低、可靠性差等缺点，实现低环境温度下正常制热，研究基于双级增焓变频压缩机的空气源热泵供暖技术，将压缩过程从单级压缩变为双级压缩（图3.1-3），减小每一级的压差，降低压缩腔内部泄漏，提高了容积效率；通过中间闪发补气降低排气温度，提高了容积制热量；系统同时采用双级变容技术，实现变排量和变排量比的两种双级压缩运行模式，有效解决制热量衰减的问题。针对舒适性问题，开发出可落地（或低挂壁）安装室内机。该室内机有上下两个出风口，上出风口可以灵活调整出风角度，针对人体活动区域定向送暖风供热，让活动区域快速升温，下出风口送风可贴地面流动、扩散，然后热风因密度小，逐渐自然上升，整个房间温度均匀升高，达到地暖供热的舒适度。

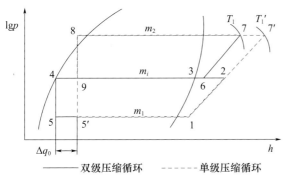

图 3.1-3　单级压缩与双级压缩（热风机）的比较与示意图

对北京某农村住宅热泵热风机供暖设备进行实测调研，在测试户六个供暖房间内观察到热泵热风机的不同使用率，平均从 6.0％ 到 58.7％ 不等。六个房间有不完全相同的温度设置。客厅平均设置温度为 20.3℃；三间卧室的平均设置温度在 22.0℃；盥洗间和厨房兼餐厅的平均最高温度为 25.7℃。六个房间单位供暖面积平均功耗从 34.2W/m² 到 97.4W/m² 不等，单位供暖面积平均能耗从 6.7kWh/m² 到 37.3kWh/m² 不等。研究验证了热泵热风机在控制功能、便捷性等方面的供暖适用性，同时也再次证明了其在行为节能、舒适性等方面的供暖适用性。

4. 案例分析

长春某老旧小区采用燃气锅炉供暖供热，由于老旧小区保温性能很差，二次网管线输送距离较长，供暖指标约 68W/m²。原有热源为 2 台 2t（1400kW）燃气锅炉，随着天然气价格逐年走高，导致冬季燃气供热企业普遍亏损，在地方财政紧张、无法全额补贴的条件下，供热企业存在迫切改造需求。热泵在满足 GB 55015—2021《建筑节能与可再生能源利用通用规范》最低 COP 要求下，其经济性也优于燃气锅炉。故提出热泵串并联耦合的供热系统，采用海信日立公司的低环境温度空气源热水机组，与燃气锅炉相结合，可调节性强，空气源热泵台数不受系统流量变化限制，可针对客户经济性需求和供热保证性需求调整台数，减少初投资的冗余，尤其适合合同能源管理项目用户；二次侧回水加热，保证机组提供满足要求的最低供水温度，提高机组 COP；改造难度小，仅对原有管路回水系统调整，不影响原有一次侧锅炉系统，物业产权边界明晰。

运行结果如图 3.1-4 所示，采用海信日立公司海信牌低环境温度空气源热水机组与燃气锅炉结合串并联耦合的供热系统，制热成本仅为 0.262 元/kWh，相较于原有燃气成本降低 24%，其投资回收期仅为 2.52 年。结合 10—12 月预测数据，可实现供暖季内替代燃气总价值 36.26 万元。

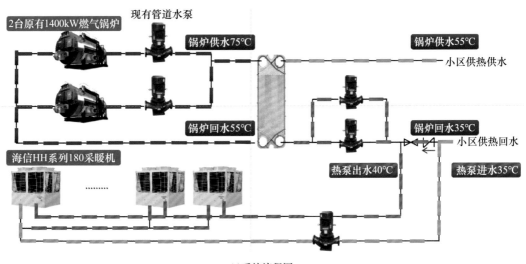

(a)系统流程图

不同温度区间数据统计　　　　　　1—4月节能效果分析

序号	项目内容	单位	数值1	数值2	数值3	数值4	数值5	数值6	数值7	总计
1	统计环温	℃	>5	0~5	-5~0	-5~-10	-10~-15	-15~-20	-20~-30	
2	累计小时数	h	97	127	164	142	102	102	20	755
3	单台累计总热负荷	kWh/a	14135	15517	17658	13951	8500	7145	1354	78259.82
4	单台累计总耗电量	kWh/a	4455	5681	7101	6224	4403	4074	859	32797.52
5	单水泵耗电量	万kWh	0.11	0.14	0.18	0.16	0.11	0.11	0.02	0.83
6	系统平均COP		3.17	2.73	2.49	2.24	1.93	1.75	1.58	2.39
7	热泵台数	台	10	10	10	10	10	10	10	10
8	热泵总累计供热负荷	万kWh	14.135	15.517	17.658	13.951	8.500	7.145	1.354	78.26
9	热泵总累计耗电量	万kWh	4.455	5.681	7.101	6.224	4.403	4.074	0.859	32.80
10	总电费	万元	4.42	3.08	3.85	3.38	2.39	2.21	0.47	17.79
11	替代燃气总量	万Nm³	2.17	2.39	2.72	2.15	1.31	1.10	0.21	12.04
12	替代燃气总价值	万元	6.79	7.45	8.48	6.70	4.08	3.43	0.65	37.57
		万元	4.37	4.37	4.62	3.32	1.69	1.22	0.18	
13	节能总价值		19.78							
14	节能百分比		33.70%							

(b)运行效果分析

图 3.1-4　热泵串并联耦合的供热系统

3.1.2　空气源热泵除霜技术

空气源热泵以其兼顾制冷与制热、节能环保、安装灵活等优点，在国家相关政策支持下，得到了全国大范围内的推广应用。然而，空气源热泵在冬季室外湿度较高时运行存在严重的结霜问题，导致室外换热器传热热阻、风阻增加，机组性能系数下降，甚至出现无法正常制热而停机的现象。因此，空气源热泵在低温高湿环境下运行时的结霜问题已成为其高效运行的瓶颈。如何能够及时高效地去除室外蒸发器表面的霜层，同时减小除霜对室内环境造成的不利影响，以及保证热泵机组在除霜过程中的安全运行成为空气源热泵能效提升及进一步推广应用的关键。

1. 技术途径

1）研发空气源热泵抑霜技术

抑霜技术可以减少或防止空气源热泵室外机在冬季结霜。应对空气进行除湿，减少流经空气源热泵蒸发器的含湿量；通过外加电场/磁场或超声波等方式，影响和破坏霜层在蒸发器表面生长；通过调节热泵系统和主要部件的结构参数优化和运行参数优化；以及通过换热器表面改性实现抑霜。

2）研发空气源热泵精准探霜技术

霜层厚度是决定空气源热泵进入除霜状态的重要判据，准确探霜是解决空气源热泵除霜控制策略的基本环节，避免出现"有霜不除"或"无霜除霜"影响机组供热过程中的供热量和室内舒适性，例如采用 PTT 除霜控制方法。可采用利用机组运行参数、人工智能、图像识别等方法，提高探霜技术的精度和可靠性。

3）优化空气源热泵除霜技术

在除霜过程中，需在控制简单、成本较低的前提下，解决传统除霜过程中机组启停频繁、室内舒适性差的问题，研发保证空气源热泵的连续制热能力和满足室内舒适性要求的除霜技术，例如热气直通化霜以及多组蒸发器交替除霜技术。

2. 理论研究

如何能够及时高效地去除室外蒸发器表面的霜层，同时减小除霜对室内环境造成的不利影响，以及保证热泵机组在除霜过程中的安全运行成为空气源热泵能效提升及进一步推广应用的关键。研发热气旁通除霜、直通化霜技术和多组蒸发器交替除霜技术，是保证机组稳定供热、室内舒适度要求的重要途径。通过利用热泵循环的过冷热作为溶液再生热源，可实现溶液高效再生，解决空气源热泵结霜和除霜位置重合的问题，保障无霜空气源热泵的稳定运行。下面针对空气源热泵除霜技术和无霜空气源热泵技术进行相应的理论分析。

1）PTT 除霜控制方法

现有的除霜控制方法主要针对时间、温度及其他条件进行监测，是空调生产企业采用最多的除霜控制技术[3]。该方法在时间的基础上考虑室外或室内换热器的管道温度，在一定程度上能够适应环境温度的变化，但在环境温湿度变化较大时不能准确把握除霜切入点，产生"有霜不除"或"无霜除霜"的误除霜问题[4]。同时，该除霜控制方法一般按照最大除霜量进行设定，当结霜较少时，仍然按照既定的方式进行除霜，从而使换热器能力不能充分发挥，在已经除霜完成时依然进行除霜，导致整个空调系统运行时制热效果变差，既不节能又不环保。因此，针对上述除霜控制方法存在的问题，在时间、温度等条件的基础上，结合压力传感器监测压力，丛辉[5]等人提出了 PTT 除霜控制方法，采用自适应压控除霜控制技术进行精确除霜控制。该方法的原理如图 3.1-5 所示。在空调机组转入制热状态运行时，四通阀换向开始计时，当高压压力达到预设压力阈值时，记录系统运行时间为 t_1，此时利用除霜温度传感器记录室外换热器的盘管温度，当盘管温度达到预设温度阈值时，记录运行时间 t_2，进入除霜过程。除霜中，四通阀换向开始计时，利用除霜温度传感器记录室外换热器的盘管温度，当达到预设温度阈值后退出除霜，除霜中运行时间记录为 t_3，转入下一制热周期。除霜时间占一个完整制热周期时间的比值 $R=t_3/(t_1+t_2+t_3)$。根据 R 的比例大小，根据上次除霜运行情况自动调整除霜时间，更准确地把握除霜进入时机，从而使除霜模式达到可以交互除霜的智能控制。

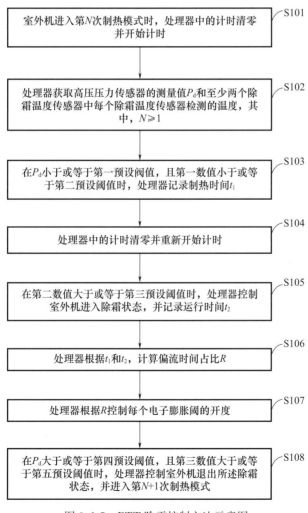

图 3.1-5　PTT 除霜控制方法示意图

2）热气直通化霜技术

为了结合逆循环除霜控制简单和热气旁通除霜舒适性好的优点，王现林[6]等提出了采用热气直通除霜方法对空气源热泵进行除霜。其除霜流程如图 3.1-6（a）所示。该方法通过化霜时增加电子膨胀阀开度，减小制冷剂在电子膨胀阀内的节流热损失，让较高温度的制冷剂到室外机进行除霜，其系统配置与逆循环除霜相同，并无成本增加。该方法的压焓图如图 3.1-6（b）所示，对比常规制热循环，热气直通化霜循环和常规制热循环的压缩过程一致，主要不同点是制冷剂在室内换热器、电子膨胀阀和室外换热器内的相态变化过程，如表 3.1-5 所示。

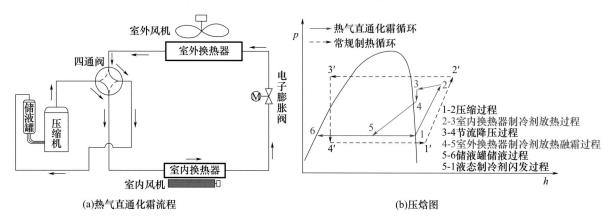

图 3.1-6　热气直通化霜示意图及压焓图

表 3.1-5　常规循环和热气直通化霜循环制冷剂状态

位置	常规循环	热气直通化霜循环
室内换热器出口	制冷剂为过冷液体 3′	制冷剂为过热气体 3
电子膨胀阀出口	制冷剂为气液两相 4′	制冷剂为气体 4
室外换热器	制冷剂为过热气体 1′	制冷剂为气液两相 5

根据压焓图分析可知，由于直通化霜技术和热气除霜过程控制上有所差别，因此实际使用中可以根据实际需求与逆循环除霜进行切换；除霜过程中四通阀无须换向，压缩机也无须停机，通过室内换热器的制冷剂为高温高压的制冷剂，对房间温度影响小。

3）多组蒸发器交替除霜技术

设置多组蒸发器，并进行交替除霜，可有效解决逆向除霜过程中压缩机运行能效低及室内舒适性波动大，以及热气旁通除霜制热量无法稳定保障、能效较低、出现湿压缩损害压缩机的问题。因此，梁辰吉昱[7]等人提出了除霜时可实现稳定输出制热能力的高效除霜空气源热泵系统，通过设置多组风冷换热器模块，将防冻液管路连接至蒸发器。通过一个风冷模块除霜、其他风冷模块正常运行模式，保持从室外取热状态，从而实现各风冷模块交替除霜，保证了机组连续高效制热。

热泵系统的结构如图 3.1-7 所示。热泵系统包括 1 台水源热泵机组、多台风冷模块、1 台除霜板式换热器，以及循环泵、管路和控制阀门。各风冷模块通过蒸发侧防冻液泵所在的管路并联至水源热泵机组的蒸发器；同时通过除霜侧防冻液泵所在的管路并联至除霜板式换热器；而水源热泵机组的冷凝器制取热水供给用户，并在需要除霜时分流一部分热水供给除霜板式换热器。

该系统运行主要包括正常制热模式和除霜制热模式。一是正常制热模式：如图 3.1-7 所示，多个（图中为 6 个）风冷模块 5～10 均开启运行，循环泵 12 将取自空气的热量供给热泵循环的蒸发器 4，从蒸发器中流出的低温低压气态制冷剂经过压缩机 1 增压后进入冷凝器 2，为用户供热。二是除霜制热模式：以 7 号风冷模块除霜为例，该风冷模块停止运行，与之相关的取热阀门关闭，除霜阀门开启；除霜板式换热器 11 热水侧管路阀门打开，循环泵 13 开启。冷凝器 2 制取的一部分热量经除霜板式换热器 11 换热后，由循环泵 13 输配至 7 号风冷模块除霜。除霜结束后，机组恢复正常制热模式或为其他的风冷模块交替地除霜。

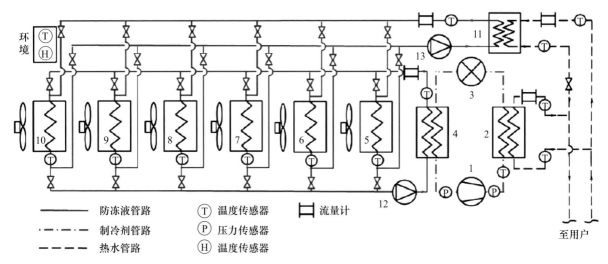

1—压缩机；2—冷凝器；3—膨胀阀；4—蒸发器；5～10—风冷模块；
11—除霜板式换热器；12—蒸发侧防冻液泵；13—除霜侧防冻液泵

图 3.1-7　高效除霜空气源热泵系统原理图

3. 案例分析

1）PTT 除霜控制技术

青岛海信日立空调系统有限公司开展了基于 PTT 的除霜控制技术，并将其技术应用在日立 SET－FREE AIII 机组上，实现逆循环除霜改善和热气旁通除霜。在低温下，该机组最长除霜时间间隔达 460min，真正做到"有霜除霜，无霜不除"，避免误除霜及少除霜。刘敏等[8] 将逆循环除霜和热气旁通除霜的实验运行效果进行了对比，如图 3.1-8 所示。在室内温度为 20℃、室外干/湿球温度为 5℃/3℃ 的工况下，采用热气旁通除霜方式对于室内机出风温度的影响远低于逆循环除霜方式，其房间温度波动更小，除霜过程更为平稳。除此之外，通过定时判断，引入风机电流检测数据，增加室外环境温度传感器、热交气/液管传感器以及压力传感器，可精确判定换热器的结霜量，准确判定除霜时机，实现不同区域的最佳智能除霜。

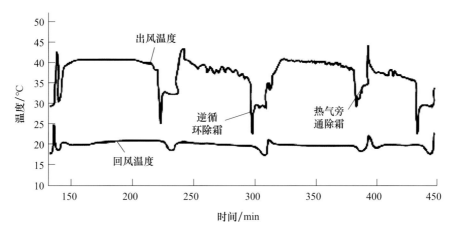

图 3.1-8　逆循环除霜与旁通除霜对出风温度的影响

基于实验室测试的结果，青岛海信日立空调系统有限公司开展了样机研发工作，并将其应用于唐山市某办公楼建筑供暖项目中，并进行了测试能耗分析。系统运行数据和能耗如图 3.1-9 所示[9]。在整个供暖季，该办公楼空调总耗电为 190845kWh，供暖季运行总电费为 15.27 万元，相比集中供暖可节省 50.6%。将空气源热泵的运行能耗按 0.3～0.4kg/kWh 进行标准煤折算，每平方米消耗标准煤 6～8kg，相比我国集中供暖能耗的 20～25kg/m² 节能效果明显。

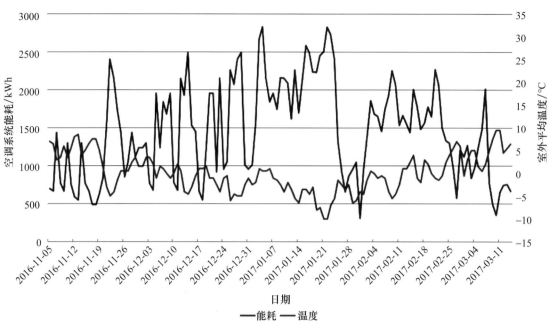

图 3.1-9　采用热气旁通除霜技术的冬季能耗随室外温度变化曲线

2）热气直通化霜技术

珠海格力电器股份有限公司开展了热气直通化霜技术的样机配置和实验测试[10]，样机配置如表 3.1-6所示。

表 3.1-6　样机配置

类型	参数
压缩机	排量：10.2
冷凝器	管径：φ8；排数：1；片型：波纹片 U 管数：12 U；U 管长度：796mm
制冷剂	R32；充注量：700g
蒸发器	管径：φ7；排数：2；片型：开窗片 U 管数：12U；U 管长度：796mm

在相同制热工况下，通过实验，比较逆循环除霜和热气直通式化霜技术方案的效果。室内管温以及制热能力如图 3.1-10 所示。

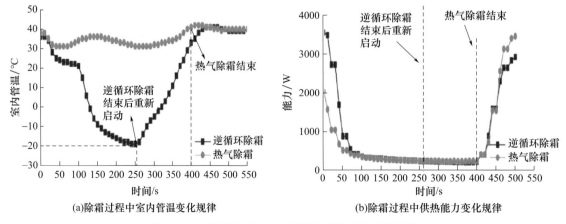

(a)除霜过程中室内管温变化规律　　　　(b)除霜过程中供热能力变化规律

图 3.1-10　除霜过程中室内管温和制热能力变化规律

从图 3.1-10（a）中可以看出，逆循环除霜过程中，室内管温下降很快，最低值为−20℃。由于低温的室内换热器和室内换热，导致房间温度下降。而热气除霜与逆循环除霜不同，热气除霜过程室内管温一直在 30℃以上，仍有一部分热量传递给室内空气，可缓解室内温度的下降，人体舒适感更好。而从图 3.1-10（b）中可以看出，热气除霜和逆循环除霜的能力输出基本相同，除霜结束后，热气除霜的能力输出恢复速度要比逆循环除霜更快。

表 3.1-7 给出了冬季室外空气含湿量较高时的逆循环除霜过程和热气直通化霜的性能对比，可以看出，由于热泵运行原理决定，仅从除霜时间和能力上看，热气直通化霜是不如逆循环除霜的，然而，热气除霜在恢复供热时间上的优势十分明显，提前了 3.5min，且制热过程中室内舒适性更好。因此，在室外高湿情况下，热气除霜方式除霜较吃力，因此更适用于结霜不厚的工况之中。

表 3. 1-7　热气除霜和逆循环除霜对比

工况	热气除霜	逆循环除霜
全周期供热能力（W）	3101.2	3192.4
化霜时间（min）	7.2	5.1
恢复供热时间（min）	7.5	8.1
化霜开始时内管温度（℃）	39	36
化霜结束时内管温度（℃）	36	−19

注：测试工况内 20℃，外 2℃，室外含湿量 3.7 g/kg。

3）多组蒸发器交替除霜技术

卡林热泵技术有限公司提出了多组蒸发器交替除霜技术，采用 6 个风冷模块的整体式热泵样机如图 3.1-11（a）所示。冷凝器、除霜板式换热器与用户供回水管的连接方式如图 3.1-11（b）所示；各风冷模块取热和除霜进出的两组防冻液管路的连接情况如图 3.1-11（c）所示。

(a)整机　　　　　　　　　(b)除霜、制热管路连接　　　　　　　(c)风冷模块管路连接

图 3.1-11　多组蒸发器交替除霜技术样机

根据 JB/T 14077—2022《空气源热泵冷热水两联供机组》规定的夏热冬冷地区名义工况，对样机进行名义工况参数测试，如表 3.1-8 所示。

表 3. 1-8　多组蒸发器交替除霜样机

类型	参数
名义制热量（kW）	26.6
风机侧防冻液泵功率（kW）	1.79
蒸发侧防冻液泵功率（kW）	0.69
压缩机输入功率（kW）	7.72
名义制热性能系数（kW/kW）	2.63

样机在正常制热模式下运行一段时间后，6 个风冷模块均结霜，然后开始除霜制热模式，各风冷模块依次轮流除霜后，恢复正常制热模式。除霜时，制热量由除霜前的平均 27.0kW 衰减至平均 21.6kW（衰减 20.0%），除霜完成后，制热量恢复至 28.7kW，相应的性能系数也恢复至 2.7，如图 3.1-12 所示。

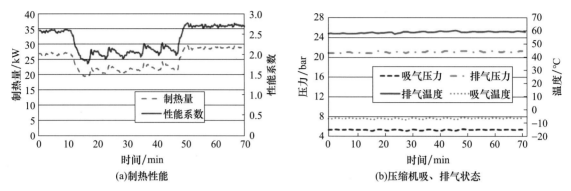

图 3.1-12　空气源热泵样机除霜前后参数测试结果

除霜前后，压缩机的吸排气参数基本无明显变化。因此，本研究研制的热泵样机即使在除霜时，热泵循环的运行状态也不受影响。机组在除霜时制热能力稳定输出，制取的热量少部分用于除霜，大部分继续供给用户，可实现相比传统逆向除霜和热气旁通除霜机组更高效地连续制热，并延长热泵系统的使用寿命。

样机在不同环境参数下运行时，除霜前后制热量的变化情况如表 3.1-9 所示。各除霜工况的制热量衰减均在 20% 左右，远优于采用逆循环除霜和热气旁通除霜方法的空气源热泵除霜时制热无法保障的情况。

表 3.1-9　不同工况下的除霜制热性能

工况	干球温度（℃）	湿球温度（℃）	正常制热时制热量（kW）	除霜制热时制热量（kW）	制热量衰减程度（%）
1	1	1	27.0	21.6	20.0
2	1	1	26.5	21.5	18.9
3	1	1	28.8	23.7	17.7
4	2	1	29.7	24.6	17.2
5	−2	−3	23.3	18.2	21.9
6	−7	−8	22.2	17.5	21.2

3.1.3　无霜空气源热泵

1. 技术途径

研发整个运行周期内不出现结霜、供热高效稳定的无霜空气源热泵，也是提高机组供热运行性能的有效途径。目前，关于无霜空气源热泵的研究途径主要包括蒸发器进口空气预处理、防冻液工质筛选、防冻液再生方式研究、高效蒸发器优化设计几个方面。

1）进口空气除湿预处理

空气温度和湿度是影响空气源热泵机组结霜情况的重要因素。对处于结霜工况下的室外空气参数，如在空气进入蒸发器前对空气进行有效的除湿预处理，降低空气的绝对含湿量，即降低空气的露点温度，使之低于蒸发器表面的工作温度，避免在蒸发器表面凝结形成液滴，从而有效抑制霜层形成。常用的溶液除湿方法有采用调湿型无霜空气源热泵。

2）环保、无害的防冻液工质筛选

防冻液的选用不仅影响着热源塔的传热传质特性，对热泵系统稳定可靠运行也十分关键。因此，溶液的筛选需遵循冰点低、黏度小、腐蚀性小、价格低、比热容大、化学性质稳定等原则。目前，使用较多的防冻液工质主要包括氯化锂溶液、氯化钙溶液、乙二醇溶液、丙三醇溶液等。

3）防冻液再生方式研究

防冻液在和空气进行热湿交换时，由于水蒸气不断进入防冻液中，使得防冻液浓度降低，冰点升高，需研究其高效再生防冻液方法，降低溶液再生能耗。为解决空气源热泵结霜和除霜位置重合影响机组运行的问题，还需探究采用溶液喷淋除湿的无霜空气源热泵的溶液高效再生的热源利用技术，从而实现溶液除霜和溶液再生位置的分离，实现溶液再生时不影响制热量的运行效果。例如采用热泵循环过冷热作为溶液再生热源的过冷热再生无霜空气源热泵。

4）高效换热器优化设计

换热器设计不仅影响着空气源热泵系统的换热效率，还会在一定程度上影响霜层的生长效果。因此，应从提高换热器面积、优化流体流动方式、减小流动压降和阻力、使用稳定可靠的换热材料等角度，实现高效换热器的优化设计。例如，对于溶液喷淋塔，可采用管板式换热器。优化气液流形、运行参数、结构参数等方式，实现连续稳定的无霜换热。

2. 理论研究

1）过冷热再生无霜空气源热泵

为了在不影响主机制热量情况下，实现防冻液的实时再生，同时提高再生效率，宋鹏远[11]等人提出了新型溶液喷淋式热泵系统，利用冷凝器出口过冷制冷剂的热量（即过冷热）作为再生的驱动热源，低温防冻液作为回收再生潜热的冷源，从而实现稳定、高效的无霜供热。其系统原理图如图 3.1-13 所示。

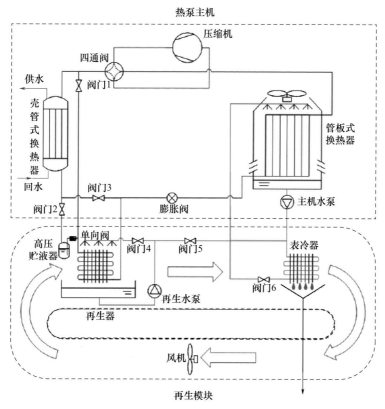

图 3.1-13　利用过冷热实现实时再生的溶液喷淋式热泵的系统原理图

该系统在冬季的运行模式根据防冻溶液的再生方式不同，具有三种制热运行模式：过冷热再生制热模式、不再生制热模式及热气旁通再生制热模式。

（1）过冷热再生制热模式

在过冷热再生制热模式中，冬季蒸发式冷凝机组转换为热泵使用，由于蒸发器喷淋溶液，溶液吸收空气中的水分，造成系统在运行过程中溶液浓度逐渐降低，因此需采用热泵的过冷热进行溶液的再生，以维持机组正常运行。可分为三个阶段：再生准备阶段、再生运行阶段及再生完成阶段。

再生准备阶段中，热泵主机及再生模块均不运行，此时开启主机溶液泵，将一部分主机溶液旁通至再生器的储液池内；再生运行阶段中，四通阀切换至制热模式，开启热泵主机及再生模块。该模式包含制冷剂循环、溶液循环以及再生空气循环，制冷剂利用其过冷热与稀溶液进行换热，被冷却为过冷度较大的液态制冷剂，而稀溶液加热后与再生器入口的低温低湿空气进行热质交换，提取溶液中的水分，实现溶液再生。而管板式换热器出口的低温溶液经主机溶液泵驱动，一部分溶液通过管路直接返回至管板式换热器喷淋装置，另一部分溶液进入表冷器作为冷源对表冷器入口的湿空气进行冷却除湿，溶液温度升高后返回管板式换热器喷淋装置，喷淋至管板式换热器表面，与管板内部的制冷剂及换热器入口的湿空气进行热质交换，之后落入储液池。而湿空气流经表冷器，与制冷剂换热后实现降温除湿。

（2）不再生制热模式

当室外空气相对湿度较低时，利用室外空气即可实现溶液的自再生，再生模块不进行工作，即为不再生制热模式。不再生制热模式的运行原理与普通热泵机组的制热运行原理相同，其运行主要包括制冷剂循环回路和主机溶液循环回路。在此模式下，再生模块不运行，此时关闭阀门1、阀门2、阀门4、阀门5及阀门6，开启阀门3。吸气口的低温低压气态制冷剂经压缩机压缩后变为高温高压制冷剂气体，在壳管式换热器中冷凝为过冷度较小的液态制冷剂，再通过阀门3，经膨胀阀节流为低温低压两相制冷剂，进入管板式换热器，吸收溶液热量变为过热制冷剂，通过四通阀返回压缩机吸气口；管板式换热器出口的低温溶液经主机溶液泵驱动，一部分溶液通过管路直接返回至管板式换热器喷淋装置，随后喷淋至管板式换热器表面，与管板内部的制冷剂及换热器入口的湿空气进行热质交换，之后落入储液池。

（3）热气旁通再生制热模式

热气旁通再生制热模式为应急运行模式，当室外空气相对湿度很大或溶液中进入雨水，导致再生负荷较高时，采用高温高压的压缩机排气作为再生热源，提升再生溶液的再生量。

热气旁通再生制热运行模式可分为三个阶段：再生准备阶段、再生运行阶段及再生完成阶段。再生准备阶段和再生完成阶段与过冷热再生制热模式相同。再生运行阶段包括四个循环回路：制冷剂循环回路、主机溶液循环回路、再生空气循环回路及再生溶液循环回路。主机溶液循环回路、再生空气循环回路及再生溶液循环回路与过冷热再生制热模式相同，而制冷剂回路中，高温高压制冷剂气体经四通阀一部分进入壳管式换热器为液态制冷剂，另一部分经过阀门1进入再生器，与进入再生器的再生溶液及再生空气进行热质交换，制冷剂被温度较低的溶液冷却为液态制冷剂，与壳管式换热器出口的制冷剂混合后进入膨胀阀节流为低温低压的两相制冷剂，进入管板式换热器，吸收主机溶液的热量后变为过热制冷剂，通过四通阀返回压缩机吸气口。

2）溶液调湿的无霜空气源热泵

由于空气源热泵在冬季室外湿度较高时运行存在严重的结霜问题，因此，降低进入蒸发器的空气含湿量，也是实现热泵无霜运行的一个重要途径。基于溶液调湿的空气预除湿处理就是其中有效的技术路径之一。基于溶液调湿的无霜空气源热泵系统原理图如图3.1-14所示，系统主要包括热泵循环系统、溶液循环系统（夏季蒸发冷却循环）两个部分。

该系统主要由压缩机、溶液调湿器、电子膨胀阀、翅片管换热器、四通阀、溶液泵、风机、风阀等构成，根据冬季运行工况不同，其运行可分为冬季供热、冬季再生两种模式。

（1）冬季供热模式

此模式下溶液循环系统中以吸湿溶液作为工作介质。电子膨胀阀2、阀1、风阀1、风阀2、溶液泵及风机开启，其他阀门关闭。在热泵循环中，低温低压的制冷剂被压缩机吸入压缩后，进入板式换热器1中换热被冷凝成液体，制取供热热水，随后制冷剂经过电子膨胀阀2节流后，依次通过板式换热器2、阀1和翅片管换热器，制冷剂在板式换热器2和翅片管换热器中分别与溶液和空气进行换热，从溶液和空气中吸收热量，制冷剂完全蒸发后经过四通阀返回压缩机。室外空气首先进

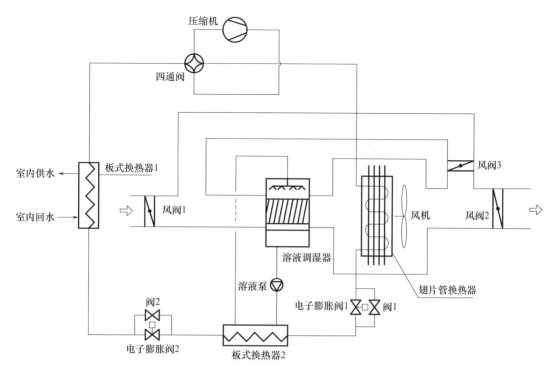

图 3.1-14　基于溶液调湿的无霜空气源热泵系统原理图

入溶液调湿器中，与溶液进行传热传质，空气中水分被溶液吸收变干燥后，再进入翅片管换热器与制冷剂进行换热，空气温度降低后排出。因空气进入翅片管换热器前经过溶液预除湿，因此在翅片管换热器上将不会出现结霜现象，系统实现无霜化运行。

（2）冬季再生模式

溶液调湿器中的溶液对空气进行预除湿后，溶液将变稀，逐渐丧失除湿能力，因而需要进行适时再生。在再生工作模式中，电子膨胀阀 1、阀 2、风阀 3 开启，电子膨胀阀 2、阀 1、风阀 1、风阀 2 关闭。在热泵循环中，低温低压的制冷剂被压缩机吸入压缩后，分别经过板式换热器 1、阀 2 和板式换热器 2，制冷剂在板式换热器 1 和板式换热器 2 中分别与供热热水和溶液进行换热，自身被冷凝成液体，随后制冷剂经过电子膨胀阀 1 节流后，进入翅片管换热器，制冷剂在翅片管换热器中与空气进行换热，从空气中吸收热量完全蒸发后经过四通阀返回压缩机。在板式换热器 2 中溶液与制冷剂换热被加热后进入溶液调湿器中与空气进行传热传质，较高温度的溶液中水分蒸发浓度升高，吸收了水分的空气流出溶液调湿器后进入翅片管换热器，在翅片管换热器中空气中的水分凝结放出热量，降温除湿后的空气经过风阀 3 返回溶液调湿器。如此循环，实现溶液浓度再生，使稀溶液重新获得除湿能力，完成系统的再生过程。

3. 案例分析

1）利用过冷热实时再生的溶液喷淋式热泵

为探明利用过冷热实时再生的溶液喷淋式热泵系统的系统性能，基于上述提出的系统形式，宋鹏远[12]等人搭建了溶液喷淋式换热器传热传质特性实验台，如图 3.1-15 所示。

对设备的换热性能、传热传质特性进行实验研究，测试其在供热季的运行效果，并对不再生制热、热气旁通再生制热、过冷热再生制热三种制热运行模式下制热量及 COP_{sys} 随空气干球温度的变化进行分析，如图 3.1-16 所示。在相同空气干球温度下，采用热气旁通再生制热模式时，在热气旁通阀门开度 50% 的条件下，热气旁通比为 26.4%～37.4%，此时热泵系统的 COP_{sys} 衰减 36.3%～46.1%，制热量衰减 33.6%～44.7%，而过冷热再生制热模式可以保证制热量不衰减，COP_{sys} 仅衰减 2.5%～5.1%，实现了机组不间断制热的防冻液高效再生。说明过冷热再生制热模式可以在不影响热泵系统制热量的条件下实现溶液的高效再生，充分证明了采用过冷制冷剂热量进行溶液再生的优异性能。

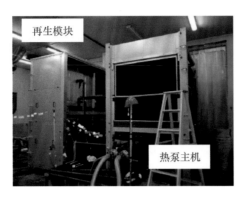
(a)再生模块和热泵主机

(b)再生器和表冷器

图 3.1-15　溶液喷淋式换热器传热传质特性实验台

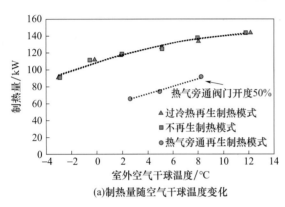
(a)制热量随空气干球温度变化

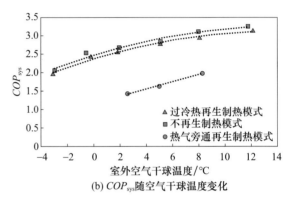
(b) COP_{sys} 随空气干球温度变化

图 3.1-16　不同运行模式下系统的制热量和 COP_{sys}

基于实验室测试的结果，清华大学联合广州市华德工业有限公司开展了样机研发工作，并将其应用于"十三五"课题示范项目——武汉旅游局办公用房维修改造项目之中。样机实物图及现场安装图如图 3.1-17 所示。

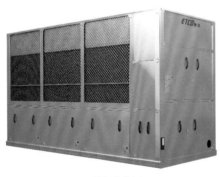
(a)样机实物图

(b)现场安装图

图 3.1-17　样机实物图及现场安装图

武汉旅游局办公房维修改造项目示范工程地处长江流域，建筑总面积 5430m²，共 4 层。该项目采用了两台板管蒸发冷却式无霜空气源热泵机组，具体参数如表 3.1-10 所示。

表 3.1-10　板管蒸发冷却式无霜空气源热泵

部件	参数
板管蒸发冷却式无霜空气源热泵	名义制冷/制热量：680kW/550kW 名义制冷性能系数：COP_c＝4.66kW/kW 名义制热性能系数：COP_h＝3.13kW/kW

续表

部件	参数
吊顶新风机	型号：DK15X6，数量：8 个
	型号：DK20X6，数量：1 个
风机盘管	型号：FP-51WA/FP-68WA，数量：6/71 个
	型号：FP-85WA/FP-102WA，数量：16/4 个
	型号：FP-136WA/FP-238WA，数量：28/3 个
冷水泵	型号：SLMK，数量：2 个

如图 3.1-18 和 3.1-19 所示，在 2019 年 4 月 15 日至 2020 年 4 月 15 日的 1 年时间内，空调系统的实测总耗能为 78953kWh，单位面积能耗值为 14.5kWh/(m² · a)；鉴于新冠疫情的影响，导致 2020 年 1 月 20 日至 3 月 31 日时间段内机组未投入使用，基于正常运行时段的作息、机组与系统运行状态以及停机期间的室外气象参数，对停运期间机组与系统的运行能耗进行模拟分析，结果表明：当机组和系统全年运行时，整个示范工程的空调系统总电能为 90901kWh，单位面积能耗值为 16.7kWh/(m² · a)，符合示范工程对空调系统运行能耗不超过 20kWh/(m² · a) 的指标要求。在监测期间，热泵机组的全年实测能效比为 4.31；基于模拟结果补足缺失的测量数据后，热泵机组的全年运行能效比为 4.44。

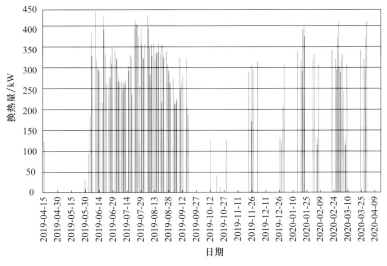

图 3.1-18　全年机组制冷/制热量（疫情期间采用模拟数据）

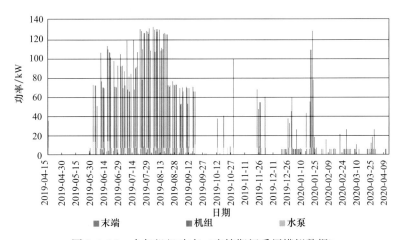

图 3.1-19　全年机组功率（疫情期间采用模拟数据）

2）调湿型无霜空气源热泵

根据调湿型无霜空气源热泵的工作原理，李玮豪[13]对系统进行了实验台设计和搭建，如图 3.1-20 所示。

图 3.1-20　空气源热泵系统实物图

由于调湿型无霜空气源热泵在冬季运行时板式换热器和溶液调湿器均作为蒸发器，空气经过溶液调湿器进行热湿交换除湿降温后再经过翅片管换热器，其换热过程相比常规换热过程更加复杂。对该系统在冬季供热模式和再生模式下的运行效果进行实验测试。

对冬季供热模式，随着室外空气干球温度的升高，供热 COP 显著升高，如图 3.1-21 所示。在实验工况下，室外空气温度从 −4.5℃ 升高到 −1℃，COP 维持在 2.37～2.44，而系统供热 COP 随着环境湿度上升稍有增加；当室外温度为 1.5℃，空气含湿量从 3.04 g/kg 升高到 3.30 g/kg 时，COP 维持在 2.55 左右，但由于系统是双蒸发器结构，溶液调湿器中提升的潜热换热量对整个蒸发条件影响较小，系统的供热 COP 变化不大。

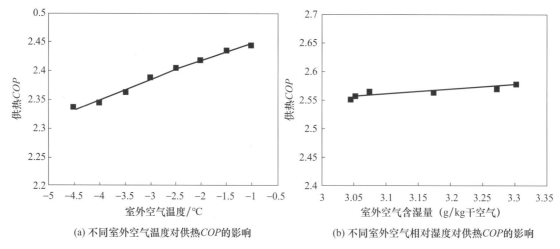

(a) 不同室外空气温度对供热COP的影响　　(b) 不同室外空气相对湿度对供热COP的影响

图 3.1-21　冬季供热模式系统性能图

对冬季再生模式，随着溶液调湿器入口溶液温度的降低、溶液流量以及循环空气流速的升高，系统的再生 COP 升高，如图 3.1-22 所示。在实验工况下，当调湿器入口溶液温度从 30.7℃ 上升至 35.2℃ 时，再生 COP 维持在 3.80～4.02。当溶液流量从 0.25m³/h 升高到 0.81m³/h 时，再生 COP 从 2.77 上升至 3.53。当循环空气流速从 2.92m/s 升高到 5.62m/s 时，系统再生 COP 从 3.74 上升到 4.03。

基于实验室测试的结果，东南大学联合江苏源泽新能源科技有限公司开展了样机研发工作，并将该技术应用于常州某办公楼基于热源塔的集散式供暖空调示范项目。办公楼的高度为 12m，共 3 层。建筑为正南方向，总建筑面积为 1250.7m²。本示范工程采用热源塔热泵空调系统为办公楼提供冷热空调，可再生能源应用面积为 645.3m²。其设备如图 3.1-23 所示。

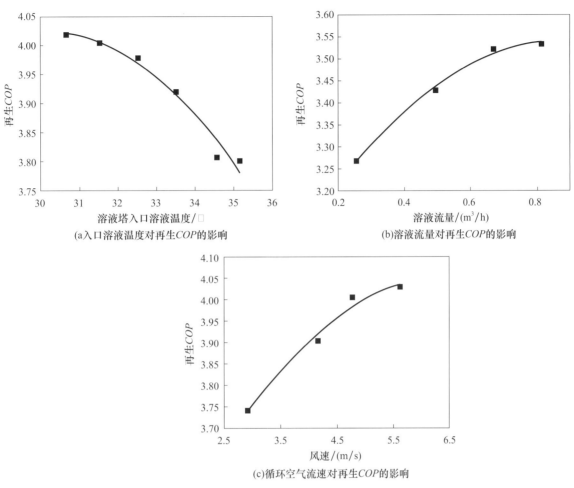

(a入口溶液温度对再生COP的影响

(b)溶液流量对再生COP的影响

(c)循环空气流速对再生COP的影响

图 3.1-22　冬季再生模式系统性能图

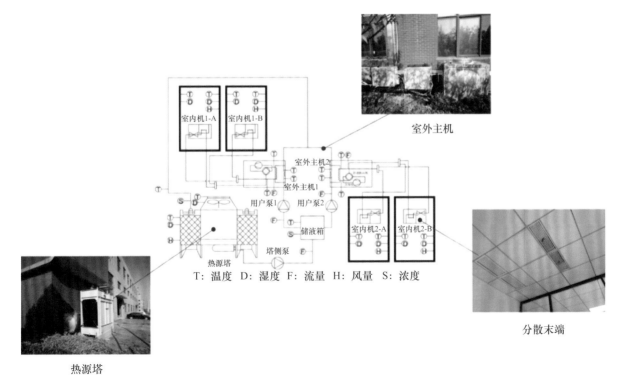

T: 温度　D: 湿度　F: 流量　H: 风量　S: 浓度

室外主机

分散末端

热源塔

图 3.1-23　系统示意图及现场安装实物图

关键部件研发过程中，热源塔采用横流开式冷却塔，冬季溶液工质为乙二醇溶液。热源塔采用轴流风机和溶液变频泵。末端侧包括两个独立并联的制冷剂循环以及对应的用户侧变频泵，每一个循环由变频压缩机、套管换热器、室内机组成。办公室、会议室以及每个独立房间分别安装 1～2 个室内末端，风速四级可控。热源塔、室外主机以及分散末端具体参数如表 3.1-11 所示。

表 3.1-11　热源塔、室外主机以及分散末端

部件	参数
压缩机	全封闭式变频涡旋压缩机 电机转速范围：15～120r/min
套管式换热器	外管管径：60mm，内管管径：10mm，内管数：5
室内机	型号：TMDN071AC，台数：5，名义制冷量/制热量：7.1kW/8.1kW 型号：TMDN028AC，台数：3，名义制冷量/制热量：2.8kW/3.2kW 管束：铜管；管排数：3；管径：$\phi7$；管厚：0.24mm；齿高：0.15mm 翅片材料：亲水铝箔；翅片厚度：0.11mm
制冷剂	R410A

根据 GB/T 50785—2012《民用建筑室内热湿环境评价标准》的要求：冬季热舒适等级Ⅰ级室内设计温度为 22～24℃，相对湿度不小于 30%；冬季热舒适等级Ⅱ级室内设计温度为 18～22℃，相对湿度不作要求。可知冬季居住建筑室内热湿环境良好，基本满足热舒适等级为Ⅱ级的要求。

示范工程从 2019 年 9 月 1 日进行连续一年以上的实时监测，主要检测内容包括热源塔侧空气流量、进出口温度及含湿量，热源塔侧溶液流量、进出口温度及浓度，压缩机排气温度及功耗，主机蒸发冷凝温度及压力，风机、水泵功耗，室内机侧空气流量、进出口温度及含湿量，办公楼房间温湿度等，数据采集间隔分别为 5 分钟一次和 1 分钟一次。

系统能耗数据于 2019 年 9 月 1 日开始连续记录一年，公司于 2020 年 1 月 24 日放假后，遇到疫情延迟开工，自 1 月 24 日起至 3 月 1 日，公司无员工上班。缺失数据根据 2019 年 12 月及 2020 年 1 月运行数据进行补全（补充数据以红色表示）。系统全年逐时能耗如图 3.1-24 所示，全年供暖能耗 3467.59kWh，全年制冷能耗 5400.82kWh，全年供暖空调总能耗 8868.41kWh，单位面积能耗 33.34kWh/(m^2·a)。

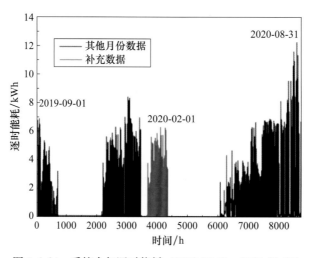

图 3.1-24　系统全年逐时能耗（2019-09-01—2020-08-31）

本系统在室内各分散末端设置了风量、供风温度、回风温度等关键参数的监测及存储设备，根据供回风温差及风量可计算获得系统逐时供热供冷量，结合逐时能耗，可以计算得到系统全年季节能效比，如表 3.1-12 所示。供暖季节能效比为 3.10，制冷季节能效比为 4.30，全年综合季节能效比为 3.83。

表 3.1-12　系统能效指标

项目	总负荷（kWh/a）	总能耗（kWh/a）	单位面积能耗［kWh/(m² · a)］	全年季节能效比 *SEER*
供暖	10758.87	3467.59	13.04	3.10
供冷	23248.46	5400.82	20.30	4.30
全年合计	34007.33	8868.41	33.34	3.83

3.2　房间空调器

近年来，我国居民对于住宅空调的需求十分旺盛。房间空调器是居住建筑的主要空调供暖设备，也是建筑的碳排放大户。据国家统计局相关统计数据，在 2016 年到 2021 年的 5 年间，全国居民空调保有总量从 4.58 亿台增长至 6.65 亿台，总增幅达到了 45％，平均年增幅约 7.8％。同期，居民平均每百户空调拥有量也保持了近乎相同的增长态势，从 91.3 台/百户增长到了 132.7 台/百户，总增幅和平均年增幅分别为 45.3％和 7.8％[14]。

此外，全国不同省份的空调保有量呈现出西北向着东南方向递增的趋势，并且经济发达地区大于经济欠发达地区。保有总量最高的为广东省，约为 6800 万台。如果考虑到家用多联机，仅住宅空调一项每年耗能导致的 CO_2 排放量就达到约 1.1 亿 t，超过了建筑运行总碳排放的 8％。

降低房间空调器碳排放势在必行。本节将从以下三个内容进行介绍：一是 R290 空调器的研发不仅能降低运行碳排放，更重要的是采用低 GWP 制冷剂的空调器，直接碳排放量低；二是超高效空调器研发及其技术途径，实现运行碳排放极大程度降低，并给出不同地区超高效空调器的设计方案；三是空调器舒适性与智能控制，改善空调器空调供暖的舒适性，避免用户选择连续运行的供暖设备，同时采用智能控制，区别于传统经验控制，进一步提升空调器的控制水平。

3.2.1　R290 房间空调器

1. 技术途径

R290（丙烷）是一种新型环保制冷剂，主要用于中央空调、热泵空调、家用空调和其他小型制冷设备。R290 的分子中不含有氯原子，因而 ODP 值为零，不会破坏臭氧层。此外，与同样对臭氧层无破坏作用的 HFC 物质相比，R290 的 GWP 值接近 0，不会造成"温室效应"。R290 热力性能优秀，能效高、性能可靠，此外其价格实惠，并且供应充足。然而，由于 R290 的燃爆特性，其充注量受到了限制，安全等级为 A3 级。IEC[15] 全票通过放宽可燃性制冷剂充注量限值，R290 空调市场化迎来机遇。因此，研发 R290 空调器有以下关键技术路径。

1）降低制冷剂充注量

R290 易燃易爆特性，根据 EN 378-1：2016[16] 标准，R290 燃烧下限为 0.038kg/m³，如果系统中的 R290 充装量低于下限燃烧极限的 20％，则可以避免燃烧风险。对于位于封闭空间中的系统，为了安全充装 R290，充装量应小于 0.008kg/m³。对于安装在 15.8m² 房间内的 3520W 空调器，允许的 R290 充装量应小于 0.3kg。因此，应当选用小管径换热器、减小管道尺寸等方式，降低充注量，提高安全性。

2）优化系统设计

R290 压缩机存在排量大、系统能效低以及可靠性降低等问题，需要对系统进行优化设计，解决采用 R290 制冷剂压缩机的问题，并实现 R290 空调器产业化。如采用提高补气过热度经济器循环[17]，利用冷凝器出口高温与补气饱和温度的温差带来的剩余热量提高补气过热度；以及独立压缩制冷循环优化技术，利用新型单缸双腔压缩机等技术措施，提升机组的能力。

3）确定合理压缩机排量

以常见的 R32 为基准，采用相同两器和系统管路配置，R290 额定制冷量比 R32 约低 13％；

R290 排气温度比 R32 低了 10℃ 以上，R290 制冷系统所用压缩机工作温度相对较低，可提高压缩机寿命，以排气温度或排气过热度作为整机控制目标参数时，要重点匹配排气温度和排气过热度，使其在较优能效下运行；R290 热力循环较优吸气过热度通常在 10～15℃，在性能匹配时按该过热度区间进行匹配调节。因此，应确定合理的压缩机排量。

4）采取必要安全措施

如在设计时，选用防爆等级高的电器设备，严防火花导致点燃，加强静电释放保护，防止静电堆积引发燃烧；主要电气部件采用抗高（低）温、防水型产品，提高环境适应性；确保系统密封良好，以防止泄漏，并设计措施以改善泄漏制冷剂的扩散，降低点火风险。注意密封材料与 R290 的相容性，必要时内涂特殊耐腐蚀涂层。

2. 理论研究

在降低制冷剂充注量、优化系统设计以及采取必要安全措施的基础上，目前已有部分理论研究，以扩大 R290 系统的适应性。

1）研发专用压缩机

R290 密度大，其适用的压缩机排量大、系统能效低，研究表明：R22 系统转化为 R290 时，压缩机排量需增加 19%；R410A 系统转化为 R290 时，压缩机排量需增加 72%。必须研发适用于这一特点的压缩机，确定合理排量。同时，R290 的动力黏度仅为 R22 的 1/3 左右，会影响油的回流和密封，应当优化压缩机的润滑设计，并注意机械强度，提高密封性能。

由于 R290 动力黏度降低，因此研究考虑制冷剂驻留量降低，通过压缩机内腔容积小型化技术提高系统中参与循环的制冷剂质量，并通过优化泵体关键参数获得最优的平台设计，为摩擦低减和泄漏抑制技术的实施打下良好基础；泄漏抑制方面，根据泄漏损失分布和技术可行性确定以滑片端面和活塞端面为泄漏优化对象，应用主动供油技术改善间隙油气占比以降低泄漏损失；摩擦优化方面，根据摩擦损失分布和技术可行性，应用摩擦副柔性化及表面微细油槽储油技术对轴承和滑片侧面摩擦进行重点优化。如图 3.2-1 所示。

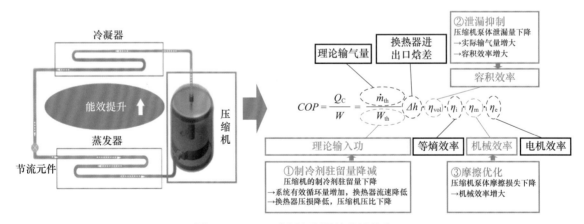

图 3.2-1 R290 家用空调设计关键技术

2）研发保证安全的措施

标准中对于空调可燃性制冷剂的充注量设置了非常严格的要求，这使得生产 R290 空调的企业需要承担更高的成本。IEC 全票通过放宽可燃性制冷剂充注量限值，R290 空调市场化迎来机遇。以前 R290 仅可用于 2HP 以内的空调挂机，如今可以覆盖全系列挂机，理论上甚至可以应用到空调柜机上。R290 的安全性研究，尤其是分析 R290 在制冷系统中的位置分布甚至泄漏后的空间分布也尤其重要。

采用准液氮法来测量不同工况下 R290 在房间空调器各组件中的质量分布，结果如图 3.2-2 所示。在制冷模式下运行时，大部分 R290 制冷剂分布在室外机的冷凝器中。然而，在空调停机后，室外机中的制冷剂会受到自身高压力的影响向室内机迁移。这导致停机半小时后，约 70% 的系统充填量的 R290 制冷剂以液体形式储存在室内机的蒸发器中，极大地增加了房间内的安全风险。针对上述问题提出了在室内机和室外机的液体连接管上安装常闭型电磁阀。这一方法有效地延缓了停机后 R290 向室内机的迁移，从而降低了 R290 的泄漏速率，并减少了发生泄漏事故后房间内火灾的风险。

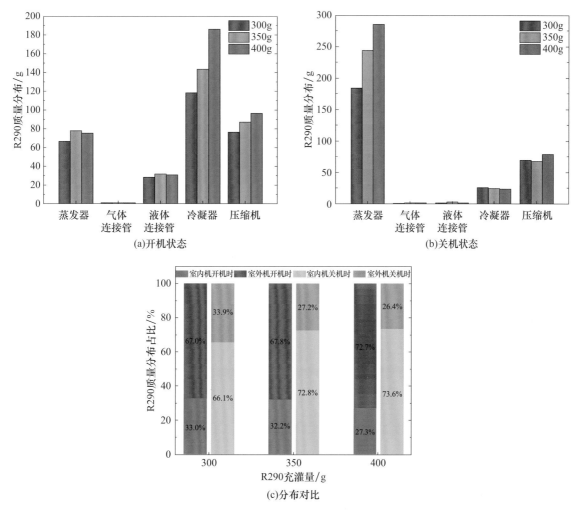

图 3.2-2　1.5HP 空调开机、关机状态的 R290 质量分布及分布对比

相关研究考察了房间内空气流动情况及其他相关因素对于 R290 气体泄漏速率以及泄漏后的气体浓度分布的影响。通过模拟计算得出的结果（图 3.2-3）显示，泄漏速率对于房间内气体浓度分布具有显著影响。在泄漏过程中，超过下限爆炸浓度（LFL）的 R290 浓度区域主要集中在泄漏源正下方，并且一旦泄漏停止，这些区域内的 R290 浓度会迅速降至 LFL 以下。

随着国内外相关研究机构、企业的工作进展，IEC 60335-2-40 ED7 对于 R290 等可燃性制冷剂的限制更科学、更合理，使其优势更容易发挥，减少了不必要的成本。

3. 案例分析

1）R290 专用压缩机

考虑到 R290 的单位容积质量较小（仅为 R32 的 55％），R290 压缩机一般需要大排量，以达到采用 R32 制冷剂的能力。考虑到常规 R290 压缩机泵体体积较大、油池较深、溶解在油池的制冷剂质量大、压缩机制冷剂驻留量过大的问题，R290 专用压缩机采用大排量小型泵体替代当前的泵体，从而通过降低油池深度解决 R290 压缩机制冷剂驻留量过大的问题。通过压缩机内腔容积小型化，提高系统中循环制冷剂质量，并优化泵体关键参数获得最优的平台设计，为摩擦低减和泄漏抑制技术的实施建立基础。

为解决压缩机制冷剂驻留量过大的问题，广东美芝制冷设备有限公司 R290 专用压缩机抓住泵体的两个关键参数——高径比 λ 和偏心率 ε，以能效为优化目标，以要求的排量值为约束条件，基

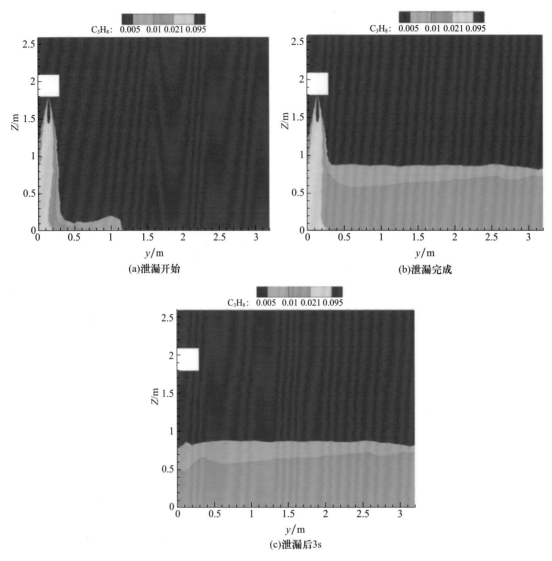

图 3.2-3 模拟的各阶段房间内的 R290 浓度分布

于压缩机性能仿真工具对两个关键参数进行优化，最大程度地提高单缸泵体的效率。此外，本技术还基于空腔模态分析及两相流相分离控制技术，在保证噪声、吐油率不恶化的前提下，优化了电机上下腔的容积比例以实现电机上、下腔容积之和最小，最大程度降低驻留在电机上下腔体的制冷剂质量。

以 1.5HP 变频空调系统为例，空调全年能源消耗效率（APF）提升 10.6％，按照 GB 21455—2019 计算可知，单台空调采用该高效技术一年可节省电量 128kWh。按照 2023 年销量达到 300 万台计算，采用本技术，一年则可节约 24349 万 kWh 电。若假设节约的电力全部由标准煤获得，根据国家发展改革委的最新发布数据，2021 年全国火电机组平均每 kWh 电力消耗 302.5g 标准煤，则每年节约 24349 万 kWh 电相当于每年直接减排 27 万 t 二氧化碳。

泄漏抑制方面，根据泄漏损失分布和技术可行性确定以滑片端面和活塞端面为泄漏优化对象，应用主动供油技术改善间隙油气占比以降低泄漏损失；摩擦优化方面，根据摩擦损失分布和技术可行性，应用摩擦副柔性化及表面微细油槽储油技术对轴承和滑片侧面摩擦进行重点优化。

2）R290 空调器

海信空调有限公司 R290 分体式空调器主要有以下技术特点：

（1）基于 R290 制冷剂空调器运行特性的主动式安全防御技术。使用聚类分析分组技术对相关参数进行直接或间接的多维度强耦合分析。制定最优控制模式，实现空调制冷剂量智能诊断与决策，将安全风险消除在萌芽阶段。

（2）防爆联动技术检测到 R290 制冷剂泄漏，立即开启新风功能，大量引入新鲜空气稀释室内 R290 浓度，降低爆炸风险；调整室内机风门运行特征，将已泄漏的 R290 制冷剂迁移至低浓度区域，降低爆炸风险。重点包括：制冷剂泄漏检测；增强空调系统密封性，防止制冷剂泄漏；增强风扇环流，在适当的室内空气流动下，泄漏的制冷剂将不会聚集到地面并累积到着火点浓度，而是能够分布在房间内；使用安全截止阀，制冷剂应尽量保持在分体式空调的室外侧，限制室内发生泄漏的制冷剂数量；降低充注量，采用微通道，降低压缩机油量；采用防爆电气元件，热泵产品不采用电加热。

（3）高能效设计技术空调器。室内外机采用全新低流阻内螺纹铜管和高热流密度翅片，通过设计适合 R290 制冷剂的换热器分流方案，强化换热效果，保证整机高能效运行。具体包括：①冷凝器流路设计优化。针对 R290 物性特征，在原有 R32 冷凝器（4 路方案）的基础上进行优化，增加冷凝器各分流支路流程长度和缩短过冷段流程长度，$SEER$（制冷季节能效比）提升 0.03，$SCOP$（制热季节性能系数）提升 0.07。②R290 油堵问题分析与优化。R290 变频空调系统在低温工况下压缩机油溶解度变大，制冷剂流量不足，压缩机启动初始阶段节流后温度过低，油黏度增大，高压侧制冷剂不能克服电子膨胀阀节流阻力，会产生油堵现象。可以通过调整膨胀阀开度曲线，提高制冷剂流量。因此，优化电子膨胀阀控制方法，在制热启动阶段/除霜启动阶段，通过加大电子膨胀阀初始开度，增加阀流通面积来缓解油堵风险。

3.2.2 全年制冷的超高效房间空调器研发

1. 技术途径

全球的空调制冷需求正在迅速增长，空调制冷将成为影响气候变化的最大终端风险之一。因此，研发全年制冷的高效房间空调器将成为应对全球空调制冷需求迅速增长和减缓气候变化的重要举措。实现全年高效制冷的关键技术路径主要包括以下几点：

1）优化蒸气压缩循环

制冷循环损失主要来源于蒸发器换热损失、压缩过程损失和节流损失。应当研发高效的制冷循环，降低各过程的损失，并根据气候特征，确定空调器运行条件，确定全年高效运行的制冷循环。

2）研发高性能的空调器部件

包括压缩机、换热器等。根据所选制冷剂和容量，研发压比适应、变容调节的高效压缩机，如研发端面补气、吸气补气独立压缩等（准）双级压缩技术，甚至双级、三级压缩技术。此外，由于空调器运行工况范围大，且通常兼顾制冷制热，因此需要研发压比适应、全工况性能调节优异的压缩机技术，主要包括多转子压缩技术和单转子补气技术途径。另外，需要发展结构紧凑、制冷剂充注量低、换热性能高的换热器，包括各种新型翅片设计、加装涡发生器、采用纳米流体等多种强化传热的技术方案。

3）充分利用自然能源

由于绝大部分地区昼夜温差波动较为明显，在较长时间范围内会出现环境自然介质温度/比焓低于或接近室内空气的情况，通过技术创新，将自然环境中的冷热源作为室内环境参数的调控手段，以降低空调器等机械制冷（制热）设备的冷热量。

4）适当引入可再生能源

可再生能源利用是空调器唯一的碳汇，是实现空调器"碳中和"的重要途径，即实现二氧化碳零排放，如果可再生能源发电余电上网，可以实现二氧化碳负排放。对于空调器而言，太阳能光伏电池是最为可行的能量来源之一。

5）应用环保制冷剂

应使用低 GWP 制冷剂，如使用自然工质、氢氟烯烃（HFO）等（参见 3.2.1 节）。此外，延缓空调系统的性能衰减，延长其使用寿命，也是减少碳排放、减少资源与能源消耗的重要措施。

6）提高空调系统的控制水平

通过调整压缩机频率和风机转速，实现精确控制和能效提升。特别是在采用自然能源和可再生能源的空调系统中，需基于负荷需求、自然能源和可再生能源的供能特性，根据不同使用场景和用户需求进行自适应调整，提高整个空调系统的全工况运行能效。

2. 理论研究

研发高性能的空调器部件、提高空调器的控制水平，是研发高效空调器的基础；应用环保制冷剂、充分利用自然能源、优化蒸气压缩循环是提升空调器能效水平的关键要素；而将可再生能源与空调器结合是未来节能降碳的挑战。下面针对提升空调器能效水平的关键要素进行相应的理论分析（其中，应用环保制冷剂已在 3.2.1 节进行专题讨论，这里不再赘述）。

1）制冷循环优化

为降低压缩和节流损失，可采用多级压缩技术或膨胀功回收技术。例如，中间喷射循环将中压制冷剂直接喷射入压缩机压缩腔内，从而提高压缩机的制冷（热）量和能效比。膨胀能量回收装置分为膨胀机和喷射器两种，其中，膨胀能量回收喷射器具有无运动元件、成本效益高、可靠性高的优点[19]。此外，为降低温度不匹配损失，应利用非共沸工质、多级蒸发等技术，利用混合制冷剂的温度滑移提高制冷剂与空气之间的温度匹配，从而减少热传递过程中的不可逆性，更有效地匹配蒸发器和冷凝器的温度变化，提高系统性能。图 3.2-4 给出了带有中间冷却器的接力蒸发循环系统[20]。此外，根据空气分级处理所需冷热源温度的不同，室内侧也可以分为多级品位负荷，根据品位不同，即可采用品位对口的冷热源进行处理。

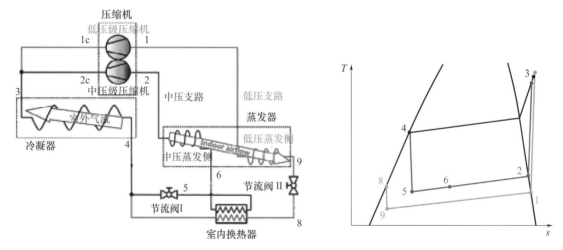

图 3.2-4　带有中间冷却器的接力蒸发循环

2）自然能源应用

空调器主要利用室外空气以实现利用自然能源。研究表明，不仅温度、比焓低于室内的新风可以用于新风节能，甚至比焓、湿度高于室内的新风也可以实现节能。将室外空气按照图 3.2-5 划分为通风 1 区至 5 区[21]。

其中，通风 1 区（直接通风）中，当室外温湿度分别低于室内温湿度且能处理室内负荷时，采用直接通风模式，将室外新风通过新风机送入室内；通风 2 区（通风喷淋）在室外温度高于室内温度，而室外湿度、比焓分别低于室内湿度和比焓时，或位于通风 1 区通风机最高速运行，室内温度不能达到设定温度，采用蒸发冷却通风模式。

值得注意的是通风 3 区（高比焓通风区）和通风 4 区（高湿通风）。在通风 3 区，室外比焓高于室内，而室外湿度低于室内时，由于室外空气比焓高于室内比焓，因此整体的负荷必然增加，但由于潜热负荷降低，系统能耗有可能降低，即处理额外显热用电量低于原先处理潜热用电量，用大量低品位负荷换取了高品位负荷，即 $P_1 < P_0$，其中，P_0 和 P_1 分别为无通风的机械制冷耗电量及直

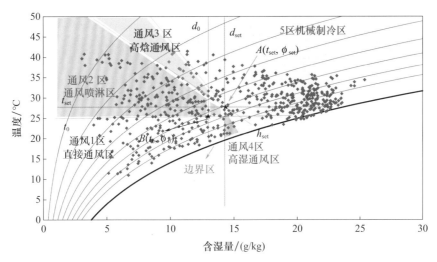

图 3.2-5　新风的控制策略焓湿图划分

接通风后的机械制冷耗电量，为式（3.2-1）、式（3.2-2）。该模式必须结合机械制冷。类似地，对于通风 4 区，该区域用新风降温，用适宜蒸发温度机械制冷系统进行除湿，虽然整体负荷降低，但潜热负荷增加，空调器能效降低；系统能耗可能降低，即处理额外潜热的能耗低于原先处理显热的能耗，用少量的高品位负荷换取了大量低品位负荷。而在制冷 5 区，当以上条件均不满足时，则由机械制冷系统处理室内的全部显热和潜热负荷。

$$P_0 = \frac{Q_S + Q_L}{EER} \tag{3.2-1}$$

$$P_1 = \frac{\left(Q_S + \dfrac{c\Delta t}{r\Delta d}Q_{GL}\right) + (Q_L - Q_{GL})}{\alpha \cdot EER} \tag{3.2-2}$$

式中　Q_S、Q_L——空调器原始显热和潜热负荷，W；

　　　Δt、Δd——新风点与室内控制点的温差与含湿量差，℃ 与 g/kg；

　　　EER——原始负荷下能效比；

　　$\alpha \cdot EER$——通风机运行后能效比；

　　　Q_{GL}——通风机能处理的潜热，W；

　　$c\Delta t/r\Delta d$——显热潜热相互转化系数。

上述模式中，除通风 1 区按照最大通风量通风外，通风 2 区、3 区应按照满足室内温度的最大风量进行通风，而通风 4 区应按照满足室内湿度的最大风量进行通风。此外，图中 B 点为最大通风量送风点，表示当室外温度或湿度高于该值时无法利用室外新风完全消除室内负荷（而非不能利用室外新风）。此外，通风 1 区、2 区的边界可依据室外参数、通风机参数确定，而通风 3 区、4 区还需结合空调器处理显热和潜热的能效特征确定。

该新风控制策略实现了高焓低湿区和低焓高湿区新风显热与潜热的量质转换，配合机械制冷的室内热湿环境营造方法，从全国范围的节能效果来看，对于新疆、内蒙古、甘肃等地区，新风复合空调器也具有较高的适用性，节能率超过 50%。干燥的气候和较低的夜间温度使得通风机利用时间较长。包括黑龙江、吉林、辽宁在内的东北地区节能率约为 15%。在秦岭淮河以北的省份，节能率也超过10%，也表明具有良好的适用性。总之，上述技术在华北地区能耗绝对值和相对值均有显著降低。

3. 案例分析

清华大学和格力电器联合研发的"集成蒸发冷却和太阳能光伏的复合超高效空调器"[22] 是全年制冷的高效房间空调器研发典范。面对全球减排的迫切需求，落基山研究所（RMI）和印度政府联合发起了全球制冷技术创新大奖赛，以印度新德里为目标，研发气候影响（考虑能耗降低和制冷剂GWP 降低，比例为 8：2）较当前基准水平（约为当前国标 3 级）下降 80% 的空调器。新德里全年高温，表现为明显的干季与湿季（如图3.2-6），因而可采用蒸气压缩与新风及蒸发冷却充分融合，同时大幅度提高制冷循环的性能，高效利用光伏的电力。

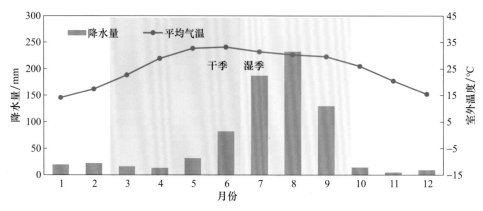

图 3.2-6　印度新德里气候特征

超高效空调器方案完全践行了全年制冷的超高效房间空调器研发的途径，方案如图3.2-7（b）所示，其技术措施包括梯级冷却补气制冷循环、蒸发冷却新风系统、市电与光伏耦合直驱技术。蒸气压缩循环中，采用梯级冷却补气制冷循环（即图3.2-7（c）、（d）），经压缩机的高温高压制冷剂以相同排气压力分别进入两个冷凝器，在室外冷凝器冷凝放热后，经初级节流进入闪发罐，被闪发出的气态制冷剂进入压缩机小缸，另一部分液态制冷剂经不同阻力的节流装置，分别进入高温蒸发器及低温蒸发器，实现与室内空气的梯级换热，其中高温蒸发器主要处理显热、低温蒸发器处理所有潜热及部分显热，制冷剂吸热气化后，分别进入压缩机对应吸气缸。该系统结构相较更简单，经济性、可靠性高，同时也避免了系统复杂的回油回路及压缩机均油设计。

蒸发冷却新风系统即为图3.2-5中的新风控制策略，利用机械通风直接蒸发冷却处理室内负荷，实现通风、降温、除湿功能；此外，还利用室外机蒸发冷凝提高机组能效比。通过光伏直驱与市电耦合控制技术，减少市电用量；采用环保制冷剂 R152a，确保产品较低 GWP 和高安全性，并避免过大的充注量和经济成本。

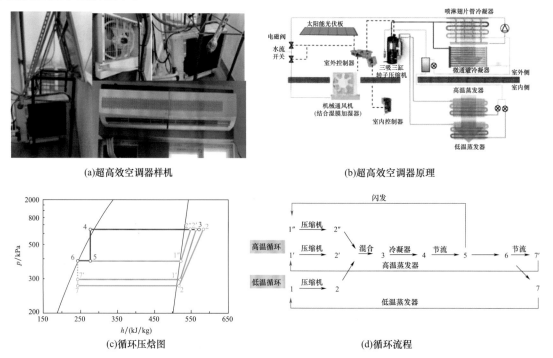

图 3.2-7　超高效空调器的研发

关键部件研发过程中，超高效空调器采用并联三缸滚动转子压缩机（包括低温缸、高温缸及补气缸），其中补气缸的体积决定了闪发压力，并影响闪发制冷剂的蒸汽体积以及蒸发器进口处的干度。蒸发器设计考虑到两个蒸发温度换热，因此需要设计一种显热和潜热串联换热的系统，并利用迎风侧和背风侧的温度梯度实现双温换热。而为了实现冷凝器的降膜蒸发冷却，并减小制冷剂的充注，冷凝器分别采用翅片管换热器和微通道换热器。最终得到超高效空调器的设计参数，如表3.2-1所示。

表 3.2-1　超高效空调器设计参数

部件	参数
压缩机	并联三缸滚动活塞压缩机 低温、高温、补气缸容积比＝7.7∶10.1∶1
蒸发器（2个）	迎风侧：高温翅片管换热器；管径：$\phi7$；排/管数：2/20 背风侧：低温翅片管换热器；管径：$\phi7$；排/管数：1/10
冷凝器（2个）	迎风侧：翅片管换热器；管径：$\phi7.94$；管道数：30；流路：3合1出 背风侧：微通道换热器；管尺寸：16mm×1.3mm；管道数：69
节流装置	3个节流装置（双级）
通风机	700m³/h（湿膜厚度：80mm）
光伏板	1.7m²
制冷剂	R152a（1.55kg）

图3.2-8是基准样机与高效空调器节电量模拟对比情况。梯级换热的蒸气压缩系统能够有效降低系统运行压比、提高能效，贡献的节电率最高，超过一半；新风利用节能率达到18.4%（直接通风、直接蒸发冷）；而在室外换热器淋水、降低空调器的冷凝温度也有效提升了能效比，总节能率达到6.1%，光伏直接发电可以提供6.5%的电能。

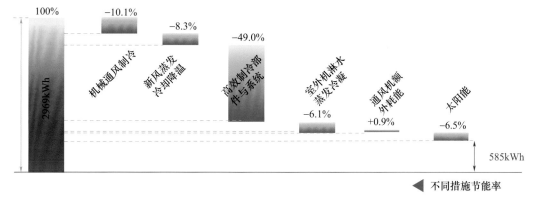

图 3.2-8　超高效空调器节能率的模拟结果

基于上述设计，团队研发空调器样机送往印度进行实验室和现场测试，结果如图3.2-9和3.2-10所示。测试结果显示，在焓差室测试得到的额定制冷能效比为6.28、中间制冷能效比达到9.32。按照印度标准计算的制冷季节能效比（$ISEER$）达到8.43，超出基础样机（$ISEER=3.5$）140.7%。需要说明的是，在测试标准下光伏、蒸发冷却新风等模式均无法使用，因而无法反映自然能源利用、使用光伏的特性。在典型气象日实验室测试中，将印度新德里的气象综合为10天的工况，并用两个相邻的实验室模拟：一侧利用空气调节机组调节温湿度，模拟室外工况；另一侧放置电热器、加湿器，用以模拟由围护结构、新风、室内照明设备人员产生的室内显热及潜热负荷。最终得到的折合全年耗电量为746.2kWh，耗电量相比基准样机（基准样机的实测折合年耗电量为4338kWh）降低82.8%。在新德里某实际建筑为期31天的现场测试中，机组的逐时功率不超过700W，计算得到的总耗电量为42.8kWh，与对比样机在相同环境条件下实测结果相比，节电量高达89.8%，室内温湿度保障率达到100%[23]。

综合上述三种方式，组委会评定其耗电量降低了 84.4%，折合气候影响降低了 85.7%，因此获得了全球制冷技术创新大奖赛冠军，并获评为我国"初步完成了从制冷大国向制冷强国的转变"的标志之一。

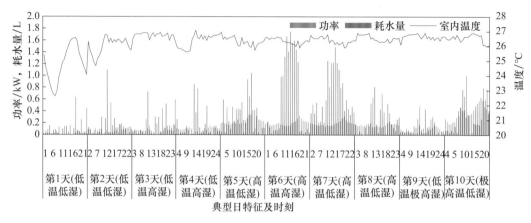

图 3.2-9　超高效空调器的典型气象日实验室测试结果

注：横坐标 1 代表 01：00，6 代表 06：00，其余同。

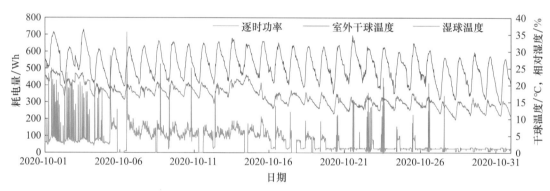

图 3.2-10　超高效空调器现场实际测试结果

总的来说，这一技术方案对于改善空调器性能、提高能效、适应不同气候条件下的需求具有积极意义。未来，这些关键技术的进一步发展和应用将有助于推动整个空调器行业的技术进步，尤其是进一步提高制热效率和适应各种气候条件，研发兼顾冷热的超高效空调器，推动空调器技术的进步。

3.2.3　空调器的舒适与智能控制

1. 技术途径

随着社会生活水平的不断提高，人们对居住环境的舒适度和健康性提出了更高的要求。空调环境也逐步朝着"健康舒适型"转变。对于分散式供暖设备，辐射末端有更良好的热环境和热均匀性，近些年来，非传统供暖区倾向于采用地暖、散热器等设备的用户也越来越多。然而，地板供暖和散热器等辐射性末端通常连续运行，能耗高、碳排放量大，若未来真有超过 70% 的用户采用这类末端进行供暖，则能耗可达现在的 4～5 倍以上，这对"碳达峰"和"碳中和"目标提出了重要挑战。因此，改善现有空调器冬季制热舒适性，无论是对于提升舒适性、还是降低运行能耗都尤为重要。相比于地板供暖和散热器供暖，空调供暖热惯性小，可以实现迅速制冷制热，并且用电量低，适用于无法采用集中供暖的北方农村地区以及南方"部分时间、局部空间"负荷特征的地区。

实现空调器的舒适和智能控制，有以下关键技术途径：

1）实现快速升温

基于"峰终定律"的实验发现[24]，用户对空调器供暖不舒适抱怨的最主要原因是制热启动阶段和中间动态调控导致的负面峰值体验。可见，缩短制热启动阶段的不舒适时间、实现快速制热是提升空调器舒适性的重要内容之一。

2）降低运行时温度波动

正如前面所述，中间动态调控导致的负面峰值体验也将导致制热体验变差，如冬季低温高湿环境下制热容易结霜，频繁除霜室内无热量补充，室内温降速率大，供热不连续，都将严重影响室内的舒适性。

3）提高室内环境均匀性、避免局部不舒适

在稳态运行时，制冷季节冷风易直吹，而制热季节则常有垂直温度、地板温度等因素带来的不舒适。因此，无论在制冷还是制热季节，空调器的气流组织都应具有在主流区满足低风速、环境均匀的特征[25]。

4）提高室内空气品质，与新风结合

传统空调使用时房间密闭，空气沉闷不新鲜，因而需要结合新风，保障室内的空气品质。尤其是现有新风与空调器结合时存在诸多问题，包括新风风道尺寸较小、系统阻力大、新风风量低；风道内存在大量涡流、容易泄漏、新风噪声大等问题，亟待解决。

5）智能控制技术

通过智能运行提高能效，改善室内的舒适性。如监测室内环境参数，如温度、湿度、空气质量等，进行智能调节，提供更加舒适和健康的室内环境；通过手机应用或互联网连接，用户可以远程控制空调器，实现随时随地的调节和监控；与其他智能家居设备进行联动控制，例如与智能窗帘、智能灯光系统等配合工作，实现更智能、更便捷的生活体验等。

2. 理论研究

1）实现快速升温的容量设计

解决房间空调器快速制热技术中的一个关键基本问题是不同气候区域房间对于空调器快速制热能力的实际需求情况。因此，采用"热泵空调器和室内热环境"动态耦合数值模型和仿真方法分析快速升温的容量设计。

全年自然室内温度对于环境温度的响应具有一定的滞后性和衰减性，不同气候区的住宅建筑的最不利制热启动工况出现在冬季的早晨 7：00 左右。夏热冬冷地区房间冬季室内自然室温波动低于寒冷地区。在对应的最冷日，北京室内温度总是高于室外温度，而在南京存在室温低于室外温度的情况。如图 3.2-11 所示。处于最不利工况的夏热冬冷地区典型住宅建筑，如果要求 30min 内使得房间温度达到 18℃，热泵空调热容量指标为 165W/m²。而对于寒冷地区而言，其对应的热泵空调热容量指标为 223.5W/m²，远超稳态运行的结果，但是与现有的空调器选型规格接近。相比之下，如果考虑到快速启动时间进一步缩短为 15min，则热容量指标分别为 330W/m² 和 420W/m²，对应 15m² 的房间则分别约需 2HP 和 3HP 的空调器。这与现有指标相比有较大的差异。

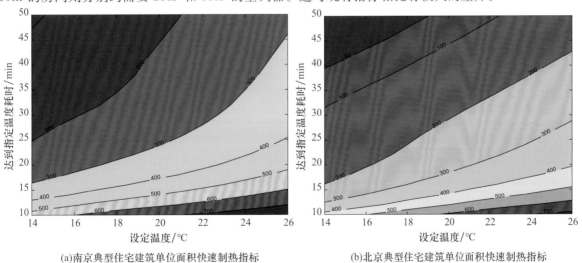

(a)南京典型住宅建筑单位面积快速制热指标   (b)北京典型住宅建筑单位面积快速制热指标

图 3.2-11　典型住宅建筑单位面积快速制热指标

2）新风一体化送风末端技术

研究不同气流组织下新风对室内空气质量的影响，提出了以空调风作为主气流、新风作为副气流的交叉融合送风方式（如图 3.2-12 所示），并根据空调风和新风的高度、角度、风量和温度的调节范围确定了最佳新风融合量，大幅提高新风送风距离、人体活动区域新风送风可及性和 CO_2 浓度下降速率。经验证：新风送风距离可由 2.5m 提升至 8.0m，人体活动区新风送风可及性提升61.1%，CO_2（示踪气体）浓度下降速率提升 29.2% 以上，使室内空气更新鲜。

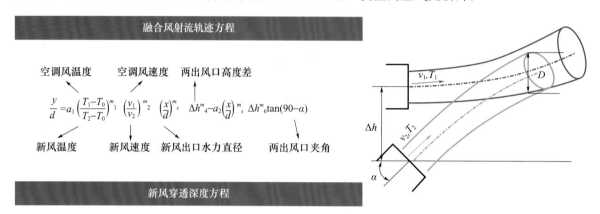

图 3.2-12　新风与空调风交叉融合送风研究

3）对流/辐射一体化末端技术

对流/辐射一体化末端兼顾对流末端快速性与辐射末端舒适性的优势，通过辐射换热与对流换热的方式对房间进行供暖与制冷，可实现高效间歇的舒适室内环境营造，在保障以人为本的舒适性基础上实现环境营造的智能可调创新。提出了对流/辐射一体化末端的设计方法，其中对流和辐射单元容量设计比应大于 4.0。研发的分离式直膨、一体化直膨、平板热管式等一体化末端（图 3.2-13）的室内升温过程可控制在 30min 以内（初始温度为 10℃），间歇供暖营造效果得到了提升。

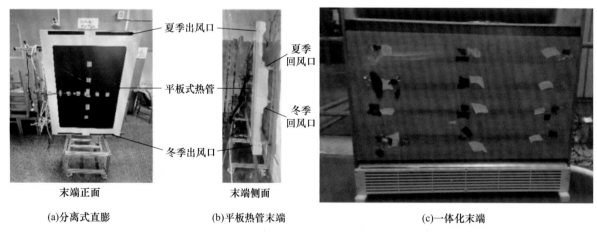

图 3.2-13　研发的不同末端

实际测量结果（图 3.2-14）表明，采用变频启动能够节能且效果最佳，但启动时间较长。控制工位操作温度可以在不同温度下实现舒适性和节能的双重控制。此外，调整对流辐射参数，如提高末端温度和降低风速，能够改善室内环境。进一步地，通过耦合能量模拟与计算流体力学的联合模拟方式能够准确建立对流—辐射型末端"热源—末端—室内"的动态环境营造模型，探究不同运行模式下动态室内环境的变化，结果表明，启动阶段最大能力对流与稳态阶段等负荷辐射的运行模式是对流—辐射耦合环境营造时"部分时间、局部空间"需求下的最优调控策略[28]。

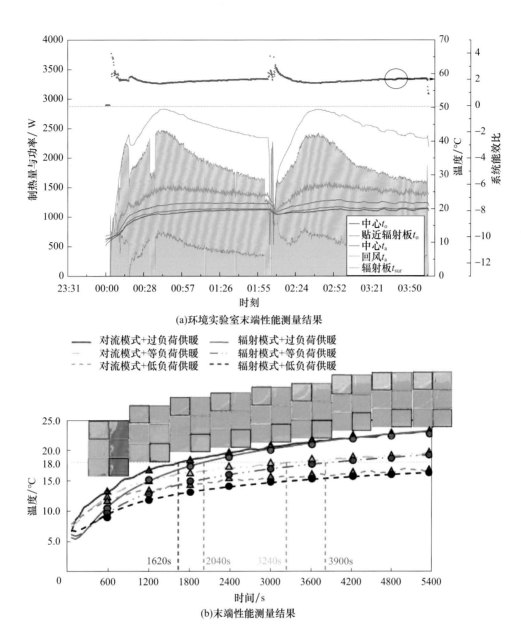

(a)环境实验室末端性能测量结果

图例:
中心 t_o
贴近辐射板 t_o
中心 t_a
回风 t_a
辐射板 t_{sur}

对流模式+过负荷供暖　　辐射模式+过负荷供暖
对流模式+等负荷供暖　　辐射模式+等负荷供暖
对流模式+低负荷供暖　　辐射模式+低负荷供暖

(b)末端性能测量结果

图 3.2-14　实验室及模拟结果

3. 案例分析

1）海信舒适系列空调器

制冷季节为防止冷风直吹，常采用防直吹模式，但现有方案易结露，牺牲制冷量，制冷效果无法保障。另一方面，冬季用户头凉脚热的舒适性需求与空调热风上浮的送风特性相矛盾，导致用户极不舒适，促使用户过度设置，且造成能源极大浪费。合理的送风形式及其气流组织对人体热舒适至关重要，依据气流的康达效应（贴附作用）对出风流道进行冷热分流送风设计，实现沐浴式制冷、地毯式制热，见图 3.2-15。

研究建立康达流道核心参数模型，其控制指标包括：引风结构、康达流道、黏性槽结构、曲率风板，以验证不同康达流道参数对康达效应的影响，包括压力梯度、附壁长度以及分离角度。结果表明，超大曲率风板引导冷风上扬，且 100％有效控风，使得全域风速低于 0.12m/s，任何位置让用户完全感受不到冷风，实现真正沐浴式制冷、全域防直吹；而在地毯式制热中，利用上凹康达面引导热风向下，而后平滑过渡至凸起康达面引导热气流贴壁下送，落地后在房间内向前扩散，热风铺满地面而后自然上浮。

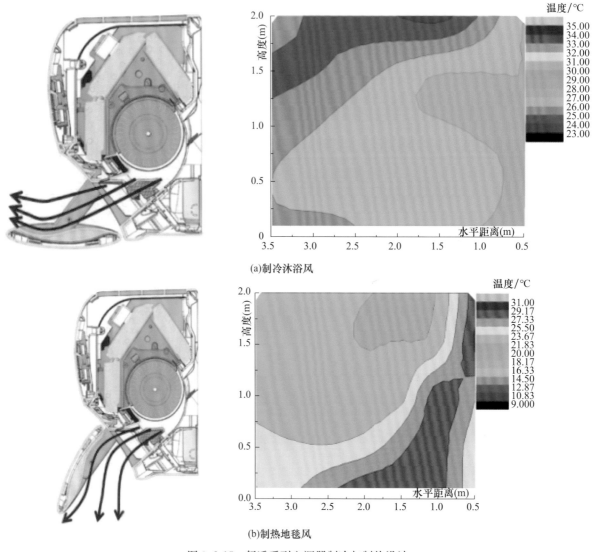

(a)制冷沐浴风

(b)制热地毯风

图 3.2-15　舒适系列空调器制冷与制热设计

　　针对长江中下游地区的梅雨季节等低温高湿场景下普通空调无法将温湿度调控至舒适区的问题，提出了基于软解耦控制算法的温湿分控及 PMV 舒适节能控制技术。对传热传质之间的非线性强耦合进行动态解耦，创立了热湿耦合数据平面的概念，研究出温湿分控软解耦控制算法，使空调输出覆盖的热湿平面面积扩展了 20%。

　　针对空调常规模式下高挡位风速过大、人员不舒适，而在中挡风速及以下换热将使环温降低时间长、换热效果差的问题，开发随环境温度变化的空调器可变参数控制算法，即实现舒适的气流速度、温度并降低空调电耗。如图 3.2-16 所示，同常规模式相比，转速可变模式通过利用仿自然气流特性，降低了平均风速，提升了气流湍流度，不适吹风感指数降低 37.4%，室内温度到达舒适的时间缩短 34%。

　　2）贯流双侧送风技术

　　传统贯流式空调器通常采用正面送风形式，可以使活动区的射流集中，从而提高降温效果，但同时也会增强吹风感。为降低吹风感，通常在出风口设计微孔散流结构，但这种设计会使风量严重降低，影响房间温度调节效果。保证空调温度调节效果的同时降低吹风感尤其重要。格力提出了一种新型的贯流式双侧分区送风解决方案（图 3.2-17），并设计了高效双侧送风技术和双区立体送风自适应控制方法，旨在平衡活动区域的吹风感和温度调节效果。

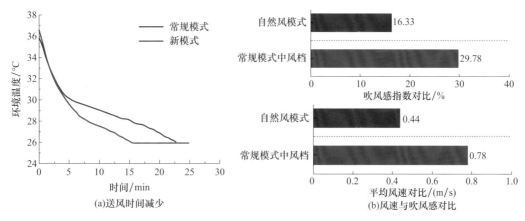

图 3.2-16　空调器可变参数控制算法的模拟结果

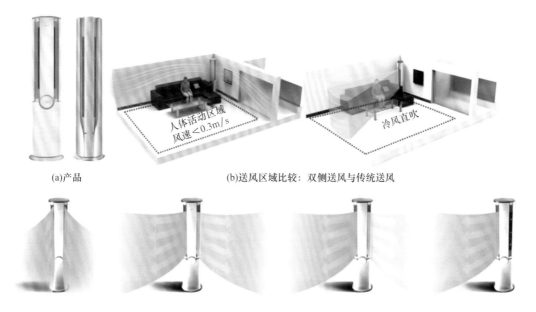

图 3.2-17　贯流双侧送风技术

通过研究贯流式双侧风口射流在人体活动区的速度流场轨迹，确定双侧送风形式可以有效解决冷风直吹的问题。提出贯流风机双侧分流送风方案，并构造低阻双曲率分流锥结构，解决了双侧分流不均和涡流损失的难题。同时，创建了高效导风板型线，解决了双侧分流送风距离过短的问题，解决了人体活动区域空调冷风直吹的难题，实现了不降低风量下的高效双侧送风，保证了空调温度调节效果，人体活动区平均吹风感指数仅为 1.13%。

此外，研究了动态调温和稳态控温不同阶段人体热舒适送风需求，并建立了环境、系统参数与人体热需求实时寻优框架。发明了双区立体送风自适应控制方法，根据指令或人体热需求实时调整导风板和分流锥的位置，调整双风口风量比例和送风方向，形成了双风口汇集送风、双侧环抱分流送风和双侧分区强弱送风等多种送风模式，从而使冷/热量按需有效地作用于目标活动区域。

3.3　多联机产品与设计

多联机空调（热泵）系统（简称：多联机）是一种多末端、长配管、变制冷剂流量的直接蒸发式制冷（热）系统[29]。相比于水冷机组，多联机传热环节少，减少了能量损耗；相比于定容量系统，其在部分负荷工况下性能优良；多联机系统具有多末端独立控制，管路占用空间小，设计、安装相对简便等优势，特别适用于室内温度需求不同、室内机自由控制、需要实现分户计量的建筑，因此被广泛应用于办公楼、酒店、学校等建筑当中，并逐渐应用于住宅建筑中。多联机在 20 世纪 80 年代诞生于日本，虽然我国从 20 世纪 90 年代后期才开始发展，但在我国发展迅速，连续多年在集中空调产品中保持最高占有率和增长率。

3.3.1 多联机产品技术

随着多联机空调系统的发展，越来越多的关键技术被应用于系统之中。这些技术不但可以促进整个产业的节能环保进程，有助于减少能源消耗和环境污染，符合现代社会对绿色、低碳生活的追求；而且诸多智能化技术的应用使得多联机产品的智能化程度越来越高，方便用户使用和管理。例如，通过物联网技术，用户可以实现对空调系统的远程控制和节能管理，提供更加完善的服务功能；其次，多联机技术的发展变得更加注重提高舒适度，如满足风量、温湿度控制的特定要求。这有助于为用户提供更加舒适的生活环境，满足人们对高品质生活的追求。

1. 技术途径

1）针对多联机长管路的制冷剂替代技术

随着全球变暖问题的加重，同时多联机要靠配管将制冷剂进行较远距离的输送至用户末端，因此多联机系统本身的制冷剂充注量大于其他集中空调系统，这促使研究人员和多联机制造商不得不考虑系统可能的替代制冷剂。同时，制冷剂的替代主要考虑几个因素：首先，新型制冷剂能显著减少对环境的污染，保护地球的生态环境；其次，新型制冷剂应具有更好的传热性能和较低的黏度，能显著提高多联机系统的能效，减少能源消耗；再次，通过替换这些制冷剂，可以显著提高系统的安全性，减少潜在的安全风险；最后，新型制冷剂通常应具有更好的工艺性，能适应不同的工艺条件和要求，使多联机系统在更广泛的领域得到应用。

2）多联机系统性能提升关键部件优化

部件优化能够提升多联机系统的整体性能，通过对压缩机、换热器、膨胀阀以及辅助环路等关键部件进行设计和改进，可以提高系统的制冷、制热效率，使系统在各种环境条件下都能保持良好的运行效果。其次，部件优化有助于降低多联机系统的能耗。优化后的部件通常使得系统达到更高的能效比，减少系统的能耗，降低运行成本。这不仅符合节能减排的环保要求，也符合用户对节能产品的需求。此外，部件优化还可以提高多联机系统的可靠性和稳定性。通过采用优质的材料、先进的制造工艺和精确的控制系统，可以减少部件的故障率，延长系统的使用寿命。同时，优化后的部件能够更好地适应各种复杂的工作条件，提高系统的抗干扰能力。不仅如此，部件优化对于提升用户体验也具有重要意义。优化后的多联机系统能够提供更舒适、更稳定的室内环境，提高用户的满意度。同时，优化的部件也能够降低系统的噪声和振动，提高系统的安静性和舒适性。

3）多联机系统形式创新

多联机系统形式的创新不但有助于提升多联机系统的整体性能，还可以优化系统的结构、布局和运行方式，从而提高制冷、制热效率，降低能耗，为用户提供更舒适、更节能的使用体验。系统形式的创新能够增强多联机系统的灵活性和适应性，以适应不同的建筑结构和使用环境对多联机系统的不同要求，这不仅能够提高系统安装和使用的便利性，还能够降低系统的维护成本。此外，该技术有助于推动多联机技术的持续进步和发展。创新是技术进步的核心动力，通过不断尝试新的系统形式和技术方案，可以推动多联机系统在能效、环保、智能化等方面取得更大的突破。最后，创新的系统形式还能够满足用户日益多样化的需求，设计出更加个性化、智能化的多联机系统，以满足用户不同的使用需求和审美需求。

2. 理论研究

1）多联机系统制冷剂替代趋势

目前，多联机系统中使用最多的制冷剂是 R410A，但是 R410A 的 GWP 值较高，因此未来无法继续作为多联机系统的循环制冷剂，需要思考其他的替代制冷剂。通过横向对比，学者们考虑到 R32 的 GWP 值较低，且 R32 的热力学性能要优于 R410A，Yıldırım 等人[30]发现 R32 在加热模式下的 COP 比 R410A 高约 5%，在制冷模式下能效比相比 R410A 提高约 6%。作为 R410A 的组成之一，R32 不需要对现有的多联机系统制造工艺进行大范围的改动[31]。同时，从系统的实验结果来看，R32 的最佳充注量比 R410A 的最佳充注量可降低约 26.0%[32]。因此，R32 是未来在多联机系统中替代 R410A 的可能性之一。

多联机系统的部件组成与普通的单元机部件类似，对于关键部件、设备的优化，往往可以进一步提升多联机系统的能效以及运行的可靠性。

2）压缩机优化设计

作为多联机系统的"心脏"，压缩机技术的迭代可谓是直接关系着多联机系统的运行性能，它决定着系统运行的上限与下限，同时还有系统能效的高低等。目前，许多研究集中于具有中间补气功能的涡旋补气压缩机以及具有两个压缩缸的旋转式压缩机等。这些新的压缩机形式不但可以提升多联机系统在部分负荷工况下的能效，还可以扩大压缩机运行的温域范围，确保系统在极端工况下也能有不俗的能力与效率。研究表明，具有中间补气功能的涡旋压缩机可以增强多联机系统的制热性能[33]。由于通过冷凝器的总制冷剂流量和蒸发器中换热效率的增加，具有单个补气口的压缩机提高了制热能力[34]。此外，还有学者提出了具有两个喷射口的涡旋压缩机[33]。考虑到多联机系统在较低负荷率的工况运行效率低下，特别是在住宅建筑中，有学者提出了具有双气缸的旋转压缩机[35]，在系统额定制冷量 16kW，当负荷率为 0.1 时，与采用传统压缩机的系统相比，双缸压缩机系统的能效比（EER）提高了 30%。

3）过冷器优化

与分体空调器相比，多联机系统的结构更加复杂，管路长度较长，弯头、阀门等管件较多，为了避免系统液体管内的制冷剂在输送沿程出现闪发的现象，需要对出冷凝器的制冷剂进行进一步的过冷，基于此需求，系统中的过冷器相继产生，如图 3.3-1 所示。过冷支路的设置可以有效解决上述问题，提升系统能效及运行稳定性。

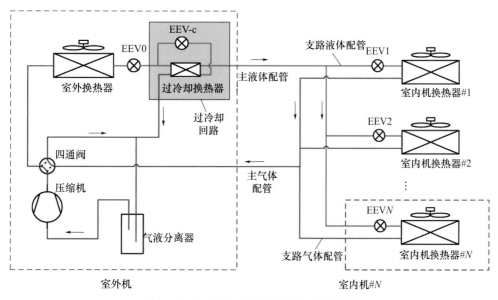

图 3.3-1　带过冷支路的多联机系统原理图

4）换热器优化

翅片管换热器是多联机系统中的另一个重要组成部件，其可以在制冷模式下向外界排出热量或在制热模式下从环境中吸收热量用于目标的制热。因此，换热器的换热效率将直接决定系统的运行效率，同时考虑降低系统成本，微通道换热器开始广泛应用于多联机系统中[8]。实验结果显示，在制冷能力一致的前提下，相同的压缩机频率，采用优化的微通道冷凝器的多联机系统相较具有传统翅片管的系统 COP 更高[36]。同时，研究发现[36]，微通道冷凝器更适合用于长管道的多联机系统，因为它可以在较低的过冷度下保证相同的制冷能力，以防止制冷剂闪发。

5）多联机喷气增焓系统技术

随着系统能效、舒适度需求进一步的提升，同时伴有相关系统关键部件的迭代出新，应运产生了新的多联机系统形式。带喷气增焓功能的多联机系统就是基于有补气功能的压缩机所适配的系统，系统原理图如图 3.3-2 所示。在较低的环境温度下，带补气压缩机的多联机系统性能更优，同时使用中间换热器比闪蒸罐更容易控制支路的制冷剂质量流量。Cho 等人[32]发现，具有喷气增焓功能的 R410A 和 R32 多联机系统相比不具有喷气增焓的系统制热能力提高了 7.5%～13.9%。制热 COP 提升了 1.1%～4.7%。

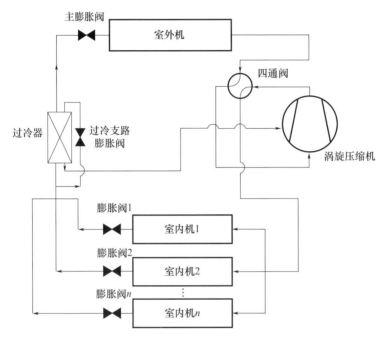

图 3.3-2 喷气增焓多联机系统原理图[34]

6）多功能多联机系统技术

随着建筑房间同时制冷、制热以及热水需求的提升，多功能的多联机系统相继产生。该系统通过冷热量的灵活调配，不但可以满足房间不同冷热需求，还可以同时提供生活热水，满足用户的多元需求，如图 3.3-3 所示。

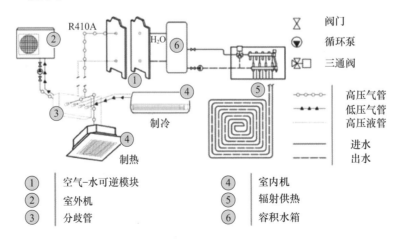

①	空气-水可逆模块	④	室内机
②	室外机	⑤	辐射供热
③	分歧管	⑥	容积水箱

(a)带中/低温热水供应的多功能多联机系统

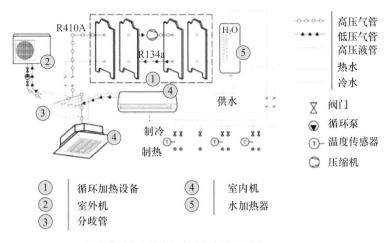

(b)带高温热水供应的多功能多联机系统

图 3.3-3 可提供热水的多功能多联机系统[37]

此外，通过控制压缩机频率和 EEV 开度以及通过修改制冷剂流动路径来优化串联多功能多联机系统，以满足设计容量的同时提高系统性能[38]。在主体供冷和主体供热的工况下，串联式多功能多联机系统的 COP 分别比设计 COP 高 8.3% 和 12.9%。

为了应对建筑峰值负荷和低谷负荷出现的不平衡性，带有蓄能功能的多联机系统进入了大众的视野。蓄能技术被认为是能有效地降低空调系统的冷负荷峰值，并能缓解用电高峰的节能和经济的空调系统技术。相关的系统形式如图 3.3-4 所示，实验结果表明，即使整体制热性能有所下降，多联机与储能技术相结合可以分散峰值电分布。在蓄能式连续供热系统中，整个系统的供热量、蒸发量和冷凝压力的恢复过程可以优化到从蓄能开始到结束的 17min 以内[39]。同时，也有学者探寻了应用相变蓄能材料的多联机系统性能，在设计工况下，由于部分冷量充入相变材料，系统的制冷量和制热量分别从 19kW 和 15.2kW 下降至 11kW 和 8.8kW。然而，与不带储能材料的系统相比，带储能材料的多联机系统全年可节能 17.1%[40]。

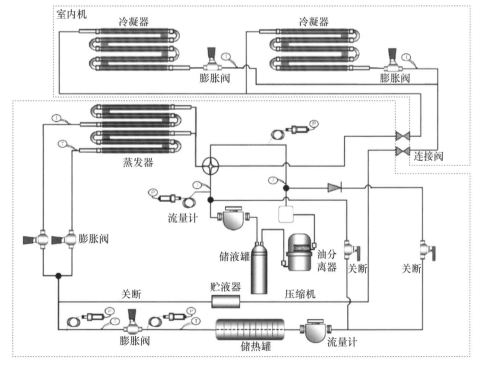

图 3.3-4 带蓄能模块的多联机系统[39]

7）多联机系统循环控制

由于多联机系统内部制冷剂流路复杂，动力学耦合性强，因此需要采取关键的控制策略来保证多联机系统的高效、可靠运行。

多联机系统循环控制是系统运行的基础，其目的在于按照各室内负荷大小提供相应的制冷（热）量，以满足室内热舒适要求，同时实现系统的节能高效运行，其核心是实现多联机系统的容量调节和各室内机的制冷剂流量分配[41]。为实现室内舒适性和节能控制目标，针对多联机具有变量多、状态多、滞后大、参数耦合关系强的特点，在难以建立其精确数学模型的条件下，近年国内外学者、企业进行了深入研究，发展了各式各样的控制方法，如图 3.3-5 所示。

图 3.3-5 多联机控制方法发展历程[41]

集中控制法主要由中央控制器通过指令集中调控各室内机和室外机，调控过程可简化为"采集 & 输入、算法计算、输出 & 控制"三个步骤。集中控制法以网络通讯技术为实现手段，不但信号响应速度快，还能高度集中控制信息，有利于实现对机组全工况性能、实时性能的控制，对于小型的一拖二、一拖三多联机系统有着较明显的优势。

分散控制的本质在于实现室内、外机在一定程度上相对独立控制，以降低不必要的实验工作量和数据通讯量。其室内、外机控制器仅保留必要信息（如：运行模式、膨胀阀开关信息）的通讯，室外机根据外温、盘管温度、吸/排气压力、运行模式、膨胀阀通断等信息控制压缩机转速；室内机则尽量不需要室外机的信息，而根据房间温度、设定室温及过热（冷）度独立控制膨胀阀的开度。从分散控制诞生至今，为了保证室内机在满负荷工况下满足冷（热）负荷需求，且在部分负荷工况下具有良好的除湿能力，并简化控制策略，许多机组采用了恒定吸/排气压力的控制策略；为了发挥部分负荷工况和变工况下多联机的节能潜力，又逐渐发展出了变吸/排气压力的控制方法[41]。

8）多联机系统除霜控制

除了系统循环控制，为了保证多联机系统可以在冬季稳定运行，还需配备合适的除霜控制手段，尽可能优化防霜、精准探霜以及快速除霜。目前，采用逆循环和热气旁通除霜仍然是解决室外换热器结霜的主要方法，其除霜开始/终止判据及除霜策略是防止误除霜（有霜不除，无霜除霜）、影响多联机除霜性能的主要因素。

在各种除霜方式中，逆循环法、热气旁通、回气加热、蓄能除霜在多联机中都有应用。逆循环法[42]将制冷剂"换向"，从室内取热融化霜层，控制简单、能效高，但室内舒适性差；热气旁通法[43]将压缩机的高温排气引入室外换热器，用排气热量将霜层融化，无须从室内取热，舒适性提高，但仍需中断供热；由于除霜热量不足，导致除霜时间过长，故提出了回气加热除霜方法[44]，该技术是在热气旁通基础上，在压缩机吸气管上安装加热器，将气液分离器中液体转化为气体，加快融霜速度，保证系统稳定运行；蓄能除霜[45]通过蓄能器贮存正常运行工况下的部分热量进行除霜，无须从室内取热，提高了除霜速度，同时还可以在除霜时向室内供热。

9）多联机系统回油控制

与单一末端空气源热泵机组相比，多联机系统管路长、落差大、弯头多，系统易存油，且在低负荷率时回油困难，同时，多联机并联模块（各台压缩机之间）内、模块间易出现润滑油分配不均现象，为了保证系统的可靠运行，需要设置一定的回油措施，如图 3.3-6 所示。对于设有回油运行模式的多联机，通过升高工作频率、增大制冷剂流量等方式提高制冷剂流速，使制冷剂管道中的润滑油返回压缩机。为均衡调控各压缩机内的油面，可以在压缩机之间设置均油管与平衡阀，调节压缩机之间油位；也可以采用自动均油技术，将多台压缩机及回油管通过均油管相连，在无须传感器和动力部件的条件下，仅通过管内的压力平衡来调整并联压缩机的油位；交叉回油控制技术则进一步取消了压缩机之间的均油管，将油分离器出口的润滑油返回到其他压缩机，有效平衡各个压缩机之间的油位。

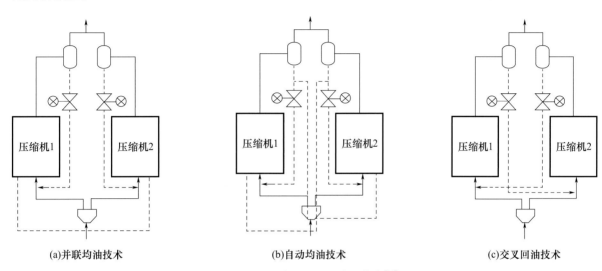

图 3.3-6　压缩机之间的均油技术[41]

10）多联机系统舒适性控制

面对人们对于舒适度要求的提升，多联机的舒适性控制发展也十分迅猛。采用室内机红外智能人体感知技术[46]，即通过红外传感器和小波分析技术，将人员位置、状态信息传递到空调控制器，通过智能控制空调定向送风（摆风角度、风速、出风温度），能提高房间人员活动区的舒适性；实时检测人员移动状态，自动实现人来开机、人走关机，实现行为节能。同时，还有除湿控制等，目的都是为室内提供更高的舒适性，提升用户的使用体验。

3.案例分析

1）热管相变传热的双重散热技术

现行多联机系统常用的铝型材翅片散热器（风冷）散热效率有限。室外环境温度越高，压缩机需求频率越高，驱动模块散热量越大，但此时风的温度反而越高，使本来散热就困难的风冷翅片散热更加恶化，导致压缩机降频，制冷能力过快衰减且功率模块长期处在高温状态下，寿命也会下降；另一常用的驱动散热形式为制冷剂散热，制冷时会导致系统损失一部分制冷量，且制冷剂系统同散热系统关联，当制冷剂温度较低时，遇到高湿环境会产生凝露，有烧基板的风险。

基于以上，海信日立公司创新性地提出以热管相变散热、散热风扇散热为基础的双重散热技术，如图 3.3-7 和图 3.3-8 所示，热管封装在驱动模块中，散热风扇在驱动模块的背部。由图 3.3-7及图 3.3-8 可知，热管埋压在驱动模块内部，热管内封存的制冷剂因为功率模块温度的不均匀性，在热管内部实现蒸发与冷凝相变换热，最终使整个功率模块温度更加均匀，同时开发了独有的电器盒散热风扇，当整机高温制热运行时，为防止系统高低压报警停机，室外换热风扇停止，此时可通过散热风扇对驱动模块散热，确保整机的宽范围可靠运行。根据热管热模拟分析，驱动模块最高温度 94.6℃，相较普通散热模块，整体降低了 5℃，实测对比降低了 7℃以上，可实现−10～55℃制冷运行、−25～48℃制热运行。

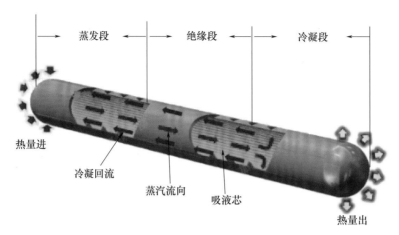

图 3.3-7　热管散热工作原理

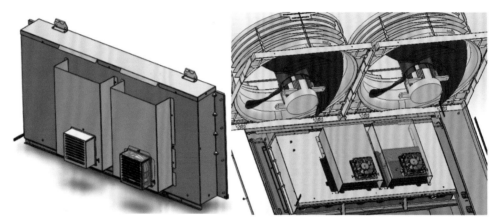

图 3.3-8　热管埋压电器盒及散热风扇

2）双缸压缩机多联机系统

珠海格力电器股份有限公司研制出基于大小容积切换压缩机技术的高效智睿多联机，符合中国居民"部分房间即开即用"使用习惯的家用多联机，系统搭载了宽负荷范围调节的大小容积切换高效压缩机技术，大幅提升低负荷能效，解决了多联机长期低负荷下低效运行的行业难题，如图 3.3-9 所示。初步估计，该产品可节电约 40 亿 kWh，减少 CO_2 排放近 340 万 t，并推动国家标准升级，引领行业技术发展。除此之外，系统还具备可控除湿技术/温湿度修正技术，实现湿度的准确控制。同时，末端还可实现相变分离自清洁；外机可实现反转除尘；可选配净化杀菌模块以及负荷动态自适应降噪技术等。

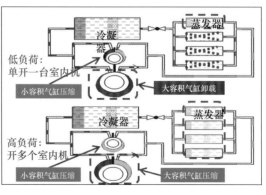

图 3.3-9　格力基于大小容积切换压缩机技术的高效智睿多联机系统

3）空气净化多联机系统

南京天加推出的 TIMS 臻洁净健康变频多联机，则重点针对人居环境的相关顾虑，有效解决人居舒适性场所的污染问题，使用净化更可靠、有效、安全的组合式过滤方式来解决多种污染物（含PM2.5、甲醛、细菌病毒等），解决了单一离子净化或静电除尘等方式存在的净化效果单一、实际达成效果差、安全性低的问题。系统两个压缩机采用变频涡旋压缩机，且压缩机带两个补气口（双流道压缩机），可增加系统流量，降低压缩机排气温度。

海信日立公司同时关注室内空气品质，以期给客户提供更加健康、舒适的环境，为此日立推出了双净化型室内机，室内机搭载 PE 纯净生态模块及自清洁功能（如图 3.3-10）。其中 PE 纯净生态模块可实现杀菌、抗病毒、抗过敏、除甲醛、除异味、颗粒物（PM2.5）净化等功能；而自清洁功能在预处理阶段，充分吸收空气的水分，让换热器表面形成凝结水；结冰阶段是为了让换热器结霜和结薄冰，利用表面张力变化，将换热器上的颗粒与翅片分离；清洁是除冰和除霜阶段，将换热器表面的粉尘颗粒带走，达到清洁换热器表面的目的，进而提升送风空气质量，提升室内空气品质。

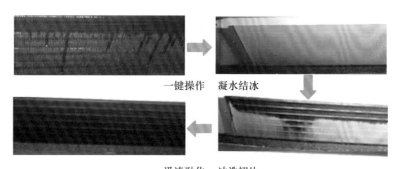

一键操作　凝水结冰

迅速融化　冲洗翅片

图 3.3-10　海信日立自清洁功能示意

4）水源多联机技术

除了空气源热泵多联机系统，水源多联机利用比热容更高的水作为冷热源，可以使得其相对风冷多联机能效比更高，也更加小巧，同时还可以更灵活地利用自然能源，如江河湖水、地下水、土壤等等，这些能源的温度品位较为稳定，且相比空气可以给系统带来更高的能效。

目前，水源多联机产品已在国内众多项目中应用，项目设计方案包括土壤源地埋管式、楼宇水环式、地下水式、地表水式等多种形式。土壤源地埋管多联机系统，是使用在地下埋管中循环流动的水为冷热源的地下环路式系统，在地下打孔并埋入塑料复合换热管，空调系统负荷通过地埋管和土壤交换，能有效利用土壤中的冷热量。海信日立公司研发的变水流量水源多联机系统，通过三管制的方式，实现系统的热回收，满足部分房间制冷、部分房间制热的需求，有效利用余热。该水源多联机系统搭载以下三项核心技术：

（1）基于水—氟能量均衡的变温差水流量控制技术

为了解决水源多联机小负荷下，采用定流量水泵输配能耗占比大的问题，此技术以水侧、氟侧及空气侧的能量守恒为理论基础，结合空气侧负荷动态预测算法，使得系统在负荷降低至 50% 后，水流量相对额定流量有了明显降低，室内机部分开启，特别是在一室（最小室内机 0.8HP）3% 负荷运行时，水流量下限可达 17%，水泵功耗相对于额定流量可大幅降低。通过企业试验，制冷季水泵功耗相较于固定流量系统可降低 41.3%，制热季水泵功耗相较于固定流量系统可降低 38.8%，系统全年功耗可降低 13.7%。

（2）基于多孔均油设计的多层堆叠组合控制技术

为了充分利用建筑空间，考虑让同一制冷剂系统的主机实现多层叠放，但此方案需要解决机组运行时各主机的油路均油及待机阶段液态制冷剂在重力作用下沉积导致系统可靠性问题。因此，该技术基于气体和液体的密度差异以及流体动力学理论，针对大容量多压缩机模块组合在大落差、多层数堆叠时的均油可靠性问题，基于质量守恒原理，创新性地提出了基于多孔气分均油的油平衡循环系统，如图 3.3-11 所示。

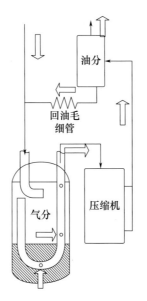

(a)新油平衡系统图

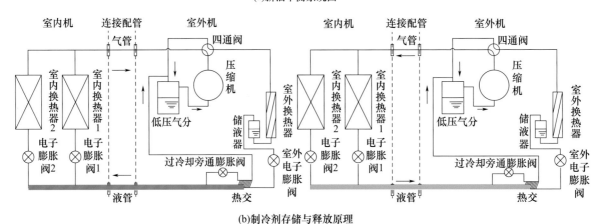

(b)制冷剂存储与释放原理

图 3.3-11　海信日立变水流量水源多联机关键技术

（3）基于换热器内容积及制冷剂相态的控制技术

为了降低多联机更新市场需求的增加，市场需要一种能适应更低内外机配比的多联机系统，因为此种配置会使得制冷剂充注量偏差较大，因此当联机配比接近下限时，易发生系统高压过高、回液发生液击等可靠性问题。对此，本技术通过相关性分析，明确了内容积为影响制冷剂充注量的关键参数，并基于实验数据给出了制冷剂充注量与换热器总内容积的关系，同时提出基于制冷/制热相态平衡控制技术，制冷时增加液管过冷度，制热时降低液管过冷度，利用液管管路的空间储存、释放制冷剂达到缓解制冷/制热制冷剂量的需求不平衡的目的，如图 3.3-12 所示。

水源多联机产品已在国内众多项目中应用，包括天津南洋大厦项目、通州大运河森林公园办公楼项目以及苏州招商小石城等，都应用了土壤源多联机系统的形式，能源消耗大大降低，同时有效降低后期运行成本；楼宇水环多联机系统，在高层建筑中比较适用，夏季通过冷却塔将水系统的热量散发出去，在过渡季，通过水系统中热量的转移能实现最大限度的系统节能运行。冬季如有制热需求，可通过城市管网热水、燃油燃气或电锅炉加热循环水为主机提供热源。目前，包括北京万科大都会项目、北京盘古大观项目以及江苏镇江金融大厦项目都利用了此种多联机系统，全年工况更加稳定，同时不影响建筑美观；地表水多联机系统则是将闭环换热管路安装于靠近建筑物的江河湖水、池塘、海水等地表水中，通过闭环水与地表水的热交换提供建筑物的热量或者进行散热。

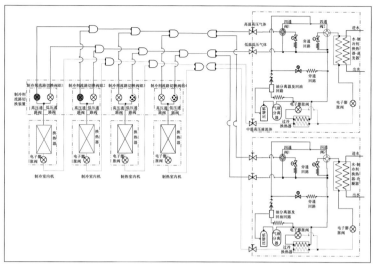

图 3.3-12　海信日立变水流量水源多联机外观及原理图

5）光伏多联机系统

为了推动节能降耗，新建建筑及建筑节能改造时鼓励利用可再生能源，以太阳能为代表的绿色能源由于其分布广泛、技术成熟度高等特点成为首选。但当前光伏新能源系统午间集中大规模发电，储能系统造价较高，随着各地光伏并网消纳政策收紧，部分光伏发电能源无法得到利用，业内称"弃光"，国内"弃光率"最高可达 14％。而多联机的应用场景中，用电负荷与太阳光照能量几乎是高度契合，能够让光伏系统高峰期发电供空调系统自发自用，实现源荷平衡。因此多联机成为利用建筑配置光伏能源的必经之路。

海信 M3 光合系列多联机，采用多联室外机＋智能光伏耦合箱的产品配置形式（图 3.3-13），可根据项目需求灵活配置耦合箱和室外机的联机方案。控制的核心在光伏耦合箱部分，与室外机通信监控外机状态的同时，做电能转换及分配。采用 MPPT（Maximum Power Point Tracking）"最大功率点跟踪"技术，找到电压和电流之间的最佳平衡，不断调整和跟踪不断变化的最大功率点，可实现最大化利用绿色能源，MPPT 效率可达 99％。光伏直驱技术可以大幅降低两次电能转换导致的电能损耗。光伏能量仅经过 MPPT 的 DC-DC 变换，能量损失仅 1.5％，最大限度保证光伏电能利用率，破解光伏＋普通空调光能两次变换能量浪费问题。

图 3.3-13　智能光伏耦合箱与光伏多联机

交直流混合供电技术，通过直流母线梯度检测与控制，在多元间实现母线控制权的智能切换。建立光伏单元、负载单元、电网单元、储能单元四单元换流模型。多能源互补供电，可实现交直流 0 秒无感动态切换。光照充足时，光伏耦合箱将光伏直流电能经过隔离 DC-DC 给室外机供电，同时耦合箱中的光伏逆变器将光伏直流电逆变为交流电，用于供给其他设备电源；当光伏发电不满足空调负荷时，比如在下午光照渐弱或者突然乌云蔽日的时候，可以无缝切入储能电池或公共电网，保障空调设备持续稳定运行。避免出现断电停机问题，保证用电稳定。

除此之外，海信光合系列智能光伏耦合箱还有高内聚低耦合的特点。光伏及能量分配功能，高内聚于光伏耦合箱；低耦合指不改变多联机空调的控制，只监听空调通信并为其服务。这样就可以无须逐机型做光伏转换硬件的设计，现场安装时只需使光伏空调机型快速拓展，适用更多应用场景。同时依托室外机和光伏耦合箱的分体式设计，系统整体稳定性高，光伏逆变系统故障后空调可接通市电继续工作，单独维修费用低。同时支持光伏板能量跨系统共享，优先保证空调100%光伏电能直驱。对比主机和光伏板一对一的匹配方式，直驱率提升40%，更符合产品实际应用场景需求。

目前，海信光合系列已应用于北京三里屯太古里商业综合体、浙江省建科院和广州辛普立新能源公司等多领域微电网直流建筑项目。

6）光合多联机的实际应用

广州大学城科教文旅服务中心项目采用海信光合多联机系统，系统主要有光伏发电系统、室外机、智能光伏耦合箱、室内机等部分。该系统可以通过多元的运行逻辑，进行多能源的利用，有效利用太阳能资源，同时可以利用光伏直驱，提升光伏发电利用率，实现能源利用的最大化，降低碳排放。

海信光合多联机系统能够实现多种运行模式，以优化能源利用和提高项目收益。这些模式包括：在夜间或阴雨天气时，由市电供应空调电能的纯空调工作模式；在空调不运行时，通过光伏逆变器并网发电的纯光伏发电模式；在空调负载大于太阳能输出时，由光伏逆变器部分供能、不足部分由市电补充的光伏空调工作模式；在空调负载小于太阳能输出时，光伏逆变器并网发电的光伏空调及光伏发电工作模式；在空调负载小于太阳能输出且电池欠电时，进行电池储能的光伏空调及储能工作模式；以及在太阳能不发电或发电量小于空调负载且电池满电时，由储能电池放电供能的储能放电工作模式。

综上所述，在充分利用光伏发电的条件下，该系统的投资回收期约为4.9年。然而，由于光伏发电受天气影响较大，且空调负荷受季节和室外环境影响，实际效果可能会有所差异。尽管如此，每年可减少碳排放约5.99t CO_2，从而显著提升环境效益。

7）三管制热回收技术

随着人们生活水平的提高，人们对多联机的要求也越来越高，尤其是在酒店、别墅和火锅店等场所，往往同一系统内会有不同冷热需求，特别是在过渡季，冷热区分不明显的时候，就会因人体质等的不同会有不同的冷热需求，此时就需要冷热自由的产品予以支持。基于以上，海信日立公司开发出包含 F-kit 的三管制自由冷暖热回收系统（见图 3.3-14）。连接 F-kit 的室内机可实现与其他室内机不同的运转模式，未连接 F-kit 的室内机仅能实现制冷功能，未连接 F-kit 的水模块仅能实现制热水或地暖的功能。

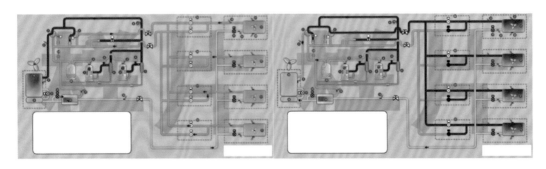

(a) 全部制冷   (b) 全部制热

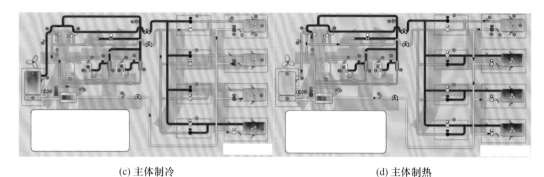

(c) 主体制冷   (d) 主体制热

图 3.3-14 包合 F-kit 的三管制自由冷暖回收系统

如图 3.3-15 所示，模块组合时可以实现室内机不停机轮换除霜，红线代表高温高压的气体，黄线代表高压中温的液态制冷剂，黑线代表低压的气态制冷剂，除霜时，室外机 A 继续进行制热运行，室外机 B 进行除霜，室外机 A 与室外机 B 中压缩机排气经高低压管，一部分给室外机 B 的冷凝器进行除霜，一部分给制热室内机的冷凝器进行制热，两者冷凝后的液态制冷剂通过室外机 A 的液管经过室外机 A 的室外蒸发器进行蒸发，蒸发后的气态制冷剂分别通过室外机 A 的气分、室外机 A 的低压气管和室外机 B 的低压气管流经室外机 B 的气分，最终都回到各自的压缩机，形成室外机 B 的不停机除霜。室外机 A 除霜时，原理类似。进而实现整个系统的室内机不停机轮换除霜。

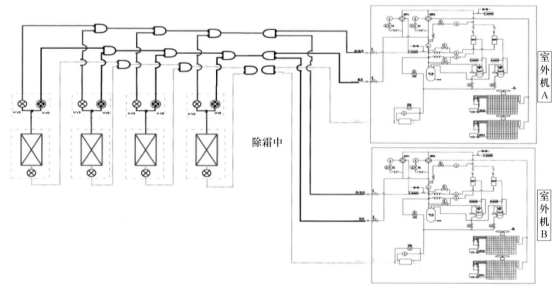

图 3.3-15 三管制系统轮换除霜循环原理

此外，为应对产品适用区域的不同，特进行此场景的系统开发，在南方等夏季较长地区，对制冷需求较大，夏季空调用于制冷同时还有免费生活热水，冬季采用地暖制热的情况，本项目设计了无 F-kit 的三管制热回收系统。连接低压管和液管的室内机仅能在夏季制冷运行，连接高低压管和液管的水模块可以在夏季制热水，也可以在冬季地暖运行，实现用户夏季制冷＋夏季免费生活热水、冬季地暖和生活热水的应用需求。详细循环原理示意如图 3.3-16 所示。

未来，针对多联机系统的相关技术发展还有很长的路要走，无论是对于多联机更多的应用环境所提出的特种多联机系统，还是可以有效根据工况变化调整制冷剂循环量的关键技术，目前还处于起步阶段。面向多联机可能的多种应用场景和关键问题，需要探索更多的节能高效稳定的系统技术途径。

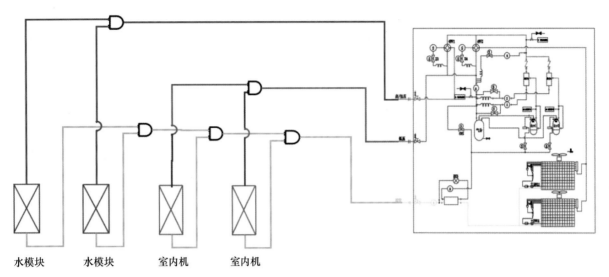

水模块　　　水模块　　　室内机　　　室内机

图 3.3-16　无 F-kit 循环原理示意图

3.3.2　多联机系统设计技术

多联机系统是十分重要的空调系统形式，现在销售量为商用 50％以上，在家用空调领域也快速增长。除了提高多联机自身的系统之外，要实现多联机和其他设备的配合才能实现多联机的整体节能。为了实现这个目标，多联机系统设计和现场的运行控制都十分重要。

1. 多联机工程设计的系统分区方法

1）技术途径

公共建筑中通常采用多套多联机系统服务整栋建筑或部分区域内的所有房间。由于多联机系统的负荷率和室内机运行特征直接影响着多联机的实际运行能效，将具有何种负荷特征房间的室内机放在一个多联机系统中（即系统分区）其实际运行能效更高？这是目前多联机工程设计时亟待解决的重要问题。针对目前缺乏多联机系统分区的指导原则，导致系统低负荷、低能效运行问题，提出表征多联机服务的建筑（区域）内负荷同步发生程度的指标——建筑负荷同步率（CUR_B），作为系统分区设计的参考指标，为需要设置多套多联机系统的建筑提供多联机高效运行的分区设计判据。

2）理论研究

（1）多联机系统分区的判据

建筑负荷同步率 CUR_B 表征建筑（区域）负荷在相同时间、不同空间上同时发生的程度，其定义如式（3.3-1）所示。当各房间负荷率 $LR_1 \sim LR_n$ 均相等时，任意房间负荷率与建筑（区域）负荷率相等，此时 $CUR_B = 1$。

$$CUR_B = \frac{\sum\limits_{i=1}^{n} Q_i / \sum\limits_{i=1}^{n} Q_{i,\max}}{Q_j / Q_{j,\max}} \tag{3.3-1}$$

式中　i——建设（区域）的某房间（编号 i）；

　　　n——建设（区域）的房间总数；

　　　Q_i——i 房间的冷负荷，kW；

　　$Q_{i,\max}$——i 房间的最大（设计）冷负荷，kW；

　　　LR_i——i 房间的房间逐时负荷与设计负荷的比值。

房间 j 为建筑（区域）中房间负荷率最大的房间，满足式（3.3-2）的关系。

$$LR_j = \max\{LR_i\} \tag{3.3-2}$$

负荷同步率 CUR_B 能够反映建筑负荷在空间上的同时发生特征，与建筑分区采用多联机系统的能耗、能效有重要联系，能够作为系统分区设计的参考指标。考虑到 CUR_B 在一定的统计周期内随时间连续变化，定义统计周期为 τ 时段内的负荷同步率均值为 $CUR_{B,\tau}$，根据式（3.3-3）计算。

$$CUR_{B,\tau} = \frac{\int_0^\tau CUR_B \mathrm{d}\tau}{\tau} \tag{3.3-3}$$

在一定的工程原则条件下，图 3.3-17 分析了对办公建筑采用不同 $CUR_{B,\tau}$ 的分区方案时，整栋建筑制冷季节能耗的情况。对于不同分区方案，随着负荷在空间上同步发生程度的提高（$CUR_{B,\tau}$ 上升），相同总负荷条件下建筑的制冷季节耗电量（$CSTE$）呈现下降趋势，且总能耗变化趋势由快变慢。整体而言，在 $CUR_{B,\tau}<0.7$ 的范围，$CSTE$ 与 $CUR_{B,\tau}$ 的关系趋向于线性，而当 $CUR_{B,\tau}>0.7$ 时，$CSTE$ 与 $CUR_{B,\tau}$ 呈现二次函数关系，随负荷同步发生程度的提高，能耗变化速度变缓。

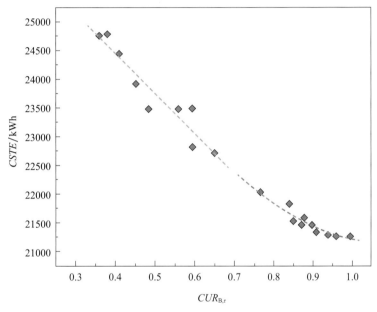

图 3.3-17　不同 $CUR_{B,\tau}$ 下的制冷季节能耗

因此，结合实际功能需求，以 $CUR_{B,\tau}>0.7$ 作为系统分区设计的参考界限，指导公共建筑中多联机系统的工程设计，有助于提高多联机系统在高能效区间的运行时间，进而改善实际运行能效。

（2）多联机系统分区流程

多联机工程设计的系统分区设计流程如图 3.3-18 所示。首先，根据建筑模型和预估的人员空调作息，计算各房间负荷；在满足"必要性原则"的前提下，构建多种预分区方案 $A_1\sim A_n$，每种分区方案包含 k 个建筑区域；对分区方案中的每个建筑区域，计算 $CUR_{B,\tau}$，作为负荷特征同步性的判据；对分区方案中的每个建筑区域，判断是否基本满足"推荐性原则"；当分区方案中多数建筑区域满足"推荐性原则"时，将对该建筑的分区方案 A_i 作为可行的分区方案输出；否则，重新构建满足"必要性原则"的预分区方案。

3）案例分析

南京地区某四层办公建筑拟采用多联机空调系统，以下对该案例模拟分析采用不同分区方案时的能效与经济性。

该建筑每层房间的空调区域均包含 4 个办公室、1 个会议室、1 个休息室和 1 个活动室，表3.3-1 给出了"同配"与"错配"两类分区原则的定义、分区方案示例和负荷特征。依据"同配"分区原则，办公建筑的分区结果如表 3.3-1 上图所示，根据房间功能共设置 5 套多联机系统；依据"错配"分区原则的分区结果如表 3.3-1 下图所示，按楼层每层设置一套多联机系统。目前有部分实

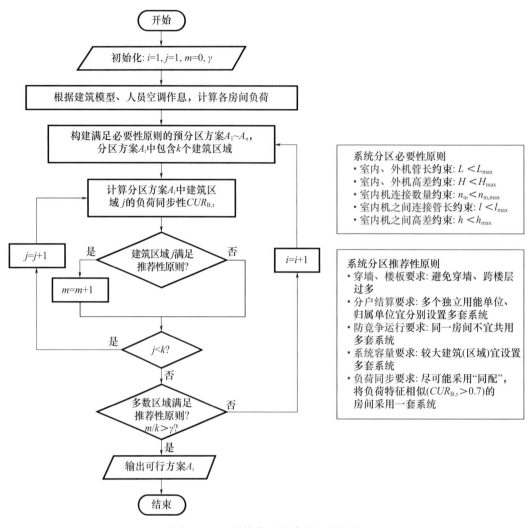

图 3.3-18　系统分区设计流程示意图

际工程将多层多个末端连成一个大容量系统（大容量系统"错配"方案），室外机采用多个模块组合，该方案属于"错配"分区的一种。

表 3.3-1　多联机系统分区原则与方案

分区原则	定义	示例	系统设置	配置率
同配	将负荷特征相似房间的室内机与室外机构成一套多联机系统		按功能分区： (1) 1～2 层会议室分区； (2) 3～4 层会议室分区； (3) 1～4 层活动室分区； (4) 1～4 层休息室分区； (5) 1～4 层办公室分区。	1.0～1.3
错配	将负荷特征不同房间的室内机与室外机构成一套多联机系统		按楼层分区： (1) 1 层分区； (2) 2 层分区； (3) 3 层分区； (4) 4 层分区。	1.2～1.6

图 3.3-19 展示了采用"同配"方案时,制冷季节逐时运行工况点在多联机性能模型等高面上的分布情况。当一层的四个办公室采用一套多联机系统时,室内各房间空调作息相似,系统逐时容量利用率 CUR 基本在 0.8 以上,大部分时间系统的室内换热容量被充分利用;制冷季节中,系统逐时负荷率主要分布在 0.2～0.8 负荷区间,在中间、中高负荷运行时间较多,大部分时间内,系统在高能效区间运行。

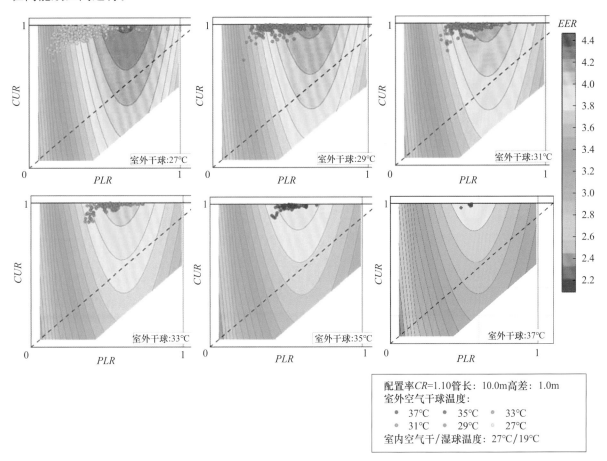

图 3.3-19 "同配"方案逐时运行特征

图 3.3-20 为采用"错配"方案的模拟结果。当按楼层分区时,一套多联机系统服务于四层的四个办公室、会议室、休息室、活动室。系统中房间作息不尽相同,负荷特征有较大差异,此时系统逐时容量利用率 CUR 在 0.20～0.76 范围内分布较为分散,系统逐时负荷率 PLR 的分布范围也较宽,系统大部分时间在中、低能效区间运行。

当办公建筑中所有末端采用一套多联机系统(大容量系统"错配"方案)时,系统运行特征与"错配"方案相似。不同分区方案整栋建筑制冷季节的能效比如下:"同配"方案 SEER 为 4.07,"错配"方案 SEER 为 3.67,大容量系统"错配"方案的 SEER 为 3.57。

为探究不同分区方案的经济性,参考某品牌多联机选型、报价,按南京市 2023 年工商业用电核算电价,分析了三种分区方案的初投资和寿命周期经济成本(见图 3.3-21)。在初投资方面,估算了室内外机设备投资、制冷剂成本、管材成本和安装成本。分析结果表明:室外机容量选型结果(即配置率 CR)对初投资影响较大,当"错配"方案采用容量较小的室外机时,"错配"分区方案的初投资比"同配"分区方案更低。考虑寿命周期的长期经济性,"同配"方案的长期经济性最佳,而(大容量)系统"错配"方案的长期经济性最差。目前工程设计中,考虑到系统回油安全性、高负荷工况室内保障性等原因,多联机系统室内外机配置率普遍在 1.0～1.3 范围,相应同/错配方案的平衡点出现在 2.3 年内。

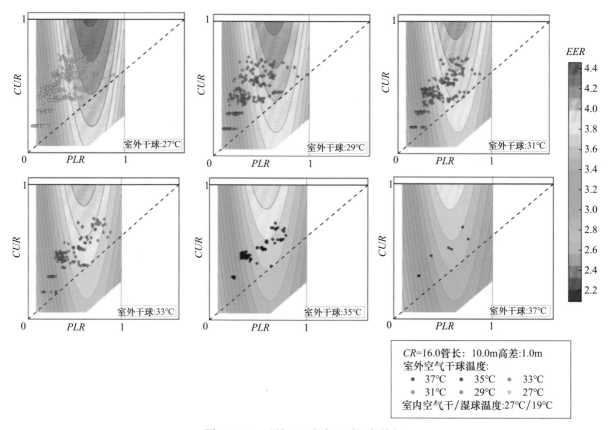

$CR=16.0$ 管长：10.0m 高差：1.0m
室外空气干球温度：
- 37℃ ● 35℃ ● 33℃
- 31℃ ● 29℃ ● 27℃
室内空气干/湿球温度：27℃/19℃

图 3.3-20 "错配"方案逐时运行特征

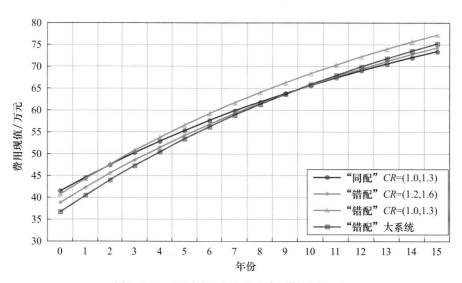

图 3.3-21 不同分区方案的寿命周期经济成本

2. 多联机与新风机组多维度联控理论研究

多联机与新风机组复合系统。多联机系统本身存在缺乏新风的问题，严重影响到房间的空气质量。新风机组的引入解决了以上问题，但是由于新风机组和多联机大多为独立运行，新风负荷难以预测，使得室内温度波动较大，舒适性受到影响。现有市场新风引入设备功能较单一，不能自动控制运行。如何采用最节能的方案在最短的时间获取到室内新鲜、健康的空气，目前还需要优化；如何提高新风机组的适用范围；如何联合运行新风机组与多联机，并且实现对空气质量和温度进行有效控制的节能运行方案。这些都是发展多联机和新风机组多维度联控需要解决的问题。

多维度多联机和新风机组的自动控制技术。该系统的新风机采用基于多维度空气质量的自动控制技术，兼顾健康和节能，就新风机本体创新提出了基于多流道结构的 IAQ 自动调节方法，通过采集温度和相对湿度、PM2.5 浓度、CO_2 浓度、VOC 浓度，多维度评价和判断空气质量的好坏，并智慧运用新风机的多个模式和风挡大小来改善室内空气品质，实现自动节能运行，快速获取新鲜、健康的空气。为解决寒冷地区的应用问题，创新了一种基于露点和最小新风量双控机制的混风控制方法，搭配混风装置，采用结霜临界新风温度来控制最大新风量，并用室内 CO_2 浓度来控制最小新风量，将新风机使用的温度范围下限扩展至－30℃，解决了传统新风机在寒冷地区应用的局限性，兼顾了可靠性和舒适性。此外，针对新风机和空调独立运行不节能的情况，提出了基于新风负荷预处理的新风机和空调联动技术，使新风机和空调系统深度融合，将新风机详细的运转信息发送给智控中心或空调室外机，提前对进入房间的新风负荷进行预判和预处理，实现了新风机和空调真正意义上的联动。

以上提出的自动控制运行策略框图如图 3.3-22 所示。

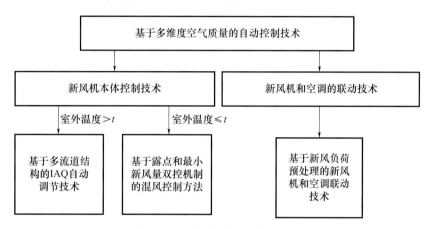

图 3.3-22　自动控制运行策略框图

（1）基于多流道结构的 IAQ 自动调节方法

本项目的新风机具有多流道结构，设计有新风风道、排风风道、内循环风道、混风风道等，同时新风入口和排风出口设置有空气质量检测模块，检测室内外的温度、湿度、PM2.5 浓度以及室内的 CO_2 浓度、VOC 浓度，以支持机组多种模式运行。

智慧自动模式：根据室内外 PM2.5、室内 VOC 和 CO_2 的检测浓度，以及室外温度、室内外温度差切换运转模式和风量，并保证运行可靠性。

节能方面，采用智慧自动模式的新风机的运行模式和挡位，根据自动控制运行策略动态变化，运行功率不是恒定值，需要采用 24h 平均功率评估节能性。在用户模拟体验室内安装 250m³/h 风量具备智慧自动模式的新风机，动态监测和记录 24h 机组的功率，机组会根据室内外的空气质量浓度等多维度判定机组的运行模式和风扇挡位，功率动态变化，24h 后取平均值，经试验测得为 99W，相比其他产品高风挡功率 120W，节能效果显著，且室内 CO_2 体积分数小于 600×10^{-6}，满足用户新风需求。

（2）一种基于露点和最小新风量双控机制的混风控制方法

尽管新风机作为室内换气设备有着诸多优点，但目前在我国严寒和寒冷地区应用时，因室外温度较低、室内相对湿度较大，新风机可能存在不同程度的结霜问题。其主要机理是：室内的排风经热交换芯体后温度降低，当湿空气经过低于其露点温度的冷表面时，在冷表面上会发生结露现象，如果冷表面的温度低于水的冰点温度，水蒸气会在冷表面上凝华结霜。如果结霜不及时清除，将堵塞空气通道并减少传热面积，空气流动阻力显著增大，换气量及换热效率明显降低，使新风机的总体性能下降。

从主流新风机厂家提供的资料来看，尽管有些厂家采用电除霜的方案，但此方案从整体效益来看有悖于节能的原则，即新风机节约的能量可能无法补偿电加热所消耗的能量。正因为对新风机结霜问题认识的不足，使这项有很大节能潜力的技术在严寒和寒冷地区不能有效地推广。

为了解决这一问题，有企业创新应用了一种基于露点和最小新风量双控机制的混风控制方法，在标准型新风机基础上增加了混风装置，混风装置内设置了混风风门。

混风控制过程中的关键之处在于：混风运行时对混合后状态点进行动态监控，对实时计算的结霜临界新风温度和实时检测到的混合后的空气温度进行实时比对，对于防止结霜及引进的最小新风量，分别进行是否会导致芯体结霜的判定和新风量是否满足房间内最小新风量要求的判定。其中芯体排风侧的空气露点温度和芯体排风出口处的壁面温度是否小于等于0℃是关键指标。

新风机在寒冷地区实际运行混风的过程中，优先保障可靠性，通过结霜临界新风温度和混风后的温度进行实时比对，确保 $t > t_{xj}$ 且不超过最大新风量，确保芯体不会霜堵；并最大限度降低 CO_2 浓度，依据空气质量控制逻辑判断进行风阀和风量的自动控制，来满足房间内的最小新风量要求，使寒冷地区的用户冬季也可以时刻呼吸到新鲜的空气。对于冬季室外温度低于−10℃的寒冷地区，比如东北和西北地区，经过用户多年使用后，没有风量减少和芯体损坏的相关投诉和反馈，证明其可靠性和舒适性无问题。

（3）基于新风负荷预处理的新风机和空调联动技术

空调系统中引入室外新鲜空气是保障良好室内空气品质的关键。在夏季室外空气比焓和气温高于室内空气比焓和气温时，空调系统为处理新风势必要消耗冷量。而冬季室外气温比室内气温低且含湿量也低时，空调系统为加热、加湿新风势必要消耗能量。实际工程中新风机组的能耗要占到空调系统总能耗的25%～30%，对于高级宾馆和办公建筑可高达40%。可见，空调处理新风所消耗的能量是十分可观的。所以，在满足空气品质的前提下，尽量选用较小的新风量。否则，空调制冷系统与设备的容量将增大，且运行的能耗也非常大。

由于室外温度不同及引入室内的新风量不同，产生的新风负荷不同，新风机与空调独立运行势必造成能源的极大浪费，尤其是冬天和夏天，与室内温度差异明显的室外新风进入室内，很容易造成室内温度的波动，会给用户造成不适，也相当不节能，尽管使用了新风机，其制冷的能量回收效率也仅在60%左右，制热的能量回收效率在70%左右，实现了对室外新风的预冷和预热，降低了新风负荷对室内温度的影响，但其影响还在，还需要进一步优化。

目前市场上宣称的新风机可实现与空调的联动，仅仅是可实现同开同关，即空调开、新风机开，空调关、新风机关。新风机厂家因受限于空调的开发技术，均未进行深入研究，没有实现对新风负荷的预判和预处理，此联动不是真正意义上的联动。

有企业提出的解决方案是智控中心增加空调室外机对新风机的智慧响应功能，当新风机在节能新风模式或普通换气模式时，风机在任一风挡准备运行时，第一时间将室外温度、运转风挡、运行模式等信号发送给空调室外机，外机压缩机频率和阀开度等关键参数在原目标的基础上进行一定的调整，以及时消除进入新风带来的新风负荷。传统的空调不清楚新风机是否开启，运转的风挡如何，因此对进入房间的新风负荷一无所知，空调仅通过检测室内空气的温度来判断室内负荷的变化情况，然而经过一段时间，进入房间的新风才会导致室内温度发生变化，有一定延迟。因此，得不到新风机运行信号的空调在控制室内温度稳定上具有滞后性，只能在室内温度已经变化了，产生了明显波动后，再被动地进行温度调节，这样用户会感到忽冷忽热，体验很差。该技术解决了上述问题，将新风机详细的运转信息实时发送给智控中心，智控中心推导出负荷数据，控制空调室外机进行新风负荷预处理，实现了新风机和空调真正意义上的联动。

建筑负荷分为室内空气负荷、漏热负荷、新风负荷、内扰负荷四部分。其中室内空气负荷为特征变量 a 与当前室温和目标室温差的乘积，漏热和新风负荷为特征变量 b 与当前室温和当前室外环温差的乘积，内扰负荷为固定值，包含人员负荷。

$$Q = Q_{AIR} + Q_L + Q_N + Q_C = a(T_{i1} - T_{s1}) + b(T_{al2} - T_{il2})t + Ct \qquad (3.3\text{-}4)$$

式中　Q——建筑负荷，J；

T_{i1}——室内温度，℃；

T_{il2}——控制周期内平均室温，℃；

T_{s1}——预置目标室温，℃；

T_{al2}——控制周期内平均室外环温，℃；

C——内扰负荷，W；

t——时间，s；

a、b——建筑负荷特征变量。

由于在计算联动参数时考虑了多联式空调系统与新风机之间的相互影响，因此，空调室外机控制装置通过第一时间获取到的室外温度、新风机运转风挡、运行模式等信号，实现对新风负荷的预判，可以在联动时消除多个调节设备之间的相互影响，进而可以使房间内的温度、湿度相对稳定，以及空气品质满足用户要求。因此，该方法可使新风机与多联式空调系统实现智慧联动，并深度融合。

夏季，空调新风冷负荷按下式计算：

$$Q_{co}=M_o（h_o-h_R）\tag{3.3-5}$$

式中 Q_{co}——夏季新风冷负荷，kW；

M_o——新风量，kg/s；

h_o——室外空气的比焓，kJ/kg；

h_R——室内空气的比焓，kJ/kg。

冬季，空调新风热负荷按下式计算：

$$Q_{ho}=M_oc_p（t_R-t_o）\tag{3.3-6}$$

式中 Q_{ho}——空调新风热负荷，kW；

c_p——空气的比定压热容，kJ/(kg·℃)，取 1.005kJ/(kg·℃)；

t_o——冬季空调室外空气计算温度，℃；

t_R——冬季空调室内空气计算温度，℃。

新风量M_o由新风机运行风挡决定，超高风、高风、中风、低风、超低风、微风 6 个风挡对应 6 个新风量。t_R取 22℃，室外温度t_o一天 24h 是动态变化的，新风机三合一模组可以进行实时采集，至此新风负荷可以实现预估，进而再根据上述参数以及新风机内部的能量回收部件芯体的能量回收效率，确定空调室外机的频率增加数、阀开度变化数等，实现对新风负荷的预判和预处理。

综上，新风机根据室内外 PM2.5 检测浓度及室内 VOC 和CO_2的检测浓度、室外温度及室内外温度差智能切换舒适节能的运转模式和风量大小，并保证运行的可靠性。基于露点和最小新风量双控机制的混风控制方法，扩展了新风机使用的温度范围，同时增加了室外温度的智慧响应，和室内空调实现智慧联动，深度融合。该智慧型新风机及其控制方法填补了技术空白，秉承智慧运行的控制理念，使用户获得节能、舒适、高效、省心的使用体验。

3. 高显热比节能制冷技术

1）理论研究

建筑的负荷包括热负荷（显热负荷）和湿负荷（潜热负荷）两部分。一般来说，湿负荷占空调总负荷的 20%～40%。传统的多联机空调针对室内空气进行温湿度同时处理，降低室温的同时要处理大量的湿负荷，舒适性较差，能耗较高。因此，研发可实现高显热比的节能性技术和调控策略，实现机组的快适应性运行和稳定高显热舒适节能运行自动切换，是实现系统能效综合提升的重要技术手段。

目前常规的空调系统普遍采用的是热湿耦合的调节控制方法，都是通过表面冷却器对空气进行冷却和冷凝除湿，再将冷却干燥的空气送入室内，实现排热排湿的目的。使用高显热多联机的温湿度独立控制系统的空气处理过程如图 3.3-23 所示。从回风点 N 处理到送风点 S，普通多联机进行的是 NS 过程，温湿度独立控制系统，先经过除湿过程 NM，再经过除显热过程 MS，高显热多联机在系统中承担的就是除显热的 MS 过程。

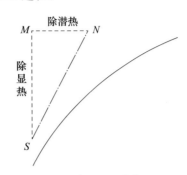

图 3.3-23　空气显热/潜热处理过程

目前市面上的高显热多联机应用于温湿度独立控制系统较传统温湿度独立控制空调系统有着明显的优势，但在实际应用过程中存在着以下问题：

（1）室内热、冷湿负荷较大时，若直接采用高显热＋除湿同时进行控制，温湿度难以同时满足人体舒适度要求。若室内冷湿负荷较大，此时空气露点温度较高，如直接进行高显热控制，则系统需要的蒸发温度较高，虽然会降低一定的能耗，但会出现室内温度及相对湿度难以短时间下降的问题，从而会造成人体较长时间的不舒适感。

（2）为了在高显热制冷时，达到快速制冷的效果，目前高显热制冷的处理方式是提高送风量，这会导致送风噪声增大，且较大的室内风场扰动也会造成较大的不舒适感。

（3）该方式并未将用户设定温度作为考虑依据，在用户实际体验过程中，可能无法满足用户的温度需求。

高显热多联机制冷技术可兼顾快速舒适性及节能性，同时对室内机的负荷（通过设定温度与送风温度的差值进行判定）及蒸发温度进行控制，在优先快速满足室内机负荷的条件下，通过调整目标蒸发温度来提高显热比，达到高显热节能制冷的目的。当回风温度与设定温度的差值较大时，目标蒸发温度会保持设定值，室外机组仍以较大能力输出，以保持较高的压缩机频率，达到快速制冷的目的；当回风温度逐渐降低，回风温度与设定温度的差值越来越小时，机组需进入高显热模式，降低功耗，此时会提高目标蒸发温度，降低压缩机频率，达到提高显热比，同时降低能耗的目的。

具体过程如下：

（1）基于集中控制系统的温湿度独立控制

系统会通过智控中心集中控制系统运行中的各项参数，通过各参数判定是否需要进入高显热制冷状态，并通过修正选择的方式，反馈给多联机室外机，室外机会按照反馈的信息进行适当的高显热制冷挡位的选择。具体的挡位选择点的触发规则如图 3.3-24 所示。

（2）基于温湿度独立控制的制冷剂蒸发温度修正技术

室外机接收到集控所发出的高显热制冷控制后，将进入高显热控制，根据集控发出的 Fb 值计算所需的回风温差，并根据目标回风温差与实际回风温差的差值，进行目标蒸发温度的修正，然后室外机会根据实际蒸发温度及修正后的目标蒸发温度进行压缩机频率的控制。此种方式将出风温度作为一个中间变量对蒸发温度进行修正，然后通过蒸发温度进行压缩机频率的控制，直接对冷负荷的显热比进行控制，从而可以尽可能地在考虑到舒适性及节能性的基础上进行高显热制冷控制。而且采用此种方式不需要依赖于室内机风量的提升即可实现蒸发温度提升的控制。

此种控制方式舒适性体现在以下两方面：

（1）可先行根据室内温度负荷及湿度负荷，判定是否进行室外机的高负荷输出，等舒适性条件达到后再根据室内的温湿度进行高显热控制，可最大化地满足用户舒适性需求。

（2）系统处于高显热制冷时，对室内机风量无要求，可在用户需求风量的基础上实现高显热制冷，室内无空气扰动及噪声造成的不舒适感。

此种方式的节能性体现在：作为系统中耗电量最大的多联机空调系统，其在高显热控制时，可仅处理室内的温度负荷或小部分湿度负荷，此时系统在较高的蒸发压力下工作，系统的能效会升高，耗电量会下降。但需要注意的是：在风量不变的前提下，由于系统基本仅处理显热负荷，系统的制冷量会降低。

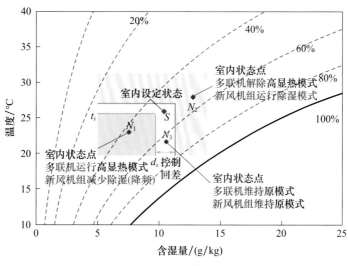

图 3.3-24　高显热处理过程

2）案例分析

根据上述理论及技术特征，海信日立公司研发了多联机高显热制冷控制技术，除了具有传统的温湿度独立控制系统所具有的优势以外，还具有以下优势：①在室内冷负荷、湿负荷较高时，室外机不进行高显热控制，以达到快速制冷的目的，大大提高了房间内空气环境的舒适性；②在快速达到房间设定温度及湿度后，转入高显热控制方式，多联机专门针对显热负荷进行控制，提高目标蒸发温度，在保证房间温度舒适性的前提下，降低空调的消耗功率；③可不依赖于大风量进行高显热控制，有效地减少室内风场扰动及降低出风噪声，大大提高室内环境的舒适性；④相比传统的温湿度独立控制系统，因系统具备可自动调节的可变蒸发温度功能，可以在需要高能力输出的阶段实施常规蒸发温度，小负荷状态下自动转入高显热状态，因而系统的选型成本不变，项目投资少，可有效节省初期投资，并在小负荷状态下最大程度地节约运行成本。

对高显热比节能多联机在不同负荷下的能力能效进行测试，并与普通外机进行对比。表 3.3-2 为海信日立公司在普通制冷模式及高显热制冷模式下室外机能力及能效的对比。

表 3.3-2　高显热室外机和对比外机的数据对比

对比 制冷 额定参数	海信日立公司日立牌 Q7 型新风除湿一体机					
	100%制冷		50%制冷		最小制冷	
	普通	高显热	普通	高显热	普通	高显热
能力（kW）　20.00	19.97	17.04（含除湿 型新风机）	9.96	10.76（含除湿 型新风机）	5.97	6.92（含除湿 型新风机）
室外机功率（kW）　5.50	6.11	4.03	2.95	2.05	1.76	1.17
吹出温度（℃）　—	15.1/14.3	15.8/14.9	11.0/10.7	15.6/14.8	14.2/13.7	18.9/17.4
显热量（kW）　—	16.45	15.13	7.02	10.02	4.96	6.52
显热量比率（%）　—	82.40	88.80	70.50	93.10	83.10	94.20
潜热量（kW）　—	3.52	1.91	2.94	0.74	1.01	0.40

续表

对比	海信日立公司日立牌 Q7 型新风除湿一体机					
制冷 额定参数	100％制冷		50％制冷		最小制冷	
	普通	高显热	普通	高显热	普通	高显热
潜热量比率（％）| —	17.60	11.20	29.50	6.90	16.90	5.80
除湿型新风机 制冷能力（kW）| —	—	1.10	—	1.10	—	1.10
除湿型新风机 功率（kW）| 0.52	—	0.80	—	0.80	—	0.80
合计制冷量（kW）| 20.00	19.97	17.04	9.96	10.76	5.97	6.92
合计制冷功率（kW）| 6.02	6.11	4.83	2.95	2.85	1.76	1.97
综合 EER	3.32	3.27	3.53	3.38	3.78	3.40	3.52

通过表 3.3-2 可以看出：机组在 100％负荷下制冷时，进入高显热状态会牺牲部分制冷能力，但其能效由 3.27 提升至 3.53，能效提升 8％左右；当 50％负荷制冷时，机组在制冷能力相当时，其能效由 3.38 提升至 3.78，提升 12％左右；在最小制冷工况下，机组能效由 3.40 提升至 3.52，提升 3.5％左右。由此可以看出，在不同的室内负荷下，机组的能效均有不同程度的提升。根据中央空调后台云数据的统计情况显示：中央空调 82％的用户室内机开启率≤75％，66％的用户室内机开启率≤50％，33％的用户室内机开启率≤25％。小负荷运行的占比和室内机开启率类似，据此进行加权计算：8％×（1−82％）+12％×（82％−33％）+4％×33％=8.64％，即制冷时加权综合能效可提升 8.64％。

上述室内小负荷的运行现状说明了在设备选型不加大的前提下为找到兼顾舒适性、节能性的可变运行方法提供了条件和可能性。限于实验工况，本实验数据在室内 27℃/19℃的固定工况下测得，系统中除湿型新风机的能力及功率基本保持恒定，因此在最小制冷工况时，由于除湿型新风机功率占比的上升，高显热制冷的能效提升不明显，但实际运转中，由于除湿型新风机的运转，室内湿度会随着除湿型新风机的运转而下降，采用本文所述高显热制冷技术的机组会以更高的蒸发压力运转，室外机及除湿型新风机的功率均会下降，从而达到更高的能效及更节能的目的。

由图 3.3-25 可以看出，在普通制冷工况下，房间内温度在 33min 时降至 18℃，导致系统停机，而在高显热工况下，在前 20min 内房间温度下降幅度与普通制冷基本相同，当温度降至 23℃后，高显热控制开始运转，此时压缩机开始降频，最终导致室内温度保持在 22℃不再降低，此时房间的制冷负荷与制冷能力已达到平衡，房间内温度基本保持在 22℃，机组会保持此状态持续运转。由此可见在合适的高显热比制冷模式下，系统制冷能力虽然在一定程度上有所下降，但考虑到目前建筑物保温性能的提升，在室内温度下降到一定程度后，采用高显热比制冷不仅可以达到节能的目的，还可以提升空调器制冷送风的舒适性，而且可以有效改善压缩机频繁启停对压缩机寿命的影响。

3.3.3 多联机性能在线测量技术

目前多联机的销售额在中央空调市场所占比例已超过一半，虽然多联机产品在实验室中的性能较高，但由于安装在实际建筑中多联机的配管长度、安装结构与实验室差异很大，且其实际运行特性受室内外环境参数、围护结构热工性能和人员使用习惯等多种因素的影响，往往和实验室的测量结果存在较大差异，故不能用实验室测量结果来直接反映设备的现场性能。

目前缺乏合适的制冷（热）量测量方法，故无法对其实际运行特性进行深入有效的研究。因此，通过对设备的现场或在线性能测量，实时、准确地获取大量现场运行基础数据，将为国家、行业制定相关标准提供技术支撑，为企业的产品研发指明方向，同时为用户的透明消费和合理使用提供有益参考。

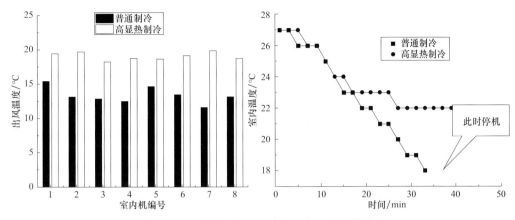

图 3.3-25　室内机出风温度和房间温度变化情况

1. 技术途径

1）适应制冷剂状态动态变化测量

兼顾各种循环形式，包括制冷/制热模式、定速/变速模式、高频/低频运行、电子膨胀阀/毛细管系统，同时分析传感器位置对测量精度的影响、解决润滑油含量对测量结果影响等问题。

2）保证长期在线测量时测量精度的要求

机组长期运行时难免出现压缩机磨损、换热器脏堵等问题，测量方法不受机组运行时长及状态变化的影响，保障长期测量的精度。

3）保证测量的无干扰性和独立性

不影响用户正常使用、不影响机组原有的运行状态；外置式测量装置应不依赖于压缩机厂家或空调企业提供的信息。

4）方法简便性、经济性

在保障工程测量精度的前提下，测量方法应尽可能简便；应保障测量成本低廉，内置式测量应尽量使用机组自带传感器、尽量少增加或不增加额外传感器。

2. 理论研究

1）已有现场性能测量方法评述

表 3.3-3 评价了现有多联机系统性能测量方法在各方面的优劣。总体而言，对于系统总制冷（热）量的测量，空气焓差法由于干扰用户使用，温度、湿度、风速场分布不均匀，受气象条件影响等原因，不适用于对多联机性能的长期、准确测量。制冷剂焓差法中，压缩机能量平衡法是适用于长期、高准确度现场性能测量的方法，但其在两相吸气工况下的测量准确度有待进一步研究。

表 3.3-3　多联机系统性能测量方法

测量技术分类		技术名称	测量准确度		长期准确性	简便性	经济性	独立性	干扰性	
			吸气过热	吸气两相					用户	机组
空气焓差法	室内侧	室内风罩法	15%～20%		较差	差	较差	好	大	较大
		室内空气采样法	无		一般	好	较好	好	较小	较小
空气焓差法	室外侧	室外风管法	15%		较差	差	较差	好	较小	较大
		静态多点采样法	15%		一般	较差	较好	好	小	较大
		静态出风采样法	12%		一般	一般	较差	好	小	较小
		动态出风采样法	20%		一般	一般	一般	好	小	小
制冷剂焓差法		压缩机性能曲线法	10%	未知	较差	好	好	差	无	无
		压缩机容积效率法	10%	未知	较差	好	好	差	无	无
		制冷剂质量流量计法	10%		好	差	差	较小	大	
		压缩机能量平衡法	15%	未知	好	较好	较好	好	小	无

制冷剂焓差法的核心是制冷剂流量的测量，根据制冷剂流量测量原理的不同，制冷剂焓差法可分为制冷剂流量计法[47-48]、压缩机性能曲线法[49-51]、压缩机容积效率法[52]和压缩机能量平衡法[53-54]。在实际工程中，在多联机系统上安装制冷剂流量计需要破坏系统的制冷剂管道，影响到系统原来的运行状态和性能，并且制冷剂流量计的成本较高[55]。压缩机性能曲线法和压缩机容积效率法一般根据实验室测量数据建立压缩机性能曲线模型或容积效率模型，进而计算现场环境工况下的多联机系统性能。然而，由于压缩机长期运行过程中持续的机械磨损，压缩机实际性能曲线产生偏差、实际容积效率发生变化，影响该方法的长期测量准确性。

2）广义压缩机能量平衡法[56]

多联机在线性能测量必须解决两个关键问题，即必须解决两对矛盾：①传感器位置固定与制冷剂状态动态变化之间的矛盾；②压缩机性能衰减与长效测量的精度保障之间的矛盾。

基于空调器压缩机能量平衡法（Compressor Energy Conversation，简称 CEC 法）发展的适用于多联机系统的广义压缩机能量平衡法[56]和解决吸气两相工况测量难题的能量平衡－容积效率（Compressor Energy Conservation-Compressor Volumetric Efficiency，简称 CEC-CVE）法[57-58]是保障多联机长期、较高精度性能测量的方法。

典型多联机系统均带过冷回路和喷射回路，当采用热气旁通除霜时，其系统原理图如图 3.3-26 所示。

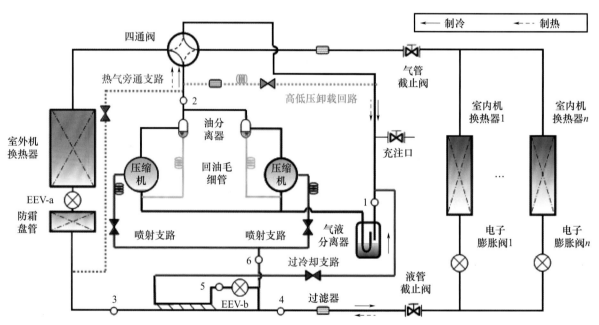

图 3.3-26　典型多联机系统的工作原理图

CEC 法以压缩机为控制体，通过能量守恒和质量守恒原理计算出流经室内换热器的制冷剂流量，并根据压力和温度传感器测得的数据计算室内换热器进、出口的制冷剂比焓差，进而获得室内换热器的冷（热）量，得到机组的制冷（热）量。通过将压缩机、油分离器、毛细管、气液分离器、卸载回路和连接铜管视作一个具备特殊卸载能力的"广义压缩机"整体，并将所有室内机视作一个"等效室内机"，即可根据式（3.3-7）求解多联机系统主回路制冷剂流量。

$$P_{com} - Q_{loss} = m_{ref,2}h_2 - m_{ref,2}h_1 \tag{3.3-7}$$

式中　P_{com}——压缩机输入功率，W；

$\quad\quad Q_{loss}$——广义压缩机与环境空气的换热量，W；

$\quad\quad h_1$、h_2——位置 1，2 处制冷剂比焓，J/kg；

$\quad\quad m_{ref,2}$——主回路制冷剂质量流量，kg/s。

结合室内机进出口制冷剂比焓差，可通过式（3.3-8）和式（3.3-9）分别计算多联机总制冷量和总制热量。其中，由于室内风机能耗最终耗散至室内空气，导致空气温升，在计算制冷（热）量时应考虑在内。

$$Q_c = m_{ref,2}(h_1 - h_3) - P_{fan} \tag{3.3-8}$$

$$Q_h = m_{ref,2}(h_2 - h_4) + P_{fan} \tag{3.3-9}$$

式中　Q_c——多联机系统制冷量，W；

　　　Q_h——多联机系统制热量，W；

　　　P_{fan}——室内风机总输入功率，W；

　　h_3、h_4——分别为位置 3，4 处制冷剂比焓，J/kg。

对于过冷回路，过冷却器旁通了少量制冷剂以提高主回路液态制冷剂的过冷度，以防止其出现沿程闪发导致的制冷能力衰减，可以将过冷却器看成是蒸发器的一部分，其换热过程属于内部热交换。因此，公式推导结果证明：运行过冷回路时，多联机系统的制冷（热）量计算方法不变。当喷射回路运行时，系统制冷（热）量的计算需结合广义压缩机和过冷却器的质量守恒、能量守恒方程。

3）能量平衡—容积效率（CEC-CVE）法[57-58]

压缩机的容积效率定义为实际吸气容积与理论吸气容积之比，式（3.3-10）给出了通过压缩机的制冷剂流量与压缩机频率、容积效率、理论吸气容积、压缩机吸气比体积之间的关系。

$$m_{ref,2} = f_{com}(\eta_v V_{com}) / v_{suc} \tag{3.3-10}$$

式中　f_{com}——压缩机频率，Hz；

　　　η_v——压缩机容积效率；

　　　V_{com}——压缩机理论吸气容积，m^3；

　　　v_{suc}——压缩机吸气比体积，m^3/kg。

根据压焓图和制冷剂物性关系，两相吸气工况下，吸气压力 p_{suc} 下气液分离器制冷剂进（出）口（即广义压缩机入口）制冷剂比焓 h_1 为广义压缩机入口制冷剂比体积 v_{suc} 的单值函数，如式（3.3-11）所示。

$$h_1 \big|_{p_{suc}} = g(v_{suc}) \tag{3.3-11}$$

式中　p_{suc}——吸气制冷剂压力，MPa。

吸气过热工况下，根据式（3.3-11）计算容积效率作为神经网络的训练数据；吸气两相工况下，通过神经网络的输入参数预测此时的容积效率 η_v。通过将吸气两相工况下的容积效率代入式（3.3-10），并联立求解式（3.3-7）、式（3.3-10）、式（3.3-11），最终可以获得通过主回路的制冷剂流量 m_{ref}。

多联机实际性能测量流程如图 3.3-27 所示。首先根据系统使用时长确定所采用的性能测量方法，对于使用时长小于 τ_{set} 的新机组，压缩机磨损少，采用实验室预先测试的效率曲线可以较准确地反映其容积效率 η_v 或等熵效率 η_s，故采用 CVE 法或性能曲线法可以准确测量新机组的制冷（热）量。对于使用时长达到 τ_{set} 以上的机组，由于长期运行过程中压缩机难以避免发生磨损，其压缩机实际效率与新机组预置的效率曲线逐渐偏离，为保证长期测量的准确性，长效测量阶段采用能量平衡—容积效率（CEC-CVE）法测量机组性能。在压缩机吸气过热工况下，采用 CEC 法保证长期测量的准确性；在压缩机吸气两相工况下，结合神经网络预测的等熵效率或容积效率确定主回路制冷剂流量和制冷（热）量。其中，测量方法校验阶段、吸气过热状态测量工况的数据为神经网络的训练数据集提供样本。

以实验室空气焓差法测量结果为基准，图 3.3-28 为 CEC-CVE 法在 35 组不同运行工况下的制冷（热）量测量准确度。其中，被测多联机室外机的名义制冷量为 18kW，连接 3 台室内机，制冷剂配管长度为 5m。通过调节压缩机频率和运行室内机数量，完成了 17 组制冷工况和 18 组制热工

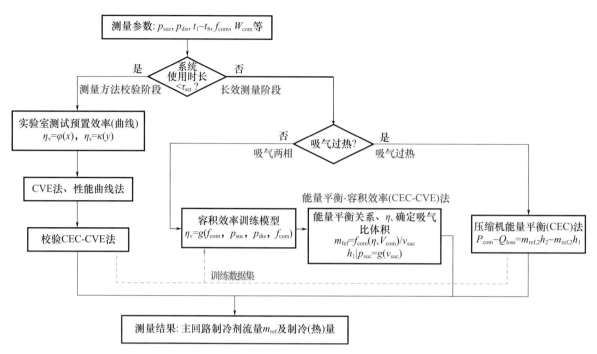

图 3.3-27　多联机实际性能测量流程

况的实验，包含不同吸气状态工况和过冷却器开闭工况。制冷模式下，室内空气干/湿球温度为 27℃/19℃，室外工况包含 35℃ 和 43℃；制热工况下，室内干球温度为 20℃，室外工况包含 7℃/6℃、2℃/1℃ 和 −20℃。最终，相较于空气焓差法测量结果，制冷量、制热量的相对误差分别在 ±14％ 和 ±15％ 以内。

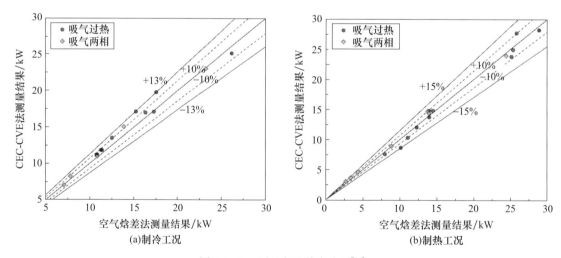

图 3.3-28　测量方法精度验证[30]

4）分户计量方法

对多联机各室内末端制冷（热）量的测量，是研究室内机运行特征、解决分户计费难题的关键技术途径，室内机实际能力测量是未来需求侧响应控制的重要依据。为此，发展了基于节流模型的分配方法用于室内机制冷量测量，以及基于容量比和膨胀阀开度的分配方法用于室内机制热量测量。

（1）基于节流模型的分配方法（用于制冷工况）

制冷工况下，通过室内机膨胀阀的制冷剂流量与膨胀阀压差、入口制冷剂比体积、等效流通面积、流量系数的关系如式（3.3-12）所示。其中，流量系数 $C_{D,i}$ 可根据经验公式（3.3-13），由膨胀阀入口、出口制冷剂比体积计算。由于制冷剂在排气管道、吸气管道、换热器上的压力降相比膨胀阀两端的压力降较小，近似取排气压力为膨胀阀进口压力，吸气压力为膨胀阀出口压力，根据式（3.3-12）可较准确计算各室内机制冷剂流量，进而结合比焓差计算室内机制冷量。

$$m_{r,i} = C_{D,i} A_{v,i} \sqrt{2 (p_{in,i} - p_{out,i}) / v_{in,i}} \tag{3.3-12}$$

$$C_{D,i} = a_i \sqrt{1/v_{in,i}} + b_i v_{out,i} \tag{3.3-13}$$

式中　m_r——通过室内机的制冷剂质量流量，kg/s；

　　　C_D——流量系数；

　　　A_v——等效流通面积，m^2；

p_{in}、p_{out}——膨胀阀入口、出口制冷剂压力，MPa；

v_{in}、v_{out}——膨胀阀入口、出口制冷剂比体积，m^3/kg；

　　a、b——经验系数；

　下标 i——多联机系统的第 i 台室内机（室内机总台数为 n）。

　　式（3.3-12）中，对于结构固定的电子膨胀阀，其通道面积 A_v 是阀门开度的单调函数。通过膨胀阀样本实验数据，能够确定阀门开度与通道面积的单调函数关系［如式（3.3-14）所示］，进而计算各工况下通过膨胀阀的制冷剂流量。

$$A_{v,i} = \phi (OP_i) \tag{3.3-14}$$

式中　OP_i——膨胀阀开启步数。

　　（2）基于容量比和膨胀阀开度的分配方法（用于制热工况）

　　为保障电子膨胀阀的调节精度与均匀性，在一定压差范围内，膨胀阀阀芯结构常按照尽量实现线性调节特征进行设计。因此，制热工况下，根据式（3.3-15）初步估算各室内机当量制热量 Q_i^*。

$$Q_i^* = \frac{OP_i - OP_{min,i}}{OP_{rated,i} - OP_{min,i}} Q_{rated,i} \tag{3.3-15}$$

式中　Q_i^*——室内机 i 的当量制热量，W；

　　OP_{min}——膨胀阀最小开度；

　　OP_{rated}——膨胀阀额定（最大）开度；

　　Q_{rated}——室内机名义制热量，W。

　　考虑到各室内机出口制冷剂状态不同，以及室内机当量制热量的累加和与系统总制热量可能存在偏差，分别引入焓差修正系数 α［由式（3.3-17）计算］和总制热量修正系数 β［由式（3.3-18）计算］，根据式（3.3-16）计算室内机制热量。其中，各项制冷剂比焓根据温度、压力传感器测量值计算；由于排气管道、室内机换热器上的压力降较小，室内机入口、出口及出口汇合处的制冷剂压力近似取排气压力。

$$Q_i = \alpha \beta Q_i^* \tag{3.3-16}$$

$$\alpha = \frac{h_{rout,i} - h_{rin,i}}{h_{rcon} - h_{rin,i}} \tag{3.3-17}$$

$$\beta = \frac{Q_{tot}}{\sum_{i=1}^{n} Q_i^*} \tag{3.3-18}$$

式中　　　　Q_i——室内机 i 的制热量，W；

　　　α、β——焓差修正系数、总制热量修正系数；

h_{rin}、h_{rout}、h_{rcon}——（制热模式）室内机入口、出口及出口汇合处制冷剂比焓，J/kg；

　　　　　Q_{tot}——多联机系统制热量，通过空气、水或制冷剂侧测量获得，W。

　　3. 案例分析

　　1）外置式在线性能测量法

　　应用广义压缩机能量平衡法，利用外接通讯接口的内置式测量装置，实测了唐山市所测办公建筑 A 中 6 套多联机系统（编号：S1、S3、S6、S9、S12 和 S15）在 64 天测量期内的制热量。被测多联机系统的日均制热量约为 2.1～7.0 MJ/(m² · d)。图 3.3-29 统计了 6 套多联机的逐时负荷率分布。负荷率区间包括（0, 0.2]、(0.2, 0.4]、(0.4, 0.6]、(0.6, 0.8]、(0.8, 1.0] 和大于 1.0。横坐标为各个负荷率区间，纵坐标为不同负荷率区间对应的频数。S1 和 S3 多联机的分布较为分散，整体趋势下的部分负荷率基本高于 0.4；S6 和 S9 多联机的部分负荷率主要集中在 0.2～0.8；S12 和 S15 多联机的部分负荷率基本都低于 0.6。

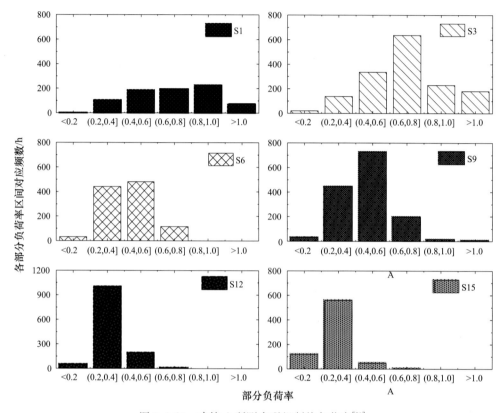

图 3.3-29　建筑 A 所测多联机制热负荷率[59]

以 S9 多联机为例，图 3.3-30 给出不同部分负荷率区间、逐时制热量、制热 *COP* 和耗电量随逐时室外环境干球温度的变化情况。由图 3.3-30（a）可知，随着室外环境从 15℃ 逐渐降低，系统的逐时制热量明显逐渐增大。由图 3.3-30（b）可知，S9 多联机在整个测量期的制热 *COP* 为 3.28。当部分负荷率低于 0.2 或大于 0.8 时，该区间内大多数逐时制热 *COP* 低于测量期的制热 *COP*。中间负荷率区间内，系统制热 *COP* 处于较高范围。由图 3.3-30（c）可知，随着室外环境温度降低，S9 多联机的逐时制热量增加，逐时制热 *COP* 降低，因而逐时耗电量整体呈增加趋势。部分负荷率大于 1.0 时，系统的逐时耗电量也达到最高。

2）内置式在线性能测量法

基于性能测量、分户计量技术，多联机企业研发了内置性能测量的新型多联机产品。海信日立公司研发的日立牌 SET-FREE AIII 系列多联机（图 3.3-31）根据内置传感器监测的压力、温度等数据，通过室外机性能监测模型和室内机能力计算模型，实现室内、外机性能的实时监测，为多联机产品增设较高精度的虚拟"性能传感器"，其室外机性能测量精度达 ±15%，室内机能力分摊的平均误差达 ±8%。

美的开发的 MDV8 无界系列多联机产品针对同一多联机系统中不同用户分户计费的难题，研发了根据开启时长、设定温度、风量挡位、回风温度折算每台室内机分摊的耗电量和电费的方法，根据室内机实际使用情况实现电量划分和公平收费。

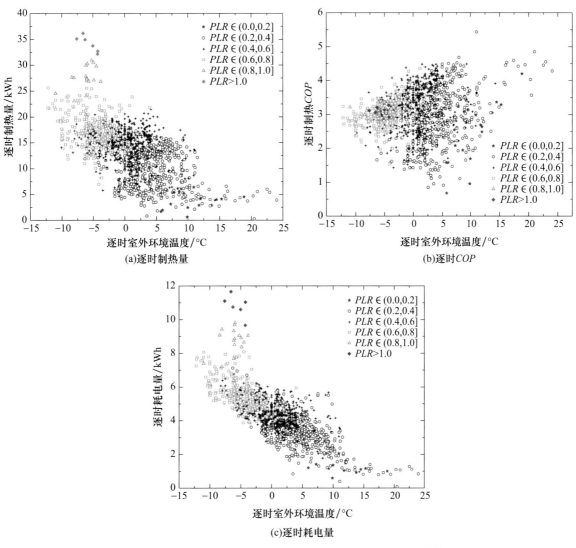

图 3.3-30　建筑 A 所测 S9 多联机制热量、COP、耗电量[59]

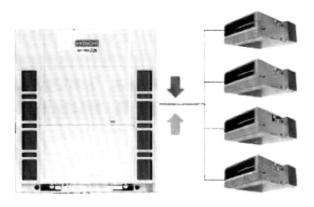

图 3.3-31　海信日立公司日立牌 SET-FREE AIII 系列多联机

（1）多联机室外机能力在线测量技术

海信日立公司与清华大学合作开发了复杂多联系统广义压缩机能量平衡法在线能力测量技术。"广义压缩机法"即将压缩机、油分离器、回油毛细管、气液分离器、电磁阀和连接铜管视为一个具备特殊卸载能力的"广义压缩机"，把 2 点和 3 点的制冷剂温度分别作为"广义压缩机"的等效吸气温度和等效排气温度。将所有室内机视作一个"等效室内机"，忽略室内外机连接管路的漏热损失时，则根据室内机进出口的比焓差与质量流量即可求得室内机组的能力，如图 3.3-32 所示。在实验室中进行了实测验证（图 3.3-33 和 3.3-34），其在标准制冷、标准制热、制冷过负荷、低温制热和除霜等工况下的误差均小于 15%，具有优良的工程测量精度，达到了 T/CAS 305—2018《房间空气调节器实际运行性能参数测量评价规范》的 1 级精度要求。

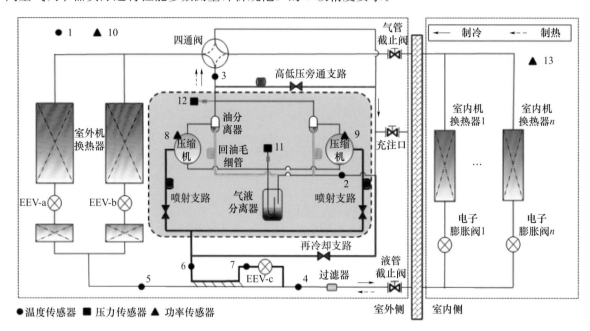

图 3.3-32　多联机系统图

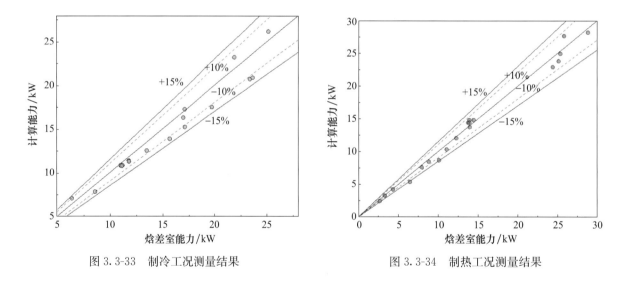

图 3.3-33　制冷工况测量结果　　　　　图 3.3-34　制热工况测量结果

（2）多联机室内机能力在线测量及分户计量技术

海信日立公司开发了多联机室内机在线能力测量技术，在不额外增加传感器的前提下利用现有的温度、压力传感器实现制冷显热、制冷潜热、制热能力实时计算。

制热工况中，室内机均为显热能力，制冷工况中，室内机上承担的空调负荷分为两部分，一部分是用于降温的显热负荷，另一部分则是用于除湿的潜热负荷，二者需分别进行独立计算，计算公式为

$$Q_{ca} = Q_{csa} + Q_{cla} \qquad (3.3-19)$$

式中　Q_{ca}——室内机制冷总换热量，kJ/h；

　　　　Q_{csa}——室内机制冷显热换热量，kJ/h；

　　　　Q_{cla}——室内机制冷潜热换热量，kJ/h。

制冷显热、制冷潜热、制热能力均采用简化后的换热器风侧传热公式计算，简化后的公式为

$$Q_a = (a\Delta T + b)f \tag{3.3-20}$$

式中 Q_a——室内机总换热量，kJ/h；

ΔT——特定换热温差，℃；

a、b——拟合参数；

f——修正系数。

其中 a、b 拟合参数与室内机换热器面积、换热系数等有关，因此海信日立公司通过将室内机不同风挡下的性能参数内置至软件中，实际运转时根据室内机型号、用户设定风挡等信息直接读取性能参数，实现室内机能力精准计算。

公式中换热温差根据运转模式及计算能力不同而不同，其中制冷显热能力、制热能力为制冷剂温度与空气温度差值，而计算制冷潜热能力时则为制冷剂温度与空气露点温度差值。

多联机实际运转中由于需要进行多联机室内机能力调节，存在制冷剂温度、过热度/过冷度差异，因此海信日立公司进行了对应的修正，以确保室内机能力计算结果精准可靠。

如表 3.3-4、3.3-5 所示，海信日立公司多联机在不同风挡、室温、制冷剂温度、过热度、过冷度等变化条件下进行了多联机室内机在线能力测量算法验证，结果表明计算误差均在 8% 以下。

表 3.3-4 海信日立多联室内机在线能力测量算法制冷测试结果

工况	风挡	室温（℃）	露点温度（℃）	气管温度（℃）	液管温度（℃）	能力测试值（kW）	能力计算值（kW）	计算误差（%）
标准制冷	6	27	14.7	6.6	9.4	3.534	3.595	1.71
		27	14.7	9.6	8.8	3.419	3.433	0.42
		27	14.7	14.8	6.7	2.204	2.285	3.68
	4	27	14.7	6.1	8.4	3.032	3.128	3.19
		27	14.7	9.3	8	2.9	2.993	3.20
	2	27	14.7	5.3	7.8	2.691	2.800	4.05
		27	14.7	9.3	7.5	2.57	2.670	3.91
制冷 1	6	27	7.5	9.3	7.5	2.629	2.492	−5.21
凝露	6	27	24.5	8.8	13.5	5.611	5.368	−4.33
制冷中间期	6	21	11.4	4.4	4.9	3.305	3.226	−2.39
制冷过负荷	6	32	19.2	15.8	13.2	3.517	3.432	−2.40

表 3.3-5 海信日立多联室内机在线能力测量算法制热测试结果

工况	风挡	室内环温（℃）	室内机进口压力（MPa）	冷凝温度（℃）	主气管温度（℃）	液管温度（℃）	实验能力（kW）	计算能力（kW）	误差（%）
标准制热	6	20	2.946	48.1	69.8	43.8	3.996	3.721	−6.89
		20	2.951	48.1	61	33.7	3.450	3.211	−6.93
		20	2.95	48.1	69	33.8	3.479	3.286	−5.55
		20	2.951	48.1	69.1	33.8	3.511	3.287	−6.38
		20	2.951	48.1	76.2	33.8	3.541	3.354	−5.27
		20	2.944	48.1	68.5	23.8	1.637	1.763	7.70
	4	20	2.952	48.1	70.3	33.9	2.868	2.780	−3.09
	2	20	2.951	48.1	68.7	33.9	2.466	2.449	−0.69
制热 1	6	20	2.7	44.3	64.8	30	2.861	2.640	−7.74
制热 2	6	25	2.95	48.1	68.3	33.7	2.603	2.423	−6.91
制热过负荷	6	32	2.945	48.1	60.3	34.2	0.786	0.83	5.85

多联机系统安装时存在长配管、高落差等实际情况，传统的基于膨胀阀开度的分户计量算法存在一定误差，海信日立公司为解决此问题，基于室内机在线能力测量技术开发了新一代多联机分户计量系统。

新一代分户计量方案中的分摊计算主要包括两个计算步骤，分别为室外机电量类归与室内机电量分摊计算。在室外机电量类归计算中按照室外机的运行状态将电表所测电量类归为运行电量、待机电量、异常电量。室内机电量分摊计算则需将室外机实际发生电量按照运行电量、待机电量、异常电量、外机电表差额电量、公共闲置内机电量类别分别分摊给系统内的室内机，分户计量方案逻辑图如图 3.3-35 所示。图中分摊因子采用室内机能力进行分摊，避免了由于安装差异、内机型号差异等因素导致的分摊误差，将分户计量精度大幅度提高，恶劣环境下可将分摊误差降低 50％以上。

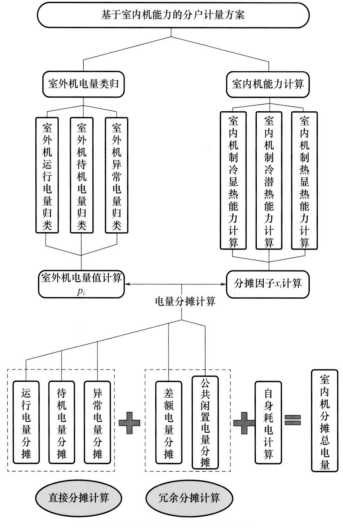

图 3.3-35　分户计量方案逻辑图

3.3.4　多联机故障诊断与运维管理

随着建筑技术的不断进步和人们对舒适环境需求的提高，人类对于空调系统的依赖变得越来越强，空调也成了人们生活不可缺少的重要设备之一。在众多的空调设备与系统之中，多联机系统因其节能、高效、灵活控制等特点，在建筑领域得到了广泛应用。然而，多联机系统设备控制复杂、实际安装运行环境不可控，实际运行过程中，多联机系统必然会出现因部件的疲劳、腐蚀或磨损等造成的系统性能参数逐步劣化的软故障（如换热器脏堵、制冷剂泄漏等），从而导致系统的运行控制策略很难使系统在最优状态下运转，进而导致运行效果不佳、运行能耗偏高、能效偏低的情况发生，影响客户体验，其至会造成停机损失。据调查，25％～50％的能源浪费是暖通空调系统所造成的[60]。

对此，我们一般将空调系统的故障分为硬故障与软故障两类：硬故障易使系统无法正常工作，无法达到舒适的条件，但硬故障较容易被现有的系统诊断和检测出；而对于软故障，其通常由于系统部件逐渐老化或损坏而产生，因此在故障最初阶段不会被认为是故障，而是正常调节的结果，故难以检测和诊断。但软故障将会导致组件过早损坏、人员舒适感下降及过多的能源浪费。目前，对软故障的研究一直是空调系故障诊断领域的重点难点。

因此，我们希望可以在故障真正发生前未雨绸缪，在故障发生后快速、精准定位故障位置及原因，并有效控制故障的影响范围，实现运维过程管理高效化机制。为了实现以上目标，多联机故障诊断与运维管理技术成为了解决这些问题的关键。通过对多联机系统的运行状态进行实时监测、分析和诊断，可以及时发现潜在故障，预测设备性能下降趋势，从而采取有效的维护措施，确保系统的稳定、高效运行并延长使用寿命。同时，物联网、大数据、人工智能等技术的快速发展，更是为多联机故障诊断与运维管理技术提供了新的手段和工具。通过利用这些先进技术，可以实现多联机系统的智能化管理，提高运维效率和质量，降低运维成本。

近几年来，暖通空调领域故障诊断技术已经成为热门的研究方向，同时也推动了国家多项政策的出台，引导了产业的健康发展。对此，目前多个与智能家电"节能"和"碳中和"相关的行业团体标准[61-63]，均将故障检测和故障诊断作为其中的重要内容，并将其列为空调节能的重要手段之一，也发布了多项政策法规鼓励研究人员在此领域进行深入研究。

1. 技术途径

多联机故障预诊断技术体系包括：故障预诊断、故障检测和在线性能测量，其中在线性能测量是另外两项的基础技术，只有具备快速、准确的在线性能测量技术，才能保证另外两个技术的合理性和可靠性。三者之间的关系如图 3.3-36 所示。这些潜在故障都会影响多联机的性能，所以在线性能指标应该作为其重要的特征变量，但是很多研究因为无法获取在线性能测量数据，未将其列入特征变量集。最近几年，随着在线性能测量技术的日渐成熟，在线性能指标已经成为故障预诊断必要的特征变量。

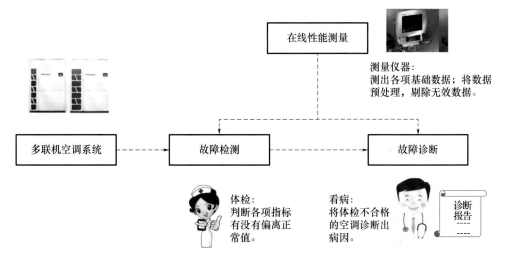

图 3.3-36　多联机故障诊断的技术组成

1）多联机故障预诊断技术

故障预诊断技术是整个技术体系的核心及难点。只有准确诊断出故障的原因，才能实现维修的提效和主动运营。从 20 世纪 90 年代开始，就有科研人员展开冷水机组的故障预诊断，历经二十余年，在诊断算法的准确性方面已经达到 85％其至 90％的水平，但是在泛化能力方面距离技术成熟还有很远。

2）多联机故障检测技术

故障检测（Fault Detection）是通过对系统进行监测，以判断其是否发生了故障（Faulty or Normal），其输出结果为正常或故障。它很像是给空调做体检，如果发现一些指标明显异常，就推送给诊断模块查出原因。

3）多联机在线性能测量技术

在线性能测量是故障检测和诊断的基础技术。通过对实际运行性能测试数据的分析，发现产品在实际运行过程中存在的问题。将在线能力和在线能耗数据作为特征变量，可以提升故障检测和诊断的准确率。没有在线性能数据时，很难准确检测和诊断一些重要的故障，比如压缩机异常等。

2. 理论研究

对于此领域，很多学者给出了不同的分析技术。王占伟主要关注故障诊断技术的现场应用，围绕现场应用瓶颈问题开展研究工作，先后研究了基于规则的方法和贝叶斯网络法，融合各类方法和信息，进行现场应用视角的故障特征选择和故障诊断[64]。王盛卫先后提出基于定性物理模型方法、基于规则方法、基于统计学的方法（如指数加权平均、最小二乘方法）、基于人工智能算法的方法（如主元分析法、支持向量数据描述、神经网络、贝叶斯网络）[65]。赵阳、颜承初对冷水机组的故障诊断也开展了相关研究，但其重点是在高效机房群控算法方向。在冷水机组高效机房的研究方面，王盛卫、赵阳、颜承初团队都有很多实战经验和工程应用[66]。华中科技大学的陈焕新团队主要基于大数据，将各种人工智能算法应用到冷水机组故障诊断中，如支持向量数据描述、决策树、知识挖掘算法、证据理论等[67-69]。

1）诊断模型

诊断模型是多联机预诊断系统的核心，它是系统识别具体故障的关键所在，当检测模型检测到系统出现故障时，就需要故障诊断模型来识别具体的故障原因。因此诊断模型的选择以及优化是模型开发过程中的重中之重，故障诊断模型通常有两种：集总诊断模型和并行诊断模型。Liang[70]等人应用局部域自适应特征迁移的方法，在冷水机组上进行了验证，相较于传统的方法准确率最高提升了55.07%，平均提升了14.5%。具体方法介绍如下。

（1）动态分布适配（DDA）

动态分布适配（dynamic distribution adaptation，DDA）是一种无监督模型，其目标是缩小两类数据之间的概率分布，从而完成不同机组之间的故障预测模型迁移应用。

DDA学习的基本思路分为三部分：①优化源域数据与目标域数据间边缘概率分布；②优化源域数据与目标域数据间条件概率分布；③优化边缘分布与条件分布间的平衡因子。如式（3.3-21）所示。

$$Distance = \mu \cdot MMD(P(A^TS), P(A^TT)) + (1-\mu) \cdot MMD(P(Y_S|A^TS), P(Y_T|A^TT))$$

$$(3.3-21)$$

式中　S——源域数据，有大量监督信息；

　　　T——无标签的目标域数据；

　　　A——特征映射；

　　　μ——平衡因子；

　MMD——最大均值差异，此处应用 MMD 为源域数据与目标域数据间距离函数。

DDA在优化源域数据与目标域数据边缘概率分布时，通过寻找特征映射将源域数据与目标域数据变换至同一高维空间，应用 MMD 计算并优化二者间距离，其中线性核、高斯核等核函数一般用于特征映射，如图3.3-37所示。

对于包含目标域标签的条件概率分布距离优化问题，DDA通过应用源域数据训练分类模型为目标域数据打伪标签，并通过多次迭代对伪标签进行优化，后仍应用 MMD 最小化二者间距离。平衡因子估计方法包括遍历或计算两个域数据的整体和局部的 A-distance 后近似给出。

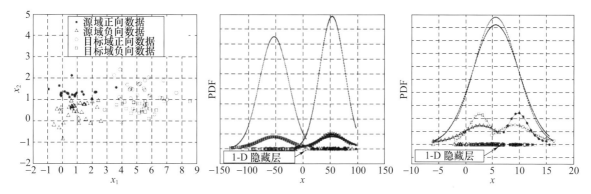

图 3.3-37　DDA 优化概率分布距离原理图

（2）域自适应（DA）

域自适应方法（domain adaptation，DA）同样是无监督迁移学习方法，其目标仍是缩小两类数据的概率分布。但域自适应方法的基本思路是优化设计一个特征提取器，使得从源域和目标域提取的特征分布相同。

在如图 3.3-38 所示的域自适应方法中，绿色部分为特征提取器，应用其处理源域及目标域数据后获取特征；红色部分为域判别器，用于判别一组特征属于源域或者目标域；紫色部分为针对源域特征的分类器，即故障预测器。

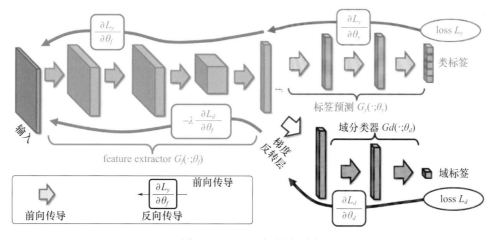

图 3.3-38　DA 方法原理图

梯度反转层（gradient reversal layer，GRL）应用于特征提取器与域分类器之间，在前向传播中实现恒等变换，在反向传播中实现梯度方向取反，如下式所示。在 DA 方法中，GRL 的应用确保了域分类器中域分类损失被最大化，从而实现源域数据与目标域数据的混淆。

$$R_\lambda(x) = x \tag{3.3-22}$$

$$\frac{\mathrm{d}R_\lambda}{\mathrm{d}x} = -\lambda I \tag{3.3-23}$$

DA 方法在特征提取器后同时训练源域特征分类器及域判别器，且二者共享特征提取器的参数，最终在最大化域分类器损失的同时最小化特征分类器损失。

2）故障检测技术

故障检测（Fault Detection）是通过对系统进行监测，以判断其是否发生了故障（faulty or normal），其输出结果为正常或故障。它很像是给空调做体检，如果发现一些指标明显异常，就推送给诊断模块查出原因。故障诊断本质上是对于诊断方法进行分类的问题，是在传统故障检测基础上借助物理、数学手段进一步分析多种不同故障工况下测量数据的变化趋势，尤其需要辨别出不同故障的关键解耦特征变化方向的差异，找到当前工况下测量数据的变化方向，并匹配其所隶属的故障数据区域，以此来判断故障的真正来源。

关于故障诊断的方法大致可分为三类：第一是基于物理模型的故障诊断方法，其主要是针对制冷空调系统和部件分别建立物理模型，对比模拟输出和实际输出，判断系统是否发生故障；第二类则是基于规则模型的故障诊断方法，这个方法往往是通过自然语言文献或领域专家的相关知识建立诊断知识库，并利用知识库根据被测对象运行状态的征兆，对历史数据进行比较、推理和诊断，最后向用户解释推理过程；第三类，也是随着计算机技术发展目前研究最多的一类，即基于数据挖掘技术的故障诊断方法，相比于前两种方法，数据挖掘方法不需对空调热物理系统进行建模，而是对历史数据进行信息挖掘，从运行数据行为和结果中获取知识。同时，海信日立公司的研发工程师们根据自己积累的经验，参考前人研究的结果对故障诊断方法进行了分类，以方便内部研究使用，如图 3.3-39 所示。

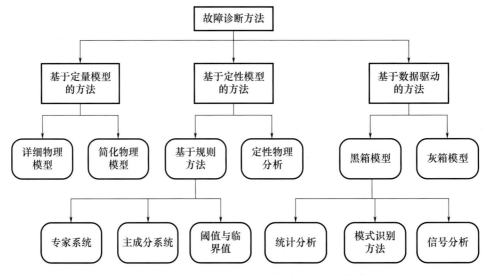

图 3.3-39　海信集团中央空调故障诊断方法分类

基于定量模型的方法主要是通过应用动态过程来估计信号和参数[71]。根据系统的物理特性，使用第一原理方法对动态和静态系统进行建模。此方法建模过于复杂，而且型号稍微变化，模型将不可用，所以没有工程实际应用的价值。

基于定性模型的方法主要应用于当系统的物理或数学建模成本太高且计算成本太高时。此外当有少量输入、输出和状态用于系统建模时或当系统建模需要特殊领域知识时也可使用这些方法[72]。因此该类方法只有在应用于具有有限操作状态的小规模系统的数据时才能很好地工作。

与基于定量模型和基于定性模型的方法相比，基于数据驱动的方法更适用于将 FDD 应用于复杂的暖通空调系统，因为这些方法不考虑系统复杂性，只依赖历史或在线数据。DD 方法不需要任何人类知识或物理模型的干预，只需要真实的系统操作数据[73]。DD 方法分为数据挖掘方法和统计方法。其中统计方法需要更少的样本来发现故障，所以比模型训练在步骤上更有优势，不过它们只提供整个数据的一般估计。数据挖掘方法作为一种跨学科的方法，融合了统计方法、机器学习和人工智能、模式识别和可视化，该方法本身包含预处理、知识发现和所得结果的可视化，因此能够从数据中发现以前未知的有趣知识，更适用于作为处理大型 HVAC 系统的首选 DD 方法。

基于贝叶斯网络（BN）的故障检测方法具有较高的检测准确率。BN 属于数据驱动的方法。BN 模型训练需要一定数量的正常（无故障）数据。关于正常数据的获取可通过如下两种途径：①实验手段。通过在实验室内，对诊断对象机组开展一系列拟定工况下的实验，获得各类工况下机组在正常运行情况下故障指示特征参数的数据。②现场实时采集。机组放置在用户侧，通过在用户使用过程中，实时采集其运行数据。通常，可认为现场实际运行的机组在初始运行一段时间内发生故障的概率极小，故可将该段时间内机组运行的数据作为正常运行数据。具体使用哪种途径，可依据实际情况通过技术经济分析综合确定。

基于 BN 的故障检测流程见图 3.3-40，包括两部分：离线 BN 模型构建和在线故障检测。BN 模型构建的主要工作是确定结构和参数，BN 结构图见 3.3-41。

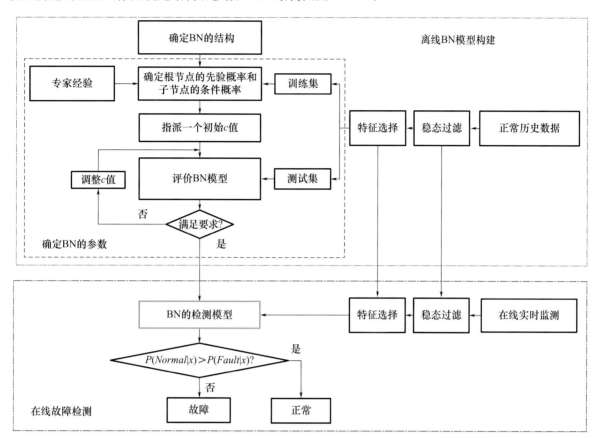

图 3.3-40　基于 BN 的故障检测流程

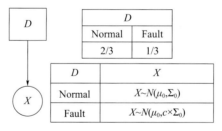

图 3.3-41　用于故障检测 BN 的结构和参数

3）多联机在线测量技术

多联机的在线能力测量主要有能量平衡法和容积效率法。能量平衡法通过能量平衡和制冷剂质量平衡公式，推算出蒸发器输出的制冷量或制热量。清华大学石文星团队已经申请了 10 余项能量平衡法的专利[74-75]，并主持编写了在线能力测量及评价方法的团体标准[76]。容积效率法需要事先获取压缩机容积效率和回油比的信息，根据压缩机转速计算制冷剂的流量，也可以推算出蒸发器输出的制冷量或制热量[77-78]。

在实际工程现场中，压缩机参数往往难以预先确定（实际系统压缩机磨损老化导致参数偏移出厂值）。在无法预先确定压缩机参数的场景下，此技术能够满足空调机组能力的实时计算需求。"广义压缩机法"即将压缩机、油分离器、回油毛细管、气液分离器、电磁阀和连接铜管视为一个具备特殊卸载能力的"广义压缩机"，把 2 点和 3 点的制冷剂温度分别作为"广义压缩机"的等效吸气温度和等效排气温度。将所有室内机视作一个"等效室内机"，忽略室内外机连接管路的漏热损失时，则根据室内机进出口的比焓差与质量流量即可求得室内机组的能力。

3. 案例分析

1）双模型多联机解耦技术应用于故障诊断

针对制冷剂泄漏、换热器/滤网脏堵等系统异常，虽然不会立即导致机组故障停机，但对系统性能、能效有较大影响。

日立 SET－FREE AⅢ机型搭载了双模型多联机解耦技术（图 3.3-42），即根据建筑负荷的数学模型以及室内机实时能力的计算模型，实现每个房间的建筑负荷自学习，进而在实际运行控制中根据建筑负荷的预测值与室内机实时能力的差值，精确控制负荷输出，真正实现每个建筑/房间负荷的定制化控制，同时可以有效防止系统频繁启停的问题，实测制冷运行最大节能达23.4％。同时，为了解决小负荷时室外换热器过大的问题，系统利用两个膨胀阀，根据各自换热器过热度等参数独自调节，提升机组能力，减少回液风险，提升系统可靠性。除此之外，系统采用补气增焓压缩机。为了保证系统运行的稳定性，对室外机所有实体传感器实行备份，系统内置各压力、温度值计算模型，运用数字孪生技术，生成相应的虚拟传感器，进而通过智慧物联网模块，实现远程集控、系统在线升级以及在线能耗检测等等。进一步地，系统配备故障学习与预测算法，可预测故障发生，对于制冷剂泄漏、压缩机、电磁阀、热交换不良等故障可精准预测，准确率达90％以上。

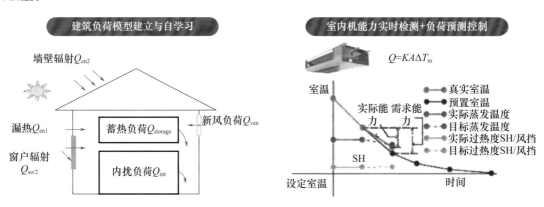

图 3.3-42　双模型多联机解耦技术

通过利用实际运行数据结合智能化算法可实现故障检测、故障诊断及定位两级诊断。故障检测：利用实际工程安装多联机系统运行数据进行故障检测模型建模，模型建立完成后基于 IOT 技术实时采集系统运转数据进行机组运转健康状态主动检测，当系统异常度达到一定程度后进行故障检测预警并利用故障诊断模型进行故障类型及发生位置定位。如图 3.3-43 所示。

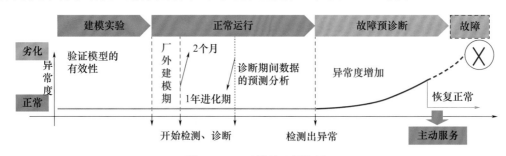

图 3.3-43　运维管理周期图

2）多联机电网需求响应技术

日立 SET－FREE AⅢ机型还搭载了 Demand-smart 电网需求响应技术，同时利用在线能耗监测技术，设备云实时在线采集空调运行功耗数据，在收到电网云的调峰需求后，根据当前系统的用户历史运行数据，进行专属的动态控制策略下发，精准贴合实际降耗需求，实现调峰精确响应并最大化保证用户舒适性。针对多联机实际工程中制冷剂充注与检测问题，该机型也创新性地配备了制冷剂实时自充注与泄漏检测技术，通过内外机自识别联机方案，自动计算出最优制冷剂量，并通过高精度制冷剂自充注技术，使制冷/制热制冷剂量同时达到最优化。

3）智能匹配和水力平衡的水氟全多联技术

针对无集中供暖大型商用供暖需求时，用户对于地暖或热水等需求量较大，单台水模块已无法满足用户需求；如果采用多套独立的水系统，虽然解决了用户大容量的需求，但各系统间分别独立且都无法获取到除自身以外的系统运行信息，无法联动运行，操作繁杂且不节能；另外水路多联时极易出现水力不平衡的问题。

为解决水路多联时水模块之间无法联动的问题，海信日立公司提出需求智能匹配技术，多个水模块多联共用一个水系统，水模块之间共用一个线控器且为水模块组合建立通讯，通过自动寻址完成水模块组合之间主子机的分配，多个水模块分别设置为主机、子机 1~5，同时建立主从机通讯，如图 3.3-44 所示。通过水路多联智能匹配技术、水力平衡技术可实现水系统 6 模块组合、最大 72HP，氟系统 4 模块组合、最大 96HP 的水氟全多联系统。

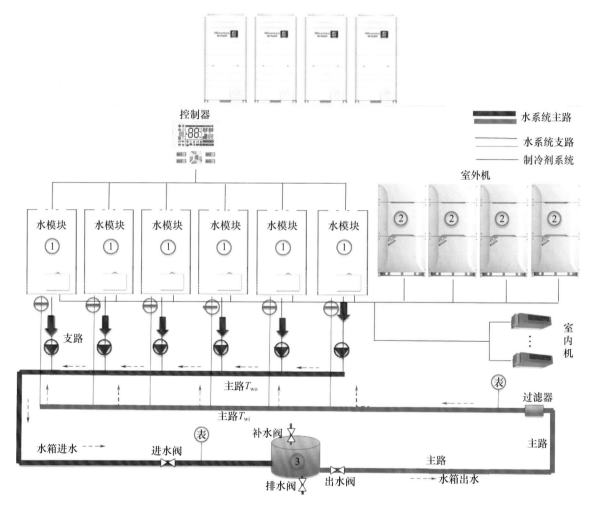

图 3.3-44 水氟全多联多联机系统

综上所述，目前对于大数据技术在多联机故障诊断与运维管理的应用越发广泛，也是研究热点所在，然而，我们不能仅仅依靠纯粹的大数据黑箱模型，利用庞大的数据进行系统的管控，要更多地探索基于部分物理过程模型耦合大数据深度学习模型的灰箱模型，这样更有利于我们理解像多联机这样的复杂系统，揭示出更多其中的特征与真理。

3.4 空气处理机组

3.4.1 溶液除湿技术

溶液除湿采用具有吸湿性能的溶液与空气直接接触，被处理空气的水蒸气分压力与吸湿溶液表面蒸汽压之间的压力差是传质驱动力，溶液的浓度越高，温度越低，则表面的蒸汽压越低，除湿能力越强。溶液经过除湿过程后浓度会逐渐降低，为了循环利用，需要进行浓缩再生。除湿器和再生器是溶液除湿系统的核心装置，在除湿/再生装置中溶液与空气直接或间接接触进行传热传质过程，其热质交换过程的传热传质效果直接影响整个空气处理过程的性能。在除湿器中，水分从空气传递给溶液，空气被除湿、溶液被稀释；再生是除湿过程的反过程，空气被加湿、溶液被浓缩再生。

1. 技术途径

1）优化除湿材料

溶液是依靠自身较低的表面蒸汽压来对空气进行除湿的，除蒸汽压外，比热容、黏度、张力等热物性参数也会对除湿和再生性能产生影响。此外，对液体干燥剂的选择和配置还需考虑腐蚀性、价格等因素。当前常用的液体干燥剂类型均无法同时满足以上特性要求，在对液体干燥剂的优化途径中，通过加入缓蚀剂等，或对不同类型除湿溶液按照一定比例进行混合，可以实现对各溶液缺陷的互补。

2）优化除湿和再生过程传热传质

除湿器和再生器是溶液除湿系统中的关键部件。当溶液除湿剂对空气进行除湿或被浓缩再生时，发生热湿耦合传递过程，影响二者之间传热和传质效果的主要因素包括除湿和再生部件的材料和结构、空气和溶液流量比、流型、传质单元数（NTU_m）以及入口状态参数（如空气和溶液温度、空气含湿量和溶液浓度）等。各因素对热质传递过程存在相应机制，在运行中需综合考虑。

3）溶液再生热优化

溶液再生所需热量是溶液除湿空调系统所产生的主要能耗，利用可再生能源、余热和废热进行溶液再生，可充分利用低品位能源。许多研究在模拟和实验过程中基于太阳能、热泵所产生的冷凝热等低品位能源对溶液除湿空调系统进行驱动。用于收集太阳能的装置需要较大的初投资，且集热性能与地域气候的关联性较强。当设备实际安装地区不适合利用太阳能提供再生所需热量时，选取热泵驱动是一种合理的替代方式。目前较多的配置是以冷量和蒸发器的容量作为匹配标准，安装辅助冷凝器，以满足再生侧的热量需求，并实现热泵自身的有效排热。溶液除湿空调系统中再生流程和加热对象的合理设计能够进一步改善对热量和热源温度的需求。

4）与传统空调结合构建温湿度独立处理的高效系统

与传统空调搭配，由传统空调系统完成对空气的预冷降温，由溶液除湿部分处理潜热负荷部分，发挥传统空调和溶液除湿部分的长处，从而构成一个高效空调系统。传统空调系统不需再提供低温条件来进行除湿，能够得到更高的运转效率。

2. 理论研究

根据是否有外界冷（热）量参与溶液与空气的热质交换过程，可将除湿器（再生器）分为绝热型与内冷（热）型两种形式。绝热型除湿器多采用喷淋塔或填料塔形式。填料塔式除湿器的除湿效率明显高于前者，因而近年来研究较多的是填料塔式除湿器。填料作为溶液和空气接触的媒介，起到了增加二者接触面积的作用。在绝热型除湿器中，溶液除湿能力的降低，并不是由于溶液的浓度发生很大的变化，而是由于伴随着除湿过程释放的热量导致溶液温度显著升高。在内冷型溶液除湿流程中，通常存在冷却介质、吸湿溶液、湿空气三股流体。与绝热型溶液除湿装置相比，内冷型溶液除湿装置可以利用冷却介质实现对吸湿溶液的就近冷却，抑制或减缓除湿过程中溶液的温升，是提高溶液除湿处理效果的一种可能途径[79]。

由于在除湿过程中，传质过程所伴随的水分相变潜热的释放使得溶液与空气接触体系的温度升高。绝热型除湿装置一般选择较大的溶液流量来抑制除湿过程的温升，使溶液保持较低的表面蒸汽压。为了提高除湿效率，可以在除湿过程中进行冷却，即采用外加的冷量带走除湿过程中释放的相变潜热，从而保持溶液较强的除湿能力。内冷型装置对工艺要求很高，需要严格保证溶液通道与冷却通道的隔绝。由于制造工艺的问题，目前使用较多的仍是填料塔式的绝热型装置。溶液除湿过程主要包括以下优势特征：

1）可实现温湿度独立控制

相较于冷凝除湿和固体除湿过程，理论上空气可以在与溶液的热质传递中实现在焓湿图上任意角度的走向。

2）可适用于严寒情况下的空气处理过程

常用除湿溶液具有较低冰点和结晶温度，为严寒条件下利用吸湿溶液处理空气提供了有利条件。

3）可以有效地净化处理空气

通过盐溶液的喷洒可以除去空气中的细菌、霉菌及其他有害物，起到净化空气的作用；同时由于避免使用有凝结水的盘管，消除了室内的一大污染源，有利于提高室内空气品质。

目前对溶液除湿空调系统的研究分类如图 3.4-1 所示。常用液体干燥剂包括氯化钙溶液、氯化锂溶液等，对其基本性质已有深入研究。为了发挥各类除湿剂的优势，弥补其缺陷，主要通过对除湿剂混合、改性等方式进行优化。对常规氯化钙和氯化锂/溴化锂溶液进行混合，可以在满足除湿要求的同时降低所需成本，提高溶解度，扩大应用范围。Zhan[80]等通过实验比较了氯化锂/氯化钙混合溶液与单组分氯化锂溶液的除湿性能，认为质量分数为 44％、46％和 49％（氯化锂和氯化钙质量配比分别为 7∶3、1∶1 和 3∶8）的混合溶液与 40％氯化锂溶液具有基本相同的除湿效果，但至少能够节约 18％的成本。为进一步改善以上溶液腐蚀性强等缺陷，弱酸盐溶液（如甲酸钾、醋酸钠等）和离子液体逐渐受到关注。Tao[81]等采用静态法测量了不同浓度和温度下 KCOOH 溶液的蒸汽压，发现 70.3％ KCOOH 溶液与 35％ LiCl 溶液具有基本相同的蒸汽压，并比较了 KCOOH 和 LiCl 溶液在不同空气流速、温度和湿度下的除湿性能。

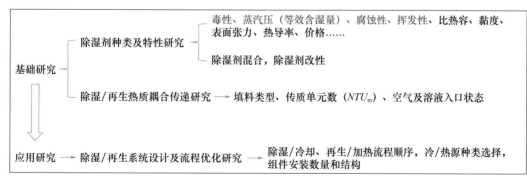

图 3.4-1　新型热湿环境调节研究现状

在除湿器和再生器中，根据流动方向，溶液与空气之间的热质传递过程主要分为顺流、逆流和叉流方式，其中逆流结构有利于强化传热和传质过程，运用较为普遍。当采用逆流形式时，再生侧将溶液作为加热对象有利于促进其再生过程，降低对热源温度的需求[82]。但相较于传统的风机盘管和新风机组，当前溶液除湿设备的缺陷在于占据空间较大和带液现象。叉流形式相较于逆流形式的溶液除湿系统在实际工程当中有利于减小所需空间，方便管道布置[83]。且由于空气和溶液在逆流式填料中沿同一轴线流动，空气中所夹带的液滴会增多。因而叉流式溶液除湿系统正逐渐得到关注。在常规填料式除湿器和再生器中，溶液受到重力的作用而发生流动，同时与空气进行热质传递。可通过对液滴施加人工离心力等途径强化热质传递过程[84]。分级除湿和再生，即增加除湿和再生区域或部件，是溶液除湿系统中减轻冷热抵消、降低能源利用品位的常用途径。Park[85]等将溶液除湿新风系统中的除湿器由一台增加至两台，改进后的系统在峰值负荷时和整个制冷季所消耗的一次能源分别减少了 12% 和 17.4%。

3. 案例分析

格瑞公司与东南大学联合研发的基于高温冷水机组的温湿度独立控制空调系统，结合了溶液除湿技术，应用于医院等室内温湿度、风速、洁净度、卫生条件要求较高的场所。针对四川省成都市第二人民医院龙潭医院，在满足以上条件的基础之上，还考虑了节能减排、绿色低碳、经济回报等重要需求。该医院总建筑面积约 17 万 m²，地上建筑面积约 12 万 m²，如图 3.4-2 所示，功能区包括：第一住院楼、第二住院楼、科研教学楼、医技楼、门诊急诊部等。该方案可实现对温湿度的独立控制，全年均不会出现过冷过热、湿度失控的问题，对温度的控制精度可达到 ±0.5℃，对相对湿度的控制精度为 ±2.5%。高温离心式冷水机组夏季能效为 5.0，冬季利用燃气真空热水锅炉进行供热，效率为 90%。

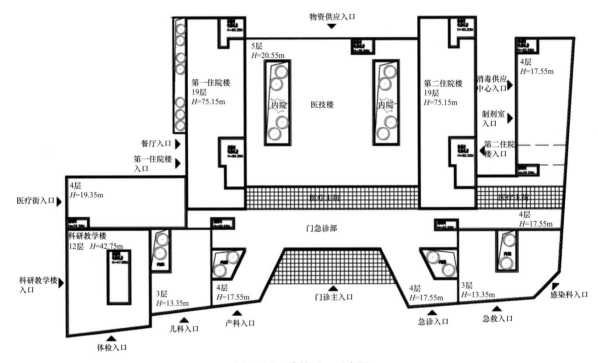

图 3.4-2　建筑平面示意图

基于高温离心式冷水机组的温湿度独立控制空调系统夏季结合高温离心式冷水机组和热泵式溶液调湿新风机组，前者承担室内显热负荷，后者承担新风负荷、室内潜热负荷及部分室内显热负荷。高温冷水供/回水温度为 14℃/19℃，流量可变频调节。冬季结合燃气真空热水锅炉和热泵式溶液调湿新风机组，前者承担室内显热负荷，后者承担新风负荷、新风加湿负荷及部分室内显热负荷。由于冷水机组仅承担显热负荷，其对应的末端设备为干式风机盘管。

热泵式溶液调湿新风机组遵循以下空气处理流程：新风→溶液全热回收→溶液调湿→送入室内；回风→全热回收→溶液再生→排出室外。机组原理及结构如图 3.4-3 所示。

夏季高温潮湿的室外新风在全热回收单元中和室内回风进行热交换并初步被降温除湿，然后进入除湿单元中被进一步降温、除湿到达送风状态点。除湿单元中变稀的溶液被送入再生单元进行浓缩。热泵循环的制冷量用于降低溶液温度以提高除湿能力，冷凝器的排热量用于浓缩再生溶液，能源利用效率极高；冬季切换四通阀改变制冷剂循环方向，实现空气的加热加湿功能，操作方便。

热泵式溶液调湿新风机组自带冷热源，上层采用铝合金边框与聚氨酯保温发泡门板结构，下层采用高强度立柱与可随时拆卸钣金门板结构，外形美观，易于检修，可整机吊装或分层吊装。主要部件规格及功能优势如表 3.4-1 所示。

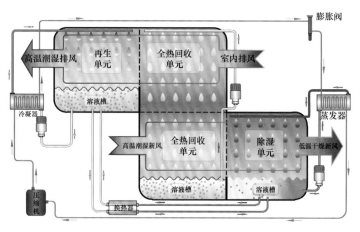

(a)夏季工况

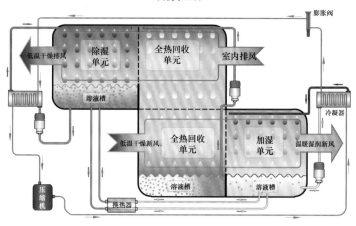

(b)冬季工况

图 3.4-3　热泵式溶液调湿新风机组工作原理图

表 3.4-1　热泵式溶液调湿新风机组主要部件规格

部件名称	品牌及规格	功能说明
压缩机	丹佛斯 百福马 SM 系列	安装简易； 运行可靠； 高效，低噪声，长寿命； 高温工况下运行
热力膨胀阀	丹佛斯 TDEBX 系列	紧凑结构及强密封性设计； 噪声小，不受冷凝压力影响； 激光焊接的不锈钢感温元件保证； 过热度可调
干燥过滤器	丹佛斯 DCB 系列	干燥表面发挥了最有效的过滤作用； 具有能溶解水分和酸等污染物的能力； 得到缓动的流量，发挥了不受扰动的性能

部件名称	品牌及规格	功能说明
板式换热器	舒瑞普 B/F 系列	钛合金材质，抗腐蚀； 可拆卸板式换热器，简化维修； 同种流体进出口平行配管，简化了工程安装； 均匀分布流速，去除了流速死区，从而避免了因污垢堆积而产生的腐蚀，同时又提高了板片换热面积的利用率
四通阀	新三荣 SRV 系列	SRV 型大容量活塞式四通换向阀采用创新设计的阀腔和剪切动作型阀体，使换向阀压力降与同类产品相比减小 60%，并保持稳定的流量和最小的压力降
溶液-空气换热模块	格瑞	45° 与 15° 交叉而成的填料片； 耐老化、防腐性强的 ABS 外框； 具有极强的吸水性，使溶液落在其上形成亲水膜，从而达到良好的换热效果
溶液调湿模块	格瑞	溶液通过布液板均匀向填料中布液，从而使溶液在填料表面形成亲水膜，达到空气与溶液换热的目的

基于溶液除湿、高温冷水机组的温湿度独立控制空调系统已经在国内得到超过 700 个项目、10 余年的成功应用。结合本项目具体情况进行技术经济、工程可行性等论证，认为采用该系统合理可行、效益显著，可取得的良好效益总结如下：①控制精度高，安全可靠。温度精度 ±0.5℃，相对湿度精度 ±2.5%，室内温湿度控制稳定可靠。②节能减排，降低成本。采用基于高温离心式冷水机组的温湿度独立控制空调系统运行费用为基于常规离心式冷水机组的常规空调系统的 60%，为基于溴化锂直燃机的常规空调系统的 48%。③绿色低碳、环保公益，显著提升项目的绿色和低碳性能，并协助提升项目的城市功能角色和公益性形象。④卫生安全，舒适健康。特有的溶液杀菌除尘作用，可有效杜绝末端冷凝水，并高效去除 PM2.5（实现项目"防霾"），防止室内的交叉感染、霉菌滋生等一系列卫生健康问题，从而显著提升项目品质和舒适性。

3.4.2　固体除湿技术

固体除湿依靠固体吸湿剂对水蒸气分子的吸附作用。吸附是指气体吸附质被吸附到固体表面的行为，按照作用力不同，吸附分为物理吸附与化学吸附。物理吸附发生时，固体表面与被吸附的分子之间的作用力是范德瓦耳斯力。化学吸附指吸附质与吸附剂之间的作用力与化合物原子间的化学键相似，起因是被吸附分子与固体表面分子间的化学作用，在吸附过程中发生电子转移或共有、原子重排以及化学键的断裂与形成等过程。

1. 技术途径

1）优化固体吸附剂

固体除湿往往使用比表面积较大的多孔材料，常用的固体吸湿材料有硅胶、分子筛、沸石、活性氧化铝、无水氯化钙、活性炭等。当前的研究特征是对固体吸湿材料进行改性和研制复合多孔材料，以进一步提高吸附效率，延长材料的使用寿命。此外，相较于溶液再生，固体干燥剂再生所需温度显著上升。对固体吸湿材料的改进可以降低再生能耗，并为低品位热源的利用提供潜力。

2）优化气—固热质传递过程

固体除湿系统包括固定式和转轮式两种，其中转轮式除湿系统可实现连续的除湿和再生，应用较为广泛。固体吸湿剂在转轮或固定吸附床中与空气发生热质交换时涉及许多物理过程，促进或抑制热量和水蒸气的转移，因此转轮和吸附床的设计对整个系统的性能、成本等有直接影响。目前对研究人员提出的各种转轮数学模型进行总结，发现相比仅考虑气体侧热质传递阻力的模型，考虑了气体和固体两侧热质传递阻力的模型具有相对更高的复杂性和精度。

3）优化系统配置和流程

与溶液除湿空调系统相似，分级除湿或再生也是固体除湿系统流程优化的主要途径之一，通过强化气—固之间的热质传递过程而改善系统能效。相较于溶液除湿空调系统，固体除湿系统在再生过程中对热源温度的要求进一步升高，因此对热源的设计和选取应重点考虑能耗及品位。

2. 理论研究

典型的固体转轮如图 3.4-4 所示，其中除湿区占较大比例。固体吸附剂吸附水分后就失去吸附能力，需要加热再生。使用固体吸湿剂的空气绝热处理过程可以看作是等焓过程，所以为了得到温度较低的空气，还应对干燥后的空气进行冷却处理。

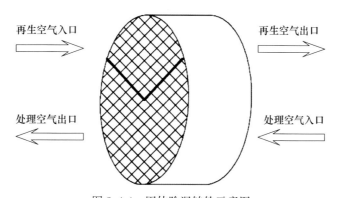

图 3.4-4　固体除湿转轮示意图

固体除湿空调系统中的能耗主要来源于再生所需热量。为适应不同工程对空气处理参数的特定要求，除单纯用于除湿的基本类型外，还可将它与其他空气处理设备组合使用，并有大湿差型、恒温恒湿型和节能型等多种产品可供选择。固体转轮除湿的特点如下：①无带液损失，既不需要补充吸湿剂，也不会对金属管道形成腐蚀。②能连续获得低露点、低温度的干燥空气。固体吸湿剂吸湿性很好，即使吸收了水分，其化学性能也不会变化，而且只要通过加热就能简单地放出已经吸收的水分。③构造简单，机体本身是由低速旋转的转轮、再生加热器、除湿用送风机和再生风机所组成，运转和维护都很方便。

如图 3.4-5 所示，溶液除湿和固体除湿两种新型除湿方式在原理、材料和研究方向等方面存在共性。因此对二者的优化可以为彼此提供参考思路。对固体吸湿材料进行改性和研制复合多孔材料，例如在硅胶中掺入氯化钙或氯化镁，能够提高吸附效率，延长使用寿命。通过对硅胶和氯化钙的混合还有利于改善其整体蓄能性和热传导性，降低对热源的温度要求，为低品位热源的利用提供潜力。牛永红[86]等以硝酸铝与碳酸氢铵为主要原料，通过溶胶凝胶法研制了介孔纳米活性氧化铝，当再生温度为 57℃左右时再生效率最高，且比表面积达 415.1m^2/g，在 50～60℃区间内除湿性能系数在 0.8 以上，可利用太阳能等可再生低品位能作为再生热源，并可用于深度除湿领域。金属有机骨架材料（MOFs）已经成为目前使用干燥剂的有效替代品，能够进一步提高蜂窝固体除湿器的除湿效率，降低蜂窝固体除湿器再生能耗[87]。硅胶一般比表面积达到 650m^2/g，孔径一般分布在 3.2～3.5nm，MIL-101 比表面积达到 5900m^2/g，孔径为 2.9～3.4nm。

溶液除湿流程的优化可以为固体除湿提供参考依据。Jeong[88]等设计的转轮除湿系统将常规转轮中的两个分区增加至四个分区，除湿区和再生区各包含两个独立分区。杨颖[89]等在转轮中增设预热再生区，用于固体吸湿剂的预再生，相同的除湿效果下可降低约 50% 的再生能耗。

	溶液除湿	固体除湿
除湿剂种类及特性研究	LiBr/CaCl$_2$混合，LiCl/CaCl$_2$混合，存在最佳混合比；新型KCOOH弱酸盐除湿溶液	硅胶和CaCl$_2$复合；硅胶和硼复合；新型硝酸铝和碳酸氢铵溶胶凝胶
除湿/再生热质耦合传递研究	顺流/逆流/叉流填料塔模型建立、验证及优化研究	一维/二维/三维转轮模型建立、验证及优化研究
除湿/再生系统设计及流程优化研究	级联式系统——增加除湿器/再生器数量；太阳能、热泵等低品位热源驱动	级联式系统——增加转轮分区或转轮数量；太阳能、热泵等低品位热源驱动

图 3.4-5　溶液和固体除湿研究相关性

3. 案例分析

1）直膨式冷凝热回收深度除湿转轮系统

青岛海信日立空调系统有限公司针对动力电池、生物制药、半导体、滑冰场等细分行业研制的 M3 净界系列深度除湿冷凝热回收除湿转轮系统，采用冷凝热对除湿转轮再生风进行加热，以达到节能运行的目的。以某滑冰场为例，系统原理如图 3.4-6 所示，系统各点的温湿度参数如图 3.4-7，新风量 7500m^3/(h·套)，再生风量 6700m^3/(h·套)，回风量 30900m^3/(h·套)，通过冷凝热对再生风加热，运行时间为每年的 4 月至 11 月中旬，每天的 7：00—18：00，冷凝热再生加热 36.05kW/套，节省 8.7 万 kWh/(年·套)。空气处理过程见图 3.4-7。

2）某转轮除湿机组

针对四川某化学公司干燥间设计研发一套 31S1293 型转轮除湿机组，外观如图 3.4-8 所示。房间面积 163m^2，层高 3.3m，体积 538m^3，要求房间正压，干球温度（25±2）℃，露点温度-40℃，相对湿度 0.38%。房间同时最多容纳工作人员数量为 10 人。

转轮除湿机组工作原理如图 3.4-9 所示。硅胶等吸湿剂对水分的吸收一定程度会达到饱和，研究表明：硅胶在 90℃以上时会表现出明显的脱水性能，为了获得稳定的干燥空气，将除湿转轮进行分区，将其 270°区域作为处理区域需处理的潮湿空气通过，将其余的 90°区域作为再生区域，使转轮旋转起来，这样，吸湿饱和后的硅胶转到再生区，利用加热装置将空气加热到 90℃以上再穿过再生区域带走硅胶脱出来的水分。硅胶不断吸附和再生，由此提供稳定的干燥空气。

除湿的关键部分采用瑞典 Proflute 超级硅胶介质转轮，特别适用于低气压、高湿度的场合；蜂窝状载体为陶瓷纤维，具有良好的耐水性及耐火性；吸湿剂采用化学合成的坚固材料，具有吸湿量大、吸湿深度深、吸湿剂与纤维结合强度好的性能，其使用寿命长达 8 年以上。独特的转轮驱动结构自张紧装置和接触性密封系统，有力地保证了转轮有效可靠的运行。

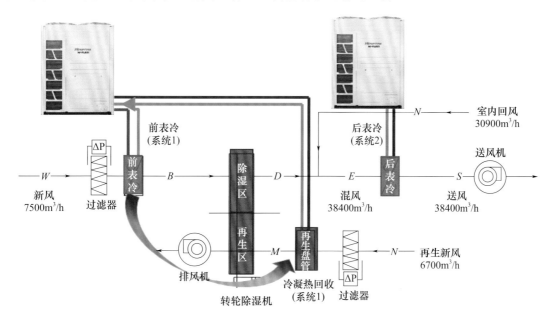

图 3.4-6　某滑冰场直膨式冷凝热回收深度除湿转轮系统原理图

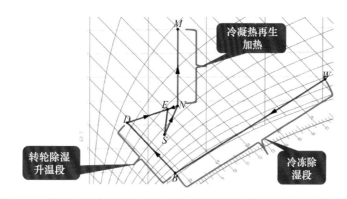

图 3.4-7　某滑冰场直膨式冷凝热回收深度除湿转轮系统空气处理过程图

图 3.4-8　31S1293 型转轮除湿机组

湿腾除湿机采用双层防冷桥框架结构，使用高强度 Aluzink 型材和高效 RPVC 隔热材料，确保设备强度并降低能量损耗。其防冷桥结构及先进的镀锌和喷塑工艺使机体防腐绝缘，外观美观且机械强度高，提升了设备的密封性，方便与空调箱连接。盘管结构采用无缝铜管胀接波纹膜铝翅片，使用美国 OAK 设备制造，确保高热传递性能和低空气阻力，满足大范围供冷供热需求。不同管路循环设计提供最佳水流速和合理水阻力，所有盘管经过 2.5MPa 试压检验。

除湿机组采用 PLC 恒温恒湿控制系统，内设多路控制和自诊断模块，支持本地和远程控制，自动化程度高。机组内有再生加热多重保护措施，方便现场检修和维护。性能参数可在线查询和设定，传感器采用西门子温湿度变送器，信号传输采用屏蔽线，防止数据衰减。可选配 LON－WORK 网络通

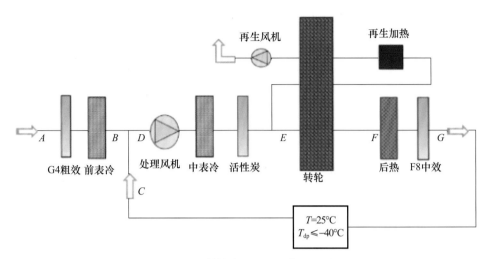

图 3.4-9 转轮除湿机组工作原理图

讯协议，实现 DCS 集成控制。设有本地手动控制，确保各机组工作的独立性和可靠性。

3.4.3 高效被动式热湿调节技术

传统的冷凝除湿法应用广泛，但能耗较大且无法保证送风品质。近年来，转轮除湿、溶液除湿、薄膜除湿等可利用废热或可再生能源的主动除湿技术逐渐发展起来，但仍存在结构复杂、体积庞大、机械运行噪声污染，以及设备的初投资、运行和维护成本大等不足，而且常需要附加热源驱动。利用调湿材料吸放湿特性来调节室内湿度的被动除湿技术，无须任何机械设备和能源消耗，具有较好的节能和生态效益，在缓解能源危机、生态环境保护以及减少 CO_2 排放等方面都有着较大的作用。高效调湿材料的研制是该技术能否有效实施的前提，复合调湿材料很好地克服了单一调湿材料难以同时满足高吸湿容量和高吸放湿速度的要求，是建筑节能和材料科学领域的研究热点之一。

1. 技术途径

1）无机—无机类复合调湿材料研制及优化

无机类调湿材料种类繁多，主要包含硅胶、无机盐和无机矿物三类调湿材料，这三类调湿材料各有优缺点，硅胶和无机矿物发达的孔隙结构正好弥补了无机盐吸湿后易潮解、盐溶液溢出腐蚀周围环境的隐患，因此，一系列无机矿物—无机盐、硅胶—无机盐复合调湿材料被研制出来。

2）无机—有机类复合调湿材料研制及优化

无机矿物的多孔结构能吸附和释放空气中的水蒸气，但吸湿容量大多较小，调湿性能较差，而有机高分子材料吸湿性能强，但放湿性能差。因此，通过无机矿物和有机高分子材料的交联反应，能充分发挥各自优势，得到具有大吸湿量和高吸放湿速率的复合调湿材料。

3）无机—生物质类复合调湿材料研制及优化

较之无机—无机和无机—有机复合调湿材料难降解的不足，生物质类复合调湿材料独有的生物亲和性和生物降解性特点，既绿色环保，又能实现资源的可持续利用，因而具有很大的发展潜力。其中，无机—生物质类主要包括无机矿物和无机盐改性的生物质复合调湿材料。将海泡石、蒙脱土、硅藻土等无机矿物掺杂进杨木、泥炭藓等多孔生物质调湿材料，能有效提高生物质材料的吸湿量，并保留生物质材料的高降解性。

2. 理论研究

无机盐改性的无机矿物复合调湿材料主要通过将无机矿物浸渍到无机盐溶液，再辅以加热、搅拌、微波等一种或多种手段进行合成，从而实现盐颗粒成功地浸渍到无机矿物的内部孔隙中。硅藻土是一种由古代硅藻遗骸形成的硅质岩石，其化学成分主要为二氧化硅。藻壁壳存在大量有序排列的微孔结构，使其具有比表面积大、内部孔隙多、吸附性和渗透性强等优异性能，此外，还具有杀菌、隔热、化学稳定性好、吸音等特性，因而是无机盐改性的首选基质。孔伟[90]等分别采用氯化锂、氯化钙、氯化镁和氯化钠四种无机盐对经擦洗和酸浸提纯后的吉林临江硅藻土进行改性修饰，结果表明，受浸渍盐颗粒的影响，复合无机盐－硅藻土调湿试样的比表面积和孔体积均有所降低，但改性后复合调湿材料的吸湿性均有明显提升。经氯化锂改性的硅藻土饱和吸湿率最高（98%），氯化钙也可达 90%。氯化镁略逊一筹，吸湿率为 60%；氯化钙修饰的硅藻土试样最低（25%），但较纯硅藻土 10% 的吸湿率仍有一定提升。

聚丙烯酸系列有机高分子材料具有高吸湿性能，是这类复合调湿材料最常见的有机组分。王吉会[91]等采用反相悬浮聚合法制得沸石/聚丙烯酸（钠）复合调湿材料，并对沸石、分散剂含量、中和度等合成参数对合成材料吸放湿性能的影响进行研究，实验结果表明中和度对复合材料吸放湿性能的影响最大，对沸石的影响次之，对分散剂的影响最小。聚乙二醇、聚氨酯、天然高分子多糖如魔芋葡甘聚糖等其他吸水性聚合物和蛭石、高岭石、埃洛石等无机矿物的合成也见诸报道。无机矿物－有机高分子复合调湿材料有着不错的湿容量和调湿速度。这主要是由于有机高分子经交联聚合反应进入无机矿物的孔隙/层间中，使无机矿物的孔隙大小和层间间距有一定程度的增大，另一方面得益于引入的有机高分子材料的高吸湿性能。

将海泡石、蒙脱土、硅藻土等无机矿物掺杂进杨木、泥炭藓等多孔生物质调湿材料，能有效提高生物质材料的吸湿量，并保留生物质材料的高降解性。孙自顺[92]等通过水溶液聚合法将丙烯酸、丙烯酰胺和苯乙烯磺酸钠三种有机物单体接枝到经研磨、酸化、抽滤等处理后的玉米秸秆基纤维素骨架中。研究表明，复合材料的吸水量、吸水速率和保水率随着玉米秸秆含量的增加而增大，当秸秆含量为 10% 时，制备的高吸水性树脂 10min 达到平衡吸水率的 58%，有着不错的吸水速率；50min 的吸水量高达 350g。

3. 案例分析

东山发展广场项目位于漳州市东山县人民法院东侧，办公楼部分总建筑面积 34045m^2，建筑高度为 57.5m，层数为 13 层（裙房 5 层），总投资约为 2.6 亿元。项目于 2022 年 9 月通过近零能耗建筑专家评审，获得近零能耗建筑设计标识。东山县地处福建省南部沿海，属于夏热冬暖地区，地区主要气候特点为长夏无冬，温高湿重，气温年较差和日较差均小；雨量丰沛，多热带风暴和台风袭击，易有大风暴雨天气；太阳高度角大，太阳辐射强烈。

建筑设计以"被动优先，主动优化，低碳能源"为设计理念，室外绿化物种选择适宜漳州地区气候和土壤条件的乡土植物，且采用包含乔、灌木的复层绿化。大面积的绿化带可以有效减少城市及室外气温逐渐升高和气候干燥情况。建筑围护结构的构造类型及热工参数如表 3.4-2 所示，其中包含复合多孔材料，围护结构整体具有良好的保温、防水性能。通过计算分析，建筑综合节能率和建筑本体节能率和基准建筑相比分别为 68.13%、22.50%，近零能耗建筑设计具有显著的减排效果。

表 3.4-2　建筑非透光外围护结构构造热工参数

序号	构造类型	保温材料	材料厚度（mm）	传热系数 [W/(m^2·K)]
1	倒置式平屋面	XPS	80	0.35
2	干挂石材－煤矸石多孔砖墙	岩棉	50	0.66
3	楼地面	XPS	50	0.51
4	底部架空楼板	岩棉	50	0.85

3.5　冷（热）水机组

随着"双碳"目标的推进，建筑行业也逐步由传统方式向低碳、节能、绿色发展。我国是全球最大的制冷产品生产、消费和出口国，制冷能耗占社会总能耗的 15%，而大型公共建筑中空调能耗占建筑能耗的比例达 40%～50%，冷水机组能耗在建筑碳排放中占重要比重，提高冷水机组的能效对于建筑特别是大型公用场所减少碳排放具有十分重要的作用。

实现高效冷水机组的关键技术途径主要包括以下几点：

1）适应工况的制冷剂

不同的制冷剂具有不同的热力学性质，如沸点、汽化潜热和比热容。这些特性影响系统内传热过程的效率，从而影响冷水机组的能耗；制冷剂本身对环境就有影响，所以开发高效、对环境友善的制冷剂也是实现冷水机组减碳的一个重要技术途径。

2）高效的循环形式

从热力学循环的角度，提高蒸发温度、降低冷凝温度可以提升系统的效率，实现冷水机组的高效；采用高效的循环形式，合理利用余热也是提高冷水机组能效的一种合理技术途径。

3）高效的部件

升级换热器：采用先进的设计，如微通道或增强管设计，以提高传热效率等等都可以实现机组的效率提升；使用三介质换热器可以同时利用多种热源，提高系统能效，从而实现节能减碳。

4）自然冷源利用

将自然冷源与机械制冷系统相结合，可根据外部条件分担负荷。在冷却需求较低或有自然冷源时，冷水机组可以更多地依靠自然冷源，减少对机械制冷的需求，进一步降低能耗。

5）控制、负荷匹配

冷水机组往往运行在部分负荷和非设计工况下，因此需要合理的控制手段和无级运行技术，针对部分负荷匹配运行工况，从而实现高效运行。

3.5.1 无油压缩机

为了追求更高的能源效率和可持续性，其中一个重要的技术途径就是提高设备的运行效率，从而减少压缩机机组各部件之间的摩擦，降低摩擦损耗就是实现减碳非常关键的一个技术途径。

制冷系统主要能耗来自于压缩机，当前压缩机的效率不是最高，还有很大提升空间。压缩机的效率损失主要来自于电机效率、传动效率、机械效率、内压缩效率，所以要提高能效就要从这几部分开展工作。

一般的电机和压缩机直连的系统效率都为 1，机械损失一般来自摩擦、油泵等，不仅如此，油只对压缩机有用。但是由于油的存在，油膜热阻大，影响换热器效率和蒸发冷凝温度。还需要多余的回油系统增加能耗，还会有油堵的问题。采用无油系统，则机械效率可以得到大幅度提升。同时发展高速直驱无油压缩机，这种压缩机电机转速高，直连没有传动损失，效率得到进一步。

因此，发展高效的无油压缩机是提升冷水机组能效的一大重要技术途径[93]。"双碳"之下，高效无油变频离心机可在节能降碳中发挥更大作用。在行业内，无油离心式压缩机占比已经达到了18%，五年来的总增长率达到了 200%，如图 3.5-1 所示。

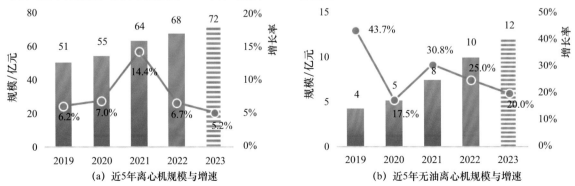

(a) 近5年离心机规模与增速　　　　(b) 近5年无油离心机规模与增速

图 3.5-1　离心式压缩机市场规模

现有的无油压缩机技术主要有三类：磁悬浮离心式压缩机、气悬浮离心式压缩机、陶瓷轴承离心式压缩机。与传统的压缩机相比，这三类压缩机不仅没有油路系统，并且电机为变频电机，压比有多个设置等级，便于在多个场景下匹配，实现节能减碳，具体的比较如表3.5-1所示。

表 3.5-1　不同压缩机的区别

压缩机	常规齿轮增速	高速直驱	磁悬浮	气悬浮	正压液浮
图示					
轴承形式	钢制球/滑动轴承	滑动轴承	电磁轴承	动压/静压气浮轴承	陶瓷轴承
是否含油	有油	有油	无油	无油	无油
传动形式	齿轮传动	直驱	直驱	直驱	直驱
电机形式	异步感应电机	异步感应/永磁同步电机	永磁同步电机	永磁同步电机	永磁同步电机
单机头可达容量	300～3000RT	300～3000RT	100～1300RT	50～350RT	300～3000RT
能效	2级/1级	1级	双1级	双1级	双1级

1. 磁悬浮冷水机组

与传统的冷水机组相比，磁悬浮冷水机组通常具有更高的能源效率。磁悬浮利用磁场悬浮和推动物体而不需要物理接触。在冷水机组压缩机应用中，磁悬浮技术用磁性轴承取代了传统的机械轴承，使压缩机轴无摩擦旋转。磁悬浮离心式压缩机和传统的离心式压缩机一样，由进口能量调节机构（进气导叶）、叶轮转子、扩压器、蜗室、驱动装置和轴承等部件组成。制冷剂蒸气从吸气管流入吸气室，进入旋转的叶轮里。由于叶轮的高速旋转，叶片推动气体沿流道自叶轮中心向叶轮边缘流动，气体速度得到大幅提高。然后，高速气流流入扩压器降速扩压。在扩压器内，气体的速度能转化为压力能。最后，由扩压器流出的气体汇聚到蜗壳，制冷剂气体压力得到进一步提升后进入排气管。磁悬浮与普通离心式压缩机的区别如图3.5-2所示。

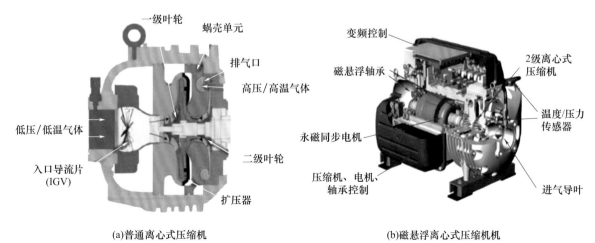

(a)普通离心式压缩机　　　　　(b)磁悬浮离心式压缩机机

图 3.5-2　磁悬浮离心式压缩机和普通离心式压缩机的区别

磁悬浮冷水机组实现高效主要有以下几个技术原理：

1）减少摩擦

磁悬浮离心式压缩机的核心是磁悬浮原理，使压缩机轴无摩擦旋转。传统的压缩机依赖于机械轴承，随着时间的推移会产生摩擦和磨损。相比之下，磁悬浮压缩机使用强大的磁铁悬浮和稳定旋转轴，消除了机械接触，并最大限度地减少了与摩擦相关的能量损失。

2）精准的变速运行

磁悬浮离心式压缩机的一个关键优势是它们能够在精确控制下以可变转速运行，能够实时匹配冷却需求，在部分负载条件下最大限度地减少了能源浪费。这得益于永磁变频电机的使用，使磁悬浮压缩机具有较高的满负荷效率和卓越的部分负荷效率，压缩机经过长期运行性能无衰减，始终保持出厂时的高效特性。这种动态容量调制确保压缩机在各种运行条件下以最高效率运行，从而随着时间的推移显著节省能源。

3）减少维护和提高可靠性

磁悬浮离心压缩机机械轴承减少，结构更加紧凑。无须润滑和更换磨损的轴承，延长了维护间隔，并将意外停机的风险降至最低。由于不需要润滑油，没有传统离心机所需的油路系统、冷却系统和相应的油路控制系统，使得磁悬浮压缩机结构更加简单，同时消除了由于油膜热阻导致的机组性能衰减，也消除了润滑油路系统维护带来的日常维护费用。同时，由于使用了没有机械摩擦的磁浮轴承，使压缩机可以具有更高的转速，这就使压缩机的尺寸进一步减小。磁悬浮离心式冷水机组因其设计简单和降低与磁悬浮技术相关的机械故障风险而具有高可靠性。

案例分析：磁悬浮离心式冷水机组早已经被广泛应用。深圳市前海 HOP 天地商业广场采用 3 台来自海尔高能效磁悬浮离心式冷水机组（图 3.5-3），在部分负荷下 COP 可达 9.0，IPLV 值最高可达 12。机组运行范围广，不需要普通压缩机所必需的油压差，机组完全无油、消除机械摩擦，比常规轴承更持久耐用，可使机组运行寿命增加一倍。

图 3.5-3　深圳市前海 HOP 天地商业广场磁悬浮离心式压缩机图

海信在美律电子（深圳）有限公司（宝安二分厂），针对原空调机组比较分散、机组老旧、能效低等情况，分析了制冷机房能耗分布以后，针对 61% 的能耗来自于制冷主机的情况，采用磁悬浮冷水机组替代原有制冷机组（图 3.5-4），将机房 COP 从 2.16 提升到了 5.2，实现了 58.98% 的节能。

图 3.5-4　海信在美律电子（深圳）有限公司磁悬浮离心式压缩机图

海信在青岛地铁1号线瓦屋庄停车场工程应用海水源磁悬浮机组（图3.5-5）。海水源热泵泵房及海水源蓄水池位于地下二层，蓄水容积1000m³，机房面积212m²。项目空调面积17500m²，总冷负荷2200kW，总热负荷1050kW，海水源热泵夏季承担1100kW，冬季承担880kW。现场实测海水量为1250m³/d，冬季供回水温度12.5℃/5.5℃，夏季供回水温度21.5℃/29.5℃。

综合楼冷热源设置于地下二层海水源热泵机房内。海水源系统采用2台制冷量445kW磁悬浮离心式热泵机组，与冷水机组共同配用3台冷水循环泵，互为备用。冷水供回水温度7℃/12℃。2台磁悬浮海水源热泵机组采用地下二层的海水源水池内的毛细管系统与海水进行冷却，配用3台冷却水泵，两用一备。常规冷源系统采用1台1100kW磁悬浮冷水机组。与热泵系统配用3台冷水循环泵，互为备用。冷水供回水温度为7℃/12℃。冷却系统分开设置。磁悬浮冷水机组冷却系统采用冷却塔，设置2台冷却水泵，一用一备，冷却塔设置于一层车库出入口平台处，冷却水温度30℃/35℃。

海水源侧进出口温度为10℃/6℃，热水供回水温度为45℃/40℃。常规离心机组压缩比约为3.0，无法满足热泵需求，因此海信设计了高压缩比，优化叶轮、电机和流道，压缩比最高达5.2，确保稳定的热水供应。该项目夏季制冷工况冷水进出口温度12℃/7℃，冷却水进出口温度21.5℃/29.5℃。常规压缩机因设计优先考虑高压比工况，导致制冷工况效率较低。海信通过对双级压缩多工况进行气动深化设计，提高了制冷工况的等熵效率，缩小与热泵工况的差距，确保在制冷和热泵工况下均高效运行。项目热泵制热COP高达5.36，制冷COP达7.96。

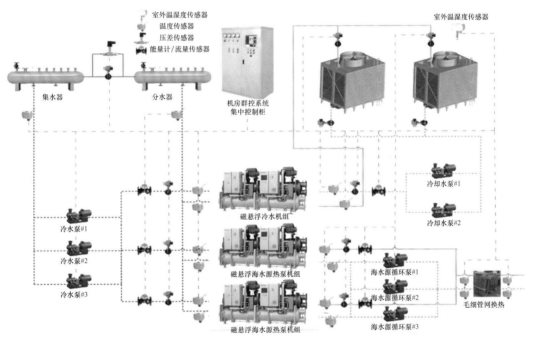

图3.5-5　海信在青岛地铁1号线瓦屋庄停车场应用的磁悬浮冷水机组系统

2. 气悬浮离心式冷水机组

气悬浮轴承利用气体挤压形成的气膜支撑转子达到支承与润滑作用，不仅摩擦损耗低、耐高温性强，而且结构简单、旋转精度高，被认为是高速运行、高温工况下的理想支承部件。气悬浮技术采用加压空气来支撑和稳定压缩机的旋转部件，从而消除了对传统机械轴承的需求。气悬浮系统不依赖于物理接触，而是使用压缩空气在旋转轴和固定部件之间形成空气垫，从而实现无摩擦旋转。

气悬浮系统（图3.5-6）的主要组成部分如下。

1）空气轴承

空气轴承取代传统的机械轴承，利用加压空气悬浮和支撑压缩机轴。这些轴承保持旋转和静止组件之间所需的间隙，确保平稳和无摩擦的操作。

2）空气供应系统

专用的空气供应系统向空气轴承提供加压空气，保持所需的气隙并支撑压缩机轴。该系统包括过滤器、调节器和阀门，以控制空气压力并确保最佳性能。

3）控制机制

复杂的控制算法监测和调节空气压力内的悬挂系统，以保持轴的位置和稳定性。反馈传感器提供轴位置的实时数据，允许精确控制和调整。

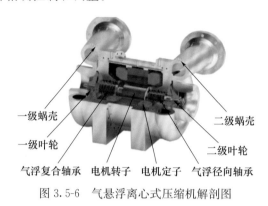

图 3.5-6　气悬浮离心式压缩机解剖图

气悬浮和磁悬浮提升效率的原因基本相同，主要有以下几点原因。

1）零摩擦运行

转子在高速运行过程中处于悬浮状态，100％无油且转子与轴承间无摩擦；高速气悬浮轴承采用制冷剂替代润滑油，黏度仅为润滑油的千分之一，气膜内摩擦引起的损失比油膜轴承低三个数量级。

2）更稳定

全系压缩机采用双级压缩，降低了压缩机转速，使压缩机运行更可靠，使用寿命更长。

3）更高能效

采用高效永磁同步电机，无励磁损耗，较传统电机效率提升 3％～8％；机组采用双级压缩补气增焓技术，相比单级制冷循环系统循环效率提高 5％～6％。

案例分析： 海尔集团首先开发了静压气悬浮冷水机组（图 3.5-7），提高冷热源设备和系统效率，名义工况 COP 达到了 6.83，且运行工况范围宽广，为更多用户场景提供减碳方案，在小冷量的范围运行效果更好。通过使用气液两相静压气浮技术保证悬浮轴承，无机械摩擦，并且供气稳定，断电仍悬浮，寿命进一步提高。

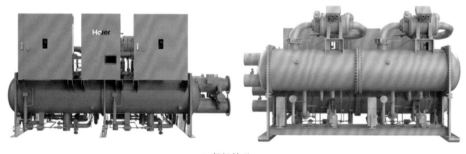

(a)机组外观

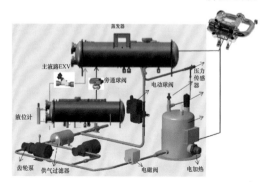

(b)一体式供气技术

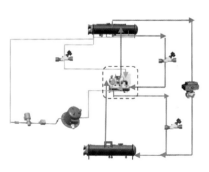

(c)复叠过冷技术

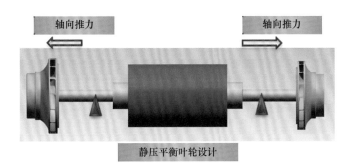

(d)对称叶轮静压平衡技术

图 3.5-7　海尔气悬浮制冷机组

对称叶轮静压平衡技术采用双轴向进气，静压平衡，利用气体动力学多点设计，在多点处对负荷进行调节。采用复叠过冷技术增加过冷度，采用标配经济器，过冷度可增大 10℃以上，名义工况能效最大可提升 10%，并且增加单独过冷管，在冷凝器的底部增设一组单独的过冷管群与对应的迷宫式折流板，提高制冷剂过冷度 4℃，能效提升 2%。同时使用永磁同步电机提高能效。总效率提高 8%，没有齿轮传动机构，可靠性提高 5%。配合智能云服务技术远程监控分析。实现了整体系统的能效提升。

海信开发了动压气悬浮冷水机组（图 3.5-8），与静压气悬浮轴承离心制冷压缩机相比，动压气悬浮轴承无须额外的轴承供气装置，系统应用及配置更加灵活；并且动压轴承的启停寿命保障了产品具有优于静压轴承产品的可靠性。单机冷量范围 50~450RT，达到新国标的双一级能效，且运行工况范围宽广，可实现最大压缩比 3.2 以上，为更多用户场景提供更优的减碳方案，在小冷量的范围运行效果更好。

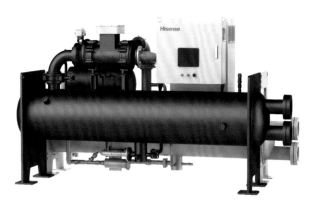

图 3.5-8　海信动压气悬浮冷水机组

电机采用螺旋环绕的制冷剂喷射冷却技术，电机冷却进液管路连接至系统高压部分，电机冷却回气管路连通系统低压部分，确保具有足够的压差驱动制冷剂液体的流动，对电机定子和转子充分冷却。电机温度场均匀，可控制电机温度在 60℃左右，内置 PT100 精准控温，确保电机稳定可靠运行。径向轴承和推力轴承通过制冷剂气体冷却，冷却通道如图 3.5-9，无须额外的轴承润滑供气系统，系统设计更简单。

针对小容量磁悬浮离心式制冷压缩机，气悬浮离心式压缩机同样具有结构紧凑、系统无油的优势，同时气悬浮轴承省去了复杂的磁悬浮轴承控制装置，成本方面具有一定优势，并且由于气悬浮轴承有利于减少压缩机内部的损失，对提升性能也具有优势。

3. 正压液浮离心式压缩机组

无油冷水机组另一种重要类型是制冷剂润滑轴承的液浮离心式冷水机组，它是以机组系统循环中的液态制冷剂作为离心压缩机轴承润滑介质，实现轴承转子部件在液态制冷剂中"液浮"运行的无油冷水机组产品。众所周知，在传统的油润滑制冷剂压缩机中，很难避免润滑油被制冷剂稀释。

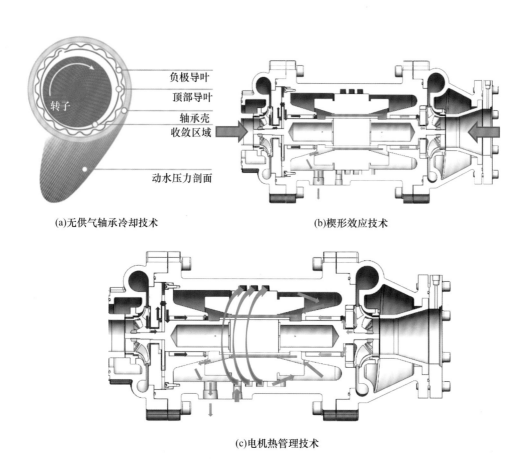

(a)无供气轴承冷却技术　　　　(b)楔形效应技术

负极导叶
顶部导叶
轴承壳
收敛区域
转子
动水压力剖面

(c)电机热管理技术

图 3.5-9　海信气悬浮制冷机组先进技术示意图

早在 20 世纪 90 年代，国外轴承公司及研究机构测试了制冷剂对润滑油的稀释效果及其对轴承性能和使用寿命的影响。研究发现油润滑钢轴承在制冷剂稀释率达 20%～30%时，就会开始出现润滑不足的现象。这一发现引发了对替代性轴承设计和材料的研究，以便提高轴承在这些润滑较差条件下的运转使用寿命。研究显示，对如图 3.5-10 所示的使用高氮不锈钢内外圈和轴承级氮化硅（Si_3N_4）陶瓷滚珠的混合陶瓷轴承，很难找到极限稀释率。最终，在 1996 年，混合陶瓷轴承在加入纯制冷剂且不使用任何润滑油的情况下顺利运转，并且轴承在测试后崭新如初，这一测试结果使得采用纯制冷剂作为混合陶瓷轴承润滑剂成为可能，该技术被称为 PRL（pure refrigerant lubrication）技术。随后的 20 多年，国内外进行了不同类型制冷剂的液浮压缩机及冷水机组的研发，通常该类型机组按所使用的制冷剂类型可分为正压液浮离心式冷水机组［R134a、R513A、R1234ze（E）等］和负压液浮离心式冷水机组［R123、R1233zd（E）等］。

采用制冷剂润滑轴承的无油液浮离心式压缩机及机组有以下优点。

1）高能效

液浮压缩机通常使用的陶瓷轴承具有低密度、低摩擦系数的优点，而作为润滑剂的液态制冷剂黏度极低，这极大地降低了压缩机高速运行时的摩擦损耗，其轴承摩擦损耗与磁、气悬浮轴承系统能耗相当；另外，基于陶瓷轴承小游隙的特性，可实现比磁、气悬浮更小的气封环间隙来减少高压气体内泄漏，进一步提高无油压缩机效率。

2）高可靠

陶瓷轴承对离心压缩机非稳态工况下的适应性较优异，不需要复杂的磁悬浮控制系统或气悬浮供气压力控制系统，仅依靠液态制冷剂在较高接触压力下产生的弹性流体动力润滑膜即可实现稳定可靠运行。图 3.5-11 为国外研究机构于 2018 年测得的 R1234ze（E）成膜厚度。

3）长寿命

陶瓷轴承具有高硬度、高强度、耐高温、耐腐蚀等优异性能，相比于钢制轴承的寿命可提高数倍，能满足冷水机组的设计使用寿命需求。

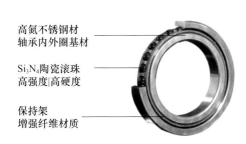

高氮不锈钢材
轴承内外圈基材

Si₃N₄陶瓷滚珠
高强度|高硬度

保持架
增强纤维材质

图 3.5-10　混合陶瓷轴承

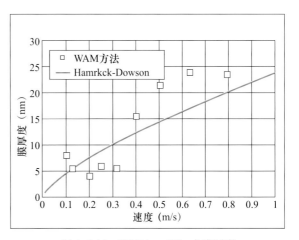

图 3.5-11　R1234ze（E）成膜厚度

海信公司于 2023 年 9 月发布了世界首台大冷量正压液浮无油变频离心机，该产品通过了权威第三方检测和科技评估，并在 2024 年中国制冷展上展出了世界最大冷量的 1200RT 正压液浮无油变频离心压缩机及机组，获得创新产品和金奖产品两大奖项，如图 3.5-12 和 3.15-13 所示。

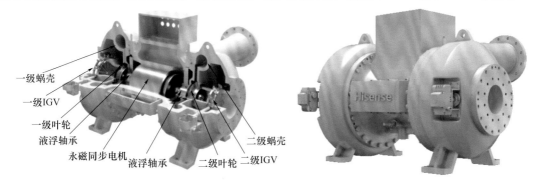

一级蜗壳
一级IGV
一级叶轮
液浮轴承
永磁同步电机　液浮轴承
二级蜗壳
二级叶轮　二级IGV

图 3.5-12　正压液浮离心压缩机剖视图

图 3.5-13　海信正压液浮离心式压缩机组

该产品是首次以过冷液态正压制冷剂 ［R134a、R513A、R1234ze（E）］ 作为离心压缩机轴承润滑介质，并采用专利无油轴承供液系统和控制方法而开发出的创新型无油离心式冷水机组产品。该系列产品制冷量范围 550～1200RT，兼备更大冷量扩展范围（可扩展至 3000RT）、更宽运行工况（压比 1.2～4.2）、更高能效水平（COP＞7.0）的特点，可广泛应用于商业楼宇、医疗医药、数据中心、工业制造等场景。

产品的核心亮点如下：

1）首创正压陶瓷轴承液浮技术，研发出全新的正压制冷剂供液润滑技术和控制方法，解决了无油离心压缩机在大冷量非稳态工况下的控制难题，实现大冷量无油离心压缩机的可靠运行，最大冷量可扩展至 3000RT。其核心技术包括低黏度正压制冷剂与航天级轴承集成技术、工业级智能双供液润滑技术、二次过冷技术、制冷剂泵在线切换及自平衡控制等。如图3.5-14所示，通过对制冷剂泵供液和系统压差供液两种方式的自动调度专利技术研究，制冷剂泵工作时间缩短90％以上，供液二次过冷技术可提升供液过冷度至3℃以上，防止供液气化的产生对轴承造成气蚀。

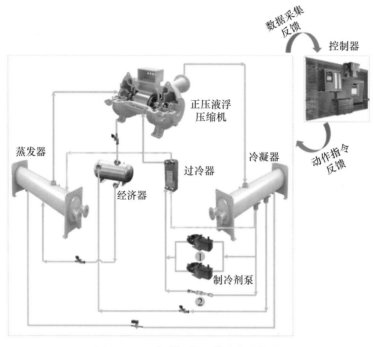

图3.5-14 专利智能双供液润滑技术

2）发明了轴向载荷实时反馈及动态平衡技术并开发了专用控制算法，实现了轴向载荷实时智能调控。通过架构"先行控制"和"反馈控制"相结合的轴向载荷控制策略，开发基于PLC资源的高精度轴向载荷算法，实现压缩机全寿命周期内轴系轴向载荷的计算和监测，并通过动态平衡控制技术控制压缩机运行时轴向载荷始终处于低水平状态，轴承寿命提高60％，设计寿命超过200000h。图3.5-15为该系列产品轴向载荷监控画面。

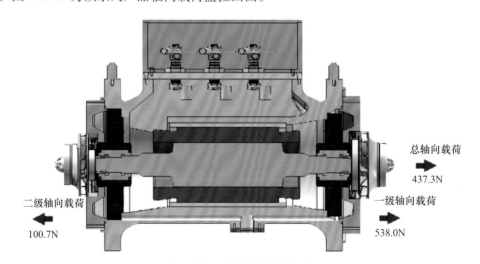

图3.5-15 轴向载荷监控画面

3）结合双级压缩和制冷系统耦合设计技术，建立两级叶轮、无叶扩压器、弯道回流器以及轮盖密封泄漏、级间补气、级间密封等动—静—密封复杂结构下耦合速度场、温度场、压力场和应力场的仿真分析方法，解决了多工况优化设计难题，提升了离心压缩机综合能效水平10％。该系列压缩机针对陶瓷轴承游隙小的特性，深化设计气封环间隙低至0.05～0.10mm（磁悬浮压缩机因备降轴承的间隙存在，气封环间隙通常在 0.30mm 以上），压缩机的等熵效率进一步提高 1%～1.5%。另外，为了满足满负荷和部分负荷下的匹配，该系列压缩机最佳效率点优选在 75% 负荷，通过对双级压缩多工况气动深化设计，实现了同一台压缩机在最佳等熵效率点和中温水工况点的较小差异（<3%），解决了同一台压缩机在舒适空调工况和数据中心工况下的高能效共用化问题。

由海信公司研发的正压液浮无油变频离心式冷水机组运用于青岛海信视像制冷站（图 3.5-16）。该项目原采用定频螺杆式冷水机组，全年平均 COP 仅为 3.45，机组已投入使用 10 年，能耗很高。润滑油导致的保养事项较多，维修时间长，维护费用高。机房噪声高达 100dB（A），现场运维管理人员体验差。

该项目将原高能耗设备替换为一台 600RT 海信 HSTFV 系列正压液浮无油变频离心式冷水机组，通过搭载低功耗陶瓷轴承、超低间隙气封环、高效永磁电机等先进技术，预计全年平均 COP 达 7.5 以上，能效全面提升，机房整体节能率达 30% 以上。压缩机轴承采用液态制冷剂润滑，无须润滑油，可节约 30% 以上的维护保养事项。机组设计寿命达 25 年，全寿命周期费用大幅降低。机组噪声低至 76 dB（A），机房更宁静。

图 3.5-16　海信视像科技制冷站正压液浮离心式冷水机组

3.5.2　高温冷水机组

1. 技术途径

空调系统的冷水温度、冷水供回水温差等运行参数对系统的能耗具有重大的影响。和常规制取低温冷水的工况比，高温冷水机组的蒸发温度显著提高（提高到 12℃ 以上）、功耗减小，可以有效地提高机组的 COP，可达 8.5～12。并且该机组在温湿度独立控制空调等方面具有较好的应用。使用高温冷水机组实现节能减碳的技术途径主要有以下几点。

1）有效提升冷水机组的能效比

高温冷水机组设计在高温下运行，从压缩循环的角度来讲，更高的蒸发温度会使得系统的能效得到提升，常规空调使用的冷水温度为 7℃，高温冷水机组冷水温度约 15～18℃，选型资料表明，电压缩冷水机组蒸发器出口的冷水温度每提高 1℃，冷水机组 COP 增加 3%。与此同时，选用高效压缩机、换热器和控制器，同样有助于提高整体能源效率。

2）可应用于温湿度独立控制的空调系统

使用高温冷水机组的空调系统温湿度一般独立控制，即除湿系统只负责处理新风，承担室内湿负荷和湿度控制，而高温冷水通向风机盘管或者辐射末端，用于承担显热负荷。从而避免了常规系统中温湿度联合处理所带来的能量浪费和品位降低[94]。从空气处理过程可知，一次回风系统为了满足送风温差，需要对空气进行再热然后送入室内，这部分加热量需要冷量来补偿。温湿度独立控制（THIC）空调系统则避免了再热，节省了冷量，从而也节约了冷水等媒介的输送损耗。

3）提升系统热回收潜力

高温冷水机组的一个显著优势是它们的热回收潜力。在冷却过程之后，离开冷水机组的冷却水保留了相当数量的热能。这种余热可以被捕获并用于各种目的，如空间供暖、家庭热水生产或工业过程，从而提高整体能源效率并降低运营成本。

4）提升应用的灵活性

高温冷水机组由于能够在很宽的温度范围内提供冷水，因此在应用中可提供多种功能，从而实现了和负荷场景的更加匹配，避免了能源的浪费，实现节能减碳。

2. 理论研究

高温冷水机组由于其特殊的设计和运行特点，可以通过各种手段实现节能减碳。

1）高温冷水机组是专门为提供高温冷水而设计的

与针对较低温度范围进行优化的低温冷水机组不同，高温冷水机组要根据自己的运行参数、室外环境等进行合理的优化设计。

2）设计合理的热回收器

高温冷水机组通常在适合其他工艺的温度下排出热量。过程中产生的废热可以被捕获并用于空间加热、水加热或工业过程。通过结合热回收系统，高温冷却器可以利用这种废热，减少对额外能源的需求，提高整体能源效率。

3）变频驱动＋合理的控制优化

高温冷水机组在压缩机和泵上使用变速驱动器（VSD）或变频驱动器（VFD）。VSD技术允许这些组件根据冷却需求调整其速度，确保能耗符合实际要求。通过调节压缩机和泵的转速，高温冷却器可以优化能源使用并实现节能。与此同时，高温冷水机组需要配备先进的控制系统，根据实时数据和预测算法优化冷水机组运行。这些控制系统可以调整设定值、监控性能，并预测负载波动，以最大限度地减少能源浪费、提高效率。

4）制冷剂选择＋维护

高温冷水机组可以采用环境友好型制冷剂，具有较低的全球变暖潜势（GWP）和改进的热力学性能。采用先进的制冷剂，减少对环境的影响，可以减少碳排放。此外，适当的制冷剂管理措施有助于减少泄漏和排放，进一步减少对环境的影响。

5）温湿度独立控制系统

通过高温冷水机组负责室内显热负荷，溶液除湿系统负责室内湿负荷。不仅可以减少能源损耗和再热，还可以利用溶液进行能量储存，增加系统灵活性实现柔性，助力减碳。

3. 案例分析

1）海信HSCFV系列磁悬浮高温冷水机组（图3.5-17）

由海信研发的高温冷源系统已经用于实际的数据中心冷却。山西某绿色大数据产业园设计采用变频快启磁悬浮冷水机组（图3.5-18）作为冷源的集装箱式冷站＋间接蒸发冷方案。其中要求冷水机组冷水供回水温度为22℃/32℃，冷却水供回水温度为29℃/39℃。断电后快速重启功能下机组应能在5min内快速启动并快速加载到80％负荷以上。

图3.5-17　海信HSCFV系列磁悬浮
高温冷水机组

图3.5-18　山西某绿色大数据产业园
海信磁悬浮高温冷水机组

该项目采用以8台420RT海信HSCFV系列磁悬浮高温冷水机组为冷源的高效集成冷站。常规离心机冷水供水温度按照7℃设计，但该项目采用22℃冷水供水温度，导致压缩机工作点大幅偏离设计点，吸气状态差别大，效率较低；海信针对该项目小压比工况特殊设计叶轮（图 3.5-19），并优化电机冷却方式，使得机组在冷水供回水温度 22℃/30℃、冷却水供回水温度 31℃/39℃工况下 *COP* 达 8.3，*NPLV*（机组综合部分负荷性能指标）达 15.0，远超常规机组能效。

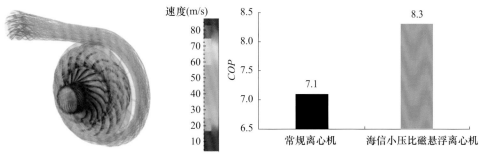

(a)小压比专用叶轮设计   (b)小压比工况不同设备性能对比

图 3.5-19　海信小压比磁悬浮离心机的应用效果

该项目冷水供水温度为 22℃，可更加充分利用自然冷源冷却，相比常规数据中心取消了夏季纯机械制冷运行模式。该项目具备以下两种运行模式（图 3.5-20）：当室外湿球温度 $t>18℃$（可调）时，冷却塔出水温度 $t_{cws}>21℃$，冷水机组、板式换热器工作，系统为联合供冷模式；当室外湿球温度 $t\leqslant18℃$（可调）时，冷却塔出水温度 $t_{cws}\leqslant21℃$，冷水机组停止工作，板式换热器工作，系统进入完全自由冷却模式，节能效果显著。

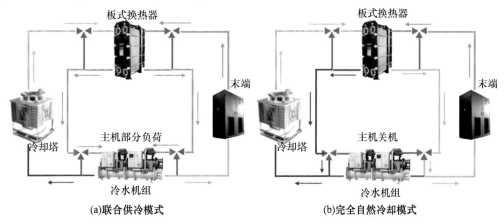

(a)联合供冷模式   (b)完全自然冷却模式

图 3.5-20　运行模式

除此之外，该项目冷水系统与冷却水系统均采用 8℃大温差，相比常规 5℃方案，可降低初投资与系统功耗；具备快速启动功能，60s 内压缩机启动，190s 内负荷提升至 80%，最大限度保障数据中心正常运转。该项目将磁悬浮冷水机组、冷水泵、冷却水泵、各类阀门等部件集成至集装箱内。使用集成式技术，现场施工仅需接冷水管与冷却水管，大幅降低施工周期，减少占地面积。该项目磁悬浮高温冷水机组 *COP* 达 8.3，*NPLV* 达 15.0，数据中心运行 *PUE*（平均电能利用效率）低至 1.19，节能效果显著。

2）清华同方双冷源温湿分控空调系统

清华同方设计的高温冷水机组（图 3.5-21）作为双冷源温湿分控空调系统的高温冷源，为"双冷源新风/空调机组、干式风机盘管、毛细管、冷辐射末端，提供 12～20℃高温冷水"。作为高露点工业空调系统的冷源，提供高能效高温冷水；作为工艺冷却水系统的冷源，取代常规冷源；作为高低温冷源大温差温湿分控空调系统的主要冷源。

冷水机组 18℃出水时 *COP* 高达 9.12。同时可附加热回收装置免费热水供应，广泛应用于南方宾馆及办公建筑。其标准机型采用 HCFC-22 制冷剂，同时支持多种环保制冷剂工质。采用独特的满液式蒸发器，采用内外强化传热的换热器，传热效率更高。

图 3.5-21 清华同方高温冷水机组

3.5.3 自然能源与冷水机组结合的技术

1. 技术原理

生活中有许多常见的自然冷源。

1) 室外空气：在较冷的季节或在气候温和的地区，室外空气可以作为天然的冷源。空气可以直接循环进入建筑物进行通风，也可以通过换热器或者冷水机组间接用于冷却系统。在较冷的季节，室外空气可直接进入建筑物内循环，提供自然通风和冷却。这可以通过窗户、通风口或被动冷却策略（如蒸发冷却）来实现。

2) 地下水：地下水全年保持相对稳定的温度，通常在温暖的月份比周围空气温度低，在寒冷的月份比周围空气温度高。地下水可以通过换热器和热泵用于冷却或加热的需要。地下水可以通过换热器直接供冷。建筑物或工业过程产生的热量被转移到地下水中，地下水在流经地面时将热量带走。同样，地下水可以通过热泵系统用于供暖。热泵从相对较热的地下水中提取热量，并将其输送到建筑物或水加热系统。

3) 地表水体：湖泊、河流和海洋可以提供天然的冷源，特别是在水温相对较低的地区。水可以通过换热器循环以提取或散发热量。

4) 地球深层冷却：地球深层冷却涉及利用地球地下相对稳定的温度。在夏季，地热热泵可以向建筑物中提供冷量，同时将热量散发到地下。相反，在冬季，可以从地下提取热量来为建筑物供暖。

虽然这些冷源可能温度品位不符合直接供冷或者供热的需求，但是通过热泵、热管等合理的技术，可以实现间接供冷和合理利用。每种自然冷源都有其优点和局限性，这取决于地理位置、气候、可用性和特定的冷却要求等因素。选择合适的自然冷源搭配冷水机组可以实现对自然冷源的高效利用，同时可以提升其品位满足各种需求场景，实现节能减碳。

2. 技术途径

要实现自然冷源的合理利用，更多的时候需要间接利用以提升冷源的品位，满足更高的制冷需求。实现这一目的的技术途径有以下几种。

1) 热管循环

环路热管（Loop Heat Pipe，LHP）是指一种回路闭合环型热管，一般由蒸发器、冷凝器、储液器以及蒸气和液体管线构成。①蒸发器：热管循环的蒸发器承担从热源吸收热量以及提供工质循环动力两项重要功能，主体主要包括蒸发器壳体、毛细芯和液体引管。毛细芯是蒸发器的核心元件，它提供工质循环动力、提供液体蒸发界面以及实现液体供给，同时阻隔毛细芯外侧产生的蒸气进入储液器。②冷凝器：热管循环系统的热导很大程度上取决于冷凝器的换热性能。冷凝器主要以辐射的形式向空间释放热量，因而普遍采用将冷凝器管线嵌入冷凝器板的结构形式，地面实验中亦可采用简单的套管式冷凝器，使用恒温槽模拟热沉，泵驱动制冷剂介质（如水、乙醇等）在套管内循环流动对冷凝器进行冷却。③传输管线：传输管线包括蒸气管线和液体管线，一般为细长的光滑内壁管。④储液器：同传统热管相比，热管循环在结构上增设了储液器。用于储存工质，同时满足对于可变热负荷的补偿、温度控制、压力调节的作用。

工作原理（图 3.5-22）：对蒸发器施加热载荷，工质在蒸发器毛细芯外表面蒸发，产生的蒸气从蒸气槽道流出进入蒸气管线，继而进入冷凝器冷凝成液体并过冷，回流液体经液体管线进入液体干道对蒸发器毛细芯进行补给，如此循环，而工质的循环由蒸发器毛细芯所产生的毛细压力驱动，无须外加动力。由于冷凝段和蒸发段分开，环路式热管广泛应用于能量的综合应用以及余热的回收[95]。

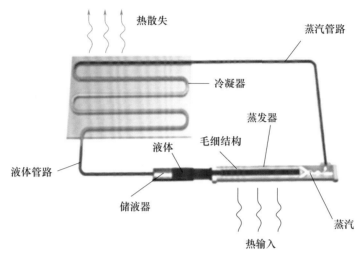

图 3.5-22　热管循环示意图

与传统的传热系统相比，热管循环具有以下优点：①高能源效率。热管循环允许以最小的温度梯度在相对较长的距离上传递大量的热量，这使得它们在冷却应用中非常高效。②机械部件少。热管循环依靠毛细作用和工质的相变来循环热量。这消除了对机械泵或其他运动部件的需求，降低了复杂性、维护要求和潜在的故障点，有高可靠性和长使用寿命。③与可再生能源的兼容性。热管循环可与太阳能或废热回收系统等可再生能源集成，以进一步减少碳排放。通过有效地传递热量，热管循环可以提高这些可再生能源系统的性能和效率，使它们成为化石燃料加热和冷水机组的更可行的替代品。

2）省水器

省水器是集成在暖通空调系统中的一个组件，旨在通过利用自然发生的冷水源或冷却室外空气来提高能源效率。该系统基于换热原理运行，利用冷水或空气与较暖的室内空气之间的温差来降低室内温度，而无须完全依赖机械制冷。省水器在冷水侧与冷水机组串联添加板式换热器，以便在冷凝水侧和冷水侧之间传递热能。接入冷水回水管道并连接到换热器，以在将冷水回水送入冷水机组之前对其进行预冷却。省水器主要有两种类型：（1）显热省水器。这种类型利用冷水从外部来源，如冷却塔或地源换热器。冷水通过换热器循环，在那里它从温暖的室内空气中吸收热量。这种换热过程冷却了进入暖通空调系统的空气，减少了机械冷却设备的负荷。（2）潜热省水器。也被称为蒸发冷却器，潜热省水器利用蒸发冷却的原理。它们将水蒸气引入进入的气流中，水蒸气蒸发并从空气中吸收热量。因此，空气在进入暖通空调系统之前被显著冷却，减少了对机械制冷的需求。如图 3.5-23所示。

将省水器与天然冷源相结合，为节能减排提供了如下优势。

（1）提高冷却效率：为自然冷源，如地下水、湖水或寒冷的环境空气，提供了一个现成的和有效的冷却手段。通过将这些冷源与节水器相结合，建筑物可以在不严重依赖机械制冷的情况下实现大量冷却。这降低了与传统冷却方法相关的能源消耗和运行成本。

（2）节能：利用自然冷源减少了机械制冷设备的工作量。通过使用冷水或凉爽的室外空气，建筑物可以减少对能源密集型冷却系统的依赖，从而随着时间的推移节省大量能源。

（3）提高弹性：与依赖电力的传统冷却系统相比，天然冷源通常对停电和其他中断更具弹性。通过使冷却源多样化和采用自然冷源，建筑物可以增强其对气候相关事件和其他紧急情况的抵御能力。

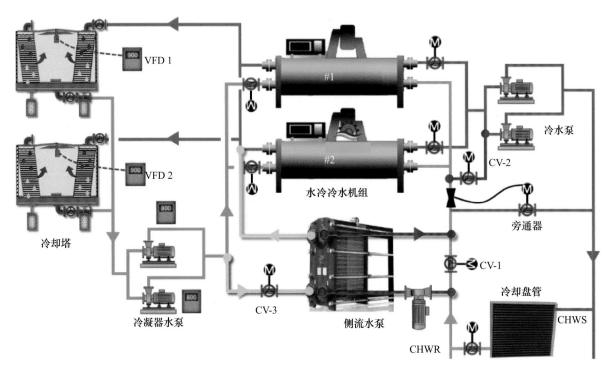

带侧流泵选项的集成水侧省煤器

图 3.5-23　水侧循环省水器示意图

3）蒸发冷却热泵

在蒸发冷却中，来自环境的热空气被吸入系统，并通过一系列换热介质，使得水滴蒸发到空气中。当水蒸发时，它从空气中吸收热量，导致空气温度下降。然后，冷却后的空气循环回到空间以提供冷却。自然冷源，如温度较低的环境空气或地下水，可作为蒸发冷却系统的预冷介质。通过利用这些自然冷源，系统可以减少对机械制冷或基于压缩的冷却方法的依赖。利用自然冷源进行冷却，可减少与传统冷却方法相关的环境影响，例如严重依赖高 GWP 制冷剂的空调系统，最大限度地减少合成制冷剂的使用和降低能源消耗，包括温室气体和污染物的排放。蒸发冷却热泵如图 3.5-24 所示。

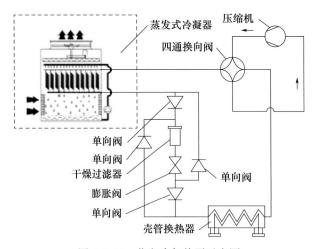

图 3.5-24　蒸发冷却热泵示意图

蒸发冷凝式冷水机组，管路系统较为简单。制冷剂直接进入翅片式换热器的铜管内，然后水喷淋到翅片上，对制冷剂进行散热冷凝，可以更直接地利用自然冷源。间接蒸发冷却空调机组的供冷原理是利用直接蒸发冷却的室外空气和水通过换热器与室内循环空气进行换热，实现对室内空气的冷却。它主要由空气－空气换热器、室内侧循环风机、室外侧冷却风机、辅助压缩机、冷凝器、蒸发器、电子膨胀阀、喷淋系统等主要部件构成，喷淋系统又包括喷淋水泵、集水盘、喷淋头及水位控制系统等[96]。

3. 方案分析

1）寒冷地区水冷机组与自然冷却机组

针对中铁信大数据科技有限公司，铁路主数据中心制冷系统设计 2N 独立双供、双回容错系统；采用磁悬浮变频离心式冷水机组，冷水供回水温度设定 12℃/18℃。冷却系统原理如图 3.5-25 所示[97]。

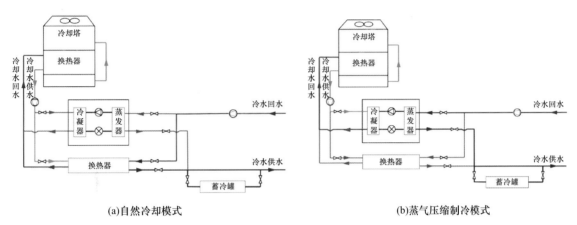

(a)自然冷却模式　　　　　　　　　　　　　　(b)蒸气压缩制冷模式

图 3.5-25　水冷磁悬浮冷水机组（带自然冷却）示意图

自然冷却模式：当室外湿球温度足够低，冷却塔可以提供低于 10.5℃ 的冷却水时，冷水机组关闭，冷却水、冷水于板式换热器内进行换热，直接提供 12℃ 的冷水，系统进入自然冷却制冷模式。

冷水机组制冷模式：随着室外湿球温度逐步升高，利用板式换热器无法提供 12℃ 冷水时，退出自然冷却模式，冷水机组开启，系统进入冷水机组制冷模式。冷水回水进入冷水机组蒸发器内，将热量传递为制冷剂相变潜热，从而制得满足机房运行需求的冷水供水，制冷剂被磁悬浮压缩机压缩做功为高温、高压气体后进入冷水机组冷凝器，冷却水供水进入冷水机组冷凝器内，吸收制冷剂液化放出的热量，返回冷却塔与外界环境进行换热，液化后的制冷剂再次流入磁悬浮压缩机内，通过吸收冷水回水热量进行相变。

该数据中心配电及冷却系统全部采用 2N 设计以保证数据中心的高可靠性，且运行初期负载率较低，配电系统及冷却系统能耗占比较高。该铁路主数据中心坐落于天津市武清区，天津处于寒冷地区，全年可利用自然冷却时间较长，冷却系统运行效率可进一步提高。分析该数据中心 2020 年 5 月 10 日 00：00 至 5 月 31 日 23：00 期间的历史数据，冷却水供水温度保持在 31～32℃，冷水温度保持在 12℃ 左右，而室内末端回风温度保持在 27～28℃，各个温度的波动都很小。采用磁悬浮冷水主机，高水温（12℃）运行，可以达到较高的 COP，在冷水机组制冷模式下冷水机组能耗仅占冷却系统总能耗的 27.75％。发挥了磁悬浮机组的部分负荷效率优异、磁悬浮低压比、变工况适应性强的特点，并且同时利用自然冷源，提高了系统的节能效率。

2）蒸发式冷凝液泵循环全年制冷装置

蒸发冷凝与自然冷却相结合的高效冷却空调系统，由循环储液泵、液泵、蒸发器、液泵制冷阀、气液分离器、蒸发式冷凝器等组成液泵驱动制冷循环，以及由压缩机、高压气体阀、蒸发式冷凝器、高压液体阀、节流装置、循环储液桶、液泵、蒸发器、低压气体阀组成供液蒸气压缩式制冷循环；两种循环可根据使用需要进行切换，并使用液泵将液态制冷剂输送至蒸发器。该装置结构图如图 3.5-26 所示，是一种换热效率高、使用安全可靠，并能高效、稳定地利用冬季和过渡季室外自然冷量的蒸发式冷凝液泵循环全年制冷装置。该机组采用了高效管板换热器，实现了热管与压缩机自由切换及控制，根除了压缩机冬季冷凝压力过低的问题。

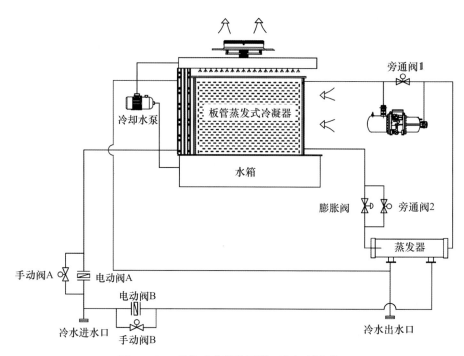

图 3.5-26　蒸发式冷凝液泵循环全年制冷装置

该系统具备两种供冷模式：当室外温度较高时（大于 35℃），水系统管路的阀门 A 关闭、阀门 B 开启，冷水直接进入蒸发器，此时旁通阀 1 和 2 均关闭，制冷剂进入压缩机，开启压缩制冷模式，保障空调系统的安全性，如图 3.5-27（a）所示；当室外温度较低时（小于 2℃），水系统管路的阀门 B 开启、阀门 A 开启，部分冷水直接进入蒸发式冷凝器水流道，利用自然冷源技术制冷，部分冷水进入蒸发器，利用热管原理制冷，此时旁通阀 1 和 2 均开启，从而实现热管技术制冷，此时机组运行在自然冷源供冷模式，仅需要消耗输配系统能耗即可实现自然冷源的充分利用，如图 3.5-27（b）所示。

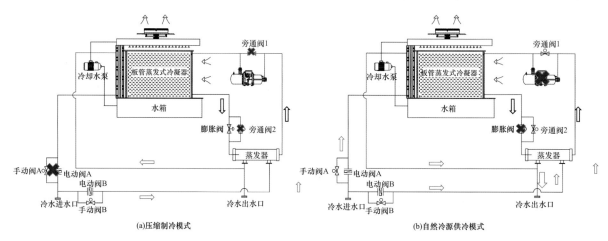

(a)压缩制冷模式　　　　　　　　　　　　　(b)自然冷源供冷模式

图 3.5-27　蒸发式冷凝液泵循环全年制冷装置

3.6　民用与商用生活热水机组

在家庭使用中，热水热泵可用于提供日常生活用水，包括洗浴、洗碗和洗衣等。尤其在气候温和的地区，热水热泵由于其高能效和低运行成本，成为家庭热水解决方案的首选。在商业场所如酒店、学校、医院和大型公寓等，热水需求量大，热水热泵可以大幅度降低能源消耗，提高热水供应的可靠性。此外，商业用热水热泵常常具备更高的容量和更复杂的控制系统，以适应更大规模的热水需求。

随着全球范围内对能源消耗和碳排放的日益关注，多国政府推行了一系列节能减排的政策，热水热泵作为高效节能设备，受到了政策的大力支持。消费者对能效的关注逐渐增加，尤其是在能源价格不断上涨的背景下，高能效的热水热泵成为越来越多家庭和企业的选择。民用和商用生活热水热泵机组提供了一种高效、经济且环保的热水供应方案。随着技术的进一步发展和市场需求的不断扩大，预计热水热泵将在全球能源市场中占据越来越重要的地位。特别是在节能减排压力加大的今天，生活热水热泵无疑是向绿色能源过渡的重要一环。

3.6.1　生活热水机组

1. 技术途径

随着中国城镇化的快速发展，生活热水供应需求不断提升。目前，通过热泵进行热水供应的市场份额较小，传统供热水方式（燃气热水器、电加热热水器和太阳能热水器）仍占据市场主导地位。热泵热水器利用环境热量进行热水供给，性能系数可达到 3 左右，具有显著节能、减碳的效果，预计未来将占有较高的市场份额。

热泵根据低位热源种类可分为空气源热泵、土壤源热泵和水源热泵等。空气源热泵热水机组是一种可以替代锅炉不受资源限制的节能环保热水供应装置，它采用绿色无污染的制冷剂，吸取空气中的热量，通过压缩机的做功，生产出 50℃ 以上的生活热水。空气源热泵热水机组凭借热源易得、安装方便、运行简单等特点，成为生活热水热泵机组的主要形式。除了自然环境中的空气，空气源热泵机组还可利用建筑物内排出的热空气作为热源，不仅可以减少加热新风的热负荷，还可提高性能系数。除此之外，空气源热泵热水机组也有一定局限性需要注意。

1）热源稳定性

空气源热泵机组性能系数随环境温度下降而降低，供热能力减弱，需采用辅助热源进行补充供给。

2）空气侧换热器结霜

空气源热泵机组在低温环境运行时，空气侧换热器表面温度低于 0℃ 且低于空气的露点温度时，换热器表面易结霜，降低系统供热的可靠性。

3）机组噪声控制

热源空气的比热容较小，为满足供热需求，室外蒸发器风量需求较大，风机噪声明显。生活热水供应常用于居民区，为降低热泵机组对居民生活的噪声影响，应采用降噪手段进行控制。

2. 理论分析

近年来，随着生活水平的提升，高级酒店、会所和私人别墅越来越倾向于配置豪华的室内游泳设施。然而，如何选择合适的设备以确保泳池有效运作，成为了首要考虑的问题。室内泳池在运行过程中常见的问题包括高湿度、高能耗以及相关的腐蚀问题[98]。室内泳池由于水面蒸发导致湿度增大，尤其在冬季加温时更为明显，相对湿度可达 90％～95％，远高于人体感觉舒适的 60％～70％ 相对湿度范围；而池水表面蒸发是导致热能损失的主要原因，研究显示，75％～85％ 的热能损失由此造成。此外，传统的除湿方法进一步增加了热损耗；此外，湿润的空气遇冷凝结，长期下来会使装饰层受潮、霉变，以及造成金属结构腐蚀，这些问题对建筑安全构成威胁。

室内恒温恒湿游泳池的传统解决思路，主要是采用锅炉等加热设备作为热源给游泳池水进行初次加热和维持性加热，同时大量地排出湿热空气、补充干冷新风以降低湿度；或采用中央空调系统来保持空气的温湿度[99]。但存在多重不足，例如：空气高湿度和氯气挥发可影响游泳者健康并造成不适；系统能耗高，尤其是依赖新风系统进行除湿时，能耗和成本更加显著；需要管理和操作大量设备，对操作人员的技能要求高，设备分散、操作困难、管理复杂。

因此，现代泳池设计需要考虑更为高效和环保的解决方案，以应对这些挑战。泳池热泵空调系统（图 3.6-1）采用高效的能量回收技术，通过三个主要步骤实现池水和空气的热量平衡，同时提供空调、除湿和恒温功能[100]。首先，系统回收泳池表面蒸发产生的暖湿空气，通过回风管道导入蒸发器，使温度下降到 16～18℃。在此过程中，水蒸气凝结成冷水滴并分离出来，实现了有效的空气除湿，同时释放的热能被制冷剂吸收。接下来，热泵主机调节室内外空气的交换比例（从 10％至 100％），以确保满足泳池使用者对新鲜空气的需求，并通过这种方式，既实现排风也补充新风。第三步，由制冷剂吸收的热能首先通过池水换热器加热池水，保持水温恒定。剩余的热量则通过空气再热器传递，加热已被冷却的空气，确保空气温度适宜。特别是在夏季，系统还会将多余的热量通过散热器排出，以维持恒定的温湿度。在冬季，如果因为墙壁、窗户的热损失或是更高的送风温度需求而导致热量不足，系统可以通过外接的辅助加热盘管补充所需热能。泳池热泵空调系统仅需消耗电能即可高效循环运行，达到"空调、除湿、池水恒温"的综合效果，从而实现能源的高效利用和操作成本的降低。

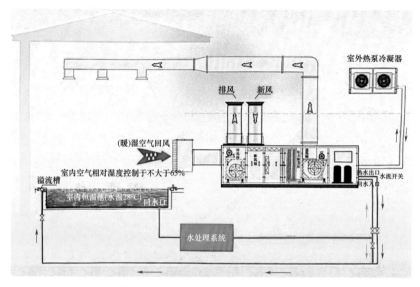

图 3.6-1　某品牌泳池热泵系统示意图

3. 案例分析

1）海信 Hi-Water 系列

海信 Hi-Water 系列商用热泵热水机（图 3.6-2），分为常温型和低温型两大系列，全系达到国家 2 级能效，部分机型达到国家 1 级能效，最高 COP 可达 4.75，运行费用较电锅炉节省 79％。采用热泵专用涡旋压缩机的喷气增焓技术，提升低温环境中的制热能力，低温型－26～48℃环温运行，出水温度最高可达 60℃。机组采用高效套管换热器，水电分离，无安全隐患，并配置辅助电加热，最高可设置 70℃高温水除菌功能，可快速灭菌。

(a)海信Hi-Water系列

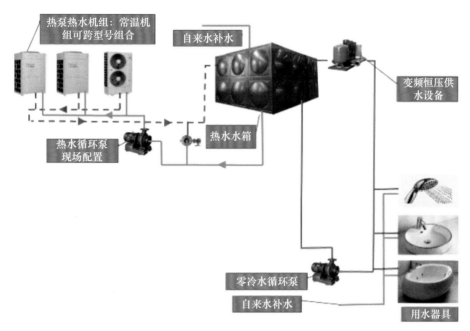

(b)某热水供应方案示意图

图 3.6-2　某案例供热系统示意图

为进一步保证热水系统供应，机组配置"零冷水"功能。当用户长时间不使用、回水温度较低时，机组控制回水泵开启，启动"零冷水"控制，保证用户使用即开即热，方便舒适。

机组标配辅助热源与管道加热端口，无须增加外部电路板控制，便可实现对辅助热源与外部管道加热带进行控制。机组具有智能除霜功能，根据环境温度、蒸发温度及运行时间智能判断，可保证化霜更快速，水温更稳定。特殊的换热器底部防结霜设计，避免底部冰霜堆积，制热效果更强劲。配置的控制器最多可 16 台机组并联控制，可实现整体机组容量的模块化组合，适用范围宽广；模块化组合时所有压缩机视为一个整体 100%，根据水温偏差 Δt 以及变化率，综合判断系统负荷需求，确定模块组合的输出率，快速完成调节，及时满足用户热水需求；模块组合具备分级启动功能，减小对电网的冲击；且单台机组故障，不影响其他机组运行，不影响用户使用效果。

2）江苏某酒店泳池供热案例

江苏某建设集团针对位于镇江市的某涉外高级酒店设计了一座高档泳池。泳池馆面积 690m²，内设 6～6.5m 高的池厅，包括一座 25m×12m 的标准泳池和一个不规则形状的儿童戏水池，总水面面积约 305m²，旨在为入住客人及公众提供优质游泳健身环境。

传统的室内泳池运行中存在多种问题，如高湿度、结构腐蚀和高能耗。为解决这些问题，该项目采用了泳池专用的三集一体除湿热泵系统，实现了除湿、空调、通风和池水恒温的一体化功能。通过智能化控制，该系统能自动调节室内通风、排风、新风及温湿度。同时热泵通过除湿回收的热量可用于池水维持性加热，有效维持池水温度在 26～28℃，室内空气温度 28～30℃，相对湿度控制在人体感觉最舒适的 60%～70%，极大地增强了泳池的环境舒适性。

在经济性和运行性能方面，相较于传统运行采用空调、除湿器、锅炉加热三种设备组合运行方式，传统的泳池设备组合年运行成本为 537461 元，而采用三集一体热泵系统后，年运行成本降至 209811 元，节约了 327650 元，节省比例高达 61%。

3.6.2　二氧化碳跨临界热泵热水机组

近年来，出现了一系列新型的人工合成氢氟烃（HFCs）制冷剂，包括 R32、R134A、R125、R215a 和 R410A 等。这些物质是强效的温室气体，其全球变暖潜能（GWP）远超二氧化碳，从几十倍到上万倍不等，且在大气中的存留时间较长。若不对这些 HFCs 制冷剂的生产与消费加以严格控制，预计到 21 世纪末，它们的排放可能导致全球气温上升 $0.3 \sim 0.5℃$。与此同时，天然制冷剂二氧化碳（CO_2）的臭氧破坏潜能（ODP）为 0，全球变暖潜能（GWP）为 1，安全等级为 A1，具备无毒、不可燃、高密度、低黏度、少流动损失及成本低等优点，成为解决制冷剂环境问题的潜在方案之一[101]。

二氧化碳作为制冷剂的应用历史可追溯至 19 世纪，尽管早期 CO_2 的亚临界循环效率较低，被更高性能的合成制冷剂所取代。然而，直到 20 世纪 90 年代，前国际制冷协会主席 G. Lorentzen 开发了 CO_2 跨临界循环技术，通过在亚临界状态吸热、在超临界状态放热，显著提升了温度滑移和热能释放效率，从而推动了 CO_2 热泵的快速发展[102]。随后，市场上相继出现了采用 CO_2 的热泵热水机和装配了 CO_2 空调的商用车。今天，CO_2 已在多个领域得到广泛应用，在未来环保低碳技术研究中具有重要地位。

1. 工作原理

二氧化碳作为制冷剂在热泵系统中的应用显示出其独特的跨临界循环特性。如图 3.6-3 所示，CO_2 系统的放热过程通常在超临界状态下进行，与常规的亚临界制冷剂循环相比，CO_2 不经历冷凝过程，而是在气体冷却器中仅通过显热降温。这种方式使得加热介质能持续加热至较高温度。研究显示，CO_2 在拟临界点附近的温度范围内，其物理性质如密度、比热容、导热系数和黏度会发生显著变化，这些性质的剧烈变化类似于典型的亚临界蒸发行为，并对其传热性能产生重要影响。这些特性使得超临界 CO_2 在换热效率、溶解能力及传热系数方面表现优异。此外，CO_2 的较大蒸发潜热和低运动黏度也使得其制冷效率高，有助于减小相关设备如压缩机和换热器的体积[103]。尽管 CO_2 系统具有许多优点，但也存在一些挑战，如较高的工作压力、不足的效率和高压缩机排气温度等问题。解决这些问题对于扩大 CO_2 在各应用领域中的应用至关重要。

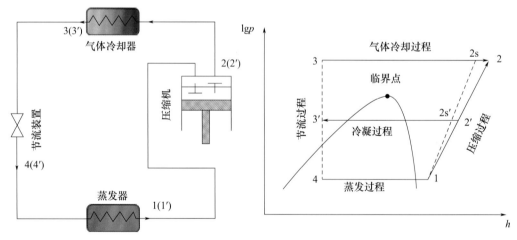

图 3.6-3　跨/亚临界 CO_2 热泵系统循环原理图及 $\lg p\text{-}h$ 图

2. 系统循环

二氧化碳热泵系统在提高能效方面采取了多种技术策略，以解决传统单级循环效率较低的问题，如图 3.6-4 所示。采用双级循环并在两级之间设置中间冷却器是提高系统效率的有效方法。研究表明，双级循环可以使热泵的性能系数（COP）较单级循环提高 $15\% \sim 21\%$。这是因为双级循环通过中间冷却减少了压缩热负担，从而提高了整体热效率。CO_2 复叠循环是另一种优化循环结构的方法，通过将 CO_2 与另一种工质在同一冷凝蒸发器中循环，可以提高水的加热温度并改善制热性能。实验数据显示，在极低的环境温度下（如 $-25℃$），复叠式热泵的 COP 仍能维持在较高水平。

此外，机械过冷技术也被应用于 CO_2 热泵系统中，通过对气体冷却器出口的 CO_2 进行额外冷却，减少了节流过程中的不可逆损失，从而提高了系统的性能。尽管引入机械过冷器会增加一定的能耗，但所带来的性能提升更大，研究显示该技术可以将 CO_2 系统的 COP 最多提高 20.0%，某些

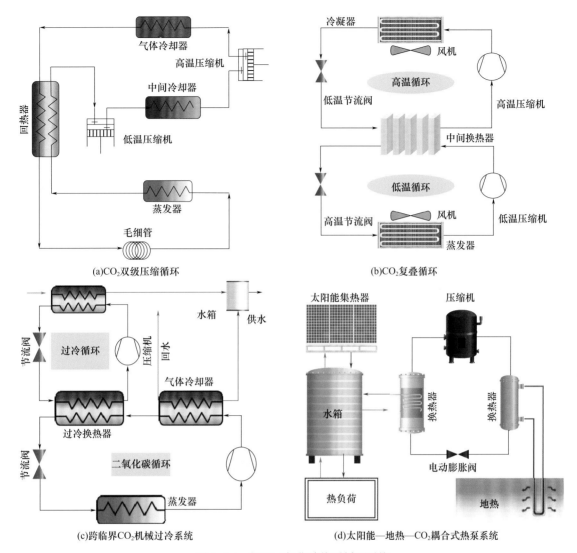

图 3.6-4　新型二氧化碳热泵循环系统

情况下甚至可提高 24.4%。还有一些 CO_2 热泵耦合循环系统，将空气源热泵与其他热源如水源热泵、地源热泵或太阳能集热器进行结合。这种耦合系统可以在低温条件下实现高效供暖，尤其是在太阳能资源丰富的地区，通过太阳能和热泵的互补使用，不仅能优先利用太阳能，还能在太阳能不足时自动切换到热泵，从而确保供暖的连续性和效率。尽管这种系统结构较复杂且初始投资较高，但其年平均综合能效和节能效果非常显著，具有广泛的应用前景。

　　3. 案例分析

　　1）景区热水案例

　　某温泉水热能利用优化项目位于某风景区内，初期目的是利用当地丰富的温泉水资源为景区提供生活热水及供暖服务。项目最初采用传统一次侧循环式热泵加热系统进行温泉水的加热，实现了景区对热水和供暖的基本需求。这种系统直接利用温泉水作为换热介质。虽然这种方法理论上能有效利用温泉水的热能，但实际操作中遇到了严重的结垢和堵塞问题。温泉水中的高矿物质含量导致了换热器频繁的结垢，这不仅降低了传热效率，而且长期积累导致换热器堵塞和设备损坏，需定期更换，从而使得运行成本和维护成本居高不下。为了解决上述问题，项目采用 CO_2 热泵热水机组，并重新设计加热系统，引入二次换热技术[104]。如图 3.6-5 所示，新的系统设计包括以下关键特点。

　　（1）二次换热系统

　　通过引入二次换热技术，将温泉水和热泵循环水分开。温泉水在一次侧进行热能提取，然后通过一个可拆卸式水—水换热器将热量传递给二次侧的清洁水，后者用于直接供暖和提供生活热水。

（2）温度控制

一次侧的出水温度最高可达 80℃，而二次侧的水温维持在 50～55℃，满足了景区生活热水和供暖的温度需求。

（3）易于维护的设计

选用的可拆卸式水－水换热器便于定期清洁和维护，显著减少了由于温泉水引起的结垢和堵塞问题。

（4）生活热水和供暖能力

改进后的系统每天能提供 200t 生活热水，并满足 3 万 m² 散热器供暖的需求。

该项目通过采用 CO_2 热泵和二次换热技术，大幅降低了因结垢和设备更换所带来的高昂维护和运行成本，新系统的设计增强了设备的可靠性和耐用性，减少了停机时间，确保了景区供暖和热水的连续性，实现了能源的高效利用和运营成本的显著降低。

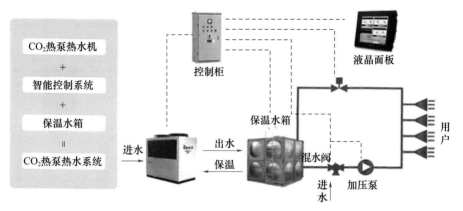

图 3.6-5　某品牌二氧化碳跨临界热泵热水机组应用案例系统示意图

2）海信日立厂房案例

CO_2 热泵在低环境温度制热时存在排气温度过高、结霜工况下除霜速度慢的问题，为此，海信日立公司在基本循环的基础上，发展了双级压缩中间补气循环，并将除霜热气出口移动到气冷器出口，解决了上述问题。机组的循环原理如图 3.6-6 所示。

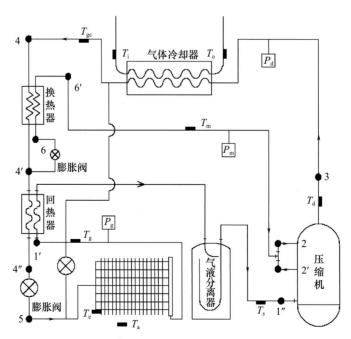

图 3.6-6　海信日立两级压缩 CO_2 热泵循环原理图

海信日立公司研发了额定制热量为 30kW 的机组，该机组具有以下特征：①采用单机双级转子压缩结构，补气位置位于双级压缩的中压腔，补气来源于设置在气冷器出口的换热器，该换热器能够实现主路制冷剂温度进一步降低，提高系统 COP；②补气量可高达 40%，补进压缩机的中低温气体与一级压缩的排气相混合，能够显著降低二级压缩的排气温度，解决超低温制热的运行可靠性问题，同时提高制热侧的制冷剂质量流量，提高制热能力；③独创气冷器逆向传热技术，除霜时通过系统各部件的联动控制，使制冷剂能够在气冷器内反向吸收热水的热量，用于蒸发器除霜，解决热气除霜能量来源不足的问题，除霜时间相较于传统的热气除霜时间缩短 45%；④运行温度 -35～43℃，全工况范围内可实现 90℃出水，标准工况下 COP 可达 4.6。

该机组已成功应用于海信日立三期厂房，为车间内三个大型卫生间提供生活热水，并通过控制策略的设计，实现自动补水、自动保温、无人值守等功能，如图 3.6-7 所示。

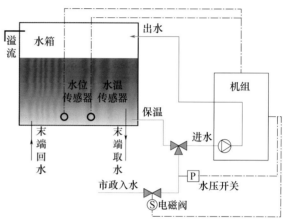

(a)海信日立30kW CO_2 热泵照片　　　　　　(b)开式热水系统与机组连接系统图

图 3.6-7　海信日立三期厂房 CO_2 热泵

通过该案例，海信日立公司还积累了大量工程安装及使用经验，保证系统长期运行可靠，举例如下：①水箱的安装要高于机组，防止机组内水泵吸入端积存空气，导致上水困难；②末端管路取水口的高度应高于保温取水管的高度，防止水箱内的水被抽干，影响机组防冻运转；③进水管路增设常闭电磁阀，上电时开启，断电时自动关闭，防止突然停电导致水箱侵入冷水；④进水管路设置水压开关，停水或者水压低于规定值时，保护机组不开机；⑤极低温环境下使用时，为水管路配置伴热带，防止阀件冻结，影响机组防冻控制；⑥冬季低温环境下机组非正常断电时，通过 App 提醒用户，防止冻结风险。

3.7　高温热水和蒸汽机组

供热工程是全球温室气体排放的重要来源。目前，中国的工业供热主要依赖燃煤锅炉，每年产生大约 1.3Gt 的二氧化碳，占全国颗粒物排放的 33% 和二氧化硫排放的 27%。工业锅炉作为主要的能源消费设备，对温室气体排放和空气污染问题负有重大责任[105]。因此，替换燃煤锅炉已成为当务之急。

在对不同类型的工业锅炉（如电锅炉、燃气锅炉和热泵）进行经济性比较时，燃气锅炉因其清洁性和成本效益而受到推崇。但燃气锅炉的推广受到其高天然气消耗、高压储气罐需求及相关安全和输气网络高投资成本的限制。综合来看，鉴于高能耗和污染问题，化石燃料的使用应作为加热过程的最后选择[106]。

为满足供热行业的碳中和需求，建议采用适用于高温高压环境的热泵技术，替代传统的高耗能锅炉。高温热泵不仅能够回收工业过程中的余热，提高能源利用率，还能减少对化石燃料的依赖，从而有效降低二氧化碳排放[107]。随着技术的持续进步和性能的提升，高温热泵的实施潜力有望进一步扩大。

根据工业应用的温度需求以及热泵技术的不断进步，热泵系统已被细分为四种不同的类型，以满足各种供热需求（如图 3.7-1 所示）。①低温工业热泵：主要用于需要较低供热温度的场合，通常在 60℃以下。它们在一些特殊的工业过程中和低温环境下的建筑供热中发挥作用，有效地从低温热源中捕获热能并提升到更高的温度水平。②中温工业热泵：适用于供热温度要求在 60～100℃的情况，被广泛用于商业和住宅建筑的供暖、制冷和空调系统，以及一些中温度工业过程中，为这些应用提供了高效的热能转换。③高温工业热泵：供热温度范围通常在 100～160℃，在工业领域扮演着关键角色，能够回收工业过程中的废热并将其升级至更高温度，以满足同一过程或相邻过程的热需求[108]。此外，高温工业热泵也广泛应用于供热、制冷和空调系统以及区域供暖，为各种应用提供高效的热能传递。④超高温工业热泵：供热温度通常高于 160℃，是用于高供热温度需求的专业设备。当供热温度要求超过 160℃时，超高温热泵能够直接产生高压水蒸气，适用于更多的高温工业工艺[109]。

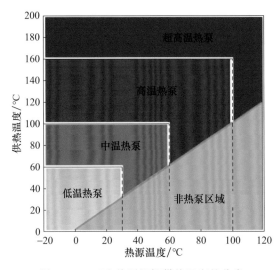

图 3.7-1　工业热泵根据供热温度的分类

3.7.1　高温热泵热水机组

1. 工作原理

高温热泵技术在制备热水方面展现出灵活性和高效率。这种技术依据所需的温升幅度，可以采用不同的系统循环方式，如单级压缩或复叠压缩。在这些系统中，温度的提升是通过压缩工质实现的，工质的选择则直接影响热泵的性能和适用范围。

单级压缩系统凭借结构简单、成本低廉等优势在工程中被广泛应用，主要组成为压缩机、冷凝器、蒸发器、膨胀阀，其系统结构及压焓图如图 3.7-2（a）所示。由于高温条件下的排气温度较高，喷液冷却技术逐渐被应用以保证压缩机的安全运行，其典型过程如图 3.7-2（b）所示。2019 年，上海交通大学建立了水蒸气高温热泵的原型，使用图 3.7-2（b）所示的相同液体注入循环，实验结果发现，当蒸发温度为 87℃时，冷凝温度从 121.4℃提高到 126℃，COP 从 4.40 降低到 4.03，加热能力从 226.1kW 增加到 230.5kW[110]。随着温升要求的不断提高，基本的单级压缩系统普遍效率较低，为进一步提高效率，循环系统不断优化。从图 3.7-2（c）可以看出，配备 IHX 的单级循环提高了冷凝器入口处的蒸汽比焓，从而可以提高冷凝器内的热交换率，提高系统循环效率。

中国在高温工业热泵技术方面实现了重大突破，特别是在多级复叠压缩循环方面。复叠压缩系统由两个独立操作系统组成，通过级联换热器连接，其中冷凝器在高级系统中释放热量，在低级系

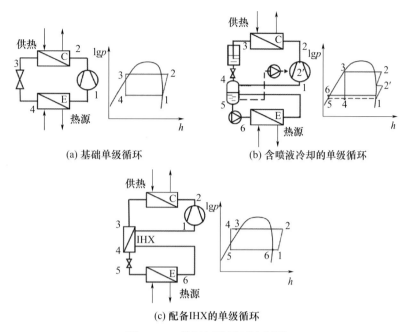

(a) 基础单级循环　　　　　(b) 含喷液冷却的单级循环

(c) 配备IHX的单级循环

图 3.7-2　单级压缩循环流程图

统中从蒸发器中取出热量，流程图如图 3.7-3 所示。这种进步使得从空气等低温热源中提取热量，并将其转化为高温热水成为可能。这项技术不仅提高了热水的制备效率，也为工业和其他高温应用提供了更加可持续和环保的热水供应方案。

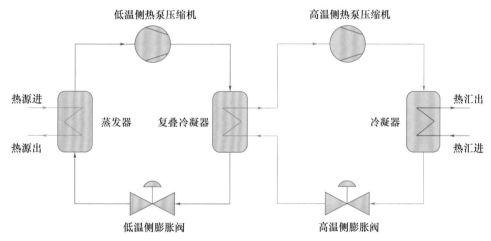

图 3.7-3　复叠循环流程图

　　对于热源温度较低的应用场景，如利用地下水、地表水或低温工业余热等，跨临界（CO_2）循环变成了一个理想的选择。跨临界循环利用的是二氧化碳这种工质，在临界点以上的压力和温度条件下工作，特别适合于高温热水的制备。与传统的亚临界热泵循环相比，跨临界循环能够在更高的温度下运行，这使得它们在工业热水供应中效果明显。

　　亚临界热泵循环的工作温度上限受限于所用工质的临界温度。这种循环必须保持一定的冷凝温度差（大约 $10 \sim 15K$）来保证热泵可以有效运行。而冷凝温度越接近工质的临界点，冷凝焓和性能系数（COP）就会相应减小，这限制了其在高温应用中的效率。

　　2. 未来发展

　　目前，低温工业热泵和中温工业热泵技术已十分成熟。然而，对于供应温度在 $100 \sim 200℃$ 的高温工业热泵和超高温工业热泵技术的发展与推广仍不完善，重点应放在开发和示范上，而提供更高热汇温度的热泵技术需要进一步研究，为各种工业和建筑应用提供可持续、高效的供热和供冷解决方案。中国目前已拥有能够提供高达 160～180℃温度和 MW 级制热量的工业热泵，这些热泵几乎能满足所有建筑用热需求和大多数非流程工业用热需求。为了更好地推广热泵应用，还需要在热力系统循环优化、高效核心组件（压缩机）及低全球变暖潜能（GWP）工作介质等方面取得进一步进展。

1）高温热泵系统循环的发展

跨临界 CO_2 热泵和带储能功能的高温热泵。CO_2 热泵已经拓展到工业领域的热风制备，最高热水及热风的温度可达 120℃。目前，CO_2 热泵推广的技术难题主要在于工业领域的系统设计与匹配，以达到运行性能与制造成本的最佳平衡。热泵与热能存储相结合的方案提供了系统全面的灵活性服务，例如负荷转移、调峰和需求侧管理。这有助于在非高峰时段提高多余可再生能源的利用率，进而支持能源的清洁、低碳、安全、高效利用，助力碳中和目标的实现。

2）高温热泵系统压缩机的发展

大容量半封闭高温热泵压缩机。在高温热泵系统的发展中，大容量半封闭高温热泵压缩机的进步是一个关键方向。随着高温压缩机向大型化发展，它们必须解决润滑油管理的问题。这是因为高排放温度和油的热稳定性对传统结构的压缩机构成了限制。为了应对这些挑战，可采用多级磁悬浮离心压缩机。这种压缩机由于其纯无油运行的特性，消除了润滑油管理的问题，同时在压缩机热力学方面也不存在温度限制。然而，高温工况下的封闭电机散热问题是另一个挑战。这主要是因为需要找到一个平衡点，以减少电机冷却造成的热损失，同时避免电机过热引起的可靠性下降。这需要对电机的冷却系统和整体设计进行优化，确保既能有效散热，又不会过度影响系统的整体效率。

3）高温热泵系统工质的发展

当前，R134a 和 R245fa 凭借相对优异的热力学性能，在热泵系统中得到了广泛的应用。然而，考虑到全球变暖潜能（GWP）和臭氧消耗潜能（ODP）的环境影响，正在探索使用低 GWP（GWP<150）的工质。研究表明，低 GWP 工质的选择涉及多种类型，包括天然工质、碳氢化合物（HCs）、低 GWP 氢氟碳化合物（HFC）、新型氢氟碳化合物（HFO）和氢氯氟烃（HCFOs）。这些工质被提议用于蒸汽压缩热泵中，主要是因为它们对环境的影响较小。例如，HFO 制冷剂如 R1234ze（Z）、R1233zd（E）和 R1336mzz（E）由于具有极低的 GWP 和零 ODP，被视为 R245fa 的潜在替代品。这些新型 HFO 制冷剂在微型有机朗肯循环（ORC）应用中表现出良好的适用性。此外，针对 R245fa 的替代品，已进行了一些实验研究，比较了新工质与 R245fa 在热物性方面的差别，包括 COP、单位容积制热量、排气温度、冷凝压力和温度滑移等循环特性。这些研究为指导工质的安全使用提供了重要参考。未来高温热泵系统中的工质发展将更加注重环保性能，同时确保热力学性能满足系统需求。低 GWP 工质的广泛采用将有助于减少热泵系统对环境的影响，符合全球碳中和的目标。

3. 案例分析

1）电镀行业

电镀行业的生产过程中，磷化生产线的除油槽、磷化槽、皂化槽等工艺环节设备需要采用热水进行加热保温。在浙江宁波某电镀工厂内，有四条磷化生产线的除油槽、磷化槽以及皂化槽需要加热保温，所需保温温度在 80～85℃。该电镀工厂之前是通过燃气锅炉燃烧天然气来产生 160℃附近的高温蒸汽，然后通过管道分别供给每个生产线中需要加热使用的水槽，在水槽中换热来使水槽保温。该厂所在地区天然气价格为 6 元/m³，全年天然气锅炉运行费用高达 173 万元。2022 年 11 月，该电镀厂采用 4 台空气源高温热泵（图 3.7-4）代替燃气锅炉进行 120℃蒸汽供应节能改造。该系统最低可以供应 95℃高温热水，所以可以实现 95～120℃范围内的高温热水或蒸汽的供热，实际供应情况可根据现场需求决定，适当地降低供应温度可以减少能耗，缩短设备回收周期。在供应端通过管道同程设计来保证管阻一致，使得水蒸气和热水有效地送至每个恒温槽的换热器中，并最终回流至供热水箱，同时根据系统需求配备有纯水机和保温水箱。

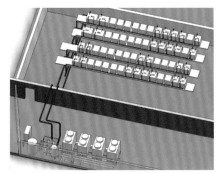

图 3.7-4　电镀行业高温热泵供热应用案例

2023 年 2 月该项目投入运行，在宁波市环境温度不低于 $-20℃$ 的工况下，系统能效 COP 约为 1.8，每年运行费用约为 74 万元。节能改造投资 168 万元，相比原燃气锅炉加热方式，每年节约运行费用约为 99 万元，运行成本下降 57%，投资回收期为 1.7 年。

2）制氢行业

内蒙古某绿氢生态创新区项目，主要是进行氢能的制取、储存、使用全过程试验。在氢燃料电池释放能量的过程中，会产生大量热，除正常做功热量外，还会导致燃料电池整体温度升高，因此需要外部冷却源对燃料电池进行降温。外部冷却源对燃料电池进行降温，可持续产生 $45℃$ 余热热水，而其办公大楼有供暖需求，原先采用燃气锅炉进行供暖，供水温度 $80℃$。氢电解制取、纯化、固态储存、燃料电池利用整个过程为：燃料电池利用水系统冷却，将冷却回水进行收集，存入蓄热储能水箱，再利用高温水源热泵机组，提取蓄热水箱中的热量，直接制取 $80℃$ 高温热水，满足办公区供暖需求。如图 3.7-5 所示。

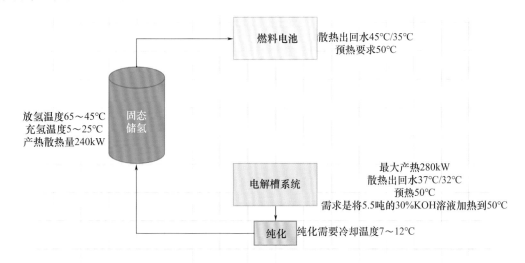

1. 电解槽预热：电解槽需求热；
2. 电解槽启动，制氢：电解槽放热，固态储氢放热；
3. 电解槽启动，制氢，燃料电池预热：电解槽放热，固态储氢放热，燃料电池需求热；
4. 燃料电池预热：燃料电池需求热；
5. 放氢，燃料电池工作：固态储氢需求热，燃料电池放热；
6. 放氢，燃料电池工作，预热电解槽：固态储氢需求热，燃料电池放热，电解槽需求热。

图 3.7-5　制氢行业高温热泵供热应用案例

本案供热负荷需求为 2000kW，利用燃气锅炉供暖，其每小时消耗天然气费用约 1080 元（燃气按照 4.5 元/m^3 计算），按照供暖季 4 个月（每个月按照 30d 计算），每天运行 20h 计算，天然气费用约 259.2 万元；本案拟采用海信 HSRLG－1000SMH/HH 高温型水源热泵 2 台，机组可根据需求负荷大小自动进行加减载，系统满载运行 COP 为 3.8，按照满载运行 20h/d，整个供暖季运行费用约 127.2 万元（电费按照 0.9 元/kWh 计算），主机侧总投资约为 380 万元，投资回收期约为 2.9 年。

3.7.2 高温热泵蒸汽机组

目前，中国是全球最大的工业蒸汽市场之一，这一市场在近年来一直保持着较高的增长态势。到 2022 年，中国工业蒸汽市场规模约为 174.37 亿元。工业蒸汽因其高热容量和优异的传热性能，在工业加热方面是一个理想的选择。不同于居民供暖市场的明显季节性，工业用热需求呈现出连续性特征，对蒸汽参数的要求较高，且蒸汽需求量更大。

长期以来，我国工业蒸汽供应以燃煤锅炉为主，污染物和二氧化碳排放较高。近年来，在环境治理要求下，燃煤锅炉使用受到了很大限制，很多地方换成了天然气锅炉或电厂热电联产。但从生态环境质量要求和落实"双碳"目标考虑，新上燃煤热电厂受到很大制约，不会大量新建，天然气价格较高且气源不够稳定，相关企业如何以节能环保经济的方式解决高温工业蒸汽用热需求，面临着严峻的挑战。

在"双碳"目标和能源革命背景下，终端用能电气化、电源结构去碳化正成为大势所趋，利用电能生产工业蒸汽，成为业内普遍认可的关键、核心技术路径。基于技术可行性和经济性，工业高温蒸汽热泵能够以更加节能高效方式解决工业蒸汽供应问题。

1. 系统循环原理

作为最常规的热泵循环，蒸气压缩热泵系统基于逆卡诺循环，并通过理想等熵压缩和等焓膨胀进行了改进。最常见的配置是单级循环，包括原始的单级、带有蒸气喷射或喷射器以改善循环性能的单级循环，以及配有经济器和内部换热器的单级循环。多级系统采用多个压缩级数，以牺牲机械能消耗为代价，实现更高的输出温度。复叠式热泵系统将两种或更多工作流体的循环耦合起来，以实现更大的温升。混合热泵系统将蒸气压缩热泵与吸收、吸附、太阳能或化学热泵系统等其他热力系统集成在一起。

与其他加热流体（如热水和空气）相比，蒸汽具有更高的比能量，系统可以采用更合理的流速和管道直径。此外，在冷凝过程中，其潜热可以在恒定温度下使用。本书将制备 120℃以下饱和水蒸气的热泵机组称为微压蒸汽热泵机组。具有巴氏杀菌、干燥和蒸馏等应用的工业过程，在 100～125℃的温度范围内有热需求，这个温度区间正好是微压蒸汽热泵机组的适用范围。在低温余热回收领域，微压蒸汽热泵机组可回收废水、乏汽、乏风等余热，来生产微压蒸汽。根据温升不同，微压蒸汽的制备可以采用单级压缩与复叠压缩等配合闪蒸罐的循环方式，这些循环的典型流程见图 3.7-6 与图 3.7-7。

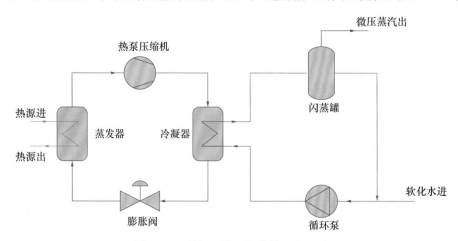

图 3.7-6 单级压缩＋闪蒸循环流程图

当热汇温度高于 120℃时，大部分低 GWP 工质脱离亚临界状态，少数能使用的工质〔如 R1336mzz（z）与 R1234zd（E）〕由于冷凝温度接近临界温度，冷凝焓和 COP 较低。在微压蒸汽热泵机组的基础上增加水蒸气压缩机，可直接对闪蒸罐出口的微压蒸汽进行增压，达到最高 200℃的蒸汽使用温度。本书将制备 120～200℃饱和水蒸气的热泵机组称为低压蒸汽热泵机组。在 120～

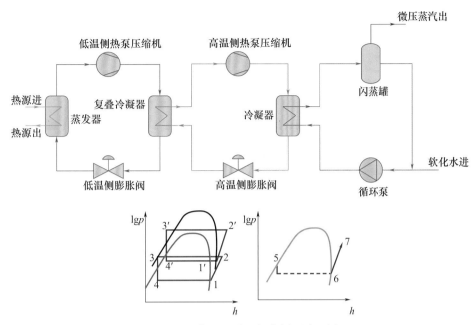

图 3.7-7　复叠压缩＋闪蒸循环流程图

200℃的温度区间内，低压蒸汽热泵机组进一步提升了高温热泵的使用范围，可以渗透到过去未能触及的领域，如医药与食品的消毒和灭菌、化学行业的分离及纸张行业的烘干等。

低压蒸汽的制备可视温升的不同，采用单级压缩与复叠压缩等配合闪蒸罐的循环方式，这些循环的典型流程见图 3.7-8 与图 3.7-9。

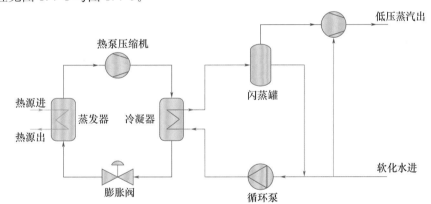

图 3.7-8　单级压缩＋闪蒸＋蒸汽压缩循环流程图

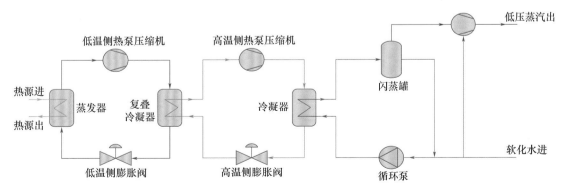

图 3.7-9　复叠压缩＋闪蒸＋蒸汽压缩循环流程图

2. 案例分析

白酒生产涉及加热、液化、糖化、蒸馏、干燥、灭菌等工艺，均需消耗大量蒸汽，酿酒生产能耗占其综合能耗的 80% 以上。在混蒸白酒生产工艺中，共有三个生产过程："装甑"、"蒸酒"和"蒸煮"。在"蒸酒"过程中，通过加热利用沸点的差异使酒精从原有的酒液中浓缩分离，冷却后获得高酒精含量酒品。在正常的大气压下，水的沸点是 100℃，酒精的沸点是 78.3℃，将酒液加热至两种温度之间时，就会产生大量的含酒精的蒸汽，将这种蒸汽收入管道并进行冷凝，就会与原来的料液分开，从而形成高酒精含量的酒品。

山东某酒企酒窖采用 120℃ 左右的蒸汽对甑桶水进行加热，每小时蒸汽需求量 0.3t，每年供应蒸汽 2640h，每年蒸汽供应量达 792t。该企业原采用电锅炉加热方式，每年耗电量 180 万 kWh，使用成本高达 144 万元。该企业于 2021 年 12 月进行节能改造，新系统原理如图 3.7-10(a) 所示。该系统主要由空气源热泵和水蒸气压缩机组成，这两部分由闪蒸罐连接，闪蒸罐储存热水，通过闪蒸汽化过程将其分离成低压液体和水蒸气。对于空气源热泵侧，采用复叠循环以提供相对较高的温度提升，从蒸发器内的环境空气中吸收热量，在冷凝器中将水加热到高温，用于闪蒸罐中的下一段闪蒸汽化。闪蒸罐中产生的水蒸气流入水蒸气压缩机，经压缩成为高温高压蒸汽。

图 3.7-10(b)～(d) 分别展示的为蒸汽产生过程的压焓图、温熵图（红线为空气源热泵，蓝线为传统热锅炉）、系统照片。对于传统热锅炉的汽化和蒸汽生成过程 [图 3.7-10(b) 中的蓝线]，从 A 点到点 1，首先将大气压下的水加热到饱和液态。1—2′过程对应于水从液态汽化为具有特定压力和温度值的饱和蒸气状态。随后，蒸汽在高压环境中被加热到过热状态（B 处），如图所示的 2′—B 过程。与传统热锅炉工艺相比，空气源热泵的汽化和蒸汽生成工艺 [图 3.7-10(b) 中的红线] 具有更灵活的产生蒸汽的方式。在闪蒸罐中，状态 2—3 和 2—4 显示了闪蒸分离过程，其中高温水在相对较低的温度和压力下被分离成饱和液体和饱和蒸汽。3—1 过程显示饱和液体返回冷凝器并继续加热。随后，饱和蒸汽被压缩到高温高压状态，如过程 4—B 所示。水蒸气压缩机的输出参数通过注水和变频来进行调节，因此，空气源热泵比其他锅炉具有更灵活的供应特性。

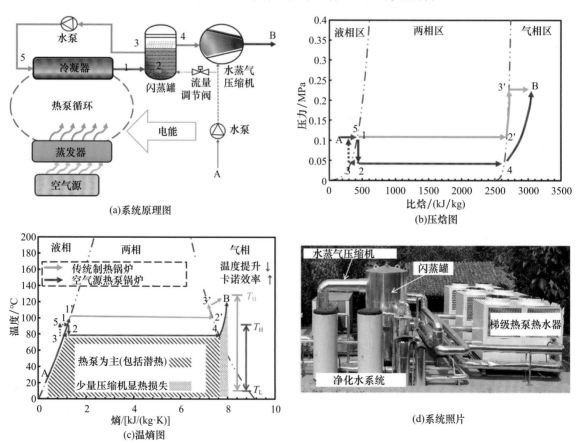

(a)系统原理图　(b)压焓图　(c)温熵图　(d)系统照片

图 3.7-10　酿酒行业高温蒸汽热泵应用案例

经过改造后，在平均环境温度 20℃ 工况下，系统 COP 达到 1.85，每年耗电量 105 万 kWh，使用成本 84 万元。相比原电锅炉加热方式，每年节约电量 42%。节能改造投资 165 万元，每年节约电费约 60 万元，投资回收期为 2.75 年。

3.7.3　余热利用与高温机组系统

在工业过程中，尽管不断引入节能措施，大量余热在生产过程中仍以气、液、固形式排放造成散失。在我国，大量的工业能耗以各种形式的余热被直接排放，而这种浪费的能量可以在同一工业场地内用作热源。热泵可以将环境热能和工业余热回收并用于高温工质生产，可以大幅削减能源消耗和相关的二氧化碳排放。

1. 系统循环

余热回收热泵系统的典型配置包括单级、多级、复叠热泵和并联热泵。在这些基本配置的基础上，增加了一些有效的改进，如过冷器、中间换热器、喷射器等，以进一步提高系统效率或降低排气温度。单级热泵是基本配置，具有连接、运行和维护简单的优点。然而，由于压缩比较低，温升受到限制。同时，当用于大规模供热场合时，组件需要定制。带过冷器的单级热泵可以增加供热能力，改善系统性能。安装在蒸发器后的中间换热器通过吸收冷凝器后过冷液体的热量，在蒸气进入压缩机之前对其进行预热来提高排气温度，进一步扩大热泵的应用范围。热泵中增加的喷射器可以通过高压蒸气驱动，将低压蒸气提升到中压，降低压缩机的功耗，节省投资。多级压缩式热泵可以大大提高温升，适用于热源和热汇温差较大的场合。中间冷却和蒸气喷射在降低排气温度方面表现良好，不仅确保了压缩机的安全运行，还降低了压缩机的功耗。通过组合使用不同工质的两个热泵系统，复叠热泵也可以实现更高的温升，其系统性能受工质匹配和中间热交换效率的影响。

2. 案例分析

1）纺织行业

纺织业在我国是一个劳动密集程度高和对外依存度较大的产业，包括棉纺织、化纤、麻纺织、毛纺织、丝绸、纺织品针织行业、印染业等。印染行业能耗高、耗水量大、污染严重。在印染生产过程中需要大量的热量，因此各种工艺都需要消耗大量的煤、蒸汽和电。煮炼、漂白、染色、洗涤过程中排放大量高温废水；干燥和凝固过程中排出高温废气。在印染的不同阶段，废水在不同的温度水平下排放，可达到的最高温度为 130℃。

江苏某漂染工厂采用 80℃ 左右的蒸汽用于加热漂染溶液，中旺季期间每小时蒸汽需求量 6.3t，中淡季期间每小时蒸汽需求量 3.2t。该厂原依靠电厂管网进行蒸汽供应，每吨价格 330 元，每年运行费用 1353 万元。

2023 年 11 月，该厂进行节能供热改造，项目使用多台余热源高温热泵（图 3.7-11）来制取最高达 90℃ 的高温热水，并将其用于对绞染喷缸进行补水，从而达到减少原本需要使用的蒸汽数量，通过多级回收，能够实现综合系统 COP 为 4.55，每年运行费用 390 万元，相比原方式每年节约 963 万元，投资回收期仅为 0.78 年，具有显著的经济与低碳效益。

2）金属加工行业

江苏常州某金属加工企业有四条金属热处理产线，需要通过蒸汽进行 60～90℃ 范围内的加热保温，每条产线每小时蒸汽用量为 0.25～0.35t。该厂原本采用天然气锅炉进行蒸汽供应，当地天然气价格为 5.5 元/m³，四条产线满负荷生产全年费用超过 300 万元。

2023 年 7 月，该厂进行节能降碳改造，采用余热源高温热泵（图 3.7-12）对一条产线热水洗槽和 AQ 退火槽进行供热改造。通过烟气换热器回收高温烟气热量储存在保温水箱中并保持 70℃ 恒温，余热源高温热泵吸收水箱中的热量，并产生 140℃ 热水后，在闪蒸罐闪蒸出 130℃ 饱和蒸汽进行供热，系统 COP 在 2.2 左右。与原有燃气系统相比，夏季可节约 35% 的运行成本，冬季节约

48％的运行成本。该生产线每年可节约运行费用 13.4 万元，投资回收期在 2 年以内，具有良好的经济效益。

图 3.7-11　纺织行业高温蒸汽热泵应用案例　　图 3.7-12　金属加工行业高温蒸汽热泵应用案例

通过对各种空调热泵设备的详细介绍和分析，我们可以清晰地看到，提升这些设备的能效比 COP_{sys} 对降低间接碳排放的影响巨大。本章强调了技术改进和系统优化在不同应用场景中的重要性。无论是空气源热泵、房间空调器，还是多联机系统和冷水机组，每一种设备的优化都能为节能减排贡献力量。在接下来的章节中，我们将重点探讨如何在民用建筑中应用这些技术，从而进一步推动节能减碳的实际效果。

参考文献

［1］石文星，杨子旭，王宝龙. 对我国空气源热泵室外名义工况分区的思考［J］. 制冷学报，2019，40（5）：1-12.

［2］杨子旭，张国辉，石文星，等. 地板供暖用空气源热泵产品标准关键问题研究［J］. 暖通空调，2018，48（2）：10-17.

［3］王铁军，唐景春，刘向农，等. 风源热泵空调器除霜技术实验研究［J］. 低温与超导，2003（4）：65-68，41.

［4］田茂军. 高湿地区空气源热泵除霜方法优化研究［D］. 贵阳：贵州大学，2022.

［5］丛辉，辛电波，蒋茂灿. 一种室外机、除霜控制系统及方法：CN201510548162.3［P］. 2018-05-18.

［6］王现林，李亚飞，连彩云，等. 热气直通化霜技术及电子膨胀阀设计研究［J］. 制冷与空调（四川），2023，37（2）：187-193，230.

［7］LIANG C，LI X，MENG X，et al. Experimental investigation of heating performance of air source heat pump with stable heating capacity during defrosting［J］. Applied Thermal Engineering，2023，235：121433.

［8］刘敏，曹锐，曹培春，等. 寒冷地区多联机的设计与开发［J］. 制冷与空调，2017，17（4）：49-54.

［9］刘万龙，黄彪. 低环境温度空气源热泵在北方寒冷地区办公楼应用情况分析［J］. 制冷与空调，2017，17（10）：93-96.

［10］廖敏，吴俊鸿，梁博，等. 热气除霜技术在家用热泵空调上的试验研究［J］. 制冷与空调，2020，20（1）：43-48.

［11］宋鹏远. 利用过冷热实现实时再生的溶液喷淋式热泵特性研究［D］. 北京：清华大学，2019.

［12］XIAO H，SONG P，WANG B，et al. Experimental investigation of a heat-source tower heat pump with self-regenerator using subcooling heat［J］. Energy and Buildings，2021，240：110858.

［13］李玮豪. 溶液除湿型无霜空气源热泵系统研究［D］. 南京：东南大学，2018.

［14］国家统计局. 中国统计年鉴［M］. 北京：中国统计出版社，2022.

［15］International Electrotechnical Commission. Household and similar electrical appliances-Safety-Part 2-40：Particular requirements for electrical heat pumps，air-conditioners and dehumidifiers：IEC 60335-2-40：2022［S］. Genava，2022.

［16］Refrigerating systems and heat pumps-safety and environmental requirements-Part 1：basic requirements，definitions，classification and selection criteria：EN 378-1：2016［S］.

［17］雷博雯，吴建华，吴启航. R290 低压比热泵高补气过热度循环研究［J］. 化工学报，2023，74（5）：1875-1883.

［18］唐唯尔. R290 在房间空调器和热泵系统中应用的安全性研究［D］. 武汉：华中科技大学，2018.

［19］ZHANG Z，FENG X，TIAN D，et al. Progress in ejector-expansion vapor. compression refrigeration and heat pump systems［J］. Energy Convers Manage，2020，207：112529.

［20］CUI M，WANG B，WEI F，et al. Novel zeotropic refrigeration cycles for air cooling with large temperature decrease［J］. Energy Build，2022，274：112450.

［21］YANG Z，ZHAO J，WANG B，et al. Experimental performance analysis of hybrid air conditioner in cooling season［J］. Build Environ，2021，204：108160.

［22］杨子旭，崔梦迪，肖寒松，等. 适用（亚）热带季风及莽原气候的超高效空调设计［J］. 暖通空调，2022，52（7），158-164.

［23］YANG Z，ZHANG Y，XIAO H，et al. Comprehensive test of ultra-efficient air conditioner with smart evaporative cooling ventilation and photovoltaic［J］. Energy Convers Manage，2022，254：115267.

［24］YANG Z，CUI M，XIAO H，et al. Analysis of thermal comfort experience using peak-end rule with air conditioner in heating season［J］. Build Environ，2023，229：109965.

［25］YANG Z，SUN H，WANG B，et al. Experimental investigation on indoor environment and energy performance of convective terminals［J］. Energy，2022，251：123929.

［26］YANG Z，CHI J，LUO B，et al. Analyzing excess heat factors of convective/radiant terminals：balancing beginning and steady stage［J］. J Build Eng，2024，84：108576.

［27］YANG Z，HU Q，LI Y，et al. Thermal performance of novel convective-adjustable flat panel radiant unit［J］. Appl Therm Eng，2024，244：122689.

［28］WU Y，SUN H，YANG Z，et al. Dynamic process simulation of indoor temperature distribution in radiant-convective heating terminals［J］. Build Environ，2023，244：110843.

［29］石文星，成建宏，赵伟，等. 多联式空调技术及相关标准实施指南［M］. 北京：中国标准出版社，2010.

［30］YıLDıRıM C，ÖZKAN D B，ONAN C. Theoretical study of R32 to replace R410A in variable refrigerant flow systems AU［J］. Int J Ambient Energy，2018，39（1）：87-92

［31］PHAM H M，RAJENDRAN R. R32 and HFOs as low-GWP refrigerants for air conditioning［C］//International Refrigeration and Air Conditioning Conference，2012：1235.

［32］CHO I Y，SEO H，KIM D，et al. Performance comparison between R410A and R32 multi-heat pumps with a sub-cooler vapor injection in the heating andcooling modes［J］. Energy，2016，112：179-187.

［33］KANG D，JEONG J H，RYU B. Heating performance of a VRF heat pump system incorporating double vapor injection in scroll compressor［J］. Int J Refrig，2018，96：50-62.

［34］MIN B，NA S，LEE T，et al. Performance analysis of multi-split variable refrigerant flow（VRF）system with vapor-injection in cold season［J］. Int J Refrig，2019，99：419-428.

［35］成建宏. 中国制冷空调实际运行状况调研报告（2017 年度）［M］. 北京：中国标准出版社，2017.

［36］MENG J，LIU M，ZHANG W，et al. Experimental investigation on cooling performance of multi-split variable refrigerant flow system with microchannel condenser under part load conditions［J］. Appl Therm Eng，2015，81：232-241.

［37］FABRIZIO E，SEGURO F，FILIPPI M. Integrated HVAC and DHW production systems for zero energy buildings［J］. Renew Sustain Energy Rev，2014，40：515-541.

［38］JUNG H W，KANG H，CHUNG H，et al. Performance optimisation of a cascade multi-functional heat pump in various operation modes［J］. Int J Refrig，2014，42：57-68.

［39］KIM G T，CHOI Y U，CHUNG Y，et al. Experimental study on the performance of multi-split heat pump system with thermal energy storage［J］. Int J Refrig，2018，88：523-537.

［40］AL-AIFAN B，PARAMESHWARAN R，MEHTA K，et al. Performance evaluation of a combined variable refrigerant volume and cool thermal energy storage system for air conditioning applications［J］. Int J Refrig，2017，76：271-295.

［41］肖寒松，张国辉，石文星，等. 多联机控制技术进展与展望［J］. 制冷与空调，2019，19（11）：69-79.

［42］ 田浩，董建锴，姚杨，等. 变频空气源热泵多联机常规除霜特性［J］. 暖通空调，2014，44（3）：34-37.

［43］ CHOI H J，KIM B S，KANG D，et a1. Defrosting method adopting dual hot gas bypass for an air-to-air heat pump［J］. Applied Energy，2011，88（12）：4544-4555.

［44］ 石文星，王宝龙，邵双全. 小型空调热泵装置设计［M］. 北京：中国建筑工业出版社，2013.

［45］ DONG J，LI S，YAO Y，et a1. Defrosting performances of a multi-split air source heat pump with phase change thermal storage［J］. International Journal of Refrigeration，2015，55：49-59.

［46］ 仲林. 基于人体红外感应的空调节能控制系统研究［D］. 广州：华南理工大学，2015.

［47］ TEODORESE V，DETROUX L，LEBRUN J. Testing of a room air conditioner-high class rac test results-medium class rac test results［J］. University of Liege.

［48］ TRAN C T，RIVIÈRE P，MARCHIO D，et al. Refrigerant-based measurement method of heat pump seasonal performances［J］. International Journal of Refrigeration，2012，35（6）：1583-1594.

［49］ SHAO S，SHI W，LI X，et al. Performance representation of variable-speed compressor for inverter air conditioners based on experimental data［J］. International Journal of Refrigeration，2004，27（8）：805-815.

［50］ TAKAHASHI S，TOKITA S，ITOU M，et al. Study on performance evaluation method of a split air conditioning system based on characteristic curve of the compressor mass flow rate［J］，2008.

［51］ MATSUI E，KAMETANI S. Development of an onsite performance evaluation method for variable refrigerant flow systems［C］//ECOS 2018-Proceedings of the 31st International Conference on Efficiency，Cost，Optimization，Simulation and Environmental Impact of Energy Systems，2018.

［52］ SEKINE N，FURUHASHI Y，KAMETANI S. The simple performance evaluation method of vrf system using volumetric efficiency of compressor［J］.

［53］ NARUHIRO S，SHIGEKI K. Study on the development of the performance evaluation of VRF system using the volumetric efficiency of the compressor：Expansion of the range of application and improvement of the accuracy［C］//The Society of Heating，Air-Conditioning Sanitary Engineers of Japan，2012.

［54］ QIAO H，KWON L，AUTE V，et al. Transient modeling of a multi-evaporator air conditioning system and control method investigation［J］，2014.

［55］ TRAN C T，NOËL D，RIVIÈRE P，et al. In-situ method for air-to-air heat pump seasonal performance determination including steady-state and dynamic operations［J］. International Journal of Refrigeration，2021，127：239-249.

［56］ ZHANG G，LIU W，XIAO H，et al. New method for measuring field performance of variable refrigerant flow systems based on compressor set energy conservation［J］. Applied Thermal Engineering，2019，154：530-539.

［57］ YANG Z，DING L，XIAO H，et al. All-condition measuring methods for field performance of room air conditioner［J］. Applied Thermal Engineering，2020，180：115887.

［58］ XIAO H，SHI J，YANG Z，et al. Precision improvement method for onsite performance measurement of variable refrigerant flow system［J］. Building and Environment，2022，208：108626.

［59］ 张国辉. 办公建筑中多联机制冷（热）量测量方法及运行特性研究［D］. 北京：清华大学，2020.

［60］ WANG S W，CHEN Y M，Fault-tolerant control for outdoor ventilation air flow rate in buildings based on neural network［J］. Building and Environment，2002，37（7）：691-704

［61］ 曲宗峰，焦利敏，王森，等. 基于大数据平台的智能家电节能技术规范［S］. 北京：中国标准化协会，2018.

［62］ 焦利敏，张文强，时斌，等. 碳中和技术智能家电低碳运行评价技术规范［S］. 北京：中国标准化协会，2022.

［63］ 石靖峰，任兆亭，李燕龙，等. 多联式空调（热泵）机组智能运维与健康管理技术规范［S］. 北京：中国标准化协会，2022.

［64］ 王占伟，王林，袁俊飞，等. 基于 DR-BN 的冷水机组故障检测［J］. 制冷学报，2020.

［65］ GAO D C，WANG S W，SHAN K，et al. A system-level fault detection and diagnosis method for low delta-T syndrome in the complex HVAC systems［J］. Applied Energy，2016，164：1028-1038.

［66］ YAN C C，YANG X X，XU Y Z. Mathematical explanation and fault diagnosis of low delta-t syndrome in building chilled water systems［J］. Buildings，2018，8：84.

［67］ GUO Y B，et al. An expert rule-based fault diagnosis strategy for variable refrigerant flow air［J］. Applied

Thermal Engineering, 2019, 149: 1223-1235.

[68] HUANG R G, et al. An effective fault diagnosis method for centrifugal chillers using associative classification [J]. Applied Thermal Engineering, 2018, 136: 633-642.

[69] SUN S B, LI G N, CHEN H X, et al. A hybrid ICA-BPNN-based FDD strategy for refrigerant charge faults in variable refrigerant flow system [J]. Applied Thermal Engineering, 2017, 127: 718-728

[70] LIANG X B, LI P C, CHEN S L, et al. Partial domain adaption based prediction calibration methodology for fault detection and diagnosis of chillers under variable operational condition scenarios [J]. Building and Environment, 2022, 217: 109099.

[71] ISERMANN R. Model-based fault-detection and diagnosis-status and applications [J]. Annual Reviews in Control, 2005, 29 (1): 71-85.

[72] ANGELI C. Diagnostic expert systems: from expert's knowledge to real-time systems [J]. Advanced Knowledge based Systems: model, Application and Research, 2010, 1: 50-73.

[73] JUNG D, SUNDSTROM C. A combined data-driven and model-based residual selection algorithm for fault detection and isolation [J]. IEEE Transactions on Control Systems Technology, 2019, 27 (2): 616-630.

[74] 石文星, 满伟, 杨子旭, 等. 空调器的在线性能测量方法、系统、设备及存储介质: CN202010108581.6 [P].

[75] 石文星, 王宝龙, 黄文宇, 等. 一种制冷系统中制冷剂质量流量测量仪和采集装置: CN201621202034.X [P].

[76] 石文星, 亓新, 徐振坤, 等. 房间空气调节器实际运行性能参数测量规范 [S]. 北京: 中国标准化协会, 2018.

[77] 曹法立, 路海滨, 石靖峰. 一种空调能力估算方法及空调器: CN202110159798.4 [P].

[78] 杨怀毅, 任韬, 丁国良, 等. 基于有限测点的空调系统性能在线监测方法 [J]. 制冷学报, 2018 (12).

[79] 刘晓华, 李震, 张涛. 溶液除湿 [M]. 北京: 中国建筑工业出版社, 2014.

[80] ZHAN C, YIN Y, GUO X, et al. Investigation on drying performance and alternative analysis of different liquid desiccants in compressed air drying system [J]. Energy, 2018, 165.

[81] TAO W C, YLA B, MENG W D, et al. Comparative study on the liquid desiccant dehumidification performance of lithium chloride and potassium formate [J]. Renewable Energy, 2020.

[82] LIU X H, JIANG Y, YI X Q. Effect of regeneration mode on the performance of liquid desiccant packed bed regenerator [J]. Renewable Energy, 2009, 34 (1): 209-216.

[83] CHO H J, CHEON S Y, JEONG J W. Experimental analysis of dehumidification performance of counter and cross-flow liquid desiccant dehumidifiers [J]. Applied Thermal Engineering, 2019, 150: 210-223.

[84] GU Y, ZHANG X. A proposed hyper-gravity liquid desiccant dehumidification system and experimental verification [J]. Applied Thermal Engineering, 2019, 159: 113871.

[85] PARK J Y, DONG H W, CHO H J, et al. Energy benefit of a cascade liquid desiccant dehumidification in a desiccant and evaporative cooling-assisted building air-conditioning system [J]. Applied Thermal Engineering, 2019, 147: 291-301.

[86] 牛永红, 郭宁, 李莹, 等. 利用太阳能再生的自制介孔纳米活性氧化铝空气除湿实验研究 [J]. 建筑科学, 2015, 31 (2): 65-68.

[87] 何晨晨, 杨发妹, 陈柳. 金属有机框架材料型固体除湿器性能研究 [J]. 低温与超导, 2021, 49 (9): 47-53.

[88] JEONG J, YAMAGUCHI S, SAITO K, et al. Performance analysis of four-partition desiccant wheel and hybrid dehumidification air-conditioning system [J]. International Journal of Refrigeration-Revue Internationale Du Froid, 2010, 33 (3): 496-509.

[89] 杨颖, 王晗, 张伟, 等. 分级再生式转轮除湿空调系统的性能分析 [J]. 低温与超导, 2013, 41 (1): 41-44, 54.

[90] 孔伟, 杜玉成, 卜仓友, 等. 硅藻土基调湿材料的制备与性能研究 [J]. 非金属矿, 2011, 34 (1): 57-59.

[91] 王吉会, 任曙凭, 韩彩. 沸石/聚丙烯酸 (钠) 复合材料的制备与调湿性能 [J]. 化学工业与工程, 2011, 28 (1): 1-6

[92] 孙自顺, 万涛, 熊磊, 等. 玉米秸秆复合高吸水树脂的制备与性能 [J]. 广州化工, 2012, 40 (8): 74-77.

[93] 胡丰凡, 王闯, 李豪, 等. 无油制冷压缩机技术现状与发展趋势 [J]. 制冷与空调, 2017 (2): 58-64.

[94] 张海强, 刘晓华, 江亿. 温湿度独立控制空调系统和常规空调系统的性能比较 [J]. 暖通空调, 2011 (1):

48-52.

［95］卢大为，王飞，王建民，等. 数据中心用热管空调系统研究进展［J］. 流体机械，2022（1）：75-84.

［96］张勇，李志明，张结良，等. 蒸发冷却式热泵机组与风冷热泵机组制热性能对比分析［J］. 制冷技术，2015（2）：18-21.

［97］数据中心用磁悬浮压缩机及制冷机组白皮书［R］. 中国制冷学会，2021.

［98］王时静，陈永苗. 游泳池采用三集一体热泵时的一种优化方案［J］. 制冷与空调，2019，33（5）：524-526.

［99］庞飞. 新型恒温恒湿节能型泳池热泵的应用-以九华锦江国际酒店为例［J］. 研究园地，2020.

［100］白雪莲，吴静怡，王如竹. 基于热回收的游泳池热泵除湿供暖系统［J］. 太阳能学报，2004，25（6）：7.

［101］MEI S，LIU Z Y，LIU X. Research progress and applications of transcritical carbon dioxide heat pumps：a review［J］. Clean Energy Science and Technology，2023，1（2）：118.

［102］WILLIAM S，BODINUS P E. The rise and fall of carbon dioxide systems：the first century of air conditioning［J］. ASHRAE Journal，1999，41（4）：37.

［103］刘佳，尚星宇，张信荣. 跨临界二氧化碳冷热供应技术国际应用综述［J］. 节能与环保，2023（8）：24-27.

［104］陈莉. 海尔首推 CO_2 空气源热水器［J］. 电器，2013（4）：1.

［105］Committee on Climate Change. Net zero Technical Report［R］，2019.

［106］Building Energy Efficiency Center of Tsinghua University. 2018 China's Annual Development Report on Building Energy Efficiency［R］，2020.

［107］江亿. 发展热泵技术是实现零碳能源的关键途径［J］. 中国电力企业发展，2021：12-15.

［108］ZÜHLSDORF B，BÜHLER F，BANTLE M，et al. Analysis of technologies and potentials for heat pump-based process heat supply above 150℃［J］. Energy Convers Manag，2019，2：100011.

［109］JIANG J T，HU B，WANG R Z，et al. A review and perspective on industry high-temperature heat pumps［J］. Renewable and Sustainable Energy Reviews，2022，161：112106.

［110］WU D，JIANG J T，HU B，et al. Experimental investigation on the performance of a very high temperature heat pump with water refrigerant［J］. Energy，2020，190：116427.

第4章 降低民用建筑环境营造碳排放的技术应用

本章将深入探讨如何通过降低民用建筑环境营造的碳排放，实现更绿色、更可持续的建筑发展。建筑环境的碳排放主要来源于空调系统的使用，因此，本章将聚焦于提升空调系统的能效比 COP_{sys}，降低系统处理负荷 qAT，以及通过控制优化和热回收系统等技术手段提升实际应用效果。具体内容包括绿色建筑技术的应用、高效集中式空调系统的优化、空调蓄冷蓄热技术等。通过这些技术措施，可以有效减少建筑环境的能源消耗和碳排放，从而推动民用建筑领域向更低碳、更高效的方向发展。本章还将结合实际案例，展示先进技术在实际应用中的成效与挑战，为读者提供切实可行的解决方案和实践经验。

4.1 动态可调新型围护结构

近年来，全球能源危机日益严重，阻碍了社会和经济的可持续发展，对环境保护产生了不利的影响[1]，能源问题也成为了发达国家和发展中国家最关心的问题之一。在全球范围内，建筑部门消耗了约40%的总能源，并且排放了39%的温室气体[2]。对于我国而言，工业、交通和建筑作为能源消耗的三大部门，与国家的节能减排工作息息相关，建筑领域也一直是节能与低碳环保中重要的组成部分。再加上近年来我国的建筑能耗大幅增长，在全国总能耗的比重逐年增加。因此建筑领域的节能与减排，对环境保护与能源危机的解决至关重要。

在建筑中，围护结构是重要的组成部分。它将建筑室内与室外环境分隔开，在决定室内舒适度、自然照明、通风水平以及建筑供暖和制冷能耗方面发挥着关键作用[3]。长久以来，围护结构性能提升方式主要包括了静态和动态两种方式。针对于传统的静态围护结构的优化，常通过增加建筑气密性[4]、增设墙体保温板等措施改善其传热性能，并开发加气混凝土等具有低密度、低导热、高耐热的新材料，以提高墙体热阻[5]。传统围护结构的优化强调墙体保温和冬季隔热，通常是以静态的保温隔热设计为主，围护结构热阻值固定。这种通过提升围护结构热阻值来降低室内外热量传递的围护结构通常适用于极端环境，包括热负荷较大的地区等。然而，对于全年以供冷为主的地区、需兼顾供暖和供冷需求的地区以及内热源比较大的建筑而言，一味地增加围护结构的隔热设计并不适用，相反会导致建筑能耗的增加。再加上近年来人们对室内环境的舒适度需求提高，这种传统的围护结构由于动态调节能力较差，无法满足室内人员的动态响应需求。因此，应开发和研究一种性能可调的新型建筑围护结构，既满足人们的舒适需求，又能达到理想的建筑节能效果。

4.1.1 性能可调非透光围护结构

1. 技术途径

1）明确不同气候区动态调节能力的需求

通过不同气候区建筑围护结构动态调节能力模拟，明确建筑应用下围护结构动态调节能力的需求，并进行参数优化，建立性能可调围护结构动态环境营造理论与评价方法。

2）合理地利用建筑围护结构热质

依靠建筑围护结构自身的调温特性，充分利用可再生自然能源而不采用（或少采用）附加能源达到人体热舒适要求，并尽可能减少建筑围护结构用能，提高围护结构的动态调节性能。

3）以智能可调为基础，动态响应为核心

与传统的围护结构相比，性能可调的围护结构可以随着室内外环境的变化，做出相对应的性能调整。在满足动态调节需求的同时，还应兼顾调节控制的方便性以及与建筑围护结构结合的简易性，实现建筑围护结构的快速调节。

4）充分利用各种可调技术与新材料

可能的技术包括相变储能、内嵌管道、热管散热、机械调节和真空调节等，在不同的建筑场景进行多种技术的协同应用。同时材料领域的突破发展，也可以在建筑中得到有效的应用途径开拓与使用，实现建筑—材料领域的交叉协同创新。

2. 理论研究

对于性能可调的围护结构而言，通常是以智能可调为基础，动态响应为核心。与传统的围护结构相比，性能可调的围护结构可以随着室内外环境的变化，做出相对应的性能调整，满足内部人员动态的舒适需求，尽可能地减少建筑用能。按照调节原理的不同，可以分为相变储能[6-7]、内嵌管道[8-9]、热管散热[10-12]、机械调节[13-14]、真空调节[15-16]等多种类型，但由于材料成本、稳定性、响应时间等问题，各自都有一定的局限性[17]。表 4.1-1 汇总了现有动态调节方法的不足与局限。

表 4.1-1　现有围护结构动态调节方法的汇总与不足

调节方法	文献	动态调节能力	局限与不足
相变储能	[18-19]	1.28	热惯性大 设计复杂
内嵌管道	[20]	3.45	额外能源输入
	[21]	8.73	设计复杂
热管散热	[22]	5.00	结合性差
	[23]	1.94	
机械调节	[13]	5.75	设计复杂
	[14]	7.71	实施困难
真空调节	[15]	2.71	控制烦琐

对于表 4.1-1 而言，动态调节能力定义为文献中给出的正向传热能力与反向传热能力的比值，代表着该动态调节方法的调节裕度。从表中可以看出，对于现有的大多数动态调节方法而言，动态调节能力通常保持在 10 以内的范围，相对而言较小，无法充分发挥出动态调节的优势。同时大多数调节方法存在着设计复杂、控制烦琐以及和建筑结合性差的问题。因此需要采用新的动态调节方法进行性能可调建筑围护结构的研究。

近年来，有学者对跳跃液滴现象以及形成的跳跃液滴热二极管进行了研究[24-26]。跳跃液滴热二极管通常由超亲水层、超疏水层、隔热垫片三部分组成。工作模式分为正向模式和反向模式两种，其中正向模式利用了水的相变传热，传热系数高，而反向模式下，仅有通过隔热垫片的无效导热，传热系数较低。当其与建筑围护结构相结合后，可以利用被动、相变的优势，解决已有动态围护结构研究中设计复杂、调节裕度小、控制烦琐等问题，更具有和建筑围护结构结合的潜力。

由于新型相变热二极管具有较出色的单向传热能力，因此可以利用这种被动式的单向传热能力，使之应用于建筑围护结构之中，达到性能可调的建筑隔热与排热。如图 4.1-1 所示，夏季白天室外由于太阳辐射，屋顶外表面温度高于内表面温度，此时新型相变热二极管处于模式（c），起到了被动隔热的作用。而到了夜晚，对于办公楼、商场等公共建筑而言，晚上没有人员活动的时候空调一般是关闭的，加上白天得热的延迟，此时室内温度会高于室外温度，热二极管处于模式（d），内部发生相变传热，可实现夜间被动式降温，减少了公共建筑第二天的空调启动能耗，达到了节能的作用。因此基于以上的设想，我们对该新型相变热二极管进行了制造，并开展相应的实验与模拟研究，探究验证其在建筑中的应用潜力。

3. 案例分析

对于新型相变热二极管的性能实验而言，主要是对热二极管的疏水板与亲水板施加不同的温

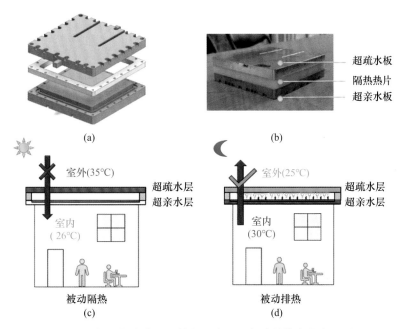

图 4.1-1 新型相变热二极管的组成以及与建筑结合的应用原理

度，计算正向以及反向模式下的传热系数。通过对比正反向传热系数的差异，证明其单向传热的性能。衡量其单向传热性能的指标通常为整流比。如图 4.1-2 所示，得到了不同高度下热二极管的正反向传热以及计算的整流比。实验的平均温度控制在 30～45℃ 之间，以满足建筑应用的温度范围。

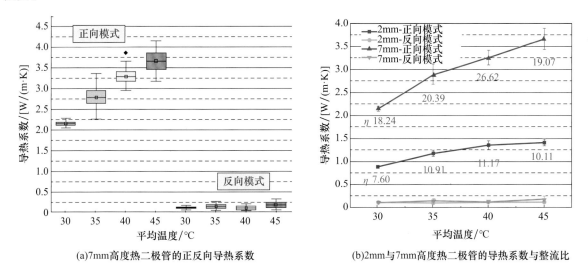

(a)7mm高度热二极管的正反向导热系数　　　(b)2mm与7mm高度热二极管的导热系数与整流比

图 4.1-2 新型相变热二极管实验结果

由图 4.1-2(a) 可以看到，正向导热系数会随着平均温度的升高而增大，主要有两个原因。首先，随着超亲水板和超疏水板之间的压差增大，驱动力增强。其次，由于气体和液体的黏性力随着温度的升高而减弱，内部水蒸发侧的热阻减小，因此正向换热系数逐渐增大。但是反向导热系数随平均温度变化不大，因为反向导热系数主要取决于隔热垫片的热阻，与工作温度无关。进一步地，从两种模式的对比可以看出，热二极管正向模式下的换热系数约为反向模式的 18～26 倍。此时，该新型相变热二极管具有一定的单向传热效果，证明了其在建筑围护结构中的应用潜力。

同时，从图 4.1-2(b) 的结果可以看出，2mm 高度热二极管的整流比范围为 7.60～11.17，而 7mm 高度热二极管的整流比范围为 18.24～26.62。总的来说，7mm 高度的热二极管实验结果优于 2mm 高度。根据整流比的计算公式，当不同高度的热二极管热流密度和温差不显著时，换热系数直接取决于几何高度 H 的值。但是空间高度不能一直增大，否则会影响液滴跳跃高度和内部相变换热循环。综上所述，两种高度的新型相变热二极管具有一定的单向传热优势，单向传热倍数最大达到了 27 倍，与表 4.1-1 中已有动态围护结构的调节能力相比，具有更大的调节优势与节能潜力。

除了实际制造并进行实验验证以外，为了进一步验证新型相变热二极管与建筑围护结构结合后的运行节能效果，将通过模拟的方式，以中国不同气候区为例，按照 ASHRAE 标准中 CDD10 由高到低选择了七个城市进行模拟，探究并明晰结合新型相变热二极管的围护结构节能效果与适用性。考虑到该动态围护结构主要应用在建筑屋顶上，因此选取 54m×42m 的单层大屋顶建筑进行模拟。在 DesignBuilder 中进行建筑模型的建模，并且利用 EnergyPlus 模块的 EMS 系统进行编程模拟。如图 4.1-3 所示。

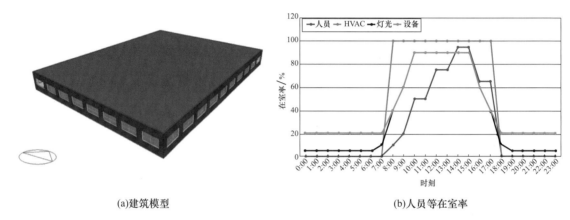

(a)建筑模型　　　　　　　　　　(b)人员等在室率

图 4.1-3　建筑节能模拟参数设置

首先得到了夏热冬暖地区海口全年的模拟结果，从图 4.1-4（a）中可以看出，使用动态围护结构后，全年制冷具有一定的节能效果，其中节能百分比为 12.43%，由于整体是被动式节能，因此效果已经比较可观。从图中也可以看出，冬季节能比例大于夏季，主要是由于冬季制冷能耗绝对值较小，所以相对较小的绝对值会引起相对值的较大变化。对于总的节能量绝对值而言，仍然以夏季居多，也说明了该热二极管式动态围护结构更适合于夏季夜晚的排热。

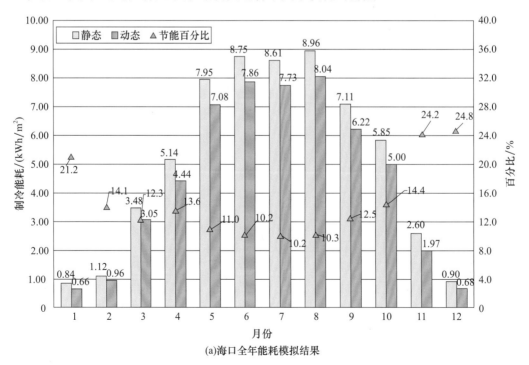

(a)海口全年能耗模拟结果

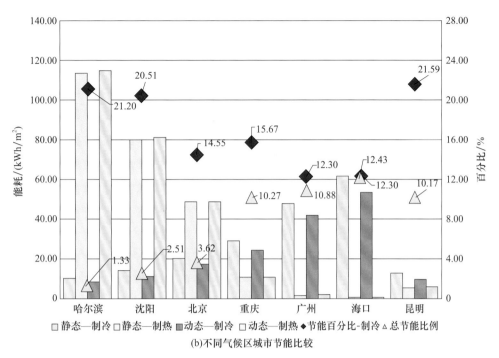

(b)不同气候区城市节能比较

图 4.1-4　我国不同城市模拟节能效果

由图 4.1-4（b）可知，该新型动态围护结构在不同气候区具有一定的气候适应性，制冷节能比例达到了 12.30%～21.59%。除此之外，对于较寒冷的地区，供暖能耗绝对值较大，导致总节能比例相对较低。从总节能效果来看，海口地区节能效果最大，达到 12.30%，这也说明该建筑围护结构更适合以制冷为主的地区。

进一步地，选取海口市 1、4、7、10 四个月动态围护结构室内温度与常规围护结构室内温度进行对比，结果如图 4.1-5 所示。从图中可以看出，在较高的室内温度下，动态围护结构所代表的绿线低于静态围护结构所代表的红线。其中散热温差在 3～5℃，且该散热温差会随着内部热源的增加而逐渐增大。也证明了结合热二极管的建筑围护结构的被动降温、节能作用。

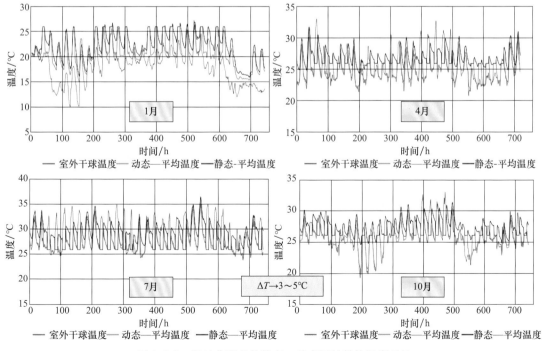

图 4.1-5　海口典型月份静态－动态围护结构温度对比

动态围护结构相较于静态结构，具有节能性强、适用性广等优势，但是受限于现有研究中控制烦琐、调节复杂等问题，未能充分发挥出可调围护结构的优势。本节主要提出了一种结合新型相变热二极管的动态围护结构，这种围护结构由于利用了热二极管相变传热的优势，因此具有结合简单、动态调节裕度大等特点。针对于以上提出的设想，分别从实验制造以及模拟的角度进行了验证。实验结果表明，该新型相变热二极管最大的单向传热倍数达到了 26 倍，具有较好的单向调节能力。模拟结果表明，结合热二极管的动态围护结构在不同气候区具有一定的气候适应性，制冷节能比例达到了 12.30%～21.59%，其中被动排热温差在 3～5℃，并将随着内热源的增加而增大。

在未来的研究中，一方面将开展大尺寸实验，将热二极管与建筑围护结构实际结合，测试小室实验等实际运行的效果；另一方面，从理论分析以及材料的角度，通过疏水材料的对比以及真空度的探索对其进行优化，进一步提高单向调节倍数。为建筑领域"双碳"目标的实现做出一定的贡献。

4.1.2 性能可调透光围护结构

窗户作为透光围护结构，相比于墙体等非透光围护结构而言，其传热性能更差，是保温隔热的薄弱环节，其所带来的负荷占建筑总空调负荷的 60%～70%[27]。随着建筑幕墙比例的增加，窗户的节能潜力愈加不可忽视。窗户承担着保温、采光、通风等多种功能，且对人员的光热舒适有明显影响，优化窗户性能对于提高节能水平、保障室内热环境质量至关重要。智能窗作为一种新型的动态可调围护结构，通过主动（电致变色）或被动（热致变色）的方式响应室外气候变化，可有效地控制室外进入室内的太阳辐射量，调节室内光热环境并降低负荷，减轻设备侧压力。

可见光透过率（T_{lum}）和太阳能光谱调制能力（ΔT_{sol}）是表征智能窗材料性能的两个重要指标[28]。可见光透过率（T_{lum}）指的是在 380～780nm 波长范围内的透射率，窗户材料应具有尽可能高的可见光透过率，以保证良好的室内照度。太阳能光谱调制能力（ΔT_{sol}）指的是低温与高温下整个太阳光谱范围的透过率之差。其定义如式（4.1-1）～式（4.1-3）所示。

$$T_{lum} = \frac{\int_{380}^{780} \varphi_{lum}(\lambda) T(\lambda) \mathrm{d}\lambda}{\int_{380}^{780} \varphi_{lum}(\lambda) \mathrm{d}\lambda} \tag{4.1-1}$$

$$T_{sol} = \frac{\int_{250}^{2500} \varphi_{sol}(\lambda) T(\lambda) \mathrm{d}\lambda}{\int_{250}^{2500} \varphi_{sol}(\lambda) \mathrm{d}\lambda} \tag{4.1-2}$$

$$\Delta T_{sol} = T_{sol,l} - T_{sol,h} \tag{4.1-3}$$

式中　$T(\lambda)$——光谱透射率；

　　$\varphi_{lum}(\lambda)$——380～780nm 波长下明视觉的标准发光效率函数；

　　$\varphi_{sol}(\lambda)$——大气质量 $m=1.5$、太阳高度角为 41.8°时的太阳辐照度光谱。

1. 技术途径

1）光热调节膜技术

智能窗通过在玻璃表面涂覆或夹层安装光热调节膜来调节透光率和反射率，实现对室内光热环境的主被动调控。在夏季减少太阳光的直接照射，降低室内温度，减少空调冷负荷；而在冬季则可以通过增加透光率，利用太阳能进行被动供暖。能够根据季节、时间和用户需求智能调节，以优化室内光热环境，降低能耗。

2）气候适应性设计

被动式智能窗（如热致变色窗）可利用其气候适应性特性，根据外部环境的温度或光照、辐射强度自动调整透光性能。这种自适应调整能够有效平衡室内外热量交换，减少由于外部气候变化引起的室内温度波动，从而降低对空调或供暖系统的依赖，实现节能减排。

3）智能控制系统

主动式智能窗（如电致变色窗）通过集成传感器和智能控制系统，可以实时监测室内外的温度、湿度、光照强度等环境参数，并根据预设的舒适度模型自动调节透光和隔热性能。这种智能化管理可在保证室内环境质量的同时减少能源浪费。

4）多功能复合设计

将不同类型智能窗结合，或智能窗与其他节能技术（如光伏发电、风能利用）结合，形成多功能的复合节能系统，能进一步提高建筑的能源自给自足率，并减轻对传统能源的依赖和设备的运行压力。

2. 理论研究

1）热致变色智能窗材料及其技术发展

热致变色材料具有一定的相变温度，相变前后材料能够表现出不同的可见光透过率 T_{lum} 和太阳辐射调制能力 ΔT_{sol}。热致变色材料通常位于热致变色窗朝向室外的一侧，当室外气温升高或辐射强度增强时，窗户表面温度升高并触发热致变色材料相变以调控透过窗户的太阳辐射。因此，热致变色智能窗属于被动式技术，其材料选择和应用场景与实际性能密切相关。此外，大规模生产技术、稳定性提升和成本控制仍然是未来研究的重点。基于其被动适应性响应特征，气候条件是影响热致变色智能窗应用性能的主要因素[29]。在炎热高温多日照的区域，热致变色智能窗能有效减少太阳辐射热的进入，降低空调负荷，实现节能降耗。在寒冷少日照的区域，也可以通过合理的窗墙比和热致变色相变温度的设置和选择，实现适宜的日照辐射被动供暖，同时在部分高辐射的时间段通过太阳辐射调制提供有效遮阳和对室内环境的调节。

研究较为成熟的热致变色技术包括二氧化钒（VO_2）和水凝胶。VO_2 是最早研究的热致变色材料，其本征相变温度为 68℃ 且颜色偏黄，在单斜相（低温 < 68℃）向金红石相（高温 > 68℃）转变时会产生近红外波段透过率的差异[30]。为实现可靠建筑应用，与 VO_2 相关的热致变色技术主要解决三个障碍：（1）将相变温度降低到接近室温；（2）提高相变前后的可见光透过率；（3）增强太阳光谱调制。因此可通过元素掺杂[31]以降低其相变温度；增加抗反射层[32]改善 T_{lum}；设计多层结构以调节 ΔT_{sol} 或通过纳米复合薄膜[33]平衡 T_{lum} 和 ΔT_{sol}。

相比于 VO_2，水凝胶的相变温度更低（32℃ 左右），相变前后在可见光以及近红外波段表现出明显的透过率变化，并表现出显著的太阳光调制能力。水凝胶的太阳透射调制机制可以通过可逆的分子粒径变化及所调控的光散射行为来解释。常用的热致变色水凝胶包括聚 N-异丙基丙烯酰胺（PNIPAM）、羟丙基纤维素（HPC）、聚 N-乙烯基己内酰胺（PAH）等。水凝胶面临的挑战包括：（1）水分子的蒸发和冻结；（2）相变过程的收缩和泄漏导致的变形；（3）微凝胶的结构稳定性。其机械稳定性和耐久性[34]、保水性和防冻性等方面值得长期探究。

近年来，钙钛矿由于其高可见光透过率（冷态）、出色的可见光波段太阳能透射调制能力、丰富的颜色外观以及可产电性成为近年来研究的热点。有机-无机杂化热致变色钙钛矿[35]，化学式为 ABX_3，其中 A 为单价有机阳离子（$CH_3NH_3^+ = MA^+$ 等），B 为二价金属阳离子（Pb^{2+}、Sn^{2+} 等），X 为卤化物离子（Br^-、I^- 等)[36]，是钙钛矿热致变色智能窗的主要材料。它在室温下高度透明，而在可见光范围内的热响应光学调制能力突出，因此具有较高的可见光透射率和太阳能调制能力。目前钙钛矿智能窗的研究方向主要集中在提高其太阳辐射调制能力以及控制其转变温度这两个方向。

建筑应用中希望热致变色材料应至少拥有 60% 的 T_{lum}、接近室温的相变温度和尽可能高的 ΔT_{sol}，以保证相变前后窗户的自然采光，以避免不必要的照明能耗增加，并实现合理高效的太阳辐射调制，以降低供暖或供冷能耗。

2）电致变色智能窗材料及其技术发展

电致变色材料是指在外部交流电压作用下，通过氧化还原反应发生可逆自主变色的材料。相比传统玻璃窗，电致变色智能窗可按需主动调节透过玻璃的太阳辐射和可见光，调节太阳辐射得热，进而调控室内光环境和温度，并实现节能和舒适的双重目标，为现代建筑物的节能提供了一种新的解决方案。电致变色智能窗的应用性能与其调控策略密切相关。劳伦斯—伯克利国家实验室的建筑科学高级顾问 Selkowitz 就曾指出："电致变色技术是建筑应用中最有前途的调光技术"[37]。目前，建筑应用以全固态无机 WO_3 电致变色智能窗为主，汽车领域对无机和有机材料组成的电致变色智能窗均有应用。据美国能源部统计，电致变色智能窗具有非常优异的节能效果，如用作玻璃幕墙，能够降低建筑物 20％ 的运行成本，减少其 24％ 的峰值用电需求，使暖通空调系统负载减小 25％，照明费用减少 60％[38]。

电致变色智能窗的一般结构为在单个透明衬底上或位于两个透明衬底之间的五层功能层叠加。该五层结构包括涂有离子存储膜的透明导电层、涂有电致变色层的透明导电层以及夹在中间的电解液层。电致变色层通过氧化还原反应表现出漂白和着色特性，而离子存储用于存储和提供电致变色材料所需的离子。离子存储膜也可以是电致变色层，如图 4.1-6 所示。电解质层作为离子传输通道，并保证快速的颜色切换速度。所有组成成分必须对可见光高度透明，并在开关电压范围内保持电化学稳定。在材料领域，电致变色器件的性能指标一般包括响应时间、对比度、循环寿命、着色效率等。

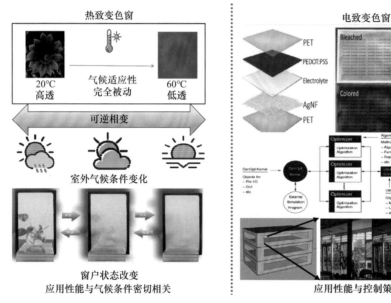

图 4.1-6 热致变色与电致变色智能窗

电致变色技术经历了三代技术发展和迭代，其中，第一代以紫罗精等有机材料为功能材料，成本低、循环性好，但化学稳定性和抗辐射能力较差，且由于液体制备和封装工艺的限制未实现大规模建筑应用[39]。第二代以无机类过渡金属或其衍生物（如氧化钨）为主[40]，稳定性高但切换周期相对较长、制备工艺复杂。这类电致变色器件突破了凝胶类的面积限制[41]，使更大面积制备成为可能，并逐渐形成建筑幕墙样品。第三代电致变色器件以柔性薄膜技术为代表，柔性电极的灵活性和可拓展性使之成为刚性 ITO 的替代材料，可实现电致变色器件柔性大规模生产。第三代电致变色器件允许更多形状和更大曲率的大面积制备[42]，为电致变色技术在建筑、汽车天幕的应用开拓了新局面。现有不同厂家能够提供的电致变色玻璃产品性能如表 4.1-2 所示。

表 4.1-2 不同公司电致变色玻璃产品性能[43]

	美国 Sage Glass	美国 View	德国 E-control Glas	瑞典 Chromo Genic	德国 Gesimat
电致变色材料	WO_3，NiO_x 等无机过渡金属氧化物			普鲁士蓝＋WO_3	
传导离子	Li^+				
电解质材料	含锂无机化合物	含锂有机聚合物 PVB 等		含锂有机聚合物 PMMA 等	含锂有机聚合物 PVB 等

续表

	美国 Sage Glass	美国 View	德国 E-control Glas	瑞典 Chromo Genic	德国 Gesimat
制备方法	磁控溅射	柔性卷对卷			电化学沉积法
玻璃组成方式	三玻中空充氮气	三玻中空充氩气	双玻夹胶后再组成中空玻璃，充氩气	制成夹胶玻璃或各种曲面	双玻夹胶后组成中空玻璃
可见光透过率 on—off	55%~1%	62%~4%	50%~15%		65%~7%
紫外光透过率 on—off	3.7%~0.4%		3%~0		
太阳得热系数（SHGC）	0.42~0.06	0.48~0.09	0.38~0.12		0.46~0.11
传热系数 U $[W/(m^2 \cdot K)]$	1.08	1.65	1.1		
最大尺寸(m²)	1.5×3.0	>1.0×1.0	1.3×3.0	2.0×0.8	2.4×1.0
耗电量(Wh/m²)	0.3	0.3	0.5		

为了实现电致变色技术在建筑中的应用，该领域的技术发展重点在于：①尽可能高的可见光透过率；②响应时间的提高；③耐久性、灵活性和寿命的提高；④与发电、储能系统和其他节能技术的集成。

3）理想智能窗光热分波段调制性能提升方法

尽管热致变色和电致变色智能窗为节能建筑提供了新的解决方案，智能响应材料能够在温度或电场的激励下改变透光率，从而实现对光热环境的动态调节。然而，现有的热/电致变色智能窗技术面临着一个显著的挑战：在温度或电场的作用下，可见光和近红外波段的透过率同时降低，无法实现对这两种光波的独立调控，实际应用中导致不可避免的照明能耗增加。

在太阳辐射中，近红外（NIR）与可见光（VIS）的能量比例相当，但二者对节能和物理环境的影响不同。太阳辐射中的近红外波段是造成夏季室内冷负荷的主要原因，适当的近红外透过率有利于冬季被动供暖。而可见光则是自然采光的主要来源，对于节能和提升居住者的舒适度至关重要。因此，能够实现可见光和近红外独立选择性调制的智能窗将是理想的可调围护结构解决方案。这样的智能窗能够相对独立控制可见光和近红外波段的透过，实现对太阳辐射的光热独立调节。分波段调制的智能窗技术将极大地提升窗户的动态环境适应性，使其能够根据季节、天气和室内外环境的实时变化，智能地调整透光特性，从而优化建筑物的热管理，降低能耗，并显著提升室内居住者的舒适度和满意度。

4）辐射制冷对智能窗功能的拓展

辐射制冷是一种利用物体自身辐射长波红外线来释放热量以达到冷却效果的技术。在智能窗的应用中，除了能够实现可见光与近红外分波段的独立调制外，具备调节长波红外发射率的能力将极大地拓展智能窗的功能性，使其成为更加高效和多功能的节能解决方案。

大气窗口是指大气层对特定波长范围内的电磁辐射吸收较少的区域。大气窗口的存在是由大气中的气体成分决定的，尤其是二氧化碳和水蒸气，因为它们吸收特定波长的辐射。在 $8\sim13\mu m$ 范围内，这些气体的吸收作用较弱，使得这一区域成为一个相对"清晰"的大气窗口。而地球的平均表面温度决定了地球表面物体热辐射的峰值发生在红外区域，在 $10\mu m$ 左右。因此，在大气窗口区域，地球表面的物体发射的热辐射能量比较集中且较强，而大气窗口（$8\sim13\mu m$）中大气的吸收较少，地球表面的热辐射可以较容易地穿透大气层，并散发到外太空。这个现象对于地球能量平衡至关重要。地球接收来自太阳的能量，主要在可见光和短波红外区域，然后以热辐射的形式在较长的波长区域重新辐射能量回到外太空。大气窗口的存在允许这部分热辐射逃逸，有助于地球释放热量，从而维持能量平衡。

智能窗通过调节自身的长波红外发射率，可以有效控制室内的热量损失或增益，实现更精细的热环境管理。具体来说，通过降低窗户的长波红外发射率，可以减少室内热量通过窗户外表面以辐射的形式向外泄漏，有助于保持室内温暖；相反，提高发射率可以促进室内热量的辐射散发，有助于降低室内温度。将长波红外波段的辐射制冷技术与太阳辐射波段的光热独立可调智能窗结合，可实现可见光、近红外、长波红外分波段调制的高效智能窗（如图 4.1-7 所示），进一步提升建筑的能效表现，并提升室内环境和居住者的舒适水平[44]。

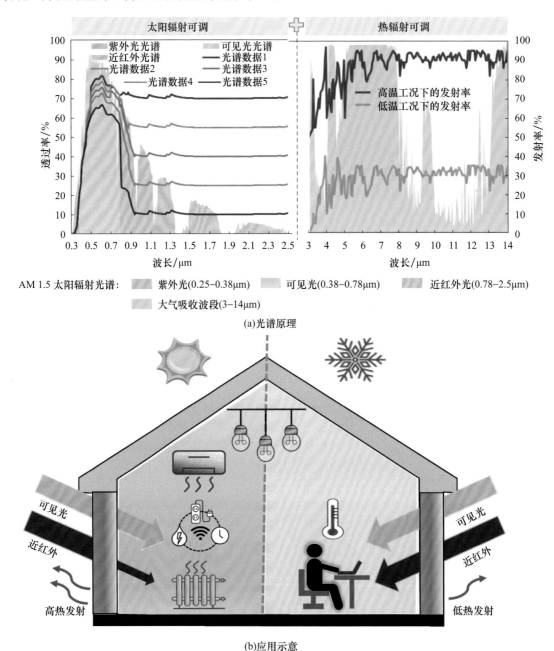

图 4.1-7　理想的可见光、近红外、长波红外分波段调制智能窗

5）建筑应用对智能窗的性能要求

材料技术进步的最终目标是实现大规模和可靠的应用。建筑应用对智能窗材料的性能要求如表 4.1-3 所示。

表 4.1-3　建筑应用对智能窗材料的性能要求[44]

建筑应用对热致变色智能窗材料的要求	建筑应用对电致变色智能窗材料的要求
$T_{lum}\geqslant 60\%$ $\Delta T_{sol}\geqslant 50\%$ 相变温度临近室温	对比度至少为 5∶1 应用电压 1～5V 显色效率高
响应快，几分钟之内完成相对均匀的变色 可接受的颜色 传热系数满足气候区要求 大面积生产和可接受的成本 持续性能超过 20～30 年	

　　居住者的健康与一系列环境因素直接相关，尤其是日光分布、眩光和室内热环境，这些都与窗户密切相关。表 4.1-4 列出了能耗和室内环境的相关指标并给出了合理范围。通过窗户进入室内空间的日光的量和质控制着居住者的视觉和色彩舒适度。日光环境及视觉舒适度评价指标包括有效日光照度（Useful Daylight Illuminance，UDI）、日光眩光概率（Daylight Glare Probability，DGP）、日光眩光指数（Daylight Glare Index，DGI）、照度均匀度（Illuminance Uniformity，Uo）、相关色温（Correlated Color Temperature，CCT）和显色指数（Color Rendering Index，CRI）。通过窗户的太阳辐射影响室内热环境和人体热舒适，包括预测平均投票（Predicted Mean Vote，PMV）、预计不满意百分比（Predicted Percentage of Dissatisfied，PPD）、不适指数（Discomfort Index，DI）等指标。智能窗的应用应力求满足这些指标的条件，以创造节能舒适的健康环境。

表 4.1-4　智能窗综合评价指标及其相关性

指标	能耗	热环境和热舒适	光环境和光舒适	要求
传热系数 K	√	√		符合气候区限值，可调
可见光透过率 T_{lum}	√	√	√	满足自然采光需求
太阳得热系数（SHGC）	√	√	√	符合气候区限值，可调
光热比（LSG）	√	√	√	符合气候区限值，可调
有效日光照（UDI）			√	100～2000lx
日光眩光概率（DGP）			√	≤0.35
日光眩光指数（DGI）			√	≤22
照度均匀度（Uo）			√	≥0.7
相关色温（CCT）			√	3000～7500K
显色指数（CRI）			√	>90
室内空气温度 T_a		√		18～26℃
预测平均投票 PMV		√		±0.5 范围内
预计不满意百分比 PPD		√		≤10%
不适指数 DI		√		15.0≤DI≤19.9

注：√表示该指标与某项应用需求相关

3. 案例应用

　　重庆禾维科技有限公司研制了基于嵌段共聚物的热致变色水凝胶，并量化生产了以这种热致变色水凝胶为核心功能材料的热致调光玻璃作为建筑围护结构。该热致调光玻璃达到相变温度雾化时能隔绝 95% 以上红外线和紫外线，降低玻璃得热系数，有效降低建筑夏季制冷能耗和冬季供暖能耗，目前已应用于多个大型公共建筑[45]。此外，美国 SAGE 公司、中国合肥威迪公司等生产的电致变色玻璃也用于一些公共建筑。表 4.1-5 列出了部分应用案例及其效果。

表 4.1-5　智能窗应用案例

序号	应用案例	生产厂家	图片	应用效果
1	重庆悦来美术馆	重庆禾维热致变色窗		室外玻璃表面温度 63℃，室内 37℃，相差 26℃
2	重庆渝北观音公园	重庆禾维热致变色窗		室外地面温度 53.8℃，雨棚内 38.4℃，相差 15.4℃
3	重庆龙湖金沙天街	重庆禾维热致变色窗		与某天街三银 Low-E 玻璃相比，两地室内空气温度差距随室外温度升高而增大，最大温差约 3℃。
4	北京腾讯总部	美国 SAGE 电致变色窗		降低办公空间照明、空调电力支出，提升工作者工作效率
5	厦门欣贺建筑	合肥威迪电致变色窗		主动按需调控透过率，节省公共空间照明和空调能耗，降低眩光发生率

4.2　高能效集中式空调系统

4.2.1　高能效制冷站

　　目前，建筑运行能耗在社会总能耗中的占比达 22%，其中集中式空调系统通常是公共建筑中能耗最高的单一系统[46]。在集中空调系统中，制冷站是能耗占比最高的部分，其能耗通常占到集中空调系统总能耗的 50%~80%。制冷站不仅能耗较高，也存在巨大的节能潜力。因此，降低制冷站的运行能耗是实现我国建筑行业"双碳"目标的关键。根据国家发展改革委发布的《绿色高效制冷行动方案》，到 2030 年，大型公共建筑的制冷能效应提高 30%，制冷总体能效应提高 25% 以上，绿色高效制冷产品市场占有率应提高 40% 以上[47]。因此，推动高效制冷技术的应用，以提升制冷站的运行能效势在必行。

　　通过对各类建筑制冷站的广泛调研，我国现有的制冷站存在以下不足[48]：首先，能效水平仍有较大提升空间。制冷机房系统综合能效比（EER_a），也就是实际运行工况下制冷机房系统全年累计制冷量（kWh）与设备全年累计用电量（kWh）的比值，是目前国际上衡量制冷机房运行效率的通用指标。根据美国 ASHRAE 的研究报告，该指标应高于 5.0。但《中国建筑节能年度发展研究报告 2018》[49] 中的研究数据表明，在国内 67 个不同城市中，以水冷离心或螺杆机为冷源的制冷机房的年综合能效普遍低于 4.0，与国际领先水平相比存在明显差距，亟待改进。其次，关键技术方面存在瓶颈。目前国内制冷站设计、建造、设备、运维等方面存在诸多问题，包括系统匹配及协调性不足、数字化及智慧化技术程度低、高效设备与系统整体集成性不强等，这些问题极大制约了制冷站的全面发展。此外，高效制冷站的标准体系也不完善。目前，我国的节能标准主要关注建筑整体能耗的宏观调控，而在高效制冷站领域的标准化建设尚显薄弱，导致高效制冷站在技术演进、性能评估及市场推广等方面缺乏科学、统一的参照依据。高效制冷站是一个互相耦合的整体，其实现是一项涉及最优化设计、精细化施工和智能化运维的系统工作，本节将重点介绍提高制冷站能效的各项技术，旨在为行业的持续发展提供有益的参考和指导。

1. 技术途径

为了提高制冷站的运行能效，可以采用以下典型技术途径。

1）全年动态负荷计算

利用先进的建筑动态模拟软件进行准确计算，模拟建筑全年 8760h 的动态负荷，以了解建筑全年的空调负荷特性（包括空调逐时负荷、空调峰值负荷、空调负荷比例分布等重要信息，如图 4.2-1 所示）。在此基础上，利用 AI 智能算法分析负荷分布特征，可为后续设备选型和系统设计提供精准的数据基础。

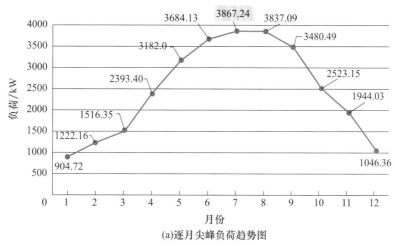

(a)逐月尖峰负荷趋势图

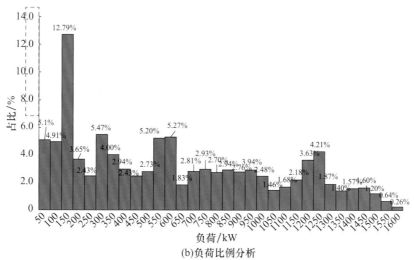

(b)负荷比例分析

图 4.2-1　建筑全年空调负荷特性分析示意

2）关键设备选型优化

重点关注冷水机组、水泵和冷却塔等核心设备的精细化选型，选取性能卓越且部分负荷能效高的设备，在满足建筑负荷需求的同时最大程度地降低能耗。

3）输配管道低阻设计

注重改善空调水系统管网的阻力问题，该问题直接影响水泵的能耗。通过改进输配系统的设计，采用低阻力过滤器和止回阀，减少系统弯头和冗余阀门等措施，可有效降低管路损失，从而减少输配系统的能源消耗，提升系统的整体能效。

4）智能化系统运维

引入先进的智能化控制算法，实时监测和调整系统的运行状态，确保系统在各种工况下都能保持稳定和高效。

2. 关键技术

1）制冷站的设备选型方法

高能效制冷站的设备选型涉及多个环节。首先，需明确制冷需求，包括制冷量、冷却时间以及全年负荷变化等参数，为后续设备选型提供基础数据。其次，在选型过程中重点考虑设备的能效比、技术性能和稳定性，确保所选设备能够长时间处于高效运行状态。同时，充分考虑设备的可靠性、耐用性和寿命周期成本，以实现经济和环保效益的双重优化。最后，使用高精度的仿真模拟工具，对不同配置方案的能效进行深入比较和分析，为设备选型提供科学的决策依据[49]。

冷水机组是制冷站中能耗最高的设备，因此需重点关注其选型配置。为提高能效，应优先选择变频冷水机组，尤其是在部分负荷工况下性能较好的型号。磁悬浮变频冷水机组在部分负荷下表现出卓越的性能（如图4.2-2所示）。它采用永磁同步电机驱动，具备多机头和无油润滑等特点，因此在低负荷工况下能够实现较高的整机能效比。然而，与普通变频离心式冷水机组相比，磁悬浮变频冷水机组的价格约为其1.6倍。因此，在高效机房的设计和选型过程中，需要综合考虑机房的综合COP及初期投资成本，以实现性能和经济性的最佳平衡[50]。

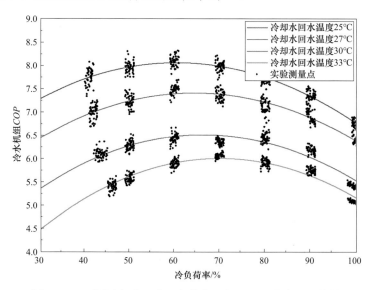

图4.2-2 不同冷却水温度和负荷率下的磁悬浮冷水机组能效

水泵在空调系统中扮演着关键的角色，其能耗约占整个空调系统总能耗的20%[51]。因此，在提升系统能效方面，降低水泵的能耗显得尤为重要。然而，目前在建筑空调水系统中普遍存在水泵选型过大的问题，其不仅增加了系统的初期投资，还导致了能耗浪费。这种选型过大的情况很大程度上源于水系统中存在的多种不确定性因素。为了确保系统的可靠性，设计人员通常倾向于选择型号稍大的水泵，这种做法在工程实践中甚至被认为是合理的。优化水泵选型关键在于对水系统的不确定性因素进行量化分析，即需要对涉及水系统的各种不确定因素，如计算模型、设备生产、安装调试等，进行详细的概率分析和量化。通过采用蒙特卡罗模拟方法，预测水泵扬程可能出现的概率分布，以更科学、合理地选择设计扬程、水泵型号和数量等关键参数，可在设计阶段就有效降低水泵选型过大的问题，从而在确保系统可靠性的同时，避免不必要的初期投资和能源浪费。

2）管网的精细化低阻设计

图 4.2-3 展示了基于 BIM 技术的配管降阻优化，该方法可以显著提升建筑管路系统的能效，并进一步降低能源消耗[52]。具体而言，以下措施可通过 BIM 技术实现。①选用低压降主机、低压降止回阀、过滤器；②增大管径：通过适当地增大管道直径，可以降低流速，减少水力损失，并增强系统的稳定性；③优化管道布局：利用 BIM 的三维可视化技术，可以实现管道和设备的合理布局，这有助于优化管道长度，减少阻力损失；④优化管道设计：精简管路弯头并选择大半径或弧形设计（如图 4.2-4 所示），可以减少流体转向时的阻力，降低能耗；⑤配置清洗装置：为冷水机组的换热器配置清洗装置，可以保持换热器的高效运行，提升换热效率。

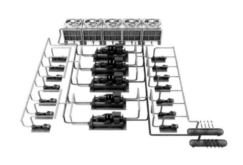

图 4.2-3　基于 BIM 技术的管道优化示意

图 4.2-4　管道的精细化低阻设计

通过以上技术的应用，工程师可以在设计阶段进行全面的管路分析和优化，考虑各种因素的相互作用，并在系统设计中采取相应的措施，以最大程度地降低管路的阻力和能耗。

3）制冷站的智能控制

合理可靠的群控设计是智能控制的基础，图 4.2-5 是制冷机房群控系统的常见架构。可以看出，机房的运行控制主要涉及冷水机组、冷水泵、冷却水泵及冷却塔这四个组成部分，其中的核心是冷水机组的节能调控，而其关键则在于冷水机组负荷的优化分配。为解决该问题，需引入先进的控制算法以实现冷水机组主机精确的负荷分配，并根据实时数据和需求进行智能化的运行调控[53]，以降低冷水机组的能耗并提升其稳定性。具体而言，通过智能控制系统，在负荷分配的过程中，通常将预测或测量到的建筑冷负荷作为控制依据。基于这一依据，采用优化算法对各冷水机组的启停和运行负载进行控制，以实现给定负荷下冷水机组的最佳运行状态。这种负荷分配优化可以确保每个冷水机组都在其最高效的工作点上运行，从而减少能耗。

就水泵系统的运行控制而言，基于冷水/冷却水压差重设的水泵控制算法可大幅节约水泵能耗，其核心在于根据实时的负荷需求，采用变频技术灵活调整水泵的转速，以满足实际流量需求，避免过剩供给。就冷却塔系统的运行控制而言，采用基于湿球逼近度动态控制可显著降低冷却塔系统的

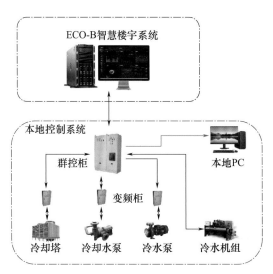

图 4.2-5　高效机房群控系统的架构

能耗，其本质在于根据室外湿球温度对冷却塔的出水温度进行动态调节，以避免风机能耗的浪费。

3. 案例分析

1) 地铁空调系统应用案例

广州地铁天河公园站[54]作为广州地铁网络中的换乘枢纽，是广州乃至亚洲范围内规模最大的地铁站。该站采用了美的超高效智能环控系统，并在冷源设备和输配系统方面采用了一系列能效优化措施。在冷源设备方面，采用了高效变频直驱降膜离心机制冷机组。该机组具有高效变频供冷功能，蒸发器采用了适应大温差、小流量工况的三流程设计，以实现在全负荷段的高效变频供冷。这样的设计能够根据实际需求调整冷源设备的运行状态，提高能源利用效率。环控系统还具备全自动风—水协调智能优化运行功能，采用基于负荷预测的末端变频控制策略。这种策略可以根据实时负荷需求进行智能调控，实现按需供冷，避免不必要的能耗。在输配系统方面，空调冷水的供回水温度为 7℃/14℃，利用了大温差、低流量的设计理念。这种设计可以有效降低输配系统的能耗。此外，优化了制冷机房内的管路连接方式，通过增大管径和采用低阻力阀件，降低了管路阻力，提升了系统整体能效。研究人员对 2020 年天河公园站空调系统在制冷季的能效进行了评估。评估结果显示，冷水机组的全年能效比高达 7.77，机房的全年能效比达到了 6.30。这些数据表明，优化措施的有效实施使得该地铁站的能效得到显著提升。

随着社会对建筑能耗和环境影响的关注不断增加，高效制冷站在建筑行业的重要性将进一步凸显。未来，随着技术的进步，预计会出现更高效、智能化的制冷设备和系统，同时相关技术也将更加成熟，包括精准的动态负荷预测、科学的设备选型优化、精细化的管网设计以及智能化的控制系统等。

未来，高效制冷站有望进一步融合自然冷源等可再生能源，以进一步降低碳排放。通过将可再生能源与制冷系统相结合，可以减少对传统能源的依赖，实现更为环保的运行。太阳能、地热能等可再生能源的应用将为高效制冷站带来更多的选择和灵活性。此外，数字化技术的深入应用将推动制冷系统运维管理向更高水平的智能化发展。通过实时监测、精准预测和远程控制等手段，数字化技术可以帮助及时识别和解决潜在问题，优化运行参数，提升系统的稳定性和可靠性。这种智能化的运维管理将为建筑行业提供更高效的解决方案，并为实现建筑行业的转型升级和"双碳"目标的实现提供坚实的技术支持。

2) 园区综合空调及热水系统应用案例

福耀科技大学位于福州市高新区南屿镇流洲岛，占地 84.87 公顷，首期建筑面积约 87 万 m^2，包含 7 个学院和约 200 间教室。校园规模大、功能区多样、负荷特性和运行时间差异大，在空调系统设计过程中需满足灵活控制、高效节能、运行可靠和分期建设等多方面的要求。为此，该项目采用了定制化的空调解决方案，其中涉及了多联机、水机、分体空调和热水机等多种产品。如图 4.2-6 所示。

本项目采用
多联机17000HP
磁悬浮4000RT
直膨、组空150余台
热水机130余台
分体空调6300余台

多联机
水机
分体空调

图 4.2-6　福耀科技大学空调及热水系统应用案例

（1）空调系统

公共教学实验楼、各学院、食堂等功能区的空调使用时段在白天，其空调系统需具备灵活的控制和快速的冷热响应能力。为此，这些区域采用了海信高效分布多联式空调机组 NEW M2 系列和净界系列直膨式新风机组。这些系统具有高效节能、操作简便、维护容易和灵活分期建设等优点，能够较好地满足晚自习、周末及假期延时运行等需求。此外，多联机系统搭载了基于建筑负荷预测的节能技术，即利用 RC 模型对建筑进行统一建模，以对房间的热惰性进行评估。在此基础上，结合气象参数对下一时段的房间温度及负荷进行预测，使得运行过程中的房间温度更加稳定。该技术可有效减少压缩机的启停，在部分负荷时段的节能效果可达 20％以上（如图 4.2-7 所示）。同时，为了解决多联机冬季制热除霜过程的用户舒适体验差的问题，该系统中采用了换热器分区不间断制热系统循环技术，在除霜时室内机可实现不换向持续制热，系统的原理图及 $p\text{-}h$ 图如图 4.2-8 所示。该技术可有效避免除霜时室温波动的问题，室内机出风温度可达 30℃以上，且制热周期能力也可提升超过 10％。

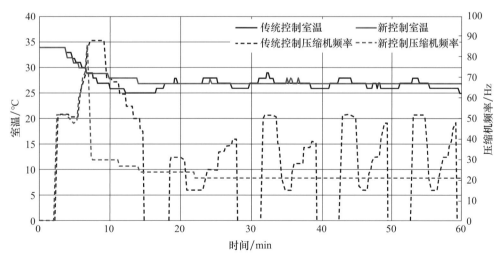

图 4.2-7　负荷预测控制效果分析

考虑到图书馆、博物馆、国际交流中心、体育馆等建筑的使用规律，该项目在以上建筑中采用了大型水系统空调。其中，图书馆、博物馆、国际交流中心的冷水机组采用了海信 AE 系列的高效磁悬浮离心式冷水机组［如图 4.2-9（a）所示］，总装机容量达到 4000RT。行政楼和体育馆则分别采用了海信 H1 系列低温风冷模块和 EH300 系列风冷大涡旋机组［如图 4.2-9（b）、（c）所示］，以满足统一开关和高效制冷的需求。

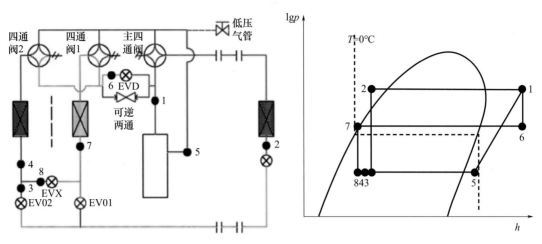

图 4.2-8 换热器分区不间断制热系统循环及除霜 p-h 图

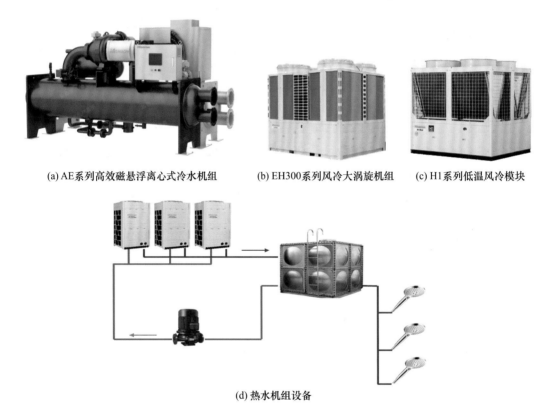

(a) AE系列高效磁悬浮离心式冷水机组　　(b) EH300系列风冷大涡旋机组　　(c) H1系列低温风冷模块

(d) 热水机组设备

图 4.2-9 福耀科技大学部分机组设备

（2）热水系统

考虑到学生公寓的热水需求，本项目采用了空气源热泵机组集中供应的方案，其基本构架如图 4.2-9 所示。该校学生公寓 1 号楼 2~10 层建筑面积共 17000m²，共计 504 个两人间，因此选用了 7 台 20 匹海信 Hi-water 热水机，每台额定制热量 80kW，产水量 1.72m³/h/1.19m³/h，而热水水箱的有效容积则为 30m³（5000mm×4000mm×2000mm）。经运行实测发现，项目整体系统运行的实际能效可达到 2 级以上。因此，将该热泵热水供应系统进一步拓展至校区内的食堂、博士生公寓、青年教师公寓、国际交流中心、体育馆等建筑，校园内的热泵外机总数量已超过 100 台。

（3）集控系统

本项目中的空调系统全采用 H-NETIII 集控系统进行管理，且所有空调集控系统都接入智慧校园系统。H-NETIII 空调管理系统通过通信总线连接（如图 4.2-10 所示），可满足多账户、多地点的同时管理需求。其中，一个通信系统总线最多可以连接64台室外机和160台室内机，一个管理控制电脑可连接多个网络转换器，其最大连接室内机数量可达5120台。H-NETIII空调管理系统的主要功能包括运行状态监控、空调权限管理、平面导航、日程管理、累计运行时间统计和建筑整体能耗统计等，有效降低了运维人员的工作量，确保了能源的合理使用。

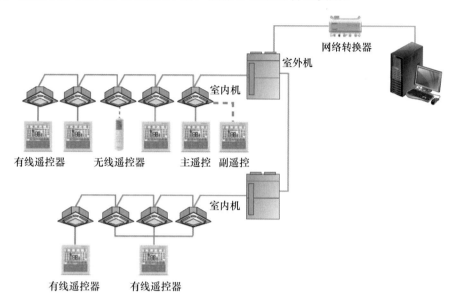

图4.2-10　H-NETIII空调管理系统集中控制设备

综上所述，该项目通过采用先进的多联机、水机和热泵技术，以及智能化的集控管理，可满足福耀科技大学不同区域的用能需求，实现了高效节能和灵活运行。

4.2.2　空调系统的调试与运维管理

调试和运维管理对于空调系统的正常运行和工作效率提升至关重要。在安装过程中，必须准确无误地完成系统的装配任务，并执行全面细致的调试程序。其间需要严格监测各项性能指标，确保其均符合标准范围。一旦系统进入运维阶段，就需要定期评估其工作状态。通过建立实时监控系统，可以有效识别和应对各种潜在的异常情况，确保空调系统的稳定性和高效性。

空调系统的调试和运维管理对舒适性、健康性和能效都有重要影响。首先，调试过程的精细程度直接关系到室内环境的舒适度。通过确保通风与空调系统的顺畅运行，可以保持室内空气的流通，调控湿度和温度，从而提供稳定的舒适环境，大幅提升居住者的工作和生活品质[55]。其次，空调系统的调试和运维对室内空气质量同样至关重要。如果系统调试不当，可能会加重室内空气污染问题，对居住者的呼吸健康构成威胁。通过精确调试和定期维护，可以确保空气质量符合健康标准，提供一个清洁、健康的室内环境。第三，从能效角度来看，合理的调试和运维管理可以通过优化空气流通、温度控制和湿度调节等措施显著减少能源浪费。通过定期检查和维护设备，优化系统运行参数，减少能耗，提高能源利用效率，从而降低能源成本和环境影响[56]。

1. 技术途径

1）做好调试前准备工作

准备工作涵盖机电调试策划、调试人员及仪器的筹备，以及调试方案的拟定（如图4.2-11所示）。机电调试策划是通风与空调系统调试的首要环节。其主要目标是明确调试的框架、目标和关键性能指标，划定调试范围，并规划系统各部件、设备和管路的调试流程。此外，策划还强调时间管理和任务分配，以确保调试工作有序进行。同时，需组建专业的调试团队，明确各成员职责，并精确规

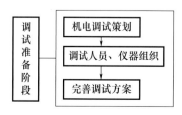

图4.2-11　调试准备阶段

定所需仪器和工具，以保障调试数据的准确性。

调试团队与仪器的组织构成调试前的关键准备环节，需严格遵循策划阶段的标准，选拔具备深厚专业背景和丰富经验的技术人员参与调试任务，以迅速且精确地识别问题所在，并进行细致的参数调整。调试方案的完善是对整个调试流程进行全面的规划和梳理，其主要涵盖了操作指南和技术标准，是调试准备阶段的收尾工作。

2）做好初调试与精确调试

初调试阶段的核心目标是验证系统的基本功能和操作性，并进行初步的参数配置。在这个阶段，系统首次启动，全面评估其运行状态和各组件的工作性能，重点检查风量、温度和湿度等关键参数是否符合设计要求。同时，对系统的控制策略和方式进行校验，如温度和风速的控制等。

精确调试阶段建立在初调试的基础上，对系统进行更深入、细致的优化调整。在这个阶段，需要精确测量并记录系统各组件和设备的核心参数，如风机的风量、压力和功率，以及空调机组的制冷和制热性能等。同时，对空气分布和通风效果进行综合评估，通过调整送风口和回风口的位置和角度，实现空气流通的均匀性。室内温湿度的均衡调整也是这个阶段的重要任务，旨在确保室内环境符合设计要求。此外，为了提高系统的能效和运行稳定性，还需要优化空调机组和风机的控制策略。对于特殊场所，如会议室、实验室等，还会进行定制化功能调试和配置，以满足客户的实际需求。

3）空调水系统的调试

在进行系统测试之前，首要任务是确保水系统的装配和连接符合设计规范，并仔细检查是否存在潜在的泄漏或堵塞风险。随后，可以使用专业的流量计和压力表对水系统进行测试，以确保各项参数与设计要求相符。此外，还需要对系统中各设备的控制逻辑和自动化功能进行全面测试，包括温度控制、水位调节和阀门操作等。这样可以确保系统能够迅速、准确地响应并保持稳定的工作状态。水力平衡调试是空调水系统调试的重点，其中常用的方法之一是分级调节。这个调试过程涉及水泵的校准、阀门的调整和管道连接的检查等多个方面，旨在实现系统各末端流量的合理分配，以帮助调试人员进行合理的水力平衡调试。

4）空调风系统的调试

空调风系统的调试主要包含以下步骤：调试之初，需要对空调风系统进行全面检查和准备。这包括仔细检查空调机组、风管、风口、回风口、过滤器和风阀等关键组件的安装质量和连接状态，确保它们完好无损且无堵塞，并验证电气连接的准确性。随后，启动空调机组，严格核查其工作参数是否符合设计标准。在调试过程中，根据设计规格和现场情况调整空调机组的风量，主要涉及改变风机转速、调整出风口和回风口的开度等。基于这些调整，使用风速计、流量计等精密工具测量风量，并使用温度计、温湿度计准确测量空调系统出风口和回风口的温湿度，以确保它们符合设计要求。在调试过程中，需要适时调节风阀的开度以平衡压力，确保空气流动均匀稳定。同时，还要检测房间内风速的分布情况，以避免出现气流死角或过强的风速。能耗监测也是调试中的重要环节，因此需要实时监测和评估系统的能耗，以实现系统的高效节能运行[57]。

2. 关键技术

基于BIM的暖通空调运维技术为运维决策提供了全周期信息共享的支持，并打破了各专业之间的信息隔离。它利用建模软件如Revit创建高精度模型（参见图4.2-12），该模型详细描述了暖通设备的物理和几何信息。通过共享参数法和RevitDBLink技术（参见图4.2-13），实现了与数据库之间的双向信息传递，确保信息的交互和更新。这一方法优化了运维信息的管理方式，并利用数据库软件如Access高效而精确地管理运维数据。这为设备的预防性维护和故障诊断提供了可靠的数据支持[58]。

此外，为了克服传统BIM模型在浏览和操作中可能遇到的性能问题，可以利用WebGL技术和轻量化引擎，将BIM模型嵌入到HTML网页中，实现在浏览器和移动设备上对BIM模型的轻量级可视化（参见图4.2-14）。这种技术的应用不仅使运维管理人员能够在任何时间和任何地点访问模型，还实现了对暖通设备的精准定位和三维漫游，极大地提高了运维工作的便捷性和效率（如图 4.2-15所示）。

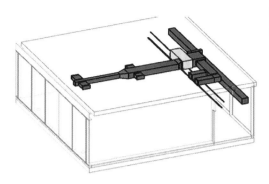

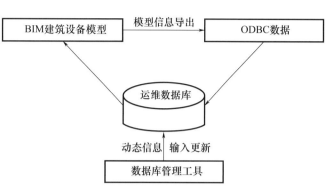

图 4.2-12　暖通设备可视化模型　　　　　图 4.2-13　BIM 模型和运维数据库的信息双向更新

图 4.2-14　机电模型轻量化　　　　　　　　图 4.2-15　轻量化 BIM 模型集成结果

而智慧楼宇系统则在传统 BIM 技术的基础上，结合了物联网、大数据、人工智能、5G 等新一代信息技术，以提供全空间、全场景、全周期的智慧楼宇运维方案，包含空气管理系统、能源管理系统、运维管理系统三大板块，可实现建筑的全寿命周期绿色、低碳、智慧、舒适运行。

3. 案例分析

1）ECO-B 系统

海信日立公司提出了 ECO-B 智慧楼宇系统（图 4.2-16）。ECO-B 平台包含三大部分：ECO-B Air（空气管理系统）、ECO-B Energy（能源管理系统）和 ECO-B O&M（运维管理系统）。覆盖商业企业、工矿厂房、政府公建、教育培训、医疗卫生等五大领域并延伸十九大行业场景。例如，智慧校园解决方案提供了全架构、多场景的应用组合，能够提升校园教学与管理效率，降低运维成本，教师公寓、学生宿舍等的智慧家电还带来了更理想的生活与学习环境。

ECO-B 系统还可以与智能控制系统相结合，例如，以效率为核心解决制冷系统能效耦合问题，实时在线计算机组当前效率并开启最高效机组（组合），自控系统深入融合冷水机组内部控制逻辑，根据冷水机组负荷曲线直接控制压缩机启停，充分保证每台压缩机的性能；冷却塔采用主动寻优的湿球逼近度控制动态调节冷却塔出水温度；根据末端负荷和室外温湿度动态调节冷水机组出水温度；冷水压差重设；进一步降低冷水泵的运行频率和能耗等。

其他企业的智慧楼宇管理系统包括美的智慧楼宇管理系统（M-BMS）、海尔 Meta Building 楼宇数智化平台等。

2）十堰某医院系统

以湖北十堰市某医院为例，深入探讨系统节能平台在实际应用中的作用，并探讨智能化节能运维管理的方式和方法[59]。

为了提高中央空调系统的运行能效，该医院建立了一体化能源控制平台。该平台采用三层架构：基础设备层负责实时监测和管理数据，为系统提供准确的数据基础；通讯网络层整合和高速传

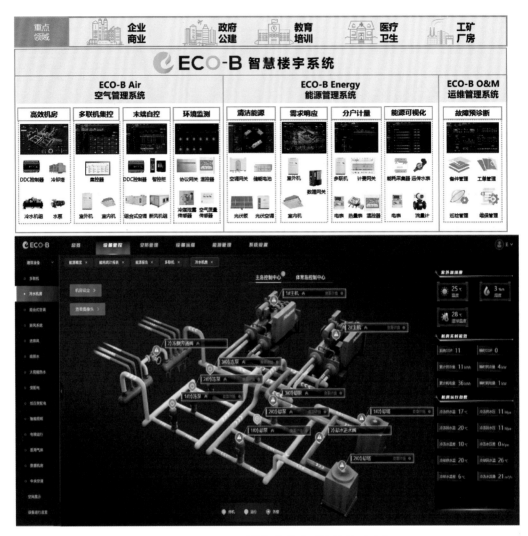

图 4.2-16 ECO-B 系统智慧楼宇系统的界面示意

输数据，确保信息的及时性和完整性；后台管理层实现数据的动态可视化展示和实时监测，为管理者提供直观、便捷的操作界面。通过远程通信技术与模糊能效柜的连接，并利用互联网实现 Web 发布，该平台支持对空调冷热源系统的远程智能管理，从而显著提升中央空调系统的运行能效。图 4.2-17 展示了医院后勤 BIM 可视化智慧运维平台的系统架构，清晰地展示了这一先进管理模式的实现方式。该平台的架构和技术手段的应用使得中央空调系统的运行能效得到显著提升。管理者可以通过平台实时监测和优化中央空调系统的运行，降低能耗，提高能源利用效率，从而节约能源成本并减少对环境的影响。

医院空调节能控制系统利用智能传感器实时检测环境温湿度，并通过智能监视软件进行全面的数据分析。该系统采用了模糊计算和 PID 控制技术，精确地调节冷却水流速、冷水流速等参数，以满足各个房间的冷量需求，从而确保舒适的环境条件。同时，系统通过持续跟踪房间负荷的变化，优化制冷机组的运行，实现能耗的最优化。图 4.2-18 展示了系统架构，清晰地展现了各个组件之间的高效协同作用。

此外，该医院的空调系统控制模块中预置了先进的预期模糊算法模型，能够准确预测未来时段内空调系统的制冷/制热需求，并根据预测结果对运行参数进行优化。在实际执行过程中，系统采用了变频技术来调整水泵转速，并优化供回水压差，以提升能源利用效率。图 4.2-19 展示了改造前后医院的逐月能耗，而该医院空调系统在夏季的综合节能率为 24.6%，在冬季的综合节能率为 25.2%。

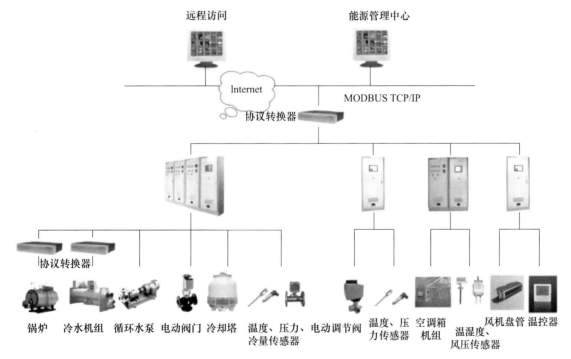

图 4.2-17　医院后勤 BIM 可视化智慧运维平台系统架构

图 4.2-18　节能控制系统架构

　　本节详细讨论了基于 BIM 的暖通空调运维技术在实践中的应用效果，并强调了智能化管理对于提升系统运行效率和促进节能减排的重要性。通过深入阐述，揭示了该技术在现代建筑能源管理中的关键地位。同时，通过实际案例的结合，进一步验证了系统节能平台在高能耗建筑的中央空调管理中的关键作用，为实现能源的高效利用提供了创新的思路和方法。

　　随着大数据、云计算、物联网等前沿信息技术的不断发展，基于 BIM 的暖通空调运维技术将迎来更广阔的应用空间。智能化管理平台的不断进步将推动空调系统运维管理向更加精细、高效的方向发展。同时，多种新技术的融合将为暖通空调系统的节能减排和智慧运维提供强大的支持，引领建筑能效管理迈向更高层次。

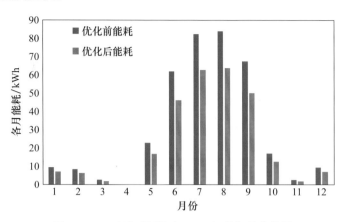

图 4.2-19　改造后医院在 2020 年的各月节能量

4.2.3　大数据在空调系统运行调适的应用

大数据技术是指能够从各种类型的数据中快速获取有价值信息的技术。在空调系统的运行与优化领域，大数据技术正在展现出其日益强大的效能。通过实时深度分析空调系统的运作数据、环境变量以及用户行为习惯，大数据技术能够显著提升系统的能源效率，并优化用户的使用体验。具体而言，大数据技术能够精准地预测建筑的负荷变化，并根据预测结果调整能源使用策略，以实现节能减排和用户舒适度的兼顾。此外，大数据技术能够准确地识别系统的能效短板，助力故障诊断，并预测可能出现的隐患。这有助于降低长期的维护投入，并全方位地增强系统的稳定性和可靠性。

在我国数字化转型的大背景下，大数据技术在空调系统中的应用正迎来蓬勃的发展态势。借助物联网技术的支持，空调制造商正在深入挖掘大数据的潜力，为用户提供个性化、高效的冷暖解决方案。这不仅显著提升了服务响应速度和用户满意度，同时也为智能家居和智能建筑的前沿发展注入了新的活力。值得注意的是，大数据正在推动空调领域维护模式的变革，从被动反应式维护逐渐向主动预测式维护转变。这有助于提高系统的运行效率，并有效延长设备的使用寿命。随着大数据技术的不断发展，它将继续推动空调系统向智能化、高效化和环保化的方向发展，为空调行业的技术创新和产业升级带来新的机遇。本节将深入探讨大数据在空调系统运行调适中的关键技术途径，包括故障诊断和负荷预测等。同时，通过具体的应用案例，揭示大数据技术如何助力空调系统的运维调适过程。

1. 技术途径

1）空调系统故障检测与诊断

空调系统的故障检测与诊断主要涉及两个方面：热力故障和传感器故障[60]。热力故障涉及到制冷循环的核心组件，例如压缩机、膨胀阀和冷凝器等，直接影响系统的制冷效率和整体能源消耗，其常见典型问题包括：冷却水量异常减少/增多、冷水量异常减少/增多、制冷剂泄漏/充注不足、制冷剂充注过量、冷凝器/蒸发器结垢、过滤器堵塞。传感器故障涉及温度、湿度、压力等传感器的问题，这会影响系统对室内环境的准确监测和调节能力，从而影响舒适度和运行效率，其常见典型问题包括：完全失效、固定偏差、漂移偏差等。图 4.2-20 展示了制冷系统中常见的故障类型。

为了解决上述故障，可以采用基于数据驱动或知识驱动的故障诊断技术[61]。图 4.2-21 展示了在暖通空调系统中常用的故障检测与诊断方法，而图 4.2-22 则展示了故障检测和诊断方法的通用实施方案。数据驱动方法通过机器学习算法分析空调系统的实时运行数据，识别参数异常变化，以自动学习并识别故障模式。知识驱动方法则依赖于专家系统、故障模式与效果分析（FMEA）等专业知识，利用预先构建的故障知识库进行故障诊断，能够快速且准确地确定问题所在。这两种方法的有机结合不仅能高效地识别热力故障和传感器故障，还能通过实施预测性维护策略显著减少系统停机时间，延长设备使用寿命，并确保空调系统稳定高效运行。

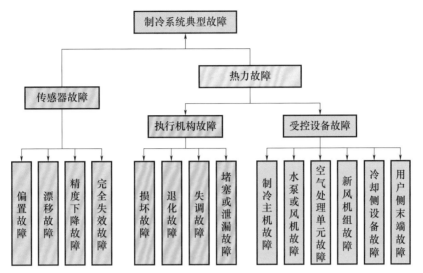

图 4.2-20　制冷系统的典型故障分类[61]

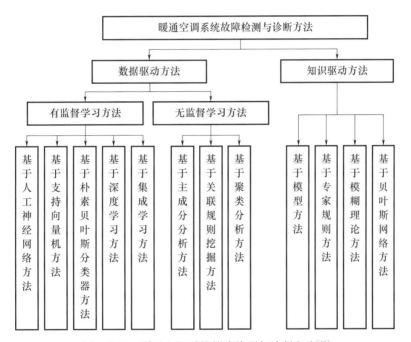

图 4.2-21　暖通空调系统故障检测与诊断方法[62]

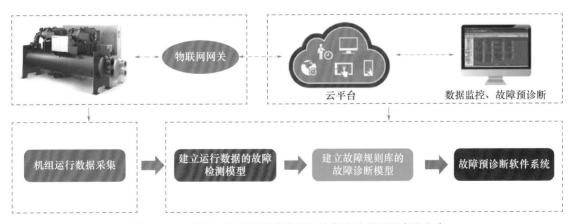

图 4.2-22　暖通空调系统故障检测和诊断方法的通用实施方案

2）空调系统负荷预测

空调系统负荷预测也是大数据在空调系统运行调适中的典型技术之一，旨在通过数学模型准确预测空调系统未来的负荷需求。在实际应用中，该技术会综合考虑多方面的信息，包括空调的历史运行数据、当前环境条件、天气预报、建筑物的物理特性以及用户的使用习惯等，以构建能够描述空调负荷与这些因素之间复杂关系的数学模型。具体而言，统计方法主要利用时间序列模型来揭示数据中的周期性和趋势性，而机器学习方法则更加灵活，能够发现数据之间的各种非线性关系。这些技术的综合运用，不仅极大地提高了负荷预测的准确性，还使得空调系统能够根据预测结果优化其运行策略，以提高能效和室内舒适度。

2. 关键技术

数据驱动的空调系统故障诊断算法。该算法利用大数据分析技术对大量的系统运行数据进行深度剖析，提取关键信息，并揭示潜在规律，以实现对未来状态的预测和决策制定。相比于需要深入研究空调系统物理机理的方法，该算法在处理复杂系统故障时显示出独特的优势。然而，该算法在数据质量和解释性方面存在一定局限性[62]。

为了突破单一数据驱动算法的局限，结合物理模型和数据驱动方法的算法被提出。这类算法主要分为两类。一类是利用基于物理模型生成的数据集训练监督学习算法，以构建故障预测模型。例如，Dowling 等人通过训练贝叶斯分类器，并利用少量正常运行数据将其从一个数据丰富的建筑迁移到新建筑，成功区分了 HVAC 系统的正常和故障运行状态[63]。另一类算法将物理知识直接融入数据驱动模型的训练过程中，以利用物理模型弥补数据驱动方法在数据覆盖和模型解释性方面的不足，提高模型的预测精确性、可靠性和解释性。例如，Raiss 等人提出了一种深度学习框架，称为物理信息神经网络（如图 4.2-23 所示），该框架专门用于解决涉及非线性偏微分方程的前向和逆向问题。该框架结合了深度学习的强大能力和物理模型的精确性，提高了解决复杂物理问题的效率和准确性[64]。

3. 案例分析

某数据机房的空调系统由 3 台水冷离心式冷水机组组成，采用 2 台运行 1 台备用的模式。每台机组的制冷量为 3340kW。初始设定的冷水进水温度为 12℃，出水温度为 7℃，而冷却水的进水温度和出水温度分别为 32℃ 和 37℃。该系统由一个空调自控系统（BA）进行管理，该系统专门用于监控整个暖通空调系统的运行。然而，由于该数据机房建设较早，现有的冷水机组和末端空调设备无法满足现代 AI 调优技术的要求。因此，决定对系统进行必要的前期改造，改造计划分为两部分：末端改造和冷源侧 BA 系统的改造[65]。

1）末端改造

末端改造的核心在于增加温度监测点（如图 4.2-24），以便进行更精细的数据机房温度场建模和系统整定。原系统在 1~3 层的冷通道中仅配备了 2 个温度传感器，并且热通道内没有任何监测点位。为了满足数据采集需求，计划在每个冷通道增加 2 个传感器，并在热通道内增设 8 个温度探头，以提高数据采集的覆盖范围和精度（如图 4.2-25、图 4.2-26 所示）。

2）冷源侧 BA 改造

为了实现运行数据的实时上传，工作人员在冷水机组主机控制屏中增加了通信模块。此外，为了能够实时监测系统的流量、温度和压力，工作人员还在冷水侧和冷却水侧的供回水管上增加了多个压力、温度和流量监测点位。这些监测点位能够提供准确的数据反馈，以便对系统进行更精细的调优。为了进一步提升系统调优的效率和精度，工作人员还增加了 3 台冷却塔变频控制柜、3 台冷却水泵变频控制柜和 2 台冷水泵变频控制柜，并将它们全部接入 BA 系统进行集中管理。通过变频控制柜的使用，可以根据实际需求智能地调整冷却塔和水泵的运行状态，以实现节能和优化系统性能的目标。这些变频控制柜与 BA 系统的连接使得运行状态的监测和调整更加方便和集中化。

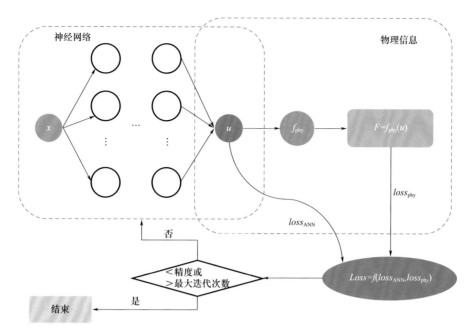

图 4.2-23　基于物理信息神经网络结构示意图

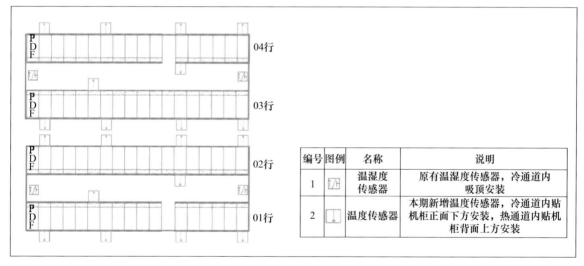

图 4.2-24　数据机房温度传感器布置示意

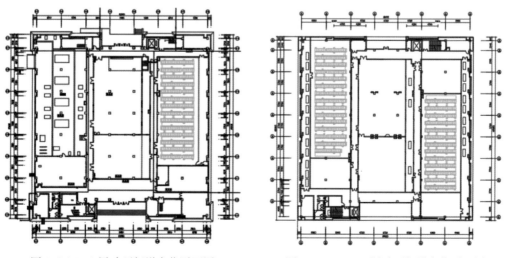

图 4.2-25　1 层动环新增点位平面图　　　图 4.2-26　2～4 层动环新增点位平面图

3）系统优化与效果

改造后的系统 BA 架构如图 4.2-27 所示，系统的控制优化间隔设定为每小时一次。图 4.2-28 展示了部分优化结果，以便更好地了解系统的性能改进情况。为了全面验证改造效果，工作人员选择了 20 天的典型冷源数据进行分析。研究结果表明，优化后的系统在节能方面取得了显著成效，如图 4.2-29 所示。具体来说，优化后的制冷系统平均每天的能耗由 17128.64kWh 降低至 15935.07kWh，平均能效比从 2.11 提升至 2.22，平均 *PUE* 值由 1.90 减小至 1.87。数据显示，系统的节能率达到了 6.97%，能效提升率达到了 5.68%，这充分验证了优化措施的有效性。

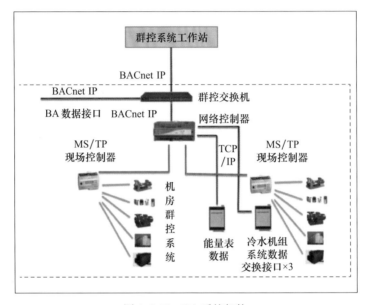

图 4.2-27　BA 系统架构

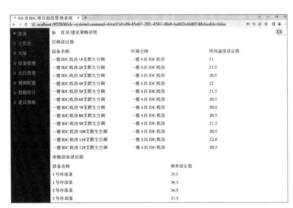

图 4.2-28　部分优化结果示意

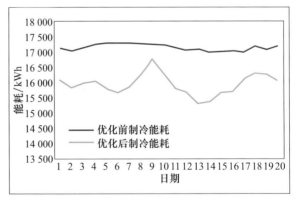

图 4.2-29　数据中心优化前后制冷能耗对比

在当前先进技术的时代背景下，大数据技术已经成为推动空调行业发展的关键驱动力。通过深入挖掘和分析空调系统所产生的海量数据，大数据技术为实时监测系统性能提供了有力支持，并通过精准的故障检测和诊断机制，及时发现并解决潜在问题，确保系统的稳定运行。此外，利用大数据技术对空调系统负荷进行科学的预测分析，有助于优化系统运行策略，实现能源的高效利用，从而降低成本并减少能源消耗。

随着物联网和智能技术的不断发展，大数据在空调系统中的应用将变得更加广泛且深入。基于实时数据和预测模型，空调系统有望实现自动调整运行模式和参数，更好地适应环境变化并满足用户需求，为用户提供个性化的温控体验。同时，借助云计算和边缘计算的技术融合，大数据处理的速度和效率将显著提升，为空调系统的智能化调控提供更强大的数据支持，推动整个行业向绿色、高效和智能的方向迈进。

4.3　空调蓄冷蓄热技术

蓄冷蓄热可以有效解决能源在时间、空间等方面供需不匹配的矛盾，显著提高能源利用率。蓄冷蓄热技术应用在空调领域，可以提高设备运行效率，降低建筑空调负荷，减少用户电费支出，提升舒适度，具有显著的经济价值和社会价值。常用空调蓄冷蓄热技术包括冰蓄冷、高温相变蓄冷等。

4.3.1　冰蓄冷技术

1. 技术途径

冰蓄冷是利用冰水相变的潜热进行蓄冷，蓄冷能力更强，材料体积更小，应用在建筑空调领域可有效提升空调系统的能源效率和节能效果。实现高效冰蓄冷技术路径主要包括：

1）研究新型制冰技术

动态冰蓄冷技术通过中央空调压缩机在夜间低温供冷，使过冷水进一步放热相变成冰，再利用冰的潜热在融化时大量吸热。从而实现大量冷能的夜间储存白天释放，节能效果显著。

2）研究多能互补供冷系统

在供冷系统中耦合蓄冰槽，根据末端负荷变化情况调节运行模式，以降低系统的运行成本。与传统单一冷源供冷系统相比，多能互补的供冷系统通过多种能源的智能耦合提高冷源与末端负荷的匹配性，实现经济高效的运行。

3）优化冰蓄冷空调系统的控制策略

通过智能化控制系统，根据实际需求和环境条件动态调节冰蓄冷系统的运行，以提高系统的响应速度和运行效率。具体包括对制冷机组、蓄冰装置、换热器等关键部件的优化控制。

2. 理论研究

空调用冰蓄冷系统可分为静态冰蓄冷和动态冰蓄冷。静态冰蓄冷主要包括冰球/冰板蓄冷系统、内融冰系统、外融冰系统。相比水蓄冷，静态冰蓄冷的蓄冷密度更高，但其技术投资大、蓄冷能效低，导致投资回收期较长，限制了蓄冷空调的进一步推广。动态冰蓄冷也称冰浆蓄冷，是在静态冰蓄冷技术上的迭代，因其更加卓越的效率逐渐成为了研究热点。

1）冰球/冰板蓄冷系统

冰球/冰板蓄冷系统是将去离子水或其他高潜热蓄能溶液注入高密度聚合烯烃材料制成冰球或冰板从而进行蓄冷。依托载冷剂通过冰球或冰板的换热实现蓄冷与释冷过程。该系统结构能够灵活调整蓄冷容量，有效隔离蓄能溶液和载冷剂，从而减少了交叉污染的可能性[66]。但由于冰球或冰板之间会堆积出间隙、冰球或冰板的壳体会增加热阻以及冰与壳体的接触面积较少等，一定程度上限制了系统的单位体积蓄冷量及取冷过程中的换热速率。

2）内融冰系统

在蓄冷阶段，将低温载冷剂送入蓄冰槽中的塑料管或金属管内部，通过金属管壁交换冷量使得管外的水结成冰。释冷阶段，温度较高的载冷剂被送入同一管道内使管道周围的冰融化，吸收热量，随后通过换热器将冷量传递给冷水。内融冰系统提高了系统的蓄冷能力，对于完全冻结式的内融冰系统，其蓄冰率（Ice Packing Factor，IPF）通常大于90%。但多次的热交换限制了释冷速率，造成相对较高的释冷温度（即冷水的温度）。因此对于内融冰系统的研究应集中在提高内融冰冰槽的取冷速率和降低释冷热阻上[67]。

3）外融冰系统

在释冷过程中，为了使系统能够获得较大的取冷速率和较低的释冷温度，取冷方式来自于管道外的水流动。为了防止出现"管冰搭接"现象，即冰的形成桥接了管道并可能损坏盘管，外融冰系统的蓄冰率通常保持在70%以下。冰槽的蓄冷和取冷特性是外融冰系统研究的重点。在开式外融冰和内融冰系统中，蓄冰率通常是通过监测冰槽液位的变化来检测的。闭式外融冰系统无法通过液位变化来监测，因此开发新型的冰厚检测方法是确保系统的有效运行的重要手段[68]。

4）动态冰蓄冷

动态冰蓄冷技术也称为冰浆蓄冷，是一种利用冰晶粒子与水（或水溶液）混合形成的浆状溶液来进行冷量存储和传输的技术。冰晶粒子的平均特征直径通常不超过1mm，其微小的粒径和较大的比表面积使得冰浆具有良好的流动性和换热特性。冰浆的独特优势在于其作为冷量载体的换热介质，同时也作为冷量存储的储冷介质[69]。冰浆蓄冷系统还可以提供更加灵活的冷量调节，满足不同时间段的冷量需求，特别适用于负荷波动大的环境。冰浆蓄冷将换热过程和制冰过程分离，消除了冰层的导热热阻，以强制对流的方式实现冷量的高效传递，大幅提升了制冰效率。现有的冰浆制备技术主要有过冷水法、刮削法、蒸发过冷水法和直接接触法等。

过冷水法研究最为广泛，其技术路线为"过冷水＋解除生冰"。过冷水状态在热力学上是一种亚稳态，其稳定性较差，容易通过自发成核的触发机制，导致水分子迅速结晶，形成冰堵。因此，为了有效地获得并维持过冷状态，必须对流动和换热条件进行精确控制。其基本原理如图4.3-1所示：水或水溶液在换热器中冷却降温至低于0℃的过冷状态，接着在过冷解除装置中解除过冷状态，形成的冰浆进入蓄冰槽蓄存，未成冰的水进入下次循环。该方法主要的制冰装置包括过冷却器（水受冷降温至过冷态）、过冷解除装置（过冷解除生成冰晶）以及蓄冰槽（冰晶蓄存）。在过冷水法制冰装置的组成中，过冷却器是实现水降温至过冷态的关键部件，可采用板式、套管式等多种换热器设计。过冷解除装置则是实现过冷状态向冰晶转化的环节，其设计需确保高效且可控的冰晶生成。最后，蓄冰槽用于储存形成的冰浆，以备后续使用。

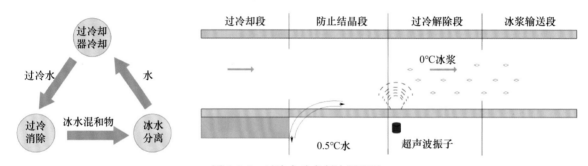

图4.3-1　过冷水动态制冰原理图

由于过冷水法制冰的关键是精确控制过冷态的形成和解除，因此需探索合适的控制条件来抑制过冷态形成过程中自发成核带来的冰堵问题和选取合适的促晶手段以实现快速高效生成冰晶。

图4.3-2展现了固体与液体的自由能与温度关系。无外界干扰条件下，溶液超过一定阈值的过冷度后会自发结晶，即允许的最大过冷度。水的吉布斯自由能可表示成：$G=H-TS$，自由能差值可用式（4.3-1）和式（4.3-2）表示。固液两相之间分界面的形成是一个能量消耗过程，这涉及到冰晶成核和生长过程中的能量需求。相变所需的驱动力主要包括补偿冰晶扩散所需的能量、冰晶形成时所增加的表面能量以及赋予固态相变时的应变能和界面迁移动能，这部分能量可统称为位垒能量。

$$\Delta G = G_s - G_L = (H_s - H_L) - T(S_s - S_L) \tag{4.3-1}$$

$$\Delta G = \frac{-L_m \Delta T}{T_m} \tag{4.3-2}$$

当自由能差小于位垒能量时，即过冷状态形成，当自由能差（允许的最大过冷度条件）等于位垒能量时，过冷水自发成核，冰晶开始析出。因此，实际系统运行时过冷态形成的关键点是控制过冷度的大小使其自由能差始终低于位垒能量。当外界施加一定能量（冲击、振动等）时，就能克服位垒能量，过冷状态解除生成冰晶。在实际系统运行时应该施加足够的能量促使过冷水快速破坏过冷态生成冰晶。

水中冰晶的生成主要包括形成晶核和晶核成长两个阶段，分别称为核化过程和晶化过程。核化过程即为过冷水中产生固相的过程，一般有两种形式：均质成核和非均质成核。如图 4.3-3 所示。非均质成核发生时，成核基体在固体表面为球冠形。均质成核基体为球形，相对于非均质成核的球冠形，其成核势垒较大，更难形成冰核，因而均质成核发生所需的过冷度要大些，相应的成核温度要低于非均质成核。图中 r 为临界成核的半径，θ 为固体表面与球冠切面的夹角，即接触角，r 和 θ 值越大，意味着球冠的整个体积越大，冰核越难形成，可达到的过冷度值越大。其中 r 值的大小由过冷度决定，而 θ 受表面材料影响，详见式（4.3-3）和式（4.3-4）。

$$r_{\mathrm{c}} = \frac{2\gamma_{\mathrm{SL}}\varOmega_{\mathrm{s}}}{\Delta g} \tag{4.3-3}$$

$$\cos\theta = \frac{\sigma_{\mathrm{LF}} - \sigma_{\mathrm{SF}}}{\sigma_{\mathrm{LS}}} \tag{4.3-4}$$

式中，σ_{LF}、σ_{SF} 和 σ_{LS} 代表了水与固体表面之间、临界冰核与固体表面之间及水与临界冰核之间的界面能量。其中 σ_{LS} 与温度有关，而 σ_{LF} 和 σ_{SF} 仅与固体表面的性质有关。为了获得较大的过冷度，临界成核半径应尽量大，且水接触角 θ 也应尽量大，这样位垒能量就提高了，同样水质条件下的允许最大过冷度就会提高。因此过冷水形成的换热基体表面可选择接触角 θ 较大（超疏水）的材料，例如超疏水涂层（$\theta > 135°$）。

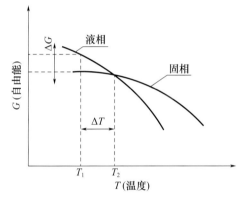

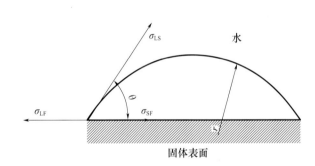

图 4.3-2　固体与液体的自由能与温度关系图　　图 4.3-3　冰晶非均质成核图

以上对过冷态形成、成核过程的分析，为实际过冷水法制冰过程中的冰堵抑制和稳定运行指出了方向。在制冰过程中，换热流动过程中需保持过冷态，关键是过冷度的选择，实际运行的过冷度应当不超过允许的最大过冷度。如要提高允许最大过冷度的阈值，可以从提高位垒能量的角度着手，具体方法包括控制杂质含量、提高表面材料的水接触角等。另一方面，制冰过程中要求生成冰晶时需破坏过冷状态，实际运行中过冷态的解除需要额外外界能量的施加，具体方法可考虑冲击碰撞或超声振动等方式，如要满足快速解除过冷，则需加入足够多的能量来实现。

3. 案例分析

空调冰蓄冷系统按蓄冷模式和运行策略分类，可分为全负荷蓄冰和部分负荷蓄冰。全负荷蓄冰可转移全部白天高峰电力，节省电费支出，运行模式单一且控制简单，但其需要较大的储冰设备，一次投资较大，回收期较长。部分负荷蓄冰仅转移部分白天高峰电力，电费支出较大，运行模式较多，控制复杂，但投资和运行电费综合较优，经济性较好，因此在民用建筑中得到广泛的应用。在典型的部分负荷蓄冰方式中，双工况制冷机组需要在蓄冰的同时参与空调供冷，在机组选型时要兼顾蓄冰工况和空调工况，其空调工况下的 COP 值一般低于常规制冷机组，并且机组在供冷时需通过板式换热器换热和乙二醇循环泵进行间接供冷，增加的水泵能耗占总电耗的 10%～20%。因此，与常规制冷系统相比，冰蓄冷空调系统在空调工况下的 COP 值低 23% 左右，即系统配电功率和供冷时耗电量大 23%。如果采用全负荷蓄冰方式，使用单工况制冰机组代替双工况制冷机组，该机组只负责制冰蓄冷，装机功率小的常规制冷机组负责空调供冷，系统的配电容量和耗电量均可降低，从而降低运行费用。

1）北京大兴国际机场冰蓄冷系统

北京大兴国际机场位于北京市大兴区榆垡镇、礼贤镇和河北省廊坊市广阳区之间，为 4F 级国际机场。项目总占地面积约 63 万 m²，建筑面积 250 万 m²，其中主体航站楼及综合换乘中心占地面积约为 30 万 m²，建筑面积约 80 万 m²，建筑高度为 50m。共配置 50 座登机桥，9 座值机岛，300 个值机柜台。

大兴机场采用的是冰蓄冷耦合地源热泵系统，共设置东西 2 座制冷站，其俯视图和内景分别如图 4.3-4 和图 4.3-5 所示。设置于东、西两侧停车楼 B2 层，空调冷源采用内融冰蓄冷系统，由杭州华电华源环境工程有限公司提供智能化控制系统及云平台部署。系统具备主机蓄冰同时供冷、主机单独供冷、蓄冰装置单独供冷及联合供冷等 5 种工况。为降低系统输送能耗，制冷站内的冷水采用一级泵配置，日间 9℃大温差变频运行，冷水的供回水温度为 4.5℃/13.5℃，夜间冷水的供回水温度为 5℃/12℃。每座制冷站内各设置 7 台 7000kW 的冷水机组，每座制冷站的蓄冰量为 159600kWh，冷水系统供/回水温度为 4.5℃/13.5℃，以 9℃大温差运行。较常规电制冷系统不仅减少了制冷及电气设备的装机容量，同时可以节约年运行费用 400 余万元，体现了绿色经济的设计理念[70]。

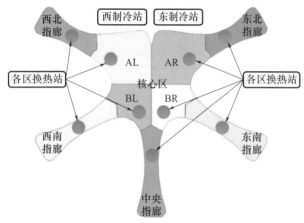

图 4.3-4　航站楼建筑分区示意图　　　　图 4.3-5　制冷站房内景

2）上海浦东新区某金融中心冰蓄冷系统

上海浦东新区某金融中心冰蓄冷系统的设计则采用了单工况制冰机组代替双工况制冷机组的外融冰蓄冷系统。在蓄冷方式的选取上，外融冰系统相比于内融冰系统更适合移峰运行且能较大幅度提高蓄冰系统的经济性，因此区域供冷常常采用外融冰供冷。蓄冰槽和常规制冷机组并联使用的供冷方式，有利于根据负荷情况在融冰优先和主机优先之间进行灵活切换，通过制冷机组的台数控制和融冰泵的变流量控制，更加灵活地进行负荷调节。因此，本项目冰蓄冷系统采用钢盘管外融冰方式，常规制冷机组与蓄冰槽为并联连接。该系统使用单工况制冰机组代替双工况机组，仅夜间制冰蓄冷（蓄冷量承担部分空调负荷），但不参与日常供冷运行，不足负荷由供冷效率高的常规制冷机组承担。在平时段和峰时段双工况制冷主机承担的空调冷负荷由常规冷水机组负责，因此增加对应数量的常规制冷机组。该系统在白天峰时和平时谷时，使用高效率的常规制冷机组代替较低效率的双工况机组，由此提高系统的 COP 值，降低能耗，减少运行费用。其次，该系统采用较低的蓄冰率，增加了常规制冷机组，减少了价格昂贵的蓄冰装置，降低了系统初投资。同时，系统降低了供冷时的用电功率，即降低了系统的最大配电功率，减少了变配电设施投资和基本电费。

在系统设计上，由蓄冰装置容量承担常规制冷机组容量不足的部分。该项目选用 6 台离心式机组作为常规工况冷水机组并兼作基载主机，单台制冷量为 3700kW，选用 3 台 2479kW 冷量的制冰机组。蓄冰装置由 3 个不锈钢蓄冰槽组成，每个蓄冰槽均内置 12 个蓄冷量为 1758kWh 的钢制制冰盘管，总蓄冰量为 63288kWh。融冰系统供冷量按融冰优先的模式确定，并确保蓄冰量在日间峰时段完全融化。经计算后最终选用 3 台供冷量为 3700kW 的板式换热器，并配置 3 台变频融冰泵和 3

台变频冷水泵，蓄冰槽融冰冷水供/回水温度为1℃/12℃。融冰系统供冷量按融冰优先的模式确定，并确保蓄冰量在日间峰时段完全融化。考虑到业主要求设计具有一定的供冷可靠性及今后的扩容问题，本项目配置3台乙二醇板式换热器、3台乙二醇循环泵与制冰机组构成间接供冷系统，作为供冷系统备用，此时制冰机组作为双工况机组使用。另外设有一套供冷量为7400kW的冬季免费供冷系统，以满足冬季供冷的需求。为保证常规冷水主机的高效率供冷，兼顾降低输送水泵的能耗，供冷系统采用5.5℃/13.5℃的供/回水温度，由于塔楼办公层采用送风温度为18℃的变风量地板送风系统而不是低温送风系统，因而没有采用区域供冷外融冰常用的1.5℃/12.5℃供/回水温度。其空调冷源设备构成和流程见图4.3-6。

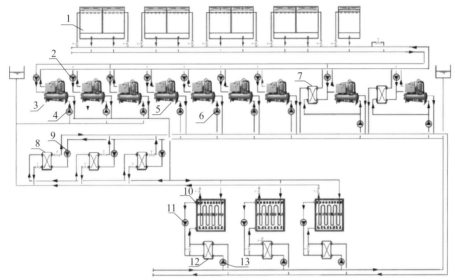

1—冷却塔；2—冷却水泵；3—制冰主机；4—乙二醇泵；5—常规工况主机；6—冷水泵；7—免费供冷板式换热器
8—乙二醇板式换热器；9—制冰主机供冷水泵；10—蓄冰槽；11—融冰泵；12—融冰冷板式换热器；13—融冰冷水泵。

图 4.3-6 空调冷源设备构成和流程图

该系统的运行策略根据峰时段、谷时段和平时段的分布，结合空调负荷特征、制冷主机冷量和蓄冰装置冷量等因素进行制定，从而最大限度节约运行费用。冰蓄冷系统的运行模式设定为以下4种：制冰机组制冰、蓄冰槽融冰供冷、常规制冷机组供冷、蓄冰槽融冰＋常规制冷机组供冷。采用优化控制的运行策略，根据空调负荷率确定蓄冰装置优先或常规制冷机组优先，以充分发挥冰蓄冷节约运行费用的优势。

运行策略按100％负荷、75％负荷、50％负荷和25％负荷分别进行分析，如图4.3-7所示。100％负荷工况采用常规制冷主机优先、主机和蓄冰槽并联供冷的运行模式。夜间低谷时段3台制冰主机满负荷制冰蓄冷，同时1台常规主机供冷；日间常规制冷机组优先供冷，不足冷量由蓄冰槽补充。电价峰时段蓄冰槽优先，其他时段常规制冷主机优先。夜间低谷时段3台制冰主机满负荷制冰蓄冷，同时1台常规主机供冷；在08：00—11：00、13：00—15：00电价峰时段，蓄冰槽满负荷运行，不足冷量由常规制冷机组补充；其他时间段由6台常规机组供冷。50％负荷的运行策略与75％负荷相类似，电价峰时段08：00—11：00和13：00—15：00蓄冰槽优先供冷，其他时段常规制冷主机优先供冷。不同的是，蓄冰槽剩余冷量在峰时段18：00时优先供应。25％负荷工况，制冰主机夜间满负荷蓄冷，从8：00时开始，蓄冰槽单独供冷直到融冰结束，之后为常规主机供冷，在夜间由常规制冷主机供冷。

对于系统的控制，由于制冰主机不参与供冷，与常规冰蓄冷系统相比，本系统控制更为简单。常规制冷机组与变流量的融冰冷水泵构成群控系统，根据冷量信号进行台数调节。采用常规制冷主机优先供冷模式时，融冰泵根据初级回水温度进行变频变流量运行，与之相应的冷水泵则根据系统冷量进行变频变流量运行。采用蓄冰槽融冰优先供冷模式时，融冰泵、板式换热器和融冰冷水泵均

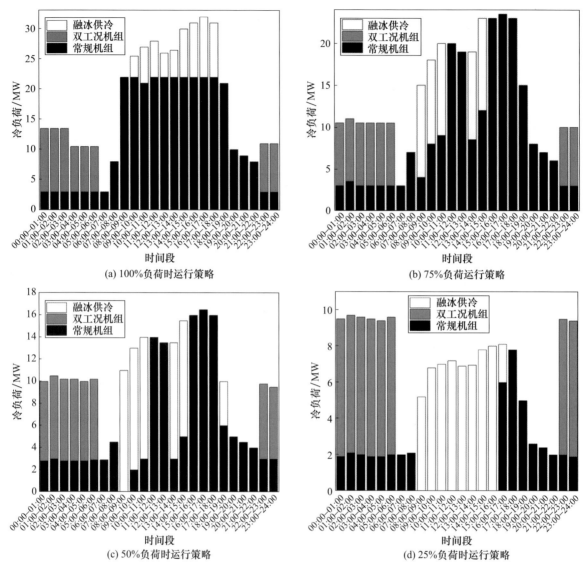

图 4.3-7　不同负荷时系统运行策略控制

为满负荷定流量运行，不足的冷量则由常规制冷机组进行台数调节补充。

对于系统经济性的分析，将采用单工况制冰机组的外融冰蓄冷系统与采用典型的非低温供冷的外融冰蓄冷系统进行比较分析。结果显示，在投资比较上，采用双工况制冷机组的蓄冰系统比采用单工况制冰机组的外融冰蓄冷系统投资多 829 万元，即高 18.3％左右，其主要原因是采用双工况制冷机组的蓄冰系统的蓄冰率高，蓄冰量较大，蓄冰装置投资较高；在运行费用上，采用单工况制冰机组的外融冰蓄冷系统的总运行费用比采用双工况制冷机组的蓄冰系统少 3.56 万元左右，其原因主要是制冰机组在制冰工况时 COP 比双工况机组高。在机组选型时，双工况机组需兼顾两个不同工况的压缩比，从而造成 COP 降低。其次，常规制冷机组系统 COP 比双工况机组高。常规制冷机组直接供冷，其 COP 值为 5.67；双工况机组 COP 值为 3700kW/742kW＝5.01，加上乙二醇循环泵功率后，系统 COP 值为 3700/(742＋110)＝4.34，二者相差约 13.4％。另外，单工况制冰机组方案的装机功率比双工况制冷主机方案少 1073kW，每月按装机功率缴纳的基本电费可节约 17％左右。

3）青岛某数码广场冰蓄冷系统

青岛某数码广场位于青岛市两大核心商圈——台东商圈和中山路商圈的中心地带，总建筑面积为 15000m²，营业区域分布在地上两层。卖场采用通透式隔断装修，整体布局开放，营业时间为08：30—17：30，空调系统覆盖整个卖场。

在设计空调系统时，充分考虑了商场客流量对空调使用负荷的影响，采用双工况机组系统。该系统具备五种运行模式：主机蓄冷模式、主机蓄冷同时供冷模式、主机单独供冷模式、蓄冷独立供冷模式和蓄冷主机联合供冷模式。夜间谷时段，机组满负荷运转进行蓄冷，蓄冷采用不锈钢蓄冷水槽；在营业客流低峰时段，采用蓄冷供冷模式，末端循环系统和蓄冷系统通过乙二醇板式换热器进行换热；在客流高峰及炎热时段，当蓄冷供冷无法满足需求时，制冷主机运转联合供冷，以保证负荷需求。

该项目采用的制冷机组为海信 HSLG-320DMH/AH 双工况制冷机组，专为双工况应用场景设计，如图 4.3-8 所示。具有以下特点：①双制冷系统设计，水路共用，制冷循环系统完全独立，双系统互为备份，大幅提高机组运行及检修时的可靠性；②搭载海信"智能场景运行"控制模式，自适应调整双系统轮值运行时间，可实现 12.5%～100% 的无级负荷调节，适应全时段双工况运行模式下的负荷需求；③配备微米级磁致伸缩液位传感器，实现"蒸发器液位智能寻优控制"，该专利技术基于实时运行负荷精准检测和控制蒸发器液位，保证全负荷范围内持续高效换热，相较常规过热度控制，部分负荷效率提高 5%；④制冷主机压缩机采用带补偿功能的能调滑阀，以确保在制冷工况和蓄冷工况下的最佳压缩比。

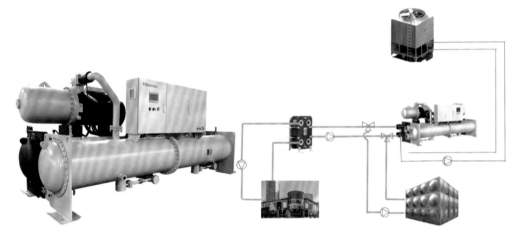

图 4.3-8 海信 HSLG-320DMH/AH 双工况制冷机组及系统

制冷模式下，系统的名义制冷量为 1143kW，名义制冷 COP 为 6.00。蓄冷模式设计工况（蓄冷进出水温度 −2℃/−7℃；冷却水进出水温度 30℃/35℃）下，蓄冷量为 629.7kW，蓄冰 COP 为 3.52。实际运行工况（蓄冷进出水温度 −2℃/−7℃；冷却水进出水温度 25℃/30℃）下，蓄冷量为 661.1kW，蓄冰 COP 为 4.16。在蓄冷系统故障时，制冷主机可承担全部负荷。

在夏季 7—8 月的典型制冷日内，该系统通过优化运行策略实现了显著的费用节省。如图 4.3-9 所示，系统根据青岛地区的电价峰谷时段，结合空调负荷特性和制冷主机装机容量进行实时调整。在夜间谷时段（02：00—08：00），尤其是低谷时段（02：00—06：00），制冷主机满负荷运行以进行蓄冷，这段时间电价较低，充分利用低电价进行蓄冷操作可以大幅降低运行成本。白天在商场营业期间，通过蓄冷独立供冷和辅助制冷供冷的模式，根据实时的负荷需求灵活调节主机运行，从而避免高峰时段（18：00—21：00）的高电费。

此外，在高峰时段前的 16：30—17：30 采用高水温运行模式，仅运行用户侧循环水泵，利用系统的水热容量维持冷负荷需求，而 17：30 至次日 02：00 则使系统所有设备进入待机状态，从而完全避开高峰电价。白天 11：00—17：00 期间，根据客流量的变化，启动制冷主机辅助蓄冷供冷，但辅助制冷负荷不超过主机制冷负荷的 50%，仅需运行一台压缩机即可满足需求。通过这种科学的负荷调节和灵活的运行策略，该系统不仅有效减少了高峰时段的电力消耗，还提高了能源利用效率，显著降低了整体运行费用。

与常规水冷冷水机组系统对比，蓄冰主机日运行费用节省约 421 元，但蓄冰系统增加水泵运行费用约 280 元。该项目在使用时间段避开峰值电价的时间段内可实现节省电费 9%。

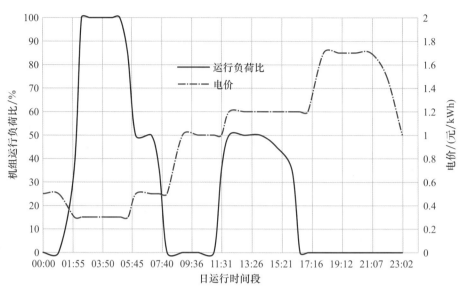

图 4.3-9 典型制冷日运行负荷比

4）离心式冰蓄冷双工况机组

由美的暖通设备有限公司研发的高效磁悬浮变频离心式冰蓄冷双工况机组基于短序列信号平滑度的喘振点虚拟感知检测技术和机理启发数据驱动的自适应学习算法，精准预测喘振，拓宽了运行范围。并且针对复杂工况，研发了多工况气动优化设计技术、基于永磁同步电机技术和基于能量平衡法的自适应补气增焓控制技术，实现了机组在空调和冰蓄冷工况双高效，在 −5.6℃ 蓄冰工况下 COP 为 4.66，在 GB/T 18430.1 空调工况下 COP 为 7.03，节能效果显著。并且研发了长寿命备降轴承及转子系统技术和负荷预测，提升了压缩机的传动和控制的可靠性。

该款机组运用于合肥市轨道交通的冷热源设备。合肥地铁 5 号线共计使用了 62 台美的磁悬浮变频离心式冰蓄冷双工况机组（图 4.3-10），机组设备及空调系统于 2019 年 12 月开始试运行调试，2020 年 2 月进入稳定运行阶段。冰蓄冷空调系统利用夜间电力负荷较低的时段运行冰蓄冷机组蓄冰，在电力负荷较高的白天停运冰蓄冷机组空调，通过融冰将夜间储存的冷量释放出来，从而满足用冷单位的负荷需要。实现了节省投资、降低运行费用、节约能源和环境保护的作用，空调系统节能预计可达 35％以上，同比可节约地铁整体能耗 25％以上。

图 4.3-10 合肥市轨道交通磁悬浮离心式压缩机图

4.3.2 高温相变蓄冷技术

高温相变蓄冷技术利用相变材料在较高温度范围内的相变潜热在装置中对流体进行加热或冷

却，实现高温废热或其他形式能量的高效储存和利用。此技术不仅能高效回收和利用工业、发电和交通运输等领域的大量高温废热，节约一次能源消耗，减少温室气体排放，还能通过高温储热装置积累热能，调节供需不平衡，提高供能系统的稳定性和经济性。

1. 技术途径

蓄冷技术根据蓄冷方式可以划分为潜热蓄冷、显热蓄冷和化学反应蓄冷三种类型。其中潜热蓄冷因其储能密度较高、热效率高、储/放冷过程中温度近似恒定等优点而被广泛应用在制冷领域。高温相变蓄冷技术的应用主要在于蓄冷材料的开发，主要包括三类：无机材料、有机材料和复合材料。

1）研发无机相变蓄冷材料

常见的无机蓄冷材料包括结晶水合盐、熔融盐、金属合金等（见表 4.3-1）。按相变温度分类，可分为低温相变材料（相变温度低于 220℃）、中温相变材料（相变温度为 220～420℃）和高温相变材料（相变温度高于 420℃）；按相变类型分类，可分为固－液相变材料与固－固相变材料。无机相变蓄冷材料具有相变潜热大、热导率较高、循环稳定性好、毒害较小、来源广泛、成本低廉等优点，可广泛应用于空调系统、建筑节能、食品保鲜、冷链物流等领域。

表 4.3-1 几种常用无机相变蓄冷材料及其物性参数[71-73]

序号	相变材料	相变温度（℃）	相变潜热（kJ/kg）	导热系数［W/(m·K)］
1	15％的 NaCl 溶液	−11	153	
2	$Na_2SO_4 \cdot 10H_2O$（NH_4Cl、KCl、K_2SO_4、CMC、六偏磷酸钠、硼砂、硼酸）	8.25	114.4	
3	$Na_2SO_4 \cdot 10H_2O$（NH_4Cl、KCl、硼砂、PAAS）	6.4	141	0.547
4	$Na_2SO_4 \cdot 10H_2O$（NH_4Cl、TiO_2纳米颗粒、硅胶粉）	7.33	135	
5	$Na_2SO_4 \cdot 10H_2O$（NH_4Cl、硼砂、PAC）	10.3	142.7	
6	甲酸钠、氯化钾、蒸馏水浓度比为 22％：8％：70％	−23.8	250.3	

2）有机相变蓄冷材料

有机相变蓄冷材料（organic phase change materials，OPCM）是一种新型的能量存储材料，从组成来看，有机相变蓄冷材料主要包括烷烃类和非烷烃类，如表 4.3-2 所示。相对于无机材料，有机相变材料具有腐蚀性小、不易出现相分离和过冷现象等优点，但是其相变潜热和导热系数低，并且易燃，导致设备损坏，威胁人的生命安全[74]。

表 4.3-2 几种常用的有机相变蓄冷材料及其物性[75-77]

序号	相变材料	相变温度（℃）	相变潜热（kJ/kg）	导热系数［W/(m·K)］
1	石蜡 RT-9HC	−9～10	202	液 0.174 固 0.309
2	甘露醇水溶液	−3～3.5	276.2	
3	三甘醇	−7	247	
4	四氢呋喃	5	280	
5	聚乙二醇 E－40	8	99.6	0.18
6	正癸酸/月桂酸甲酯（摩尔比例 30：70）	1.62	193.4	

3）复合相变蓄冷材料

复合相变蓄冷材料（composite phase change cold storage materials）是将传统相变材料与其他助剂材料复合而成的新型冷能储存材料，综合性能更优。常见复合相变蓄冷材料包括：吸附复合材料、隔离复合材料、增稠复合材料、骨架复合材料以及多级孔隙复合材料。复合相变蓄冷材料克服了单一相变材料的缺陷，具有更高的导热系数、更强的热传导能力、更好的防渗漏性和结构稳定性等优点，大大提高了材料的应用性能。表 4.3-3 中展示了一些常用的复合相变蓄冷材料。

表 4.3-3　几种常用的复合相变蓄冷材料及其物性[78-81]

序号	相变材料	相变温度℃	相变潜热（kJ/kg）	导热系数［W/(m·K)］
1	氯化钾质量分数 2%、甘氨酸质量分数 1.37%、SAP 质量分数 3.37%	−6.08	318.14	
2	20%氯化钠溶液和 50% 丙三醇溶液按质量比为 2.5∶7.5混合	−31.5	175.3	
3	添加了 5%的 SAP 和 0.03%的硅藻土的 18%的氯化钠溶液	−18.98	120.6	0.48
4	5%的山梨醇水溶液＋0.40% TiO_2＋1.0%聚丙烯酸钠	−2.9	293.8	0.62
5	丙三醇、氯化钠和水的质量比为 15%∶10%∶75%	−21.4	125.3	
6	32%Na_2SO_4·$10H_2O$＋48%Na_2HPO_4·$12H_2O$＋16% NH_4Cl＋1.6% 硼砂＋1.6% CMC＋0.8% 纳米 TiO_2	6.1～6.3	130～139	0.798

2. 理论研究

对于无机相变蓄冷材料而言，研究热点集中在去腐蚀性、去过冷度和去相分离等。对于有机相变蓄冷材料，研究热点集中在增加相变潜热、改善导热性能与提高阻燃性等方面。

1）无机相变蓄冷材料去腐蚀性研究

常用方式有添加抗腐蚀剂、表面处理、改变材料组分等。窦婕[82]在八水氢氧化钡体系中添加葡萄糖作为缓蚀剂，发现葡萄糖分子经过缩合反应可形成更稳定致密的缓蚀膜层结构。该结构能够有效阻挡材料对金属的腐蚀，如图 4.3-11 所示。

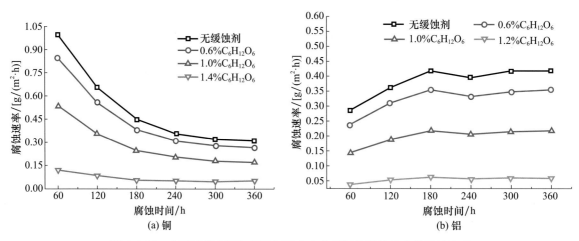

图 4.3-11　金属试样在添加缓蚀剂的八水合氢氧化钡体系中的腐蚀速率

2）无机相变蓄冷材料去过冷度研究

过冷会导致凝固温度下降，间接引起蓄冷系统的能耗增加。根据非均匀成核理论，在材料中添加诱导成核的助剂，可引发成核从而降低其过冷度。目前常用的成核助剂主要分为无机水合盐类和纳米流体类两大类。Ye[83]等探讨了不同质量分数的成核剂焦磷酸钠（TSPP）以及不同质量分数的增稠剂羧甲基纤维素钠（CMC）和聚丙烯酸钠（PASS）对相变材料 PCM 的过冷度和相应相变温度的影响

（图 4.3-12）。结果表明，添加 1％的 CMC 和 0.4％的 TSPP 可以有效解决无机水合盐类相变材料的过冷问题。Dong[84]等研究了 5 种成核剂对十水硫酸钠相变材料过冷度的影响，发现分别添加 5％质量分数的十水四硼酸钠（$Na_2B_4O_7 \cdot 10H_2O$）和 5％质量分数的九水硅酸钠（$Na_2SiO_3 \cdot 9H_2O$）时，可将十水硫酸钠的过冷度从 10℃分别降至 1.5℃和 1℃。

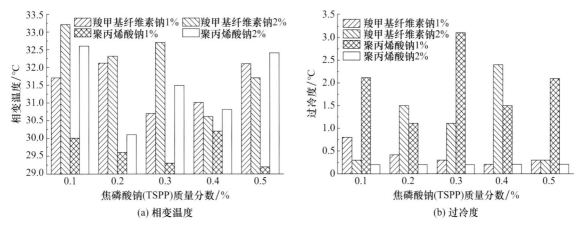

图 4.3-12　不同质量分数的羧甲基纤维素钠（CMC）和聚丙烯酸钠（PASS）对相变材料性能的影响

3）无机相变蓄冷材料去相分离问题研究

相分离现象是指水合盐溶液经过多次反复的相变过程后导致固液两相分层，从而使相变材料失去蓄冷能力，极大缩短使用寿命。目前常用解决相分离的方法包括添加增稠剂、晶体改性剂和搅拌等。Bao[85]等提出将 25％质量分数的高吸水性聚合物（SAP）作为增稠剂加入到 $CaCl_2 \cdot 6H_2O$ 水溶液中，结果表明 SAP 显著抑制了其相分离情况，如图 4.3-13 所示。

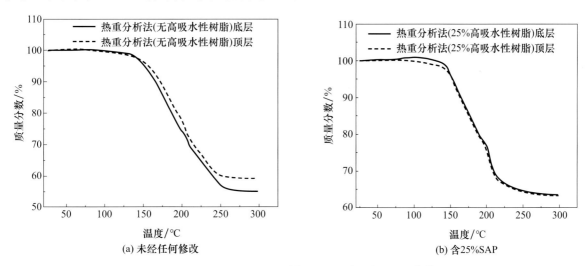

图 4.3-13　$CaCl_2 \cdot 6H_2O$ 样品顶层和底层的 TGA 曲线

4）有机相变蓄冷材料增加相变潜热

单一有机相变材料大多存在相变温度不可调、相变潜热较低等问题，通常需要进行二元甚至是多元复配以克服上述问题。常用方式有改变分子结构、外加电场、磁场、应力等。应铁进[85]等配置了甘氨酸为 0.4~0.8mol/L、丙三醇为 0.1mol/L、质量分数为 0.1％苯甲酸钠和 0.75％~0.81％高吸水树脂（SAP）的蓄冷剂，其相变潜热在 300 kJ/kg 左右，相变温度在 -7.3~-5℃。

5）有机相变蓄冷材料改善导热性能

改善有机相变蓄冷材料导热性能的主要方式有利用纳米材料、采用微胶囊材料、引入支撑材料等方式。在利用纳米材料方面，Baskar[81]等制备了纳米二氧化硅与月桂酸和棕榈酸共晶混合物，其导热系数提高了 54.4％。在采用微胶囊材料方面，Errebai[86]研究发现，将蓄冷材料封装在聚甲基丙烯酸甲酯微胶囊石膏壳中形成微囊化结构，能构建微囊相变材料（mPCM），储存更多的冷量，其导热性能是非石膏结构的 3 倍。

6）有机相变蓄冷材料提高阻燃性

常用添加型阻燃剂有氢氧化金属盐、磷酸酯类、溴化合物等。此外还可以在有机相变材料的分子结构上进行阻燃改性，如引入磷、氮、硅等阻燃元素，构建阻燃基团或侧链，利用这些原子的自由基捕获能力或固相阻燃作用，以提升阻燃效果。还可以采取共混增效的方式，将有机相变材料与一些阻燃高分子如聚磷酸酰胺、聚（芳基磺酰亚胺）等共混，利用协同阻燃效应，形成良好的阻燃体系。Luo[88]等通过用含磷分子对硬脂醇（SAL）进行化学改性，并以具有多孔结构的 MXene 作为支撑骨架，极大地提升了材料的阻燃性和稳定性。Liao[25]等制备了基于 1－十八烷的生物基阻燃外壳包裹材料，解决了材料泄漏问题并提高了 PCM 的阻燃性能。

3. 案例分析

位于辽宁省沈阳市浑南区金科街 7 号的辽宁邮电智慧园区，能源品种主要为热力和电力，能耗较高。热力主要用于冬季供暖，来源为沈阳市市政热网。电力主要为员工办公用电及夏季制冷用电，夏季制冷采用多联机组配合分体空调的形式。园区原采用市政供暖方式，年供暖费用共计 51.8 万元，供暖效果不好，供暖季室内平均温度低于 16℃。现建设相变储热系统，采用先进的冷热源技术、光伏发电技术等相关节能技术措施对园区内用冷、用热及用电进行综合能源利用改造，同时完善计量监测系统，提高能效以及精细化管理水平，降低能耗，可以降低能源成本，减少碳排放，助力企业创建零碳园区，履行社会责任同时，提高其行业竞争力。

采用清洁能源供暖方式替代传统市政热网供暖；利用空气源热泵技术实现冷热联供，即对部分建筑冬季供暖，夏季制冷，冷热同源；利用现有建筑屋面以及停车位，建设屋顶光伏和光伏车棚，并建设一定数量充电桩；对拟改造系统建设能管平台，以降低企业能耗，减少碳排放。系统利用夜间谷电（便宜电价）产生热能并储存在热库里，非谷电时段不再消耗电能，而是利用已经储存在热库的热量，按需按时精准控温释放给建筑物用于供暖或供热水。项目设备主要包括电锅炉 1 台（1.4MW）、板式换热器 1 套、循环泵 6 台、水处理装置 1 套、控制柜 1 台、供电柜 1 台。如图 4.3-14 所示。

图 4.3-14　相变储热系统

该系统主要包括以下三个部分：①固体蓄热供暖系统。采用固体蓄热技术对系统集成楼三层进行供暖，利用低谷电转换成热能并储存在蓄热体中，根据用量逐步释放，达到降低运行费用的目的。项目设备主要包括电锅炉 1 台（300kW）、循环泵 3 台、控制柜 1 台、供电柜 1 台。②光伏发电系统。利用既有建筑屋面和现有部分车位，安装太阳能光伏发电系统。预计总设计装机容量 249.4kW。系统以 380V 电压等级接入园区箱变低压侧，预计采用自发自用余量上网发电模式，并网接入点安装计量表实现光伏发电量计量。③智慧能源管理平台。完善计量器具，配备数据采集设备，搭建基础数据采集网络，整合各供暖、制冷系统、各类智能仪表的能耗数据，实现能耗数据的自动和手动采集，汇总形成能耗标准数据。建立数据统计、数据分析模块，建立能源管理中心，为企业能耗数据分析与展现提供基础的条件。

电极锅炉利用谷电时间 22：00 至次日 05：00 运行，对储热装置进行储热，39 台储热装置总储热量共计 7041kWh。白天不消耗锅炉电量，利用储热装置释放热量对建筑物进行按需按时供热，供热时间为 06：30—17：30，共计 11h。一次网供水温度最高为 82℃，二次网供水温度最高为 60℃。系统控制策略为回水温度控制，回水温度依据室外温度及实时室内温度进行调整。每栋建筑独立安装室温采集装置，根据使用性质分时段按需供热，需热时段室温控制在 18～20℃，保温时段室温控制在 5℃及以上。

项目已于 2022 年 10 月 26 日投运，具有显著的经济效益、环境效益和社会效益。原市政供暖费 51.8 万元。采用谷电相变储热供暖技术，年运行费用约为 26 万元，综合供暖费约合 16.25 元/m²（公建市政供暖取费标准为 32 元/m²），每年最少节省电费 25.8 万元，每年费用节省率为 49.8%。采用谷电相变蓄热供暖系统每年节省 276.8t 标准煤，减少二氧化碳排放量 719.1t，减少二氧化硫排放量 2350.27kg，减少细颗粒物排放（PM2.5）3318kg。该项目的建设有利于促进传统供热方式的转变，提升电能利用效率，助力电能削峰填谷，落实"以电代煤"的电能替代战略政策，加速节能减排工作的落实。谷电相变储热清洁供暖顺应国家节能环保大趋势，减少冬季供暖碳排放，环保、舒适、节能、经济适用，具有良好的社会效益。

4.3.3 二氧化碳储能中的蓄冷蓄热技术

二氧化碳储能（Carbon Dioxide Energy Storage，CES）是一种以 CO_2 作为储能循环工质、以"电—机—热—势"四种不同品位和形式能量的转化实现电力高效储能的新型物理储能技术。系统主要可以分为压缩单元、膨胀单元、工质储存单元及蓄冷蓄热单元。其中蓄热单元用于储存储能环节的压缩热，进而在释能环节加热膨胀机进口的二氧化碳，增加做功量。蓄冷单元则多用于释能过程中实现膨胀机出口二氧化碳的高效液化和储能过程中实现液态二氧化碳的气化，进而实现系统的双侧液相存储。可见，二氧化碳储能系统中的蓄冷蓄热单元对于提高系统的循环效率和储能密度具有重要意义。

1. 技术途径

二氧化碳储能中的蓄冷蓄热技术主要可以分为显热存储和潜热存储两种方式，其工作温度区间一般分别为 −50～−20℃ 和 150～400℃。其中显热储能是指利用物质的显热特性对热能或冷能进行储存和释放，根据其工作区间，常用蓄热介质有水、导热油、熔盐、砂砾等，蓄冷介质有甲醇、乙二醇、丙烷等。潜热储能又称为相变储能，是指利用物质相变特性来实现热能/冷能的储存和释放，相比于显热蓄热，潜热蓄热的蓄热能力强、蓄热量大，并且吸收和释放热量时其温度保持不变。常用相变蓄热介质有熔融盐等，相变蓄冷介质有有机相变材料、无机盐材料等。具体技术路径及方案有以下几种。

1）双罐式液体蓄热

将高温和低温蓄热介质分别储存在两个不同的罐体中，冷热流体随储能和释能的过程在系统中循环，采用间接接触式换热的方法通过换热器进行热量的传递，循环动力由循环泵提供，其系统结构如图 4.3-15 所示。双罐式换热流体蓄热因其技术成熟、成本低廉、系统简单等优点被广泛地应用于实际示范工程中。

2）填充床式固体蓄热

将填充床同时作为换热和蓄热装置，其内部填充有蓄热材料。常用材料有岩石、陶瓷、混凝土等固体小颗粒。储能和释能时二氧化碳直接流过填充床，与填充床内蓄热材料的表面接触后直接进行热量传递，即直接接触式换热，如图 4.3-16 所示。该蓄热方式具有系统简单、结构紧凑、传热速率高、良好的压力和温度耐受性以及材料价格低廉的特点，更重要的是填充床蓄热可实现更宽广的温度运行区间，对于不同品位的热源具有良好的适用性[89]。

3）相变蓄热

原理与双罐液体蓄热的原理相似，均采用间接接触式换热，但使用特定的相变材料作为蓄热材料，在换热蓄热过程中，相变材料流经换热器，通过温度变化和相态变化进行热量传递。如图 4.3-17 所示为一种典型的采用熔融盐作为相变蓄热材料的二氧化碳储能系统[90]。

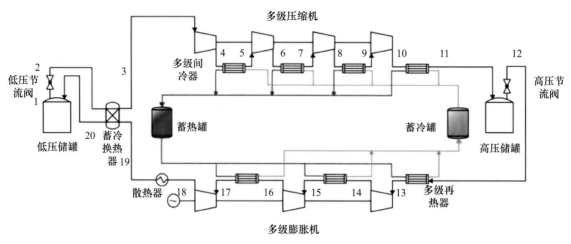

图 4.3-15　二氧化碳储能系统中的双罐式液体蓄热技术原理

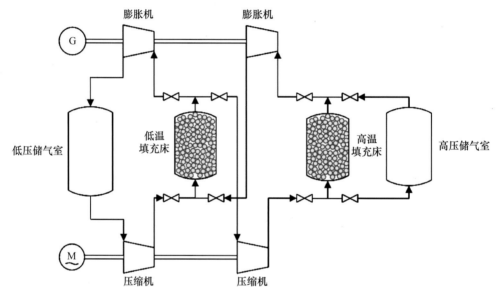

图 4.3-16　二氧化碳储能系统中的填充床蓄热技术原理

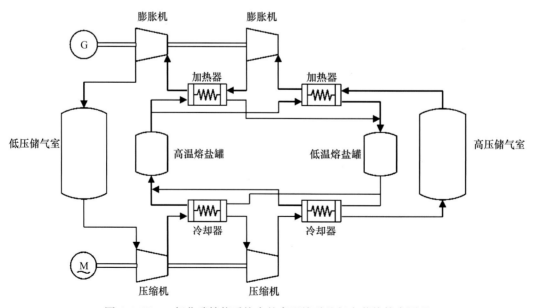

图 4.3-17　二氧化碳储能系统中的高温熔融盐相变蓄热技术原理

4) 相变蓄冷

液态二氧化碳储能系统中的低温低压蓄冷单元若采用显热蓄冷，其技术原理与蓄热类似，不再赘述。基于相变材料的相变蓄冷技术工作原理如图 4.3-18 所示，储能过程中，低温低压液态 CO_2 首先进入蓄冷器中释放冷量，自身被加热气化后再进入压缩机中，释能过程中膨胀机出口的气态二氧化碳则进入蓄冷器中被冷却液化后进行储存。

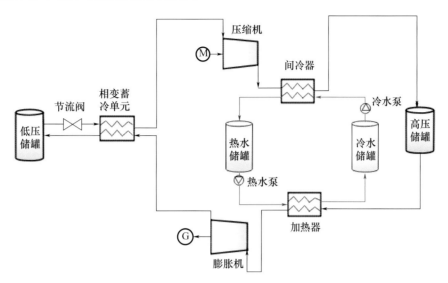

图 4.3-18 液态二氧化碳储能系统中的相变蓄冷技术原理

2. 理论研究

二氧化碳储能系统运行过程中涉及电能、热能和势能的相互转换，提升二氧化碳储能系统中的蓄冷蓄热效率、降低热能和冷能的损失是提升系统整体电－电转化效率及储能密度的关键措施。下面针对蓄冷蓄热单元高效运行机制进行理论分析。

1) 蓄冷/蓄热材料优化

蓄冷/蓄热材料本身的性能对于单元效能具有决定性影响，高效能材料应具有以下特征：比热大、相变潜热大、导热率高、无毒无腐蚀、稳定性强等。水作为成本最低的材料应用广泛，但水沸点较低，多用于中低温蓄热场景。填充床蓄热多采用砂砾、鹅卵石等，可实现更宽广的温度运行区间，对于不同品位的热源具有良好的适用性。高温相变蓄冷材料的研发重点在于相变温度和相变焓的调控，当前有两种主流思路：采用共晶盐溶液或者有机醇类复合相变材料[91]。有学者提出质量分数为 36% 的氯化铜溶液相变温度为 $-40℃$[92] 和相变温度为 $-43℃$ 的复合相变材料，组成为膨胀石墨、乙二醇和正庚醇按 6.1∶26.3∶67.6 比例混合[93]。

2) 换热器设计优化

换热器的性能决定了蓄冷/蓄热单元的运行特性，进一步影响着二氧化碳储能系统的整体效率。改进换热器结构、优化换热系统运行参数是降低换热能量损失的关键措施。庞硕[94]研究了换热器对系统效率的影响，储能换热器能效增加，蓄热罐内流体温度升高；释能换热器能效增加，系统效率、蓄热器㶲效率、储能密度均有增加，并且换热介质比热容越大，蓄热罐体积越小，经济成本越低。

3) 蓄冷蓄热流程设计优化

常规的蓄冷蓄热单元通常采用一级换热，换热介质运行温度区间大，换热过程造成的可用能损失大。而在不同温度区间采用不同的蓄热介质进而构建多级蓄冷蓄热流程，则可提升能量利用效率，降低可用能损失。青岛科技大学的 Sun 等[95]构建了一种基于显热和潜热分级蓄冷的液体二氧化碳储能系统，如图 4.3-19 所示。膨胀机出口处二氧化碳显热用液体甲醇储存，潜热储存在相变蓄冷换热器中。储能过程，低压储罐中的二氧化碳释放冷量并气化，蓄冷介质吸收冷量凝固；释能阶段，气态二氧化碳吸收冷量液化，同时蓄冷介质熔化。分析结果表明，在典型工艺条件下，系统的循环效率和能量密度分别为51.45%和22.21kWh/m³。

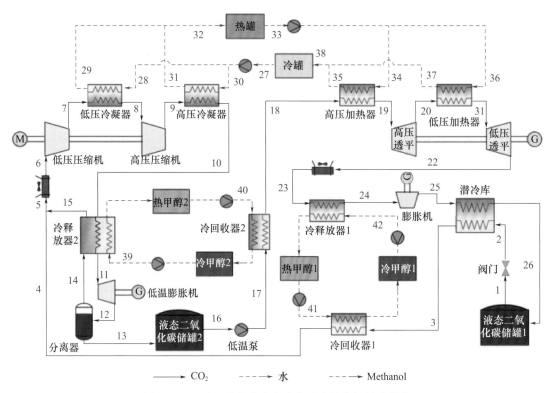

图 4.3-19　基于潜热蓄冷和液态甲醇的分级蓄冷技术

4）耦合外部能源

自然界中存在很多高质量冷热能，如 LNG 冷能、太阳能等，此外工业生产中也存在大量余热、废热，如能高效耦合入二氧化碳储能系统，则可显著提升系统的整体运行性能。Xu 等[96]利用太阳能为蓄热系统补热，如图 4.3-20，大大提高了储能效率和㶲效率，分别达到 45.35%和 67.2%。同时研究发现太阳能的不稳定特性影响着供热总量，但由于蓄热单元的存在，它对热源温度的影响很小。因此，在光照充足的条件下，太阳能补热可作为一种良好的补热方式。

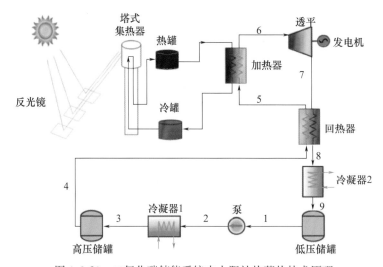

图 4.3-20　二氧化碳储能系统中太阳补热蓄热技术原理

3. 案例分析

当前世界上已建设成功三套二氧化碳储能系统，分别是位于意大利撒丁岛的 2.5MW/4MWh 系统、位于中国四川省的 10MW/20MWh 系统以及位于中国河北省的 100kW/200kWh 系统。根据项目实际情况，这三套系统也采用了不同的蓄热方式。

位于意大利的二氧化碳储能系统由 Energy Dome 公司建设完成，如图 4.3-21 所示。系统采用了双罐式流体蓄热方案。在充电阶段，蓄热流体从低温罐中流出，进入逆流换热器吸收二氧化碳的热量将其冷却液化，自身温度升高后进入高温罐中储存；在放电阶段，蓄热流体加热二氧化碳后自身温度下降再重新回到低温罐。该方案技术成熟、运行稳定，但也存在换热损失大、工作温度区间窄等问题。进一步，相关人员对填充床式蓄热方案进行了测试，采用一系列充满高热容量固体材料的加压容器，测试温度高达 450℃，结果表明石英岩和硅砂是合适的填充材料[97]。

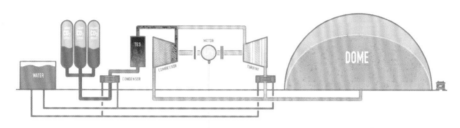

图 4.3-21　意大利二氧化碳储能系统示意图

此外，多种蓄热材料组合的分级蓄热方式也被深入研究，具体流程如图 4.3-22 所示。高温蓄热单元分为四级：在前两级中，蓄热材料选用流速不同的常压水，在第三和第四级中，蓄热材料分别是 Duratherm HF 合成油和 SQM 太阳盐（$KNO_3/NaCl$ 的二元混合物）。

由百穰新能源科技有限公司建设的位于四川的二氧化碳储能系统采用加压水作为蓄热介质，结构简单，成本较低。而位于河北的二氧化碳储能系统由长沙博睿鼎能动力科技有限公司建设，采用了加压水和导热油联合的分级蓄热方式，实现了能量的梯级利用，有效提高了能量利用效率。项目现场如图 4.3-23 所示。

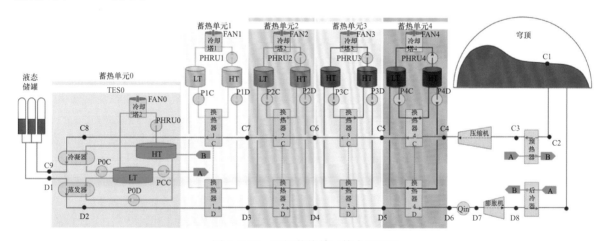

图 4.3-22　四级蓄热单元技术原理图

图 4.3-23　基于导热油和水分级蓄热的二氧化碳储能系统

虽然上述三套二氧化碳储能系统中并未配置低温蓄冷单元，而是直接将膨胀后的二氧化碳以低压气态形式储存，但蓄冷技术在压缩空气储能中已有广泛研究与应用。2017年中国科学院理化所团队在廊坊中试基地完成了100kW低温液态空气储能示范平台的建设，取得了良好的实验结果，蓄冷效率达到了90%，系统整体效率可达60%，达到国际领先水平。2020年，团队搭建了500kW级固相蓄冷工程验证平台，可实现大功率模块化串、并联蓄冷；此外还搭建了100kW级混合工质蓄冷工程验证平台，可实现多种蓄冷工质的低温蓄冷实验，并完成了−160℃温区的混合工质测试。

本章通过详细分析降低民用建筑环境营造的碳排放的各种技术手段，展示了绿色建筑技术和高效集中式空调系统的应用效果。通过优化空调系统、引入热回收和蓄冷技术，民用建筑的碳排放得到了显著降低。这些技术措施不仅有助于实现节能目标，还为住户提供了更舒适的居住环境。在下一章中，我们将转向工农业生产及环境营造领域，探讨冷链、工业制冷等方面的节能减碳技术，继续深化我们的研究。

参考文献

［1］ TAN X，LAI H，GU B，et al. Carbon emission and abatement potential outlook in China's building sector through 2050［J］. Energy Policy，2018，118：429-439.

［2］ CHI F，XU L，PENG C. Integration of completely passive cooling and heating systems with daylighting function into courtyard building towards energy saving［J］. Applied Energy，2020，266（7）：114865.

［3］ ZHANG S，SUN P，SUN E P. Research on energy saving of small public building envelope system［J］. Energy Reports，2022，8：559-565.

［4］ JI Y，DUANMU L，HU S. Measurement and analysis of airtightness safeguard measures for typical ultra-low energy buildings［J］. Energy and Built Environment，2022，30（4）：4915.

［5］ RADHI H. Viability of autoclaved aerated concrete walls for the residential sector in the United Arab Emirates［J］. Energy and Buildings，2011，43（9）：2086-2092.

［6］ AL-YASIRI Q，SZABÓ M. Incorporation of phase change materials into building envelope for thermal comfort and energy saving：A comprehensive analysis［J］. Journal of Building Engineering，2021，36：102122.

［7］ ZHANG G，XIAO N，WANG B，et al. Thermal performance of a novel building wall incorporating a dynamic phase change material layer for efficient utilization of passive solar energy［J］. Construction and Building Materials，2022，317（9）：126017.

［8］ IBRAHIM M，WURTZ E，BIWOLE P H，et al. Transferring the south solar energy to the north facade through embedded water pipes［J］. Energy，2014，78（6）：834-845.

［9］ KRZACZEK M，KOWALCZUK Z. Thermal barrier as a technique of indirect heating and cooling for residential buildings［J］. Energy and Buildings，2011，43（4）：823-837.

［10］ ZHANG Z，SUN Z，DUAN C. A new type of passive solar energy utilization technology—The wall implanted with heat pipes［J］. Energy and Buildings，2014，84（10）：111-116.

［11］ CHUN W，KO Y J，LEE H J，et al. Effects of working fluids on the performance of a bi-directional thermodiode for solar energy utilization in buildings［J］. Solar Energy，2009，83（3）：409-419.

［12］ ALBANESE M V，ROBINSON B S，BREHOB E G，et al. Simulated and experimental performance of a heat pipe assisted solar wall［J］. Solar Energy，2012，86（5）：1552-1562.

［13］ DABBAGH M，KRARTI M. Evaluation of the performance for a dynamic insulation system suitable for switchable building envelope［J］. Energy and Buildings，2020，222（1）：110025.

［14］ PFLUG T，BUENO B，SIROUX M，et al. Potential analysis of a new removable insulation system［J］. Energy and Buildings，2017，154（6）：391-403.

［15］ BERGE A，HAGENTOFT C E，WAHLGREN P，et al. Effect from a variable u-value in adaptive building components with controlled internal air pressure［J］. Energy Procedia，2015，78：376-381.

［16］ KRIELAART M A R，VERMEER C H，VANAPALLI S. Compact flat-panel gas-gap heat switch operating at

295 K [J]. Rev Sci Instrum，2015，86 (11)：115116.

[17] CUI H，OVEREND M. A review of heat transfer characteristics of switchable insulation technologies for thermally adaptive building envelopes [J]. Energy and Buildings，2019，199 (3)：427-444.

[18] HU J，YU X. Adaptive building roof by coupling thermochromic material and phase change material：Energy performance under different climate conditions [J]. Construction and Building Materials，2020，262 (3)：120481.

[19] KARANAFTI A，THEODOSIOU T，TSIKALOUDAKI K. Assessment of buildings' dynamic thermal insulation technologies-A review [J]. Applied Energy，2022，326 (7)：119985.

[20] KARANAFTI A，THEODOSIOU T. Evaluation of a building's cooling performance under the walls' dynamic thermal resistance [J]. Energy Sources，Part A：Recovery，Utilization，and Environmental Effects，2021，30 (9)：1-14.

[21] KOENDERS S J M，LOONEN R C G M，HENSEN J L M. Investigating the potential of a closed-loop dynamic insulation system for opaque building elements [J]. Energy and Buildings，2018，173：409-427.

[22] VARGA S，OLIVEIRA A C，AFONSO C F. Characterization of thermal diode panels for use in the cooling season in buildings [J]. Energy and Buildings，2002，34：227-235.

[23] TAN R，ZHANG Z. Heat pipe structure on heat transfer and energy saving performance of the wall implanted with heat pipes during the heating season [J]. Applied Thermal Engineering，2016，102 (A)：633-640.

[24] BOREYKO J，ZHAO Y J，CHEN C H. Planar jumping-drop thermal diodes [J]. Applied Physics Letters，2011，99：234105.

[25] BOREYKO J B，CHEN C H. Vapor chambers with jumping-drop liquid return from superhydrophobic condensers [J]. International Journal of Heat and Mass Transfer，2013，61：409-418.

[26] TRAIPATTANAKUL B，TSO C Y，CHAO C Y H. A phase-change thermal diode using electrostatic-induced coalescing-jumping droplets [J]. International Journal of Heat and Mass Transfer，2019，135：294-304.

[27] GUSTAVSEN A，JELLE B P，ARASTEH D，et al. State-of-the-art highly insulating window frames-research and market review [J]. Lawrence Berkeley National Laboratory，2007，1133E：941673.

[28] WANG Y，BAI S，WEI L，et al. Mineralized supramolecular hydrogel as thermo-responsive smart window [J]. J Mater Sci，2021，56：6955-6965.

[29] WARWICK M E，RIDLEY I，BINIONS R. The effect of variation in the transition hysteresis width and gradient in thermochromic glazing systems [J]. Sol Energy Mater Sol Cells，2015，140：253-265.

[30] ZHAO X，MOFID S A，JELLE B P，et al. Optically-switchable thermally-insulating VO_2-aerogel hybrid film for window retrofits [J]. Appl. Energy，2020，278：115663.

[31] OUTÓN J，CASAS-ACUÑA A，DOMÍNGUEZ M，et al. Novel laser texturing of W-doped VO_2 thin film for the improvement of luminous transmittance in smart windows application [J]. Appl Surf Sci，2023，608：155180.

[32] CHEN Z，GAO Y，KANG L，et al. VO_2-based double-layered films for smart windows：optical design，allsolution preparation and improved properties [J]. Sol Energy Mater Sol Cells，2011，95：2677-2684.

[33] LI R，JI S，LI Y，et al. Synthesis and characterization of plate-like VO_2 (M) @SiO_2 nanoparticles and their application to smart window [J]. Mater Lett，2013，110：241-244.

[34] LIN C，HUR J，CHAO C Y H，et al. All-weather thermochromic windows for synchronous solar and thermal radiation regulation [J]. Sci Adv，2022，8：7359-eabn7359.

[35] DU Y，LIU S，ZHOU Z，et al. Study on the halide effect of $MA_4PbX_6 \cdot 2H_2O$ hybrid perovskites-From thermochromic properties to practical deployment for smart windows [J]. Materials Today Physics，2022，23：100624.

[36] MERCIER N. Hybrid halide perovskites：discussions on terminology and materials [J]. Angewandte Chemie-International Edition，2019，58 (50)：17912-17917.

[37] 张元宁. 大面积电致变色玻璃的制备与研究 [D]. 上海：东华大学，2018.

[38] PLATT J R. Electrochromism，a possible change of color producible in dyes by an electric field [J]. The Journal of Chemical Physics，1961，34 (3)：862-863.

[39] GRANQVIST C G，AZENS A，ISIDORSSON J，et al. Towards the smart window：progress in electrochromics [J]. J Non-Cryst Solids，1997，218：273-279.

[40] GRANQVIST C G，AZENS A，ISIDORSSON J，et al. Towards the smart window：progress in electrochromics

[J]. Non-Cryst Solids, 1997, 218: 273-279.

[41] THAKUR V K, DING G, MA J, et al. Hybrid materials and polymer electrolytes for electrochromic device applications [J]. Adv Mater, 2012, 24: 4071-4096.

[42] LIN S, BAI X, WANG H, et al. Roll-to-roll production of transparent silver-nanofiber-network electrodes for flexible electrochromic smart windows [J]. Adv Mater, 2017, 29: 1703238.

[43] 陈怡, 徐征, 孙金礼, 等. 大面积智能电致变色玻璃的产业化现状及未来 [J]. 功能材料, 2013, 44 (17): 2441-2446.

[44] WU S, SUN H, DUAN M, et al. Applications of thermochromic and electrochromic smart windows: materials to buildings [J]. Cell Reports Physical Science, 2023, 4: 101370.

[45] 温维佳. 可温敏变色水凝胶及其制作方法 [R]. 重庆市, 重庆禾维科技有限公司, 2018-05-18.

[46] 张志杰, 李颜颐, 狄海燕, 等. "双碳"目标下既有建筑绿色化改造新趋势 [J]. 建筑, 2022 (3): 48-51.

[47] 清华大学建筑节能研究中心. 中国建筑节能年度发展研究报告 2020 [M]. 北京: 中国建筑工业出版社, 2020: 8.

[48] 于晓龙, 丁天一. 高效空调制冷机房关键技术研究与发展趋势分析 [J]. 建筑技术, 2023, 54 (14): 1745-1749.

[49] 清华大学建筑节能研究中心. 中国建筑节能年度发展研究报告 2018 [M]. 北京: 中国建筑工业出版社, 2018: 3.

[50] 李元阳, 邱艺德, 方兴, 等. 高效制冷机房标准化设计及其应用 [J]. 制冷与空调, 2023, 23 (6): 92-100.

[51] 赵明名, 吕子强, 沈剑挥. 冷冻水泵节能运行模拟分析 [J]. 辽宁科技大学学报, 2022, 45 (1): 71-75..

[52] 张文涛. 合肥市某项目高效制冷机房设计分析 [J]. 安徽建筑, 2024, 31 (3): 79-80, 99.

[53] 张伟锐, 邓玉辉, 刘坡军, 等. 基于 BIM 技术的装配式高效制冷机房分析应用 [J]. 安装, 2022 (4): 72-74.

[54] 徐伟. 中国高效空调制冷机房发展研究报告 2021 [M]. 北京: 中国建筑工业出版社, 2022.

[55] 吴海. 建筑工程建设中的通风与空调系统的调试 [J]. 工程建设与设计, 2023 (23): 55-57.

[56] 李明. 建筑工程通风与空调工程施工技术研究 [J]. 中国建筑装饰装修, 2023 (7): 174-176.

[57] 黄一鸣, 颜瑶, 郑海礁, 等. 建筑通风空调工程节能减排实施策略研究 [J]. 城市建筑空间, 2022, 29 (S2): 214-216.

[58] 马赫岭. 基于 BIM 技术的暖通设备运维管理研究 [D]. 沈阳: 沈阳建筑大学, 2021.

[59] 刘元明, 刘欢, 李冬. 智慧医院中央空调系统节能控制与运维管理 [J]. 建筑节能 (中英文), 2022, 50 (7): 117-122.

[60] 李鑫. 制冷系统传感器与热力故障解耦、重构及诊断 [D]. 重庆: 重庆大学, 2022.

[61] 李婷婷. 暖通空调系统通用性故障检测与诊断方法研究 [D]. 杭州: 浙江大学, 2023.

[62] 庄萌榕, 王福林, 张文喆. 数据驱动的空调系统故障诊断算法综述 [J]. 绿色建造与智能建筑, 2024 (1): 91-95.

[63] DOWLING C P, ZHANG B. Transfer learning for HVAC system fault detection [C] //2020 American Control Conference (ACC), 2020: 3879-3885.

[64] RAISSI M, PERDIKARIS P, KARNIADAKIS G E. Physics-informed neural networks: a deep learning framework for solving forward and inverse problems involving nonlinear partial differential equations [J]. Journal of Computational Physics, 2019, 378: 686-707.

[65] 贺晓, 邢殿辉, 刘湃, 等. 数据中心空调系统 AI 调优节能应用 [J]. 邮电设计技术, 2023 (12): 1-6.

[66] 马鹏亮. 区域能源站耦合冰蓄冷系统设计与运行分析 [J]. 分布式能源, 2023, 8 (1): 69-75.

[67] 王宝龙, 石文星, 李先庭. 空调蓄冷技术在我国的研究进展 [J]. 暖通空调, 2010, 40 (6): 6-12.

[68] 刘行, 王晓春, 李娟. 冰浆流动特性研究进展 [J]. 低温与超导, 2021, 49 (2): 89-98.

[69] 张冲. 基于过冷水的流态冰制取高效工作机制研究与应用 [D]. 北京: 中国科学院理化研究所, 2020.

[70] 徐伟. 北京大兴国际机场制冷站系统设计 [J]. 暖通空调, 2019, 49 (12): 49-53.

[71] 韦自妍, 刘霞, 刘忠宝. 相变蓄冷商超冷柜的性能研究 [J]. 家电科技, 2021, 5 (5): 59-63.

[72] 谢奕, 史波, 冯叶. 空调用共晶盐蓄冷材料的增稠特性实验研究 [J]. 建筑节能, 2020 (4): 9-13, 32.

[73] LU W, LIU G, XING X, et al. Investigation on ternary saltwater solutions as phase change materials for cold storage [J]. Energy Procedia, 2019, 158: 5020-5025.

［74］杨晋，殷勇高. 空调蓄冷用相变材料的研究进展［J］. 制冷学报，2022，43（3）：37-44.

［75］SELVNES H，ALLOUCHE Y，MANESCU R I，et al. Review on cold thermal energy storage applied to refrigeration systems using phase change materials［J］. Thermal Science and Engineering Progress，2021，22：100807.

［76］GHODRATI A，ZAHEDI R，AHMADI A. Analysis of cold thermal energy storage using phase change materials in freezers［J］. Journal of Energy Storage，2022，51：104433.

［77］CHEN X，ZHANG Q，ZHAI Z J，et al. Performance of a cold storage air-cooled heat pump system with phase change materials for space cooling［J］. Energy and Buildings，2020，228：110405.

［78］孔琪，穆宏磊，韩延超，等. 复合相变蓄冷材料的制备及对香菇贮藏品质的影响［J］. 食品科学，2020，41（15）：238-246.

［79］王莉，陆威，邢向海. 新型低温复合相变蓄冷材料的研制［J］. 广州化学，2021，46（4）：50-56.

［80］李梦欣，陈鹏，吕钟灵，等. 复合无机盐相变蓄冷材料的制备与改性研究［J］. 制冷学报，2021，42（4）：106-115.

［81］BASKAR I，CHELLAPANDIAN M，JEYASUBRAMANIAN K. LAPA eutectic/nano-SiO_2 composite phase change material or thermal energy storage application in buildings［J］. Construction and Building Materials，2022，338：127663.

［82］窦娆. 典型金属在三种水合盐相变蓄热材料中的腐蚀与缓蚀机理研究［D］. 西安：西北大学，2021.

［83］YE L，XIE N，LAN Y，et al. Preparation and thermal performance enhancement of sodium thiosulfate pentahydrate-sodium acetate trihydrate/expanded graphite phase change energy storage composites［J］. Journal of Energy Storage，2022，50：104074.

［84］DONG X，MAO J，GENG S，et al. Study on performance optimization of sodium sulfate decahydrate phase change energy storage material［J］. Journal of Thermal Analysis and Calorimetry，2021，143（6）：3923-3934.

［85］应铁进，朱冰清，戚晓丽，等. 用于农产品保鲜的有机物水溶液相变蓄冷剂［J］. 农业机械学报，2015，46（2）：208-212.

［86］ERREBAI F B，CHIKH S，DERRADJI L，et al. Optimum mass percentage of micro encapsulated PCM mixed with gypsum for improved latent heat storage［J］. Journal of Energy Storage，2021，33：101910.

［87］MERT H H，KEKEVI B，MERT E H，et al. Development of composite phase change materials based on n-tetradecane and β-myrcene based foams for cold thermal energy storage applications［J］. Thermochimica Acta，2022，707：179116.

［88］LUO Y，XIE Y，JIANG H，et al. Flame-retardant and formstable phase change composites based on MXene with high thermostability and thermal conductivity for thermal energy storage［J］. Chemical Engineering Journal，2021，420（25）：130466.

［89］MARIO C，GIORGIO C，PIERPAOLO P，et al. Experimental investigation of a packed bed thermal energy storage system［J］. Journal of Physics：Conference Series，2015，655（1）.

［90］ZHOU Q，DU D，LU C，et al. A review of thermal energy storage in compressed air energy storage system［J］. Energy，2019，188：115993.

［91］丁军丹. 低温共晶盐蓄冷研究［D］. 南京：南京理工大学，2017.

［92］袁园，章学来. −43℃新型复合低温相变材料的制备及热性能研究［C］//2013 中国制冷学会学术年会论文集，2013.

［93］周倩. 压缩空气储能中的蓄热技术及其经济性研究［D］. 北京：华北电力大学，2020.

［94］庞硕. 先进绝热压缩空气储能系统部件特性分析及优化设计［D］. 北京：华北电力大学，2019.

［95］SUN W X，LIU X，YANG X Q，et al. Design and thermodynamic performance analysis of a new liquid carbon dioxide energy storage system with low pressure stores［J］. Energy Conversion and Management，2021，239：14227.

［96］XU M，ZHAO P，HUO Y，et al. Thermodynamic analysis of a novel liquid carbon dioxide energy storage system and comparison to a liquid air energy storage system［J］. Journal of Cleaner Production，2019，242：118437.

［97］ASTOLFI M，RIZZI D，MACCHI E，et al. A novel energy storage system based on carbon dioxide unique thermodynamic properties［J］. Journal of Engineering for Gas Turbines and Power，2022，144（8）：081012.

第5章 降低工农业生产及环境营造碳排放的技术应用

本章聚焦于降低工农业生产及环境营造碳排放的技术应用，探讨节能减碳在冷链、工业制冷、数据中心、通信基站、储能站冷却及热管理、洁净厂房、煤矿降温与通风、设施农业及农产品加工等领域的应用。不同于前文对民用及商业建筑环境的讨论，本章将研究对象扩展至工农业场景，分析其特征和节能降碳技术途径。通过详细介绍这些领域的具体技术应用及其优化策略，本章旨在为读者提供全面的技术指导，帮助实现更高效的能源利用和碳排放控制。例如，在冷链系统中，通过改进制冷技术和优化物流环节，可显著降低能源消耗和碳排放；在数据中心，通过采用高效冷却技术和智能管理系统，可以有效减少能源使用并提升运行效率。

5.1 冷链及工业制冷技术

冷链是指以冷冻及冷藏工艺为基础、制冷技术为手段，使冷链物品从生产、流通、销售到消费者的各个环节中始终处于适宜的低温环境下的特殊供应链。它是减少农产品产后损失、更好满足人民日益增长的美好生活需要的重要手段，是支撑农业规模化和产业化发展、助力乡村振兴的重要基础。2016—2022 年，我国冷链基础设施与设备得到快速发展，冷库容量从 4200 万 t 增至 8365 万 t，冷藏车数量从 11.5 万辆增至 39 万辆，但同时也带来了巨大的能源消耗。除冷链外，制冷系统也应用于冬季运动项目的体育馆、飞机和部分特种设备的性能检测实验室、化工和医药生产制造领域的温度控制系统等工业制冷领域，其应用广泛，需求量大。因此，大力推动冷链及工业制冷技术等低碳技术与设备设施的应用具有极其重要的意义。

本节整理并分析了四个案例，包括：多流程干式蒸发器均匀分流技术（天津商业大学）、氨制冷系统低碳节能技术（国家雪车雪橇中心项目－华商国际工程有限公司）、食品工业制冷系统冷凝热回收技术（福建龙岩正大食品有限公司－冰轮集团）和高效真空冷冻干燥设备（天津商业大学－冰轮集团合作项目）。该四个案例涵盖了部件开发、设备开发、绿色冬奥专项和食品加工四个方面，具有一定的代表性。当然，上述案例仅为冷链及工业制冷技术的冰山一角，不足和未涵盖之处将在后续工作中不断完善。

5.1.1 多流程干式蒸发器均匀分流技术

1. 技术途径

降低制冷系统能耗、提高冷链系统中主要设备的效率是节能降碳的有效措施之一。在冷链系统中，蒸发器通常采用冷风机和蒸发排管，在冷风机中多流程干式蒸发器广泛应用于中小型冷藏冻结装备中。实际使用过程中，多流程干式蒸发器是需要将制冷剂均匀分配至多个蒸发流程，其中各蒸发流程中制冷剂分配不均是限制其性能充分发挥的主要因素[1]，如图 5.1-1 所示。

气液两相流制冷剂从上游节流装置流入，经过分流器进入多流程干式蒸发器。分流器安装于膨胀阀之后、蒸发器之前，其主要作用是将从制冷系统中膨胀阀流出的气液两相流制冷剂均匀、等量地分配到蒸发器的各个分支管路中，以使各分支管路的压力均匀，蒸发器换热面积得到有效利用，进而提升制冷系统的工作性能。但由于气液两相流复杂的作用机理，导致干式蒸发器中每根支管中的气液两相流的质量流量和干度均不相同，如图 5.1-2 所示。一方面，若某一支路供液过量，未蒸发的制冷剂液体将导致回气带液，蒸发器出口过热度较低，电磁膨胀阀阀门开度减小，制冷剂供给量减小。另一方面，若某一支路制冷剂过少，则导致制冷剂不能充满整个盘管，换热器蒸发面积得不到充分利用。当分支管路分液情况恶化时，会导致压缩机吸气带液，严重时会发生液击损坏。同样地，制冷剂气液两相流因为在分流器中分配不均匀，导致多流程干式蒸发器的换热面积得不到充分利用，相分离现象进一步加剧。此外，分流器下游的制冷剂蒸发产生的压力波向上游传递，影响分流器的分流效果，导致多流程干式蒸发器的换热能力进一步恶化[2]。

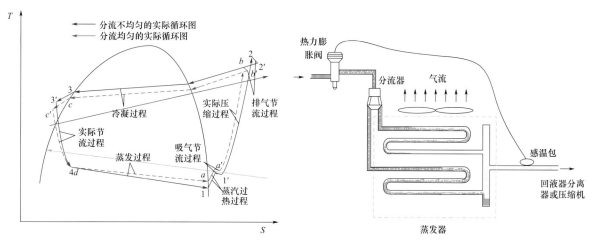

图 5.1-1 分流不均匀对应的制冷系统 T-S 图　　　　图 5.1-2 干式蒸发器各支路分流不均示意图

为解决上述问题，须进一步优化分流器的均匀分配能力。然而，传统分流器在分流原理上存在先天不足和分流不均等技术问题，无法解决气液两相分流原理、上游流体流动状态、下游支路非均匀换热、安装角度和分流器结构等相分离因素对制冷系统传热性能的影响。特别是在变工况或者部分负荷工作时，均匀分流性能下降，甚至失去均匀分流能力[3]。因此，优化分流器的分流性能具有重要意义。目前针对分流器的关键技术路径主要包括以下几点。

1）优化气液两相流分流效果

基于不同分流原理的分流器，受到工作条件、实际应用等因素的限制，性能差异较大。基于"先分流、后混合"分流原理的分流器需要采用气液分离器等分离设备，其体积大、各支路出口压力不同，难以控制；且其受安装空间的限制，无法在家用空调等小型设备中使用。基于"先混合、后分流"分流原理的分流器压降较大，上游来流在流量较小时不能混合均匀，难以实现气液两相的均匀分流。因此，可根据不同使用场景和用户需求来选择合适的分流类型，进而提高干式蒸发器的传热性能。

2）调整上游制冷剂流动状态

上游流体流动状态包括干度、制冷剂流量、流体物性和入口流型等。气体占据了流道大部分体积，流体运动的随机性使气液两相制冷剂在流道中分布不均匀，导致液相流量分配不均匀。不同体积分数的气相对液相流量分配的影响也不相同，上游来流为环状流或雾状流对分配过程最有利。在分流器内部，液相速率越大，其与分配器管壁面的碰撞效果越明显，液滴越易被打散并形成弥散的雾状流，分配效果越理想。通过设计旋流装置，使气液两相流体成为环状流可改善分流效果。进入分流器的气液两相分布均匀性受上游流型的影响，均匀性越好，分流的效果改善越明显。

3）削弱下游非均匀换热对相分离的影响

气液两相流体在管内流动为非绝热流动，外界环境与管内流体发生热量交换，气态制冷剂体积变大、流速变快，其流动阻力也会变大。当蒸发器各支路非均匀换热时，换热量较大的支路中气态制冷剂较多、流速较快，相应的流动阻力会较大；而换热量小的支路中气态制冷剂较少、流速较小，相应的流动阻力较小，从而引起各支路阻力不一致。不均匀的支路阻力导致气液两相流在流动过程中发生不稳定扰动，使系统多支路发生周期性或间歇性振荡，振荡的压力波通过支路向上游传递，影响两相流均匀分流过程，导致恶化相分离现象。改进分流器出口结构设计，从而降低下游各支路传热不均匀对分流性能的影响，抑制下游压力波振荡向上游传递，增强干式蒸发器换热能力。

4）分流器的安装角度

不同种类分流器在不同安装角度下的分流性能存在一定差异。分流器垂直安装时，由于没有重力作用的影响，液膜均匀分布，从各分液管中流出的是等干度、等流量的制冷剂。然而，现有的分流器并不能很好地克服安装角度对于分流性能的影响，特别是在机组运行过程中温度发生改变的情况下，分流器的分流性能会显著下降。改进分流器的进出口结构设计，从而达到分流器在任意安装角度下均能实现制冷剂均匀分配的效果。

5）降低制造加工误差

在设计上，保证各分流孔均匀分布、壁厚均匀及分配室中心线一致；在实际加工中，提升制造工艺等方面的标准，保证分流器结构对称性。尤其是，当入口管插入筒体焊接时，减小焊接角度的偏差，可改善实际使用过程中分流器的分配效果。

2. 理论研究

针对传统分流器存在的分流理念缺陷，考虑到上游流动状态、气液两相流分流原理和下游非均匀换热对相分离的影响，以及环状流和雾状流是对均匀分流最有利的流型，提出两种不同分流理念的分流器，一种为基于"环流整定＋先混合、后分流＋临界分流"理念的整流喷嘴式分流器，另一种为基于"雾化整定＋先混合、后分流＋临界分流"理念的雾化喷嘴式分流器，通过整流元件将不均匀、不对称的气液两相流型整定为环状流或雾状流。采用临界喷嘴，抑制下游压力波振荡向上游传递，降低下游各支路传热不均匀对分流性能的影响，技术路线图如图 5.1-3 所示。

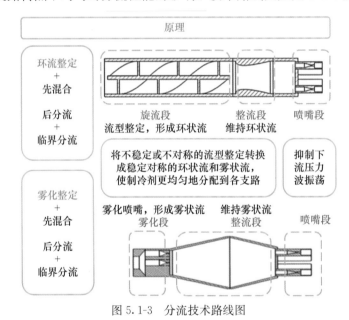

图 5.1-3　分流技术路线图

考虑到传统分流器设计理念的不合理性，提出新型分流器设计理念，即将分流器与膨胀阀设计为一体化装置，共同承担节流压降，如图 5.1-4 所示。新型设计理念的提出可解决"先混后分"分流原理导致的蒸发温度大幅降低、压缩机功耗增大的问题。继而，基于此理念设计开发具有节流和分流功能的膨胀阀和新型分流器组合的一体化装置。

1）整流喷嘴式分流器

整流喷嘴式分流器主要由旋流段、整流段以及分配段三部分构成，其中分配段主要结构包括分配腔和音速喷嘴，旋流段主要结构是旋流叶片。旋流段采用三流道旋流叶片结构，如图 5.1-5 所示。该结构可提高气液两相流制冷剂的旋转速度，在同一流量下的切向速度远大于轴向速度和径向速度，有效提高气液分离效率，形成更利于均匀分配的环状流流型。整流喷嘴式分流器整流段为翼形整流器，如图 5.1-6 所示。翼形整流器弧线先陡后缓，形状类似于机翼。翼形整流器将液膜在圆周方向上的旋转作用调整为沿管壁的轴向运动，提高液膜在支管横截面上的分布均匀性。此外，制冷剂将转变为理想的环形流动，以确保管子周围每个音速喷嘴的入口参数完全相同，气相和液相接触的机会完全相等，从而达到流型整流的效果。

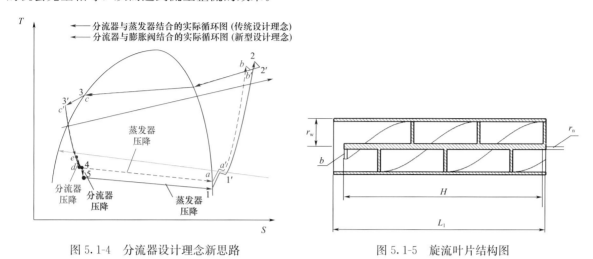

图 5.1-4　分流器设计理念新思路　　　　图 5.1-5　旋流叶片结构图

图 5.1-7 为整流喷嘴式分流器音速喷嘴示意图，该结构加速了制冷剂的两相流，增强了制冷剂的扰动。通过音速喷嘴加速两相流形成的临界流，还可防止下游支管中因传热不均而产生的压力波动传导至上游，从而影响分流器的性能。

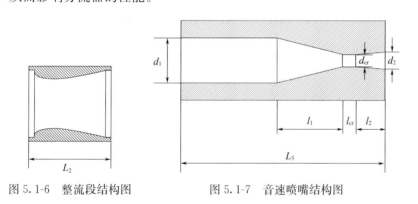

图 5.1-6　整流段结构图　　　　图 5.1-7　音速喷嘴结构图

2）雾化喷嘴式分流器

雾化段：将上游气液两相流制冷剂调整为雾状流；整流段：将雾状流雾化完全，充分扩散；音速段：防止下游支管中因传热不均而产生的压力波动传导至上游。

3. 案例分析

多流程干式蒸发器是冷冻冷藏装置常用的空气冷却设备，改革开放以来，我国多流程干式蒸发器的生产企业得到了快速发展，设计和生产加工水平不断提高。然而，各换热管制冷剂分配不均是限制其性能进一步提升的主要因素[4]。因此，设计合理的分流器结构对有效改善制冷剂分布的均匀性、提高蒸发器的换热效果、降低蒸发器的制造成本具有重要意义。

天津商业大学的冷风机性能测试平台是多流程干式蒸发器均匀分流技术的研究平台之一，其包括恒温环境室、测试室、测试室供冷机组、恒温环境室供冷机组、冷却水系统和冷却水系统供冷机组，如图 5.1-8 和 5.1-9 所示。其中实验室冷却装置的主要设备和参数如表 5.1-1 所示。冷风机供冷系统的运行主要由冷风机供冷机组和冷却水系统两部分配合完成，并在夹套系统提供的恒温环境下进行测试，以确保实验的准确性，冷风机供冷机组循环过程中，压缩机的高温高压制冷剂经油分离器进入水冷式冷凝器中，在水冷式冷凝器中进行放热后，流经储液器，通过电子膨胀阀的初级节流，进入蒸发器中进行制冷，最后经气液分离器，分离后的气体则进入压缩机完成循环。机组的主要作用是为蒸发器稳定地提供合适压力和温度的制冷剂。为了精确调节实验工况并达到节能目的，压缩机采用意大利都灵的变频压缩机。循环过程中，水冷式冷凝器的冷凝压力和冷凝温度则通过冷却水系统进行控制，主要由冷水机组、板式换热器、蓄水箱、水泵、加热器及若干阀门组成。蓄水箱中安装有浮球阀和温度传感器，浮球阀根据水位的高低自动开启补水系统。冷水机组根据温度传感器实测值与设定值的大小自动开停。通过板式换热器将冷却水温度降低到设定值，以及电加热器加热来维持冷却水温度恒定。整个水系统的循环动力由冷却水泵提供。同时，压缩机油位控制器具有油位报警和保护功能，根据油位情况自动供油，当油位出现异常时能够及时强制停止机组运行。

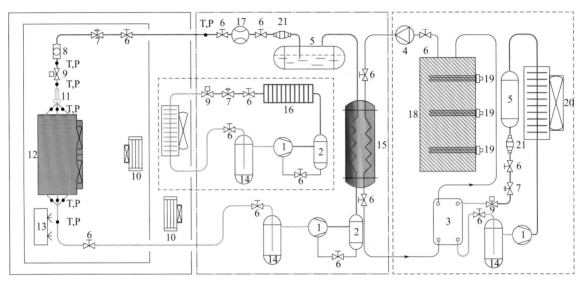

1—压缩机；2—油分离器；3—板式换热器；4—水泵；5—储液器；6—截止阀；7—电磁阀；8—视液镜；9—电子膨胀阀；10—电加热器；11—分流器；12—冷风机；13—加湿器；14—气液分离器；15—水冷式冷凝器；16—板式换热器；17—制冷剂质量流量计；18—恒温水箱；19—水箱加热器；20—风冷式冷凝器；21—干燥过滤器；T—温度测点；P—压力测点。

图 5.1-8　冷风机性能测试实验系统图

(a) 实验室实际效果图

(b) 校准箱内部实际图

图 5.1-9　冷风机性能测试实物图

表 5.1-1　实验室冷却装置的主要设备和参数

设备名称	数量	型号	具体参数
半封闭活塞式压缩机	1	HI750CC	理论输气量 33.47m³/h（频率 50Hz）
翅片式蒸发器	1	SPBE 052 D	换热面积 27.3m²，翅片间距 7mm
水冷式冷凝器	1	C20S8	换热面积 2.94m²
电子膨胀阀	1	LPF24	−40 ～ 70℃，最大工作压力 3.5MPa
PID 控制器	1	SR90	−200 ～ 200℃，精度 0.30%

1）整流喷嘴式分流器

整流喷嘴式分流器实物如图 5.1-10（a）所示，结构如图 5.1-11 所示。通过旋流叶片利用离心力将节流后不对称、不均匀的气液两相制冷剂流型转变为环状流流型，通过翼形整流器调整流型为稳定、对称、均匀的环状流，分配腔将理想环状流等流量、等干度地分配到各支路中。制冷剂通过音速喷嘴后形成临界流，抑制压力振荡由下游向上游的反馈，加强下游换热管中制冷剂的扰动和对流换热。计算得到的整流喷嘴式分流器最终设计参数如表 5.1-2 和表 5.1-3 所示。

(a) 整流喷嘴式分流器实物图　　　　　　(b)雾化喷嘴式分流器实物图

图 5.1-10　分流器实物图

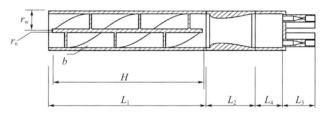

图 5.1-11　整流喷嘴式分流器结构图

表 5.1-2　整流喷嘴式分流器外型尺寸

参数	L_1	L_2	L_3	L_4	N	b	r_w
数值	168.3mm	57.3mm	25mm	27.93mm	0.9 圈	2mm	18mm

表 5.1-3　整流喷嘴式分流器音速喷嘴尺寸　　　　　　　　　　mm

参数	d_1	d_2	d_{cr}	l_1	l_2	l_{cr}
数值	5.74	3.06	1.56	7.80	8.57	1.56

2）雾化喷嘴式分流器

结构如图 5.1-12 所示。通过雾化喷嘴使来流的不均匀气液流在整流段完全变为混合均匀的雾状流，整流后形成均匀雾状流实现均匀分配，最后通过音速喷嘴达到临界状态，抑制下游压力振荡向上游传递。计算得到的雾化喷嘴式分流器最终设计参数如表 5.1-4 和表 5.1-5所示。

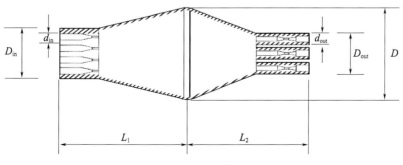

图 5.1-12　雾化喷嘴式分流器

表 5.1-4　雾化喷嘴式分流器外型尺寸　　　　　　　　　　　　mm

参数	D_{in}	D_{out}	d_{in}	d_{out}	D	L_1	L_2
数值	45	40	16	12	86	50	40

表 5.1-5　雾化喷嘴式分流器音速喷嘴尺寸　　　　　　　　　　mm

参数	l_1	l_2	l_{cr}	d_1	d_2	d_{cr}	L_3
数值	7.80	8.57	1.56	5.41	3.06	1.56	19.99

基于上述设计，团队研发的分流器在冷风机实验台上进行实验测试。测试结果表明，相较于使用文丘里和 CAL 分流器，应用整流喷嘴式和雾化喷嘴式分流器系统的制冷量、传热系数在各工况下均有大幅度提升。蒸发温度－18℃工况下，与文丘里式分流器、CAL 分流器相比，应用雾化喷嘴式分流器后的系统制冷量分别提升了 16.3%、12.2%，应用整流喷嘴式分流器后的系统制冷量分别提升了 16.8%、12.0%，冷风机传热系数分别提升了 14.4%、11.1%。系统应用雾化喷嘴式分流器时，分流器压降较应用其他类型分流器存在大幅提高，在蒸发温度－20℃工况下提高幅度最大，较文丘里式分流器增大 0.73 MPa；应用整流喷嘴式分流器时，在蒸发温度－24℃工况下，冷风机压降较文丘里式分流器减小 0.19 MPa。使用新型分流器后，分流器压降增幅较大，但并未过多影响蒸发器压降，整流喷嘴式分流器和雾化喷嘴式分流器与文丘里式分流器、CAL 分流器在各工况下的蒸发器压降相差不大。

基于"环流整定＋先混合、后分流＋临界分流"理念的整流喷嘴式分流器，以及基于"雾化整定＋先混合、后分流＋临界分流"理念的雾化喷嘴式分流器具有更利于均匀分配的结构，可以更好地实现气液两相制冷剂流量的均匀分配，对提高多流程干式蒸发器制冷量和传热系数具有积极意义，为分流器在多流程干式蒸发器中的应用提供了技术支持。

5.1.2　氨制冷系统低碳节能技术

氨制冷系统广泛应用于大中型工业制冷系统，例如工业冷链制冷系统、医药制冷系统、大型工业冷却和特种大型工业场景等。在本次节能案例分享中，将以北京冬奥会国家雪车雪橇中心项目为例，介绍其节能设计方案。

国家雪车雪橇中心项目位于北京冬奥会延庆赛区核心区南区中部山脊之上，是北京 2022 年冬奥会雪上项目的标志性大项之一，承担了雪车、钢架雪车、雪橇 3 个项目的全部赛事。至今为止，全世界有 16 座标准雪车雪橇场馆，分布在 11 个国家，其中，10 座位于欧洲，德国有 4 座雪车雪橇场馆，是场馆数量最多的国家，美国和加拿大各有 2 座，日本和韩国各有 1 座（分别位于长野和平昌）。北京延庆赛区的国家雪车雪橇中心场馆成为亚洲第三座满足奥运比赛标准的雪车雪橇场馆，也是中国第一座雪车雪橇场馆。

1. 技术途径

国家雪车雪橇中心项目制冷系统设计制冷量为 6000kW，其系统运转的低碳节能效果对后期场馆运营具有极大的影响。因此，在保证安全的前提下，为体现低碳节能的运行效果，国家雪车雪橇中心项目氨制冷系统在系统论证及建设过程中采取和应用了以下低碳节能技术方案。

1）选择高效天然工质

在制冷剂选择方面，从环境保护的角度出发，系统采用自然工质氨（R717）作为制冷系统的制冷工质。考虑低碳节能方面，工业制冷系统中的氨制冷系统的运行效率较高，是低碳考虑的最佳选择之一。

2）进行系统节能设计

在系统节能设计方面，制冷系统中大部分电机采用变频技术，在保证比赛系统温度可控均匀性的前提下，可实现变频调节，保证变负荷工况下的节能效果；制冷压缩机设置有二次补气循环功能，实现准多级压缩，有效地提高了制冷压缩机的运行效率；在多台并联压缩机群控方面，采用了群控技术，实现不同室外环境工况下的机组群控节能运行；蒸发式冷凝器通过控制风机的转速以及水泵的启停台数，保证低温工况下稳定的冷凝压力，实现室外环境温度较低时制冷系统的高效节能运行。

3）高扬程、大范围的分区供冷设计

针对雪车雪橇赛道输送距离远、高扬程等特点，制冷系统氨泵设计采用分区域进行供液，一方面可有效降低氨泵的装机功率，另一方面采用变频供液形式可提高系统制冰维温时的稳定性和节能性。

4）冷热联供能源综合利用技术

制冷系统内设置有冷凝余热回收系统，可为场馆附属用房提供供暖热源，余热回收系统设计制热效率可达 5.0 以上。冷热联供理念可辅助解决赛区供暖供热问题，同时践行低碳环保、绿色奥运理念。

2. 理论研究

对比不同制冷剂运行工况下的实际效果可知，氨制冷系统的运行效率要高于其他制冷剂，在大中型系统应用场景中有较大的经济性优势。可采用一系列节能措施来降低能耗并提高制冷性能系数，例如降低冷凝温度、保持适宜的蒸发温度、采用变频技术以及多级压缩循环等。此外，还可以采用某些制冷工质的回热循环、变流量控制和电子膨胀阀供液等技术手段。为进一步提升节能效果，还可以应用先进的控制技术如 PLC 和自动化控制，以及采用效率较高的制冷压缩机和蒸发器。在特定情况下，太阳能热泵、空气源热泵、水源热泵和地源热泵等可再生能源也可作为可行的选择。同时，在低温工况下，可以考虑采用 NH_3/CO_2 复叠式制冷循环系统。在制冷系统的设计和运行中，经常放空气、防油、除霜、清洗冷凝器和蒸发器的水垢等维护措施也是重要的节能举措。综合利用这些技术和手段，制冷系统的热回收换热器等辅助设备也可以有效节能，为节能环保提供了更多的可能性。此外，还针对系统的供热需求与制冷需求进行调研分析，采用余热回收换热器回收冷凝热，实现冷热综合利用。

3. 案例分析

国家雪车雪橇中心赛道的起点标高为 1017m，结束点标高为 984.42m，最低点标高为 896.05m，赛道全长 1975m，最大高差为 121m，赛道最大坡度 18°。主赛道包含 16 个弯道，为亚洲唯一一个具备 360°回旋弯的赛道。雪车雪橇赛道的设计是冬奥会项目中单项难度最大、认证和审批最复杂的赛事项目。赛道设计的核心是速度特性须满足奥运竞赛要求，其设计难度主要在于赛道的形状及速度曲线设计和赛道制冷系统设计，运行的低碳、经济性是赛道制冷系统设计的关注重点。

1）工质选择的分析与考虑

雪车雪橇场馆需要一套大型制冷系统来实现对雪车雪橇赛道进行制冰和维持冰面温度的功能。在国家雪车雪橇中心建设之前，全世界共有 16 座标准雪车雪橇场馆，其中法国拉普拉涅和日本长野采用乙二醇载冷系统，俄罗斯奥廖尔州采用二氧化碳载冷系统，其他 13 座雪车雪橇场馆均采用氨直接蒸发式制冷系统。考虑节能、环保、高效、稳定等综合因素，国家雪车雪橇中心项目最终采用自然环保制冷工质氨（R717）作为本项目制冷系统的制冷剂，制冷系统采用氨直接蒸发式制冷系统，在冬奥雪车雪橇场馆中采用氨直接蒸发式制冷系统占比 80% 以上，采用氨作为制冷剂的占比 90% 以上。氨是公认的环保型天然制冷剂，其作为制冷剂应用已有百年历史，其优点在于：①氨的组成成分均为天然气体（由氮和氢气组成），其臭氧耗损潜能值（ODP）和全球变暖潜能值（GWP）均为零；②标准沸腾温度低（－33.4℃），凝固温度低（－77.7℃），临界温度高（132.4℃）；③密度小（－30℃时 $\rho=0.677kg/L$），分子量小；④压力比和压力均适中，节流损失小，效率高；⑤单位容积制冷量大（0℃时容积制冷量为 4360kJ/m³），且导热系数大；⑥蒸发潜热值大（－30℃时的汽化潜热是 R744 的 4.5 倍，是 R507A 的 7.3 倍）；⑦流动阻力小，传热性能好；⑧氨与水可任意比例互溶，不易造成冰堵；⑨由于氨具有刺激性气味，易于检查泄漏点；⑩化学稳定性和热稳定性好；⑪氨的热力性质和热物理性质好，在常温和普通低温范围内压力适中；⑫价格低廉，易于制取。

可见，与其他制冷剂相比，氨具有很大的优势，目前在全球范围内氨已成为大多数工业制冷领域的首选制冷剂。国家雪车雪橇中心项目特点是规模大、距离长、高差大，且每个赛段由换热面积及曲率形状均不同的蒸发排管构成，结合本项目特点，选择氨作为项目制冷剂是保障项目后期稳定节能运行的最优选择。

2）制冷系统的节能设计

国家雪车雪橇中心项目主赛道最大设计制冷负荷约为 4800kW，设计蒸发温度−18℃，氨制冷系统总制冷量设计值为 6000kW，系统共设置 5 台同型号螺杆压缩机组，每台压缩机组在设计工况（−18℃/35℃）下制冷量约为 1200kW。制冷主机采用变频且内容积比可调的单级带经济器的螺杆式制冷压缩机组，可保证压缩机在不同工况、不同负荷条件下始终运行在效率最高点。制冷主机共用一台经济器，经济器选用闪发式经济器，工质冷却螺杆压缩机组的油冷却器。如图 5.1-13 所示。

图 5.1-13　国家雪车雪橇中心氨制冷压缩机组

冷凝方式采用蒸发式冷凝。蒸发式冷凝器共设置 2 台，每台冷凝器中包含 2 台同型号、小型号蒸发式冷凝器，即整个制冷系统设有 4 台同型号、小型号冷凝器，如图 5.1-14 所示。冷凝器采用全排管式换热冷凝器，换热性能良好。同时，为保障冷却喷淋水的水质、延缓冷凝器换热表面的结垢速度，本项目设有水处理设备。考虑冬季喷淋水结冻因素，将冷却循环水箱设置在制冷机房内，共设置 4 台水泵，每台水泵对应其中的 1 台小型冷凝器。在配合压缩机群控方案的过程中，可实现多工况冷凝系统的高效稳定运行。

图 5.1-14　国家雪车雪橇中心蒸发式冷凝器

制冷系统采用氨直接制冷方式，系统供液形式为氨泵强制供液，制冷系统液氨制冷剂总充贮量约 80t。由于本项目赛道高差大，且输送距离远，氨泵根据赛道共设置了 4 个区域，分别为主赛道的高区、低区、结束区及冰屋训练区，氨制冷系统工艺如图 5.1-15 所示。

3）冷热联供能源综合利用技术

冬奥场馆的供热是低碳节能设计的挑战之一，场馆周围无天然气输送条件，采用燃煤锅炉环保不达标，电加热投资和运营成本显著提高。因此，采用冷凝余热回收方案成为可行的技术方案，如图 5.1-16 所示。制冷系统内设置有冷凝余热回收系统，可为场馆附属用房提供供暖热源，余热回收系统设计制热效率可达 5.0 以上。冷热联供理念可辅助解决赛区供暖供热问题，同时践行"低碳环

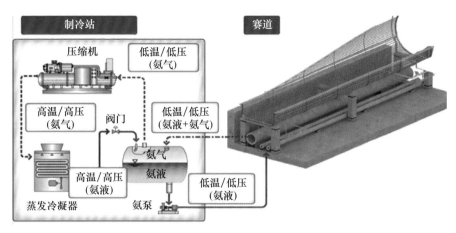

图 5.1-15　氨制冷系统及分区工艺示意图

保、绿色奥运"理念，该方案年均减少排放 1600t 二氧化碳。

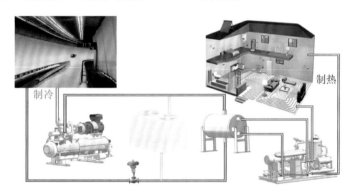

图 5.1-16　北京冬奥会国家雪车雪橇中心冷热联供能源综合利用技术方案

5.1.3　食品工业制冷系统冷凝热回收技术

1. 技术途径

应用热泵技术回收制冷系统的冷凝余热制取高温热水，用于满足食品加工过程的热水需求环节是实现冷热综合利用的重要技术。在屠宰、乳制品加工、啤酒酿造等行业中，制冷系统在工艺流程中起着至关重要的作用，其能源消耗较高。制冷系统生产所吸收的冷量和制冷系统运行的能源消耗，最终都转化为了冷凝热。通常情况下，冷凝热通过冷凝器排放到了自然环境中，造成了能源的浪费。而与此同时，食品加工行业的生产工艺流程中，对于热量，尤其是高温热水有较大的需求，通常需要额外消耗高品质能源来供给，造成了更多的能源浪费和消耗。因此，利用热泵实现冷凝热回收，不仅能够提高制冷系统运行效率，还能满足工艺过程对热水的需求。

以禽类屠宰工艺流程为例，其主要工艺流程大致可分为前处理区、中拔区、预冷区及分割包装区四个区域，详细流程为：毛鸡上挂→镇静→电麻→宰杀→沥血→浸烫→脱毛→净膛→预冷→分割→包装→冷冻冷藏。此外，还需要设备清洗、刀具消毒等。在以上工艺流程中，预冷及冷冻冷藏需要提供冷量，其用冷温度在−45～4℃之间；浸烫、脱毛、设备清洗、刀具消毒是主要的用热需求，其用热温度在 30～82℃之间。在传统的工艺流程设计中，制冷需求和用热需求是独立考虑的，各自配置相关的设备，能源浪费严重。在乳制品加工，啤酒酿造等行业中，也存在类似的情况。随着"双碳"目标的不断推进，包括用电容量、化石能源使用、碳排放指标等限制因素，相关行业对已有生产线的改造及新建生产线的工艺优化需求日益急迫。因此，采用热泵回收冷凝热，可制取不同温度区间的热水，在回收系统冷凝热的同时，能够清洁、高效、经济地产出满足工艺需求的高温热水或蒸汽，实现节能减排的经济效益和减少环境污染、碳排放的社会效益，其技术原理如图 5.1-17 所示。

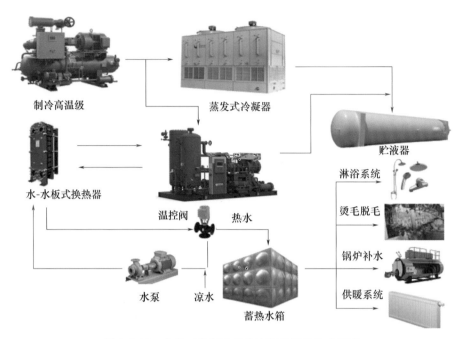

图 5.1-17　食品工业制冷系统冷凝热回收技术原理

该解决方案的关键技术路径主要包括以下几点。

1）明确热源侧和需求侧运行数据及运行规律

热泵系统的热源来自于制冷系统的冷凝热，需要调研厂区制冷系统的情况，包括采用何种制冷剂、设备数量、日常运行设备数量和运行载荷、每天运行时段、不同季节的排气压力等。对用热侧的工艺段进行数据调研，包括生产工艺或非生产场景热水需求、用热温度、用水量等，上述为热泵系统设计所需的基础数据。

2）对制冷系统冷凝热的高效回收

传统制冷系统运行时，冷凝热通过冷凝器释放，以蒸发式冷凝器为例，热量最终通过蒸发冷凝器的风扇排向周围环境中。为实现冷凝热的高效回收，需要在压缩机排气总管上增加预热板式换热器，用冷凝热将自来水预热，先回收一部分冷凝热；在排气总管增加一路管道将制冷剂气体引入高温热泵机组的蒸发器，高压气体热量被高温热泵机组回收利用。

3）研发高效的双级热泵

根据用户生产工艺的不同用热需求，设计双级热泵系统，通过回收制冷系统冷凝热，分别制取65℃和95℃两种温度的热水，并设计两个温度对应的两套蓄热水箱，用于热水存储。第一级热泵采用与制冷系统相同的循环介质 R717，产生的 65℃热水存储在对应水箱内，一部分直接供往车间对应工艺段使用，另一部分则按需作为第二级热泵的热源水，进入第二级热泵的蒸发器释放热量。第一级热泵两种温度的使用工艺和时段可能均有差异，需对控制系统进行优化设计，满足不同温区的供水匹配。第二级热泵采用 R245fa 作为循环工质，制取 95℃高温热水。

2.应用理论研究

高效双级热泵是该项目实施的基础，而多温区供热控制系统的优化设计，则是该项目的关键要素之一。针对高效双级热泵流程及多温区供热控制系统的优化设计，进行以下的理论分析。

1）高效双级热泵的流程设计

不同循环介质的适用温区存在明显差异。针对双级热泵，首先需要确定两级对应温区最适合的热泵工质。针对屠宰、乳制品、啤酒、饮料加工等行业，生产工艺中常用的热水为中温水（60～70℃）和高温水（90℃以上），且通常中温水的用量较大。以制冷系统冷凝热作为热源的热泵工况，单级热泵制取 60～70℃的热水，选用与制冷系统相同的工质，可形成与制冷系统直连的热回收系统，实现更高效的热能回收。而氨作为最为环保和高效的自然工质，其广泛应用于上述行业的制冷系统中，则第一级热泵建议采用氨热泵。第二级制作高温热水，出水若达到 90℃ 以上，氨工质的工作压力将非常高，对压缩机和辅机设备都是比较大的挑战，且设备成本会很高。通常第二级建议采用 R245fa。另外，两级热泵产生的 65℃ 和 95℃ 热水应用在不同的生产工艺中，其中 65℃ 热水还作为第二级热泵的热源水。因此，考虑到不同温区用热时段不一定能完全匹配的问题，需分别设计两个蓄热水箱对应两个温区热水，以水箱来进行缓冲调节，解决负荷的波动对系统运行影响的问题。

2）多温区供热控制系统的优化设计

系统设有不同温区的蓄热水箱。由于生产工艺用热负荷可能存在实时波动，因此整个控制系统的设计逻辑，不是以末端实际用热负荷来进行机组载荷调节，而是直接用水箱液位来关联机组的运行。两级热泵分别对应两个蓄热水箱，水箱设置低液位（开机液位）和高液位（停机液位），机组的启停调节仅和水箱液位相关，而与末端用热与否不相关，通过水箱来承担负荷波动的影响。一方面，该设计可减少机组波动引起的效率衰减，同时也避免了机组因负荷波动而造成的频繁启停机。另一方面，热泵机组只要开机，就直接满载运行，直至最高停机液位时停机，运行期间始终处于满载状态，保证机组高效运行。另外，设有自动化的水温比例调节、水泵恒压变频等辅助设计，保证了多温区供水的系统高效设计。

3. 案例分析

福建龙岩正大食品有限公司产品线以家禽屠宰加工为主，两班生产日屠宰量约 27 万只，产品在加工过程中的烫毛、蒸煮、高温消毒工艺消耗大量蒸汽，平均每天蒸汽使用量约 38t 以上，且需外购蒸汽（价格 330 元/t），运行成本高。除消耗热量外，还需要使用制冷系统对加工完毕的食品进行降温、冷冻冷藏处理，一方面利用蒸汽加热升温，另一方面利用压缩机驱动降温，未实现能量的综合利用，造成能源严重浪费。

根据对相关行业的调研可知，原则上可利用热水替代蒸汽，车间工艺主要包括用热温度为 65℃ 的漂烫温区和 90～95℃ 的蒸煮消杀温区，计算热水消耗量预计每天 450t 以上。基于以上条件，设计双级热泵系统对制冷系统排气冷凝热进行回收再利用，分别制取 65℃ 和 95℃ 热水，完全替代蒸汽。根据上述要求，设计了如图 5.1-18 所示的系统流程图。

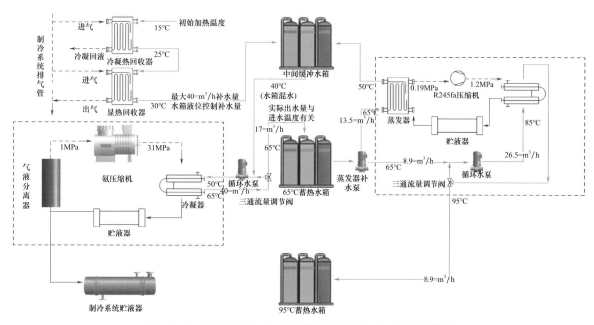

图 5.1-18　应用热泵技术回收制冷系统冷凝余热的系统原理图

解决方案描述如下：①逐级升温，第一级使用换热器回收制冷系统排气显热，将 15℃ 凉水预热至 30℃；②采用高温氨热泵机组回收制冷系统冷凝热，将 30℃ 水加热至 65℃；③利用一部分 65℃

热水作为热源，采用 R245fa 高温热泵产出 95℃热水；④整套系统综合制热效率高，同时设计有效容积 300t 的保温水箱，充分利用谷电蓄热，进一步降低运行成本。设备选型如表 5.1-6 所示。

表 5.1-6　设备选型和技术参数

名称	氨热泵机组	高温热泵机组
工质	R717	R245fa
控制方式	自动	自动
额定出水温度（℃）	65	95
机组制热量（kW）	800	310
主电机输入功率（kW）	148.5	77
制热效率 COP	5.39	4.02
数量（台）	2	2
总制热量（kW）	1600	620
单位时间制水量（m³/h）	17×2	8.9×2
最大总水量（m³/d）	800	400

热泵机组设备布置在用户原制冷系统机房内，便于对接原制冷系统的氨管路，还方便统一管理。热泵设备均采用整体撬装运输，现场就位后，连接氨管路、水管路等配套管路后，即可调试运行。根据现场实际情况，校核屋顶承重后将水箱布置在用户机房屋顶，节省地面空间，然后通过水泵、管路等将高温热泵系统产出的热水存放于屋顶水箱内（65℃和 95℃分别存放），并从水箱引出供水管路，直接供至用户用热末端。设备现场布置如图 5.1-19 所示。

图 5.1-19　设备现场布置图

项目于 2019 年正式运行，总回收 96768GJ 热量，减少 2.2 万 t 水消耗和减少 1.25 万 t 二氧化碳排放，并获得约 1000 万元的经济收益，整个项目的投资回收期约为 2.5 年。项目详细的数据如表 5.1-7 所示。

表 5. 1-7 项目回收的运行数据及经济性对比

项目	氨热泵机组＋高温热泵机组	外购蒸汽
总热回收量（GJ/a）	24192	—
总制热量（GJ/a）	31257	31257
制热量折算	2347700	12210
燃料单价	0.65 元/kWh	330 元/t 蒸汽
每年运行总费用（万元）	152.6	402.9
热回收节省费用（万元）	250.3	
投资回收期（a）	2.5	
年减排二氧化碳（t）	3125	

5. 1. 4　高效真空冷冻干燥设备

干燥食品的开发离不开干燥设备的革新。作为未来最具潜力的高品质干燥方式，真空冷冻干燥是生物活性物质和某些医药产品及营养保健品等最理想的干燥方法，受到了广泛的关注。消费市场的变化也使得对相应的冻干设备需求旺盛，冻干是把含水物质预先降温冻结成固体，然后在真空的状态下使水分从固体直接升华成水蒸气而获得干燥的一种方法。冻干技术是一种先进的干燥和保存方法，被广泛应用于生物、医药、食品等领域，为人类的健康和生活带来便利和福祉。

1. 技术途径

物料在冻干之后进行真空或氮气封口，以隔绝氧气，若存放在低温环境中，则水分、空气、温度三个影响物质变性的因素均得到有效控制，可使物质长期获得良好的保存。由于冻干食品不存在表面硬化的问题，复水时水分可迅速渗入到冻干食品内部。再者，冻结后均匀分布的细小冰晶在升华后留下大量的空穴，致使冻干食品呈多孔海绵状，渗入的水分与干物料充分接触，使得冻干食品在几分钟甚至数十秒内完全复水。冻干食品优异的复水性能，决定了它在即食方便食品中具有非常重要的地位。此外，食品物料中的许多成分具有热敏性和易氧化性。由于冷冻干燥是在低温和高真空度下进行的，避免了加工时常见食品中的热敏性成分被破坏、易氧化成分被氧化的现象。因此，冻干食品的营养成分及生理活性成分保留率最高，这也是某些功能性食品采用冻干食品为基料的主要原因。由于低温下各种化学反应的速率较低，冷冻干燥时由于各种色素分解所造成的退色、酶和氨基酸所引起的褐变现象几乎不发生，所以冻干食品不需添加任何色素，其色泽依然赏心悦目、鲜艳如初。由于低温下芳香成分的挥发性较低，故冷冻干燥时其挥发损失率相对较低。干燥过程无氧化等劣变反应，无异臭产生。此外，干燥后产品中的芳香成分浓度相对增加，冻干食品风味不变，香气更加浓郁。

在冷冻阶段，将物质冷冻成固态，使水分凝固成冰晶。冷冻温度和速度会影响冰晶的大小和分布，进而影响升华速率和产品质量。在升华阶段，将冷冻的物质置于真空环境中，使冰晶直接升华成水蒸气，从而达到脱水的目的。升华过程中需要提供热量，以维持物质的温度和压力。升华速率和均匀性会影响干燥时间和产品的形态和结构。在解析阶段，升华完成后，将物质的温度升高，使残留的水分进一步蒸发，提高产品的干燥度和稳定性。解析温度和时间会影响产品的色泽和营养成分。

虽然冻干食品的优势特别明显，但冻干技术及装备要通过以下技术途径来实现节能降碳。

1）明确食品冻干品质调控工艺

针对现有食品冻干品质调控工艺不清晰的问题，研究不同的物质冻结、干燥特性，基于干燥特性匹配相应的调控工艺并实现工艺节能。

2）提高冻干设备运行效率

针对现有冻干设备运行效率低的问题，选择合适的冻结方式和参数、与之相配套的制冷系统和智能化工艺匹配技术，以实现最佳的冷冻干燥效果。

3）提高冻干设备的智能化程度和工艺匹配度

由于目前工艺匹配度低，导致冷冻效果不理想，冰晶过大或过小，影响升华效率和冻干物料品质。植入高效冷冻工艺数据库，并使之与设备智能控制匹配，实现系统节能。

2. 理论研究

高性能真空系统、制冷系统和智能化控制逻辑是研发智能化高效冻干成套装备的基础。下面针对智能化冻干机的关键技术进行理论分析。

1）真空系统

真空系统的设计主要是决定系统如何配置，选择系统的基本结构，选配抽气设备、管道、阀门等真空元件。一般情况下，真空系统的设计计算主要解决两个基本问题：①根据真空设备产生的气体量、工作压力、极限真空及抽气时间等，选配主泵的类型、确定管路及选择真空元件。②计算真空设备的抽气时间，或计算在给定的抽气时间内所达到的压力。

真空室所能达到的极限真空为

$$p_{\mathrm{j}} = p_0 + \frac{Q_0}{S_{\mathrm{p}}} \tag{5.1-1}$$

式中 p_{j}——真空室所能达到的极限真空，Pa；

p_0——真空泵的极限真空，Pa；

Q_0——空载时，长时间抽气后真空室的气体负荷（包括漏气、材料表面出气等），$Pa \cdot L/s$；

S_{p}——真空室抽气口附近泵的有效抽速，L/s。

真空室正常工作时所需的工作压力为

$$p_{\mathrm{g}} = p_{\mathrm{j}} + \frac{Q_1}{S_{\mathrm{p}}} = p_0 + \frac{Q_0}{S_{\mathrm{p}}} + \frac{Q_1}{S_{\mathrm{p}}} \tag{5.1-2}$$

式中 p_{g}——真空室工作压力，Pa；

Q_1——工艺生产过程中真空室的气体负荷，$Pa \cdot L/s$。

真空室利用机械泵从大气抽气的过程中，低真空区域内的机械泵抽速随真空度升高而下降，其抽气时间为

$$t = 2.3 K_{\mathrm{q}} \frac{V}{S_{\mathrm{p}}} \lg \frac{p_{\mathrm{i}} - p_0}{p - p_0} \tag{5.1-3}$$

若忽略 p_0，则

$$t = 2.3 K_{\mathrm{q}} \frac{V}{S_{\mathrm{p}}} \lg \frac{p_{\mathrm{i}}}{p} \tag{5.1-4}$$

式中 t——抽气时间，s；

V——被抽真空设备容积，L；

S_{p}——泵的名义抽速，L/s；

p——设备经 t 时间的抽气后的压力，Pa；

p_{i}——设备开始抽气时的压力，Pa；

p_0——真空室的极限压力，Pa；

K_{q}——修正系数，与设备抽气终止时的压力 p 有关。

2）制冷系统

冻干设备通常采用机械制冷的方法，在制冷主回路内，液态制冷剂从冷凝器的出液阀流出后，经过滤器、中间冷却器后被冷却成为 $-20{}^\circ\!\mathrm{C}$ 左右的低温液体，再到板冷或阱冷电磁阀，最后当它进入蒸发器时能吸收更多的热量。其中，板层制冷和冷阱制冷是互锁的，制冷板层时不能制冷冷阱，制冷冷阱时不能制冷板层。

当制冷板层时，板层制冷电磁阀打开，制冷剂通过手阀、电磁阀、视镜、板层制冷膨胀阀，进入板式换热器；蒸发吸热之后变成气体；经过单向阀、过滤器、气液分离器、吸入阀，由压缩机低

压级吸入；低压级吸入的气体压缩后排出到中压级，经冷却后（由中冷系统冷却）由高压级吸入经再次压缩后排出，双级压缩提高了压缩比；高温高压气体经油分离器后进入冷凝器，在高压和冷却水的作用下，制冷剂的气体冷凝成液体。液体经出液阀到板式换热器蒸发吸热，如此不断循环，硅油得到冷却，循环泵的运转使冻干箱板层得到冷却。

当冷阱制冷电磁阀打开时，制冷剂经手阀、电磁阀、视镜、冷阱制冷膨胀阀后，经分液阀分配后进入冷阱的各组管路，在冷阱内蒸发吸热后变成气体，经单向阀、过滤器、气液分离器由压缩机吸入，经二次压缩后进入冷凝器冷凝成液体。液体经出液阀到冷阱蒸发吸热，如此不断循环使冷阱的温度得到降低。

根据客户现场需求可选择不同的制冷方式，比如：针对于小型冻干机，可以选择直膨供液方式；当干燥物料量比较大时，可以选择桶泵供液制冷方式。

3）变频节能技术

对制冷压缩机采用变频控制，可以使制冷系统对于负载的变动始终以接近设计条件的高效率进行运行。冻干仓内的冷阱在冻干上半段所需制冷量较大，后半段所需制冷量较小。控制系统根据所采集的压力、温度的数据进行数据分析，实时地调整压缩机电机的运行频率，从而改变制冷量大小，与实际所需制冷量相匹配，将其能耗降至最低。

目前常用的抽空方法有掺气法、控制抽空阀法和流量调节阀法三种，结合真空泵参数和特性，将真空泵组改为变频控制，取消上述所用的三种方法，基于真空度控制区间来控制真空泵转速，从而达到节能、有效控制冻干仓内真空度的目标。

4）适应冻干工艺的系统匹配技术

按工艺条件和干品日产量要求，产品为草莓片（含水量约90%），干品得率10%。单仓干燥能力3520kg/批次，捕水器捕水能力2500 L/批次，单仓干品量352kg/批次，具体参数见表5.1-8。设备型号MTFD240-3000L，5套。根据用户要求以及工艺条件的设置，5个冻干仓采取负荷错峰运行取系数0.8来配置制冷设备，以减少运行负荷浪费，降低装机容量，实现节能降耗。

表 5.1-8　冻干制品参数

制品	最大装盘量	干燥时间	原料处理量	干品得率	干品产量
草莓片	5.5kg	16～24h	3520kg/批次	10%	352kg/批次

3.案例分析

天津商业大学和烟台冰轮冻干智能科技有限公司联合研发的"智能化高效冻干成套装备"集成食品冻干品质调控技术、智能化节能优化技术和设备集成技术，开发了全套的硬件设备和软件系统，内置不同典型物料的冻干工艺模型，实现冻干工艺和冻干设备的协同。单位面积升华水量达到2.4kg/(m^2·h)，单位脱水能耗2.2kWh/kg，与传统冻干设备相比，综合能耗减少15%。智能冻干机实物图如图5.1-20所示。

图 5.1-20　智能化高效冻干成套装备

在智能化高效冻干成套装备研发过程中，针对不同的食品开展了大量实验工作[5-6]，提出了食品冻干品质调控技术。以蚕豆为例，通过冻干智能化设备观察蚕豆种子在低温真空环境下的脱水特性及脱水过程中微观结构的变化规律，如图 5.1-21 所示。结果表明：在低温真空脱水过程中，水分比呈指数递减，Page 模型拟合效果最好；收缩率逐渐增加，后趋于平缓；细胞面积、周长、直径等尺寸参数主要分布区间虽在小范围内有所波动，但整体呈减小趋势，数据分布逐渐集中；细胞形状参数的变化较小，圆度与伸长率变化范围均在 10％以内，而紧密度几乎保持恒定。此外，通过对冻干过程中超微结构的相关性研究，构建了适配于植物型冻干物料的温度控制系统。

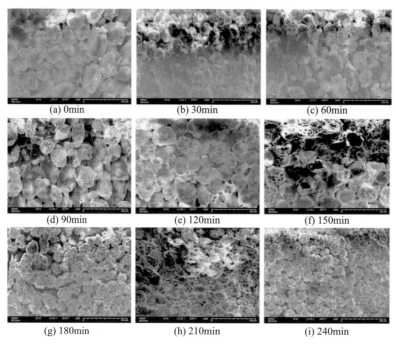

(a) 0min (b) 30min (c) 60min

(d) 90min (e) 120min (f) 150min

(g) 180min (h) 210min (i) 240min

图 5.1-21　蚕豆脱水过程的微观结构变化

在智能化高效冻干成套装备节能优化研究过程中，设计了气流均布装置。冻干设备内部的气流组织对冻干设备的使用效能存在至关重要的影响，不同的气流组织不但对单位时间内的冻结产量存在影响[7-8]，还对原料的品质同样产生巨大的影响。食品冻干装置在使用时，需要用到气流对食品进行干燥、加热等处理，但是现有的用于食品的冻干装置在使用过程中存在气流组织不合理的问题。由于装置内部各点与进风的距离不同，内部的风压不均匀，导致食品冻干处理时间增长，工作效率降低，影响了物料的冻干品质。图 5.1-22 为本项目智能化高效冻干设备的气流均布装置，可有效改善气流场。

图 5.1-22　冻干过程气流组织装置

智能化研发内容分为三部分：加热板热媒均匀性控制及防冻控制技术、自冻结升降板层技术、自动化上卸料装车技术。冻干舱加热板表面温度不均匀，会影响食品冻干后的品质及其冻干效率，加热板表面的温差越小，食品冻干后的品质越高，冻结效率也越高。为了达到均匀加热的目的，本项目设计了热媒均匀供给装置，同时设计了加热板防冻控制系统。

真空条件下，物料的加热主要通过辐射换热进行。为增强辐射效果，要求加热板表面的辐射系数高达 90% ~ 95% 以上，且物料盘底（包括支架）和物料顶与辐射板上下两表面间距离通常不小于 5~10mm。使用自冻结板层技术，物料的冻干可实现从制品进箱、冻结、干燥到出箱的整个冻干过程中不与人或外界接触，从而保证预冻和干燥始终在冻干箱内进行。采用搁板制冷和加热亦能顺利有效地进行预冻和升华。此外，物料上盘过程中使用液压系统对板层进行升降。

目前大量食品的前处理工序中需要进行预冻，传统的人工生产线已经不能满足工业自动化和智能化的需求，而冻干设备的自动化物料输送装置可以有效实现自动化上卸料的功能。自动化上卸料装车装置包括吊装在车间顶部的轨道组件以及在轨道上运行的行走小车，行走小车下方通过自动锁定结构连接托盘支架，该轨道组件的起始点两侧分别设置上料工位和下料工位，以轨道组件为主的自动化物料输送装置用于连通分割区和原料转运区。轨道组件位于上料工位和下料工位的位置均包括升降轨道和固定轨道，升降轨道和固定轨道均是横截面为"工"字形的钢材，升降轨道的中部通过螺栓固定连接液压杆的输出端，液压杆被竖直固定在液压杆支架的中部，液压杆支架的两端通过螺栓固定连接在升降轨道两端对应的固定轨道的上表面，以实现控制升降轨道降下或升起，进行物料的多层装卸。

5.2 数据中心与通信基站

数据中心属近十年来的新兴行业，其特点主要是发热量大、可靠性高[9]，故在最初设计时都投入了大量的精密空调系统来保证其可靠性，但随着行业对节能的认知越来越强，数据中心基础设施也开始"减负"，目前降低数据中心冷却系统能耗的主流方法主要有空调系统/设备节能改造、气流组织优化和自然冷源的利用。

5.2.1 蒸发冷却技术

数据中心需全年连续稳定运行且持续向外散热，而全国不同气候分区下室外温度低于室内环境温度的全年时间较长，传统机械制冷的全年制冷技术虽然可及时冷却服务器运行时产生的热量，确保数据中心常年稳定运行，但常规的机械压缩制冷技术全年电能消耗大，在冬季及春秋过渡的低温季节，尤其在低环境温度、小负荷工况下，制冷系统工作能效低，而自然冷却技术充分利用室外自然冷源为数据中心降温，大幅缩短空调制冷的使用时间，降低机组在过渡季节及冬季时压缩机运行功耗，有效降低耗电量[10]。

干燥空气由于处在不饱和状态而具有制冷、制热或者发电的能力，而蒸发冷却技术正是利用环境中的干空气能，依靠水蒸发原理达到降温目的的可再生能源新技术，最大程度利用自然冷源，最终热量排向空气中[11]，该技术不仅有效降低了数据中心能耗，而且还大大降低了基础设施投资（包括由空调系统引发的电力系统的投资），同时也降低了数据中心的投资成本[12]。

1. 理论研究

1）直接蒸发冷却

直接蒸发冷却是通过空气与水的直接接触实现两者温度同时降低的技术[13]。在这一过程中不仅涉及热交换还涉及质交换。水蒸气进入空气使其潜热增大，在总焓不变的情况下，空气释放显热使其温度降低。因此，可以通过直接蒸发冷却技术使数据中心的空气降温。

理想的直接蒸发冷却制取冷风的处理过程中，直接蒸发冷却填料被循环水反复喷淋。理想的蒸发冷却是绝热的，过程中空气没有显著的焓升或焓降[14]。其过程路径沿等焓线或等湿球温度线变化。图5.2-1中状态点A代表进入直接蒸发冷却器的室外空气，点B代表进口空气的湿球温度。当水反复且快速地与空气接触后，水温等于B点温度。空气的显热转移到水表面并变为蒸发潜热，空气的干球温度下降。水吸收潜热变成水蒸气过程中，空气的含湿量增大而焓值不变。大部分空气与水接触并沿着从A到B的等焓线被降温加

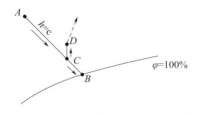

图5.2-1　理想的直接蒸发冷却焓湿图

湿。少部分空气从填料或水滴的空隙间漏出，仍然保持在状态点A。在离开加湿段时，两部分空气混合得到状态为C的空气。C状态空气在通过风机和风管时，产生摩擦并吸收从外界得到的显热，状态变化到D。D状态空气送入数据中心机房，沿热湿比线吸收数据机房得热。大多数进水温度低，水循环速度快，且遮光良好的直接蒸发冷却器可接近这个理想过程。

2）间接蒸发冷却

间接蒸发冷却一般有两股气流同时经过冷却器，但它们互不接触。这两股气流通常定义为：一次空气——需要被冷却的空气。它主要是来自数据中心机房的回风。二次空气——与水接触使水蒸发降低换热器表面温度，从而冷却一次空气[15]。二次空气一般来自室外新风，用完后再排到室外。间接蒸发冷却可以分为一般的间接蒸发冷却（或湿球温度式间接蒸发冷却）和露点间接蒸发冷却。

一般的间接蒸发冷却器工作原理如图5.2-2（a）所示，其核心部件是换热面，该换热面将一次空气与二次空气分隔开，两股流体的传热通过该换热面进行。一次空气主要来自数据中心机房需要被冷却的回风，一次空气实现等湿冷却。二次空气主要来自室外新风，二次空气通道侧布有水，水与二次空气直接接触发生热湿交换。二次侧水蒸发时将一次空气的热量带走，进而达到冷却一次空气的目的，理论上，一般的间接蒸发冷却可以使一次空气温度趋近二次空气进口湿球温度[16]。

一般的间接蒸发冷却空气处理过程如图5.2-2（b）所示。在干通道中，一次空气从1状态点等湿冷却至2状态点，二次空气状态变化过程可简化成两部分：从状态点1沿等焓线降温至状态点$2'$；吸收一次空气传递的热量后由$2'$升温，在升温过程中由于水继续蒸发进入空气，使其状态变化到3。所以在间接蒸发冷却器中，二次空气出口温度和湿度都高于相同进口条件下的直接蒸发冷却器空气出口状态。

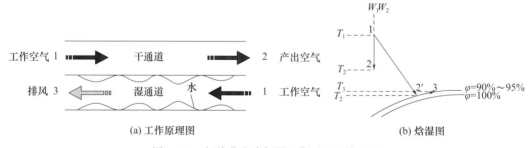

(a) 工作原理图　　　　　　　　　　　(b) 焓湿图

图5.2-2　间接蒸发冷却器工作原理和焓湿图

逆流式露点间接蒸发冷却器工作原理如图5.2-3（a）所示，在干通道的末端部分有一些小孔。进入干通道的空气在通道末端分成两部分：一部分沿着通道流动降温后送入需要供冷的空间；另一部分在干通道中被等湿冷却后进入湿通道成为二次空气，其干球温度和湿球温度均降低。干、湿通道之间的传热温差增大，一次空气的温度可降低到设备进口空气湿球温度以下，甚至可以接近其露点温度[17]。

露点间接蒸发冷却空气处理过程如图5.2-3（b）所示。状态为1的空气进入设备，通过换热面向湿通道传热，温度降低且没有水蒸气传入，空气状态达到点2。一部分空气送入房间，余下的则进入湿通道，首先吸收湿通道的水蒸气达到饱和状态，然后继续吸收由干通道传递来的显热[18]。这部分显热使湿通道中更多的水蒸发形成蒸汽进入空气中。最终，3状态湿热的饱和空气排到室外。

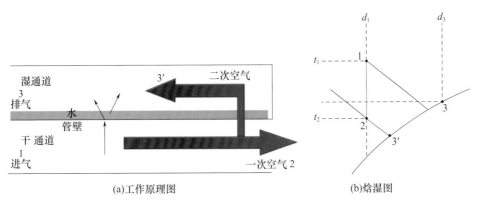

(a)工作原理图   (b)焓湿图

图 5.2-3 露点间接蒸发冷却器工作原理和焓湿图

2. 案例分析

1）拉萨某数据中心直接蒸发冷却系统

目前数据中心对温湿控制和节能减排方面产生了巨大需求，为有效提高高海拔地区数据中心能源综合使用效率、降低 PUE，同时推动高原地区农业的生产和发展，由校企联合共同打造行业首创的数据中心"碳中和"创新方案，实现相对"零碳排放"[19]。

该项目位于拉萨市，建筑主体为二层，高度 15.8m，主要功能为数据中心及附属的配套用房。其结构形式为钢筋混凝土架，抗震设防烈度为八度，生产火灾危险性为丙类，建筑的耐火等级为一级。如图 5.2-4 所示。

拉萨地区主要为高原温带半干旱季风气候类型，具有典型的空气洁净、低温干燥、气温年变化小、水资源丰富的特点，因此采用高效预制集成式热回收直接蒸发冷却模块化机组（如图 5.2-5 所示），通过高效自然蒸发冷却技术对数据中心冷却降温，即可实现全年自然冷却，PUE 最低可达 1.08，大大降低数据中心能耗。

图 5.2-4 拉萨某数据中心

图 5.2-5 直接蒸发冷却模块化机组

而数据中心余热由数据中心专用高效预制集成式热回收直接蒸发冷却模块化机组进行回收，经过水源热泵将热量进一步转化为可被使用的高温热水，实现为生态农业供热或空间供暖，达到抵消碳排放的效果，实现相对的"零碳排放"[20]。项目系统图如图 5.2-6 所示。

由图 5.2-7 中可以看到，室外新风送入蒸发冷却空调机组，与室内回风进行混合，经过滤处理后再经过蒸发冷却填料段进行等焓降温处理到 24℃，再通过弥散送风的形式送入数据中心内部环境[20]。而室内回风通过热回收盘管将热量传递给水源热泵，通过水源热泵将蓄水罐的回水加热，水源热泵将热水送入蓄水罐与养殖区的回水进行换热，将养殖区回水升温至 42℃，再次送入养殖区，满足养殖所需热量。

与此同时，数据中心回风余热升温后不仅可以用于养殖鱼池，同时可以供应给办公楼、居民楼，以供地板辐射供暖所用。低温热水地板辐射供暖系统对水温要求较低、辐射面大、供热均匀，在营造舒适空间温度环境的同时也可以极大降低建筑冬季供暖能耗。通过本项目可以实现冷热自产自用,将节能、绿色的理念带入数据中心中来。

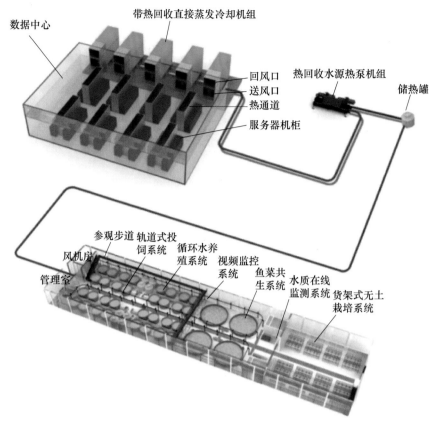

图 5.2-6　项目系统图

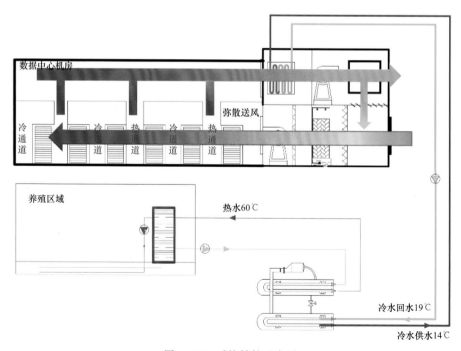

图 5.2-7　系统结构示意图

　　该项目利用室外空气中自然冷和蒸发冷却系统为数据中心内部环境进行降温,同时采用热回收盘管对数据中心热回风进行热回收和预冷。

　　针对空调系统的节能性进行综合分析:二期工程中,东侧模块机房冷负荷 7854kW,拟采用 38

台直接蒸发冷却空调机组；而西侧模块机房与变电所冷负荷 10699kW，计划使用 50 台间接蒸发冷却空调机组。在相同情况下若采用风冷直膨空调则需布置 88 台。实测结果显示：直接蒸发冷却空调机组功率在 12.7～19.3kW，而间接蒸发冷却空调机组功率则在 21～45.3kW 范围内，风冷直膨变频空调功率可达 70kW。根据藏区当地电价对以上两类系统进行运行电费对比，对比结果如表 5.2-1 所示。

表 5.2-1　不同空调系统运行费用对比

名称	台数（台）	工作模式	功率（kW）	全年工作时长（h）（总占比）	全年耗电量（kWh）	运行电费（万元）	合计费用（万元）
直接蒸发冷却空调	38	蒸发冷却	19.3	2358（27%）	1729788.4	1020575.2	2839681.2
		直接混合＋直接新风	12.7	6402（73%）	3083230.6	1819106.0	
间接蒸发冷却空调	50	干模式	21.0	4980（57%）	5229000.0	3085110.0	5851392.3
		湿模式	28.0	3335（38%）	4669000.0	2754710.0	
		混合模式	45.3	433（5%）	19614.9	11572.8	
风冷直膨变频空调	88	机械制冷	70.0	8760（100%）	53961600	31837344	31837344

经对比分析，二期工程采用蒸发冷却空调系统有显著的节能优势，利用蒸发冷却空调系统全年可减少耗电量 3766 万 kWh，减少运行电费 2221.9 万元，其中直接蒸发冷却空调机组节电率高达 79.32%。针对余热回收系统的节能性进行综合分析，其运行费用对比结果分别如表 5.2-2、表 5.2-3 所示。

表 5.2-2　水源热泵与电加热器节能性对比

名称	功率（kW）	台数（台）	制热量（kW）	全年耗电量（kWh）	电费（万元/a）
水源热泵	125	3	2250	3285000	193.8
电加热器	295	8	2159.0	20673600.0	1240.4

表 5.2-3　其他加热方式节能性对比

对比项目	燃料消耗量（kg/h）	制热量（kW）	全年燃料耗量（t/a）	燃料费用（万元/a）
燃煤锅炉	412.4	2159.0	3609.1	433.1
燃油锅炉	181.9	2159.0	1593.4	1577.4
燃气锅炉	166.4	2159.0	1889.5	1403.9

根据计算结果可知，水源热泵热回收供暖方案具有极大的投资优势，整体费用可节省 56.8%。针对碳排放及其成本进行对比，结果如表 5.2-4 所示。中国碳排放每吨成本为 172.3 元，意味着每降低 1t 二氧化碳排放可节省 172.3 元。关于不同制热方式碳排放方面，消耗 1kWh 电约产生 0.00078t CO_2，燃烧 1t 煤炭约产生 2.6t CO_2，燃烧 1t 汽油约产生 2.89t CO_2，燃烧 1t 天然气约产生 2.03t CO_2。

表 5.2-4　碳排放对比

名称	碳排放（t）	碳排放成本（元）
直接蒸发冷却空调	3754.2	646848.66
间接蒸发冷却空调	8961.6	1544083.68
风冷直膨变频空调	42090.0	7252107.00
水源热泵	2562.3	441484.29
电加热器	9675.1	1667019.73

续表

名称	碳排放（t）	碳排放成本（元）
燃煤锅炉	9383.7	1616811.51
燃油锅炉	4616.5	795422.95
燃气锅炉	3830.9	660064.07

通过以上数据中心余热回收技术实际应用工程的节能、经济性分析，可以得出具体数值，为余热回收技术在数据中心的推广应用提供科学依据。数据中心充分利用西藏差异性气候条件下的"免费冷"、回收数据中心设备降温后的热空气产出"免费热"，推动数据中心 *PUE* 值无限趋近于 1，打造全国独一无二的绿色大数据中心[21]。

该项目热回收直接蒸发冷却方案因地制宜地将高效自然蒸发冷却技术及热回收技术相结合，充分提高可再生能源及余热的利用效率，打造多产业融合的绿色数据生态综合，极大地降低了数据中心的 *PUE*[22]。其中，蒸发冷却空调系统与热回收系统相结合，将数据中心回风的余热进行回收，在满足数据中心制冷要求的前提下，同时满足了农业养殖区所需热量，将数据机房排放的"废热"变废为宝，极大地节省了数据中心和养殖区正常运维电费，与传统方案相比，节能性和经济性效果显著。

2）乌兰察布某数据中心

间接蒸发冷却机组应用之初主流场景为大平层或楼顶应用，但随着数据中心爆发式的增长，其对制冷系统提出高效、极简、智能的要求，而单层或两层的数据中心占地大的劣势会越来越明显，未来多层数据中心将会成为主流，间接蒸发冷却技术也会更受青睐[23]。该项目位于内蒙古自治区乌兰察布市，一期/二期均为 8MW，共 1056 个机柜，功率密度为 8kW/柜。建筑由 5 层共 368 个预制模块箱体堆叠，含 96 个 IT 设备箱，其中 2～5 层应用间接蒸发冷却解决方案制冷，下送风至机房内，模块内采用密闭热通道方案，通过吊顶回风，温度设计在 37℃。每层采用 14 套华为 Fusion-Col8000-E220 间接蒸发冷却产品，共计 56 套[24]。图 5.2-8 为实景图，图 5.2-9 为机房平面布置图。

图 5.2-8　乌兰察布某数据中心实景图

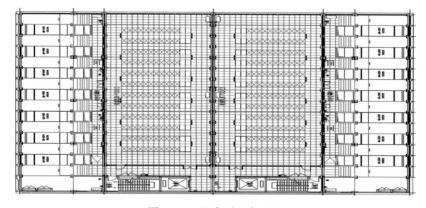

图 5.2-9　机房平面布置图

乌兰察布年平均气温 4.3℃，夏季平均气温 18.8℃，每年有近 10 个月时间能够使用自然冷源制冷。同等技术条件下，可以节约能耗 30%，PUE 值天然小于 1.26，经过技术处理可达 1.1。建设大数据中心，电力是重要保障，而稳定的电源、优惠的电价无疑是大数据企业寻求发展的重要标准。乌兰察布市有着全国最优惠的电价，能大幅降低企业成本。

传统 IEC 主要由一次空气通道（干通道）和二次空气通道（湿通道）两部分组成，一次空气主要是室外空气，二次空气可以是室外空气也可以是室内排风。而当 IEC 空调系统用于数据中心时，则是通过引入室外新风来间接冷却室内回风，具体气流流向如图 5.2-10 所示。在二次空气通道中，新风通过与水膜直接接触近似等焓降温带走潜热，从而冷却通道壁面，有利于相邻干通道中的一次空气温降[25]。同时，在一次空气通道中，一次气流流经被冷却的通道壁面完成换热，以达到等湿冷却的效果。

间接蒸发冷却系统在数据中心现场安装风管、水管及配电后即可投入使用，机组有三种运行模式，如图 5.2-11 和表 5.2-5 所示。干模式：仅风机运行，完全采用自然冷却；湿模式：风机和喷淋水泵运行，利用喷淋冷却后的空气换热；混合模式：风机、喷淋水泵、压缩机同时运行。三种运行模式可以结合气象参数和机组自身的特性曲线，在控制系统控制下运行，在满足温度控制的基础上，同时实现节能的目的。

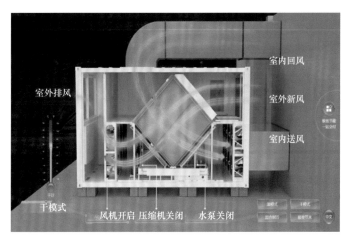

图 5.2-10　利用气流组织进行空气处理示意图

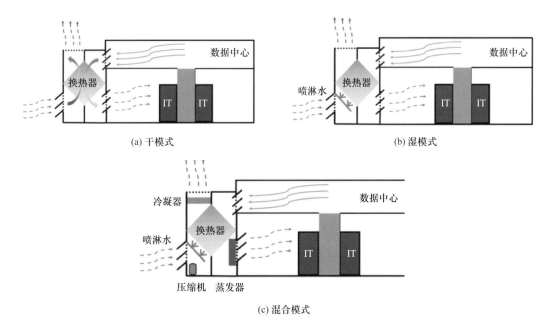

(a) 干模式　　　　　　　　　　　　　(b) 湿模式

(c) 混合模式

图 5.2-11　数据中心风侧间接蒸发冷却示意图

表 5.2-5　间接蒸发冷却系统的工作模式

运行模式	风机状态	水泵状态	压缩机状态
干模式	开启	关闭	关闭
湿模式	开启	开启	关闭
混合模式	开启	开启	开启

该数据中心业务于 2019 年 5 月上线，上线负载为 50%，年均 PUE 低至 1.15，数据中心年省电费 12.2%。数据中心应用该技术产品后每年可节省用电 491 万 kWh，节约用能 2215 tce/a，减排 4724t 二氧化碳。

5.2.2　自然能源应用其他技术

1. 理论研究

1）数据中心用热管技术

当室外环境温度低于室内环境温度时，室内的热量可以自动从高温环境向低温环境传递，从而实现自然冷却（即不开启制冷机组），回路热管是实现数据中心高效自然冷却的重要形式之一[26]。而在数据中心热管技术运用中，以分离式热管居多，它不仅可以利用室外自然冷源保障机房稳定持续工作，确保机房内部空气品质，而且能够大幅降低空调系统的运行能耗。如图 5.2-12 所示，分离式热管根据驱动力不同可分为重力型（重力差驱动）与动力型（液动驱动、气泵驱动），根据输送工质不同可分为液相型和气相型，三种分离式热管各有特点。

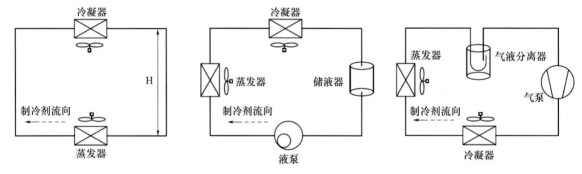

图 5.2-12　三种分离式热管

重力热管在数据中心冷却中得到了广泛的应用[27]，整个系统通过制冷工质的自然相变流动将热量从室内排到室外，无须外部动力，运行能耗相比机械制冷系统大幅降低。同时，环路热管传热性能好，能够在近似等温的条件下输送高密度热量，且传热距离远、启动温差小、布置灵活、结构简单紧凑、可靠性高，非常适用于数据中心这类对环境和安全性要求很高的场合[28]。重力型热管空调系统要求室外机组的位置必须高于室内机组，然而很多场合难以满足这种特定的要求，因此相继推出带有液泵驱动的复合空调产品，该空调系统可根据室外环境温度与室内负荷大小分别切换制冷模式、混合模式以及液泵循环模式，在很多地区场合得到了推广运用，并实现了一定程度的节能[28]。

液泵驱动热管系统主要由冷凝器（室外侧）、蒸发器（室内侧）、液泵、储液罐和风机组成，并通过管路连接起来，将管内抽成真空后充入制冷剂工质。如图 5.2-13 所示，系统运行时，由液泵将储液罐中的低温液体制冷剂工质输送到蒸发器中并在蒸发器中吸热相变汽化，之后进入冷凝器中放热，被冷凝成液体，回流到储液罐中，如此循环，将室内的热量源源不断转移到室外，达到为数据机房冷却散热的目的。

气相动力型分离式热管采用气泵作为驱动装置，气态工质在气泵驱动下输送至冷凝器冷凝，冷凝后的液态工质进入蒸发器蒸发吸热，再次经气泵作用输送至冷凝器，同样可以克服高度差限制，完成循环[29]。为防止液击，一般需要在气泵前安装气液分离器。

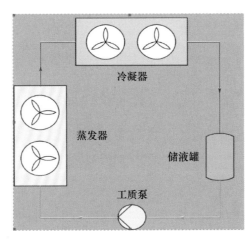

图 5.2-13　液泵驱动热管系统工作原理

图 5.2-14 所示的气泵（压缩机）驱动的回路热管，在室外温度高于室内温度时，可以运行于蒸气压缩制冷工况；随着室外温度的降低，可以调节压缩机的压缩比，使其满足小压比制冷运行的要求；而在室外温度低于室内温度时，可以运行热管模式，压缩机只提供气体流动所需要的动力，实现高效自然冷却[30]。

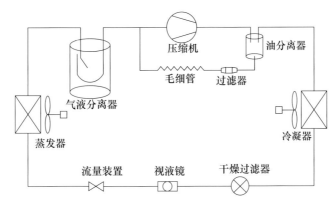

图 5.2-14　气相动力回路热管机房空调系统原理图

2）热虹吸/蒸气压缩复合空调机组

将直接利用自然能源的热虹吸技术与传统机械制冷有机结合，降低机械制冷的能耗，提高系统供冷的稳定性。热虹吸/蒸气压缩复合空调机组的工作原理如图 5.2-15 所示，相比常规空调机组而言，在结构上，复合空调增设了热管支路，并设置了专门研制的三通阀进行热虹吸循环和蒸气压缩循环的切换，同时，对系统的管路、换热器和阀门等部件进行了更新设计和优化布局，使其满足热虹吸循环和蒸气压缩循环的双重要求；在功能上，采用热虹吸/蒸气压缩复合制冷技术的空调机组具有三种运行模式：蒸气压缩制冷循环模式（简称：蒸气压缩模式）、制冷剂自然循环模式（简称：热管模式）以及制冷与热管交替模式，根据室内外温度和室内负荷情况，机组选择性地运行于蒸气压缩循环或热虹吸循环模式，在保证室内降温要求前提下达到节能运行的目标。总之，系统可实现1 台设备（热虹吸与蒸气压缩复合空调机组）、2 套系统（机械制冷系统、热虹吸系统）、3 种模式（制冷模式、热管模式、制冷与热管交替模式）的运行[31]。

3）带自然冷却的风冷式冷水机组

带自然冷却的风冷式冷水机组有着特殊的自然冷却盘管，在室外空气温度较低且可以完全满足空气降温要求时，完全利用自然冷却盘管冷水冷却再供给末端；在室外空气仅可以部分满足室内空气降温要求时，冷水先进入自然冷却盘管预冷，再进入蒸发器进一步降温；在室外空气温度较高且无法利用时，关闭自然冷却盘管，风冷式冷水机组正常运行。结果表明，采用带自然冷源的风冷式冷水机

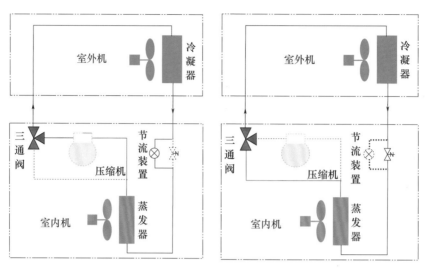

图 5.2-15 热虹吸/蒸气压缩复合空调机组工作原理

组的节能率在我国不同地区差异较大，青海果洛地区最高达到 80%，内蒙古、西藏和新疆北部能达到 40%~50%，华北平原、西藏和新疆南部处于 30%~40% 的水平，其余地区处于 30% 以下[32]。

2. 案例分析

1) 深圳市某数据中心蒸发冷却技术和氟泵热管技术

该项目位于深圳市，基于蒸发冷却技术和氟泵热管技术，由校企联合研发出融合蒸发冷却技术与 AI 控制算法的智能蒸发冷凝氟泵热管制冷系统，在安全可靠的基础上，实现节能降碳。蒸发冷凝氟泵热管由氟泵热管循环和蒸气压缩循环共同构成，并且室外侧左右两套制冷循环的设备构成相同，分别为预冷器、填料、冷凝器以及风机，但两者分开布置，互相不受干扰[33]。根据项目实际情况，选取广东省深圳市的室外气象参数作为基准进行测试，基本设计参数如表 5.2-6 所示。

表 5.2-6 机组基本设计参数

地点	大气压（Pa）	计算干球温度（℃）	计算湿球温度（℃）	制冷剂种类	蒸发温度（℃）	冷凝温度（℃）
深圳市	100250	17.2	13.9	R410A	22	21.5

分体式系统如图 5.2-16 所示，室外空气经过预冷器预冷后和填料表面的水膜进行换热，降温之后再与冷凝器换热，吸收冷凝器中制冷剂热量后由风机排出室外。室内高温回风与氟泵热管系统的蒸发器和蒸气压缩系统的蒸发器进行换热降温后送入机房。

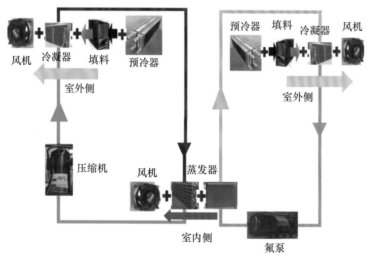

图 5.2-16 间接蒸发式热管精密空调系统原理图

机组结构如图 5.2-17 所示，分为室内机和室外机。以氟泵热管系统为例，空气侧的换热过程如下：室外侧空气经过预冷器预冷后和填料表面的水膜发生蒸发冷却，经过降温后再与热管系统蒸发式冷凝器表面的水膜进行换热，最后与热管系统风冷冷凝器进行换热，吸收冷凝器内制冷剂热量后由风机排出室外；水侧的换热过程如下：由喷淋管喷淋出的水覆盖在蒸发式冷凝器表面，经过蒸发冷凝后流至填料表面，与空气发生蒸发冷却，经过降温后回到水箱中，随后由水泵将水送至热管系统预冷器内，对室外空气进行预冷，最后再由喷淋管喷出，完成循环。蒸气压缩系统的布局与氟泵热管系统一致。

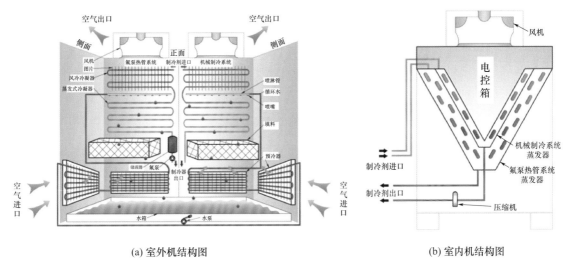

(a) 室外机结构图　　　　　　　　　　　　(b) 室内机结构图

图 5.2-17　间接蒸发式热管精密空调结构图

蒸发冷凝氟泵热管制冷系统原理如图 5.2-18 所示，室外空气通过蒸发冷凝的方式吸收冷凝器内制冷剂的热量，管内制冷剂冷凝成液态后经储液器流至氟泵当中，随后氟泵将液态制冷剂送至蒸发器中对机房回风进行冷却，吸热气化后的空气再回到冷凝器中完成制冷循环。在冷凝侧耦合蒸发冷凝技术主要是为了进一步提高制冷剂与冷流体之间的温差，因此在过渡季节时开启蒸发冷凝可以将冷流体降低至合适的温度，进而实现氟泵热管制冷循环。

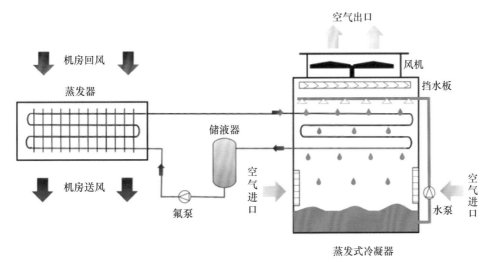

图 5.2-18　蒸发冷凝氟泵热管系统原理图

机组中的间接蒸发与蒸发冷凝复合系统是本机组制冷量的最大保障，也就是机组中循环水系统所涉及到的相关部件，如图 5.2-19 所示。包含蒸发式冷凝器、预冷器、填料等主要换热部件以及风机、水泵、集水盘、喷淋等辅助部件。整个复合系统涉及到三股流体的传热传质，分别是空气、水、制冷剂。这三股流体通过不同的换热部件在系统的不同位置依次发生热质交换，在实际工作时，室外空气在风机的作用下由进风口进入系统，依次经过预冷器、蒸发冷却填料、蒸发式冷凝器，最后在风机的作用下排出系统。而水箱中的循环水在水泵的作用下依次经过预冷器、喷淋、蒸发式冷凝器、蒸发冷却填料，最后回到水箱完成循环。制冷剂则经过蒸发式冷凝器进行换热，完成整个换热流程。

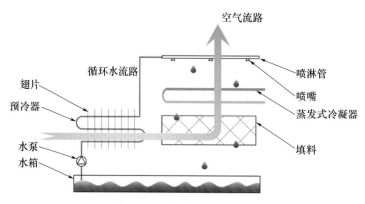

图 5.2-19　复合系统示意图

在保证供冷需求的前提下，应用 AI 推理寻优的智能逻辑推理的控制模型和智能控制逻辑，动态切换自然冷源模式，来实现 PUE 实时动态最优，同时将初始工况和节能工况的能耗水平进行对比，精准分析整体节能效果。通过场景联动控制进而支持定时触发、主动触发、参数触发等多种触发方式，并支持场景联动灵活配置业务规则，多设备多参数联动控制，最终可实现一键系统级多参数的控制下发，如图 5.2-20 所示。

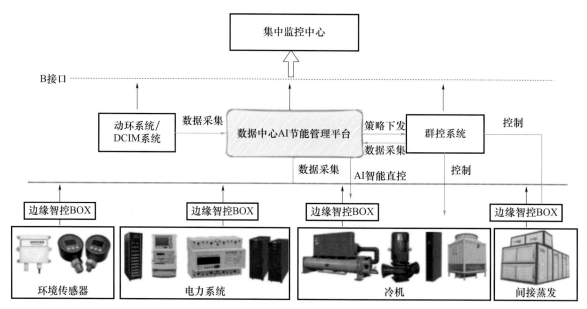

图 5.2-20　一体化集中监控

提出一种风冷 AI 模型，在建模阶段，该模型使用环境变量和反馈控制变量作为输入，如送风温度和制冷模式，先对全局能耗进行相关性分析，对相关性高的变量进行设备级建模，再针对当前系统各个部件的控制目标，对制冷量和负荷率进行建模，最后对全局能耗进行建模。在推理阶段，经过对现场环境的充分调研，选用白盒的稳态寻优算法进行推理。对比原有的电控逻辑，本算法的节能空间存在于：通过增加内风机的转速，降低压缩机和外风机的能耗，从而降低总能耗。详细实现流程如图 5.2-21 所示[34]。

采用群控策略逻辑，以设备增减为主线，包括避免竞争运行、局部热点消除、平衡运行时间、故障切换机制等四大部分内容，同时，辅以冷源优先级、功率范围区分等策略，形成完整的群控逻

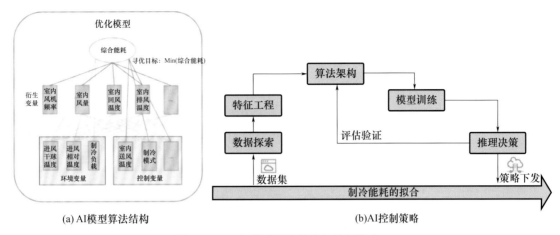

(a) AI模型算法结构   (b)AI控制策略

图 5.2-21   AI 模型算法结构与控制策略

辑，在满足实际的最终需求前提下实现节能。

室外机采用基于循环水的"两侧三面"预冷系统，将经过换热后的循环水用以冷却室外空气，提高空气的蒸发冷却潜力，进而增强换热效果；采用"管翅共冷"的复合型冷凝器，在风冷段采用翅片管换热器、蒸发冷凝段采用光管换热器，充分考虑不同运行模式的换热需求，在保证风冷换热面积的同时提高蒸发冷却的制冷效果，避免换热器结垢腐蚀。

结合建筑围护结构特征以及气象数据，采用人工智能算法进行冷负荷预测，同时通过每台设备历史运行数据，建立不同设备不同负载和运行工况下的性能模型，基于负荷预测结果以及设备性能模型，确定不同工况下的设备启停最优组合，以此达到节能降耗效果。

各终端数据统一集成的大数据平台，具备本地的数据存储和运算能力，可根据控制策略局部寻优，支持数字孪生可视化监控，并提供能耗、能效、故障诊断、远程控制等功能，实现运行效率的提升。

利用 AI 推理的智能算法，根据设备历史运行数据和出厂铭牌参数，诊断分析设备的当前性能衰减水平，挖掘设备节能改造空间，并针对存在的故障给出诊断建议。

系统有以下三种运行模式：①干模式。当室外干球温度小于等于 13.9℃时，仅开启氟泵热管制冷系统，运行干模式。室外空气经过滤后直接与蒸发式冷凝器和风冷冷凝器进行换热，由于此时未开启水泵，因此蒸发式冷凝器仅与空气换热。室外低温空气吸收冷凝器内制冷剂热量后排出室外，而室内高温回风直接与氟泵热管系统蒸发器进行换热，经过降温之后由风机送入到机房当中。②湿模式。当室外干球温度大于 13.9℃、小于 17.2℃，且湿球温度小于等于 13.9℃时，开启水泵，运行湿模式。此时室外空气先与预冷器进行换热，预冷后与填料表面的水膜发生蒸发冷却过程，经过降温后在蒸发式冷凝器处和换热器表面的水膜进行换热，即空气和水膜发生蒸发冷却过程，水温下降，管内制冷剂的热量通过管壁传导给水，实现冷凝；最后空气和风冷冷凝器进行换热，制冷剂由气态冷凝成液态，空气吸收冷凝器内制冷剂热量后由风机排出室外。③补冷模式。当室外湿球温度大于 13.9℃时，氟泵热管系统的制冷量无法满足要求，因此需开启压缩机，运行蒸气压缩系统进行补冷，室外侧的换热过程与湿模式一致，室内高温回风先与氟泵热管系统蒸发器、再与蒸气压缩系统蒸发器进行换热，经过两次降温后由风机送入到机房中。

2）贵安某项目

贵安某数据中心项目采用了多项先进设备和系统，包括江森自控系统 Metasys、风冷自然冷却机组 YVFA、定制末端空调器 TRC、新风末端 YES-AHU 和高效 VRF 系统 YES-super＋等。此项目为同一客户提供了整合方案，创下行业内罕见的业绩。

数据中心使用了 10 套风冷冷水机组，每套按 N＋1 配置，配备自然冷却系统，提供 17.2℃/23.8℃的冷水给末端空调，并采用了防冻剂溶液来循环冷却盘管和板式换热器。全年运行模式分为三种：制冷模式、部分自然冷却模式、完全自然冷却模式。冷水机组配带的自然冷却盘管和板式换热器间的循环采用防冻剂溶液。

（1）当室外温度 t_w＞20℃（可调）时为制冷模式，即压缩机工作，干冷器和板式换热器不工作；（2）当室外温度 6℃＜t_w＜20℃（可调）时为部分自然冷却模式：压缩机部分负荷工作，干冷器和板式换热器工作；（3）当室外温度 t_w＜6℃（可调）时为完全自然冷却模式：压缩机停止工作，干冷器和板式换热器工作，每种模式均能达到额定制冷量。

数据机房、网络机房、NDS 机房与灾备机房消除余热处理采用冷水型顶置空调，冷源为 17.2℃/23.8℃的中温冷水。每个数据机房每个热通道空调采用 N＋2 冗余的方式。机房空调机组供回水干管采用环形布置。运营商机房消除余热处理采用冷水型顶置空调，冷源为 17.2℃/23.8℃的中温冷水，空调按 N＋1 配置。除湿机放置在空调设备区内，保证机房内的湿度不超过设计值。

为保持机房微正压和人员的新风要求，设计了集中新风处理系统，每个模块机房区设置了一台新风机组。新风系统设有温度处理及粗效和中效两级过滤器。机组设置在单独的空调机房内。新风取自直通室外，经过滤、表冷/加热等温湿度预处理达到机房露点温度后送入机房内。新风处理空调机设置变频风机。变压器采用冷水型精密空调，空调按 N＋1 配置，保证房间温度小于 35℃，空调采用上送风、侧回风的气流组织模式。项目实景图见图 5.2-22。

图 5.2-22　贵安某数据中心项目

该项目的主要优势包括：

（1）对于数据中心区域，采用大型冷水机组，N＋1 备用。保证高可靠性的同时，充分利用自然冷源，降低系统 PUE，提高节能性；末端采用风机盘管、冷水型顶置空调机组、冷水型精密空调等方式，根据室内冷热需求及安装空间，提供最合适的制冷送风方案，为系统整体进一步的节能性提升提供了支持。

（2）对于辅助办公区域，其人员集中，使用具有周期性的特点，因此项目采用风冷模块与 AHU 的组合模式，末端设置 VRV-BOX，为人员活动区域提供灵活的空调解决方案。

（3）对于柴发楼，项目采用了两套 VRV 空调系统，互为备用；平时独立开启，应对部分负荷工况，供电房间满载运行时，两套系统共用，共同提供冷量。

5.2.3　液冷技术的应用

上面几种措施集中于冷源侧的节能，本节将分析冷却末端的节能措施。传统的冷却末端方式是空气散热，而液冷技术通过冷却液体替代传统空气散热，液体与服务器高效换热，提高效率，挖潜自然冷源，降低 PUE，逐步成为一种新型制冷解决方案。

液冷技术是一种有效的服务器散热方式，主要包括冷板式液冷、浸没式液冷和喷淋式液冷技术三种。一是冷板式液冷：这种技术是将高发热元件（如服务器芯片）的热量通过冷板间接传递给液体进行散热，而低发热元件则仍通过风冷散热。这种方式利用冷板作为传热介质，通过热传导的方式将热量传递给冷却液。二是浸没式液冷：服务器完全浸入冷却液中，所有发热元件的热量直接传递给冷却液进行散热。这种技术可以分为两种形式：单相浸没式液冷，冷却液在循环流动的过程中带走热量，实现散热；相变浸没式液冷，冷却液蒸发冷凝相变的过程中吸收和释放大量热量，实现散热。三是喷淋式液冷：这种方式是将冷却液直接喷淋到芯片等发热单元上，通过对流换热实现散热。

1. 技术途径

1）充分验证液冷技术性能，降低 PUE

目前，冷板式液冷、浸没式液冷和喷淋式液冷技术均存在一定的提升空间，例如冷板式液冷换热流程仍待优化，可减小接触热阻、微通道设计等加强换热，针对局部散热的问题，浸没及喷淋式液冷可改善流场等，浸没式液冷目前主要存在冷却液物性要求高等问题。

2）根据数据中心服务器特征，选择合适的液冷技术方案

冷板冷却结构紧凑、工艺相对成熟、冷却液可选类型较多等，此外，冷板可通过微通道直接集成于芯片中，实现芯片级液冷；喷淋冷却技术主要包括射流冷却技术和喷雾冷却技术，可以获得更高热流密度散热，无接触热阻；浸没冷却电子器件都浸没于冷却液中，温度均匀性较好，系统相对简单，可靠性相对较高。

3）加强冷板冷却的换热优化

冷板冷却在换热时存在部分问题：冷板微通道流道尺寸小，加工工艺复杂；微通道内的汽化相变产生的气泡存在不稳定性，可能会导致通道内的"气塞"和"返流"现象；微通道换热器流动阻力大等问题。

4）研发浸没冷却液，发展浸没冷却技术

浸没冷却技术存在介电常数、GWP 值、绝缘性能等性能指标难以同时满足要求的问题，以及电子设备各处发热量差异较大时，冷却液局部形成流动死区，阻碍冷却液的正常工作循环。

5）推进液冷机柜与服务器解耦

目前各家服务器设备、冷却液、制冷管路、供配电等产品形态各异，应进一步推动相关技术规范，避免液冷机柜与服务器深度耦合。

2. 理论研究

1）冷板冷却

冷板冷却技术为非接触式间接液冷技术。相较于喷淋和浸没液冷技术，冷板液冷技术无须考虑冷却液导电问题。目前，数据中心的冷板冷却技术主要用于芯片液冷，主要研究方向为通道拓扑优化。

冷板通道拓扑优化旨在通过改善流道结构，增强冷却液与芯片之间的换热效果。其中一个主要思路是通过优化流道结构来降低整体压降，减少泵功消耗，从而降低数据中心的能耗。冷板通道的结构优化被视为提升液冷系统性能的关键[35]。目前，研究人员已经探索了各种不同的通道结构，包括板翅形、波浪形、针肋形和球形等。他们设计了一系列新型通道结构，如歧管式通道[36]、双 H 形歧管通道[37]、渐高翅片分流通道[38]、交叉肋通道[39]、菱形分流通道[40]和分级歧管通道[41]。通道优化方法不仅仅限于手动改变流道结构，还可以采用其他方式进行拓扑优化，例如遗传算法、参数优化和理想解法等。这些方法能够更精确地调整通道结构，以实现最佳的换热效率和能耗优化。

除了传统冷却冷板的优化，新型冷板液冷方案（如负压液冷、氟化物相变液冷）也被广泛研发。目前，高功率 GPU 已经成为数据中心市场新的发展趋势，同时，英伟达预计在 2025 年 Q2～Q3 季度推出 Miranda 平台，将主推冷板液冷冷却方案。

负压液冷方案包括三个气密性较好的液腔[42]，分别是主真空腔、储液腔、辅真空腔。主真空腔和辅真空腔交替维持高真空状态，这有助于工艺冷却剂从服务器冷却环路流回。同时，储液腔保持较低的真空度，使工艺冷却剂能够流入服务器冷却环路。工艺冷却剂从储液腔中被抽出，然后主真

空腔抽真空，通过服务器后进入主真空腔。当主真空腔几乎充满时，液冷分发单元（CDU）在辅真空腔抽真空，并允许主真空腔内的工艺冷却剂流入储液腔。当辅真空腔充满时，这个过程不断循环。通过交替对主真空腔和辅真空腔施加真空，确保 CDU 产生稳定的水流量。负压液冷系统原理如图 5.2-23 所示。

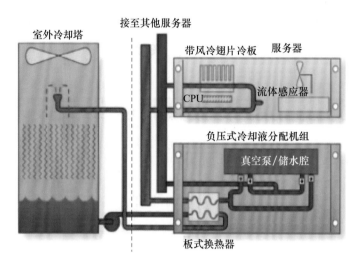

图 5.2-23　负压液冷系统原理

负压液冷系统方案技术在系统出现漏点时仍安全运行。在出现漏点时，工艺制冷剂不会向外泄漏，此时负压液冷系统仍可运行。

2）浸没冷却

浸没式液冷设备内部冷却液与 IT 设备直接接触进行换热，由于不同的 IT 设备热功耗不同，因此需考虑机柜内温度场分布均匀，按需分配冷却液流量，避免出现局部热点，导致设备过热宕机。因此，浸没传热结构优化、浸没高效冷却液和浸没沸腾换热，是目前的研究热点[43]。浸没冷却系统原理如图 5.2-24 所示。

在传热结构优化方面，一些关键参数直接影响着冷却液的换热效果[44]。这些参数包括散热翅片的高度、间距、导热系数，折流板的高度比，出口面积，进口流量以及进口温度等[45]。Han[46] 等人对不同翅片结构在浸没冷却中的传热特性进行了探索，研究结果显示，相较于无翅片结构，圆形、矩形和三角形翅片结构分别使得浸没冷却中的最高温度降低了 2.41％、2.57％ 和 4.45％。特别是，三角形翅片结构表现出了最优的换热性能。Chuang 等人[42] 在一项研究中使用金属粉末注射成型工艺制作了带有 10mm 钉肋的散热面外壳。结果显示，相较于标准的散热面外壳，钉肋结构的散热面外壳的热阻减小了 40％。

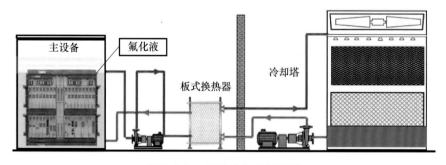

图 5.2-24　浸没冷却系统原理

3. 案例分析

1）兰州某东数西算数据中心国家枢纽中心[47]

在某东数西算国家枢纽中心，其等级为 T3 级（可同时维护数据中心机房：多路可用，只有一个路径处于运行状态，具有冗余设施，并且可同时维护）。建筑面积约 $100m^2$，设计算力机架 128 架，设计算力负荷约 600kW，设计 PUE 达 1.05。

采用浸没式液冷技术，将发热的电子元件直接置于冷却液中，利用对流换热带走热量，再通过外部制冷系统将冷却液的热量导出，如图 5.2-25 所示。所采用的单相浸没式液冷技术能有效降低数据中心中高热流密度元件的温度，实现更高的能源利用效率，减少能源浪费。整个项目运行架构为工程产品化的模块化方案，以浸没液冷一体化机柜为核心，集成了浸没液冷型人工智能服务器系统、液冷机柜系统、室内冷却子系统、室外散热系统等多个系统。这种一体化机柜不仅将机房内的风、火、水、电等资源集成在一起，而且通过多个一体化机柜之间的并机扩容，形成智能计算的集群系统。

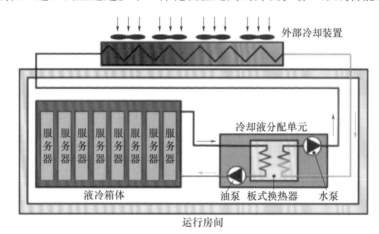

图 5.2-25　某东数西算数据中心浸没冷却

室外散热系统采用了 $N+1$ 式干冷器系统，配备了一台 1300kW 的双盘管含湿膜机组，可实现一用一备，同时配备了动环系统以实现远程监控与自动切换控制。冷却水系统环网配置，设计冷却水温度为 30℃/35℃，并配备了水处理装置以确保冷却水的水质，水泵采用 $N+1$ 配置，变流量结合干冷器。室内末端负荷采用了浸没液冷散热方式，将服务器完全浸没在散热液体中。室内冷却子系统（CDU）包括冷却液屏蔽泵、分集液装置等，单套 CDU 模块换热量不小于 60kW，每个液冷机柜内部配备两套 CDU 模块，以实现一用一备。采用模块化在线热备份运行方式，CDU 模块采用机架式抽拉模块设计，可根据维修及维护要求实现不停机快速拔插更换。冷却液泵数量为两套，以实现一用一备，最大扬程不小于 35m，流量在 5～30m^3/h 范围内可调，功率不超过 4kW。CDU 为液冷机柜提供冷却液循环与换热，并可接入冷源系统以实现不间断散热。冷却液分配单元确保液冷缸体内服务器的散热安全性，进而提高整体系统的节能性。液冷机柜的负荷调节由 CDU 进行控制，CDU 根据各支路的供回液温度控制流量调节阀的开启度。CDU 主机的液泵根据压差进行控制，以维持固定压差。柜体内部布置了若干组温度传感器，用于检测内部液体温度，以防止局部液体温度过高。在不同工况下数据中心冷却系统运行性能，IT 设备功率为 68.8kW，综合性能系数 $GCOP$ 可高达 20，PUE 可达 1.05。

2）中国电信广州数据中心冷板式液冷微模块试点

数据中心液冷应用方面，在高密度机房开展试点应用。2018 年 3 月，在广州安装冷板式液冷微模块（2 列服务器机柜）和风冷微模块各 1 个，液冷微模块 PUE 值约 1.2，风冷微模块 PUE 值约 1.4，冷板式液冷节能效果明显。2023 年计划在京津冀数据中心实施 30 个液冷服务器机柜；计划在安徽建设 3 列，每列 7 台 36kW 冷板式液冷机柜，预留 8 台 40kW 浸没式液冷机柜；在广州开展 1 个冷板式液冷服务器项目[43]。

5.3　储能站冷却及热管理技术

碳中和目标的实现离不开可再生能源的大规模装机应用，但可再生能源发电具有间歇性、波动性和随机性，导致电力系统的灵活性调节能力面临更高的要求，电能质量面临更大的挑战。而储能作为平抑新能源波动、降低大规模新能源接入对电网造成冲击的重要手段，是实现碳中和目标的重要支撑技术之一[48]。

热管理是电池储能最为重要的安全防护技术之一。在当前储能领域中，锂离子电池储能技术具有设备机动性好、响应速度快、能量密度高和循环寿命长等特点，更具优势，在储能站中广泛应用[49]。但锂电池可承受的温度范围为−40~60℃，最佳工作温度区间为10~35℃。电池具体温度受充放电工况、环境温度等因素影响，其温度过高或过低均会严重影响电池性能和使用寿命，且可能引起储能系统的安全事故；此外电池间温度的不均匀分布还会造成各电池模块性能的不均衡[50]。

储能站热管理技术路线主要分为空气冷却、液体冷却、相变材料冷却、热管冷却以及混合冷却[51]，如图5.3-1所示。目前主流技术路线为空气冷却和液体冷却，其余冷却技术尚未成熟。几种技术路线特点如下。

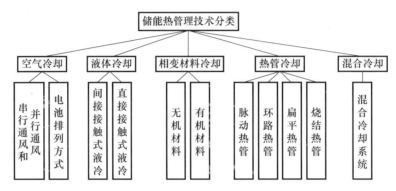

图 5.3-1　储能站冷却及热管理技术分类

1）空气冷却

以空气为冷却介质，通过空气流动带走电池产生的热量进而冷却电池，简称空冷。具有结构简单、易维护、成本低等优点，但散热效率、散热速度和均温性较差，适用于产热率较低的场合。

2）液体冷却

以液体为冷却介质，通过低温液体与高温电池的热量交换进而冷却电池，简称液冷。具有散热快、冷却效率高等优点，但存在系统结构复杂、投资高、密封要求严格等缺点。液体冷却一般分为直接液冷和间接液冷：直接液冷的冷却液与发热器件直接接触，如浸没式液冷；间接液冷的冷却液与发热器件不直接接触，而是在特定部件中流动间接冷却电池，如冷却板液冷。适用于电池能量密度高、充放电速度快、环境温度变化大的场合。

3）相变材料冷却

以相变材料为冷却介质，通过相变材料本身的相态转换达到电池散热的目的。具有冷却效率高、无运动部件、不消耗能量、维护成本低等优点，但材料热导率低，且对于系统空间需求大。

4）热管冷却

利用介质在热管吸热端的蒸发带走电池热量，热管放热端通过冷凝的方式再将热量散发到外界中去，从而冷却电池。具有高散热效率、导热性高、可靠、维护成本低等优点，但研究较少，尚不成熟，在大容量电池系统中实际应用较少。

5）混合冷却

结合不同的冷却方法以冷却电池。

5.3.1　空气冷却

1. 技术途径

典型储能站空气冷却结构如图5.3-2所示，温度较低的环境空气被送入储能系统内部，空气流过电池表面时通过热传导和热对流带走电池产生的热量，达到冷却的目的。空气冷却系统结构简单、便于安装、成本低，但不能满足产热量较大的储能系统散热，尤其是高倍率的充放电工况；且空气出口电池组之间的温差偏大，电池散热不均匀。为克服上述不足，提升储能站空气冷却系统性能，关键技术路径如下。

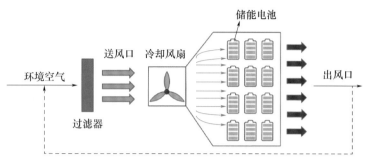

图 5.3-2　典型空气冷却结构

1）电池布局设计

电池布局设计包括排列方式与间距选择，二者都是影响冷却性能的重要因素。合适的排列方式与电池间距既能提升风冷的效率，又能保持电池温度分布均匀性。常见的排列方式有顺排、叉排和梯形排列三种，如图 5.3-3 所示。

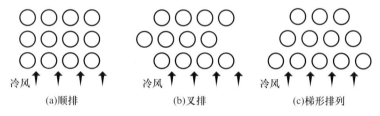

图 5.3-3　电池布局设计

2）风道设计

风道决定气流流型，合适的流型可进一步提高冷却效率。风道通风方式一般分为串行通风和并行通风，如图 5.3-4 所示。串行通风方式空气一侧进一侧出，进风侧储能电池组冷却效果优于出风侧；并行通风方式将冷风均匀送入储能电池组之间的间隙，维持储能电池组间温度的一致性。此外进/出风口位置对气流流型也有显著影响，不同流动路径导致不同的气流分布。一般而言，电池两侧的气流速度越高，冷却效果越好；风道内气流速度越相近，电池的温度一致性越好；风速的选取也是至关重要的，合理的风速能提升系统冷却性能，同时保证较低的能耗。实际应用需根据需求对风道布置方式、进/出风口位置、尺寸大小、布置形状、风速等进行优化设计。

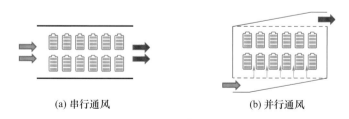

图 5.3-4　风道通风方式

3）电—热—流一体化的环境控制策略

传统热管理系统以粗放的、批量化的热处理为主，而储能电池实际工作过程中电池热负荷随工作特性的变化而变化，且同一状态下各电池间的产热量也呈现出较大的不一致性。因此，需根据每一个电池模块在不同工况下的热负荷需求来精准设计电池冷却系统。解决上述问题的有效途径为电—热—流一体化的热管理控制技术，将电池的电动力学与流体的流动和传热机制相耦合，提出集装箱储能系统一体化的环境控制策略。

4）混合热管理技术

空气冷却技术受限于使用环境及单体电池生热率，当面临环境高温及电池高充放电倍率时，空气的低传热系数使单一空气冷却将不能满足储能系统的热管理要求。目前，液冷和热管冷却等新兴热管理技术已在电池热管理方案中得到成功应用，但轻量化、防漏液、紧凑化依然是上述技术需要突破的瓶颈。将空气冷却与这些新兴热管理技术相结合可弥补单一热管理技术具有的缺陷。

2. 理论研究

1）风道进/出风口位置设计理论研究

空气冷却效率与流型有着较大的关联，如热空气循环、冷空气旁路以及负压和逆流会造成冷却效率低下，同时引起电池温度不均[52]，几种流型如图 5.3-5 所示。

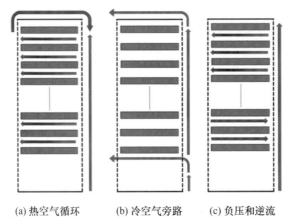

(a) 热空气循环　　(b) 冷空气旁路　　(c) 负压和逆流

注：橙色方块代表模组，蓝线代表供应的冷空气，红线代表排出的高温空气。

图 5.3-5　空气冷却效率低下的流型图

而通道的进/出风位置对流型起着决定性的作用，图 5.3-6 为热管理系统中具有不同进/出风位置的风道设计及其对应的电池温度分布和空气流场分布。其中布置 A（天花板供应和地板回流设计）为当前储能站中常用的进/出风位置设计，布置 B（地板供应和天花板回流设计）为优化改进后的进/出风位置设计。对于布置 A，其顶部导管提供冷空气，冷空气流经电池表面换热后流向排气口。较低高度的电池被高速空气包围着，散热较好；相反地，较高高度的电池间隙中空气速度几乎为 0，空气停滞不前，散热不佳。可见空气在该空间内的分布极不均匀，间接地造成了电池温度不均匀。这种较高高度的电池间间隙冷空气滞留的情况即为冷空气旁路，是空气冷却效果较差的一个原因。冷空气旁路在设计不良的空气冷却系统中很常见，其中会出现局部死区，设计中应尽量避免出现这种情况。而同布置 A 相比，布置 B 表现出了显著的差异，其流速等值线在空间上更加均匀，不同于布置 A 集中在进/出风口，流速等值线的变化表明了通道进/出风口位置对流动路径和速度分布的影响。这种变化得益于布置 B 增加了流体的转向，使流体的动能转化为静压，从而促进了较高高度电池间的空气流动，对流换热增加，明显改善了流体旁路位置的冷却性能。

总之，进/出风位置的设计中可以通过增加流体转向调整静压分布，间接改善流体流动，优化换热，有效地克服流体旁路问题。

2）空冷混合热管理技术

由于空气的比热容与导热系数较低，在电池冷却需求较高的场景中，仅仅通过空气冷却是远远不够的。相关研究表明空气冷却与其他冷却技术的结合使用可显著提升冷却能力，明显降低电池单体间的温差和整体温升，并能满足电池在较高充放电倍率（2～3 C）下的冷却需求。

图 5.3-7(a)[54] 中将冷却板与空气冷却系统结合，其中冷却板除构建气流通道外，还在电池充放电过程中充当散热器，快速吸收热量，避免了电池内部热量积聚而导致过高温度。相较于传统的并联空气冷却，其气流分布的均匀性得到提高，改善了电池冷却性能和温度均匀性。图 5.3-7(b)[55]

为一种基于套筒式热扩散板结构的混合空气冷却系统，通过在电池中部配置双层热扩散板，增强了空冷电池模组的热性能，明显改善了热管理系统降温能力和电池均温性。图 5.3-7(c)[56] 将 U 形微热管阵列与主动空气冷却相结合，电池温度得到有效降低。图 5.3-7(d)[57] 通过在电池和 PCM 的下部之间构建了一个空气冷却通道，设计了 PCM 冷却和空气冷却相结合的热管理模式。其中空气冷却通道的存在不仅减少了 PCM 底部的厚度和电池模块的质量，还可以利用对流在汽车行驶时及时散发 PCM 吸收的热量，从而实现有效的温度控制并加速 PCM 的再生。

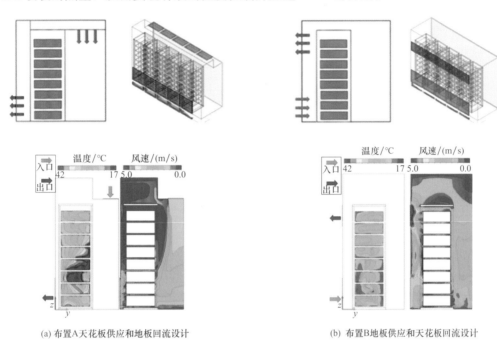

(a) 布置 A 天花板供应和地板回流设计　　　　　(b) 布置 B 地板供应和天花板回流设计

图 5.3-6　具有不同风道设计的电池储能热管理空冷系统的侧面图和透视图[53]

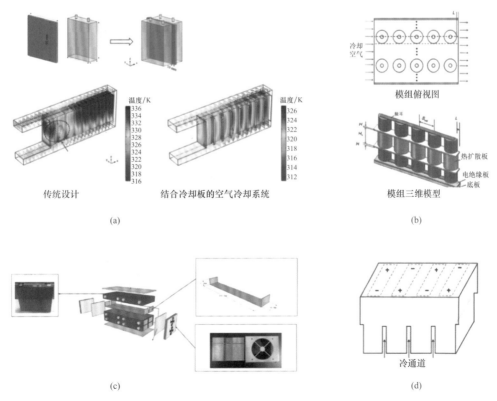

图 5.3-7　几种空冷混合热管理技术

3. 案例分析

以中山供电局首个储能项目——10kV 电化学储能电站为例[58]，其应用了一体化能量管理平台技术、储能双向变流器技术、风冷式热管理技术、电池自动灭火技术，同时，该储能电站具有防风防腐、保温防水、通风防尘、节能环保等优点，是行业应用的典型案例。

该储能电站主要设备包括 5 个 1MWh/3MWh 储能变室预制舱、3 个储能变预制舱、1 个 10kV 高压室预制舱、1 个主控室预制舱、1 个站变室预制舱、1 个备品备件及安全工具舱，其分布如图 5.3-8 所示。储能电池舱主要由磷酸铁锂储能电池、电池管理系统、储能变流器、消防系统、空调系统等构成。

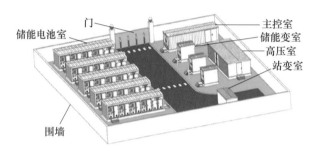

图 5.3-8　储能电站分布图

该储能电站风冷系统由舱体、储能电池系统、空调和风道等组成，结构如图 5.3-9 所示。电池舱外安装了 2 个大功率一体式空调，通过其自带的冷却内通道输入冷空气冷却舱内电池，将舱内的热量带出。一体式空调可省去空调内挂机的安装费用，且利于维护和返厂检修。案例中用到的一体式空调规格为 950mm×450mm×300mm，安装与拆除简单易行，无须铺设复杂的热传导铜管，节省铜管费用。此外一体式空调贴近舱壁安装，利于制冷空气扩散至蓄电池附近，有效降低冷源扩散，提高蓄电池的降温效率。若后期需增加空调，只须在电池舱舱壁的备用窗口卸除盖板后直接挂上密封即可，利于未来制冷系统的扩建。此外电池室还配备了自动灭火技术，通过高灵敏度传感器实时监测各电池箱内因电池故障而引起的温度和烟雾浓度变化、特征气体等早期特征，综合判断燃烧阶段，根据火灾情势划分 3 种不同的报警级别，对应不同的启动策略，最大限度地保护储能系统安全。

该储能电站（图 5.3-10）于 2022 年 3 月投运，目前运行良好，未见舱体渗水痕迹，隔热、保温性能良好，通风设备运行正常。储能站按平均每天充放电 2 次、放电深度 90%、充电效率 93.8%、全年消纳天数 350 天计算，中山地区大工业峰段电价为 1.07 元/kWh，平段电价为 0.64 元/kWh，谷段电价为 0.26 元/kWh。经计算，该储能电站一年收入为 507.5 万元，成本按 70 万元计算，利润为 437.5 万元，有着较好的经济效益。

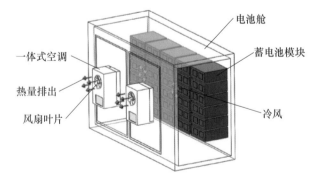

图 5.3-9　储能电站风冷系统

图 5.3-10　中山某储能电站外观图

5.3.2　间接式液体冷却技术

1. 技术途径

间接液冷的冷却液与发热器件不直接接触，而是在特定部件中流动间接冷却电池。目前冷却板液冷技术发展较为成熟，相对于空气冷却技术，其冷却效果明显提升，且冷却板材质一般为铝及铝合金，成本较低。典型储能站间接液冷热管理系统结构如图5.3-11所示，水泵将冷却液送入冷却板与电池换热，达到冷却电池的目的，而温度升高的冷却液通过冷水机组冷却后循环使用。其中冷水机组在热管理系统中成本占比为57%，是技术积累要求较高的环节；其次为液冷板，成本占比约16.4%。

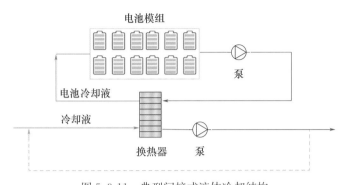

图5.3-11 典型间接式液体冷却结构

实现高效冷却的间接式液冷技术的主要途径如下。

1）优化液冷结构设计

冷板是一个平板金属板，内部有通道，如图5.3-12所示。通过这些通道可以泵送冷却液，冷却液与电池通过冷板壁面换热。合理的冷却液通道结构设计可以增加冷却液与电池的换热面积，从而调控散热效果，同时冷却液的流动方向也对均温性至关重要。实际应用需根据电芯类型和电池组内部空间设计合适的冷却液通道，还需保证冷却液通道所用材料的机械强度和密封性能等，保证冷却板质量。此外，一种替代冷板布置的方法是采用离散管道，促进液体与电池之间的热传递。

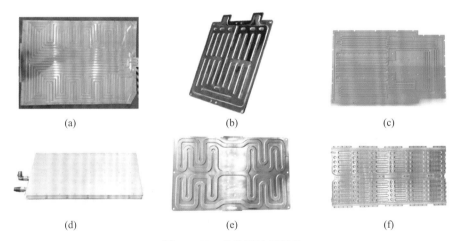

图5.3-12 几种液冷板结构

2）研发高性能冷水机组

与电池换热后的冷却液一般需送至冷水机组进行冷却，而冷水机组能耗占储能系统总能耗的3/4[59]以上，其效率的提升对储能热管理系统的节能减排有着重要意义。高性能冷水机组的研制包括系统结构上的优化、高效压缩机以及高效换热器的开发等。此外，延缓空调系统的性能衰减，延长其使用寿命，也是减少碳排放、减少资源与能源消耗的重要措施。

3）高效环保制冷剂的开发与应用

使用低GWP制冷剂，如使用自然工质、氢氟烯烃（HFO）等，以减少温室气体的排放。此外开发高效环保的制冷剂也可进一步提高热管理系统能效的技术途径。

4）提高制冷设备的控制水平

一方面提高温度控制精度，确保设备在达到所需的制冷效果的同时，尽量减少能源浪费；另一方面优化运行策略，根据外部环境条件和内部负载情况实时调整运行参数，如冷却液流量、压缩机转速等，以更加灵活地应对不同的工况变化，从而提升机组的能效。

5）高效冷却介质的研发

纳米流体是含有悬浮纳米颗粒的流体，具有提高冷却剂传热性能的潜力，从而实现设备更高效的冷却。纳米流体利于电池热管理系统性能和安全性的提升，常见的纳米颗粒如 Al_2O_3、Cu、TiO_2、AgO、石墨烯和 SiO_2 等。此外，液态金属也是一种高效的冷却介质，是传统冷却剂（如水、纳米流体等）的新替代品。与水相比，相同流动条件下，液态金属冷却系统中电池模块温度更低且更均匀，并且所消耗的泵功得到降低。

2. 理论研究

1）液冷板结构设计与优化

液冷板作为间接式液体冷却系统的重要组成部分，其结构直接影响冷却液的对流换热能力，也决定着热管理的能耗水平。液冷板结构的研究主要包括流道形状、流道流程、流道截面、流动方向等。一般而言增加通道的数量可以降低电池最高温度以及模块间的温差，但提升有限，且增加通道数量时能耗增高；在一定范围内增大通道长宽比也可降低电池组的最高温度，减小温差。其他通道形式如波浪形管道能够增加接触面积和提高散热效率；当电池模块中电池数量较多时，考虑使用并联冷却结构。

图 5.3-13(a)[60]对传统的蛇形流道进行了优化，设计了一种新型二次流蛇形液冷板。其压降相比于传统液冷板大幅降低，节省了泵功，且随着冷却液流速的增大，液冷板的最高温度和最大温差均逐渐减小。图 5.3-13(b)[61]在方形电池的前后两面紧贴着两个微型 U 形通道冷却板，当 U 形通道的入口布置在不同侧时，电池温度分布更加均匀，且在高充放电倍率下具有更明显的冷却效果。因此，在有限的冷却板空间中通过合理的结构设计来增加液体的流动通道也是主要的优化策略之一。图 5.3-13(c)[62]为蜂窝结构冷却板，密集的蜂窝通道显著增加了冷却通道，当冷却液以相反方向在相邻的蜂窝式液体冷却板中流动时有更好的均温效果。

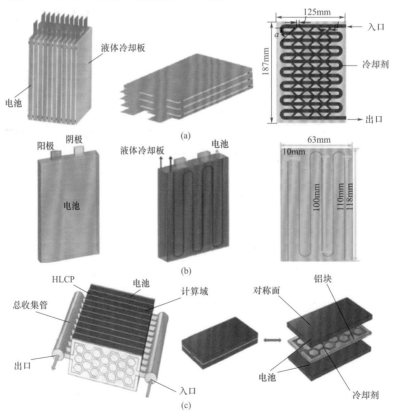

图 5.3-13　几种液冷板的结构设计与优化

2) 高性能冷水机组的开发

相对于储能热管理系统中目前使用的容积式压缩机，小型离心压缩机具有更高效率的潜力。此外，由于小型离心压缩机普遍采用气浮轴承，因而具有无油运行的能力。无油运行一方面为其在先进制冷循环系统设计提供了便利，另一方面循环回路的无油也提高了蒸发器和冷凝器的传热能力。

当离心压缩机较小时，密封表面相对压缩机叶轮较大，密封泄漏率相对于体积减小的速度增加，这一问题的解决需要精密的设计与制造。此外，小型化的离心压缩机转速极高，需要与之配套的小型高速电机。小型高速电机的发展常常受到散热的限制。近年来，伴随着高速电机与空气轴承的发展，以及加工制造技术的突破，设计制造用于小型制冷系统的高效离心式制冷压缩机已成为可能，图 5.3-14 为两种小型制冷离心式压缩机的叶轮结构与部分性能图，其流量约 30～50g/s，效率最高可达 70％及以上。

 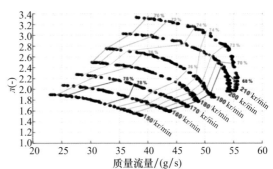

(a) 第一种小型离心压缩机叶轮结构及性能效率

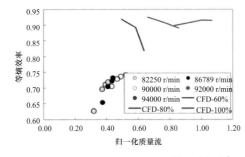 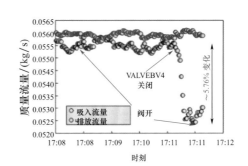

(b) 第二种小型离心压缩机叶轮结构及性能效率

图 5.3-14　两种小型制冷离心式压缩机[63-64]

由于离心压缩机本身特性不同于容积式压缩机，因此对基于小型离心压缩机的制冷系统而言，系统架构设计上需重新考虑各零部件的匹配问题；控制设计上要结合离心压缩机的运行特性，如喘振、阻塞等；系统整机联合调试时需注意各零部件的优化问题。

3. 案例分析

随着储能电站日益增长的热管理需求，国内众多企业纷纷推出了储能热管理机组，如图 5.3-15 所示。但这些传统储能热管理机组普遍采用容积式压缩机，而小型离心压缩机具有更高效率的潜力。为开发出具有更高效率的冷水机组，上海交大与华润新能源联合开发了基于超高速微型无油离心压缩机的储能站热管理制冷机组。该项目中所研发的储能热管理制冷机组具有效率高、冷却能力强、体积紧凑、适用环境温度范围广等优点，是储能热管理制冷机组的设计典范。

(a) 松芝股份(60kW)　　　(b) 高澜股份(40kW)　　　(c) 同飞股份(50kW)

(d) 英维克(30kW)　　　(e) 美的(40kW)　　　(f) 常州天目(8kW)

图 5.3-15　近些年国内推出的储能热管理机组

以 3.5MW 集装箱储能系统为例，所需制冷量为 45kW 左右，结合其工况较为稳定、压比不太高的工作特点，本案例决定采用基于气浮轴承超高速微型无油离心压缩机，体积仅为相同制冷量下涡旋压缩机的 1/6，如图 5.3-16(a)所示；且具有无油压缩的优势，无油压缩可避免系统复杂的回油设计。此外还可根据储能站的应用工况设计压缩机额定工况点，以进一步提高压缩机运行效率。图 5.3-16(b)和(c)为该储能热管理制冷机组的试验装置图与系统原理图。系统主要由蒸汽压缩制冷回路与电池冷却回路组成。蒸汽压缩制冷回路除基本制冷循环结构外，还采用了补气增焓技术以进一步提高系统效率；同时设有与压缩机并行旁通阀，用于避免离心式压缩机固有的喘振问题；冷凝器为平行流微通道换热器，该换热器结构紧凑，进一步减小了机组体积。电池冷却回路除用于电池冷却外，还额外集成了压缩机电机与驱动器的冷却通道。值得注意的是冷却回路中设有电加热器，这是考虑到寒冷环境中，当电池不在充放电工况时，其本身需保持一定温度，此时便需要电加热器提供热量以保证电池处于合适的工作温度。系统各主要零部件设计参数如表 5.3-1 所示。开发设计过程中借助 Amesim 仿真软件搭建了一维分析模型，辅助系统设计。此外系统控制需结合压缩机特有的喘振特性进行特殊设计。

(a) 小型离心压缩机与传统涡旋压缩机体积对比(相同制冷量)　　　(b) 试验装置图

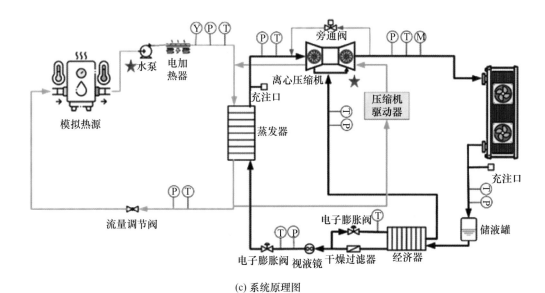

(c) 系统原理图

图 5.3-16　系统介绍

表 5.3-1　基于小型高速离心压缩机的冷水机组设计参数

部件	具体信息
压缩机	类型：两级离心压缩机；最大转速：120000r/min；设计压比与质量流量：2.93，0.3068kg/s；轴承类型：空气箔片轴承；电机类型：永磁同步电机
蒸发器	类型：板式蒸发器；尺寸（mm）：217（L）×192（W）×617（H）；材料：304 不锈钢
冷凝器	类型：平行流微通道换热器；扁管数量：138；扁管规格 32×2－18；集流管规格：Φ38；翅片规格：32×0.08 FPI＝21 开窗；制冷剂流路：55/41/27/15
冷凝器风扇	额定电压：400V，DC；最大转速：1870r/min；电功耗：1950W
电子膨胀阀	步数：480 步；额定电压：12V，DC
循环泵	额定流量：20m³/h；额定扬程：22m；额定转速：3600r/min
制冷剂	R134a（7kg）

图 5.3-17 为该储能热管理制冷机组性能测试结果（以常见热管理工况为例，即 35℃ 环境温度，18℃ 进水温度）。随着压缩机转速增加，制冷量也逐渐增加，最大制冷量为 48kW；而系统 COP 随着压缩机转速的增加，先增加后下降，在压缩机转速为 90000r/min 时得到最大值 3.99。机组功耗仅为市场同类产品的 50％，能效上极具优势。若以机组 20 年工作寿命、每天工作 8h 为例计算，则该机组可为用户节省电费 50 万元，为环境减少二氧化碳排放 600t。此外机组经过－30～50℃ 环境温度的测试，测试结果表明机组均能成功启动，正常运行。

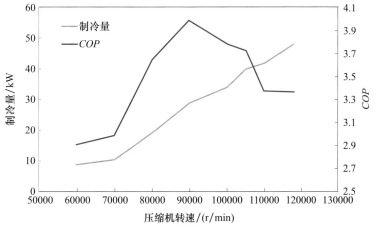

图 5.3-17　储能热管理机组性能测试结果

总而言之，基于超高速微型无油离心压缩机所开发的储能站热管理制冷机组的技术方案极大地提高了机组效率，且结构更加简单紧凑，冷却能力更强，适用环境温度广。目前机组已成功下线，并在储能站中成功应用（图5.3-18）。这一技术方案为广大同行提供了借鉴，旨在进一步推动储能热管理行业的进步与发展。

图5.3-18　机组下线及应用

5.3.3　浸没式液体冷却

1. 技术途径

浸没式冷却探究始于20世纪60年代，IBM（International Business Machines Corporation）公司开始研究将氟化液应用于计算机散热。后来该技术逐步被运用至航天领域，而后再扩展到军事领域，当前该技术也正在往很多民用领域（如高功率电子器件、数据中心等具有高热流密度散热需求的设备）拓展。在电池热管理领域，与冷板技术相比，浸没式冷却代表了一种范式转变，它将电池系统完全浸入具有优异传热和电绝缘性能的液体中，系统架构如图5.3-19。这种创新的方法为电池热管理领域引入了一种新的视角和解决方案。首先，浸没液与电池表面建立直接接触，有利于增强对产生的热量的吸收和消散。其次，浸入式冷却可以实现全覆盖冷却，包括极耳和汇流排，在电池热管理系统中，现有的液体冷板配置无法实现。为满足电池热管理系统的长期稳定运行，主要途径包含以下几方面。

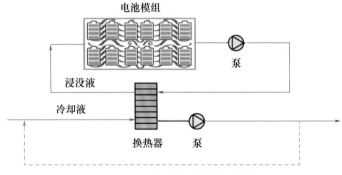

图5.3-19　典型浸没式冷却结构

1）液冷系统设计

采用浸没式液冷系统，将电池模块完全浸入冷却液中，以确保对电池的均匀冷却。这种设计相较其他冷却系统，可消除热传导阻力，提高热传导效率。通过合理设计冷却液流道，确保冷却液能够覆盖整个电池模块表面，并保持流动稳定，以最大限度地提高冷却效率。

2）冷却液选择

选择具有高热传导率和化学稳定性的冷却液。此外，冷却液的低黏度和低密度特性也是考虑因素，以减小冷却系统的功耗。针对电池材料的特性和要求，选择对其无腐蚀性的冷却液，并确保冷却液的成本和环境影响均可接受。

3）循环系统设计

设计高效的冷却液循环系统，包括泵、管道、散热器等组件。选择适当的循环泵以确保足够的流量和压力，以应对不同工况下的冷却需求。通过优化管道布局和减小流道阻力，降低冷却液流动的能耗。

4）密封性和安全性

采用高密封性设计，确保冷却系统的各个接口和连接处都能有效防止冷却液泄漏。配备安全阀门和压力传感器，以监测和控制系统内部的压力，防止系统过压造成损坏。针对不同工况下可能出现的故障和异常情况，制订相应的应急措施和保护策略，确保系统的稳定和安全运行。

通过以上方案的实施，能够有效地解决持续热负荷和空间限制等挑战，为储能电池的热管理提供可靠和高效的技术支持。同时，密封性和安全性的考虑能够保障冷却系统的稳定性和可靠性，确保了电池系统的性能、寿命和安全性。

2. 理论研究

1）浸没液体的相态调节

根据冷却液在循环散热过程中是否发生相变，分为单相浸没式液冷和双相浸没式液冷。单相浸没式液冷通过液—液换热器传递热量，采用具有高沸点的冷却液，如碳氢化合物（包括矿物油、植物油等）、硅基油。这些冷却液在吸收热量后仍能保持稳定的液态，从而确保了在现有泵、管道和散热设备（换热器、冷却塔、冷水机组或干式冷却器等）中的安全应用。由于散热过程中冷却液几乎不蒸发，因此无须使用气密密封容器。根据冷却液的循环方式，单相浸没式液冷可分为泵驱动和自然对流两种类型，但以泵驱动为主。自然对流则利用液体受热后体积膨胀、密度减小的特性，实现较热冷却液的上浮和冷却后的下沉，从而完成循环散热。

两相浸没式液冷在遇热的情况下由液态转化为气态，然后通过冷凝器将气态冷却液转化回液态。两相浸没式液冷与单相浸没式液冷在原理上基本一致，但存在一个关键区别：两相浸没式冷却液必须能够在受热时从液态变为气态。这一特性使得两相浸没式液冷技术能够更有效地利用相变潜热进行散热，从而提高散热效率，液体类型以氟化液为主。两相浸没式液冷技术中，冷却液在吸收热量后会经历气液状态的转换。沸腾传热过程如图 5.3-20 所示，在传热过程中不同阶段发生不同的物理机制。随着壁面过热度的增加，流场依次经历自然对流区、部分核态沸腾区、完全核态沸腾区、过渡沸腾区和膜态沸腾区。AC 区间称为核态沸腾区，具有温压小、传热强的特点，电池沸腾换热的研究集中在Ⅱ-Ⅲ区域（灰色区域）。

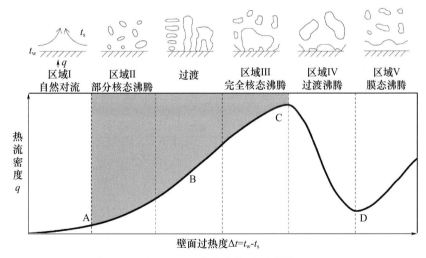

图 5.3-20　沸腾传热示意图[65]

2）浸没液体的物性调控

在开发浸没液体时，需要综合考虑多个关键因素，以确保储能系统的稳定性、安全性和高效性。首先，考虑到储能系统中可能存在的短路和电化学腐蚀等问题，选用具有良好绝缘性能的冷却液至关重要。为了确保系统操作的安全性和健康性，冷却液必须具有无毒、无害人体的特性，避免对人员和环境造成潜在风险。冷却液的化学稳定性也是一个重要考虑因素，选择具有良好化学稳定性的冷却液可以确保其在长期使用过程中不会发生不可预测的化学反应，从而保持系统的稳定运行。考虑到火灾和爆炸等安全风险，冷却液必须具有不可燃性，以降低系统发生火灾的可能性。全球变暖潜能值（GWP）也是一个需要重点考虑的因素，选择低 GWP 值的冷却液有助于减少系统对全球气候的负面影响，符合可持续发展的环保要求。目前常见的浸没液体工质有电子氟化液、碳氢化合物、酯类、硅油类和水基流体等，表 5.3-2 列举了系列浸没液体工质的关键物性参数。

表 5.3-2 浸没液体工质的物性参数[65]

种类	材料编号或类型	20℃时运动黏度（cSt）	20℃时密度（kg/m³）	导热系数 [W/(m·K)]	比热容 [J/(kg·K)]	介电常数
电子氟化液	Novec649	0.40	1600	0.059	1103	1.8
	Novec7000	0.32	1400	0.075	1300	7.4
	Novec7100/HFE-7100	0.27	1370.2	0.062	1255	7.39
	FC-72	0.38	1680	0.057	1100	1.75
	SF33	0.30	1383.5	0.077	1200	32
	HFE-6512	1.18	1600	0.23	1170	5.8
碳氢化合物	矿物油	56	924.1	0.13	1900	2.1
	E5 TM 410	19.4	810	0.14	2100	
	AmpCool AC-110	8.11（40℃）	820	0.1403（40℃）	2212.1（40℃）	2.08
酯类	MIVOLT−DF7	16.4	916	0.129	1907	
	MIVOLT−DFK	75	968	0.147	1902	
硅油类	硅油	100	965	0.16	1460	16
	二甲基硅油	1500	968	0.16	1630	2.18
	乙基硅油	50	970	0.159	1810	
水基流体	去离子水	1	998	0.5984	4182	80.2
	水乙二醇溶液50%	4.5	1082	0.402	3260	64.92
	氧化铝纳米流体0.4%	0.93（30℃）	1007（30℃）	0.6349（30℃）	4124（30℃）	

种类	材料	凝固点/倾点（℃）	沸点（℃）	汽化潜热（kJ/kg）	闪点（℃）	安全性	环保性
电子氟化液	Novec649	−108	49	88			ODP=0 GWP=1
	Novec7000	−122	34	142	无	不易燃	ODP=0 GWP=530
	Novec7100HFE-7100	−135	61	111.6	无		ODP=0 GWP=320
	FC-72	−90	56	88	无		ODP=0 高GWP
	SF33	−107	33.4	166	无		ODP=0 GWP=2
	HFE-6512	−120	135		无	不燃	ODP=0 GWP=1
碳氢化合物	矿物油		>218		>115	易燃	
	E5 TM 410				190	易燃	
	AmpCool AC-110	−57			193	易燃	GWP=0

种类	材料	凝固点/倾点（℃）	沸点（℃）	汽化潜热（kJ/kg）	闪点（℃）	安全性	环保性
酯类	MIVOLT-DF7	−75			194		ODP＝0 GWP<1
	MIVOLT-DFK	<−50			>250		ODP＝0 GWP<1
硅油类	硅油	−55			>300		
	二甲基硅油	<−50			>155		
	乙基硅油	<−40	>205		80		
水基流体	去离子水	0	100	2257	无		
	水乙二醇溶液50％	−36.8	107.2				
	氧化铝纳米流体0.4％						

3. 案例分析

关于高性能机组的开发，这一部分与前文介绍的间接冷却技术相一致，因此不再赘述。值得关注的是在这一背景下，2023年3月全球首个浸没式液冷储能电站——南方电网梅州宝湖储能电站正式投入运行。该电站采用预制舱式结构，每个电池舱容量5.2MWh，电池温升不超过5℃，不同电池温差不超过2℃，年发电量近8100万kWh，可减少二氧化碳排放超4.5万t。作为一种新型的电池热管理技术，大规模的成熟应用还需要更多的科学技术与工程实践的探究。一些浸没式液冷储能电站的成功运行，标志着浸没式液冷技术在储能领域的重要进展，作为一种新型的电池热管理技术，它仍然需要更多的科学技术与工程实践的探究。在未来的发展中，需要进一步完善和优化该技术，以提高其效率、可靠性和经济性，从而实现更广泛的应用和推广。

5.4 洁净厂房

洁净技术在电子信息、芯片制造、生物医药、医疗科研等方面占据极其重要的地位，广泛应用于经济、军事、科技、工业等各个领域，这里以电子洁净厂房为例，介绍洁净领域的最新节能思路和技术方法。集成电路产业是电子信息技术发展的基础和核心部分，各国都把集成电路产业作为战略性产业来对待，使得为其提供基本生产条件的洁净厂房无论从数量还是规模上都处于井喷式发展状态。随着芯片制程的不断降低，洁净生产环境的保障技术显得更为重要，成为保证设备、材料和半导体芯片的性能，提高生产效率、提升电子芯片良品率的关键。

由于电子洁净室内颗粒物浓度与室外差了6个数量级以上，洁净室空调系统消耗了大量能源用于生产环境的洁净度保障，占厂务总电耗的30％～65％，而普遍认为的耗能大户光刻机仅占1％～3％。公开资料显示洁净室单位面积能耗可达20000kWh/(m^2·a)[66]，比常规公共建筑高出1～2个数量级，如图5.4-1所示。总量上更直观的对比是2022年台积电一家企业耗电量超过200亿kWh，超过台湾地区总耗电量的8％，与深圳市的总耗电量相当。在电子洁净厂房空调系统各部分能耗中，风机过滤系统（空气循环系统）和冷热源系统能耗占比最高，两者占比之和超过75％，如图5.4-2所示。因此，降低风机过滤系统（空气循环系统）和冷热源系统能耗是降低洁净厂房能耗、实现"双碳"目标的重要途径。

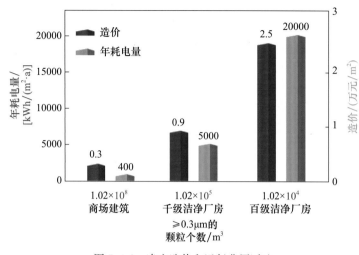

图 5.4-1 净室造价和运行费用对比

图 5.4-2 典型洁净空调各部件能耗

5.4.1 非均匀环境营造的洁净空调技术

1. 技术思路

对于电子洁净厂房风机过滤系统，其能耗主要受到洁净室风量、循环阻力及风机效率的影响。目前循环阻力、风机效率方面已经得到了较好的解决，而循环风量仍处于较高水平，电子洁净厂房换气次数普遍可达 $70 \sim 250 \mathrm{h}^{-1}$。非均匀环境营造的洁净空调技术是减少循环风量的重要方式。实现非均匀环境营造的洁净空调技术主要包括以下几点。

1）获得非均匀环境下颗粒物浓度分布规律和非均匀环境洁净风量表达式

传统的洁净室基于均匀环境设计，其洁净度只与风量、尘源强度相关。而实际运行中洁净室的环境是非均匀的，洁净度除与风量、尘源强度相关外，还和气流组织相关。非均匀环境下颗粒物浓度分布规律和非均匀环境洁净风量表达式为减小洁净风量提供了新路径。

2）采用根据污染源位置调整洁净送风量的非均匀送风方案

在洁净室中，不同设备和工艺产尘会有所差别。采用在设备上方增加洁净送风量的非均匀送风方案可显著降低尘源对保障区的可及度，可在不影响保障区洁净度的前提下大幅降低洁净风量。

3）采用基于人员位置的 FFU 送风调控方法

人员在洁净室内的状态和位置是时刻发生变化的，利用计算机视觉图像识别的方法快速获取人员的实时位置，并在人员周围采用高风速、在其他区域采用低风速，在满足保障区需求的情况下可以大幅降低电子洁净厂房的循环风量。

2. 理论分析

1）非均匀环境颗粒物浓度分布规律

在通风房间中，一定污染物分布条件下，房间任意一点浓度会受到送风、污染源及房间污染物浓度初始分布的影响。当室内同时存在 N_{S} 个送风口、N_{C} 个污染源以及某初始污染物浓度分布时，在恒定边界条件同时作用下，空间任意点 p 在时刻 τ 的瞬时浓度表达式为[67]：

$$C^p(\tau) = \sum_{n_{\mathrm{S}}=1}^{N_{\mathrm{S}}} \left[C_{\mathrm{S}}^{n_{\mathrm{S}}} \, a_{\mathrm{S}}^{n_{\mathrm{S}},p}(\tau) \right] + \sum_{n_{\mathrm{C}}=1}^{N_{\mathrm{C}}} \left[\frac{S^{n_{\mathrm{C}}}}{Q} a_{\mathrm{C}}^{n_{\mathrm{C}},p}(\tau) \right] + \overline{C}_0 \, a_1^p(\tau) \tag{5.4-1}$$

等号右侧的三项分别定量描述了送风、污染源（包括内部源和边壁源）、初始条件对室内污染物浓度的影响，其中的关键指标 $a_{\mathrm{S}}^{n_{\mathrm{S}},p}(\tau)$、$a_{\mathrm{C}}^{n_{\mathrm{C}},p}(\tau)$、$a_1^p(\tau)$ 分别为送风可及度、污染源可及度、初始条件可及度。

当室内通风达到稳定状态，室内风量恒定运行或者风量变化很小时，房间各点的初始分布可及度均为 0，房间任意一点浓度仅受到送风和污染源的影响。在洁净室中颗粒物是最主要关注的污染物，绝大多数粒径小于 5 μm，大粒径的数量极少，且由于重力作用很容易就排到洁净室的下夹层。根据既有研究，小粒径颗粒物可以被视为被动气体输运[68]，因此满足上述的污染物分布规律。当室内同时存在 N_S 个送风口、N_C 个颗粒源，且送风达到稳态时，空间任意一点 p 的颗粒物浓度仅由送风和颗粒物源决定，如图 5.4-3 所示，则 p 点浓度为：

$$C^p(\infty) = \sum_{n_S=1}^{N_S} \left[C_S^{n_S} a_S^{n_S, p}(\infty) \right] + \sum_{n_C=1}^{N_C} \left[\frac{S^{n_C}}{Q} a_C^{n_C, p}(\infty) \right] \tag{5.4-2}$$

上式即为稳态时的颗粒物浓度表达式，表明在稳态时，室内颗粒物浓度仅受到送风和颗粒物源的影响，对应项的系数为可及度，表征影响程度的大小。

2）非均匀洁净风量表达式

洁净室的风量通常维持恒定，可认为流场不变。洁净室内任意位置的颗粒物浓度可用式（5.4-2）计算。将保障区划分若干个控制单元，每个控制单元内的浓度可视为均匀，控制单元体积用 V_M 表示，如图 5.4-4 所示。

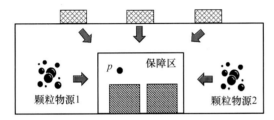

图 5.4-3　稳态下 P 点的颗粒物浓度

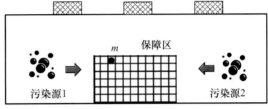

图 5.4-4　稳态下 P 点的颗粒物浓度

则保障区平均浓度等于 m 个控制单元颗粒物浓度的体积加权平均值。颗粒源对保障区的平均可及度（$\overline{A}_{zone}^{n_C}$）等于颗粒源对每个控制单元的可及度（$A_m^{n_C}$）的体积加权平均值：

$$\begin{cases} \overline{C}_{zone} = \dfrac{1}{V} \sum_{m=1}^{M} (C_m V_m) \\ \overline{A}_{zone}^{n_C} = \dfrac{1}{V} \sum_{m=1}^{M} (A_m^{n_C} V_m) \end{cases} \tag{5.4-3}$$

根据式（5.4-3），忽略送风的颗粒物影响，保障区平均浓度可以表示为：

$$\overline{C}_{zone} = \sum_{n_C=1}^{N_C} \left[\frac{S^{n_C}}{Q} \overline{A}_{zone}^{n_C} \right] \tag{5.4-4}$$

当保障区颗粒物浓度控制标准为 C_{set} 时，则满足保障区洁净度要求的送风量计算表达式为：

$$Q = \frac{\sum_{n_C=1}^{N_C} \left[S^{n_C} \overline{A}_{zone}^{n_C} \right]}{C_{set}} \tag{5.4-5}$$

当把颗粒源视为一个整体时，则洁净需风量表达式可简化为：

$$Q = \frac{S \overline{A}_{zone}}{C_{set}} \tag{5.4-6}$$

以上即为非均匀环境下洁净需风量的理论表达式，其中颗粒物源对保障区的可及度与风量相关，因此是一个隐式表达式。该公式可以直观反映洁净风量的各个影响因素，更好指导洁净风量的降低。

3）基于人员位置的 FFU 送风调控方法

以电子洁净厂房为例，在顶部按照特定布置率布置了大量 FFU（风机过滤机组）。现有工程中，由于缺乏在满足保障区需求情况下能够大幅降低风量的调控方法，通常不进行调控。事实上，电子洁净厂房 FFU 具备变频调节能力，且每个 FFU 的风速可以独立调节。也就是说，在电子洁净厂房的各个区域可以实现风量的非均匀供给。首先获取人员的位置，然后增加上方的送风速度，实现颗粒物的快速排除，其余地方维持低风速。具体调控方法如图5.4-5所示，通过人员传感器实现人员位置的实时识别，然后将人员位置信息传输到数据处理平台，根据既定的控制策略，中央处理平台根据人员的位置信息确定各个FFU需求的送风速度，然后将控制信号通过网络传输给各个FFU，实现FFU既定的设定风速。通过这种调控方式，在满足保障区需求的情况下可以大幅降低电子洁净厂房的运行风量[69]。

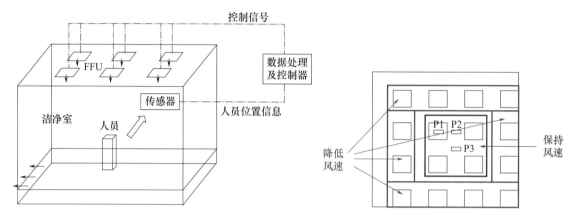

图5.4-5　电子洁净室运行风量调控思路

3. 案例简介

湖南某轨道交通企业，涉及电机、电子产品、电子元件、电子器件、电气绝缘材料、电器机械及器材的生产。该企业园区总面积为19.4万m²，两条生产线，3线面积1万m²，5线面积1.14万m²，下面以3线电子洁净厂房为例进行研究。

3线生产的产品为6英寸硅片全压接器件、IGCT及其配套二极管，生产区域面积约为4000m²，洁净等级根据工艺性质不同设计了不同洁净等级，光刻间、工艺前区等重要加工区域为百级，其余注胶区、保护区、工艺后区等为千级和万级。百级区FFU布置率约为50%，千级、万级区FFU布置率为25%。厂房设计温度为（22±1）℃，相对湿度为（50±5）%。单位面积设备发热量为560W/m²，其余人员、灯光等发热量为30W/m²。

原有设计FFU风速为0.35m/s，考虑到该厂房人员密度较低，仅为0.02人/m²，同时厂房颗粒物源相对较少，采用基于人员位置FFU调控方法对运行风量进行调控。人员1m范围内FFU维持0.35m/s的高风速，其余位置送风速度降低至0.15m/s，对应的风量由原来的176.5万m³/h降低至75.6万m³/h。图5.4-6给出了该厂房某检测区应用基于人员位置的FFU调控方法的示意图。

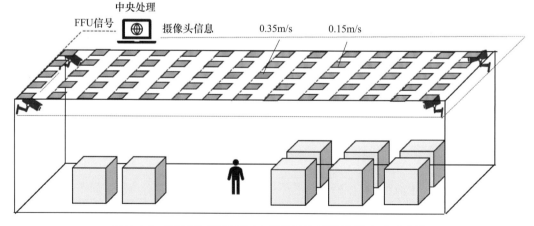

图5.4-6　某检测区采用基于人员位置的FFU调控方法示意图

5.4.2　能量品位匹配的洁净空调技术

1. 技术思路

洁净厂房内通常伴随着多种不同温度能源的制取和利用，同时在生产过程中会产生大量的废热和废冷，如何构建能量品位匹配的综合能源利用系统，成为洁净空调系统节能的关键。

1）负荷品位的定义与描述

传统空调系统采用低温冷水和高温热水统一处理冷热负荷，空气和冷热源之间换热温差较大，导致大量能源品位的浪费。基于分级处理方法将空气处理过程离散分级，找出能源使用不合理的原因。基于离散分级方法，定义了负荷品位并给出了详细的描述方法。利用负荷品位理论对常见的新风和一次回风处理系统进行分析，展示负荷品位的划分定义方法以及负荷品位分布情况；进而利用机械热泵机组对新回风分品位进行处理。

2）确定负荷品位的经济换热温差

经济换热温差直接决定处理各级负荷的冷热源温度水平。要确定处理负荷的合理冷热源温度，空气与冷热源之间的换热温差就必须具备合理的经济性。基于全国不同气候区典型城市的气象参数，将夏冬季室外空气温度变化范围分别划分为 5 个温区：（37～33℃）、（33～27℃）和（<0℃）、（0～6℃）、（6～12℃）。对于不同排数换热器进行分级处理的系统初投资，得到投资回收期在 5 年内的合理经济换热温差范围。

3）提出基于负荷品位的流程构建方法

在已知各级负荷品位后，利用多级热泵机组制备与负荷品位相匹配的能源就可以满足负荷处理需求。在自然界和工艺过程中存在大量的免费能源，如果能将这类免费能源直接利用处理负荷，将大幅减小热泵机组等机械设备的能耗。在很多实际工程中还存在冷热负荷同时存在的情况，在冷热负荷品位相匹配的情况下，可考虑将这两部分需求相互满足，可进一步降低空调系统对外部冷热源的需求。利用二维坐标系建立了负荷和能源品位、数量分布的通用表达方法。基于品位分布图建立基于负荷和能源品位匹配的空气冷热处理流程构建方法。将流程构建方法应用于工业电子洁净厂房，构建一系列高效空气分级处理系统方案，实现自然能源和废能的梯级利用，最大限度降低洁净室空调系统对机械冷热源需求的数量和品位。

4）提出空气分品位处理的理论能耗

在单一工况下，不同品位负荷均用现有技术条件下最高效冷热源进行处理，且满足流量匹配下的总能耗即为该工况的理论能耗。基于理论能耗和损失环节的研究，对传统系统能效提升指明了方向，并提出了系列针对性改进措施。

2. 理论分析

1）负荷品位的定义与描述

在空气分级处理过程中，各级冷热源通过换热器与空气进行能量交换，实现对空气的降温/加热。当进出口水温差在合理范围内（例如 3～5℃）时，对流换热系数和流动阻力将是合理的。空气和水之间的换热温差越小，越有利于提升机械冷热源能效。通过增大各级换热器面积可以实现换热温差的降低，但初投资也会相应增加。因此，保证空气分级处理系统在合理投资回收期内的空气与冷热源介质之间的平均换热温差即为经济换热温差[70]。

将空气进行分级处理，每一级空气处理的换热温差均为经济换热温差，这样就可以得到处理该级负荷的冷热源温度，将此温度定义为该级负荷的品位。按各级负荷品位来制造冷热源，就可最大限度避免温度品位的浪费，从而显著降低空调系统的能耗。

在空气降温/加热过程中，空气状态从入口到出口的变化是连续的。为了定量描述负荷品位，可以将空气处理过程划分为若干区间，在每个区间内，负荷品位将由相应的恒温源温度表征，则总负荷量是多个不同品位负荷的总和。

基于此思想,建立了负荷品位的描述方法[71]。负荷品位分析图如图 5.4-7 所示,以空气与冷源之间的经济换热温差 ΔT_e 为例,第 i 个区间的空气平均温度为 T_{ami},负荷数量为 Q_i,空气温度变化为 ΔT_{ai}。负荷 Q_i 是可以用温度为 T_{wmi} 的恒温源处理的负荷。因此 Q_i 的品位用 T_{wmi} 表征,相应品位的负荷表达形式为 QT_{wmi}。其中,夏季品位负荷可以表达为 Q_s,T_{wmi},冬季品位负荷可以表达为 Q_w,T_{wmi}。

目前处理空气的换热介质主要为水、制冷剂和空气。风—制冷剂/水换热方式的负荷品位定义原理如图 5.4-8 所示。对于风—制冷剂换热器,负荷品位用制冷剂温度表征;对于风—水换热器,负荷品位用平均水温表征。

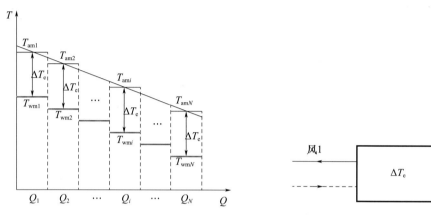

图 5.4-7　空气—水换热方式的负荷品位原理图　　图 5.4-8　风—制冷剂/水换热方式的负荷品位定义原理

对于通过风—风换热处理负荷的方式,可以在空气—空气之间构建虚拟循环介质,利用循环介质的温度来描述相应的负荷品位。空气—空气换热方式的负荷品位原理如图 5.4-9 所示。针对空气 1 和 2 进行逆流换热的情况,在空气 1 和空气 2 之间构建一个虚拟循环介质与空气 1 和空气 2 同时进行换热。循环介质与空气 1 和空气 2 之间的换热温差均为经济换热温差且循环介质在各换热器中的进出口温差在合理范围内时,各换热器中虚拟循环介质的平均温度即为空气负荷的品位。

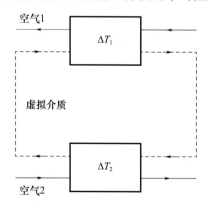

图 5.4-9　空气—空气换热方式的负荷品位定义原理

至此,总负荷可以分解为以下形式:

$$Q = Q_{T_{wm1}} + Q_{T_{wm2}} + \cdots + Q_{T_{wmi}} + \cdots + Q_{T_{wmN}} \tag{5.4-7}$$

$$T_{wmi} = T_{ami} - \Delta T_e \text{(供冷)} \quad (i=1, 2, 3, \cdots, N) \tag{5.4-8}$$

$$T_{wmi} = T_{ami} + \Delta T_e \text{(供热)} \quad (i=1, 2, 3, \cdots, N) \tag{5.4-9}$$

此外,冷凝除湿方式广泛应用于空气处理过程。空气冷凝过程往往与空气降温过程同时发生。因此,除湿负荷被包含在相应的温度区间范围内。除湿负荷的数量能够通过各级负荷数量大小反映出来。每一级内对应的负荷品位用相应的平均水温描述,根据负荷品位的表达式可知应该采用何种温度的冷热源来处理负荷,从而有效指导综合利用多种低品位能源对空气进行分级处理。

对于实际空调系统中的多个 AHU 的空气处理负荷也可以被划分为不同品位。逐时品位负荷按全年/季节累计加和可获得累计品位负荷。这样对于一个实际建筑空调究竟需要多少种温度品位的冷热源以及相应冷热源的大小均可以获得。

2）基于品位匹配的流程构建方法

在上述负荷数量和品位分布的基础之上，可以将各种能源的品位和数量也表达在品位分布图中。具体分析如下：根据能源和冷/热负荷的吸热/散热情况，坐标系横坐标上方和下方的区域分别代表散热和吸热区域[72]。当能源用于冷却空气时，冷负荷（Q_{dc}）释放热量，用于供冷的能源（Q_{sc}）吸收热量。对于空气加热过程，热负荷（Q_{dh}）和提供热量的能源（Q_{sh}）之间的传热情况是相反的。根据吸热和散热区在坐标系内的位置，Q_{dc} 和 Q_{sh} 的数量为正值，Q_{dh} 和 Q_{sc} 的数量为负值。为了区分负荷和能源，斜纹柱代表冷/热负荷，纯色柱代表能源，如图 5.4-10 所示。

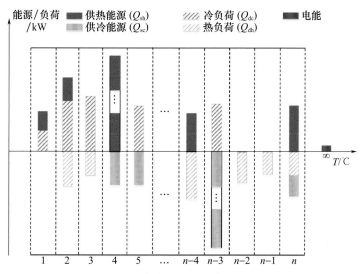

图 5.4-10　负荷和能源品位通用分布图

因此，常见的能源品位就可以直接表达在品位分布图上。例如各类水体的温度就直接表征该类能源品位。水体形式的能源包括：地埋管循环水、冷却塔循环水、直接/间接蒸发冷却水、工艺冷却水以及江河湖海水等。各类气体形式的能源，例如室外空气、排风等，其能源品位为考虑经济换热温差下虚拟介质的平均温度。此外，电能是品位最高的能源，其温度品位为无穷大。电能的消耗过程相当于散热过程，故电能位于横坐标的上部散热区，且位于横坐标的最右侧。

对于上节新风负荷品位分布，若已知该地区可利用的地埋管循环水温度，则可以得出新风冷热负荷和能源品位分布，如图 5.4-11 所示。通过能源和负荷品位的分布图可以清晰地看出哪部分负荷可以被自然能源通过直接换热的方式处理，哪部分负荷无法通过直接换热处理，需要构造热泵模块提升能源品位，以进一步匹配处理剩余负荷。这样就可以进一步分析负荷和能源品位之间的关系，为流程构建方法的研究奠定基础。

将负荷划分为不同品位后就可以利用不同温度的能源来匹配处理相应品位的负荷，这样就为大量免费能源的直接利用创造了空间。实际上自然界和工艺过程中存在各类不同温度的免费能源。常见的自然能源包括空气、江河湖水、地下水、土壤以及太阳能等，在工艺生产过程中存在诸如电子洁净厂房中压缩机的工艺冷却水、工艺热排风等废热。自然能源和工艺余热具有不同的温度品位，在条件合适的情况下可直接对部分负荷进行处理。为了研究多种能源综合利用匹配处理负荷的方法，需要将常见的处理负荷以及提取各类能源的技术模块进行集成归类，以便于进行流程构建方法的研究。

目前常见的利用能源进行负荷处理的方式有两大类：第一类是直接换热模块，包括水循环换热、热管换热和风—风换热三种方式；第二类是热泵模块，包括制水式热泵和直膨式热泵。热泵机组按照利用自然能源的种类不同也有相应类型的热泵设备，常见的包括：空气源热泵、地源热泵和

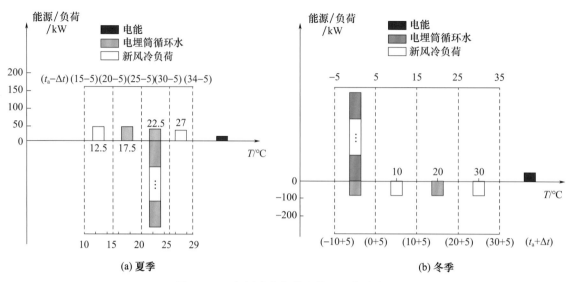

图 5.4-11　新风冷热负荷和能源品位分布图

水源热泵，如图 5.4-12、图 5.4-13 所示。负荷和能源匹配的构建方法就是以直接换热和热泵模块为基础，实现多种能源综合利用。

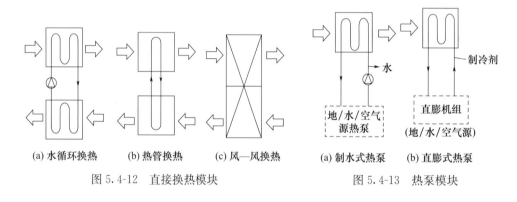

(a) 水循环换热　　(b) 热管换热　　(c) 风—风换热

图 5.4-12　直接换热模块

(a) 制水式热泵　　(b) 直膨式热泵

图 5.4-13　热泵模块

通过对温度品位分布图的分析可以看出，根据具体工程的冷/热负荷和可利用的能源可以设计出特定的温度品位分布图。空气冷热处理流程的构建对于减少空调系统的能耗非常重要，流程构建的基本原则是负荷应尽可能地由自然能源/废能通过直接换热处理，剩余无法通过直接换热处理的负荷由热泵机组制备相应温度的能源匹配处理。

基于负荷品位的流程构建过程，将冷热需求负荷换热、需求负荷与能源换热、需求负荷之间构造热泵、需求负荷和能源之间构造热泵有机统一，可以实现充分利用多种品位的能源并将空气冷热处理所需能耗降至最小。

3. 案例简介

国家存储器基地项目是应用负荷分级处理技术的典范工程。工程贯彻绿色低碳理念，并获得 LEED 金奖。采取了诸如冷水机组热回收低温热水、冷水系统中/低温分设、CDA 高低压系统分设、空调系统冷凝水回收、纯水回收等多项节能环保措施，其中多项技术成果取得了国家发明专利。

该工程位于武汉，夏季室外新风温湿度高，需要大幅降温降湿，同时有大量的中温回风需要降温，负荷应采用分级处理。将负荷分级处理技术应用于本工程，结合工程特点进行空调系统冷热源的设计。新风除湿过程需求较高品位的冷源，其余部分负荷冷源品位需求较低，根据分级处理思想，采用对应温度冷源处理负荷可以显著降低冷源的能耗。考虑本项目的特点及工程的可实现性，采用两种品位的冷源分别处理，以实现能耗的显著降低。

根据冷负荷的需求条件，将冷水系统分为低温冷水和中温冷水，空调冷源系统原理如图 5.4-14

所示。使用中温冷水的空调负荷：DCC 系统、MAU 机组的一级表冷器、配电站空调机组、IT 机房空调系统、工艺冷却水系统；使用低温冷水的空调负荷：MAU 机组二级表冷器、办公区空调系统、仓库级化学品库等降温空调系统。冷水系统由电动离心压缩式冷水机组及二次变频冷水泵组成。冷水一次泵变频以保证冷水机组的工作效率，冷水二次泵变频以保证系统的供水水量，冷水一次泵、冷却水泵与冷水机组单机配套，冷水二次泵根据负荷端的需求设置；根据冷负荷的变化进行流量的调节，同时控制冷水的变化率和最小流量，在保证冷水机组稳定运行的前提下达到供水参数的稳定及节能的目的。中温冷水机组设置部分热回收机组，制取 36℃/28℃ 低温热水，供原水加热及空调的使用。

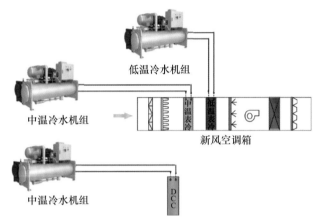

图 5.4-14　空调冷源系统原理示意图

根据工程实际情况，冷源系统设计参数如下：采用 15 台 2500RT 的低温离心式冷水机组，18 台 3000RT 中温离心式冷水机组，16 台 1360RT 热回收中温离心式冷水机组，其中低温冷水供回水温度为 6℃/12℃，中温冷水供回水温度为 12℃/18℃。设计状态下全厂冷负荷中，低温负荷占比 35%，中温负荷占比 65%，根据实际运行情况，采用 12℃ 中温冷水后相比于传统采用 7℃ 冷水的设计方案，替换的中温冷水机组 COP 提高了约 15%，显著降低了该部分的冷水机组电耗。

根据该工程的负荷需求情况及能源的分布对原水温度控制系统进行设计，负荷需求的分布及能源的分布如图 5.4-15 所示。采用负荷能源匹配原理进行空气处理及原水处理系统的设计，将冷水机组的冷凝热用于原水的加热。

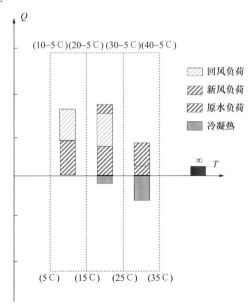

图 5.4-15　工程空气处理及原水处理的负荷需求及冷水机组能源分布

该工程有原水加热需求，原水温度约为 20℃，需加热至 30℃。冷水机组冷凝温度约为 35～40℃，因此采用冷凝热用于原水的加热。设计采用热回收冷水机组，将本来需要通过冷却塔散发的热量进行回收，在制冷的同时制备低温热水供空调及原水加热。根据负荷需求，采用 16 台 1360RT 热回收中温离心式冷水机组，设计低温热水供回水温度为 36℃/28℃，满足原水的加热，取消该部分原水的机械热源，取得了良好的综合节能效果。

5.4.3 降低洁净空调系统能耗的系列技术

本小节将结合具体的研究对象介绍降低洁净空调系统能耗的系列技术。

1. 多隔间值班工况渐变切换

生物制药洁净室通常由很多的不同功能的隔间所组成，而不同功能的隔间由于工艺上的差别，所需要保持的洁净度等级以及压差梯度有所不同。无菌药品的生产企业在生产停止后，需要保持洁净区空气净化系统的连续运行。由于洁净厂房在设计期间就有较高的冗余度，此外，在非生产阶段属于静态阶段，室内没有污染源，因此在保障非生产时段洁净区的环境参数控制要求下，可以降低设备运行的部分工况。在保障温度、相对湿度、洁净度、压差不变的情况下，实现节能运行。

GMP 中无菌产品第三十二条规定：在任何运行状态下，洁净区通过适当的送风应当确保对周围低洁净级别区域的正压，维持良好的气流方法，保证有效的净化能力。也就是说，在任何运行状态下都需要保持压力梯度。通过进一步研究发现，送风阀、回风阀以及风机均采用较为平稳、缓慢的切换方式，保证各个房间的余风量（余风量＝送风量－回风量，即渗风量）不变，可以有效改善压力失稳的问题。

通过在实验室进行了大量的生产模式切换为值班模式实验，应用定送变回和定送定回两种控制方式，得出每次减小送风机频率和风量的步长时，当送风量设定值每次调节总变化量的 2%，无论是在定送变回和定送定回的情况下，均可以实现在生产模式切换值班模式，并且保证洁净区各洁净室的压力梯度。以下是洁净实验室定送变回控制方式，风量每次调节 2% 的风量和压差试验结果。

为了验证理论研究结果，在真实车间内进行了运行模式切换的实测。北京生物制品研究所有限责任公司（简称"北京生物"）是中国医药集团有限公司所属中国生物技术股份有限公司的子公司，从事疫苗、诊断制剂等生物制品的研究、生产和经营，是国内最大的免疫规划疫苗生产基地，也是国内首家获得工信部及北京市"绿色工厂"称号的生物制品企业。测试系统 KJ3-7 内包含了多个 B级和 C 级区域，代表了生物制药洁净室中要求比较高的一类对象，在生产模式下其风机基本运行参数如表 5.4-1 所示，房间压力如表 5.4-2 所示。

表 5.4-1 风机基本运行参数

送风机频率	46Hz	粗效过滤器压差值	5Pa
送风机运行功率	22.7kW	中效过滤器压差值	80Pa
送风静压	646.3Pa	高中效过滤器压差值	130Pa

表 5.4-2 房间压力显示

房间名称	压力值	房间名称	压力值	房间名称	压力值
三更 1FI417	41.3Pa	缓冲 1FI421	45.9Pa	轧盖间 1FI405	35.9Pa
气锁 1FI418	41.7Pa	走廊 1FI423	48.6Pa	缓冲 1FI415	13.0Pa
气锁 1FI419	45.4Pa	灌装间 1FI404	56.2Pa	二更 1FI416	25.9Pa
退更 1FI420	44.3Pa	灭后间 1FI414	44.9Pa		

由于该区域内包含 B 级区域，对产品质量有可能产生直接影响，因此针对 B 级区域进行了详细的尘埃粒子测试，以 1FI405 房间为例，在生产模式下，其洁净度远低于标准的要求，如表 5.4-3 所示。

表 5.4-3   工作模式检测粒子浓度平均值

生产模式				检测粒子浓度平均值（粒子数量/m³ 空气）								
房间号	房间名称	级别	参考粒子	点位 1	点位 2	点位 3	点位 4	点位 5	点位 6	点位 7	点位 8	点位 9
1FI405	轧盖间 4	B	≥0.5μm	7	1	1	4	6	19	7	14	7
			≥5.0μm	1	3	6	1	1	3	3	6	4

在切换到值班模式后，如表 5.4-4 所示，可以看出虽然颗粒物浓度有所上升，但是仍然远低于标准对于 B 级区域的要求。

表 5.4-4   值班模式检测粒子浓度平均值

值班模式				检测粒子浓度平均值（粒子数量/m³ 空气）								
房间号	房间名称	级别	参考粒子	点位 1	点位 2	点位 3	点位 4	点位 5	点位 6	点位 7	点位 8	点位 9
1FI405	轧盖间 4	B	≥0.5μm	32	3.3	3.33	1.43	41	3.33	6.19	4.3	77.1
			≥5.0μm	2	0.5	0.48	0.00	2	1.43	1.43	1.0	14.3

在值班模式下，风机系统的运行参数如表 5.4-5 所示。

表 5.4-5   值班模式风机运行参数

送风机频率	39.9Hz	粗效过滤器压差值	5Pa
送风机运行功率	9.04kW	中效过滤器压差值	60Pa
送风静压	652.4Pa	高中效过滤器压差值	70Pa

值班模式运行状态的房间压力显示如表 5.4-6 所示。

表 5.4-6   值班模式房间压力显示

房间名称	压力值	房间名称	压力值	房间名称	压力值
三更 1FI417	46.2Pa	缓冲 1FI421	44.3Pa	轧盖间 1FI405	37.4Pa
气锁 1FI418	46.5Pa	走廊 1FI423	47.1Pa	缓冲 1FI415	20.6Pa
气锁 1FI419	44.2Pa	灌装间 1FI404	48.7Pa	二更 1FI416	34.4Pa
退更 1FI420	44.3Pa	灭后间 1FI414	43.8Pa		

通过现场监测系统，可以得到在值班工况和生产工况下不同房间的实际送风量和换气次数，如表 5.4-7 所示。

表 5.4-7   不同房间的实际送风量和换气次数

房间	名称	净化级别	设计送风量（m³/h）	设定风量（m³/h）	目标设定值风量（m³/h）	目标换气次数（h⁻¹）	正常模式换气次数（h⁻¹）	值班模式换气次数（h⁻¹）
1FI404	灌装间 4	B	7400	7300	4600	40	31.67	31.81
1FI405	轧盖间 4	B	5490	5490	4900	40	47.82	42.27
1FI414	灭后间 4	B	7030	7400	4500	40	65.74	40.11
1FI415	缓冲	D	430	430	430	31	35.35	39.15
1FI416	二更	C	500	300	300	30	20.91	20.06
1FI417	三更	B	1070	970	970	60	55.25	55.59

续表

房间	名称	净化级别	设计送风量 （m³/h）	设定风量 （m³/h）	目标设定值风量 （m³/h）	目标换气次数 （h⁻¹）	正常模式换气次数 （h⁻¹）	值班模式换气次数 （h⁻¹）
1FI418	气锁	B	760	760	760	60	85.95	95.95
1FI419	气锁	B	760	630	630	60	63.02	64.62
1FI420	退更	B	890	810	890	60	52.53	53.20
1FI421	缓冲	B	540	540	540	60	59.58	60.63
1FI423	走廊	B	4010	4010	2800	40	57.69	40.54

总体来看，在洁净空调系统包括较多不同洁净等级房间的情况下，仍然可以通过值班工况的调整实现大幅度的节能效果，系统风机的频率得到了大幅度的降低，系统节能率达到 22.1%，如表 5.4-8 所示。

表 5.4-8 正常模式与值班的频率和功率对比

正常模式频率	正常模式功率	值班模式频率	值班模式功率	节能率
45.8Hz	22.6kW	43.5Hz	17.6kW	22.1%

2. 空气处理流程减阻技术

空气处理流程减阻技术主要针对变工况下流程损失，实际空调箱中换热设备无法灵活增减导致的附加阻力。为了减少流程损失，实现换热设备根据空气处理需求进行灵活切换。因此，理想的空气处理流程如图 5.4-16 所示。在空气处理负荷较大时，希望较大的处理级数和处理面积，以减小冷热源系统的能耗；而在负荷较小时，风机的输配能耗占比突出，此时希望较小的处理级数和处理面积，以减小风机的能耗。

然而，实际使用的空气处理流程无法任意对换热装置的级数和面积及时调整，接近理想空气处理流程的最直接的方式是设置旁通风道，如图 5.4-17 所示。当不需要该级换热器进行换热处理时，开启旁通风道，关闭进入换热器的风道即可避免换热器的附加阻力。

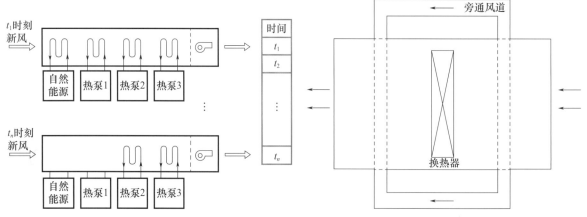

图 5.4-16 理想的空气处理流程　　　　图 5.4-17 带旁通风道的风管路原理图

例如，针对一个设置了三个换热器的空气处理流程，如图 5.4-18 所示，其在不同工况下的换热器旁通的效果如图 5.4-19 和表 5.4-9 所示。三级换热器均被旁通，相比三级换热器均投入运行，克服空气流通阻力的风机所需要的扬程可以显著降低。

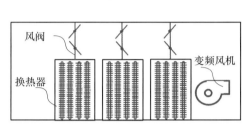

图 5.4-18　通过设置旁通风道和风阀实现的
空气处理流程切换

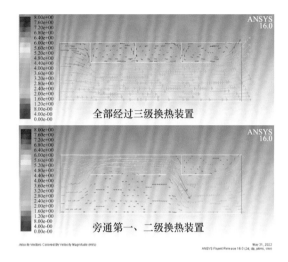

图 5.4-19　流经/旁通换热器的流场

表 5.4-9　旁通不同级数换热器的阻力变化

工况	三级全不旁通	旁通第一级	旁通第一、二级	三级全旁通
装置压降（Pa）	182.7	141.9	88.8	15.0

对于使用该三级换热器且换热器可被旁通的新风处理系统，应用于北京某住宅时，随负荷大小旁通相应级数的换热器，且随室外 PM2.5 浓度旁通过滤装置，全年可节省风机能耗 50.7%，系统总能耗减小 14.2%。

3. 不间断制热除霜空气源热泵技术研究

为了进一步降低空调系统制热的一次能源消耗量，空气源热泵被广泛应用于温度不高的热源替代。但是空气源热泵在高湿地区供暖时，结霜会严重影响机组运行性能和可靠性。采用传统的逆循环和热气旁通除霜时，其制热能力衰减严重，且性能系数较低：传统逆循环除霜和热气旁通除霜时，制热量分别衰减约 50% 和 100%。提出采用多个风冷换热器模块、利用载冷介质从室外空气中取热并对其进行轮流除霜的空气源热泵方案，进而研制出不间断制热除霜、制热量稳定输出的空气源热泵[73]。

热泵系统的结构如图 5.4-20(a)所示。热泵系统包括 1 台水源热泵机组、多台风冷模块、1 台除霜板式换热器，以及循环泵、管路和控制阀门。各风冷模块通过蒸发侧防冻液泵所在的管路并联至水源热泵机组的蒸发器；同时通过除霜侧防冻液泵所在的管路并联至除霜板式换热器；水源热泵机组的冷凝器制取热水供给用户，并在需要除霜时分流一部分热水供给除霜板式换热器。热泵系统主要有两种运行模式。

1）正常制热模式

如图 5.4-20(b)所示，多个（图中为 6 个）风冷模块均开启运行，蒸发侧循环泵将取自空气的热量供给热泵循环的蒸发器，从蒸发器中流出的低温低压气态制冷剂经过压缩机增压后进入冷凝器，为用户供热。

2）除霜制热模式

该模式下的工作原理如图 5.4-20(c)所示，以 7 号风冷模块除霜为例，该风冷模块停止运行，与之相关的取热阀门关闭，除霜阀门开启；除霜板式换热器热水侧管路阀门打开，除霜侧循环泵开启。冷凝器制取的一部分热量经除霜板式换热器换热后，由除霜侧循环泵输配至 7 号风冷模块除霜。除霜结束后，机组恢复正常制热模式或其他的风冷模块交替除霜。

夏热冬冷地区各室外温度工况下，建筑供暖热负荷率及出现的工况小时数如图 5.4-21(a)所示，

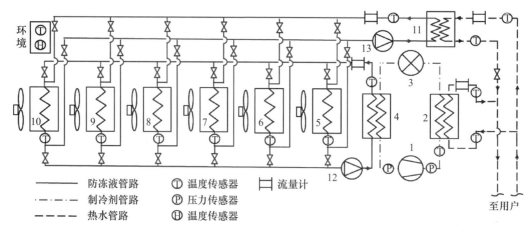

1—压缩机；2—冷凝器；3—膨胀阀；4—蒸发器；5~10—风冷模块；11—除霜板式换热器；
12—蒸发侧防冻液泵；13—除霜侧防冻液泵。

(a) 系统原理图

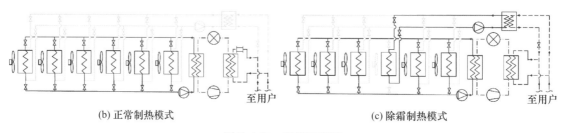

(b) 正常制热模式　　　　　　　　　　　　(c) 除霜制热模式

图 5.4-20　系统原理图

制热量和性能系数如图 5.4-21（b）所示。根据规范提供的方法，该样机的制热季节性能系数（HSPF）为 3.30，符合 JB/T 14077—2022 对夏热冬冷地区机组 HSPF>3.2 的要求。

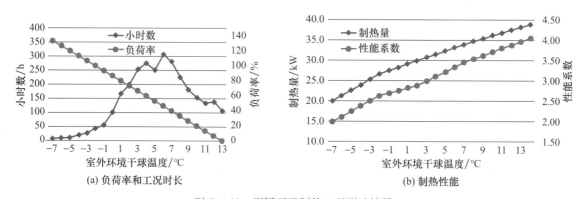

(a) 负荷率和工况时长　　　　　　　　　　(b) 制热性能

图 5.4-21　不同环温制热工况测试结果

实验选择室外干球温度 1℃、相对湿度 95%（可认为是结霜情况最严重的运行环境），供水 35℃ 的工况，测试除霜制热工况，如图 5.4-22(a) 所示。样机在正常制热模式下运行一段时间后，6 个风冷模块均结霜，随后开始除霜制热模式，各风冷模块依次轮流除霜后，恢复正常制热模式。除霜时，制热量由除霜前的平均 27.0kW 衰减至平均 21.6kW（衰减 20.0%），除霜完成后，制热量恢复至 28.7kW，相应的性能系数也随之变化，如图 5.4-22(b) 所示。图 5.4-22(c) 展示了样机在除霜前、后的各风冷模块出口防冻液温度变化。随除霜过程进行，风冷模块出口的防冻液温度逐渐由 −2℃ 上升至 10℃。其他不除霜的 5 个风冷模块继续取热运行，将防冻液从蒸发器出口的 −5℃ 加热至 −2℃。除霜前后，压缩机的吸排气参数基本无明显变化，如图 5.4-22(d) 所示。因此，本研究研制的热泵样机即使在除霜时，热泵循环的运行状态也不受影响。机组在除霜时制热能力稳定输出，制取的热量少部分用于除霜，大部分继续供给用户，可实现相比传统逆循环除霜和热气旁通除霜机组更高效地连续制热，并延长热泵系统的使用寿命。

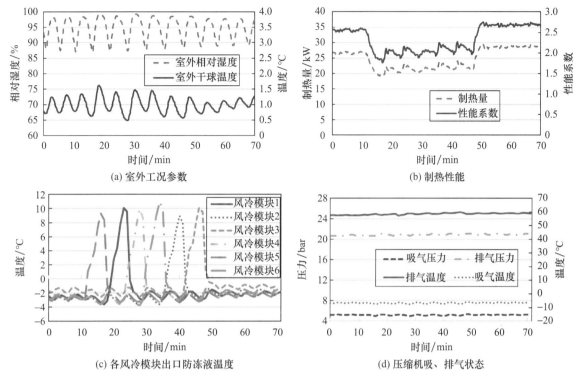

图 5.4-22　空气源热泵样机除霜前后各参数测试结果

熵差实验室内的测试结果表明：样机在室外温度 1℃、相对湿度 95％的结霜最严重工况下，其制热能力基本不衰减（除霜时样机对用户的制热量衰减仅约 20％）。分析表明，通过进一步优化，热泵除霜时的制热量衰减可控制在 10％以内，在夏热冬冷地区采用地板供暖辐射末端时，其制热季节性能系数可达 3.8。

4. 冷凝热回收深度除湿直膨系统研究

不同室内环境对空气湿度有不同要求，常见的室内空气露点温度范围如图 5.4-23 所示，其露点温度从 −85℃到 30℃不等。对于不同的露点温度范围，常采用不同的除湿方式。传统的深度除湿常采用转轮、溶液等除湿方式，其中以转轮除湿最为常见。制冷机组与水二次换热，造成换热损失增加、效率降低。常规水系统除湿能力低，且冷凝温度每增加 1℃，单位制冷量消耗的功率增加约 3％～4％。常规除湿转轮再生能耗占空调系统能耗的 60％以上。

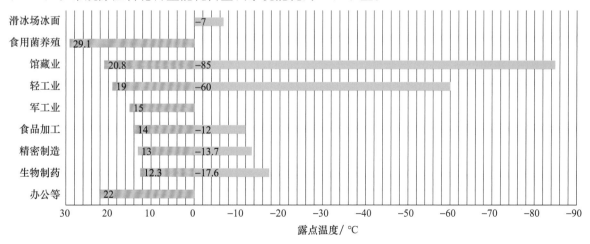

图 5.4-23　室内空气露点温度范围

为解决这一问题，可将直膨式冷凝热回收用于动力电池、生物制药、半导体等工艺型深度除湿领域。青岛海信日立空调系统有限公司研发出海信 M3 净界直膨式冷凝热回收深度除湿转轮系统（图 5.4-24），根据室内空气露点温度的不同，采用不同的运行方式：①当送风空气露点温度高于 5℃ 时，采用直接冷冻式冷凝热回收直膨机组直接将送风冷却至 5℃，并采用热回收技术将冷凝热用于空气的再热；②当送风露点温度在 -15~5℃ 时，采用低温型单转轮直膨式冷凝热回收深度除湿转轮系统，前表冷最低出风温度可低至 5℃，采用热回收技术利用冷凝热将再生风加热至 35~45℃；③当室内露点温度为 -80~-15℃ 时，采用高温型单/双转轮直膨式冷凝热回收深度除湿转轮系统，前表冷最低出风温度可低至 5℃，采用热回收技术利用冷凝热将再生用空气加热至 45℃，随后利用辅助热源进一步加热至 100~130℃。

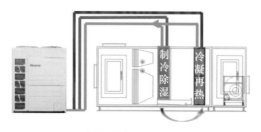

(a) 露点温度高于5℃时的系统原理图

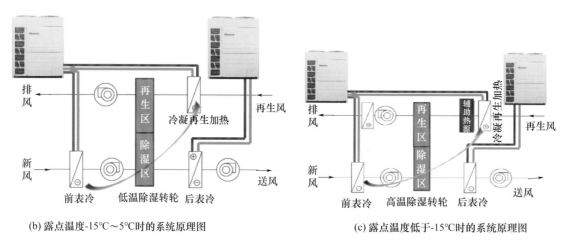

(b) 露点温度-15℃~5℃时的系统原理图　　　　　(c) 露点温度低于-15℃时的系统原理图

图 5.4-24　四管制热回收直膨机深度除湿系统原理图

5.5　矿井降温与通风

随着浅层煤炭资源的日益枯竭，开发深层次煤炭资源的需求迫在眉睫。随着开采深度的增加和机械化程度的不断提高，高温矿井数量不断增加，矿井热害十分突出。矿井高温热害及其治理已成为国内外采矿界公认的科技难题。

对于 -800m 以下区域，岩热所占比例会扩大 10%，压缩热比例将相应降低，但仍以压缩热和岩热为主要热源。对于 -800m 以上区域，矿区大气气候对井下高温起推波助澜的作用，这也是一个不可忽略的因素。另外运输煤岩散热、机电设备散热、部分掘进回风及机电设备硐室出风串入采煤工作面导致高温、采空区泄热、煤的氧化散热、电缆散热、排水沟管散热、压气管散热，因此，矿井降温迫在眉睫。

5.5.1　掘进面降温

传统矿井降温技术根据制冷耗能方式不同可概括为机械制冷和非机械制冷两类。非机械方式主要有通风降温、控制井下热源以及个体防护技术；而机械制冷方式主要有机械制冷水、制冰降温以及空气压缩制冷降温技术。

1. 技术途径

1) 控制井下热源。由于井下空气的自压缩而引起的温升及巷道岩体散热、机电设备运转放热、矿石氧化放热等被称为可控热源，降低可控热源是一种被动式的掘进面降温方式，有效降低制冷系统能耗。

2) 利用自然能源进行降温（非机械制冷）。通风降温技术在热害问题较轻的矿井中应用较为普遍，有改进通风方式、避开局部热源、加强通风、预冷进风气流等方法，是现在矿山普遍采用的一种经济有效的掘进作业面降温方法，其降温能力可达 2～3℃。近年来，也有利用分离式热管的相关技术。

3) 利用机械制冷技术。机械制冷方式主要有机械制冷水、制冰降温以及空气压缩制冷降温技术。在实践中要根据矿山特点、制冷需求选择合适的系统布置方式。

4) 局部个体防护技术。由于某些矿井巷道内气候条件相对恶劣，不能用气流冷却技术，需要工作人员穿上冷却服，实施个体防护。有干冰、液态空气、低温水和具有自冷却功能的冷却服。该技术使用方便，适合井下设备操作人员及生产管理者，且技术成本低，较其他制冷方式降低 80% 左右[74-75]。

5) 掘进面降温与多能利用技术。深井（High Temperature Exchange Machinary System，HEMS）降温系统是针对深井开采高温热害问题的降温系统，其工作原理是利用矿井各水平现有涌水，通过 HEMS 系统从中提取冷量，然后将提取的冷量与井下工作面的高温空气进行换热，降低工作面环境温湿度，同时置换出的热量为地面供暖及洗浴提供热源。此外，还有瓦斯发电制冷降温技术，通过对矿井抽采瓦斯进行除尘、过滤等预处理后，经内燃机发电，然后余热用来进行井下降温，电能并网，从而实现煤矿瓦斯能源综合利用。

2. 技术进展

1) 机械制取冷水降温空调

矿井机械制冷降温空调系统[76]由制冷机、空冷器、制冷剂管道、高低压换热器、水泵及冷却塔组成，分为制冷、输冷、散冷及排热四大系统，目前国内外的绝大部分矿井空调属于此类。矿井机械制冷降温空调系统工作原理图及高低压转换工作原理分别如图 5.5-1 和图 5.5-2 所示。

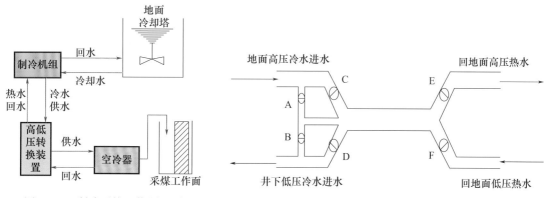

图 5.5-1　制冷系统工作原理图　　　　　　　图 5.5-2　高低压转换工作原理

根据系统制冷站安放位置、载冷剂循环方式、井下气流冷却点等可将其分为井下集中式、地面集中式、井上下联合集中式和井下局部分布式四种。系统图分别如图 5.5-3、图 5.5-4 以及图 5.5-5 所示。

2) 空气压缩式制冷技术

空气压缩制冷降温是基于气体膨胀过程（某些相关研究将其当作多变过程处理）原理的新型空气制冷技术，目前已广泛应用于航空、制氧、石油等工业领域，另外将井下作业用压缩空气作为膨胀工质的矿井空气制冷系统在国内也有发展。由于井下作业较多地使用风动工具，因此矿井一般都具备压气管道，可以节省其他制冷方式所必需的机械设备费用。压气制备系统比较简单，成本低，易施工，有利生产。同时，其载冷剂为空气，廉价易得，这也在另一方面突出了其节能性。

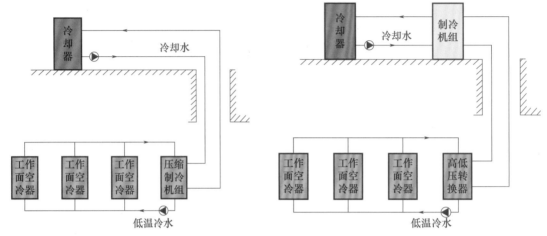

图 5.5-3　井下集中式系统流程　　　　　　　图 5.5-4　地面集中式系统流程

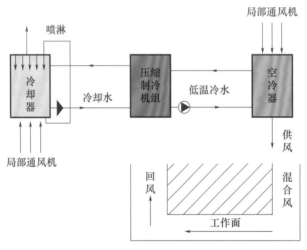

图 5.5-5　局部分布式系统流程

由于空气压缩制冷循环的制冷性能系数、单位质量制冷工质的制冷能力均小于蒸汽压缩制冷系统，在产生相同制冷量的情况下，空气压缩式制冷系统需要较庞大的装置，并且单位制冷量的投资和年运行费用均高于蒸汽压缩式系统。因此，全矿井采用空气压缩式制冷降温系统的矿井是屈指可数的。而压力引射器、涡流管制冷器等装置，实际上仅是一种空气膨胀装置，它必须与地面空气压缩机联合使用。

3）机械制冰降温技术

机械制冰降温技术（见图 5.5-6）主要是利用冰的溶解热来制取冷却水，然后通过管道把冷却水送到井下各用冷工作面，系统包括制冰、运冰、融冰以及排热四部分，如图 5.5-7 所示。制冰降温系统技术如图 5.5-8 所示，利用地面制冰场制取粒状冰或泥状冰，通过风力、水力输送或运输车输送至井下融冰系统，碎冰在融冰系统内融化，将冷量传递给循环冷水，冷水输送至工作面风机盘管，井下高温气流被风机盘管冷却降温后输送至采掘工作面。由于冰的蓄冷量相对较高，单位冰的冷量约为单位水的 4～5 倍，因此制冰降温技术能够提供更大的冷却效果。此外，冰在融化过程中与水接触换热，换热效率较高，有利于快速降低环境温度。但是，冰的输送过程容易发生堵塞，这可能导致系统运行不稳定，由于冰的融化速度相对较慢，使得系统无法实现快速响应和调节。

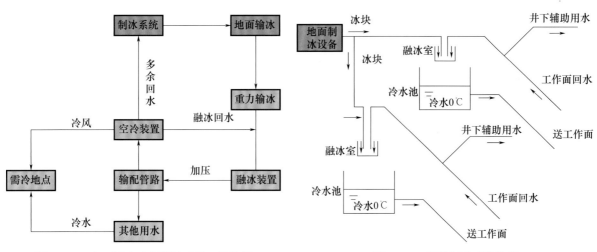

图 5.5-6　人工制冰矿井降温系统工艺简图　　　　图 5.5-7　机械制冰系统流程

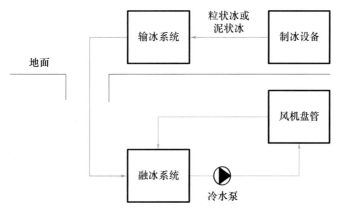

图 5.5-8　制冰技术流程图

3. 案例研究

辽宁大强矿恒温带深度和温度分别为 20m 和 9.5℃，矿井平均地温梯度为 3.52～3.27℃/hm，绝大部分地温梯度大于 3℃/hm。大巷水平垂深 1000m，按地温梯度计算地温为 43℃，实测地温高达 58℃[77]。大强矿地温异常的主要原因为：一是矿井深度大，煤岩温度本身就高。二是井田地质构造比较复杂，断层多，受断层构造的影响，沟通了上地幔的热流通道，将深部热流导入浅部致使岩温升高。三是矿井生产过程中产生热源，主要包括围岩放热、采空区煤炭氧化热和机械散热等。

大强矿 0901 综放工作面夏季的进风温度为 27℃，相对湿度为 96.6％，风量为 1500m³/min，在无降温措施的情况下，进风巷道内从起点至末端温度逐渐升高，工作面中央温度 33℃，工作面回风巷上隅角温度达到 44℃，相对湿度 100％。中暑现象频频发生，给矿工身体健康和矿井安全生产造成极大危害。

根据实际情况，在大强矿的煤炭工程中采取了增加风量、避开局部热源、预冷进风气流、隔绝高温围岩、采取个体防护和机械制冷降温相结合的综合矿井热害治理技术。大强矿降温技术采用地面集中式。降温系统主要由地面制冷系统、地面成套散热系统、输冷系统、高低压换热系统、井下散冷系统及其配电系统和集中控制系统组成。矿井降温系统如图 5.5-9 所示。

大强矿 0901 工作面煤层处原岩温度 37～55℃，局部温度 58℃，工作面开采时回顺上隅角温度高达 44℃，这给安全和高效生产带来极大困难。因此，采取如下降温措施降低工作面温度。

①首采面开采初期增加风量，将工作面的进风量由 1500m³/min 调至 2000m³/min，但风量不宜再增加，否则会加速采空区煤自燃。

②夏季利用制冷机组输出的冷却水导入进口长廊的暖气散热片，预冷矿井进风温度，降低气流

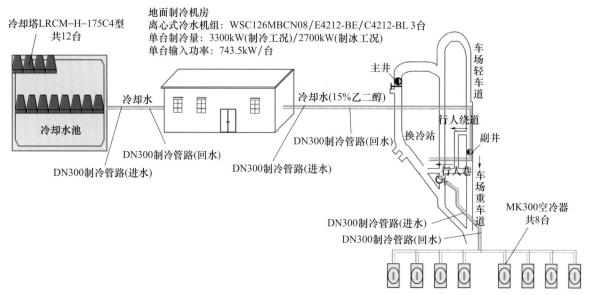

图 5.5-9　矿井降温系统图

温度。

③对工作面进风实行三级制冷降温，并分流低温气流，提高制冷效果。开采初期，在运输巷道口、中部安设了 2 组 6 台空冷器，对工作面进风进行两级制冷降温。开采后，由于工作面热害严重程度超出预测，采取接设风筒分流制冷后的气流，以提高进风制冷效果，并在运输巷串车尾部增设 1 组空冷器，达到对工作面进风三级制冷，降低工作面进风温度。

④针对回风巷气温高的严峻问题，修改工作面制冷降温设计，在回风巷内增设空冷器对回风制冷降温。但工作面后三角点及其附近气温仍居高不下，人员无法作业，又采取了在 0901 回风巷中部处安设 1 台 MK300 空冷器接 500mm 聚乙烯缠绕结构壁管道（风筒漏风且避免不了被人割口纳凉，造成末端微风或无风），通过管道将冷风供入后三角点，降低了后三角点作业环境气温，保证了工作面正常生产。

⑤针对工作面后半部生产期间气温高，采取了后半部支架掩护梁下方挂挡风帘封堵采空区热量，减少采空区热量向工作面空间的释放。

⑥工作面后半部安设特制的小型空冷器 2 台，对工作面后半部高温风流直接制冷降温。

⑦将运输巷和回风巷制冷器回水供入工作面采煤机、架间喷雾等喷雾装置，使工作面冷水喷雾降尘、降温。

⑧在回风巷 600～1300m 经常有人作业地点，采用压风制冷装置建立 3 个局部降温休息室，确保作业人员能够正常作业。

工作面空冷器的工作环境温度为 27℃，冷却水进水温度为 8℃，出水温度为 14℃。经过对大强矿 0901 工作面温度环境测试，工作面中部温度 32℃，降温 2.6℃，相对湿度 96％，下降 4％，感觉温度 29.5℃，下降 5℃。大强矿 0901 工作面温度趋势变化如图 5.5-10 所示。当环境温度达 32℃以上、相对湿度 96％时，人体感觉温度为 27.6℃，工作人员感觉较为舒适，这证明所采取的降温措施使工作面工作环境明显得到改善，取得了良好的预期效果。

5.5.2　矿井余热综合利用技术研究与应用

1. 技术途径

1）高温巷道降温与热回收联合运行

高温巷道空气源热泵降温系统[78]是利用矿井内的热空气来制备热水的热泵系统，在利用矿井空气热源制备热水时也给空气降温，一举两得，井下降温系统的工作原理如图 5.5-11 所示，降温系统

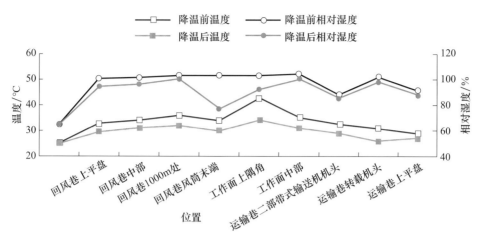

图 5.5-10　0901 工作面温湿度曲线图

在运行时，主要可实现巷道气流降温和废热回收利用两大功能。其中，高温气流在巷道流动的过程中，当流经空气源热泵机组时，受热泵机组内部风机的作用，部分被吸入机组内部，在机组内部蒸发器周围与制冷剂换热，气流的部分热量被置换到制冷剂中，温度降低，然后又在风机的作用下由机组排入巷道高温气流中。低温冷气流与周围高温气流迅速混合，使巷道的整体风温降低，在空气源热泵机组的另一侧，即水流管路和热泵机组连接的一侧，从巷道气流吸热后的制冷剂在机组冷凝器周围与低温冷水再次进行换热，热量由制冷剂置换到水流中，吸热后的低温冷水变成高温热水从热泵机组流出，经热水管道排至巷道外的热水收集装置，实现巷道废热的回收利用。

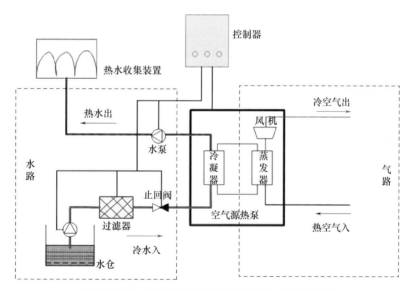

图 5.5-11　井下空气源热泵降温系统工作原理图

2）矿井降温冷源与煤矿热电站联合运行

冷热电联产空调降温就是矿井降温冷源与煤矿热电站联合运行。采用大电网电力即外购电制冷的矿井降温系统，本身电耗大、费用高，加重矿区电力紧张，引起煤炭成本升高，导致煤矿经济效益下降。煤矿生产伴有大量的瓦斯气等燃料，既危险又污染环境，利用丰富的煤矿副产品，建设小型坑口自备热电站，除满足煤矿所需的热电能量外，还可以配置以热电站为热源的吸收式制冷机，生产高温矿井降温和地面建筑所需的冷量，将大大提高煤矿的经济效益，能改善矿区环境，推动第二产业的发展。矿井降温空调系统需要制取 2℃ 左右的冷水，采用溴化锂制冷机显然满足不了这一要求。如图 5.5-12 所示，可在溴化锂制冷机之后再串联一级压缩式制冷机组，最终制出满足矿井降温要求的冷水送往井下的降温系统[79]。

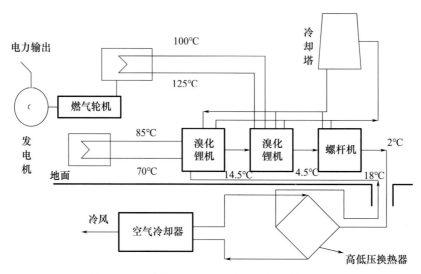

图 5.5-12　冷热电联产空调降温系统工作原理图

2. 技术进展

1）矿井地热的应用

矿井地热的利用主要有三种形式：废弃矿井地热利用、矿井余热回收、矿产地热协同开采。废弃矿井地热利用通常是利用地源热泵提取矿井涌水热能；矿井余热回收主要是通过收集回风井中乏风热量用于井口防冻、供暖等；矿产地热协同开采是在矿井开采矿产资源的同时，开采岩层或地下水中的热能。

2）矿井的冷却降温

冷却降温主要包括加强矿井通风、在采矿区附近建立新风井、采用下行通风降低工作面气温等。加强矿井通风降温是指随着流过巷道的风量增加，从矿岩中放出的氧化热和其他热源放出的热量分散在更多的空气中使气流温度降低，矿井温度随之降低；在采矿区附近建立新风井可大大缩短进风路线，减少高温围岩区域向气流的散热，大大减少围岩的放热量，能够有效地改善采矿区的高温状况；采用下行通风降低工作面气温，即通过使新风气流流经回风水平的巷道后自上而下地流过工作面，局部热源放热便不再使新鲜气流受热而升温，可有效降低矿井温度，解决热害问题。除此之外，还可以采用分源治理，高温矿井分源治理技术也即根据热量来源的不同来采取不同的技术治理矿井热害问题。分源治理技术主要包括围岩散热治理技术、地下涌出热流治理技术、空气自然压缩散热治理技术、机电设备散热治理技术。对于围岩散热可以采用 U 形地热对接井技术，加以改造对围岩进行针对性降温，在开采煤矿的同时打对接井，向井下铺设管路，安放相应装置；对于地下热流涌出问题可以采用 U 形地热对接井技术同超前疏干法相结合，将涌出热水运移至地面进行利用的同时对巷道中涌出热水裂隙进行超前钻孔，将地下热流提前排出至管道中运至地面；对于空气自然压缩产生的热量选取液态 CO_2 相变制冷技术，将此技术加以改进，在地面以液态 CO_2 相变为冷却源，对空气进行降温，将冷空气通过风筒输送到工作面，地面液态 CO_2 相变产生的气体可以进行回收利用；对于机电设备散热可采用涡流管制冷技术，其工作原理简单，方便易行，利用空气压缩来达到制冷的目的。

3. 案例分析

随着煤矿矿井的采掘深度不断增加，高温矿井井下热害越来越严重，同时现代化矿井地面建筑供暖、井筒防冻消耗的热能也越来越大，以宁煤集团宁东地区某高温矿井为研究对象，针对矿井热害治理和冬季矿井供热需求，提出矿井降温与热能利用一体化技术，利用一套系统同时实现高温矿井井下降温和冬季矿井建筑供暖、洗浴热水、井筒防冻的供热需求。

在地面建立井下降温与热能利用设计综合机房，机组共用，系统统一考虑。在夏季热泵机组制冷工况，提供冷水用于井下降温，消除矿井热害。冬季，大部分热泵机组供热工况回收矿井回风余热提供冬季热源，少部分热泵机组制冷工况提供井下降温，同时将冷凝热用于冬季供热。井下采用壳管式高低压换热器解决系统高静水压问题。在主要通风机出口安装喷淋式换热器，冬季回收矿井回风余热，夏季排出井下降温冷凝热[80]。该系统冬夏工艺流程分别如图 5.5-13、图 5.5-14 所示。

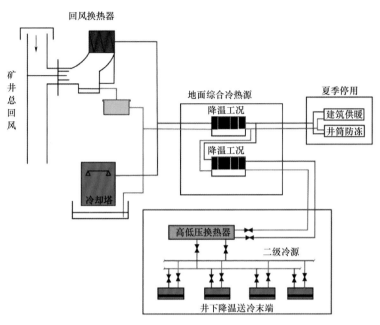

图 5.5-13　夏季工艺流程

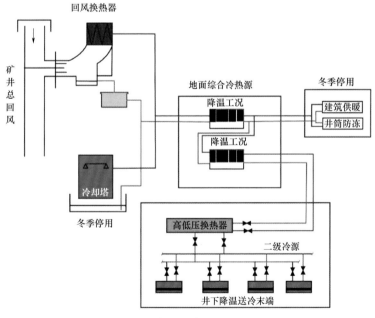

图 5.5-14　降温与余热回收工艺流程

5.5.3　矿井热害治理综合方案

1. 技术途径

1）热害分源治理技术

现有的技术主要包括围岩散热治理技术、地下涌出热流治理技术、空气自然压缩散热治理技术和机电设备散热治理技术。

围岩散热治理技术：在高温矿井中，围岩散热是占比最大的热量，对于围岩散热可以采用 U 形地热对接井技术，加以改造对围岩进行针对性降温，在开采煤矿的同时打对接井，向井下铺设管路，安放相应装置[81]。其大致流程图如图 5.5-15 所示。

地下涌出热流治理技术：对于地下热流涌出问题，可以采用 U 形地热对接井技术同超前疏干法相结合，将涌出热水运移至地面进行利用的同时对巷道中涌出热水裂隙进行超前钻孔，将地下热流提前排出至管道中运至地面，流程如图 5.5-16 所示。

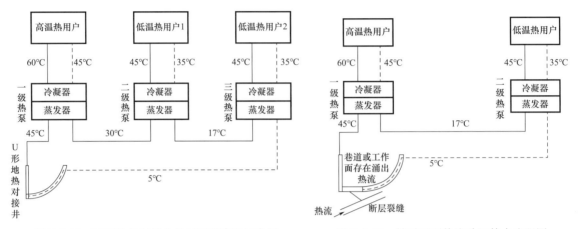

图 5.5-15　U 形地热对接井针对围岩降温示意图　　　图 5.5-16　针对地下热流治理技术流程图

空气自然压缩散热治理技术：对于空气自然压缩产生的热量，选取液态 CO_2 相变制冷技术，将其加以改进，在地面以液态 CO_2 相变为冷却源，对空气进行降温，将冷空气通过风筒输送到工作面，地面液态 CO_2 相变产生的气体可以进行回收利用，其流程如图 5.5-17 所示。机电设备散热治理技术：对于机电设备散热可采用涡流管制冷技术，其工作原理简单，方便易行，利用空气压缩来达到制冷的目的。其在机电硐室中的布置大致如图 5.5-18 所示。

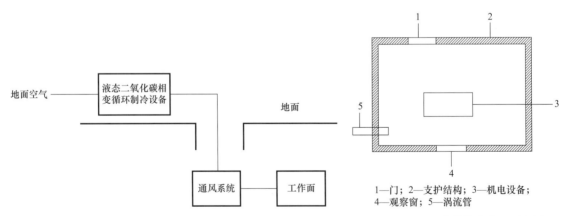

图 5.5-17　空气自然压缩治理技术流程图　　　　图 5.5-18　涡流管技术布置示意图

1—门；2—支护结构；3—机电设备；
4—观察窗；5—涡流管

2）热害治理协同地热开采技术

高温岩层虽然会引起矿井开采过程中的热害问题，但它本质上是一种体量庞大的地热能资源。将矿井地热作为矿井生产过程中的伴生资源进行合理开采，不仅能够创造新的经济收益，还能降低井巷围岩与矿岩温度，起到热害治理的效果。矿井热害治理协同地热开采如图 5.5-19 所示[82]，矿井在探明深部岩层大热流密度的高温地热储存区后，在矿井进风主巷下方布置注入井。收集矿井内低温地质涌水，并通过注入井注入岩层，在注入水流动和岩层导热作用下降低矿井主巷围岩和矿岩温度。当进风主巷围岩被冷却时，流经主巷后的气流温度降低，低温气流在通风网络中流动将全面改善井下热环境。在冷气流与围岩的对流换热作用下，通风网络中其他高温巷道围岩也将加速被冷却。深部岩层中布置的热生产井负压抽采高温岩层中的地质热水，并将抽取的热水输送至热泵中转化为高温热水，然后将其输送至地面用于生活和生产。而热泵运行过程中产生的低温水则输送至工作面用于降温，冷水换热后再输送回蓄水池继续用于岩层降温采热。

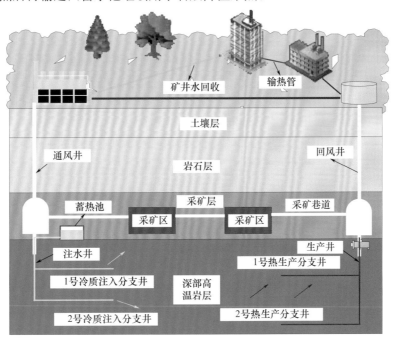

图 5.5-19　矿井热害治理协同地热开采原理图

2. 技术进展

1）高温热害矿井分级降温方法

高温热害矿井分级降温方法是一种有效的解决矿井热害问题的方法。该方法包括进风井口降温和井下集中式降温两个部分，通过分级降温[83]可以有效降低矿井内的温度，提高矿工的舒适度和安全性。

首先，进风井口降温系统用于降低矿井进风口气流温度，将高温气流热量留在地面，解决地面季节性高温热害问题。该系统通过采用一系列的降温设备和技术手段，如安装水幕、湿式喷淋、气流冷却器等，对进入矿井的气流进行降温处理，降低其温度和湿度，保证气流温度在人体适宜的范围内。

其次，井下集中式降温系统（图 5.5-20）用于解决井下工作面的气流降温问题。该系统通过在井下安装制冷机组和相关设备，对矿井内的气流进行制冷降温，使气流温度保持在人体适宜的范围内。该系统还可以根据实际情况进行分区降温，针对不同的采区和工作面设置不同的制冷量和温度控制，以满足不同区域的需求。

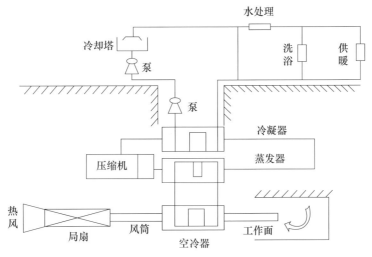

图 5.5-20　井下集中式降温系统图

通过将进风井口降温和井下集中式降温相结合，形成分级降温模式。该模式可以根据矿井内的实际情况进行灵活调整，既可以解决地面高温热害问题，又可以解决井下工作面的气流降温问题，提高了矿井内的环境质量和安全性。

2) 利用通风实现热害治理

增加流过巷道的风量，使得围岩放热和其他热源放出的热量分散到更大量的空气里，对热量进行稀释，从而使气流的温度降低。实践证明，在矿井热害不太严重的情况下，增加风量是高温矿井降温的基本措施之一[84]。但受到井巷断面和通风机能力等各种因素的制约，风量不可能无限制地增加。当风量增加时，通风阻力也随之呈二次方增加，风机功耗也会大大增加。当风量增加到一定程度时，再加大风量降温的效果就会减弱，并且通风系统的运行费用会有明显的增加。此外，对角式通风系统的进回风巷道距离短，风量损失小，降温效果要比中央式好[85]。

采掘过程中工作面的通风方式也会影响到流经气流的温度，在地质条件相同的情况下，由于 W 形通风方式比 U 形和 Y 形能增加工作面的风量，降温效果都较好，所以在高温深井中，应该尽量以 W 形通风方式进行设计。在设计风量允许的情况下，适当地增加送风量，提高送风风速，可以使巷道壁面对周围经过的空气的对流散热量增加，提高围岩巷道的降温速度。

3. 案例分析

1) 龙固煤矿热害治理实例

为解决高温热害问题，龙固煤矿自建井之初就采取了加大通风量、利用低温防尘水进行喷淋降温等措施。投产后，实施了水源热泵、EAV300 移动式空气冷却器等制冷设备的局部降温系统和集中冰制冷降温系统，均取得良好的降温效果[77]。龙固煤矿现有矿井降温系统春秋季和冬季能够满足井下采掘工作面降温的需求，但存在夏季井底车场及大巷温度超限和现有降温系统制冷能力不足的问题，说明井下环境受地面气候影响显著。经调研，赵楼煤矿、济三煤矿、东滩煤矿已经实施的全风量降温系统降温效果明显，极大地缓解了井下高温热害。以龙固煤矿的进风为例，降温前的空气比焓为 101.3kJ/kg，降温后的比焓为 56kJ/kg，降温后空气的比焓降低 45%，有效降低井下进风的热量，因此采用全面降低进风温湿度的矿井全风量降温方案是可行的。

2) 巨野煤田案例分析

巨野煤田位于山东省西南部，主采煤层为 3# 煤层，开采深度大，地温高，煤层平均采深 −1010m，平均地温 38℃。巨野煤田所属矿井普遍存在高温热害问题，且随着开采强度的增加热害问题日趋加剧。新巨龙公司煤层属正常地温梯度为背景的高温区，地层年恒温带为 50～55m，温度为 18.2℃，平均地温梯度 2.2℃/hm，非煤系地层平均地温梯度 1.85℃/hm，煤系地层平均地温梯度 2.76℃/hm，初期采区大部分块段原始岩温为 37～45℃，处于二级热害区域。

为有效解决矿井热害问题，以巨野矿区新巨龙煤矿为例，提出了由进风井口降温和井下集中式降温相结合的分级降温方法[83]，从进风井筒开始沿气流流动路径至工作面进行逐级降温。气流在竖井中流动时，气流热量的增加主要包括 3 个方面：气流压缩热、气流与井壁的摩擦生热及井筒壁与气流的对流散热。矿井进口气流温度降低能有效减少进入矿井的热量，在进风井口对气流进行降温除湿，从源头解决气流的高湿高温问题，有效达到降温目的。为解决地表气流温度对井下环境的影响，建立了矿井全风量井口降温系统，系统主要由水源热泵机组、冷却塔、无动力换热器等组成。

对新巨龙矿井地表气温进行长时间观测，以进风温度 20℃ 和相对湿度 95% 为降温目标，以现场观测的实际平均温度进行降温冷负荷计算。新巨龙矿总进风量 30000m³/min（主井 11000m³/min，副井 19000m³/min），可处理进风空气所需的冷负荷为：主井 9393kW，副井 16224kW。计算公式为：

$$P = G\rho(h_2 - h_1) \tag{5.5-1}$$

式中　P——冷负荷；

　　　G——体积流量，m³/s；

ρ——空气密度，冷却前干球温度 34.4℃、相对湿度 72.7%、压力 99.89 kPa 的空气密度约 1.131kg/m³；

h_1——冷却前空气（34.4℃、72.7%）比焓，101.3kJ/kg；

h_2——冷却后空气（20℃、95%）比焓，56.0kJ/kg。

考虑到夏季制冷和冬季井口供热需求，根据矿井降温需冷量，设计选用 4 台离心式冷水机组，单台机组制冷量 6000kW，额定输入功率 1022kW，2 台 2500kW 的离心机组，地面制冷站总制冷量可达到 29000kW，总制热量达 24000kW，其中 2 台 2500kW 离心机组作为全年洗浴用水热源及夏季矿井全风量降温补充制冷。制冷机组辅助设备有冷水泵 4 台，设计流量为 1760m³/h。冷却水泵 4 台，设计流量为 2160m³/h。冷却塔 4 组，设计流量为 1575m³/h，4 组冷却塔并联使用便于冷却水流量的分配。水源热泵机组冷水系统及冷却水系统均采用纯净水，冷水系统为闭式循环，水量基本不损耗，冷却水系统为开式循环，存在夏季蒸发情况，需要补充水量。冬季供暖时冷却水系统通过板式换热器与矿井涌水进行换热，作为水源热泵热源。

在设计井口空气换热系统中，副井口设计进风量为 19000m³/min，对进风井口的全部风量进行处理（温度 20℃，相对湿度 95%）需要的冷负荷为 16224kW。根据 GB 50019—2015 换热器选型应预留 0.15～0.25 的富余系数，换热器按 18658～20280kW 选型，总制冷量 21260kW，处理风量 23776m³/min，表冷器总换热面积 396m²，副井表冷器平面布置图如图 5.5-21。

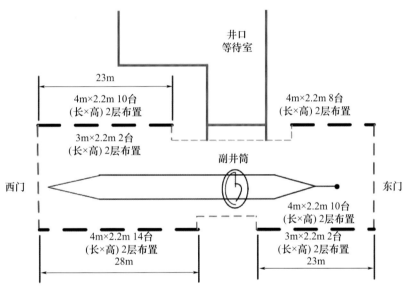

图 5.5-21　副井表冷器平面布置图

主井口设计进风量为 11000m³/min，对进风空气状态全部进行处理（温度 20℃，相对湿度 95%）需要的冷负荷为 9393kW。根据换热器选型的富余系数，选用 26 台功率为 450kW 的无动力空气换热器，表冷器额定总制冷量 11700kW，处理风量 13728m³/min，表冷器换热总面积 228.8m²。主井口无动力表冷器装在井筒侧壁，配备可调式风叶，通过调节风叶开合，调节矿井进风量及风压。主井表冷器平面布置图如图 5.5-22 所示。

为确保井口通风降温效果，增强井口建筑物的密闭性，减少未经表冷器处理的高温气流漏入进风井口，降低对井口全风量通风降温的影响，井口需要进行封闭减少漏风。副井井口房封闭示意图如图 5.5-23。

根据新巨龙煤矿实际情况及降温负荷需求，井下采用集中式水冷降温系统，主要由井下制冷机组、冷水循环系统、冷却水循环系统、空冷器及电控系统等设备组成。根据井下降温制冷量计算，井下降温系统需设 3 台 KM3000 的制冷机组，降温系统总制冷量 9900kW。井下降温系统的冷却水管道通过制冷硐室的钻孔直接通至地面，地面的冷却水管道采用直埋敷设的方式。地面冷却水泵站

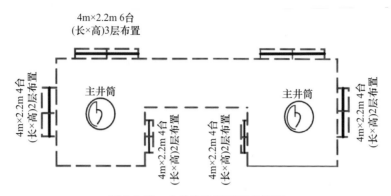

图 5.5-22　主井表冷器平面布置图

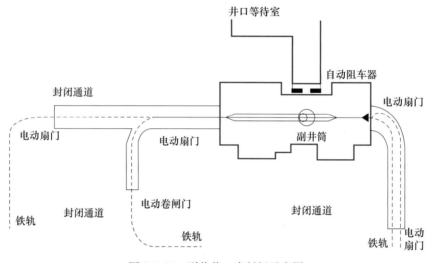

图 5.5-23　副井井口房封闭示意图

安装冷却水循环系统设备、冷却塔、补水装置及配套的配电控制系统设备，冷却水管连接至冷却水泵站，用于排放井下制冷机组产生的冷凝热。

随着能源革命的深远影响，矿井降温技术在井下工作面、洞室等区域可通过放置小型化、可移动降温设备制冷，并通过长距离管道集中收集的热气、换热后产生的热水，开展余热利用，实现煤矿井下降温、空气能供热、光伏发电一体化循环发展，对于推动煤矿行业的绿色低碳发展具有重要意义。同时，将深井采矿和深部地热开发有机结合起来，将为深井降温、矿井热害治理找到了一条具有颠覆性的技术途径，可以实现深部能源开发与资源开发的共赢。

5.6　设施农业

设施农业是利用信息技术、生物技术、工程装备技术与现代经营管理方式，为动植物生长提供相对可控的环境条件，在一定程度上摆脱自然依赖进行高效生产的农业类型，涵盖设施畜牧、设施园艺、设施水产和提供支撑服务的公共设施等。其中，设施畜牧包括集约化工厂化设施畜禽养殖场等，设施园艺包括日光温室、连栋温室和植物工厂以及不改变耕地类的拱棚、塑料大棚等，设施水产包括标准化池塘、工厂化循环水和深远海养殖渔场、沿海渔港等，公共服务设施包括产前的集约化育苗、产后的冷藏保鲜、冷链物流和仓储烘干等。

我国是世界设施农业第一大国。改革开放 40 年来，我国设施农业实现了跨越式发展，成为现代农业先进生产方式的标志。在规模方面，2021 年，全国畜禽规模化设施化养殖稳步发展，生猪、奶牛和蛋鸡肉鸡规模化率提高到 60%、70% 和 80%；设施园艺面积达到 2.67×10^{10} m^2 左右，其中设施蔬菜面积占 80% 以上，位居世界首位；工厂化水产养殖快速发展，养殖水体近 1 亿 m^3，比 2015 年增长 40% 左右。在产能方面，2021 年，全国肉类、禽蛋、奶类年产量分别达到 8990 万 t、3409 万 t 和 3778 万 t，70% 由规模养殖场提供；设施蔬菜产量达到 2.3 亿 t，占蔬菜总产量的 30%；设施水产养殖产量达到 2600 万 t 以上，占水产品养殖产量的 52%。设施农业的发展，彻底解决了我国肉食品、蔬菜、水产品长期供应不足难题，为国民经济建设和食品安全作出了重要贡献，特别是成为了解决国家"三农"问题、服务国民"菜篮子""乡村振兴战略"的关键抓手。

随着碳达峰和碳中和纳入我国生态文明建设整体布局，能源、化工、建筑、交通等多个重点行业将迎来新一轮变革，占总碳排放量 17% 的农业领域也将面临绿色低碳发展和提质增效的严峻考验，其中设施农业生产系统的作用举足轻重。设施农业涉及的能源消耗和碳排放与工业生产过程存在很大的不同，主要包括：①设施农业的环境需求、围护结构、电气设备、暖通空调等不同于民用建筑，使得其用能环节、能耗结构等具有自身特点；②设施农业生产过程中本身存在大量的、特有的直接碳排放或碳汇，比如动物肠道发酵 CH_4、植物光合作用等；③设施农业废弃物处理与能源消耗、碳排放密切相关，需专门分析研究。

因此，需要加快现代设施农业生产方式绿色转型，推进农业投入品全过程减量、废弃物全量资源化利用，大力推广太阳能等新能源、制冷热泵及节能环保设施设备，全产业链拓展设施农业绿色发展空间，增加绿色优质农产品供给，促进生产生态协调发展，助力我国设施农业产业的绿色低碳发展转型，从而实现向国际社会作出的减碳承诺。

5.6.1 设施畜牧

设施畜牧是在现代工业发展之后，采用先进设施和饲养技术为畜禽创造适宜的生活环境，并保证饲料营养和防疫条件，使分散的畜禽养殖实现规模化工厂养殖。畜禽设施养殖具有高强度、高密度和高产量的特点，在养殖设施环境控制以及养殖废弃物处理过程中会消耗大量的能源和资源，进而带来大量的碳排放，主要包括：①畜禽舍建筑的环境需求、围护结构、电气设备、暖通空调等不同于民用建筑，使得其用能环节、能耗结构等具有自身特点；②设施畜禽生产过程中本身存在大量的直接碳排放，比如动物肠道发酵 CH_4 等；③设施养殖过程产生的粪污等废弃物处理，与能源消耗和碳排放密切相关。

1. 技术途径

设施畜牧养殖的节能发展对于降低整体畜禽生产能耗具有巨大推动作用，实现设施畜牧养殖节能降碳的关键技术路径主要包括以下几点[86-87]。

1）热回收系统

养殖过程中产生的废热，如动物的代谢产热和设备运行中的余热，一直是一个被低效利用的能源资源。因此，通过引入热回收技术，养殖者能够最大限度地捕获和再利用这些废热，将其转化为有用的能量，为设施内提供恒定的温暖环境。这不仅能够有效降低加热成本，还有助于减少能源浪费，对于实现养殖业的可持续发展至关重要[86]。

2）可再生能源利用

目前不少养殖场选择安装太阳能集热系统，集热器表面通常被设计成黑色，可以增加对太阳辐射的吸收率，同时吸热表面的材料通常具有较高的热导率，以便有效地将光能转化为热能。在太阳能热水系统中，热水被存储在一个绝缘的储水箱中，以供日后使用将收集的太阳能用于给水加热，给畜舍供暖并提供热水需求，以实现节能。

3）热泵性能优化

为了减少养殖场的供热能耗，通常会在热泵供热的基础上辅助太阳能系统供热。例如太阳能耦合空气源热泵供热系统，空气源热泵的能耗小，供热较为稳定，能够弥补因为日光不足而导致的太阳能供热系统供热量减少的问题。

4）湿帘降温优化

湿帘是畜禽养殖舍最常用的降温方式，然而湿帘降温效率通常未达到最优。因此，可通过实验研究确定常用湿帘材料的传热系数，构建湿帘降温效率的理论模型，基于湿帘降温效率数学模型与热平衡原理对湿帘过帘风速进行理论分析及优化。

5）控制算法优化。传统畜禽舍的湿帘风机降温系统，夏季时其调控策略一般为优先通过风机系统排出舍内余热，当外界空气温度较高且风机满负荷运行无法满足排出舍内余热要求时再开启水泵结合湿帘进行降温。这种控制策略和运行方式导致风机能耗极高，有必要进一步优化控制算法而节能。

2. 理论研究

1）湿帘降温效率理论分析及优化[88]

湿帘是畜禽养殖领域最常用的降温方式。以保持实际问题的基本特征为原则，对湿帘进行如下简化与假设：①假定湿帘降温过程中的水温等于湿空气的湿球温度，同时忽略循环水补水温度的影响；②降温过程中湿帘处于均匀润湿的状态，湿空气的质量流量为定值；③在空气处理过程中，湿空气比定压热容、空气密度、过帘风速、水的汽化潜热以及空气与水之间的传热系数、传质系数等参数均为常数；④假定路易斯数为1。如图 5.6-1 所示，已知湿帘的高度为 a，宽度为 b，厚度为 L，湿帘内部沿 x 轴方向取厚度 $\mathrm{d}x$ 微元进行分析。

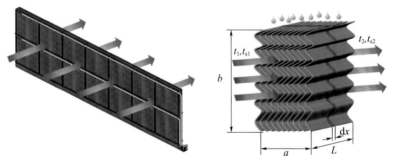

图 5.6-1　湿帘示意图

基于湿帘的热质平衡，易推导出：

$$t_2 = t_s + (t_1 - t_s)\exp\left(-\frac{\alpha h L}{\rho v c_p}\right) \tag{5.6-1}$$

式中　t_2——出口空气的干球温度，℃；

$\quad\quad t_1$——入口空气的干球温度，℃；

$\quad\quad t_s$——进入空气的湿球温度，℃；

$\quad\quad c_p$——湿空气的比定压热容，kJ/(kg·K)；

$\quad\quad h$——空气和水之间的传热系数，W/(m²·K)；

$\quad\quad \alpha$——湿帘的比表面积，m²/m³；

$\quad\quad L$——衬垫厚度，m；

$\quad\quad v$——过帘风速，m/s。

湿帘降温效率 η_{DEC} 是蒸发冷却的实际温降与理想条件下可达到的最大温降之比，可得：

$$\eta_{\mathrm{DEC}} = \frac{t_1 - t_2}{t_1 - t_s} = 1 - \frac{t_2 - t_s}{t_1 - t_s} = 1 - \exp\left(-\frac{\alpha h L}{\rho v c_p}\right) \tag{5.6-2}$$

由于湿帘材料结构复杂，比表面积不确定。因此，为了便于分析，将比表面积 α 和空气与水之间的传热系数 h 共同作为体积传热系数。体积传热系数可通过拟合实验得到，比如 $h_v = 15.614\, v^{0.6586}$，将其代入式（5.6-2）中，可得：

$$\eta = 1 - \exp\left(-15.614\, v^{-0.3414} \frac{L}{\rho c_p}\right) \tag{5.6-3}$$

由上式可知，过帘风速与降温效率成对数关系，过帘风速越小则降温效率越高，这是因为过帘风速较小时其水膜与空气之间的热质交换更加充分。然而，过帘风速越小，根据舍内热质平衡可知同等畜禽舍设置条件下所需湿帘的降温面积越大。因此，过帘风速的合理取值，需综合考虑降温效率的高低和湿帘应用面积的大小。针对此，需要再结合畜禽舍内热质平衡关系来优化过帘风速的取值范围，如下：

$$q = 2A v \rho c_p \left[t_{set} - t_1 + \eta \left(t_1 - t_s \right) \right] \tag{5.6-4}$$

式中 q——舍内所需排除的余热量，W；

η——湿帘的降温效率，%；

A——湿帘表面积，m^2。

由式（5.6-3）和式（5.6-4）可知，当外界环境条件、鸡舍内设定温度以及所需排出的热量值一定时，可得到湿帘的过帘风速、湿帘面积以及降温效率三者之间的数量关系，其中，过帘风速与湿帘面积和降温效率的乘积成反比，可定义单位湿帘面积的降温效率（η/A）用以衡量过帘风速的适宜性，如图 5.6-2 所示。

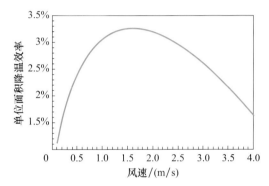

图 5.6-2 过帘风速与单位湿帘面积降温效率之间的关系曲线

因此，结合湿帘降温效率模型与单位湿帘面积的降温效率曲线，得出湿帘过帘风速的适宜范围为 1.5～1.8m/s，在此条件下，湿帘降温系统的降温效率能够达到 80%～82.1%，符合生产实际的需求。

2）太阳能利用理论分析

真空管式太阳能集热器可通过外管和内管之间的真空结构降低热损失，从而提高集热效率[89]，如图 5.6-3 所示。

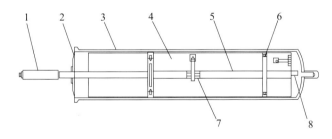

图 5.6-3 ETC-30 型号真空管式太阳能集热器结构图（单管）

1—热管球体；2—顶板和弹簧；3—外管透明管套；4—真空；5—热管；6—消气剂；7—热导管；8—保护套

集热器总面积 A_e 可按照下式确定：

$$A_e = \frac{86400 \, Q_H f}{J_T \eta_{cd} \left(1 - \eta_L \right)} \tag{5.6-5}$$

式中 Q_H——建筑物耗热量；

J_T——当地集热器安装的倾斜采光面上的平均日太阳辐照量，$J/(m^2 \cdot d)$；

f——太阳能保证率，%；

η_{cd}——基于总面积集热器平均集热效率，参照上文取 43.7%；

η_L——系统管路和贮水箱的热损失率，季节太阳能供热系统中一般取 10%～15%。

以青海地区为例，青海省西宁市的某场址完成了 30 万羽规模化叠层笼养肉鸡场的太阳能系统设计，根据热平衡计算得出建筑物耗热量 Q_H 为 54920.6 W。查阅太阳能气象参数表可得，西宁属于 II 资源较富区，当地 12 月份纬度角平面的月平均日辐照量为 16.816 MJ/(m²·d)，太阳能保证率在 30%~50% 之间，本次计算时取 40%。集热器总面积为 286.987m²，则最终确定每栋肉鸡舍选择 66 台 ETC-30 型号真空管式太阳能集热器，实际总面积为 290.4m²，8 栋肉鸡舍共需要 528 台 ETC-30 型号真空管式太阳能集热器，共 2323.2m²。

为使太阳能集热器最大程度上接收太阳辐照量，以获得更好的供热效果，参照 GB 50495—2009《太阳能供热供暖工程技术规范》，将太阳能集热器朝正南方向安装，设置倾斜角度与西宁市纬度一致，即 36°，并拟将太阳能集热器安装在每栋肉鸡舍的南侧。同时，还需满足安装位置前方不能有障碍物的遮挡以及前后排集热器之间不能相互遮挡，此时前后排集热器之间的距离可通过下式进行计算：

$$D = H \coth \cos \gamma_0 \tag{5.6-6}$$

式中　D——日照间距，m；

　　　H——前方障碍物高度，即集热器高度或相邻肉鸡舍高度，1.18m 或 5.2m；

　　　h——计算时刻太阳高度角，rad；

　　　γ_0——计算时刻太阳光线在水平面上的投影与集热器表面法线在水平面上的投影线之间的夹角，即集热器的方位角与太阳方位角之和，rad。

贮热水箱的容积往往根据集热系统的集热面积进行设计，且在不同的供暖系统中存在一定差异，按照规范，各类太阳能供暖系统中每平方米太阳能集热系统采光面积所对应的贮热水箱容积取值范围如表 5.6-1 所示。

表 5.6-1　各类太阳能供暖系统贮热水箱容积取值范围

类型划分	贮热水箱容积取值（L/m²）
小型太阳能热水系统	40~100
短期蓄热太阳能供暖系统	50~260
季节蓄热太阳能供暖系统	1400~2100

3）控制算法理论分析[88]

夏季采用湿帘风机降温系统是合理调控热湿环境、减少鸡只热应激的有效措施。传统纵向通风蛋鸡舍的湿帘风机系统，其调控策略一般为优先通过风机系统排出舍内余热，当外界空气温度较高且风机满负荷运行无法满足排除舍内余热要求时再开启水泵结合湿帘进行降温。然而，排除相同余热量时，风机运行能耗远大于湿帘水泵运行能耗，因此目前传统的湿帘风机运行模式存在能耗较大的问题。针对此，提出在原有风机运行的基础上减少风机开启比例，开启部分风机并结合湿帘降温系统进行降温，从而减少风机运行能耗，以节约经济成本。首先，确定蛋鸡舍外界空气温湿度、舍内温度设定值以及通风量预设值，在给定通风量预设值的条件下，进入湿帘降温模块循环降温，若经湿帘降温后能够使舍内温度降至设定值以下，则该条件下通风量需求即为预设值；当湿帘降温系统无法达到舍内设定温度的要求时，利用舍内热平衡求得排除剩余余热量所需通风量，从而满足舍内设定温度的要求，以此为基础，求得该运行策略下的通风量需求。

以蛋鸡舍为例，基于 MATLAB 构建的蛋鸡舍多元环境参数动态预测模型分别针对不同外界空气温度条件下的通风量需求进行模拟计算，考虑到鸡舍内通风换气的需要，假定通风量初设值为传统运行模式下所需通风量的 25%。在给定外界温湿度、舍内温度设定值 25℃、通风量预设值的条件下，进入湿帘降温模块循环计算，当湿帘降温系统无法使舍内温度降至 25℃ 以下时，基于热平衡计算得出排除剩余余热所需的通风量，直至满足舍内设定温度要求，由此可以计算得出不同舍外计算温度条件下的通风量需求，与传统湿帘风机运行模式下通风量需求对比，可计算得出该温度条件下通风量节省率，即风机运行节能率，如表 5.6-2 所示。

表 5.6-2　不同运行工况下通风量节省率

舍内外计算温度（℃）	舍内设定温度（℃）	通风量预设值占比（%）	运行通风量占比（%）	通风量节省率（%）
35	25	25	40	60
34	25	25	43	57
33	25	25	44	56
32	25	25	45	55
31	25	25	46	54
30	25	25	47	53
29	25	25	52	48
28	25	25	25	75
27	25	25	25	75
26	25	25	25	75
25	25	25	25	75
24	25	25	25	75
23	25	25	25	75
22	25	25	86	14
21	25	25	75	25
20	25	25	71	29

　　结果表明，当舍内设定温度为 25℃、舍外计算温度处于 20～25℃ 温度区间时，风机运行节能率为 14%～75%；舍外计算温度处于 26～30℃ 温度区间时，风机运行节能率为 53%～75%；舍外温度处于 31～35℃ 温度区间时，风机运行节能率为 54%～60%。此外，当舍内温度低于 20℃ 时，舍内温度相对较低，适宜通风量即可满足舍内温度需求，因此本研究未对该温度区间进行分析。由此表明，当舍内设定温度为 25℃，舍外计算温度分别处于 20～25℃、26～30℃、31～35℃ 区间时，风机运行节能率分别为 49%、65%、56%。根据我国不同气候区域外界气象条件的差异，选取哈尔滨、北京、南京、广州、昆明作为严寒地区、寒冷地区、夏热冬冷地区、夏热冬暖地区、温和地区五个气候区的典型代表城市，并分别针对不同代表城市蛋鸡舍湿帘风机降温系统的运行能耗进行节能率分析。通过分析不同城市气象数据，统计外界温度分别处于 20～25℃、26～30℃、31～35℃ 区间范围的小时数以及总小时数，统计分析结果如表 5.6-3 所示。通过计算不同温度区间范围内小时数与风机运行节能率乘积之和，并求得其与 20～35℃ 温度区间范围内总小时数的比值，即可得出在 20～35℃ 温度区间内风机运行节能率；此外，由于在进行模拟分析时未考虑其他温度区间内的风机运行节能率，因此可认为在其他温度区间风机运行节能率为零，则全年风机运行节能率即为不同温度区间范围内小时数与风机运行节能率的乘积之和与全年总小时数之比。计算结果表明，哈尔滨、北京、南京、广州、昆明五个典型城市在 20～35℃ 温度区间内全年风机运行节能率分别为 54.8%、55.7%、55.9%、57.0%、50.7%。

表 5.6-3　不同代表城市风机运行节能率

地区	不同温度波段范围小时数（h）					节能率（20～35℃）（%）	节能率（全年）（%）
	<20℃	20～25℃	26～30℃	31～35℃	>35℃		
哈尔滨	7160	850	481	71	0	54.8	8.8
北京	5880	1409	1097	351	14	55.7	18.3
南京	5256	1550	1340	553	26	55.9	22.1
广州	3012	2299	2576	846	27	57.0	37.4
昆明	6760	1703	207	1	0	50.7	11.1

3. 案例分析

1）热回收利用

中国农业大学研发的畜禽舍分散式套管热回收系统如图 5.6-4 所示。该系统由外管和内管组成，内管和外管间流动不同的介质进行换热。外风管采用塑料或纤维织物制成的软管以保证耐腐蚀性和减小阻力。外管壁上对称布置多个条缝风口以提高气流和温度分布均匀性，套管式热回收风管设计图如下。外风管覆盖保温层以防止结露。内风管由可伸缩的铝箔波纹管制成，内风管厚度小，波纹管增加换热面积且铝箔的热阻低、换热系数大，可以提高换热性能、减小风阻，从而风机运行能耗低和能效比 COP 高。低温新风在套管式热回收风管的内外管之间流动，经内管壁与排风进行换热升温，而后通过外管壁上的条缝均匀输送到畜禽舍，高温排风在内管进行换热降温后直接排出舍外。

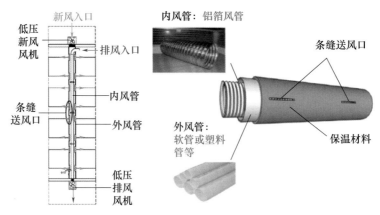

图 5.6-4　套管式热回收装置

通过搭建实验台拟合获得了内管侧阻力系数 f 关系式：$f=3\times10^{-7}Re^{1.2532}$，外管侧阻力系数 f 关系式：$f=1\times10^{-7}Re^{1.3804}$，内管侧努塞尔数 Nu 关系式：$Nu=0.0012\,Re^{1.1887}$，以及外管侧努塞尔数 Nu 关系式：$Nu=0.0005\,Re^{1.3121}$，具体实验结果如图 5.6-5～图 5.6-8 所示。

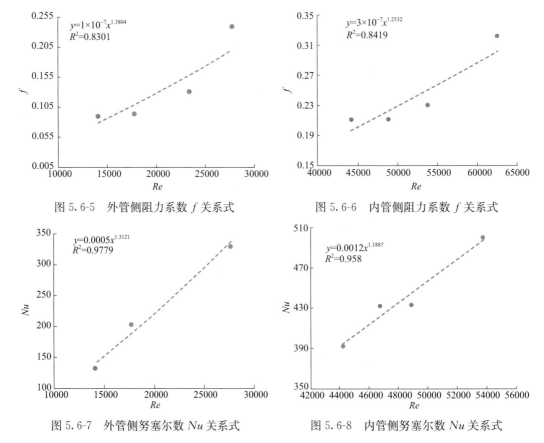

图 5.6-5　外管侧阻力系数 f 关系式　　　　　图 5.6-6　内管侧阻力系数 f 关系式

图 5.6-7　外管侧努塞尔数 Nu 关系式　　　　图 5.6-8　内管侧努塞尔数 Nu 关系式

在以上数据计算的基础上，通过 CFD 模拟发现，相比于传统侧墙小窗通风，采用该通风系统的鸡舍内平均温度提高 4.4℃，且温度分布均匀性显著提高。CFD 模拟效果如图 5.6-9 和 5.6-10 所示。

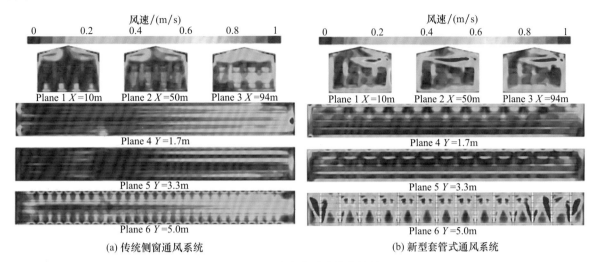

图 5.6-9　鸡舍内风速分布情况

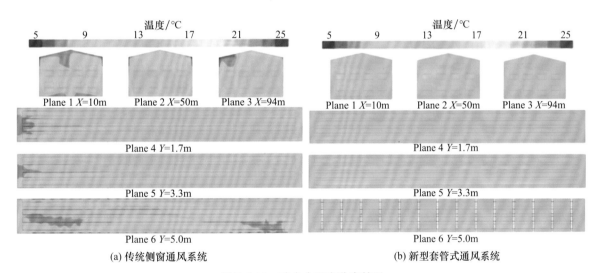

图 5.6-10　鸡舍内温度分布情况

另外，以河北省邯郸市某叠层笼养商业蛋鸡舍为例进行设计计算，每栋舍计划安装 8 根套管式热回收装置，每根套管造价约 0.5 万元，共 4 万元。热回收效率 33.1%，套管 COP 为 6.4，投资回收期为 8.5 个月左右。因此，本装置针对畜禽舍传统通风方式存在的新风温度低及气流组织不合理的问题，引入热回收提高了新风温度，避免了动物冷应激，并利用"风管—条缝"有效组织了舍内气流，提高了环境参数分布均匀性。与传统热回收装置相比，本装置风阻更小，能效比更高，安装简单、成本低、投资回收期短，不仅适用于新建畜禽舍，而且可用于已建畜禽舍的改造。

2）热泵性能优化

临沂某养鸡场采用大棚方式，大棚规格是 16m×81m，墙高约 3.4m，棚顶高 5m，每栋大棚 4 万多只鸡。针对该大棚的环境调控，采用海信超低温空气源热泵机组，热泵制热，相比传统燃煤、燃气方式能耗更低，同时减少碳排放[90]，系统图如图 5.6-11 所示。

该热泵系统于 2019 年正式投入使用，系统运行稳定，供暖效果良好；2021 年年初，山东遭遇特大寒潮，极端低温的恶劣天气情况下，供暖系统始终正常运行，保证鸡舍所需的温度；运行费用低，45 天耗电 18181kWh，电费 0.55 元/kWh，总费用约 10000 元，平均 0.22 元/只。

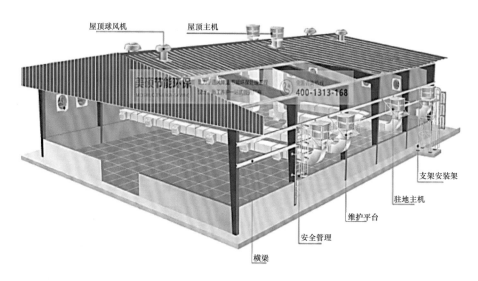

图 5.6-11　养鸡大棚热泵系统

甲方对温度的需求：对一窝鸡刚进棚温度 36℃ 左右，4 天后降温到 34℃，20 天后每天大概降温 3~4℃。平时夏季用水帘或者雾化，手动控制温度，有控制器。

系统采用热泵＋散热器/地暖供暖。根据项目的面积和围护结构特点，共配置 3 台空气源热泵机组，为鸡舍内的地暖和散热器供应热水，保证鸡舍的供暖效果。

以下是系统设计方面的优化。

（1）管路同程，地埋敷设：管道系统采用同程设计，各末端支路的水力损失基本相等。保证鸡舍内不同区域的温度相等，不会出现远端供水温度下降过快、供暖效果不均匀的问题。热源到鸡舍的供回水管道采用地埋敷设的形式布置，避免周围环境的影响，并减少管道的热量损失。主管管径 DN100，采用发泡材料保温，并用铝皮做了外保护。配置一台缓冲水箱进行定压补水，通过水箱向系统补水。

（2）主机并联，水泵一用一备：为了保证鸡舍供暖的稳定性，在热源、输配方面均采用了充分的备用系统设计。三台模块主机并联连接，互为备用，一台机组出现故障不影响热源整体的正常供暖。水泵设置为一用一备，方便输配系统的维护、检修。

（3）散热器＋地暖，热水辐射供暖：末端采用辐射散热器和地暖两种形式，通过辐射换热的形式，为鸡舍升温。由于鸡舍内部的鸡笼布置为上下堆叠，地暖的热量从地面产生，避免了底部的小鸡受凉。通过低温热水循环，避免空气内的水分减少，鸡舍内的温湿度平衡，更加适宜小鸡的生长。辐射换热的形式，不会有吹风扬起毛架的现象，鸡棚内部环境更清洁，相应地也减少了病毒微生物的传播，提高了鸡舍的卫生条件。

（4）自动温控＋智能能量调节：传统锅炉供暖方式需要专人管理，添加燃料、调节水温等。需耗费大量人力物力，一旦出现操作失误，供暖效果出现问题或不能正常供暖，小鸡大批死亡，将给养殖户带来严重的经济损失。本系统实现了自动化控制，大大减少了人力需求，减少用户的后顾之忧。通过自动温控系统，控制出水温度；并采用智能能量调节技术，平衡和调节部分负荷下的模块机组进出水温差，从而控制室内温度的稳定。

（5）强热机组，无惧寒潮：采用海信日立公司海信牌低温空气源热泵机组，搭载高效柔性涡旋压缩机，制热的动力更加强劲；整体加强金属框架＋V 型结构换热器＋内螺纹铜管＋三重防结霜设计，强化机组的换热能力；智能除霜＋除霜制热不停机技术，有效应对临沂低温高湿、结霜严重的自然环境。

5.6.2　设施园艺

设施园艺，是指在露地不适于园艺作物生长的季节（寒冷或炎热）或地区，利用特定的设施

（连栋温室、日光温室、塑料大棚、小拱棚和养殖棚），人为创造适于作物生长的环境，以生产优质、高产、稳产的蔬菜、花卉、水果等园艺产品的一种环境可控农业。它涉及的能源消耗和碳排放与民用建筑生产过程存在很大的不同，主要包括：①设施园艺的环境需求、围护结构、电气设备、暖通空调等不同于民用建筑，使得其用能环节、能耗结构等具有自身特点；②设施园艺生产过程中本身存在大量的太阳能资源、碳汇（作物的光合作用）等可综合利用；③设施园艺产生的尾菜等废弃物处理，与能源消耗和碳排放密切相关。

1. 技术途径

设施园艺的节能发展对于降低整体园艺生产能耗具有巨大推动作用，实现设施园艺节能降碳的关键技术路径主要包括以下几点。

1）蓄放热系统

对温室蓄放热的研究一种是主动式蓄放热系统，另一种是被动式蓄放热系统。主动式蓄放热系统大多是以被动式蓄放热为基础，再配合强制通风系统或太阳能主动集热系统等，将室内土壤、墙体等作为蓄热介质，对蓄放热过程进行有计划的调控。太阳能蓄热技术的原理是将日间温室富余的太阳能收集储存起来，夜间低温时段再进行放热，从而实现对温室的加温作用；高温空气集热是利用高效的换热系统，从环境中或设备操作过程中回收热量。常用的温室蓄热方式主要有土壤蓄热、墙体蓄热、相变材料蓄热和水循环蓄热等。水循环蓄热方式普遍得到了认可，目前应用效果相对更好，也比较适合推广。

2）热泵系统本身利用和优化

根据具体的使用需求、气候条件等因素选用最合适的热泵类型和规格；根据热泵系统的具体用途和环境条件，设计合适的热源和热载体；通过对系统各组件的控制和调节，提高系统的稳定性、经济性和环保性。如提出集热与储热分离的思想[91]，形成表冷器—热泵联合集热系统；采用减少储热池实际储水量的优化来提升放热性能[92]；在玻璃温室中提出采用地源热泵复合系统[93]；植物工厂采用蓄能型地源热泵式供能系统[94]。

3）降温、除湿技术

开发高效的冷却系统，如蒸发冷却，以维持适宜的温度。利用地源热泵机组进行控温有较好的效果[95]，浅水源小型热泵机组主动降温、加温[96]；地下水源热泵水蓄能型降温系统在植物工厂夏季运行达到很好的降温效果[97]。地源热泵系统在玻璃温室中，可以在夏季室外 36.2℃ 高温的情况下将室内温度降低至 26.5℃，节能率达 23.5%[98]。采用先进的除湿技术控制湿度，避免植物病害，如热泵除湿干燥技术[99]。表冷器—风机集放热系统具有被动除湿功能，影响温室的相对湿度。温室密闭水汽无法散出以及作物的呼吸作用仍是温室夜间高湿的主要原因。系统未冷凝除湿，反而降低气温，从而降低了饱和蒸汽压。

2. 理论研究

研发高效率的蓄放热系统、提高对温室环境的控制水平，是提高温室作物产量的基础；节能化改造、充分利用自然能源、优化热泵系统是传统温室更新换代的关键要素；而将可再生能源与蓄放热技术结合是未来温室节能化改造的挑战。下面针对提升温室能效水平的关键要素进行相应的理论分析。

1）蓄放热技术

日光温室自身所具有的蓄放热功能使其在寒冷冬季都可以维持良好的热环境，同时传统日光温室主要依靠墙体和土壤的被动式蓄放热作用来维持环境。被动式蓄放热系统指的是完全依靠太阳能进行供暖，不需要其他的辅助能源，也不需要进行人工调试，只需要通过建筑结构本身，就可以完成蓄放热过程。但是墙体与土壤也存在传热缓慢、蓄集热量不足以及蓄热时间无法有效调控的问题。因此，许多独立于温室构造之外的蓄放热系统应运而生。

针对缺乏蓄热构件、日间蓄热能力低，致使冬季夜间室内气温较低、很难满足室内植物的温度要求等问题，如图 5.6-12 给出的一种日间收集并储存温室空气中的热能、夜间再释放出来提升室内气温的表冷器—风机集放热系统可以解决上述问题。该系统通过悬挂在室内空间高位处的表冷器—风机，以水—气换热方式，日间收集空气中的盈余热量并储存起来，夜间再将这部分热量向室内释放以提高室内气温。表冷器—风机体积小且在紧靠温室屋脊的下方安装，不会对室内作物的采光产生影响[100]。

表冷器—风机集放热系统主要包括表冷器—风机、供水管路、回水管路、潜水泵、蓄热水池、PLC控制系统、控制系统的气温及水温传感器等，如图5.6-12所示。日间集热过程中，由于水温低于气温，表冷器—风机内空气中储存的热能通过强制对流换热方式转移到水中，最终储存在蓄热水池中；夜间室内气温较低时，由于水温高于气温，表冷器—风机内水中储存的热能通过强制对流换热方式转移到空气中，提高室内气温。如图5.6-13所示，系统的核心换热部件表冷器—风机，日间集热时的功能是集热，夜间放热时的功能是放热。

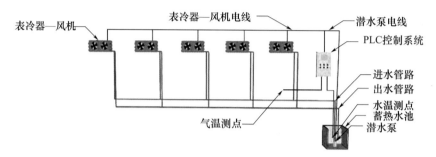

图 5.6-12 表冷器—风机集放热系统组成示意图

图 5.6-13 表冷器—风机结构及其集热过程示意图

该系统集热、放热性能好。系统最大日集热量达到1008MJ，集热COP_c可达3.4～14.4，说明该系统日间能够收集到足够的热量，集热过程中的节能性好；放热量为44.4～504MJ，放热COP_r可达1.3～5.1，说明系统的放热量充足，优化系统参数和运行条件后，还能进一步提升系统的放热性能。日间集热过程中，能够将温室空气中的水汽凝结，降低室内绝对湿度，改善室内的高湿环境，并且凝结的水汽能够再次用于蓄热；夜间温室的气温提升，降低了温室的相对湿度。湿度的调控对病害的防控至关重要。表冷器—风机运行过程中，风机吹向前屋面，气流会在室内形成循环，均匀室内温度、湿度、CO_2浓度等空气环境。

表冷器—风机集放热系统是一种节能型的温室主动式集放热新技术、新装备，具有较好的日间降温和夜间加温效果、集放热性能及除湿效果，提高了对温室空气温度、湿度的可控程度，可以应用于各种类型的温室，对于加快大跨度大棚、装配式日光温室等新型棚室的发展和推广，具有重要意义。未来，通过优化表冷器—风机集放热系统的设计参数和运行参数，进一步提升集放热性能，并对除湿、杀菌、补充CO_2气肥等功能进行深入研究，有助于实现温室的全时密闭运行，从而大幅度提升温室空气环境的综合调控水平。

2）热泵系统优化

随着我国对新能源利用理念的不断普及，不少农业工程研究人员也将地源热泵技术尝试应用到玻璃温室、日光温室等不同类型的农业设施中；水源热泵是利用地下水或江河湖海等地表水为热源，通过热泵系统的循环，实现高效节能的供热和制冷；空气源热泵是通过工质吸收空气中的低品位内能，利用电能驱动系统逆卡诺循环，得到高品位的内能，再通过换热器将热量转移的装置。热泵系统运营成本低、热转化效率较高且属于清洁热源。

热泵系统具有节能环保、供热稳定的优点，但设备投资较高、运行耗电量较大，在日光温室中的应用研究还处于初级阶段，其系统参数配置、加工工艺等还有待优化。在使用热泵蓄热时对日光温室的蓄热性能要求降低，因此可适当减少温室蓄热墙体结构的投入，同时在运行时间上与峰谷电价相结合，可降低部分运行成本。土壤源热泵供暖具有良好的环境与经济效益，土壤源热泵在寒冷地区农业温室供暖时只供暖不制冷，存在土壤热失衡问题。采用太阳能跨季节蓄热对土壤源热泵井群区域土壤进行补热增温，能够有效解决土壤热失衡的问题，同时利用太阳能直供辅助土壤源热泵供暖，可以充分提升太阳能的利用率，优化热泵系统[101]。如图 5.6-14 所示的土壤源热泵供暖系统由负载末端、土壤源热泵供暖子系统、太阳能集热子系统和土壤取热—蓄热子系统 4 个部分组成，其中，负载末端为 Venlo 型玻璃温室，面积 112m²。

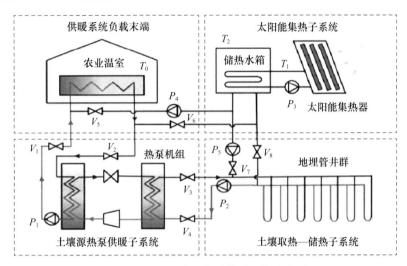

图 5.6-14　土壤源热泵供暖系统示意图

土壤源热泵供暖系统基本运行原理如图 5.6-15 所示。

热泵机组实际运行能效 COP_{HP} 的表达式为

$$COP_{HP} = 2.477 + 0.0419\,T_{G,in} + 0.00219\,T_{G,in}^2 \qquad (5.6\text{-}7)$$

式中　$T_{G,in}$——热泵机组地源侧供水温度，℃。

由式（5.6-7）可得热泵机组实际耗电量 P_{HP} 为

$$P_{HP} = \frac{Q_{HP}}{COP_{HP}} = \frac{Q_{HP}}{2.477 + 0.0419\,T_{G,in} + 0.00219\,T_{G,in}^2} \qquad (5.6\text{-}8)$$

式中　Q_{HP}——纯土壤源热泵系统供热量，kWh，系统供热量 Q_{HP} 对应系统负载末端热负荷，由农业温室热负荷模型得出。

纯土壤源热泵供暖系统能效 COP_G 的计算式为

$$COP_G = \frac{Q_{HP}}{P_{HP} + P_{G,P}} \qquad (5.6\text{-}9)$$

式中　$P_{G,P}$——纯土壤源热泵系统地源侧水泵耗电量和负载侧水泵耗电量之和，kWh。

太阳能集热器集热效率 η 的计算式为

$$\eta = \frac{0.712 - 2.235\,T_i - T_a}{G} \qquad (5.6\text{-}10)$$

式中　T_i——太阳能集热器工质进口温度，℃；

　　　T_a——环境温度，℃；

　　　G——太阳辐射强度，W/m²。

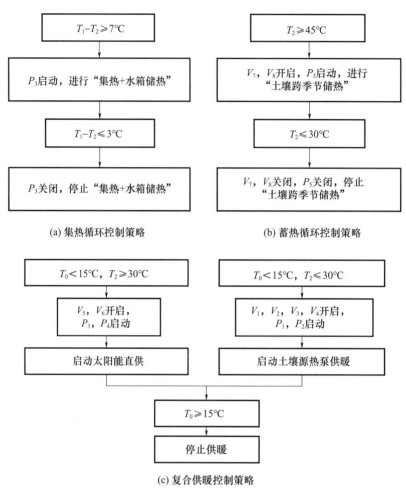

图 5.6-15 土壤源热泵供暖系统控制策略

环境温度和太阳辐射强度由当地典型年气象数据给出。

土壤源热泵供暖系统能效 COP_S 表达式为

$$COP_S = \frac{Q_{HP} + Q_S}{P_{HP} + P_{G,P} + P_S} \tag{5.6-11}$$

式中 Q_S——太阳能直接供热量，kWh；

P_S——太阳能系统总耗电量，kWh。

此外定义太阳能直供占比 ε 为太阳能直接供热量与系统总供热量之比，计算式为

$$\varepsilon = \frac{Q_S}{Q_{HP} + Q_S} \tag{5.6-12}$$

系统采用纯土壤源热泵供暖、"太阳能跨季节蓄热＋土壤源热泵供暖""太阳能跨季节蓄热＋太阳能直供＋土壤源热泵"复合供暖 3 种运行模式，系统 COP_S 随着太阳能直供占比的增大而增大，当太阳能直供占比为 0 时，即系统采用纯土壤源热泵供暖，此时系统 COP_S 等于纯土壤源热泵供暖系统 COP_G，约为 2.7；当太阳能直供占比为 51% 时，系统 COP_S 提升至 4.08；整个供暖季太阳能直供占比集中在 11% 左右，对应系统 COP_S 约为 2.97，较纯土壤源热泵供暖系统提升约 10%。说明加入太阳能直供可以显著提升系统的综合能效。

供暖系统运行至第 10 年，井群区域土壤温度在蓄热结束后仍可保持在初始地温 14.68℃ 以上，说明采用太阳能跨季节土壤蓄热的方式可以有效解决纯土壤源热泵供暖存在的土壤热失衡问题。同时，太阳能跨季节蓄热增强土壤源热泵系统 COP_S 较纯土壤源热泵供暖系统高 18.8%，表明土壤源热泵供暖系统可实现系统长期稳定高效运行。

3）降温除湿技术

水源热泵系统由水源系统、热泵机组和散热末端组成。水源系统包括设施园区地表水、循环水泵、输水管网以及过滤器等。当夜间室内气温较高时，运行水源热泵系统。在压缩机驱动下，制冷剂经过翅片换热器吸收室内空气热量，由低温低压液体变为低温低压气体，经压缩机压缩后变为高温高压的气体，然后流经套管换热器与水泵驱动的循环水换热，冷凝为高温高压液体，并将热量导入到集雨池中，高温高压液体经膨胀阀降压变为低温低压液体，重新进入翅片换热器形成循环。热泵循环不断将室内热量转移至集雨池中，实现室内降温。

系统降温过程计算方法：

$$COP = \frac{Q}{E} \tag{5.6-13}$$

$$Q = \frac{q}{v}(h_{in} - h_{out}) \tag{5.6-14}$$

$$h = 1.005t + d(2501 + 1.8t) \tag{5.6-15}$$

$$d = 0.622\frac{p_v}{p - p_v} \tag{5.6-16}$$

$$p_v = \varphi p_s \tag{5.6-17}$$

$$v = (1+d)\frac{R_g T}{P} \tag{5.6-18}$$

$$R_g = \frac{R_{g,a} + R_{g,v}d}{1+d} \tag{5.6-19}$$

式中　Q——系统制冷量，kW；

E——系统降温耗电量，kW；

q——离心风机排风量，试验期间实测 $0.95m^3/s$；

v——热泵机组出风口湿空气比，m^3/kg；

h——湿空气比焓，kJ/kg；

h_{in}、h_{out}——系统进风口、出风口湿空气比焓，kJ/kg；

t——湿空气温度，℃；

d——湿空气含湿量，是指湿空气中与1kg干空气同时并存的水蒸气的质量，kg/kg；

p_v——水蒸气分压力，Pa；

p——湿空气总压力，取大气压力101300Pa；

p_s——饱和水蒸气分压力，Pa，由饱和水蒸气表查知；

φ——空气相对湿度，%；

T——湿空气温度，K；

R_g——湿空气气体常数，J/(kg·K)；

$R_{g,a}$——干空气气体常数，取 287.0J/(kg·K)；

$R_{g,v}$——水蒸气气体常数，取 461.7J/(kg·K)。

系统降温过程冷凝水回收量 m 计算方法为

$$m = \frac{q}{v}(d_{in} - d_{out}) \tag{5.6-20}$$

式中　d_{in}、d_{out}——系统进风口、出风口湿空气含湿量，kg/kg。

降温系统的总制冷量为调节处理潜热和显热能力的总和，而显热比 SHR 为显热量在总制冷量中所占的比例。显热比近似计算方法为

$$SHR = \frac{Q_S}{Q} = \frac{\Delta h_a}{\Delta h} \tag{5.6-21}$$

$$h_a = c_{p,a}t \tag{5.6-22}$$

式中 Q_S——全热量变化的显热量，kW；

h_a——干空气比焓，kJ/kg；

$c_{p,a}$——干空气比定压热容，取值 1.005kJ/(kg·K)。

日间（06：00—20：00），试验温室与对照温室均采取外遮阳、顶通风、前屋面侧通风、山墙通风等传统措施组合进行降温。夜间（20：00—次日 06：00），试验温室闭合所有通风口，并覆盖保温被隔热，采用水源热泵系统降温；对照温室延续白天操作，采取自然通风降温。热泵运行采用时间与温度协同控制，夜间当室内气温高于 22℃时运行热泵，下降至 18℃时停止运行。试验期间热泵实际降温过程无停顿出现，即水源热泵系统日累计运行 10h。

如图 5.6-16 和 5.6-17 所示，在夏季高温夜间，与自然通风的日光温室相比，水源热泵系统可将室内平均气温降低 2.6～2.9℃，相对湿度降低 8.9%～12.6%，降温过程水源热泵系统运行稳定，日均 COP 值可达 4.1～4.4，并可回收 0.37～0.45kg/(m²·d) 的冷凝水，具有明显的节能与节水效果[102]。

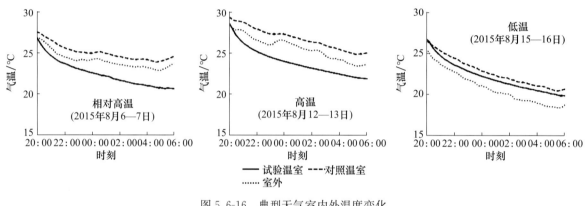

图 5.6-16 典型天气室内外温度变化

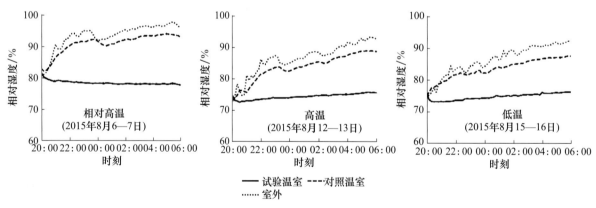

图 5.6-17 典型天气室内外湿度变化

3. 案例分析

1）日光温室蓄放热系统优化

中国日光温室（Chinese solar greenhouse，CSG）是利用太阳能提供蓄热性能，满足蔬菜冬季生长需求的一种高效、节能、低成本的园艺设施，是我国自主研发并且应用范围较广的温室类型，但目前单纯靠温室自身构造进行太阳能的收集与利用，极为有限。CSG 的主要结构包括弧形钢框架支撑的透明南屋面、保温北屋面、北墙、东西墙和卷式保温被。北墙为 CSG 中的承重结构，可在白天吸收太阳能。早上把保温被卷起来，让阳光进入温室。保温被在傍晚卷下，覆盖透明的南屋顶，减少温室夜间的热量损失。在冬季晴好天气下，温室内升温较快，气温偏高，需要通风将多余热量排出室外，是一种能量浪费。白天蓄热热量有限，也会导致夜间放热加温能力不足，在严寒季节尤其是连阴天，会出现温室内气温过低的现象，甚至是夜间低温冻害。通过开发主动蓄放热装备，将日光温室中富余的热能有针对性的收集和储存，在夜间低温时进行有计划的释放，是一种科学有效的节能调控方法。

水成本低、比热容高、流动方便，以水为介质进行传热和蓄热的主动储能系统广泛应用。太阳能水循环系统（SWHS）可以实现太阳辐射热的收集、传递、储存和释放，并通过水循环将水箱、给水管道、中空板和回水管道连接起来。中空板上有许多长方形的沟渠。通道内的水由下向上流动，使水分布均匀，内部空气被完全排出。中空板面向太阳的表面涂上黑色，以充分吸收太阳辐射的热量，另一个表面涂上保温材料，以减少热量损失。中空板白天作为集热器收集太阳辐射热，晚上作为散热器将热量释放到室内温室。图 5.6-18 为 SWHS 示意图。

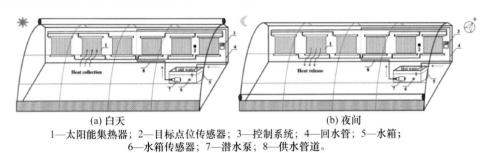

(a) 白天   (b) 夜间
1—太阳能集热器；2—目标点位传感器；3—控制系统；4—回水管；5—水箱；
6—水箱传感器；7—潜水泵；8—供水管道。

图 5.6-18 SWHS 的示意图
注：目标点传感器安装在北墙上，传感器表面涂黑。温度是集热器表面的黑球温度
（该温度综合了室内空气温度和太阳辐射温度，晴天高于室内空气温度）。

系统选用一台水泵为水循环提供动力，额定流量 $15m^3/h$，额定功率 1.1kW。为满足系统正常运行，实际流量范围为（10±1.5）m^3/h。在蓄热和放热过程中，水箱温度从 10℃ 到 15℃ 不等。为了提高 3~5℃ 的夜间室内温度，夜间向温室提供的最大热量为 $0.48MJ/(m^2 \cdot d)$。经计算，面积为 $612m^2$ 的实验温室的水量约为 $21.0m^3$。SWHS 水箱有效容积为 $30.0m^3$，实际蓄水量为 $25.0m^3$。

SWHS 的控制策略为精确控温：白天，当室内目标温度升高到 22℃（设定值）且高于水箱温度 2℃（设定值）时，水泵启动工作。冷水流经中空板吸收太阳辐射热，将收集到的热量带回水箱。反复循环后，水箱通过提高水箱温度收集热量。当室内目标温度降至 22℃ 或目标点与水箱温差小于 2℃ 时，水泵停止工作。夜间，当室内目标温度降至 22℃（设定值）且低于水箱温度 2℃（设定值）时，水泵启动。水箱的热水通过供水管道不断流入空心板材，板材表面与室内冷空气之间进行对流换热。白天积累的热量被释放，并在夜间提高室内空气温度。当室内目标温度升高到 12℃ 或水箱与目标点的温差小于 2℃ 时，水泵停止工作。SWHS 的控制系统设定了 ±0.5℃ 的自动控制精度，避免了系统在短时间内频繁启动和停止。有效避免了对水泵的损坏，减少了水箱内热量的浪费。

对于北墙板式供暖系统，集热器尺寸和安装位置影响系统的集热，是影响系统热性能的重要因素。目前，北墙板式供热系统集热器尺寸及安装位置缺乏设计理论依据。它们通常由施工经验决定。一般认为，系统的热学性能随着集热器尺寸的增大而增大，覆盖整个北墙效果最好。日光温室的加热系统是为了保证植物的正常生长。现有的研究多侧重于供热系统的热工性能，缺乏供热系统对植物影响的研究，忽略了经济性和应用可行性。针对上述问题，中国农业大学赵淑梅团队从太阳辐射的角度分析了植物、保温被、东墙和西墙对 CSG 北墙的阴影范围[103]。为降低集热器底部高压，避免遮阳影响系统热性能，从太阳直接辐射角度出发，为集热器尺寸和安装位置的优化设计提供理论依据。设计了实验温室中 SWHS 集热器的尺寸和安装位置。采集器安装在离地 0.8m、北墙顶下 0.4m 处，采集器高 1.5m、宽 1.5m。为了避免东西墙下阳光对北墙形成阴影对系统热性能的影响，两侧的集热器与东西墙的距离大于 3.0m。42 个集热器安装在实验温室的北墙上。有效集热面积为 $94.5m^2$，占北墙的 41.2%。集热器显著减少了阴影对系统热性能的影响，避免了集热器底部的高水压，易于组装。

通过实验操作和模拟分析得出北墙的阴影受以下六个方面的影响：温室的地理位置、温室方位角、温室结构尺寸、植物、太阳高度角和方位角。因此，集热器的尺寸和安装位置应结合这六个方面进

行设计。植物和东西墙在北墙上产生的阴影难以避免，但白天卷起的保温被产生的阴影可以通过一些手段减少。白天，保温被可以在不影响农艺管理的情况下尽量卷起，有利于集热器充分吸收太阳辐射热。

实验温室北墙安装了充满热水的中空板。在夜间，中空板是一个散热器，通过自然热对流加热室内的低温空气。热量从北向南缓慢地传递到室内温室。此外，温室南段与室外冷空气之间存在较强的换热作用，温室南段为低温区。植物阻碍了散热器和室内空气之间的正常热量传递。因此，靠近北墙的室内温度高于实验温室南段。对照温室只有自己的结构（北墙和地面），在白天收集有限的热量。夜间放热量远小于实验温室，因此南北段温差小于实验温室。从夜间室内温度的空间分布（如图 5.6-19）可以看出，SWHS 可以显著提高室内空间温度，但增加了温室南北剖面的温差。为了减小南北段温差，可以在温室内安装几个扰流风扇，加速温室由北向南的换热，或者在未来的研究中可以在温室南段安装几个散热器。

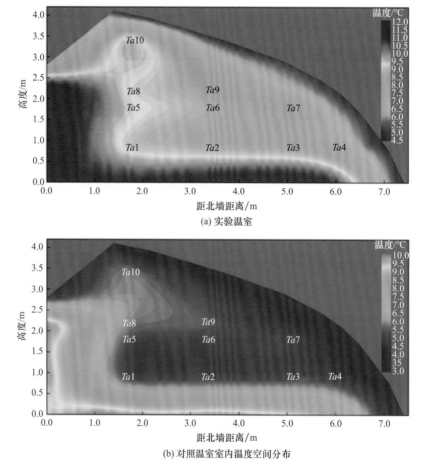

图 5.6-19 室内温度空间分布

SWHS 能有效提高室内温度，对连续阴天有较强的抵抗能力。如果连续阴天数超过一周，SWHS 的放热性能将达到极限，室内温度不会再得到改善。连续阴天后，很难在短时间内快速给水箱供热。如果 SWHS 不能满足温室的热量需求，则需要结合其他供暖系统来维持极端连续阴天的室内温度。

与无加热设备的对照温室相比，夜间室内最低温度平均可提高 3.0℃ 以上。在寒冷的 1 月，夜间室内温度高于 8.0℃ 的持续时间占 80.0%。连续阴天一周，室内温度可维持在 6.0℃ 以上。SWHS 的平均供热 COP 为 6.3。平均日集热效率为 87.5%。在植株方面，番茄产量提高 34%，植株形态参数也优于对照温室。经济分析结果表明，在投资和节能方面，SWHS 具有成本效益。基于上述研究，提出了系统集热器尺寸和安装位置的理论依据。

SWHS 不影响温室内农户的农艺管理，具有能耗低、效率高、维护方便等特点，适用于新旧大棚的加工改造。

2）青岛平度的蝴蝶兰种植项目

青岛平度的蝴蝶兰种植项目（图 5.6-20）以其全面和先进的农业实践而著称，专为大规模花卉生产而设计。该项目占地 23328m²，分为两期建设，完工后预计年产 400 万株蝴蝶兰，年收入约 800 万元。该大规模运营通过现代化温室设施，强调高效生产和高产出。

海信日立公司为该项目配备了先进的环境控制系统，包括温湿度传感器、二氧化碳传感器和通风系统，确保全年最优的生长条件。项目使用高效节能的空调系统来维持必要的环境参数，进一步提升种植过程的可持续性。结合了现代农业技术和多种备用及节能措施，通过冷热分区设计、有机生物锅炉备用、暖风机四管制、蓄水箱保温以及柴油发电机的配置，确保了温室环境的高效、稳定和可持续性。这些技术特点不仅提升了蝴蝶兰的产量和品质，还显著降低了运营成本和环境影响。

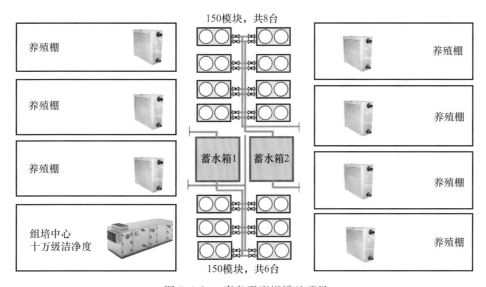

图 5.6-20　青岛平度蝴蝶兰项目

5.6.3　设施水产

设施渔业是 20 世纪中期发展起来的集约化高密度养殖产业，它集现代工程、机电、生物、环保、饲料科学等多学科于一体，运用各种最新科技手段，在陆上或海上营造出适合鱼类生长繁殖的良好水体与环境条件，把养鱼置于人工控制状态，以科学的精养技术，实现鱼类全年的稳产、高产。不同于民用建筑领域，在渔业生产领域中，水产品的捕捞、养殖是能源消耗的主要环节。面对如今资源、能源与环保的压力，如何降低水产养殖水体升温成本和减少排放，实现企业高效、低成本和节能生产，已成为我国工厂化水产养殖产业发展急需解决问题。

1. 技术途径

设施渔业的节能发展对于降低整体水产养殖能耗具有巨大推动作用，实现设施渔业节能降碳的关键技术路径主要包括以下几点。

1）热泵系统本身的利用与优化

工厂化水产养殖是中国北方水产养殖的重要模式，主要依靠燃煤锅炉对水体进行升温。太阳能作为一种可再生清洁能源，在我国发展迅速，但太阳能利用受到地域、季节和使用时间等多方面的影响，体现出间歇性和不稳定性。而热泵在使用中受室外环境的影响较大，特别是在北方地区，室外温度越低，其效率也就越低。太阳能集热与空气源热泵综合系统，是将两种节能设备相连接，可有效地避免太阳能集热和热泵使用中各自的不足，达到节约高位能和减少环境污染的目的，具有很高的开发、应用价值。

2）可再生能源的利用

太阳能作为一种可再生清洁能源，在我国发展迅速，目前在用太阳能热水器总集热面积已超过1亿m^2，生产量和使用量均居世界第一位。太阳能热泵是太阳能集热系统与热泵的组合。热泵是一种以消耗部分高品位能量为条件，向低温热源取热，将其加热后向高温热源放热的能量利用装置，热泵的性能系数大于1，是一种有效的节能技术。改变热泵循环中工质的流动方向，还可实现冬天制热、夏天制冷的功能[104]。太阳能集热与空气源热泵集成水体升温技术，可实现新能源综合利用，替代锅炉水体升温，在我国北方工厂化水产养殖水体升温中具有良好应用前景。采用太阳能与空气源热泵配合后，不但增强了能源利用率，而且减少了系统运行过程中的能量损失，这样系统运行费用也大幅度降低。并且本系统运行二氧化碳零排放量，对环境无不利影响，符合节能减排要求[105]。

浅层地热能广泛存在于地球浅表层巨大的恒温带中，其能量主要来源于太阳辐射和地球梯度增温。浅层地热资源主要存在于浅层土壤、地下水和地表水中，这些热源的温度与环境温度接近、能量密度低，无法直接利用。近年来国外热泵技术的发展应用非常迅速，尤其是地源热泵（土壤源热泵、地下水源热泵和地表水源热泵统称为地源热泵）。深层地热即为通常所指的地热能，包括浅层的水热型地热资源与深层的干热岩等，目前国内外设施农业利用主要限于水热型地热。地热在设施养殖中主要用于名贵水产培养、水产品反季养殖等[104]。

3）降温技术

设施水产养殖是水产养殖的重要发展方向，在丰富国民饮食、培育产业经济中扮演重要角色。以海参的工厂化养殖为例，通过调控水温等参数可改善其生长环境，有效减少病害，避免夏眠和冬眠，缩短生产周期，使产量和效益得以提升。针对目前水产养殖行业的水温调控系统能耗大及适用性差等问题，提出基于冰源热泵的高效清洁加热及结合跨季节蓄冷实现全年冷热管理的技术思路。

2. 理论研究

对现有的热泵系统进行优化、提高热泵系统的能源利用效率，是降低我国水产养殖能耗的基础；改善现有的水产养殖方式、充分利用自然能源是实现水产养殖可持续发展的关键要素；而将可再生能源与热泵系统结合是未来节能降碳的挑战。下面针对我国水产养殖绿色高效发展的关键要素进行相应的理论分析。

1）热泵系统本身的利用与优化

太阳能空气源热泵系统运行原理见图5.6-21。采用太阳能集热和热泵辅助加热，水首先被太阳能集热站加热后进入地下储热池，达到一定量后进入换热器加热自然海水用于水产育苗养殖，当夜间或阴雨雪天达不到供暖效果时，用空气源热泵作为辅助能源。空气源热泵机组在夏秋季作为独立系统对育苗养殖大棚水体进行降温。太阳能热水系统以供暖为主，依据太阳能辐射强度的不同，该系统主要有如下四种运行模式。

（1）当太阳能充足时，太阳能集热系统能够满足育苗养殖供暖需求时，热泵系统关闭，太阳能热水系统单独运行，形成由图中太阳能集热器、地下储热池、循环水泵、换热器组成的A—B—C—D循环。

（2）当太阳能不充足时，太阳能集热系统仅能满足育苗养殖供暖部分需求时，采用太阳能集热系统和空气源热泵联合运行模式，形成由图中太阳能集热器、地下储热池、水泵和换热器组成的循环，以及空气源热泵系统辅助补充热能，即A—B—C—D加E—C—D。

（3）当太阳能辐射强度为零（夜间或阴雨天气）时，空气源热泵单独运行，即形成由图中空气源热泵系统和换热器组成的供热系统E—C—D。

（4）在夏季气温过高时，利用空气源热泵制冷，即E—C—D。

2）可再生能源的利用

太阳能水体升温技术是利用可以吸收太阳辐射能并转换为热能的装置将热量传递给介质，加热水供使用。这种装置叫作太阳能集热器，目前常见的太阳能集热器种类有真空管型、金属平板型和

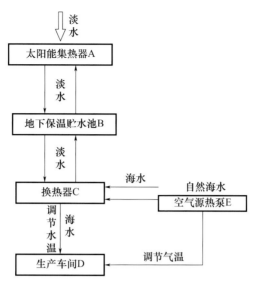

图 5.6-21 系统运行原理

陶瓷平板型等。

真空管型太阳能集热器主要的三大部分分别为外玻璃管、内玻璃管和选择性吸收涂层。真空管型集热器整体结构类似生活中使用的暖壶胆，内、外层玻璃管之间为真空，太阳能通过集热器的外玻璃管照射在内玻璃管外壁上的选择性吸热涂层，太阳辐射能转化为热能，热量通过内层玻管传递给热管，使热管中的介质得到热量，从而使介质得到加热。但真空管型集热器易碎、易结水垢、事故率高、设计安装和维修难度都很高。系统运行中，如果设计、安装和施工过程中出现不当，就会造成真空管元件爆裂的现象，则整个太阳能系统都会受到影响；同时，真空管型集热器工作过程中，外玻璃管由于材质原因会反射掉一部分的太阳辐射，因而到达内玻璃管上的太阳辐射能会有损失，影响最终的集热效果。

平板型太阳能集热器是一种吸收太阳能辐射能，将其转化为热能并加热介质的太阳能装置，它是一种开始使用时间较早且应用广泛的太阳能热利用设备。它接收太阳能辐射能量的面积与集热器的集热面积大致相等。但其缺点是集热器的金属吸热涂层很容易在水的冲刷下变得越来越薄，与空气接触的部分容易出现铜锈，尤其焊接处尤为明显，因此集热器需要定期进行维护和保养，直接增加了维护费用；同时金属平板式集热器自身的金属结构导致了热量损失快、抗冻能力弱，不适合在寒冷的冬季使用。

陶瓷平板型集热器是以普通陶瓷为基体，表面涂有拥有较高太阳辐射吸收率的材料，然后经高温一次性烧制而成的薄壁式太阳能集热器，其太阳吸收比在 0.93 以上。陶瓷平板型集热器具有成本低、寿命长、不腐蚀、不老化、不褪色、阳光吸收率不衰减以及无毒、无害、无放射性等优点，拥有长时间良好的光热转换效率，使用寿命长，可以与建筑物一体化安装。在相同的安装面积条件下，陶瓷平板型集热器的有效集热面积是真空管型的 1.3 倍，是金属平板型的 1.1 倍，拥有更广阔的应用前景。但陶瓷太阳能平板集热器也存在表面热损失大、受环境因素影响大等问题。

保温隔热层的选择是整个保温隔热结构设计的重点，其厚度是直接影响太阳能热利用和储藏的关键，根据所处地区气候情况、保温材料导热性能大小、集热器内外温差的不同，所需的厚度也不一样。

集热器最大允许热损失下绝热层的厚度由式（5.6-23）求得：

$$\delta = \lambda \left(\frac{T_0 - T_a}{[Q]} - \frac{1}{\alpha_s} \right) \tag{5.6-23}$$

式中 δ——绝热层厚度，mm；

λ——绝热层导热系数，W/(m·K)；

$[Q]$——绝热层外表面最大允许热损失量，W/m^2；

T_0——管道或设备的外表面温度，℃；

T_a——周围环境温度，℃；

α_s——绝热层外表面换热系数，$W/(m^2 \cdot K)$。

一般为敷设材料的辐射换热系数α_r与对流换热系数α_c两者数值之和，可根据经验公式（5.6.23）计算得到：

$$\alpha_s = 1.163(6 + 3\sqrt{w}) \tag{5.6-24}$$

式中　w——室外风速，m/s。

可根据式（5.6-23）和式（5.6-24）计算得出合理的太阳能集热器绝热层参数。

3）降温技术

冰源热泵系统的原理如图5.6-22虚线框内所示，系统由水侧循环及制冷剂循环组成。水侧循环：冰浆缓冲槽内的近冰点热源水由制冰泵驱动进入直接蒸发板式换热器，在换热器内与制冷剂换热至过冷态，经超声波促晶器解除过冷生成冰浆，回到冰浆缓冲槽中完成循环。制冷剂循环：制冷剂在直接蒸发板式换热器内吸热，经压缩机做功后，进入冷凝器内冷凝放热，再由节流阀进行节流，回到换热器内完成循环。

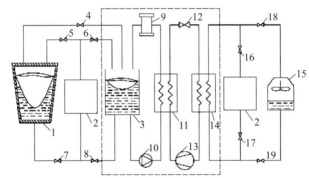

1—跨季节储冰池；2—海水缓冷池；3—冰浆缓冲槽；4～8—阀门；9—超声波促晶器；
10—制冰泵；11—直接蒸发板式换热器；12—节流阀；13—压缩机；14—冷凝器；
15—冷却塔；16～19—阀门。

图5.6-22　冰源热泵及跨季节蓄冷型冰源热泵系统原理图

考虑到夏季养殖水体温度调控对冷量的需求，在冰源热泵的基础上结合跨季节蓄冷技术，提出一种跨季节蓄冷型冰源热泵系统，该系统的原理如图5.6-22所示。供热时，与冰源热泵系统原理基本一致；不同之处在于，跨季节蓄冷型冰源热泵系统需要打开阀门4，将冰浆缓冲槽中的冰输送至跨季节储冰池中，用于夏季供冷。供冷时分为两种情况：①当跨季节储冰池中冷量充足时，关闭阀门4、6、8、16～19，仅开启阀门5、7，利用跨季节储冰池中冰融化生成的低温水为海水供冷，低温水释放冷量后温度升高，喷淋至季节储冰池中，融化池顶部的冰生成低温水，完成循环；②当跨季节储冰池中冷量不足时，启动冰源热泵系统进行供冷。

冰源热泵海水所需的热负荷Q_1根据下式计算：

$$Q_1 = cm\Delta t \tag{5.6-25}$$

式中　c——海水比热容，$kJ/(kg \cdot ℃)$；

m——质量流量，kg/s；

Δt——海水温度与养殖池内水温之差，℃。

养殖池通常无保温设施，其热损失主要由水面蒸发热损失及与环境间的热传导组成。单位时间水面蒸发热损失Q_2的计算公式如下：

$$Q_2 = 4.187\gamma(174v_f + 0.0229)(P_b - P_q)F \times 760/b \tag{5.6-26}$$

式中　γ——与池水温度相同时水的蒸发汽化潜热，kJ/kg；

v_{f}——养殖池水面风速，m/s；

P_{b}——与池水温度相同时饱和空气水蒸气分压力，Pa；

P_{q}——养殖池室内环境空气水蒸气分压力，Pa；

F——养殖池的水面面积，m^2；

b——当地的大气压力，kPa。

单位时间传导热损失Q_3的计算公式如下：

$$Q_3 = 4.187\alpha F(t_{\mathrm{s}} - t_{\mathrm{q}})F \tag{5.6-27}$$

式中　α——海水导热系数，$\mathrm{W/(m \cdot K)}$；

F——养殖池与环境的接触面积，m^2；

t_{s}——养殖池水温度，℃；

t_{q}——环境接触温度，℃。

因此，冬季供热时的总热负荷Q可由下式计算：

$$Q = Q_1 + Q_2 + Q_3 \tag{5.6-28}$$

夏季的供冷负荷也按照式（5.6-28）计算，但夏季养殖池内水温度比环境温度低，因此不考虑蒸发热损失。

冰源热泵系统的性能系数COP根据下式计算：

$$COP_{\mathrm{h}} = \frac{h_2 - h_{4'}}{h_2 - h_1} \tag{5.6-29}$$

$$COP_{\mathrm{c}} = \frac{h_1 - h_{4'}}{h_2 - h_1} \tag{5.6-30}$$

$$\eta_{\mathrm{C,s}} = \frac{h_{2\mathrm{s}} - h_{4'}}{h_2 - h_1} \tag{5.6-31}$$

式中　COP_{h}——制热性能系数；

COP_{c}——制冷性能系数；

$\eta_{\mathrm{C,s}}$——绝热效率；

h_1——工质流出蒸发器时的比焓；

h_2——压缩机出口的实际比焓；

$h_{2\mathrm{s}}$——压缩机出口的理论比焓；

$h_{4'}$——节流后工质的比焓。

为了统一评价不同系统的运行能效，在性能系数的基础上采用一次能源利用率 PER 作为评价指标。PER 是系统输出能量与一次能耗量的比值，PER 值越高代表系统节能性越好。

锅炉的一次能源利用率E_{b}为

$$E_{\mathrm{b}} = \varepsilon(1 - \eta_{\mathrm{b,s}}) \tag{5.6-32}$$

热泵的一次能源利用率E_{hp}为

$$E_{\mathrm{hp}} = c\eta_{\mathrm{e}}(1 - \eta_{\mathrm{e,s}}) \tag{5.6-33}$$

式中　ε——锅炉系统的热效率；

c——热泵系统的COP；

η_{e}——发电厂发电效率，取 0.33；

$\eta_{\mathrm{b,s}}$——设备损耗系数，取 0.1；

$\eta_{\mathrm{e,s}}$——电能传输损耗系数，取 0.05。

系统的全年一次能源利用率E_{o}为

$$E_{\mathrm{o}} = \frac{Q_{\mathrm{H}} + Q_{\mathrm{c}}}{\dfrac{Q_{\mathrm{H}}}{E_{\mathrm{H}}} + \dfrac{Q_{\mathrm{c}}}{E_{\mathrm{c}}}} \tag{5.6-34}$$

式中　Q_{H}——末端供热能耗；

Q_c——末端供冷能耗；

E_H——供热期一次能源利用率；

E_c——供冷期一次能源利用率。

3. 案例分析

我国北方地区因受季节的限制和影响，每年有 4～6 个月需要为养殖水体进行升温，目前主要依靠传统方式（燃煤锅炉）加热，其升温运行费用较高且会对周围环境造成严重的污染。因此降低水产养殖水体升温费用及能耗是目前工厂化水产养殖领域急需解决的问题，也是水产养殖行业实现可持续发展的重要方式。目前新型多能源升温技术主要以太阳能与热泵技术为研究对象。

热泵技术是一种通过少量电能将低位热源的能量转移到高位热源的技术，相比较传统燃煤锅炉、电加热等升温方式具有明显供热节能优势，是目前世界备受关注的新型能源技术，但不同类型的热泵系统都存在工艺上的缺陷，另外单独长时间的使用会使热泵机组的电耗增加、寿命减短，导致系统经济性能的下降。将太阳能系统与热泵系统进行耦合，从而达到将太阳能与热泵技术的性能优势最大发挥。

马远洋等开展了太阳能—热泵集成水体升温技术研究，对陶瓷板太阳能集热器底部和侧面进行了保温隔热设计，并对集热器采光面盖板进行了选型设计。该技术具有保温隔热、高效采光、轻量化和成本低等优势。

1）太阳能升温系统设计与建造

中国北方冬季寒冷期工厂化水产养殖，考虑到海水养殖中含有杂质会腐蚀集热系统，造成水质的污染，需要尽量保证在冬季寒冷期供热效率稳定，以及养殖水体加热水体量巨大等问题，太阳能—热泵集成水体升温系统中的太阳能系统使用间接换热方式（换热工质为导热油）。集热器选择陶瓷平板型太阳能集热器，它作为一种新型的太阳能集热器，拥有使用寿命长、制造成本低、集热效率适中且抗冷热冲击和腐蚀能力强等优点，虽然和金属型集热器一样自保温能力弱，但可通过后续安装设置保温隔热结构提高其自保温效果。陶瓷太阳能保温框是提高集热器自保温效果的结构。综合考虑保温隔热效果和工程应用成本，最终确定保温隔热框架采用硬聚氯乙烯（PVC）板材，保温隔热材料为聚氨酯泡沫，集热器盖板选用聚碳酸酯（PC）板材、表面贴附一层四氟聚乙烯隔热膜（ETFE）。如图 5.6-23 所示。

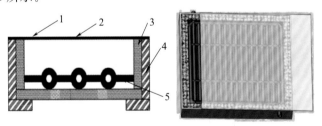

1—盖板；2—隔热膜；3—保温层；4—框架；5—陶瓷板太阳能集热器

(a) 结构原理图　　　　(b) 设计三维图

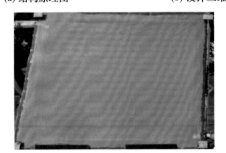

(c) 实物图

图 5.6-23　陶瓷太阳能集热器保温隔热结构原理及实物图

2) 太阳能—海水源热泵集成升温系统应用试验

为了探究太阳能与海水源热泵在工厂化水产养殖中的水体升温效果，在大连市某循环水养殖基地上设计、安装一套太阳能—海水源热泵集成水体升温系统，并对该套系统的升温效果进行试验研究。

该水产养殖企业的养殖鱼种的适宜生长温度为 16～25℃，企业养殖用水（井盐水）温度为 (13.5±0.1)℃，养殖车间每日用水量在 2400t，企业要求冬季利用太阳能与海水源热泵系统将养殖用水温度由 13.5℃ 升至 18～20℃ 之间，升温时间为 11 月至次年 5 月。

在试验过程中分别测定太阳能集热器和热泵机组的养殖用水进、出水口温度，太阳能集热器内温度以及养殖车间供水蓄水池温度，同时监测太阳光照度和辐射照度，利用升温幅度、得热量和 COP 值等指标评价系统的运转性能。

首先对太阳能升温系统运行效果进行综合分析，00：00—09：30 期间，养殖车间的供热是由热泵供热系统单独完成的；09：30—16：30，太阳辐射照度提高，太阳能集热器内温度达到预定值，太阳能升温系统开始与热泵供热系统联合供热，使用期间太阳能集热系统海水进出口平均温升幅度在 4.5℃，最大温升幅度为 12℃，平均瞬时集热功率为 524.2kW，联合工作的热泵机组供热功率为 280kW，两者承担的供热负荷贡献比约为 2：1；16：30—24：00，太阳能集热器温度低于预定值，热泵供热系统单独为养殖水体供热。

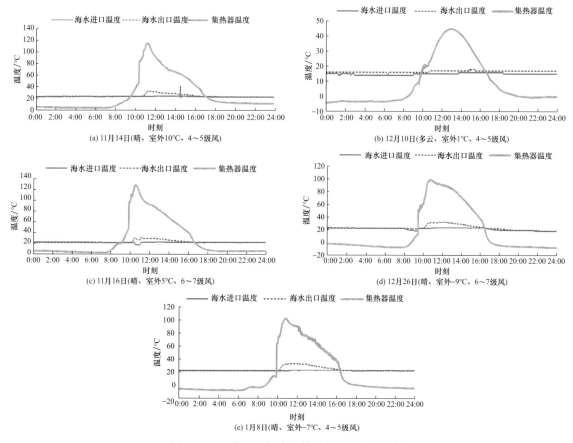

图 5.6-24　典型天气太阳能升温系统运行效果

对海水源热泵升温系统运行效果进行计算分析，试验期间当海水源热泵机组独自工作期间，其 COP 为 5.9；当热泵机组与太阳能升温系统联合工作时，最高 COP 为 5.5，平均 COP 为 5.2；太阳能—海水源热泵集成升温系统最高 COP 为 10.8，平均 COP 为 9.1。图 5.6-25 为典型 5 日海水源热泵机组与太阳能升温系统联合工作时热泵机组与集成系统的性能系数 COP 值变化情况。

由图 5.6-25 可看出，在 1 月 18 日海水源热泵机组的 COP 为 4.9，低于平均数值，结合表 5.6-4 和 5.6-5 的内容分析，1 月集成系统中太阳能升温系统由于室外光照条件良好，产生的热量多，水体升温幅度大，造成了海水源热泵机组的进水温度升高，致使1月热泵机组的COP值偏低，但集成系统因太阳能系统升温效果好，致使总COP值偏高（COP值为10.8）；同理2月10日热泵机组COP值偏大和集成系统总COP值偏小与2月太阳能升温系统集热负荷变小有关联。

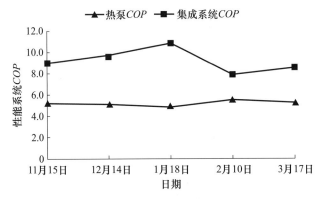

图 5.6-25　太阳能－海水源热泵集成系统性能系数

表 5.6-4　海水源热泵机组运行数据 （℃）

日期	热泵热水温度		低温热源温度		冷凝温度	蒸发温度
	进口	出口	进口	出口		
11月15日	20.3	22.8	13.4	10	29.2	2
12月14日	20.9	23.3	13.4	9.5	30.4	2.3
1月18日	21.5	23.8	13.4	9.6	33.4	2
2月10日	19.7	22.3	13.5	9.2	31.1	1.6
3月17日	20.8	23.3	13.5	9.3	30.6	2.4

表 5.6-5　太阳能热负荷、当量标煤、当量天然气量及费用

月份	太阳能热量（MJ）	标煤（kg）	标煤费用（万元）	天然气（m³）	天然气费用（万元）
11	1.8×10^5	1.2×10^4	1.4	1.6×10^4	4
12	2×10^5	1.3×10^4	1.6	1.8×10^4	4.5
1	2.4×10^5	1.6×10^4	1.9	2.2×10^4	5.4
2	0.8×10^5	0.5×10^4	0.6	0.7×10^4	1.9
3	1.5×10^5	1×10^4	1.2	1.4×10^4	3.5
4	1.3×10^5	0.8×10^4	1	1.1×10^4	2.8
总计	9.8×10^5	6.4×10^4	7.7	8.8×10^4	22.1

5.6.4　农产品干燥

除了设施种植、设施畜牧、设施渔业，设施农业还包括提供支撑服务的公共设施、农产品加工环境等，如产前的集约化育苗、产后的冷藏保鲜、冷链物流和仓储烘干等。农产品通常包括粮、棉、油、林、牧、果、菌等大宗农业产品及相应的副产品，也包括用食品添加剂和品质改良剂等辅料生产的产品，纤维类经济作物、淀粉类经济作物以及用于生活消费的产品，应包括地区性的土特产品等。农产品加工业是我国国民经济的一个重要组成部分，也是农产品商品化不可缺少的重要环节[106]。农产品加工是降低农产品的产后损失、增加农产品经济价值、提高农产品市场竞争力的有效措施。

干燥是利用热能使湿物料中的湿分（水分或其他溶剂）气化并排除，从而获得干燥物料的操作，是农产品加工的重要环节之一，可以降低水分含量，减少产品在储存期间的变质和质量下降，干燥产品质量和体积减小，便于运输和处理[107]。适当的干燥方法可以最大程度地保留农产品的营养成分和感官品质。另外，干燥是一种能源密集型操作过程，是能量消耗最大的工业单元操作之一。在部分发达国家，干燥能耗占据了工业总能耗的 $12\%\sim20\%$。干燥能耗占我国总能耗的 8.4%，占据了食品、农特产品加工工业能耗的 12%[108]。并且由于干燥过程中部分热量以废气的形式直接排放到大气环境中，导致干燥操作过程的能源利用率通常仅有 30% 左右。

随着农产品及其他需要干燥物料类别的丰富与人们对物料干燥品质要求的提高，加工企业对干燥设备的多功能性也越来越重视，更加注重研究大型化、高强度、高经济性、广谱与个性化结合，改进对原料的适应性和产品质量，开发新型高效和高适用性的保质节能干燥装备是干燥器发展的基本趋势。如今，我国的干燥设备已经基本结束"进口时代"，国产化干燥设备在国内市场的占有率已达 80% 以上[109]。长期以来，国内干燥设备行业一直存在生产规模小、门槛低、整体技术含量不高等问题，如大部分企业集中于生产成熟度较高的设备，不注重新技术的开发，数量虽多但整体水平不高，与世界先进水平相比还有较大的差距。以化石能源为主的高能耗、高污染、高碳排放的中低端干燥技术仍占据市场主导地位，也是目前我国干燥市场发展的瓶颈[110]。开发低能耗、低碳排放的干燥技术，不仅可以保证农产品干燥技术水平、增加农产品经济价值、提高农产品市场竞争力，还可以为实现"双碳"目标作出贡献，推动我国绿色发展迈上新台阶。

1. 技术途径

农产品干燥操作的节能发展对于降低整体农产品加工能耗具有巨大推动作用，实现农产品干燥过程节能降碳的关键技术路径主要包括以下几点。

1）优化农产品干燥工艺

干燥单位能耗是开发干燥工艺的重要评价指标之一，通常容易被忽略。通过研究农产品干燥技术的典型影响参数对干燥特性、物料品质及干燥能耗的影响，采用多指标评价的方法优化干燥工艺，提出"高效、保质、低碳"干燥工艺指导实际加工生产，可以从根本上实现节能降碳。

2）采用余热回收技术提高能源利用率

传统干燥技术热能损失量大，能源利用效率低。可以采用热泵等余热回收技术，以"直接"或"间接"的形式高效回收干燥过程产生的废热并加以利用，降低一次能源输入量，提高能源利用率。

3）新能源代替传统化石能源

干燥是能量消耗最大的工业单元操作之一，传统干燥技术以煤炭、天然气等化石能源为主充当干燥热源，能源消耗量巨大且污染环境。采用太阳能、生物质能等新能源代替传统化石能源充当干燥热源，可有效降低干燥系统碳排放、保护大气环境。

4）耦合储能技术

基于峰电时期农产品干燥热负荷，开发可实现谷电时期电能高效长时存储的储能材料，或开发太阳能耦合储能技术。通过调控峰谷电时期干燥系统运行模式，实现节能降碳目标。

5）多种热源耦合干燥，优化干燥系统流程

基于不同种类农产品干燥特性，采用多种热量传递形式的热源耦合干燥，提高干燥速率，降低能源消耗量；并基于热力学分析优化多热源干燥系统的热力循环流程，降低各循环损失，提高能源利用效率。

6）优化干燥系统自动控制水平

干燥系统是一个复杂的强耦合非线性动力系统，容易受多种因素干扰。基于低碳干燥工艺，通过对操纵、控制、干扰、约束等变量实现及时在线控制调整，使干燥系统始终处于最优运行工况，降低无效能源损失量。

2. 理论分析

热泵干燥的原理是实现逆卡诺循环，以制冷工质在热泵系统的蒸发器、冷凝器等部件中的气液两相的热力循环实现除湿干燥。热泵干燥系统的工作原理如图 5.6-26 所示，高压液态工质经过膨胀阀后在蒸发器内蒸发为气态，并大量回收干燥介质中的排湿余热，实现干燥介质降温除湿；气态工质被压缩机压缩成为高温、高压的气体，然后进入冷凝器放热，提供干燥热源。如此循环实现除湿加热，逐渐降低干燥物料的含水率[111]。随着技术的进步和市场对高质量农产品需求的增加，热泵干燥技术在农产品加工领域的应用将会进一步扩大。

干燥子系统主要由干燥器和干燥介质组成，其类型多样，可根据不同的标准进行分类。按干燥介质在干燥系统中的循环方式可分为封闭式、开式、半开式。

闭式热泵干燥系统的干燥介质在系统内构成闭式循环回路，不从环境中吸入干燥介质，也不向环境排放废气。热泵机组可从干燥器内的废气中吸收热量加以利用，提高了能源利用率。湿空气是热泵干燥系统中应用最广泛的干燥介质，在闭式干燥系统中循环时湿空气状态变化如图 5.6-27 所示，图中的 a、b、c 状态点与图 5.6-26 中的点相对应。a-b 为高温空气与干燥箱内物料发生对流传热的烘干过程，该过程的空气温度降低、湿度增加、比焓不变、b-c 为湿空气经过蒸发器降温除湿的过程，其中，b-b' 为显热降温过程，湿空气的含水量不变，温度降低，直到相对湿度达到饱和；b'-c 为潜热降温过程，湿空气的温度和相对湿度均下降；c-a 为湿空气经过冷凝器升温的过程，该过程的空气温度升高且含湿量不变[112-113]。

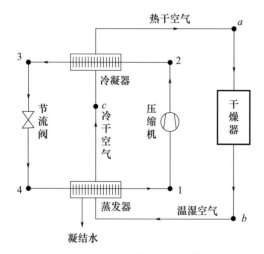

图 5.6-26　热泵干燥系统的工作原理　　　图 5.6-27　闭式干燥介质循环对应的空气焓湿图

开式热泵干燥系统如图 5.6-28 所示[114]。干燥介质从大气环境中吸入，经热泵的换热器除湿、升温后进入干燥器干燥物料，再将湿度高的干燥介质排到大气环境。开式热泵系统干燥空气均从室外引进，所以运行时受环境状况影响较大，从干燥器排出的干燥废气均排到大气环境中，没有余热回收装置会导致能源利用率低，也会污染环境。

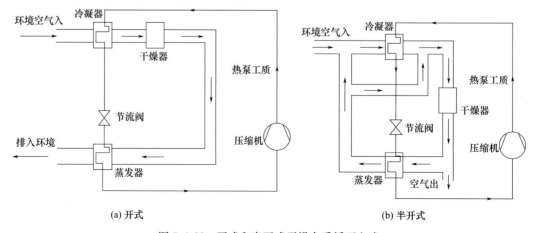

(a) 开式　　　　　　　　　　　　　　　　(b) 半开式

图 5.6-28　开式和半开式干燥介质循环方式

半开式热泵干燥系统同样如图 5.6-28 所示，其干燥介质一部分为大气环境空气，另一部分为从干燥器排出的废气。半开式系统能有效调控干燥系统内的温湿度，防止系统长时间运行导致的干燥介质温湿度过大，引入大气环境空气可有效地降低压缩机的排气温度，延长热泵机组的使用寿命。

在湿空气的数值模拟计算中均以干空气的质量流量作为计算基准：

$$Q_{m,1} = \frac{Q_{v,1}\rho_1}{1+\omega_1} \tag{5.6-35}$$

式中　$Q_{v,1}$——湿空气体积流量，m^3/h；

　　　ρ_1——湿空气密度，kg/m^3；

　　　ω_1——湿空气含湿量，kg/kg。

计算模型中根据质量守恒，系统中干空气质量流量不变，对于第 i 个机组，湿空气经过蒸发器 E_i，由能量守恒方程和质量守恒方程：

$$Q_{m,i}h_i = Q_{m,i+1}h_{i+1} + Q_{e,i} \tag{5.6-36}$$

$$Q_{m,i}h_i = Q_{m,i+1}h_{i+1} + (\omega_i - \omega_{i+1})Q_{m,i}h_{water,T=T_{i+1}} + Q_{e,i} \tag{5.6-37}$$

$$m_{water,i} = Q_{m,i+1}\omega_{i+1} - Q_{m,i}\omega_i \tag{5.6-38}$$

式中　ω_i——蒸发器前干燥介质的含湿量，kg/kg；

　　　ω_{i+1}——蒸发器后干燥介质的含湿量，kg/kg；

　　　h_i——蒸发器前干燥介质的比焓，kJ/kg；

　　　h_{i+1}——蒸发器后干燥介质的比焓，kJ/kg；

　　$h_{water,T}$——析出水的比焓，kJ/kg；

　　$m_{water,i}$——蒸发器的除水速率，kg/h。

对于第 i 个机组，湿空气经过冷凝器 C_i，由于只有显热交换，所以换热器前后含水量不变，根据能量守恒方程：

$$Q_{m,c,i+1}h_{c,i+1} = Q_{m,c,i}h_{c,i} + Q_{c,i+1} \tag{5.6-39}$$

$$\omega_{c,i} = \omega_{c,i+1} \tag{5.6-40}$$

式中　$Q_{m,c,i}$——冷凝器前干空气质量流量，kg/h；

　　$Q_{m,c,i+1}$——冷凝器后干空气质量流量，kg/h；

　　　$\omega_{c,i}$——冷凝器前湿空气的含湿量，kg/kg；

　　$\omega_{c,i+1}$——冷凝器后湿空气的含湿量，kg/kg；

　　　$h_{c,i}$——冷凝器前干燥介质的比焓，kJ/kg；

　　$h_{c,i+1}$——冷凝器后干燥介质的比焓，kJ/kg。

当空气旁通或有新风混合过程时，根据质量守恒和能量守恒：

$$Q_A h_A + Q_B h_B = (Q_A + Q_B)h_C = Q_C h_C \tag{5.6-41}$$

$$Q_A \omega_A + Q_B \omega_B = (Q_A + Q_B)\omega_C = Q_C \omega_C \tag{5.6-42}$$

式中　Q_A——补风空气的质量流量，kg/s；

　　　Q_B——系统内循环空气的质量流量，kg/s；

　　　Q_C——补风与循环空气混合后空气的质量流量，kg/s；

　　　h_A——补风空气的比焓，kJ/kg；

　　　h_B——系统内循环空气的比焓，kJ/kg；

　　　h_C——补风与循环空气混合后空气的比焓，kJ/kg；

　　　ω_A——补风空气的含湿量，kg/kg；

　　　ω_B——系统内循环空气的含湿量，kg/kg；

　　　ω_C——补风与循环空气混合后空气的含湿量，kg/kg。

热泵干燥装置的制热性能系数（COP）是热泵产生的热量与其耗费的能量之比：

$$COP = \frac{Q_c}{W_{tot}} = \frac{Q_e}{W_{tot}} + 1 \qquad (5.6\text{-}43)$$

式中　COP——热泵制热系数；

　　　Q_c——热泵的制热量，kW；

　　　Q_e——热泵的制冷量，kW；

　　　W_{tot}——热泵消耗的能量，kW。

热泵干燥装置的除湿能耗比（$SMER$）是消耗单位能量所除去物料中的水分量，即物料中的水分去除量与热泵干燥装置消耗的能量之比：

$$SMER = \frac{M_{de}}{W_{tot}\tau} \qquad (5.6\text{-}44)$$

式中　$SMER$——除湿能耗比，kg/(kW·h)；

　　　M_{de}——从物料中除去的水分的质量，kg；

　　　τ——干燥时间，h；

　　　W_{tot}——总耗能功率，kW。

3. 案例分析

1) 烟叶热泵干燥

烟叶是一种经济作物，国家烟草局把发展现代烟草农业作为未来发展的重要方向。要开发优质、高效、低耗、便捷的现代烟草农业机具装备，发展烟草设施农业工厂化生产设备等，降低烟草农业劳动强度和生产成本，提高烟草农业劳动生产率和经济效益，增加烟农收入，为现代烟草农业规模化、集约化生产提供技术支撑。

烟叶烘烤就是在保证烟叶的物理特性、化学成分、外观品质、安全性等指标的前提下，将含水量 80%～90% 的新鲜烟叶降至含水量为 4%～7%，成为具有一定品质、风格、等级标准干烟叶的过程。烘烤过程包含烟叶的变黄和干燥过程，烟叶厚度小于 0.2mm，具有毛细管多孔结构和多孔组织，其干燥过程是通过多孔组织和毛细管将水分输送至叶面蒸发散失。烟叶烘烤如何调控干燥速度、实现对温湿度的快速准确控制，是协调烟叶变黄和物质转化的关键。在长期的生产实践和技术发展的基础上，对烟叶烘烤过程的生物化学变化及整体质量深入研究后形成了"三段式"烘烤工艺烤烟技术，如图 5.6-29 所示。三段式烘烤工艺将烟叶的烘烤过程分为变黄阶段、定色阶段和干筋阶段，且每个阶段的干球温度又可分为升温控制和稳温控制两个步骤，在实际烘烤过程中根据不同地区、不同烟叶品种、不同烘烤阶段的温度和时间要作相应的调整[115]。

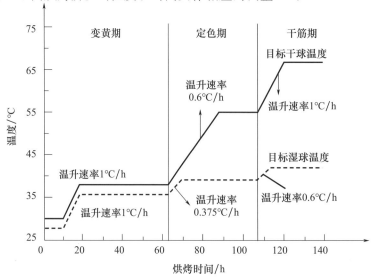

图 5.6-29　三段式烟叶烘烤工艺曲线

密集烤房的推广应用在促进烤烟生产规模化发展方面发挥了重要作用。但是密集烤房在使用中普遍存在热能利用效率较低、碳排放量大等问题。烟叶烘干过程中每排除 1kg 水分，理论上需要消耗 2559.5～2580.3kJ 热量，烘烤得到 1kg 干烟叶需要消耗标准煤 1.5～2.5kg，烘烤烟叶所需热量仅占燃烧炉燃料发热量的 30% 左右，而排湿气流余热损失占燃料发热量的 20% 左右，严重时可达 25% 以上，能耗较大。因此，密集烤房存在较大的节能潜力，合理的回收利用密集烤房排湿余热，是提高现有密集烤房热能利用效率的一个重要的切入点，对烟叶烘烤的节能降耗具有重要意义。采用热泵技术对排湿热空气进行除湿，再对除湿后的干热空气循环利用，既回收了排湿余热提高能源利用率，又可实现对烘烤工艺精确的温湿度控制、提升烤烟品质。

中国科学院理化所张振涛科研团队按照理论研究、实验验证、部件研制、中试试验、示范推广的技术路线开展研究工作，开发了动态工艺和区域静态工艺两类热泵烤房。按照三段式烟叶烘烤工艺，如果将整个烘烤工艺过程依照变黄、定色、干筋、回潮功能进行分区，将不同工艺区段按空间进行划分，从而将动态工艺参数转换为静态工艺参数，这类烤房称为区域静态工艺热泵烤房，如图 5.6-30 所示。这类烤房适合批次处理量较大的作业，根据烘烤工艺烟叶在烘烤作业中需要进行转移，因此在设计的过程中，需要设定合理的物料运行速度[116-117]。

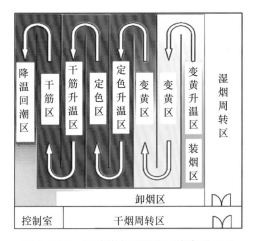

图 5.6-30　区域静态工艺热泵烤房平面图

以采用热泵烤房在三门峡开展烟叶烘烤的应用为例，采用半开式热泵干燥系统设计动态工艺，并对热泵烤烟过程的系统特性及经济性进行分析。具体如下：新鲜烟叶的装载量为 3500kg，鲜烟初始含水率为 85%～90%（按 85% 计算），设烘烤结束时烟叶含水率为 6.5%。根据理论计算发现，三个阶段平均失水速率分别为 14.40、32.34、17.48kg/h。

半开式热泵干燥系统原理图和实体图如图 5.6-31 所示。干燥箱内的一部分热湿空气从排湿口排出，与干燥箱外新风混合，然后流过蒸发器，以提高蒸发温度。同时另一部分旁通热湿空气与从新风阀来的新风混合，经冷凝器加热后进入干燥箱进行热湿交换，然后重复循环。在烘烤过程中通过压缩机的启停控制烤房内空气的干球温度，当干燥箱内空气的干球温度大于（或小于）工艺要求的目标干球温度时，压缩机停止（或开启）运行。湿球温度通过调节排湿阀的开度进行控制，当干燥箱内空气的湿球温度大于（或小于）工艺要求的目标湿球温度，开启（或关闭）排湿阀。

以烘烤过程中排湿量最大、需热量最多时烤房内所需的空气目标温湿度为设计计算基础。热泵系统总的热负荷主要由蒸发烟叶中水分所需热量、加热空气所需热量、烤房向外界环境的散热量和加热物料所需热量四部分组成。忽略烤房向外界环境的散热量和加热物料所需热量，则热泵需要提供的总热量为 36.97kW。

6.7 万座热泵烤房与燃煤烤房的污染物排放量的比较如表 5.6-6 所示，以烟煤数据为基础，比较了热泵烤房与燃煤烤房污染物排放量。如果 6.7 万座在运行的燃煤烤房全部转换为热泵烤

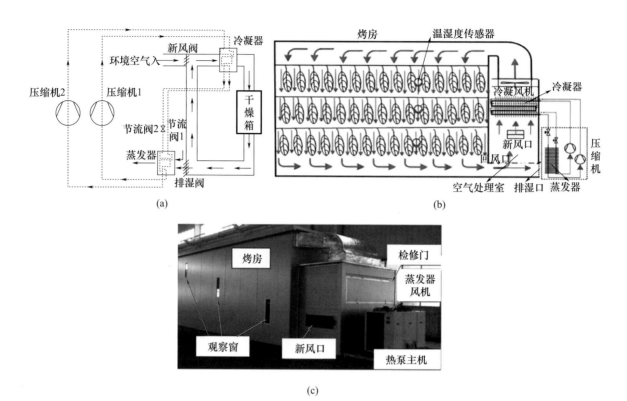

(c)

图 5.6-31　半开式热泵干燥系统工作原理图和实体图

房，产生的 CO_2、SO_2、NO_x、$PM_{2.5}$ 与 PM_{10} 的排放量将显著减少，所以热泵烤房的节能减排效果明显。

表 5.6-6　河南 6.7 万座烟叶热泵烤房与燃煤烤房的污染物排放量对比

序号	名称	燃煤排放量（万 t）	热泵用电排放量（万 t）	热泵减排量（万 t）	热泵减排率（%）
1	CO_2	156.6	46.23	110.37	70.48
2	SO_2（烟煤）	4.684	0.024	4.66	99.49
3	NO_x（烟煤）	0.844	0.017	0.827	97.99
5	$PM_{2.5}$	1.3008	0.0031	1.2977	99.76
6	PM_{10}	6.1008	0.0031	6.0977	99.95

综上所述，热泵烤烟技术可以精准实现恒温恒湿控制，升温及时，稳温平稳，为烤房内部创造适宜的温度和湿度条件，能在一定程度上提升烟叶的烘烤质量，尤其在烟叶油分、色泽、香气等方面好于燃煤烤房，明显提高了上等烟、上中等烟的比例，整体提高了干烟的平均价格；同时，相对于燃煤烤房，热泵烤房可完成一次烘烤，节约 80% 的人工费用；通过对比燃煤烤房与热泵烤房的污染物排放情况，热泵用电间接产生的 CO_2、SO_2、NO_x、$PM_{2.5}$ 与 PM_{10} 的排放量明显低于燃煤烤房，如果对河南省现在运行的燃煤烤房进行合理的改进，每年仅河南省烤烟季节集中的 8、9、10 三个月，就可以使 CO_2 的排放量减少 110 万 t，$PM_{2.5}$ 降低 99.7%。因此热泵烤烟具有显著的经济效益和社会效益，而且随着对雾霾、$PM_{2.5}$ 危害的认识，人们对环境保护意识的加强和国家节能减排环保政策的加强，节能减排效果明显的热泵烘烤技术必将有望应用于大规模的工业化生产。

此外，在上述基础上团队还开发了单套装置的服务面积在 $200 \sim 2000$ 亩的时空协同式热泵烤房，图 5.6-32 为河南省南阳市时空协同式烤房示意图。该烤房可实现连续作业，每天进料 70kg 鲜叶，其特点在于：第一，实现多能互补。利用光热效应来实现光热利用，提高烤烟系统热泵工作区的环境温度，来达到节约能源的目的。第二，实现能量梯级利用。烟叶烘烤是一个温度逐级上升的过程，在传统的动态工艺静态烤房烘烤过程中，高温段排湿会造成热量的浪费，而由于时间的不可逆，不可能将高温段排出的热量提供给已经结束的低温段利用。在时空协同式热泵烤房中，应用于静态密集烤房的三段式烘烤工艺已经转换为时空协同的分段静态连续烘烤工艺，不同温区是按照空间分布的，高温区的热量可以传递给同时进行的低温区利用，从而实现能量的节约。通过研究不同分区风道结构以及气流组织，来实现高温区热量向低温区的流动，达到能量梯级利用的目的，通过研究高效的废热回收利用方式，来实现节能[118]。

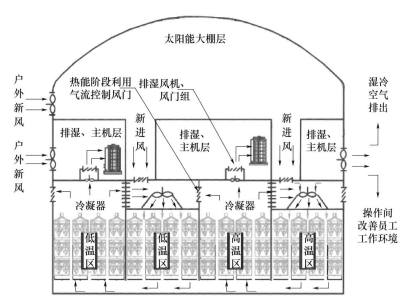

图 5.6-32   时空协同式热泵烤房示意图

此外，海信日立公司在烟叶烘干方面也多有实践，包括河南各地市、贵州铜仁、广西百色等项目。以贵州铜仁项目为例，如图 5.6-33 所示，采用海信日立公司海信牌空气源热泵烘干技术进行测试与评价，测试结果显示，每座烤房年均可减少二氧化碳排放 10.4t。空气源热泵烤房的运行费用显著低于传统生物质燃烧炉。测试数据显示，空气源热泵烤房的烘烤费用为 540.5 元，而生物质燃烧炉的费用为 1400 元。无须加料的自动化操作大大减少了人工成本，同时烟叶质量得到提升，颜色更均匀，品质更高。空气源热泵烤房配备了智能控制系统，能够在全程无故障运行的情况下，稳定实现高质量的烘烤效果。其智能化水平高，操作简便，极大减轻了烟农的劳动强度，并提升了烘烤的效率和效果。采用的空气源热泵系统具备优异的热管理性能，能够在烤房内实现快速升温和高效保温。测试中，在不使用电辅热的条件下，烤房能够迅速升温至 70℃，并保持较好的热量管理性能，确保烘烤过程中的稳定性和高效性。

图 5.6-33   贵州项目热泵烤房及效果示意图

此外，海信日立公司还探索了多种新型烘干形式，如研发热泵热水密集烘干系统，实现集中式烤房一次性或轮换物料烘干，如图 5.6-34 所示。目前市面上常见的烘烤形式是一个烤房配备一套烘干设备。对于连片的烘干房群，若采用常规热泵烘干机组，则烘干房数量与热泵烘干机组套数匹配，而每套热泵烘干机组所配置的室外机会形成购买成本、占地成本等方面的增加。海信日立新型热泵热水密集烘干系统，通过调节对应各烘干室对应的散热风机的转速，实现对各烘干室需求的动态平衡，且利用热水换热对烘干室进行控温，准确度高，同时大幅度降低机组启停。对于集成式的烤房群，可以实现初投资降低以及运行成本降低的经济效益，同时可以提升烘烤品质，增加经济收益。

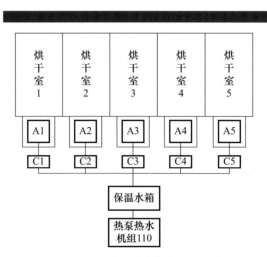

图 5.6-34　热泵热水密集烘干系统

2）玉米热泵干燥

粮食问题是国民经济的头等大事，2023 年中国粮食总产量为 13908.2 亿斤，我国粮食产量占世界总产量的比例约为 1/4。其中，高水分粮食约占粮食总产量的 20%。收获后的高水分粮食因来不及干燥而未达到安全储藏水分所导致的在储存、运输、加工等环节中霉变、发芽变质等损失达 5%～10%。近年来，由于对粮食干燥认识的提高，粮食干燥技术得到较快普及和应用，但粮食干燥过程会造成能源消耗，特别是我国粮食产量基数大、干燥需求多，每年因粮食干燥而造成的能源消耗巨大。因此，强化对粮食干燥特性的研究，选择和设计合理的干燥工艺及条件，降低粮食干燥成本和污染物排放，确保粮食收获后的干燥品质，减少粮食在储藏和干燥过程中的损耗，以利于安全储藏，是确保国家粮食安全的重要举措。

玉米不仅是重要的粮食作物，还是生产酒精、淀粉等重要的工业原料。2023 年中国玉米产量 2.888 亿 t，占全世界粮食总产量的 35%。玉米加工量约 2 亿 t，其中 70% 用来做饲料，30% 进行深加工。当玉米采用深加工时，为保证深加工产品的品质和得率，就对玉米干燥后的品质和干燥效率提出了更高要求[119]。玉米是难以干燥的粮食品种之一，由于其籽粒大、单位比表面积小、粮粒表皮结构紧密光滑，不利于水分从玉米内部向外部转移。特别是高温干燥时，籽粒表面水分急速汽化而内部水分不能及时传递出来，籽粒内部压力升高，致使表皮胀裂或籽粒发胀变形。如果干燥介质温度过高，遇到烘干机内有滞留粮时，会造成粮粒焦糊，出现焦糊籽粒，严重时可引起火灾。

我国玉米干燥普遍采用生产能力大、降水幅度快的塔式烘干机。一方面，常规的烘干塔主要使用燃煤烘干，烘干操作干燥介质进风温度比较高，可达 200℃，经常导致烘干玉米出现糊粮、裂纹、容重降低等不良后果，损坏玉米品质，降低玉米等级。另一方面，玉米的干燥过程也是一个耗能巨大的过程，尤其是东北的潮粮烘干，全部在冬季完成，潮粮水分冻结成冰，烘干能耗尤其高。目前，东北地区多采用燃煤混流热风塔式干燥机对玉米进行烘干，直接利用煤加热热风，湿热空气直接向烘干塔周围空间排放，热损失大，耗煤量高；各种尺度的颗粒污染物湿空气直接排放到环境大气中，环境污染严重。另外，针对常规燃煤玉米烘干塔热效率低、烘干粮食品质下降严重等问题，开展低能耗、低排放的新型玉米烘干技术与装备研究，对我国的新农村建设与可持续发展、加快实现"双碳"目标都颇有意义。

在黑龙江省院士办和中科 STS 项目支持下，针对东北地区寒冷环境温度低、冬季潮粮冻结及多段塔式燃煤玉米烘干能量利用率低、颗粒污染物直排的高能耗、高污染问题，围绕优质、高效、低耗、安全、环保、保质减损的玉米干燥目标，结合热泵干燥技术和环路热管技术，设计开发出一种热管联合多级串联热泵玉米干燥系统，如图 5.6-35 所示。

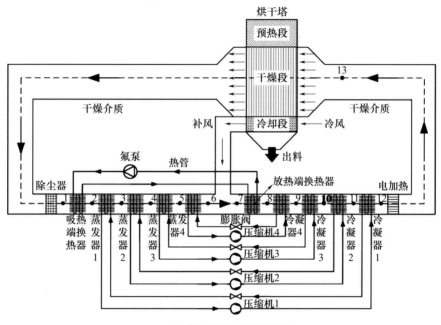

(a)多级玉米热泵统流程图

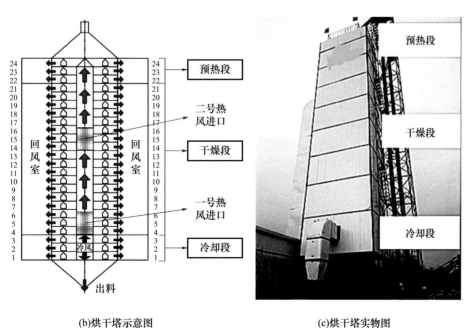

(b)烘干塔示意图   (c)烘干塔实物图

图 5.6-35 玉米烘干塔结构图

系统主要由热泵机组、热管回热器、玉米烘干塔、风道管路、除尘器、风机、电控柜组成。其中，所设计的具有排湿空气分段收集功能的玉米烘干塔包括预热段、干燥段、冷却段及回风室四部分[120]。在系统运行过程中，从冷凝器出来的高温干燥空气被送入玉米烘干塔，其在烘干塔内等焓吸收玉米水分后变为湿空气。从玉米烘干塔干燥段回风室排出的湿空气经除尘器除杂净化后，逐级经过热管吸热端换热器和四级蒸发器，经吸热端换热器和各级蒸发器逐级降温除湿后变为低温干燥的空气，与此同时，各级蒸发器冷凝下来的水分被排出系统外。随后，低温干燥的空气与烘干塔冷却段排出的空气混合后逐级通过热管放热端换热器和四级冷凝器，经放热端换热器和各级冷凝器逐级加热后变为高温干燥的空气，并被送入玉米烘干塔。在整个干燥过程中，系统没有废气排放到环境中，并且干燥温度不受环境温度限制。

大型玉米热泵干燥系统采用四级热泵串联供热的创新形式，与单级热泵供热形式相比，该种供热形式能够减小每级热泵系统蒸发温度和冷凝温度的差值，降低压缩机压比，从而使热泵系统的性能和效率得到大幅改善。另外，该种形式能够实现玉米干燥过程中对干燥介质（空气）的分级除湿和分级加热，分级除湿能够增加除湿效果，分级加热使空气加热得更加均匀，避免了单级热泵除湿不均、供热不均的问题。

假定干燥前玉米的含水率为34%，干燥终了玉米的含水率为14%，系统干燥能力10t/h，即每天可以干燥玉米潮粮240t；设计过程中忽略干燥塔冷却段的补风量对系统的影响，将系统视为闭式热泵干燥循环系统。本示范在黑龙江牡丹江地区进行，试验过程中当地环境温度白天-20～-10℃、晚上-25～-18℃。为了验证热管联合多级串联热泵玉米干燥工艺，将平均含水率为34%的高水分玉米分别用热管联合多级串联热泵玉米干燥装备和多段塔式燃煤玉米干燥塔（每天湿玉米处理量为78t）进行干燥，干燥后从烘干塔出来的玉米含水率为14%左右。试验记录两种干燥设备运行参数与玉米含水率，分析干燥过程能耗等因素。多级玉米热泵系统主要设备参数如表5.6-7所示。

表5.6-7 多级玉米热泵系统主要设备参数

部件	参数
压缩机（4个）	第一级压缩机功率：382.8kW，制冷量：132.5kW 第二级压缩机功率：124.3kW，制冷量：445.4kW 第三级压缩机功率：110.4kW，制冷量：504.6kW 第四级压缩机功率：95.1kW，制冷量：539.4kW
蒸发器	各级翅片管式换热器换热面积：$1215m^2$，$1414m^2$，$1602m^2$，$1712m^2$
冷凝器	各级翅片管式换热器换热面积：$1527.8m^2$，$1703.1m^2$，$1854.4m^2$，$1922.5m^2$
热管换热器	翅片管式换热器换热面积：$1056.4m^2$
回风机（4个）	变频式轴流风机风量：$46000m^3/h$，功率：7.5kW
冷却风机	离心式风机风量：$45000m^3/h$，功率：30kW
送风机（2个）	离心式风机风量：$100000m^3/h$，功率：75kW

在试验过程中，热泵烘干塔每小时的玉米潮粮处理量为8669kg，每小时排出的玉米干粮为6653kg；燃煤烘干塔每小时的玉米潮粮处理量为3148kg，每小时排出的玉米干粮为2416kg。玉米热泵干燥和燃煤干燥的能耗和经济性比较如表5.6-8所示。玉米热泵干燥系统每小时的除湿量为2016kg，系统每小时耗电量538kWh，易得系统除湿能耗比SMER为3.75kg/kWh，说明系统每消耗1kWh电可以从玉米中除去3.75kg的水分，整个试验过程中系统节能明显。另外，每得到1kg干玉米，热泵干燥比燃煤干燥节省成本0.011元，干燥成本比玉米燃煤干燥成本降低22.4%。因此，玉米热泵干燥的经济效益显著。

表 5.6-8　玉米热泵干燥和燃煤干燥的能耗和经济性比较

项目	热泵干燥	燃煤干燥
玉米初含水率（％）	34	34
玉米终含水率（％）	14	14
每小时玉米潮粮处理量（kg）	8669	3148
每小时玉米干粮量（kg）	6653	2416
每小时除水量（kg）	2013	732
每小时用煤量（kg）	0	260
每小时用电量（kWh）	538	32.5
当地煤价（元/t）	400	400
当地电价（元/kWh）	0.47	0.47
每小时用煤成本（元）	0	104
每小时用电成本（元）	252.86	15.28
每1kg干玉米烘干成本（元）	0.038	0.049

3）枸杞热泵干燥

常见浆果类物料如葡萄、枸杞等，鲜果糖分高，含水率高达 80％左右，不宜长期储存，大部分进行干制，然后对干果进行食用、加工及贮藏。枸杞在我国宁夏、青海、新疆、甘肃、河北、内蒙古、山西、陕西等地均有分布，常生于山坡、荒地、丘陵地、盐碱地、路旁及村边宅旁。枸杞最著名产地为宁夏、甘肃和青海等西部地区。2023 年，宁夏新种植枸杞 1.2 万亩，保有面积 32.5 万亩，鲜果产量 32 万 t，加工转化率 35％，全产业链综合产值预计达 290 亿元。随着枸杞精深加工和产品多元化的发展，枸杞干燥作为枸杞加工重要的环节，对于产后减损和绿色供应有着重要的意义。传统的枸杞干燥方法中，存在干燥参数难以精准控制、产品品质差、污染严重、碳排放量大等问题。而微波干燥、真空干燥以及太阳能热风联合干燥等方法成本过高，难以产业化发展。

在前期优化出枸杞热泵干制工艺的基础上，设计大型热泵干燥室（装载量为 1000kg 鲜果），将热泵干制工艺应用于大型热泵干燥室，对枸杞干燥过程热泵系统运行状况、枸杞干燥特性、产品品质进行评价和分析，为枸杞热泵干燥产业化应用提供依据。

枸杞热泵干燥系统如图 5.6-36 所示。烤房内布置 3 行 2 列共 6 车；烤房内风道采用平送风、顶部回风方式，为保证送风均匀性，布置两个循环风机。在设计大型热泵干燥室（干燥量 1000kg 枸杞鲜果）时，采用快速干燥阶段平均除湿量进行热量核算，当干燥 1000kg 鲜枸杞（按含水率 80％计算）时，平均失水速率范围为 39.71～45.60kg/h，故取 45.60kg/h。在该条件下枸杞热泵干燥系统主要部件参数如表 5.6-9 所示。

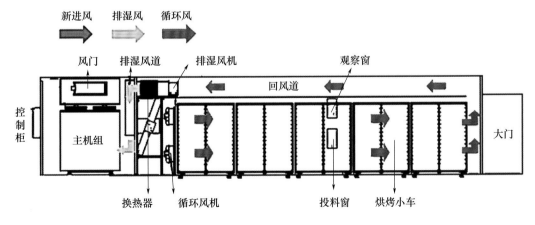

(a)

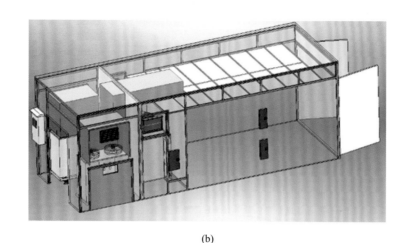

(b)

(c)   (d)

图 5.6-36　枸杞热泵干燥系统

表 5.6-9　热泵干燥室选型参数

参数	数值
干燥室内尺寸	5m×3.2m×2.6m
热泵主机型号（数量）	FWR－16×2/Z（2 台）
太阳能	可选装太阳能辅助加热系统
烘干房内最高烘干温度	75℃
热泵主机运行安静温度范围	10～45℃
额定电压/频率	380V3N～/50Hz
额定制热量	32kW×2
额定输入功率	13.5kW×2
制冷剂名称/注入量	R134a/4.8kg×4
循环风机型号（数量）	GKF/7-4（2 台）
单个循环风机风量	18000m³/h
单个循环风机功率	2.2kW
单个循环风机全压	230Pa

　　本实例枸杞烘烤共用时 32h，烘烤工艺按照前期小型热泵烘干枸杞干燥特性研究所得最佳工艺，并稍作改进，具体工艺操作如下：干燥前期以每 2h 为一段，在第一个小时以线性速度升高 3℃，然后保持温度 1h，当设定温度到达 52℃后，通过摸料窗对枸杞称重，同时计算含水率，当干基含水率到达 1g/g 干基时，再继续升高温度。在本次干燥过程当中，52℃恒温段维持了 6h，当含水率到达 1g/g 干基时，整个干燥过程经过了 16h。后期干燥以 4h 为一个阶段，在第一个小时使得温度以

线性速度升高 4℃，维持 3h，最高温度设定为 64℃。设定温度和相对湿度工艺参数具体为：40℃（60％）、43℃（55％）、46℃（50％）、49℃（45％）、52℃（40％）、56℃（35％）、60℃（30％、25％）、62℃（25％、20％）、64℃（15％、10％）。

图 5.6-37 为热泵干燥系统在烘烤过程中每小时耗电量及系统总耗电量随烘烤时间的变化关系。耗电量等于间隔为 1h 的电表示数之差，平均耗电量从 4h 之后快速上升，在 8～16h 之间耗电量较大，16h 之后，耗电量降低。这是因为，刚开始时，设定相对湿度较高，温度较低，所以耗电量较小，而随着温度增高，排湿速率加快，设定湿度降低，系统内部有大量新风的引入，增加了热泵的负荷，系统耗电量明显增大，最大值达到 16.38kWh，当干燥时间为 16h 时，此时干基含水量为 1.0％，整个干燥过程进入到快速降速干燥阶段，新风引入减少，系统耗电量相对较低，整个干燥过程耗电量为 416kWh。

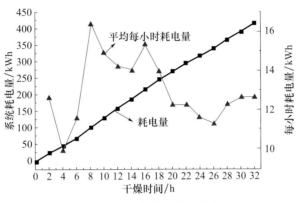

图 5.6-37 烘房内耗电情况

中宁县当地企业采用燃煤烘房，每烘干鲜果 1000kg，平均需要消耗 300kg 煤，费用为 255 元，烘烤核算成本为 1.00 元/kg 干果。本实例烘干量为 1000kg 鲜枸杞，除水量约为 745kg，得到干果质量为 255kg，系统总耗电为 416kWh，所以 SEMR 为 1.57kg/kWh。工业用电按照 0.5 元/kWh 计算，总费用为 208 元，核算烘烤成本为 0.81 元/kg 干果，相对于燃煤烘房成本降低了 0.19 元/kg 干果。

此外，为了考察烘房内部产品品质均匀性，分别采集六个小车正中间的枸杞，并与同批次燃煤烘房干制枸杞进行对比，燃煤烘房所采集枸杞是经过当地工作人员凭借感官、经验分级而筛选出的色泽、品相最好的一批枸杞干制品，其中 R1、R2、R3、R4、R5、R6 分别代表热泵烘房内前部左边、前部中间、前部右边、后部左边、后部中间和后部右边小车正中间所采集的枸杞，M1 代表燃煤烘房所采集枸杞。如表 5.6-10 所示，热泵烘房内部枸杞总酚含量在（5.92±0.3）～（8.12±0.18）mg GAE/g DW，后部枸杞总酚含量显著高于前部，这是因为前部温度高于后部，后部枸杞总酚含量之间差异不显著，而前部枸杞总酚含量之间有显著性差异，这是因为烘房前部温湿度相差较大，而后部温湿度分布比较均匀。热泵烘干枸杞总黄酮含量在（70.99±1.68）～（113.88±0.26）mg RE/g DW 之间，后部枸杞总黄酮含量显著高于前部，且前部和后部的不同位置枸杞之间总黄酮含量均有差异，这可能是因为总黄酮对温湿度变化较为敏感。从抗氧化特性来看，热泵烘干枸杞后部枸杞的抗氧化能力（一般指 1，1—二苯基—2—三硝基苯肼，DPPH）清除率和铁离子还原能力均显著高于前部，且烘房后部枸杞铁离子还原能力之间没有显著性差异，这说明热泵烘房烘干枸杞前部产品品质有差异，而后部较为均匀。从总胡萝卜含量来看，热泵烘干枸杞不同位置之间胡萝卜素含量没有显著差异。与燃煤烘房所采集枸杞相比，热泵烘房后部烘干枸杞总酚、总黄酮、DPPH 清除率、铁离子还原能力（FRAP）均显著高于燃煤烘房烘干枸杞，前部烘干枸杞总酚、总黄酮、DPPH清除率、铁离子还原能力与其相当，且热泵烘房烘干枸杞总胡萝卜素含量均显著高于燃煤烘房烘干枸杞。从感官评价总分来看，烘房后部的枸杞之间没有显著性差异，并显著高于前部枸杞和燃煤烘房的枸杞。

表 5.6-10　不同位置枸杞总酚、总黄酮、DPPH 清除率、FRAP 等参数与燃煤烘房对比

编号	总酚	总黄酮	DPPH 清除率	FARP	总胡萝卜素	感官评价总分
R1	6.56 ± 0.08^{b}	76.93 ± 7.89^{a}	3.58 ± 0.22^{b}	6.97 ± 0.06^{c}	2.55 ± 0.09^{b}	80.95 ± 4.63^{b}
R2	5.92 ± 0.31^{a}	70.99 ± 1.68^{a}	3.01 ± 0.01^{a}	5.50 ± 0.01^{a}	2.77 ± 0.26^{b}	81.86 ± 3.25^{b}
R3	7.15 ± 0.34^{c}	98.91 ± 2.18^{bc}	3.63 ± 0.11^{bc}	7.05 ± 0.18^{c}	2.76 ± 0.02^{b}	82.37 ± 4.21^{b}
R4	8.12 ± 0.18^{d}	97.37 ± 8.40^{b}	3.80 ± 0.11^{bc}	7.92 ± 0.45^{d}	2.61 ± 0.24^{b}	86.53 ± 5.21^{a}
R5	7.93 ± 0.07^{d}	99.03 ± 9.60^{bc}	3.92 ± 0.01^{bc}	7.70 ± 0.02^{d}	2.56 ± 0.16^{b}	85.76 ± 2.33^{a}
R6	7.74 ± 0.03^{d}	113.88 ± 0.26^{c}	4.07 ± 0.26^{c}	7.82 ± 0.01^{d}	2.90 ± 0.22^{b}	86.92 ± 2.58^{a}
M1	6.70 ± 0.33^{bc}	73.37 ± 6.03^{a}	3.08 ± 0.27^{a}	5.97 ± 0.07^{b}	1.61 ± 0.47^{a}	80.35 ± 3.64^{b}

注：同一类指标在单因素方差分析多重比较，t 检验；表中不同字母表示有显著差异（$p<0.05$）。总酚、总黄酮、DPPH 清除能力、铁离子还原能力、总类胡萝卜素单位分别为 mg GAE/g DW、mg RE/g DW、mg Trolox/g DW、mg Vc/g DW、mg/g DW。

在本章中，我们探讨了工农业生产及环境营造中的多种节能减碳技术，涵盖了冷链系统、工业制冷、数据中心冷却等多个领域。通过引入先进的技术和优化策略，这些领域的碳排放得到了有效控制。这些技术不仅提高了能源利用效率，还为工农业生产带来了可观的经济效益。随着我们逐步扩展研究范围，下一章将关注交通运输领域，特别是电动汽车热管理和运输场站的技术应用，继续我们的低碳发展之旅。

参考文献

［1］ SUN Z，WANG Q，LIANG Y，et al. Experimental study on improving the performance of dry evaporator with rectifying nozzle type critical distributor ［J］. International Journal of Refrigeration，2020，111：39-52.

［2］ SUN Z，LI J，CHENG W，et al. Experimental study on the influence of distributor types on the property effect of finned evaporator ［J］. International Journal of Refrigeration，2023，155：387-397.

［3］ 孙志利，臧润清，姬卫川. 气相分离式分流器对冷风机性能影响的实验研究 ［J］. 冷藏技术，2017，40（3）：12-16.

［4］ 刘亚哲，臧润清. 冷风机性能的测试实验 ［J］. 低温与超导，2014，42（1）：65-69.

［5］ 王雅博，王晓晓，李雪强，等. 蚕豆种子水分迁移路径上的微观结构变化 ［J］. 制冷学报，2022，43（2）：159-166.

［6］ WANG Y，YIN Y，WU J，et al. Evolution of the microstructure of broad bean seeds under low-temperature vacuum environment ［J］. Drying Technology，2023，41：1278-1290.

［7］ HU K，ZHANG Y，WU D，et al. Heat transfer rate prediction and performance optimization of CO_2 air cooler in refrigeration system ［J］. Case Studies in Thermal Engineering，2023，47：，103063.

［8］ SUN Z，LIANG D，CHENG W，et al. Experimental study on the shunting performance of a rectifying nozzle-type critical distributor under variable operating conditions of a multiparallel evaporator ［J］. Case Studies in Thermal Engineering，2023，49：103332.

［9］ 王红利，黄翔，寇凡，等. 数据中心用蒸发冷却（凝）技术发展现状 ［J］. 制冷与空调，2021，21（11）：1-6.

［10］ 黄翔. 蒸发冷却空调原理与设备 ［M］. 北京：中国建筑工业出版社，2019.

［11］ 黄翔，邵双全，吴学渊，等. 绿色数据中心高效适用制冷技术及应用 ［M］. 北京：机械工业出版社，2021.

［12］ 黄翔. 蒸发冷却空调理论与应用 ［M］. 北京：中国建筑工业出版社，2010.

［13］ 闫振华，黄翔，宣永梅. 蒸发冷却与毛细管辐射供冷复合式半集中空调系统的初探 ［C］//中国建筑学会暖通空调分会，中国制冷学会空调热泵专业委员会. 全国暖通空调制冷 2008 年学术年会资料集，2008：1.

［14］ 刘振宇，黄翔，崔敏，等. 蒸发冷却技术在核电站中的应用分析及展望 ［J］. 暖通空调，2020，50（S2）：203-207.

［15］ 严政，吴学渊，黄翔，等. 间接蒸发冷却空调机组在数据中心的应用研究 ［J］. 制冷与空调，2022，22（11）：75-81.

［16］ 靳如意，黄翔，王颖，等. 数据中心用高分子板翅式间接蒸发冷却器换热性能的试验研究 ［J］. 流体机械，

2022，50（12）：7-13.

［17］蒋苏贤，黄翔，褚俊杰，等．家用露点间接蒸发冷却空调研究进展［J］．制冷与空调，2023，23（11）：18-23.

［18］代聪，黄翔，褚俊杰，等．数据中心用间接蒸发冷却空调机组布水系统性能测试［J］．制冷与空调（四川），2023，37（2）：263-270.

［19］杨柳，黄翔，武茁茁，等．直接蒸发冷却技术在渭南地区数据中心的应用［J］．制冷与空调，2023，23（8）：30-33.

［20］黄翔，史东旭，褚俊杰，等．藏区数据中心蒸发冷却与余热回收系统应用探讨［J］．暖通空调，2023，53（3）：103-109，116.

［21］耿志超．干燥地区数据中心间接蒸发自然冷却空调系统的应用研究［D］．西安：西安工程大学，2018.

［22］郭志成，黄翔，耿志超，等．单双面进风蒸发冷却冷水机组在数据中心的应用对比分析［J］．西安工程大学学报，2018，32（3）：296-301.

［23］靳如意，黄翔，王颖，等．数据中心用高分子板翅式间接蒸发冷却器换热性能的试验研究［J］．流体机械，2022，50（12）：7-13.

［24］黄翔，屈名勋．"双碳"目标下绿色数据中心冷却关键技术路径的探讨［J］．制冷与空调，2022，22（3）：1-10.

［25］孙铁柱．蒸发冷却与机械制冷复合高温冷水机组的研究［D］．西安：西安工程大学，2012.

［26］卢大为，王飞，王建民，等．数据中心用热管空调系统研究进展［J］．流体机械，2022，50（1）：75-84.

［27］王飞，王君，史作君，等．热管复合型机房空调研究与试验［J］．制冷与空调，2017，17（12）：37-41.

［28］王飞，王铁军，王俊，等．动力型分离式热管在机房空调中研究与应用［J］．低温与超导，2014，42（11）：68-71，77.

［29］张朋磊．自然与动力循环热管流动传热特性及其应用研究［D］．北京：清华大学，2017.

［30］李震，田浩，张海强，等．用于高密度显热机房排热的分离式热管换热器性能优化分析［J］．暖通空调，2011，41（3）：38-43.

［31］石文星，韩林俊，王宝龙，等．热管/蒸气压缩复合空调原理及其在高发热量空间的应用效果分析［J］．制冷与空调，2011，11（1）：30-36.

［32］乔雅静，袁培，刘梅，等．自然冷源在数据中心空调系统中的应用［J］．制冷与空调，2022，22（4）：71-77.

［33］吴冬青，吴学渊．间接蒸发冷凝技术在北疆某数据中心的应用［J］．暖通空调，2019，49（8）：72-76.

［34］刘海静，刘芳，杨晖．带自然冷源的风冷冷水机组应用于数据中心的节能潜力分析［J］．建筑节能，2015（4）：17-20.

［35］QIU Y L，HU W J，WU C J，et al. An experimental study of microchannel and micro pinfin based on chip cooling systems with siliconto silicon direct bonding［J］．Sensors，2020，20：5533.

［36］李蔚，骆洋，张井志．歧管式微通道热沉中过冷流动沸腾的数值模拟［J］．科学通报，2020，65（17）：1752-1759.

［37］YANG Y，DU J，LI M，et al. Embedded microfluidic cooling with compact double H type manifold microchannels for large-area high-power chips［J］．International Journal of Heat and Mass Transfer，2022，197：123340.

［38］WANG H，WU Q，WANG C，et al. A universal high-efficiency cooling structure for high-power integrated circuits［J］．Appl Therm Eng，2022，215：118849.

［39］CHEN H，CHEN C，ZHOU Y. et al. Evaluation and optimization of a cross-rib micro-channel heat sink［J］．Micromachines，2022，13：132. https：//doi. org/10. 3390/mi13010132

［40］ZHUANG D W，YANG Y F，DING G L，et al. Optimization of microchannel heat sink with rhombus fractal-like units for electronic chip cooling［J］．International Journal of Refrigeration，2020，116：108-118.

［41］谢文远，吕晓辰，李龙，等．分级歧管微通道阵列散热器流动与散热特性研究［J］．航天器工程，2020，29（4）：99-107.

［42］CHUANG J，YANG J，SHIA D，et al. Boiling enhanced lidded server packages for two phase immersion cooling using three-dimensional metal printing and metal injection molding technologies［J］．Journal of Electronic Packaging，2021，143：041108.

［43］中国移动通信集团有限公司，中国电信集团有限公司，中国联合网络通信集团有限公司．电信运行商液冷技

术白皮书［R］，2023.

［44］LI X Q，XU Z M，LIU S C，et al. Server performance optimization for single-phase immersion cooling data center［J］．Applied Thermal Engineering，2023，224：120080.

［45］李芳宁，曹海山．数据中心两相冷却技术现状与展望［J］．制冷学报，2022，43（3）：28-36.

［46］Han J W，Garud K S，Kang E H，et al. Numerical study on heat transfer characteristics of dielectric fluid immersion cooling with fin structures for lithium-ion batteries［J］．Symmetry，2023，15（1）：92.

［47］中国制冷学会．中国制冷简报：2023年双碳背景下中国制冷技术研究及应用进展专刊．

［48］周凡宇，曾晋珏，王学斌．碳中和目标下电化学储能技术进展及展望［J］．动力工程学报，2024，44（3）：396-405.

［49］中关村储能产业技术联盟．中国能源研究会储能专业委员会储能产业研究白皮书［R］．2022：1-10.

［50］SUN J Y P，LU R. LiFePO$_4$ optimal operation temperature range analysis for EV/HEV［J］．Communications in Computer & Information Science，2014，463：476-485.

［51］于仲安，陈可怡，张军令，等．动力电池散热技术研究进展［J］．电气工程学报，2022，17（4）：145-162.

［52］WAN J，GUI X，KASAHARA S，et al. Air flow measurement and management for improving cooling and energy efficiency in raised-floor data centers：a survey［J］．IEEE Access，2018，6：48867-48901.

［53］LIN Y，CHEN Y W，YANG J T. Optimized thermal management of a battery energy-storage system（BESS）inspired by air-cooling inefficiency factor of data centers［J］．International Journal of Heat and Mass Transfer，2023，200：123388.

［54］MA R，REN Y，WU Z，et al. Optimization of an air-cooled battery module with novel cooling channels based on silica cooling plates［J］．Applied Thermal Engineering，2022，213：118650.

［55］徐晓斌，徐业飞，张恒运，等．风冷电池模组热性能及成组效率的多目标优化［J］．储能科学与技术，2022，11（2）：553-562.

［56］REN R，ZHAO Y，DIAO Y，et al. Active air cooling thermal management system based on U-shaped micro heat pipe array for lithium-ion battery［J］．Journal of Power Sources，2021，507：230314.

［57］YU X，TAO Y，DENG Q. Experimental study on thermal management of batteries based on the coupling of metal foam-paraffin composite phase change materials and air cooling［J］．Journal of Energy Storage，2024，84：110891.

［58］练志斌，刘文平，罗海鑫，等．10 kV电化学储能电站设计与实现［J］．黑龙江电力，2023，45（3）：210-215.

［59］王志伟，张子峰，尹韶文，等．集装箱储能系统降能耗技术［J］．储能科学与技术，2020，9（6）：1872-1877.

［60］陈雅，范立云，李晶雪，等．二次流蛇形通道锂离子电池散热性能［J］．储能科学与技术，2023，12（6）：1880-1889.

［61］ZUO W，LI J，ZHANG Y，et al. Effects of flow direction in mini U-channel cold plates on thermal performance of a prismatic LiMn$_2$O$_4$ battery［J］．Journal of Thermal Analysis and Calorimetry，2023，148（9）：3689-3699.

［62］ZHAO D，LEI Z，AN C. Research on battery thermal management system based on liquid cooling plate with honeycomb-like flow channel［J］．Applied Thermal Engineering，2023，218：119324.

［63］BENNETT E. Low-GWP HVAC system with ultra-small centrifugal compression［J］．Mechanical Solutions，Inc，Whippany，NJ（United States），Lennox International Inc，2018.

［64］SCHIFFMANN J，FAVRAT D. Experimental investigation of a direct driven radial compressor for domestic heat pumps［J］．International Journal of Refrigeration，2009，32（8）：1918-1928.

［65］曾少鸿，吴伟雄，刘吉臻，等．锂离子电池浸没式冷却技术研究综述［J］．储能科学与技术，2023，12（9）：2888-2903.

［66］DENG L，WILLIAMS E. Measures and trends in energy use of semiconductor manufacturing［C］// 2008 IEEE International Symposium on Electronics and the Environment，2008：1-6.

［67］MA X，SHAO X，LI X，et al. An analytical expression for transient distribution of passive contaminant under steady flow field［J］．Building and Environment，2012，52：98-106.

［68］赵彬．洁净室内颗粒物何时可被当作被动运输的气态污染物？［C］//第18届国际污染控制学术论坛，2006：

1243-1255.

［69］ZHAO J，LIANG C，WANG H，et al. Control strategy of fan filter units based on personnel position in semiconductor fabs［J］. Building and Environment，2022，223：109420.

［70］WANG W，LIANG C，LI X. Reasonable temperature differences for each stage and heat transfer between air and water in multi-stage air treatment system［J］. Applied Energy，2024，364：123140.

［71］ZENG G，LI X. Dividing air handling loads into different grades and handling air with different grade energies［J］. Indoor and Built Environment，2021，30（10）：1725-1738.

［72］ZHENG G，LI X. Construction method for air cooling/heating process in HVAC system based on grade match between energy and load［J］. International Journal of Refrigeration，2021，131：10-19.

［73］LIANG C，LI X，MENG X，et al. Experimental investigation of heating performance of air source heat pump with stable heating capacity during defrosting［J］. Applied Thermal Engineering，2023，235：121433.

［74］柴会来，王建学，王景刚，等. 矿井热源分析及降温技术研究和发展［J］. 金属矿山，2014（5）：151-154.

［75］罗勇东，王海宁，张迎宾. 矿井高温掘进巷道降温技术研究及应用［J］. 有色金属科学与工程，2020，39（1）：85-91.

［76］郑光，任春民，宋兆雪. 深部开采降温技术研究［C］//山东煤炭学会第六次会员代表大会暨煤矿地热防治学术论坛论文集，2013：8.

［77］徐广才，刘京坤，陈炬. 矿井全风量降温在龙固煤矿热害治理中的应用［J］. 山东煤炭科技，2022，40（6）：125-127.

［78］李宁宁. 井下空气源热泵降温方法与数值模拟研究［D］. 徐州：中国矿业大学，2019.

［79］陈效友. 高温深井降温技术及其经济性研究［D］. 淮南：安徽理工大学，2013.

［80］牛永胜. 矿井降温与热能利用一体化技术［J］. 煤矿安全，2017，48（11）：84-87.

［81］韩颖，李向威，闫志佳. 我国高温矿井热害防治技术研究进展及展望［J］. 煤炭技术，2023，42（10）：186-189.

［82］徐宇，李孜军，王君健，等. 矿井热害治理协同地热开采相似模拟实验研究［J］. 中南大学学报（自然科学版），2023，54（6）：2162-2173.

［83］王春耀，周建，简俊常，等. 高温热害矿井通风制冷降温技术［J］. 煤矿安全，2022，53（9）：244-250.

［84］程丽红. 浅谈矿井热源及矿井降温措施［J］. 智能城市，2016，2（10）：289-290.

［85］陈密武. 深井矿井热害治理技术［J］. 煤矿安全，2017，48（2）：131-134.

［86］朱钱龙，范宇航，王丽娟，等. 渔用柴油机缸套水余热回收实验研究［J］. 机械设计与制造，2023，384（2）：58-62.

［87］ZHU Q L，FAN Y H，WANG L J，et al. Experimental study of water waste heat recovery of diesel engine cylinder liner in fishing boats［J］. Machinery Design ＆ Manufacture，2023，384（2）：58-62.

［88］YANG Z，TU Y，MA H，et al. Numerical simulation of a novel double-duct ventilation system in poultry buildings under the winter condition［J］. Building and Environment，2022，207：108557.

［89］张高玮. 太阳能-空气源热泵复合供热系统优化设计研究［D］. 天津：天津大学，2020.

［90］刘佩. 基于空气源热泵的多源耦合供热系统运行优化［D］. 吉林：东北电力大学，2023.

［91］宋卫堂，耿若，王建玉，等. 表冷器-热泵联合集热系统不同运行模式的集热性能［J］. 农业工程学报，2021，37（11）：230-238.

［92］宋卫堂，李涵，王平智，等. 表冷器—风机集放热系统的设计与应用效果——以宁城大跨度外保温大棚为例（下）［J］. 农业工程技术，2020，40（16）：50-56.

［93］程晓曼. 温室建筑地源热泵复合系统空调设计要点分析［J］. 制冷，2023，42（1）：22-24，59.

［94］石惠娴，安文婷，徐得天，等. 蓄能型地源热泵式植物工厂供能系统节能运行调控［J］. 农业工程学报，2020，36（1）：245-251.

［95］孙维拓，张义，杨其长，等. 基于水源热泵的日光温室夏季夜间降温试验［J］. 农业现代化研究，2017，38（5）：885-892.

［96］戴云新，刘燕，陶先东，等. 适宜南通地区温室周年生产的控温方案分析［J］. 现代园艺，2021，44（20）：3-5.

［97］石惠娴，田沁雨，孟祥真，等. 地源热泵水蓄能型植物工厂降温系统夏季运行特性［J］. 农业工程学报，2019，35（21）：202-209.

[98] 郑吉澍，龙翰威，李佩原，等．地源热泵系统在西南地区温室的应用分析［J］．南方农业，2018，12（10）：73-75.

[99] 张振涛，杨鲁伟，董艳华，等．热泵除湿干燥技术应用展望［J］．高科技与产业化，2014（5）：70-73.

[100] 宋卫堂，王平智，肖自斌，等．表冷器—风机集放热系统对四种园艺设施室内气温的调控效果研究［J］．农业工程技术，2020，40（4）：38-48.

[101] 山强，杨绪飞，吴小华，等．太阳能跨季节蓄热增强土壤源热泵供暖系统建模与仿真研究［J］．可再生能源，2022，40（8）：1028-1037.

[102] 孙维拓，张义，杨其长，等．基于水源热泵的日光温室夏季夜间降温试验［J］．农业现代化研究，2017，38（5）：885-892.

[103] WANG J，QU M，ZHAO S M，et al. New insights into the scientific configuration of a sheet heating system applied in Chinese solar greenhouse［J］. Applied Thermal Engineering，2023，219（A）：119448.

[104] 孙先鹏，邹志荣，郭康权，等．可再生能源在我国设施农业中的应用［J］．北方园艺，2012（11）：46-50.

[105] 李云．太阳能设备改制及在棚室水产养殖供暖中的潜在应用［D］．舟山：浙江海洋学院，2014.

[106] 张振涛，杨俊玲．热泵干燥技术与装备［M］．北京：化学工业出版社，2020.

[107] 张鹏，吴小华，张振涛，等．热泵干燥技术及其在农特产品中的应用展望［J］．制冷与空调，2019，19（7）：65-71.

[108] XU P，PENG X Y，YANG J L，et al. Effect of vacuum drying and pulsed vacuum drying on drying kinetics and quality of bitter orange（*Citrus aurantium* L.）slices［J］. Journal of Food Processing and Preservation，2021：e16098.

[109] YUAN T J，ZHAO X Y，ZHANG C，et al. Effect of blanching and ultrasound pretreatment on moisture migration, uniformity, and quality attributes of dried cantaloupe［J］. Food Science and Nutrition，2023：1-11.

[110] ZHANG Z T，LIN W Y，DONG Y H，et al. Study of wood drying with Two-stage compression high temperature heat pump［J］. Advance Journal Food science & Technology，2013，5（2）：180-185.

[111] 林家辉，章学来，张振涛．水产品热泵干燥技术综述［J］．制冷与空调，2019，19（9）：1-4，11.

[112] 苑亚，杨鲁伟，张振涛，等．新型热泵干燥系统的研究及试验验证［J］．流体机械，2018，46（1）：62-68.

[113] 周鹏飞，张振涛，章学来，等．热泵干燥过程中低温热泵补热的应用分析［J］．化工学报，2018，69（5）：2032-2039.

[114] 张振涛，杨鲁伟，董艳华，等．热泵除湿干燥技术应用展望［J］．高科技与产业化，2014（5）：70-73.

[115] 张振涛．两级压缩高温热泵干燥木材的研究［D］．南京：南京林业大学，2008.

[116] 吕君，魏娟，张振涛，等．基于等焓和等温过程的热泵烤烟系统性能的理论分析与比较［J］．农业工程学报，2012，28（20）：265-271.

[117] 吕君，魏娟，张振涛，等．热泵烤烟系统性能的试验研究［J］．农业工程学报，2012，28（S1）：63-67.

[118] 董艳华，魏娟，张振涛，等．热泵节能烤烟房的建造与试验［J］．太阳能，2012（17）：44-46.

[119] 魏娟，杨鲁伟，张振涛，等．塔式玉米除湿热泵连续烘干系统的模拟及应用［J］．中国农业大学学报，2018，23（4）：114-119.

第6章　降低交通运输及环境营造碳排放的技术应用

本章将介绍交通运输领域的节能减碳关键技术，重点探讨电动汽车热管理和运输场站的技术应用。交通运输是碳排放的重要来源，通过提升电动汽车的热管理技术，可以显著提高其能效并延长电池寿命，进而减少整体碳排放。同时，优化运输场站的设计和运营，采用先进的能源管理系统，可以有效降低能源消耗，提升运输系统的整体能效。本章将结合实际案例，展示这些技术在交通运输中的应用效果，旨在为交通运输领域的低碳发展提供切实可行的技术路径和解决方案。

6.1 电动汽车热管理

车辆是人们生活中不可或缺的交通工具，传统燃油汽车以化石能源作为动力来源，造成大量的能源消耗、温室气体与污染物排放。据统计，交通运输领域 CO_2 排放占我国全社会 CO_2 总排放的11％左右，并仍保持逐年上涨趋势[1]。随着全球气候变化、大气污染、能源短缺等问题日益严峻，传统燃油汽车被逐渐替代淘汰的趋势不可避免。近年来，排放低、综合能效高的电动汽车受到了广泛关注，我国已陆续出台多项相关政策，推动电动汽车产业发展。据国际能源署统计，2022年全球电动汽车销量超过1000万辆，其中我国电动汽车市场约占全球电动汽车销量的60％；截至2022年底，我国电动汽车保有量已达到全球电动汽车保有量的50％以上[2]。随着我国提出"双碳"目标，能源结构转型势在必行，电动汽车还将作为分布式储能装置参与未来可再生能源电力系统的蓄能与调控[3]。因此，电动汽车的发展对于我国汽车产业、"双碳"目标、能源革命都具有重大意义。当前，电池安全、续航里程、气候适应性等问题是限制电动汽车发展的重要瓶颈，整车热管理是突破上述问题的核心技术。结合制冷热泵技术提升整车热管理综合能效、降低温室气体排放、提高电池电机温控精度、营造舒适乘员舱环境，发展安全、舒适、节能、环保的电动汽车热管理系统已成为电动汽车行业的关注重点[4]。

6.1.1 电动汽车热管理需求与热管理系统

整车热管理是电动汽车的核心技术之一，涉及乘员舱温湿度环境控制、动力电池温度控制、电机电控系统温度控制。如表6.1-1所示，电动汽车热管理系统需要在有限的空间和载重约束条件下，满足不同气候条件和行驶场景中车辆乘员舱、动力电池及电机电控系统的多样化热管理需求，保障电动汽车的运行安全、动力性能与用户舒适性[5]。

表 6.1-1　乘用电动汽车热管理需求[5]

控制对象		参数		需求
		夏季	冬季	
乘员舱	温度（℃）	24～28	18～20	制冷、制热、除湿
	相对湿度（％）	40～65	＞30	
		挡风玻璃不结雾		
	空气流速（m/s）	0.3～0.4	0.2～0.3	
	新风量（m³/h）	20～25	15～20	
动力电池	温控范围（℃）	15～40		冷却、加热
	单体一致性（℃）	＜5		

续表

控制对象		参数		需求
		夏季	冬季	
电机电控	电机冷却水温（℃）	<80		冷却
	电控冷却水温（℃）	<70		

电动汽车热管理系统包括乘员舱热管理系统、动力电池热管理系统及电机电控热管理系统。传统热管理方案中三个子系统通常相互独立，各独立子系统分别满足其控制对象的热管理需求。

车辆乘员舱是驾驶员和乘客所处的环境空间，乘员舱热管理系统（即空调系统）具有通风、制冷、制热、除湿功能，用于营造满足舱内人员热舒适及空气品质需求的温湿度环境，同时还需要防止车辆行驶过程中挡风玻璃结雾妨碍驾驶人员视野、影响驾驶安全。与传统燃油汽车相比，电动汽车没有可用于供热的发动机热源。如图 6.1-1 所示，传统电动汽车空调系统通常采用蒸气压缩循环制冷（绝大多数使用 R134a 作为制冷剂）、正温度系数（PTC）电加热器制热以满足乘员舱环控需求[6]。此外，通过风阀可切换系统的空气循环模式与送风方向，外循环模式下车外新风经空气处理流程后送入乘员舱（新风比为 1），内循环模式下车内循环风经空气处理流程后送入乘员舱（新风比为 0）。

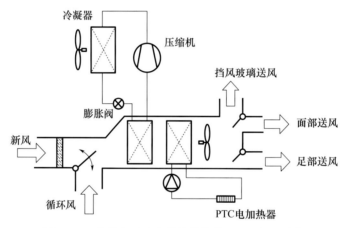

图 6.1-1　传统电动汽车乘员舱热管理（空调）系统

动力电池是电动汽车的动力来源，目前常用的电动汽车动力电池多为锂离子电池，其充放电机理本质为锂离子在电池正负极材料间的迁移。电池充放电过程中，其内部发生化学反应产生热量，若电池散热速率低于其内部产热速率，电池温度将升高，尤其在高温环境或大倍率充放电工况下，易导致电池温度过高、引发热失控，甚至造成电池燃烧、爆炸等安全事故。此外，低温环境下动力电池温度过低也将导致电池充放电效率降低、可用容量衰减，甚至出现锂枝晶堆积、循环寿命降低等不可逆损伤。由于单体电池容量、电压有限，电动汽车动力电池通常由多个电池单体串并联组成电池组以满足车辆的输出功率与电压要求，而电池组中各电池单体的不一致性也会对电池性能造成影响。因此，动力电池热管理系统需要通过冷却或加热对动力电池组进行温度控制、维持电池在合适的温度范围内充放电运行，在电池温度过高时有效散热、防止热失控，在电池温度过低时提高电池温度、确保电池在低温环境下的充放电性能与安全，同时减小电池组内各单体的温度差异、抑制局部过热过冷的现象，保障电池组整体的充放电性能及循环寿命。如图 6.1-2 所示，早期电池热管理系统采用空气冷却、PTC 加热方案（包括利用 PTC 电加热器加热空气、冷却液等换热介质，或在电池表面直接布置加热膜/板）对电池进行温度控制[7-8]。

电机电控是输出动能、驱动车辆行驶的系统，其性能直接影响电动汽车的动力特性。在车辆行驶过程中，驱动电机由于线圈电阻发热、机械摩擦生热等原因会产生大量热量，同时电机控制器的绝缘栅双极型晶体管（IGBT）功率模块也会因为长时间的运行以及频繁开闭产生大量热量，不及时散热会导致电机电控系统温度过高，影响驱动系统的输出特性、可靠性与寿命。如图 6.1-3 所示，

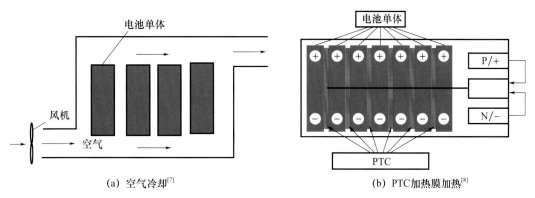

(a) 空气冷却[7]   (b) PTC加热膜加热[8]

图 6.1-2   传统电动汽车电池热管理系统

传统的电动汽车电机电控系统散热方式主要包括空气冷却与液体冷却，其中，液冷散热系统通常由内嵌式水冷外壳、水泵、散热器和管路组成[9-10]。

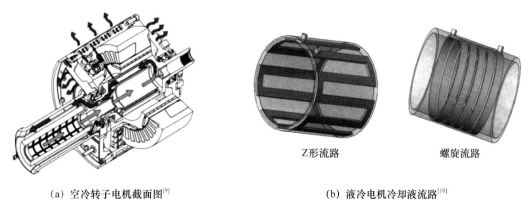

Z形流路   螺旋流路

(a) 空冷转子电机截面图[9]   (b) 液冷电机冷却液流路[10]

图 6.1-3   传统电动汽车电机电控热管理系统

6.1.2   乘员舱热管理技术

传统乘员舱空调系统能耗高，对电动汽车的续航性能具有显著影响。图 6.1-4 所示为某电动汽车在满负荷制冷/制热工况下的车辆能耗及续航里程。测试结果表明：在制冷工况下，车辆以城市道路（UDDS）循环和高速公路燃油经济性测试（HWFET）循环行驶时，开启空调后车辆能耗率分别从 0.153kWh/km 提高到 0.182kWh/km、从 0.176kWh/km 提高到 0.201kWh/km，车辆续航里程分别降低 16.7%、12.3%；在制热工况下，车辆以 UDDS 循环行驶时，开启空调后车辆能耗率从 0.153kWh/km 提高到 0.308kWh/km，车辆续航里程降低 49.8%[11]。此外，夏季环境温度越高、冬季环境温度越低，空调系统能耗对电动汽车续航性能的影响越显著。Leighton[12] 的研究表明，在 8℃、−2℃、−12℃ 的环境下，空调能耗分别导致电动汽车续航里程衰减 40%、49%、53%。因此，乘员舱空调节能对于改善电动汽车高低温续航里程具有重要意义。

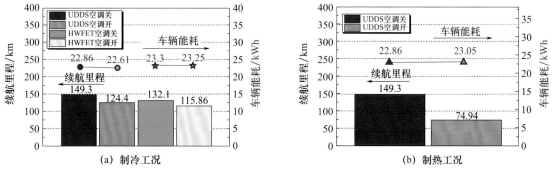

(a) 制冷工况   (b) 制热工况

图 6.1-4   乘员舱空调能耗对车辆能耗率及续航里程的影响[11]

1. 技术途径

1) 降低空调负荷

电动汽车乘员舱空调负荷包括围护结构传热负荷、新风负荷、太阳辐射负荷与人员代谢负荷。研究表明，在空调外循环模式下，夏季新风负荷与太阳辐射负荷占总冷负荷的80％以上，总冷负荷将导致17％～37％的续航里程衰减，冬季新风负荷占总热负荷的70.7％～83.9％，总热负荷将导致17％～54％的续航里程衰减[13]。因此，通过优化空调系统新回风比[14]、采用能量回收装置[15]等技术方案降低新风负荷是降低电动汽车乘员舱空调能耗的关键。此外，优化车身围护结构及玻璃材料降低围护结构传热负荷与太阳辐射负荷[16]、利用分区送风及局部加热实现个性化热舒适[17-18]等技术方案也能够降低乘员舱空调负荷。

2) 提高热泵能效

PTC电加热器制热能效低、导致冬季制热能耗高，应用热泵技术提高系统制热COP是降低冬季乘员舱空调能耗的有效方案[19]。然而在低温下，热泵存在蒸发器结霜、制热性能衰减等问题。研究表明，在−10℃以下环境中仅靠热泵无法满足乘员舱制热需求，需利用PTC电加热器辅助加热，导致热泵的节能效果与续航提升效果大幅降低[20]。此外，夏季高温环境中，传统单级压缩制冷系统的制冷能效也有待改进。因此，通过应用（准）双级压缩热泵[21-22]、改善抑霜除霜策略[23]、高效除湿[24]、研发高性能系统部件[25]等技术方案提高电动汽车热泵空调系统的制冷制热能效是降低乘员舱空调能耗的重要技术途径。

3) 应用低GWP制冷剂

R744、R290、R1234yf、R152a以及一些混合工质被认为是替代传统汽车空调制冷剂R134a的潜在工质。研究表明，R1234yf与R134a性能相近，但面临成本高，以及低温环境下性能衰减、无法有效满足整车制热需求的问题[26]；R744系统具有良好的低温制热性能，但其高温制冷性能有待优化，且R744系统还面临高压导致的部件替换、成本提升、制冷剂泄漏等技术问题[27]；R290系统同样具有改善热泵低温制热性能衰减问题的潜力，然而R290安全等级为A3、易发生燃烧爆炸事故，因此通常需采用二次回路结构降低制冷剂充注量和系统集成度来降低可燃制冷剂带来的安全隐患、提高其实际可用性，但二次回路结构将不可避免地增加系统换热温差、导致系统能效降低。因此，研发应用低GWP制冷剂的电动汽车热泵空调系统、改善系统的高/低温运行性能与实际可用性至关重要。

2. 理论研究

如图6.1-5所示，采用开度可调的混风阀调节空调系统新回风比是降低乘员舱新风负荷的有效方案。如何确定合适的新回风比、在保障乘员舱空气质量以及玻璃防雾需求的前提下尽可能降低空调能耗是该技术方案的研究重点。现有研究提出了采用恒定新回风比设计值[28]、根据乘员舱CO_2浓度[29]及挡风玻璃结雾情况[30]反馈调控新回风比的方案。Zhang等人[28]的实验研究表明，在环境温度−20℃、压缩机转速8000r/min的工况下，新风比为0.54时热泵系统的COP比全新风模式下提高了12.1％。Pan等人[29]对比了将乘员舱CO_2体积分数控制在$1100×10^{-6}$、$2000×10^{-6}$以及全新风模式下PTC制热系统的能耗，研究表明，在全国不同地区，降低新风比的技术方案能够实现14％～46％的节能效果。Yu等人[31]综合考虑了新风带来的负荷以及新风承担热湿负荷的能力，提出了电动汽车热泵空调系统的最优新风量控制策略，研究表明，在北京地区冬季应用最优新风量控制策略相较于传统最小新风量策略能够降低32.6％空调制热能耗。此外，采用能量回收装置也能够降低空调系统热湿负荷。Lee等人[15]提出了一种采用能量回收换热器的电动汽车热泵空调系统，在外循环模式下新风可通过能量回收换热器与室内排风进行换热，在−10℃工况下能够降低20.2％热负荷；在内循环模式下循环风在经蒸发器冷却除湿后可通过能量回收换热器与除湿前的循环风进行换热，在−20℃工况下能够降低12.3％热负荷、12.9％湿负荷。

图6.1-6所示为四通阀双换热器、三通阀三换热器两种形式的电动汽车热泵空调系统。当前，双换热器系统主要在电动客车等商用车中应用，而乘用车空调系统主要采用三换热器系统，能够切

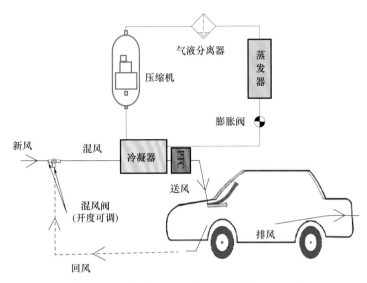

图 6.1-5　可调新回风比的电动汽车空调系统[28]

换乘员舱制冷、制热、除湿模式[4]。何贤等人[32]分别对利用四通阀和电磁阀组切换制冷/制热模式的电动汽车热泵空调系统进行了实验测试，测试结果表明，采用四通阀的系统在振动状态下易出现串气，将导致系统工作不稳定、损坏压缩机等问题，而采用电磁阀组的系统在振动状态下运行相对更加稳定。热泵空调系统从环境空气中取热，相较于 PTC 电加热器，系统制热 COP 提高。如图 6.1-7所示，研究表明，与传统 PTC 电加热器制热的系统相比，在全国不同地区热泵空调系统平均可实现 41％的制热节能效果[33]。

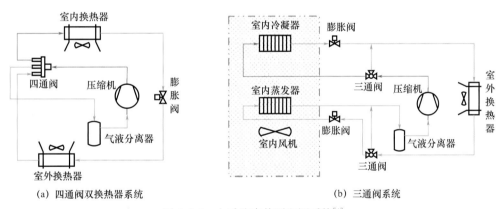

(a) 四通阀双换热器系统　　　　　　　(b) 三通阀系统

图 6.1-6　电动汽车热泵空调系统[4]

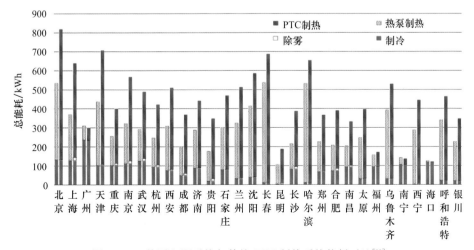

图 6.1-7　热泵空调系统与传统 PTC 制热系统能耗对比[33]

针对热泵系统低温适应性差的问题，现有研究提出利用制冷剂喷射补气技术改善热泵低温制热性能。图 6.1-8 所示为 Kwon 等人[34] 提出的准双级压缩电动汽车热泵空调系统。研究表明，在 −20℃ 环境、空调外循环模式下，制冷剂喷射热泵系统较传统单级压缩热泵系统制热量能够提高 11%[21]。Ning 等人[35] 提出了一种双级压缩电动汽车热泵空调系统，研究表明，在 −20～−10℃ 环境中该系统的 COP 能够比传统单级压缩热泵提高 6%～30%。此外，还有学者提出了应用干燥剂除湿装置的电动汽车热泵空调系统，研究表明，在 7℃ 环境、空调内循环模式下，干燥剂除湿热泵空调系统较传统热泵系统能耗可降低 11.8%[24]。

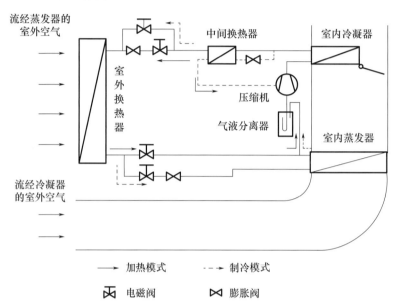

图 6.1-8　准双级压缩电动汽车热泵空调系统[34]

随着氢氟碳化物纳入管控，车用空调制冷剂替代成为整个行业关注重点，众多研究人员对应用 R290、R744 等低 GWP 制冷剂的电动汽车热泵空调系统开展研究。黄广燕等人[36] 研究了 R290 电动汽车热泵空调系统的制冷制热性能，研究表明，在 45℃/27℃ 高温制冷、压缩机转速 2700～4500r/min 工况下，系统 EER 为 1.88～2.1；在 −20℃/20℃ 低温制热、压缩机转速 6000r/min 工况下，系统制热量为 2911W，COP 为 1.80；为了提高系统安全性增设二次回路将导致系统制冷量衰减 300～500W、制热量衰减 200～400W。Yang 等人[37] 提出了如图 6.1-9(a) 所示的 R290 喷射补气热泵空调系统，在 −20℃/20℃ 工况下系统 COP 与制热量分别能够较传统系统提高 32.5%、38.1%，且在 −30℃ 环境下能够实现 1.69 的制热 COP。Dong 等人[38] 提出了一种直接式 R744 电动汽车热泵空调系统，该系统在 40℃ 环境、空调外循环模式下，制冷量能够达到 7524W，COP 为 1.36；在 −20℃ 环境、空调外循环模式下，最大制热量能够达到 7502W，COP 为 2.06。由于 R744 系统工作压力较高，为防止制冷剂泄漏导致乘员舱 CO_2 浓度过高，Wang 等人[39] 提出了如图 6.1-9(b) 所示的 R744 二次回路热泵空调系统，研究表明，在制热模式下二次回路系统的 COP 相较于直膨式系统降低 14.0%～22.0%，在制冷模式下二次回路系统的 COP 相较于直膨式系统降低 17.0%～22.5%。此外，还有研究提出了应用回热器[40]、制冷剂喷射补气[41] 等技术方案以改进 R744 跨临界循环制冷/热泵系统性能。

3. 案例分析

当前，热泵技术已在多款实际电动汽车中得到广泛应用。图 6.1-10 所示为宝马 i3 车型搭载的热泵空调系统，夏季工况下系统截止阀 1、4 开启，截止阀 2、3 关闭，压缩机高温排气在室外换热器中冷凝后分为两个支路分别经膨胀阀节流后在电池冷却器和室内蒸发器中蒸发吸热，实现电池冷却与乘员舱制冷功能；冬季工况下系统截止阀 2、3 开启，截止阀 1、4 关闭，压缩机高温排气进入板式换热器与冷却液回路换热、高温冷却液经暖风芯体加热室内空气，节流后的制冷剂流经室外换热器从室外环境中取热作为热泵热源。

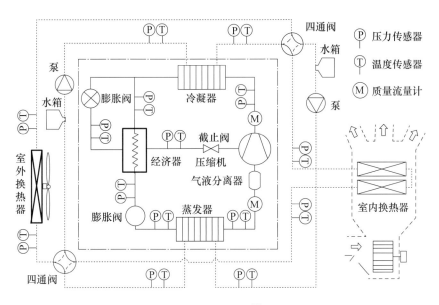

(a) 电动汽车R290热泵空调系统[37]

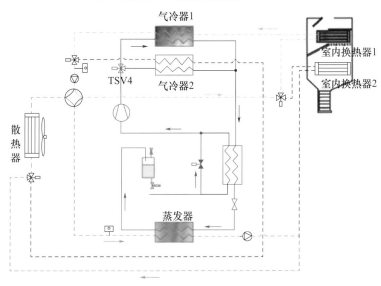

(b) 电动汽车R744热泵空调系统[39]

图 6.1-9　应用低 GWP 制冷剂的电动汽车热泵空调系统

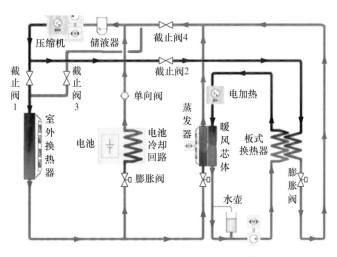

图 6.1-10　宝马 i3 热泵空调系统[5]

近年来，采用低 GWP 制冷剂的热泵空调系统也逐渐在实车系统中实现应用。图 6.1-11 所示为大众 ID.4 CROZZ 车型搭载的热泵空调系统，系统采用 R744 作为制冷剂，制冷剂直接在室内蒸发器/冷凝器中与空气换热，通过切换电磁阀与膨胀阀工作状态能够实现乘员舱制冷、电池主动冷却、电池自然冷却等多种功能模式。奥迪 Q5 e-tron 车型搭载的空调系统也可选配 R744 作为制冷剂，图 6.1-12 所示为 R744 热泵空调系统的部件示意图，相较于传统 R134a 系统，R744 系统的部件及管路壁厚明显增大，阀件及管路接口均采用特殊连接技术，并在乘员舱内额外设置了 CO_2 传感器防止制冷剂泄漏影响人员安全[42-43]。海信三电（SANDEN）集团研发了车用 R744 压缩机，通过创新的可变背压和机油管理以及 800V SiC 逆变技术提高了压缩机的效率，并采用增强涡旋材料和涂层、延长轴承寿命设计增强系统可靠性，如图 6.1-13 所示。

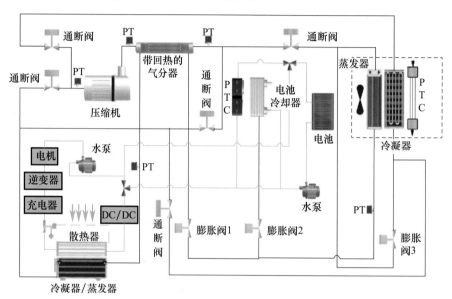

图 6.1-11 大众 ID.4 CROZZ 热泵空调系统[5]

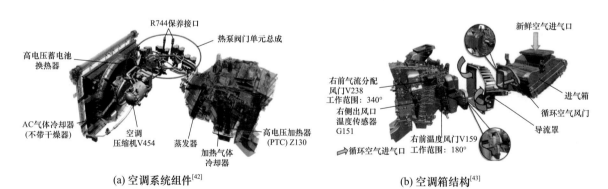

(a) 空调系统组件[42]　　　　　　　　　　(b) 空调箱结构[43]

图 6.1-12 奥迪 Q5e-tron 热泵空调系统

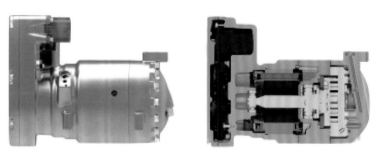

图 6.1-13 海信三电 R744 压缩机

6.1.3 电池、电机电控热管理技术

电池及电机电控（简称"三电"系统）热管理技术是电动汽车在复杂多样的行驶场景和气候工况下安全、高效运行的重要保障，直接关系到电动汽车的安全性能、动力性能与续航性能。在提高"三电"系统的温控精度、保障"三电"系统运行安全与高效性能的前提下降低热管理系统的运行能耗是电池及电机电控热管理技术的重要发展目标。

1. 技术途径

1）电池冷却技术

随着电池能量密度不断提升以及电池快充技术的迅速发展，传统风冷方式已难以满足动力电池组的最高温度及温度均匀性的控制要求，利用液体作为换热介质的液冷方式成为更优选的电池冷却方案，其技术关键在于液冷流道设计与选型[44]。近年来，利用制冷剂相变换热的直接冷却方案逐渐受到关注，相较于传统液冷方案，制冷剂直冷系统能够减少水箱、水泵及管道等部件，降低整车质量，同时能够提高电池组的换热效率与温度均匀性[45]。此外，基于相变材料和热管的电池热管理技术也逐渐发展[46-47]，通过与传统风冷、液冷方案相结合，在降低主动冷却能耗的同时能够实现更高的散热能力和温度均匀性、提高电池循环寿命与运行安全。

2）电池低温加热技术

电动汽车在低温环境下充电缓慢、续航衰减、启动困难等问题已成为当前电动汽车推广应用的重要技术瓶颈。在低温环境下车辆充电或冷启动行驶时对电池进行快速预热是提高电动汽车低温适应性的重要技术手段。外部加热方法实现难度低，是目前电动汽车中普遍采用的技术方案。除了传统的电加热方案，利用热泵、电机余热、相变材料加热电池的技术方案也逐渐应用于电动汽车，以降低加热电池的能量消耗[48]。近年来，利用电池自身内部产热的快速加热方法成为研究重点，包括交流加热、内部自加热、双向脉冲加热以及自加热锂离子电池等，但此类方法易影响电池寿命、增加安全隐患[49]。除了加热方式，电池的充/放电加热策略对于电池低温充放电性能也具有重要影响，如何平衡电池性能、加热时间、加热能耗、电池寿命、安全风险等众多因素是当前电池充放电加热技术研发、应用所面临的重要问题。

3）电机电控冷却技术

驱动电机及电控系统的温升问题将直接影响电动汽车的稳定性及安全性，结合电机热模型预测不同行驶工况下电机内部温度分布、优化冷却结构与管路布置、控制优化水泵/散热风机频率对于保障电动汽车在恶劣环境与行驶工况（例如高温、爬坡、加速等状态）下的冷却散热需求、提高电机电控运行安全及寿命具有重要意义[10]。随着电机功率密度逐渐升高，针对电机高温部分集中在绕组端部、冷却介质无法直接接触高温点的问题，近年来发展了驱动电机喷油冷却技术，通过设置喷油嘴直接将油束或油雾喷到高温部件上实现直接冷却，能够进一步提高电机散热性能[50]。

2. 理论研究

间接液冷方案是当前主流的电动汽车电池热管理方案。为优化电池组温度均匀性提高电池充放电性能、同时减小流阻降低电池热管理系统能耗，众多研究人员对电池冷板性能及流道结构开展了大量研究。Chen 等人[51]提出了如图 6.1-14(a)所示的一种双向对称平行微通道冷板，研究表明该冷板相较于传统结构微通道冷板能够减小 77％电池组温差、降低 82％系统能耗。Deng 等人[52]对比了如图 6.1-14(b)所示的不同流道结构的蛇形通道液冷板的冷却效果，研究表明，与沿宽度方向布置的两通道冷板相比，沿长度方向布置的五通道冷板能够使电池组最高温度降低 26℃。Zhu 等人[53]设计了如图 6.1-14(c)所示的肋槽液冷板结构，能够显著改善电池热管理系统的换热性能。李浩等人[54]提出了如图 6.1-14(d)所示的一种内部具有相变工质 R1233zd 的均温板，在热源 690W、蒸发器入口−5℃工况下能够实现均温板表面平均温度 18.15℃、表面温差 16.6℃。图 6.1-14(e)所示为制冷剂直冷直热的电池热管理系统，在电池冷却、加热工况下均可保障合适的电池运行温度与温度

均匀性[55-56]。

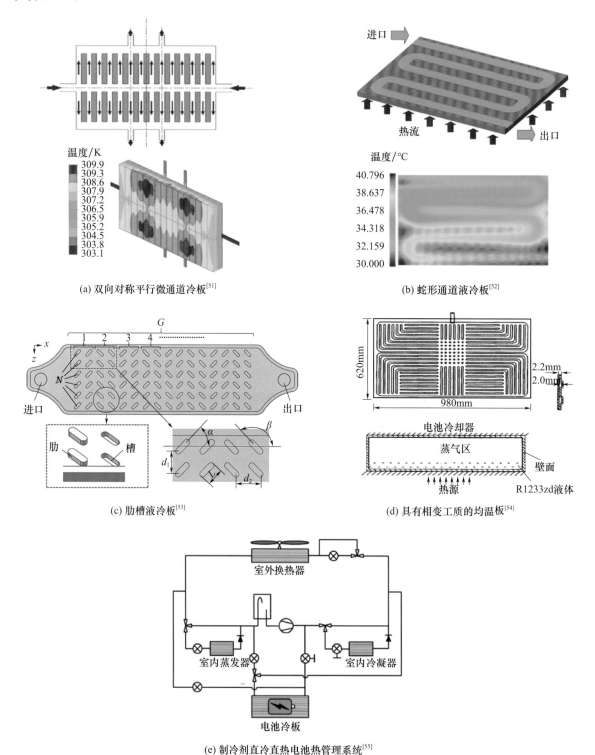

(a) 双向对称平行微通道冷板[51]

温度/K
309.9
309.3
308.6
307.9
307.2
306.5
305.9
305.2
304.5
303.8
303.1

(b) 蛇形通道液冷板[52]

温度/℃
40.796
38.637
36.478
34.318
32.159
30.000

(c) 肋槽液冷板[53]

(d) 具有相变工质的均温板[54]

(e) 制冷剂直冷直热电池热管理系统[55]

图 6.1-14　电池冷板/均温板及电池热管理系统

　　在低温环境中，需要通过消耗高品位能量主动加热来满足电池的升温及目标温度要求。表 6.1-2 所示为现有研究提出的各类电池加热技术[8]。传统的外部加热法的热源位于电池外部，技术实现难度较低且安全可靠，是最常用的实车搭载方案。张承宁等人[57]研究了在电池面积最大的两个侧面加装宽线金属膜的加热方法，实验结果表明，与不加热电池相比电池的放电容量能够提高 50%。然而，外部加热法存在加热速度慢、能量利用效率低、温度分布不均匀等缺陷。内部自加热法是利用电池在充放电过程中的自身产热量实现自加热，电路构成简单、实现成本低且加热速度快，但该方法的能量利用效率低，仅适用于电池荷电状态（SOC）较高的工况，且加热过程电池高倍率放电、易增加电池过放电与电池老化风险[49]。Wu等人[58]的研究表明，某2.6 Ah的18650电池在1C、2C放电倍率下从−10℃加热至5℃分别需要1080s、280s，加热能耗分别占电池容量的30%、15%。双向脉冲电流加热法是将电池与另一储能元件组成回路、通过电池充放电过程实现电池加热，该方法能够实现更高的加热速度和能量利用效率，并降低电池老化风险。研究表明，在−20℃环境中，脉冲电压幅值2.8V、脉冲间隔1 s的条件下，将电池从−20℃加热至20℃需220s，加热能耗为电池容量的5%[49]。交流加热法是通过周期性的充、放电过程快速加热电池，可使用外部交流电源、实现加热过程不消耗电池自身能耗，确定合适的交流电流参数是该方法的关键。除上述技术外，王朝阳教授团队[59]提出了一种基于第三极镍箔自加热的全气候动力电池技术方案，在电池电极间植入具有一定阻值的镍片，以镍片作为加热元件从内部加热电池，实验结果表明，所提出的自加热锂离子电池在−20℃、−30℃环境中加热至0℃分别仅需19.5、29.6s，分别消耗3.8%、5.5%电池容量。

电池加热技术与策略的研发，需要综合考虑能量消耗、加热速度、温度均匀性、电池老化、系统复杂度、安全可靠性等多项指标，见表6.1-2。在充电过程中，传统先预热后充电的加热方式存在能耗高、充电时间长等问题，而边充电边加热的方式易造成电池低温充电、电池寿命损耗的安全隐患。陈泽宇等人[60]提出一种基于短时大电流自放电的电触发极速自加热方法，并通过电池表面温度传感器与内部温度预测相结合的策略控制自放电激励的持续时间，测试结果表明该加热控制策略能够实现87s内将电池从−20℃加热至20℃且对电池寿命造成很小影响。此外，在不连接充电桩的情况下，电池加热的能量消耗来自于电池自身，因此需平衡电池加热导致的能量消耗与放电性能提升的矛盾。薛撬等人[61]提出了一种基于加热目标温度优化的电池组预加热策略，通过优化不同环境温度和不同SOC状态下电池的加热目标温度提升电动汽车续航里程，实验结果表明在−15℃、−5℃环境温度下优化电池加热目标温度分别能够将整车续航里程提高8.41%、4.77%。

表6.1-2　电池低温加热技术性能对比[8]

电池主动加热技术		能耗	加热时间	电池老化	温度均匀性	成本	增加载重	安全可靠
外部加热	空气加热	+++	+++	+++	+	+	++	+++
	液体加热	++++	++++	+	++++	+	++++	++++
	电加热板/膜	+++	+++	++	++	++	++	++
	珀尔帖效应加热	+++	++++	+	++	+++	+++	+++
外部加热	热管加热	+++	+++	+++	+++	+++	++	++++
	燃烧加热	++++	++	+	+++	+++	+++	+
	相变材料加热	++++	++++	+	+++	++	+++	+++
内部加热	内部自加热	++++	+	++	++++	+	+	++++
	双向脉冲电流加热	+	+	+++	+++	++	+	++
	自加热锂电池	+	+	+	+++	++++	+	++
	交流加热	+	++	+	++++	+++	+	++++

基于相变材料的电池热管理方案利用材料的相变潜热吸收电池充/放电过程中的产热量，能够降低电池热管理能耗、减小电池组单体温差，通常与传统空气冷却、液体冷却等方案结合应用，保障大功率充放电或极端高温环境工况下电池的热管理需求、提高系统可靠性。Ling等人[62]的研究表明，与仅采用石蜡/膨胀石墨相变材料的被动式热管理方案相比，将相变材料与主动空气冷却结合的混合冷却方案能够将电池最高温度降低10℃，且具有更好的均温效果。在传统相变材料热管理方案基础上，Jilte等人[63]提出了如图6.1-15(a)所示的套管式相变材料冷却方案，利用相变材料套

管包裹柱形电池单体，单体之间空隙引入低温空气散热，研究表明在 40℃、4C 放电倍率工况下，电池组温升不超过 5℃。此外，在低温环境中，相变材料还能起到短时间保温作用。Ghadbeigi 等人[64]的研究表明，石蜡材料可以在 −17℃ 低温驻车工况下维持电池组温度 10min 左右，但长时间驻车时相变材料会导致冷启动时电池预热速率降低。因此，长时间驻车后仍需要通过主动加热提高电池温度。Zhong 等人[65]提出了如图 6.1-15(b)所示的相变材料与电阻丝结合的混合加热保温方案，各电池单体表面布置电阻丝、单体之间空隙布置石蜡/石墨复合相变材料，实验结果表明 8min 可将电池模组从 −25℃ 加热至 10℃。此外，基于现有研究还提出了将热管技术（回路型重力热管，脉动热管、烧结热管、平板环路热管等）与风冷、液冷及相变材料结合的电池热管理方案，利用热管的高效导热性能实现更高效、更均匀的电池温控效果[47]。

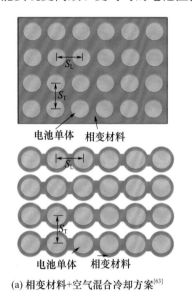

(a) 相变材料+空气混合冷却方案[63]

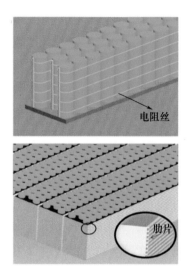

(b) 相变材料+电阻丝混合加热保温方案[65]

图 6.1-15　基于相变材料的电池热管理方案

电机电控冷却技术方面，许多研究人员针对电机产热机理及冷却结构优化开展了广泛研究。Liu 等人[66]设计了如图 6.1-16 所示的四种电动汽车用轴向磁通永磁同步电机冷却结构，并对冷却结构的通道数、径向长度和轴向长度进行优化，实验结果表明，综合考虑设计成本与冷却效果，串联流道结构是最优方案。随着对驱动电机功率密度与效率的要求不断提高，具有更高冷却效率的油冷电机逐渐成为电驱行业的研发热点，吴元强等人[50]通过 CFD 仿真对电机定子冷却结构中不同定子铁心入油口位置和角度、出油孔数量和孔径进行了优化，与优化前的定子冷却结构相比，优化后的方案可使电机温度降低 5～10℃。

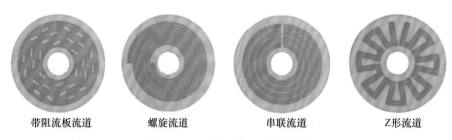

带阻流板流道　　　　螺旋流道　　　　串联流道　　　　Z形流道

图 6.1-16　电机冷却流道结构[66]

3. 案例分析

近年来，随着动力电池能量密度不断提升，液冷成为特斯拉、比亚迪、宝马等众多电动汽车的主流热管理方案。图 6.1-17(a)所示为比亚迪刀片电池的直冷冷板，该冷板布置在电芯下方，上盖板为平面结构，通过导热材料胶与电芯粘接，下流道板具有流道形状，与上盖板钎焊连接后形成冷却液流道,整个冷板具有两个换热区,换热区中间为结构件间隔区。图 6.1-17(b)所示为特斯拉柱形电池采用的蛇形冷却管,冷却管与电池单体间填充有导热和电绝缘材料,冷却管采用波浪形设计,增加了各电芯与冷却管的接触面积与换热效率[67]。此外,利用制冷剂直接加热/冷却电池的热管理方案也在实际电动汽车中实现了应用。图 6.1-18 所示为比亚迪海豚车型搭载的热管理系统,电池冷板直接连接于制冷剂回路中,通过压缩机吸气口、排气口两个电磁阀通断切换电池加热、电池冷却模式,能够有效提高电池包电芯温度均匀性[68]。

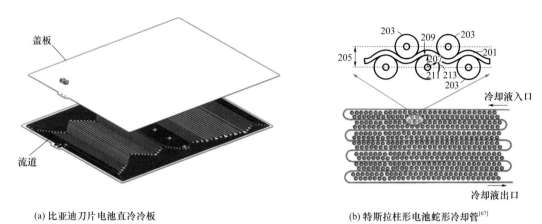

(a) 比亚迪刀片电池直冷冷板   (b) 特斯拉柱形电池蛇形冷却管[67]

图 6.1-17 电动汽车电池液冷板

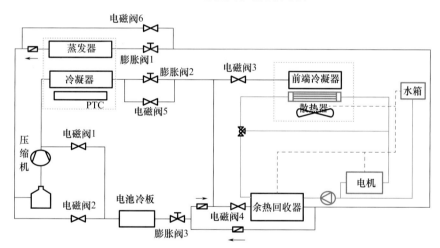

图 6.1-18 比亚迪海豚电池直冷直热热管理系统[68]

当前,电机油冷与多种冷却方案结合的混合冷却方案逐渐成为各车企的首选,据文献统计,NISSAN LEAF 采用水套冷却+强迫风冷的电机冷却方案(如图 6.1-19 所示[69]),宝马 i3 电机采用水套冷却方案,丰田 Pruis、索纳塔采用电机油套冷却方案,比亚迪 DMI 采用直喷式转子油冷电机方案,特斯拉 Model 3 车型采用油道淋油冷却方案[70]。

图 6.1-19 NISSAN LEAF 电机及其冷却结构[69]

6.1.4　整车一体化热管理技术

随着电动汽车动力性能与续航里程需求的不断提高，电池能量密度、电机功率密度不断增大，三电系统的热管理需求与日俱增。此外，用户对于车辆乘员舱的舒适性、智能化的要求也日益提高，电动汽车热管理系统的复杂程度、控制难度、占用空间及整备载重不断增大。为提高整车热管理系统性能，保障车辆的安全性、动力性、续航性能、舒适性、经济性，将各子系统高度集成、耦合控制成为当前电动汽车热管理行业的重要发展趋势。

1. 技术途径

1）整车能量综合利用。电动汽车热管理系统是一种多源多汇的能量综合管理系统。在低温环境中，多热源协同利用能够提升整车综合能效、提高电动汽车的宽温域适应性。在制热模式下，除了低品位室外空气与高品位电能外，车辆行驶过程中电机电控产生的热量也可作为热源，用于加热乘员舱空气、加热电池或作为热泵热源[71-72]。结合电机主动发热技术，还可实现主动控制电机效率及电机发热量，将电机作为可控余热源[73]。在不同气候条件及车辆行驶场景下，还应考虑整车热系统中各热源、热汇的品位差异，基于品位匹配原则优化能量利用策略，最大限度提高系统的能量综合利用效率[74]。

2）整车热管理控制优化。电动汽车整车热管理系统涉及乘员舱舒适性控制、电池与电机电控温度控制、挡风玻璃除霜除雾安全性控制，涉及众多控制参数与被控部件。针对不同路况和气候工况，系统需通过控制切换对应的热管理模式保障整车多目标多样化的热管理需求，还需控制各个部件的运行参数。不同于传统汽车空调以舒适性作为首要控制目标，电动汽车热管理系统的控制系统不仅需要关注乘员舱舒适性，更要保障车辆行驶过程中的安全性，同时兼顾节能效果、保障续航性能。传统启停控制、PID控制在处理复杂动态波动过程中易出现超调、振荡问题，影响系统节能性与舒适性。随着整车热管理系统的耦合程度加深，智能化、一体化、精细化控制策略的重要性更为凸显，模糊控制、模型预测控制等智能控制算法逐渐被应用于整车热管理系统[4-5]。当前，多支路耦合一体化系统的多目标协同控制是电动汽车热管理系统控制技术的研究重点。

3）集成化、模块化。整车热管理系统的制冷剂、载冷剂回路包括压缩机、换热器、阀门、水泵、膨胀水箱等众多部件，各部件通过管路相互连接，系统结构复杂、调控困难且空间占用率高。随着整车热管理系统的耦合程度加深、功能性多样化，整车热管理系统构架、部件、管路的复杂性进一步增加。研发多功能集成式、模块化部件（包括集成式阀组[75]、集成式储液罐[76]、集成式换热器[77]等）对于简化系统管路流程、降低系统空间占用率和整备载重，实现整车热管理系统集成化、轻量化以及提高系统可靠性具有重要意义。

2. 理论研究

电动汽车余热回收技术利用车辆行驶过程中电机余热作为加热乘员舱和电池的热源，能够提高整车热管理系统的低温适应性，近年来被广泛研究与应用。众多研究人员提出了多种基于电机余热回收的电动汽车集成式热管理系统方案。Ahn等人[78]对采用空气源和余热源的双热源电动汽车热泵系统开展了实验研究，研究表明，当电机余热从 0 增加到 2500W，双热源热泵的制热能力和 COP 分别增加 9.3% 与 31.5%。Tian等人[71]设计了如图 6.1-20(a)所示的余热回收型电动汽车热泵热管理系统，研究表明在 −7℃ 环境下，电机余热从 0 增加到 1000W，系统的 COP 能够提高 25.6%。Hong等人[79]提出了一种利用相变材料和电机余热回收的电动汽车热管理系统，该系统在冬季能够实现降低 26.2% 制热能耗、提高 18.6% 的车辆续航里程。He等人[72]提出了回收电机余热用于乘员舱和电池加热的电动汽车热管理系统，研究表明，在 −15℃ 环境中，该系统分别可减少 9.1% 电池 PTC 加热能耗、50.0% 乘员舱 PTC 制热能耗和 17.4% 压缩机能耗。此外，还有一些研究将电机余热回收技术与制冷剂喷射补气技术结合，提出了利用电机余热作为中压蒸发器热源的余热回收准双级压缩热泵热管理系统，可进一步改善热泵热管理系统的低温制热性能[80]。针对如图 6.1-20(b)所示的不同余热利用策略，Lee等人[81]指出不同车速、行驶时间、环境温度工况下热管理系统的最优余热回收策略不同，根据余热能量品位优化余热回收策略可降低 13％热管理能耗。

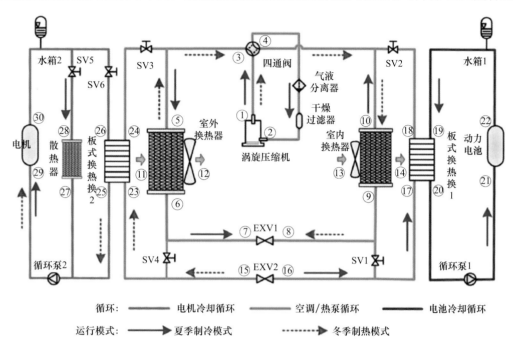

(a) Tian等人提出的系统[71]

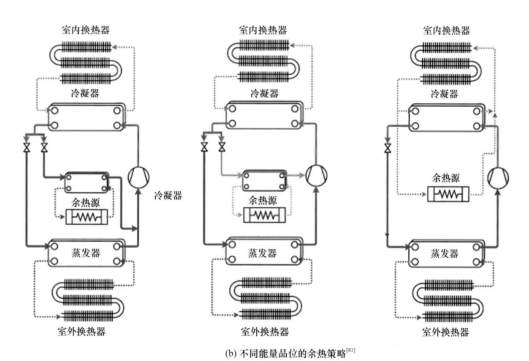

(b) 不同能量品位的余热策略[81]

图 6.1-20　电动汽车余热回收型热泵热管理系统

　　电动汽车热管理系统的控制系统需要保障乘员舱舒适，电池、电机、电控温度合适，并在系统稳定运行的基础上尽可能提高热系统综合能效、降低整车能耗。传统 PID 反馈控制在汽车空调领域已广泛应用。然而，电动汽车热管理系统是一种高度非线性热力学系统，对于包含"三电"系统精细化温控的多变量控制系统，模型控制目标涉及乘员舱温度、电池温度、电机电控温度，控制量涉及多个电子膨胀阀开度、压缩机转速、多个风机水泵转速，同时包含路况信息、用户信息、外界负荷、人员变化等外扰量，不同热管理子模块之间的热力学特性相互耦合后，PID 控制的积分比例参数也需要相互配合，应对变工况条件或者受到外扰时，单一 PID 参数难以适应，将影响系统控制精度[4]。针对上述问题，相关研究人员将模糊控制、神经网络、深度学习以及模型预测控制等智能算法应用于集成式整车热管理系统控制。叶立等人[82]设计了一种电动汽车热泵空调系统在线自调整模糊积分控制器，实现了各工况下乘员舱稳态温度误差仅为0.01℃。杜常清等人[83]研究了基于PID和模糊推理的集成式热管理系统控制方法，研究表明，在夏季工况及冬季冷启动工况下均可将乘员舱和电池温度控制在目标范围内，且冬季利用电机余热加热电池降低了16％电池加热时间、提高了3％车辆续航里程。Xie等人[84]提出了如图6.1-21所示的基于模型预测控制算法的二次回路型电动汽车热管理系统控制策略，该策略以提高乘客热舒适性、降低系统能耗以及控制乘员舱CO_2浓度作为控制目标，研究表明该模型预测控制策略能够实现乘员舱温度偏差为0.4℃，比传统启停控制低50％、比PID控制低20％，该模型预测控制策略下系统能耗为0.98kWh，较传统启停控制和PID控制分别节能16.2％、5.8％。

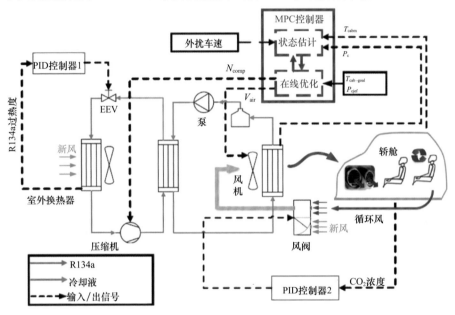

图6.1-21　基于模型预测的电动汽车热管理系统控制策略

3. 案例分析

当前，余热回收技术已广泛应用于实际电动汽车热管理系统。图6.1-22所示为特斯拉Model Y车型的集成式热管理系统[85]，系统制冷剂回路采用双蒸发器（舱内蒸发器、电池冷却器）、双冷凝器（舱内冷凝器、液冷冷凝器）结构，冷却液回路通过八通阀相互连通，能够实现四种不同的流路模式，系统通过制冷剂与冷却液流路切换，可以运行多种热管理模式。此外，通过控制电机效率主动控制电机产热的电机主动发热技术也在实际车型热管理系统中实现应用（例如比亚迪海豚车型[73]），以替代作为传统辅助加热装置的PTC电加热器、降低整车成本。

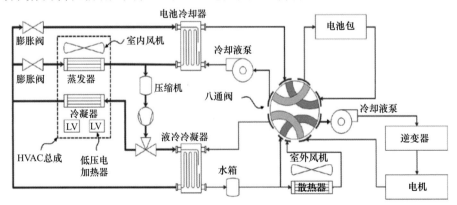

图6.1-22　特斯拉Model Y整车热管理系统[85]

随着热管理系统耦合程度增加，为简化复杂管路流程、部件成本及控制难度，当前，高集成度的模块化部件成为众多电动汽车厂家的关注重点。图 6.1-23（a）所示为特斯拉 Model Y 热管理系统采用的八通阀，该阀组具有八个进出口通路，可以实现不同的流路模式切换，满足系统多种功能模式切换的同时大大简化了系统管路结构。图 6.1-23（b）所示为比亚迪海豚车型热管理系统采用的集成式阀组，该阀组共集成了三个制冷剂膨胀阀及六个冷却液电磁阀，大幅降低了系统的部件数量与占用空间。图 6.1-23（c）所示为小鹏汽车热管理系统采用的一体式储液罐，将系统多个回路的水箱以及相应的阀件、水泵集成为一个储液罐，大幅降低了系统载冷剂回路的复杂程度和占用空间，同时降低了管路压降与热损失。图 6.1-23（d）所示为清华大学团队研发的三介质换热器，该换热器能够实现空气、冷却液、制冷剂中任意两介质之间直接换热以及三种介质同时换热，可替代原热管理系统中多套换热设备，改进系统综合能效的同时减小前端冷却模块的布局空间，降低车辆载重量，有利于实现整车热系统的轻量化和集成化。

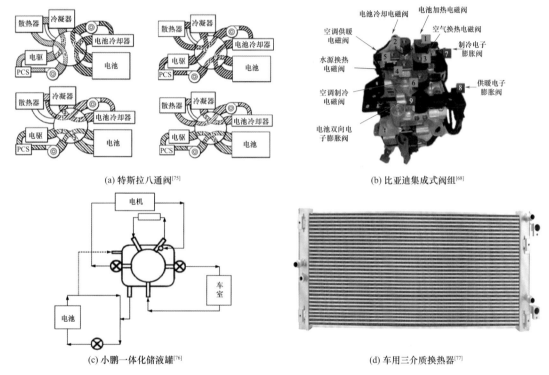

(a) 特斯拉八通阀[75]

(b) 比亚迪集成式阀组[68]

(c) 小鹏一体化储液罐[76]

(d) 车用三介质换热器[77]

图 6.1-23　整车热管理系统集成化部件

6.2　轨道交通及站场空调技术

6.2.1　轨道交通车用空调技术

1. 技术途径

由于城市、城际和城市群之间、干线铁路网的轨道交通车数量迅速增长，为了保障车内人员的热舒适以及维持空气质量，需要大量的能耗维持空调的运行。因此研发更加高效、环保和舒适的车辆空调系统，不仅可提升乘客出行体验，而且可实现节能降碳。实现轨道交通车辆空调节能降碳的关键技术路径主要包括以下几点。

1）变工况直膨式空调系统能效提升技术

基于动态需求的新风量优化。轨道车辆是人员密集场合，且人员负荷波动较大，通常所需的空调系统新风量较大。然而空调系统采用定新风量设计，这将浪费大量的能源。应当研发优化新风量，实现新风量能够根据需求进行实时调节，减少由于新风冗余废能和新风不足造成的人员不舒适。

2）废排能量回收利用

轨道交通车辆属于人员密集型空间，为了维持空间洁净度和一定 CO_2 浓度，需要引入大量的新风，如果不进行废排空气的热回收，将会浪费大量的能耗。应当研发高效的热回收技术，实现节能。

3）低 GWP 制冷剂替代

应使用低 GWP 制冷剂，如使用自然工质、氢氟烯烃（HFO）等（参见 3.2.1）。此外，减少制冷剂充注量、延缓空调系统的性能衰减、延长其使用寿命，也是减少碳排放、减少资源与能源消耗的重要措施。

4）空调系统供电拓扑优化

传统空调系统供电是交流电源，通过车辆的辅助电源系统提供。对于供电网采用 DC750V 或 DC1500V 的车辆，辅助电源系统把直流电源转换成交流电源，再由空调系统将其转换成所需频率和电压的交流电源，用于驱动制冷压缩机变频运行，这使得电源系统在直流和交流间较大的转换损失。应当优化空调系统的供电拓扑网络，提高空调系统的电源转换效率。

2. 理论研究

相比较普通的建筑，轨道交通车的空调系统运行环境多变，由于乘客上下和跨区域运行使得负荷变化大，空调系统安全性要求高，时刻保障乘客对空气质量的需求。因此针对于这一类空调系统更需要优化空调系统供电拓扑，保障系统的运行稳定性，提高废排能量回收利用率，优化新风量和使用环保制冷剂是减少能源消耗的关键技术（其中，应用环保制冷剂已在 3.2.1 节进行专题讨论，这里不再赘述）。

1）废排能量回收利用

能量回收技术是利用热回收换热芯使室内废排风与室外新风进行热量交换，如图 6.2-1 所示，对新风进行预冷/预热，从而降低空调机组负荷，有效提高空调系统 COP，实现空调高效节能目标。通过在轨道交通车辆中引入这样的废排能量回收系统，可以减少空调机组负荷，降低空调机组功耗，提升整机能效。

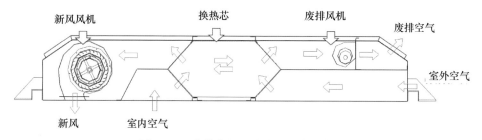

图 6.2-1　废排能量回收利用系统示意图

2）基于动态需求的新风量优化

轨道车辆是人员密集场合，通常所需的空调系统新风量较大，如地铁 120A 型列车每个车厢的新风量需求大约 3000m³/h（总通风量约 10000m³/h）。以往空调系统采用定新风量设计，近年，为实现节能，有更多的铁路线路在空调机组内设置 CO_2 浓度传感器，实时对新风量进行调节。轨道车辆空调系统暂没有应用免费冷却，主要是受限于新风阀尺寸，无法无限加大新风量。风量调节的输入参数包括：压缩机荷载需求；CO_2 浓度和载客量信号。送风量的变速控制可在系统负荷要求不高时，尽可能降低车厢噪声、减少空调吹风感；在系统负荷要求较高时，增大送风量、改善车厢内空气温度分布。

3）空调系统供电拓扑优化

传统的空调系统供电是交流电源，通过车辆的辅助电源系统提供。近年逐渐出现如图 6.2-2 所示的空调直流供电系统，车辆供电 DC750V 或 DC1500V 经隔离稳压后将 DC600V 提供给空调系统。DC600V 电源进入空调机组后，分别进入 EC 风机控制单元和预充电模块。EC 风机控制单元与同步送风机集成在一起，可以直接采用 DC600V 和 DC110V 的电源，实现通风和紧急通风的功能（紧急通风模式是轨道车辆空调独特的工作模式，紧急情况下由蓄电池给通风机供电，用于维持车厢内部的新风供应）。预充电后经过电容板，由 1 个 3kW 变频板（或者 2 个 1.5kW 变频板）为 2 台室外风机供电，2 个 15kW 变频板分别为 2 台压缩机供电。

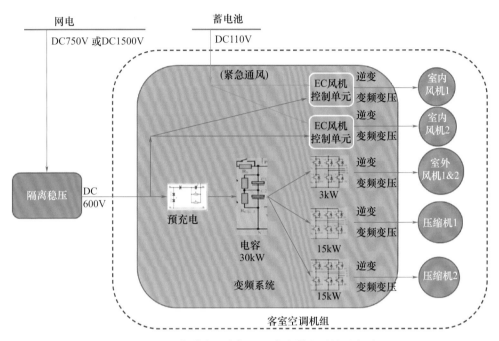

图 6.2-2　轨道交通车辆空调直流供电系统示意图

3. 案例分析

石家庄国祥运输设备有限公司（以下简称"国祥公司"）已经基于不同的轨道车辆平台对以上技术实施可行性进行了验证，并进行了相关实车运营验证。

1）国祥公司与中车株洲电力机车有限公司基于地铁 80B 型车平台，对废排能量回收系统进行了应用开发（产品如图 6.2-3 所示，参数见表 6.2-1）。通过将废排能量回收系统集成在空调机组内，车厢废排空气和室外新风在空气换热器中进行换热，处理后的新风再和车厢回风进行混合，废排空气则排放到外界环境中。经过焓差实验室测试，该空调机组在夏季废排能量回收量可达 8.7kW（环境参数 35℃/70%，车厢内参数 27℃/65%），冬季废排能量回收量可达 5.9kW（环境参数 −5℃/75%，车厢内参数 13℃/40%）；夏季系统能效比可比传统空调机组提升 21.8%，冬季可提升 27.0%。

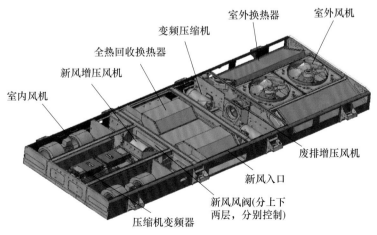

图 6.2-3　废排能量回收空调机组结构示意图

表 6.2-1　废排能量回收空调机组设计参数

项目	参数
空调机组电源	AC380V±10%
空调安装方式	顶置单元式
额定制冷量	37kW
额定制热量	18kW（热泵）
额定通风量	4000m³/h
额定新风/废排量	1300m³/h

2）针对新风量动态调节优化，国祥公司在广州地铁 7 号线等空调机组内安装 CO_2 浓度传感器，将 CO_2 体积分数 $1500×10^{-6}$ 作为调节阈值，对空调新风阀进行多挡位调节或无级调节。在车辆超员运行且新风阀全开时，若 CO_2 体积分数超过 $3000×10^{-6}$ 时进行预警，并维持最大新风量或调节至"强风"模式运行。通过相关新风量动态调节措施，可实现减小夏季或冬季空调负荷，并确保车厢内 CO_2 浓度满足乘客需求。

3）在低 GWP 制冷剂的应用方面，近年国内车辆空调生产商进行了相应的平台产品开发以及小批量试用。例如国祥公司基于地铁平台开发了制冷量 40kW 的使用 CO_2 作为制冷剂的空调机组（如图 6.2-4 所示），并于 2021 年投入商业运营；通过两年的运营考核，证明 CO_2 制冷剂空调机组满足石家庄地铁车辆运营使用要求，也为 CO_2 制冷剂的未来应用积累了经验。

图 6.2-4　石家庄地铁 3 号线安装的 CO_2 制冷剂空调机组

4）国祥公司与中车株洲电力机车有限公司基于齿轨车平台，联合对空调系统供电拓扑进行优化。如图 6.2-5 和图 6.2-6 所示分别是传统变频空调供电拓扑和齿轨车平台变频空调供电拓扑的比较，通过采用新的供电拓扑，电源能量转换环节从 4 次减少为 2 次，减少了电源转化损失，实现节能目的。

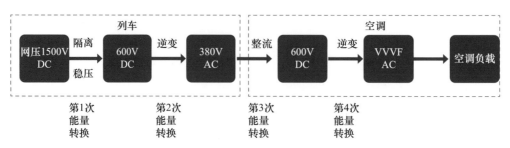

图 6.2-5　传统变频空调供电拓扑

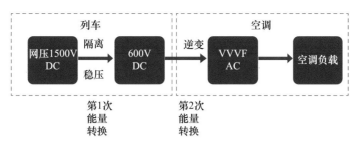

图 6.2-6　齿轨车变频空调供电拓扑

表 6.2-2 和图 6.2-7 分别是齿轨车平台空调机组的主要技术参数及其产品示意图。

表 6.2-2　齿轨车空调设计参数

项目	参数
空调机组电源	DC1500V±5％
空调安装方式	顶置单元式
额定制冷量	22kW
额定制热量	7kW（电加热式）
额定通风量	2500m³/h
额定新风量	600m³/h

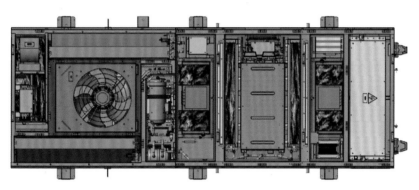

图 6.2-7　齿轨车变频空调机组结构示意图（最右侧是 DC1500V-DC600V 隔离稳压电源）

6.2.2　地铁车站空调技术

1. 技术途径

根据中国城市轨道交通协会的统计，截至 2023 年底，全国共有 59 个城市开通运营城市轨道交通线路 338 条，运营里程 11224km，创历史新高。从国内地铁运营期能耗情况来看，对于城市轨道交通建筑，虽然通风空调系统的造价仅相当于地铁投资的 8％～10％，但运营过程中通风空调能耗却占到 40％左右[85]。因此地铁车站的空调系统节能技术研究具有重要的意义。实现地铁车站空调系统节能降耗的关键技术路径，总结起来主要是以下几点。

1）基于传统方案的再优化

地铁车站采用的传统方案是指由冷水机组提供冷水，由多台空调机组完成公共区和设备管理用房的空气处理。通过精细化的负荷计算提高设备容量与实际需求的匹配、选择高性能冷水机组降低冷水机组能耗、优化管道局部阻力降低输配系统能耗、改善系统控制工艺等措施，最终实现通风空调系统的高效节能运行。

2）直膨式空调机组方案（也称为水冷直接制冷式空调机组）

公共区空调采用直膨机组替代传统的组合式空调机组。直膨机组外形和传统组合式空调机组类似，核心区别在于：通过把压缩机、冷凝器等部件进行高度集成，然后放置在机组的回风段，同时采用制冷剂直接蒸发的蒸发式表冷器，替代传统组合式空调机组的表冷器，原冷水管调整为冷却水管。设备区空调采用多台水冷直膨机组或风冷/水冷多联机组。系统方案实现了整体车站内无冷水系统，减少了冷冻侧换热环节、冷水系统漏热，提高了蒸发温度，最终实现系统效率的提高。同时由于设备集成度高，机组相比传统组合式空调机组占地更小，无须再布置冷水机组、冷水泵、冷水定压补水设备等，项目通常不再单独设置制冷机房，节约了一定地下机房面积。

3）大小系统独立冷源联合运行方案

地铁车站的主要负荷来自于设备运行负荷，而车站的运行具有很强的时间特征，当夜间列车停运后，空调系统难以根据负荷的大范围波动及时调整变化，从而室温严重偏离设计工况。系统的容量设计根据最大负荷确定，因此小负荷出现时，系统容易长期处于"小温差大流量"以及设备频繁启停的状态。这种情况的出现会造成设备的低效和不安全运行，因此，如果采取大小系统组合且独立冷源供冷，可以实现系统的高效运行。

4）蒸发冷凝机组方案

将传统系统方案中的冷水机组替换为蒸发冷凝机组，其采用蒸发冷凝器替代传统系统方案中的冷却塔和冷水机组的冷凝器，从而实现去掉了整个冷却水系统的目的。冷水系统与空调末端的设计方案与传统方案一致。蒸发冷凝机组方案减少了冷却侧的换热环节，因此降低了冷凝温度。系统仅需要设置一个小扬程的冷却水循环泵用于蒸发冷凝器内的冷却水循环流动，最终实现提高系统效率的目的。蒸发冷凝机组通常放置在土建风道/地下机房，可以解决地面冷却塔无处安装的问题，但是需要设置单独的排补风装置。

除了节能降耗方面，还有一些结合工程实际问题衍生出的亟须解决的热点问题：解决冷却塔地面无法放置问题的技术方案，如隐形冷却塔方案；解决设备区采用定风量系统的风量不平衡的技术方案，如 VAV 空调方案、干式风机盘管方案或专用机房空调方案等；解决设备区在运行初期空气含湿量偏高的技术方案，如除湿运行模式设计等。

2. 理论研究

对传统方案的精细化优化思路，其关键点与非地铁建筑类的通风空调系统基本一致，本节针对地铁特点重点讨论直膨式空调系统方案和蒸发冷凝式空调系统方案。

1）直膨式空调系统

水冷直膨式空调机组取消了冷水机组、冷水泵，将空调机组内的表冷器改为制冷剂直接膨胀蒸发空气冷却器，处理空气时采用制冷剂直接蒸发冷却带走室内的余热余湿。直膨式空调系统的具体换热过程为室内空气与蒸发器内制冷剂的换热、冷凝器与冷却塔通过冷却水系统的换热、冷却塔与外部空气的换热，减少了一个换热环节，从技术原理上降低了换热损失，同时，常规空调系统的蒸发温度一般为 5℃左右，直膨式空调机组的蒸发温度可以更高，蒸发温度的提高有效提升了压缩机的性能，进而提高了整体空调系统的用能效率。如图 6.2-8 为直膨空调系统换热过程，图 6.2-9 为常规空调系统与直膨式空调系统的压焓图（1'-2'-3'-4'为直膨式空调系统，1-2-3-4 为常规空调系统）。

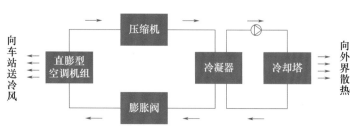

图 6.2-8　直膨空调系统换热过程

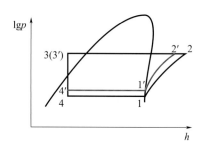

图 6.2-9　传统方案与直膨空调方案压焓图

从直膨机组实际运行情况的测试结果来看，其主要问题是：①低负载下无法稳定、高效运行。将地铁车站大小端的组合式空调机组直接置换成水冷直膨式空调机组后，由于两台机组均需要同时开启，导致相较于传统采用冷水机组的设计方案，其单台机组负载率更低。而经调研在 32℃ 左右的冷却水回水温度条件下，无论是磁悬浮压缩机还是螺杆压缩机均难以实现 40% 负载率以下长期稳定、高效运行。②部分类型的压缩机回油设计难度大。对于采用螺杆式压缩机或涡旋压缩机的直膨式空调机组，大面积的翅片式蒸发表冷器相较于相同换热量的管壳式换热器在制冷剂匀流和压缩机回油等方面的设计难度均增大。特别是长期运行在低负载率下的压缩机回油问题，现在国内普遍缺乏相关研究。③主流产品型号与部分低负荷地铁车站需求不匹配。经调研，目前磁悬浮水冷直膨式空调机组的主流型号可以覆盖 80～120RT，而 60～80RT 的变频螺杆式水冷直膨式空调机组、小于 60RT 的高效涡旋式水冷直膨式空调机组仅有个别厂家有成熟型号。

2）蒸发式冷凝技术

蒸发式冷凝技术是利用盘管外的喷淋水部分蒸发时吸收盘管内的冷凝热。蒸发式冷凝器是蒸发式冷凝冷水机组主要的换热设备，其原理是利用部分冷却水的蒸发带走气体制冷剂在冷凝过程中放出的热量。蒸发式冷凝冷水机组的应用时间较短、技术相对较新，从技术角度分析，蒸发式冷凝技术可以降低冷凝压力、减少压缩机功率，结构上将冷却塔和冷凝器合二为一，不需要独立设置冷却塔，节约了地上面积，解决了地铁车站地面冷却塔占地协调困难、冷却塔噪声和漂水对周边居民生活的影响。同时，蒸发式冷凝技术直接利用冷却水的蒸发带走冷凝热，只需设置一台流量很小的冷却水泵提供喷淋水，大大降低了传统空调方案中冷却水泵的流量和扬程，降低了冷却水系统的能耗，使得整体换热效率得到了提升。如图 6.2-10 为蒸发冷凝空调系统换热过程，图 6.2-11 为常规空调系统与蒸发冷凝空调系统的压焓图（1″-2″-3″-4″ 为蒸发冷凝空调系统，1-2-3-4 为常规空调系统）。

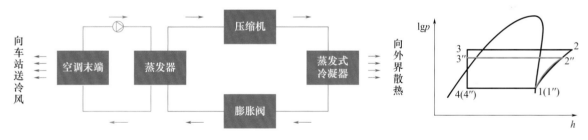

图 6.2-10　蒸发冷凝方案换热过程　　　　图 6.2-11　传统方案与蒸发冷凝
方案压焓图

从蒸发冷凝机组实际运行情况的测试结果来看，存在的主要问题如下：①排风机能耗巨大。车站内排风的换热量一般不足以排走蒸发冷凝器产生的巨大热/湿量，因此需要专用通风机来把该部分热/湿量排走。但是严格来讲该问题不属于蒸发冷凝机组的问题，而是需要把冷却塔"隐藏"起来所需要付出的代价。②蒸发冷凝机组表面结垢问题。冷凝侧的冷却水蒸发导致本身离子浓度不断增加，冷却水的硬度、碱度不断升高，整个蒸发冷凝装置易结垢。蒸发冷凝式冷水机组特别是放置在地下的机型，其冷凝器的结垢处理难度要远远大于冷却塔填料。过去一些地铁项目的蒸发冷凝机组随着使用时间增加出现了严重的冷凝器结垢问题。③蒸发冷凝器利用效率低。由于蒸发冷凝机组的蒸发冷凝器和冷水机组是一一对应的，因此，现场蒸发冷凝机组开启台数小于安装台数时，未运行的蒸发冷凝装置实际造成了换热面积的闲置。这导致了在很多工况下，蒸发冷凝机组的实际冷凝温度偏高，相较于传统采用冷却塔方案的一机对多塔的模式并不具备优势，冷水机组效率并未明显提高。④与其他类型冷源方案具有共性问题，如本身部分负荷下效率低、冷水泵控制策略不佳拉低系统能效、主流产品型号与小负荷车站不匹配等。

3）大小系统独立冷源联合运行方案

现有的地铁站空调系统运行存在以下问题：①系统调节性差，当夜间列车停运后，部分设备处于待机状态，设备发热量减少，而空调系统无法根据设备负荷变化调整，室温严重偏离设计工况；②系统节能性差，前期设计时设备散热量无法准确确定时，按远期最不利条件进行包容性设计，系统运行部分负荷能效低，长期处于"小温差大流量"状态；③系统灵活性差，全空气一次回风定风量系统，各房间无法独立调节，只能以最不利房间作为保证对象，另个别时段因负荷偏低造成机组频繁启停等，运行灵活性差。

为了解决以上问题，大小联合系统且均采用独立冷源的方案被建立，如图 6.2-12 所示，包括：①大系统冷水机组，主要用于除去公共区域的大量冷负荷，在冷源机组和系统的选择上，需要采用更加高效和智能化的设备，例如风冷直膨式 AHU 和水冷直膨式 AHU；②小系统，主要用于值班室、电力、通讯和信号设备房等长时间有冷负荷且负荷量不大的场所，需要采用高性能的设备满足长时间的运行和峰谷负荷调节，例如常规性 VRF、风冷直膨式 AHU、水冷直膨式 AHU、VAV 系统等。

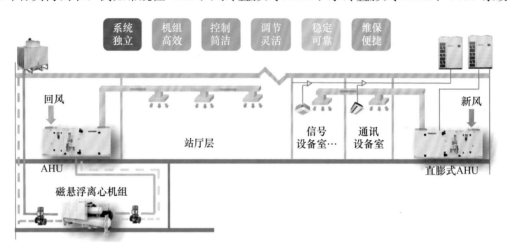

图 6.2-12　大小系统采用独立的冷源及系统：大系统冷水机组＋小系统多联机（海信日立）

3. 案例分析

1）洛阳地铁案例

清华大学作为洛阳地铁 1 号线和 2 号线通风空调系统的全过程节能顾问，完成了其系统方案设计、控制方案优化、现场调试和运行优化等工作。洛阳地铁 1 号线解放路站和牡丹广场站、2 号线全线 14 个车站的公共区空调（后简称：大系统）采用磁悬浮直膨式空调机组方案，设备及管理用房空调采用风冷多联机方案。以解放路车站为例：公共区冷源选用 2 台直膨式空调机组（KT-A1，KT-B1），分别布置在公共区两侧的小端设备机房和大端设备机房，2 台机组名义制冷量均为 282kW，设计机组进出水温度（冷却水）为 32℃/37℃，与机组配套的 2 台冷却水泵（LQ-B1，B2）及水处理装置（旁滤式），其系统原理图见图 6.2-13。设备及管理用房选用 7 组多联空调机组（室外机编号为 DLW-A1～A5，DLW-B1～B2），单台制冷量从 28kW 到 78kW 不等。从有利于室外机散热的角度，室外机均布置在地面，同时尽量选择靠近风亭位置，减少制冷剂管长度。

现场测试了 1 号线 4 台、2 号线 8 台磁悬浮直膨式空调机组现场安装后的实际运行性能。以 1 号线的测试结果为例，参考设计条件选择出风温度 18℃、冷却水回水温度 32℃、机组负载率接近 100％的工况进行对比，磁悬浮直膨式空调机组 COP（为了方便与传统冷水机组对比，直膨式空调机组的 COP 均不含风机能耗，为机组制冷量除以压缩机功率）的实测结果见图 6.2-14。可以看到磁悬浮直膨式空调机组基本符合厂验阶段的 COP 实测结果，安装到现场后实测 COP 为 6.1～7.8，远高于 GB/T 17981—2007《空气调节系统经济运行》典型工况对于 200kW≤CL＜528kW 机组要求的实测性能限值 4.4。

以解放路站为例，介绍机组部分负荷性能的实测情况。该车站近期空调负荷率的模拟结果（某时刻空调负荷/设计空调负荷）集中在 30％～50％之间，占总空调负荷频次 69％。图 6.2-15 为磁悬浮直膨式空调机组 COP 的现场实测结果，由图可知，磁悬浮直膨式空调机组高效运行区间与车站

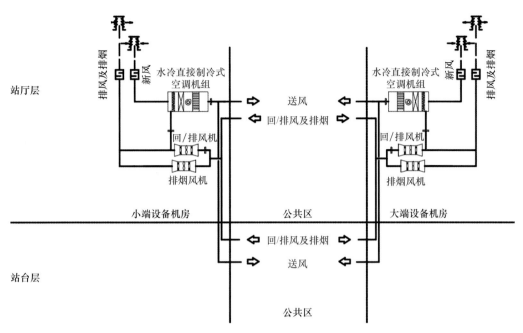

图 6.2-13　某典型车站原理图

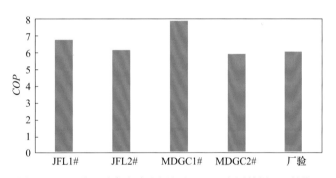

图 6.2-14　磁悬浮直膨式空调机组 COP 实测结果（1 号线）

长期运行的高频负荷区间很好地重合。机组在部分负荷下的高性能主要取决于以下几方面因素：
①按照 18℃的送风温度，由于直膨机组减少一次换热，机组蒸发温度从传统方案的 5～6℃提升到
12～13℃，压缩机压比明显降低；②变频磁悬浮压缩机通过频率调节来改变制冷剂流量，调整压缩
机出力，相较于导叶调节损失小，同时磁悬浮压缩机轴承悬浮，摩擦损失小。

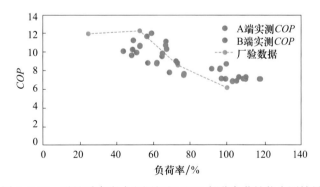

图 6.2-15　磁悬浮直膨式空调机组 COP 部分负荷性能实测结果

　　选取洛阳地铁磁悬浮直膨式空调机组和常规水冷螺杆机组在典型工况的性能参数进行对比分
析。典型工况为机组负荷率接近 80%、冷却水回水温度接近 30℃、室内温度在 26～27℃。表 6.2-3
为实测结果，由表可见，磁悬浮直膨式空调机组的制冷站能效和系统能效都要远优于采用水冷螺杆
制冷机组方案的同类地铁车站。同时以 GB/T 17981—2007《空气调节系统经济运行》典型工况作

为比较的基准（机组制冷量 200kW≤CL<528kW），磁悬浮直膨式空调机组在典型工况下的系统能效比提升 147%。

表 6.2-3　典型工况系统能效对比

	牡丹广场磁悬浮 直膨式空调机组	城市 A 某地铁站 水冷螺杆机组	城市 B 某地铁站 水冷螺杆机组	GB/T 17981—2007 《空气调节系统经济运行》
机组 COP	8.78	4.6	3.3	4.4
冷冻输配系数 WTF_{chw}		33.7	57.8	35
冷却输配系数 WTF_{cw}	29.8	31.8	38.2	30
冷却塔 WTF_{ct}	47.4	52.1	89.5	50
末端风机 EER_t	35.4	5.2	9.1	8
制冷机房能效比 EER_{plant}	6.78	2.51	2.82	3.23
空调系统能效比 EER_s	5.68	2.05	2.16	2.30

注：为了方便对比，把磁悬浮直膨式空调机组的累计制冷量与制冷机、冷却水泵、冷却塔总能耗比值作为等效的制冷站能效比。系统能效比为累计制冷量与制冷机、循环水泵、冷却塔和末端风机总能耗比值。

合肥通用机电产品检测院有限公司在"市民之家地铁站"对整个空调季的机房能效比进行了测试，测试期为 2023 年 7 月 25 日至 9 月 20 日。测试期内的关键技术指标空调系统能效为 6.03，制冷机房能效为 7.25，远远超过了当下国内、国际相关高效制冷站标准中对制冷机房能效比的限值要求。

从洛阳地铁 1/2 号线对磁悬浮直膨式空调工程实践的测试数据来看，其节能减排效果显著，这对于推动地铁行业空调系统方案的革新与升级具有深远的意义。在国家"双碳"目标这一强有力的指引下，城市轨道交通的通风空调系统的建设与运营正逐步迈向更高效、更节能的崭新时代。当前，高效的制冷机房能效比已跃升至 7.0+ 的水平，这无疑标志着技术进步的显著成果。然而，无论是通风空调系统的设计方案，还是其关键设备的选择与应用，都需要从业者深入洞察工程的真实需求，正视潜在的问题与挑战。唯有通过持续不断地创新探索与精细化管理，才能实现系统的持续改进与迭代，为城市轨道交通的绿色发展贡献力量。

2）宁波地铁 8 号线案例

宁波市轨道交通 8 号线一期工程总体呈东南—西北走向，全长 23.3km，全部为地下线形式铺设。8 号线一期工程设站 19 座，其中换乘站 9 座。车站空调水系统采用分站供冷的形式。车站冷水系统设计选型参数 7℃温差（10℃/17℃），冷却水系统均采用冷却塔循环冷却，冷却水设计选型参数 5℃温差（30.5℃/35.5℃），节能模式水系统温度及温差设定需根据节能控制系统运行逻辑进行优化，实际选型设备应能满足设计参数模式及节能模式使用需求。车站冷水、冷却水系统均采用变流量系统。冷水、冷却水系统水源均采用宁波市自来水，冷却方式采用开式冷却塔冷却。环控系统采用节能控制系统，利用现代计算机技术、自动控制技术、变频调速技术、系统集成技术等，对中央空调水系统的运行进行优化控制，以提高空调系统能源利用效率，以大系统和空调水系统综合能效最优作为控制目标，对大系统组合式空调、大系统回排风机、冷却水泵、冷水泵、冷却塔、冷水机组等进行数据采集及节能控制。

项目采用 36 台海信集团模块化磁悬浮变频离心式冷水机组，与组合式空调、大系统回排风机、冷却水泵、冷水泵、冷却塔在环控系统调控下，组成高效中央空调系统。每个站 2 台机组，一用一备，180RT 以上机组，采用双机头设计，进一步提高性能及可靠性。

冷水供回水温度为 10℃/17℃，大温差设计，降低了冷水流量及功耗，针对设计工况，对蒸发器进行了优化设计，在保证低水阻（<50kPa）情况下，进行变流量调控运行，进一步降低冷水泵功耗；冷却水供回水温度为 30.5℃/35.5℃，充分考虑了当地气候及初投资，优化冷凝器布管，在

环控系统控制下进行变流量运行，保证系统能效最优。

机组采用研发的磁悬浮变频离心式冷水机组，具有以下特征。①机房能效达到 6.3，产品凭借其独特的中温水（10℃）设计，实现了能效的显著提升。该产品在设计过程中，针对特定工况进行了优化，确保在预设条件下达到最佳效率，为用户带来更加高效的使用体验；产品还采用了低水阻设计，大幅降低了水系统的功耗，为用户节省了大量能源成本。同时，低水阻管路设计进一步减少了管路压损，保证了水系统的稳定运行。该产品配备了高效的环境控制系统，全面高效地管理设备的运行环境，实现了全局高效的目标。②产品高效运行，退化率降低 20%。通过端盖式胶球在线清洗装置，确保水侧无衰减。氟侧采用磁悬浮无油技术，彻底消除含油衰减问题，性能更稳定。③端盖式胶球在线清洗装置，有效解决了换热管的清洗问题，使得用户无须再为换热管的清洁而烦恼。更重要的是，该系统采用了无油设计，彻底省去了油过滤器、油加热器、油泵等传统冷水机组中必不可少的零部件。这一创新不仅减少了维护和更换这些零部件的成本，以及高达 30% 的维护费用降低，更因为减少了潜在故障点，使得整个系统的故障率大幅降低。

6.2.3 机场、高铁站空调技术

1. 技术途径

机场航站楼、高铁站等交通建筑是满足人们出行需求、关系国民经济发展的重要基础设施。其单体建筑面积可达几万至几十万 m^2，通常设计为高大空间建筑（室内空间高度为 10～40m），而人员只在各楼层近地面 2m 以内活动。这类建筑的能耗强度极高，其中暖通空调系统的能耗通常占比最大（约 40%～80%）[86]，并直接影响室内人员的舒适与健康。因此，实现交通建筑暖通空调系统的节能低碳是当前我国城镇高品质、可持续发展的关键，其关键技术路径主要包括以下几点。

1）高大空间风平衡管理

机场、高铁站等高大空间建筑室内空间连通情况复杂，且因为功能需要存在大量与室外环境连通的通道和开口。该类建筑的室内环境营造应重点关注室内外之间的空气流动（即通风或渗透风）。应从"建筑本体"和"空调系统"两方面出发，优化设计不同工况下的通风模式，如过渡季利用自然通风排热、冬夏季减少无组织渗透风以减少冷热量消耗、疫情等特殊情况下采用机械或自然通风强化室内换气等。

2）旅客需求导向的设计与运行

机场、高铁站等交通建筑主要服务旅客出行需求。基于旅客流动特征，建立需求导向的空调系统设计及运行方法。在设计阶段，应考虑面向局部人员需求峰值的末端设备容量，以及面向全室人员总需求的冷热源容量；在运行阶段，采用基于实时旅客流动特征的空调系统灵活调节策略，如机场航班联动的空调系统控制、基于人员图像识别的新风量精准调控等。

3）研发高效冷热源设备及输配系统

机场、高铁站等交通建筑的集中空调系统通常具有较大的水平输送距离（一般为 0.1～2.0km），应研发基于温湿度独立控制理念的高效冷热源设备，包括供给高温冷水（约 16℃）/低温热水（约 35℃）的集中冷水/热泵机组、分置于末端的高效除湿新风机组等。在此基础上，应构建中高温、大温差的冷水输配系统（如 12℃供/19℃回），并建立大型输配管网的整体优化设计与运行方法。

4）采用高大空间辐射地板空调末端方式

在机场、高铁站等非封闭的高大空间建筑中，采用辐射地板空调末端方式能够在冬季供暖时缓解室内上热下冷现象，在夏季供冷时实现有效的室内热分层，从而最大程度降低渗透风、围护结构传热等冷热负荷。此外，针对交通建筑多采用透明围护结构而带来的太阳短波辐射问题，辐射地板末端能够自适应地短时增加供冷能力以吸收太阳辐射，减少对于室内环境的影响。

5）挖掘集中空调系统柔性用能潜力

机场、高铁站等交通建筑的集中空调系统用电功率大，且各系统环节均具备蓄能能力，包括能

源中心的水/冰蓄能系统、大型输配系统中的空调冷/热水、建筑本体与多区域末端结合的热容。在"双碳"背景下，急需挖掘该类建筑集中空调系统的柔性用能潜力，提出有序利用系统各环节蓄能资源的调控方法，是该类建筑实现可再生能源消纳、与电网友好互动等目标的关键。

6）冷热源采用多能互补综合能源系统

机场、高铁站等交通建筑用能大，且周边可利用的空间和附属设施多，除了使用市政电网、天然气等常规能源外，会更加注重太阳能、浅层/中深层地热能、污水源热能等可再生能源或工业余热利用。在"双碳"背景下，对于新建机场、高铁站建设，冬季供暖采用"以零碳或低碳能源系统承担供热负荷或承担供热基础负荷、燃气锅炉作为调峰"替代"以燃气锅炉为主"的供暖系统方案会被更加重视和发掘，从而进一步降低机场、高铁站等直接碳排放。

2. 理论研究

1）高大空间室内热分层及空气流动

如图 6.2-16 所示，室内热分层是机场、高铁站等高大空间建筑中普遍存在的现象，给建筑能耗和室内环境营造带来了巨大挑战。针对我国典型高大空间交通建筑的测试调研发现（包含 33 座机场航站楼和 3 座高铁客站）[87]：该类建筑的室内热分层是由暖通空调系统和室外渗透风共同作用产生，其中室内外之间的空气流动呈现出冬夏季热压主导的流动模式，渗透风是冬夏季空调负荷的主要组成部分之一。

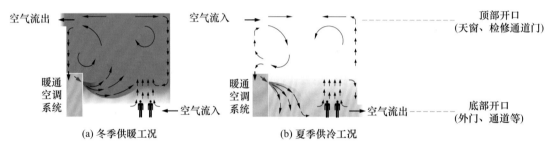

图 6.2-16　机场、高铁站等交通建筑高大空间空气流动及室内热分层示意图

基于实地调研发现的典型空气流动模式，该类建筑在供暖和供冷工况下室内热分层的机理可归纳为冷和热两股流入空气的共同作用（即暖通空调系统和室外渗透风）。分析室内热分层与两股气流之间的无量纲关系，能够揭示高大空间建筑中最小化渗透风热压驱动力的室内垂直温度分布控制原则[88]：冬季供暖工况缓解上热下冷，夏季供冷工况实现有效分层。在保障相同人员活动区热舒适条件下，对比常见高大空间空调末端的冷热量供给方式及其营造的室内垂直温度分布，发现辐射地板可最大程度满足上述原则，在供暖和供冷工况下均可实现最低的渗透风量和空调总负荷[89]，如图 6.2-17 所示。

2）旅客流动特征

旅客是机场、高铁站这类交通建筑主要的服务对象，决定了对暖通空调系统的需求。以机场航站楼设计工况为例，与旅客相关的人员负荷和新风负荷是空调系统总负荷的重要组成部分：在夏季冷负荷的占比超过 50%，新风负荷在冬季热负荷中的占比也可达 50% 以上。在该类建筑空调系统的设计和运行中，主要关注三个与室内人员相关的特征参数：停留时间（长时间停留/短暂过渡决定了室内环境设定的等级）、室内总人数（决定新风量、内热源等参数的室内总量）和区域人员密度（决定新风量、内热源等参数在局部区域的瞬时变化）。以我国某枢纽航站楼为例，图 6.2-18 展示了典型旅客流动模式及上述三个特征参数[90]。

大量实测和模拟研究发现[86]，交通建筑各区域人员密度一般仅在短时间内达到或略超过设计值，在大部分时间内均远小于设计值。时空不均匀的室内人员分布特征造成了较低的室内人员满载率，即室内总人数远小于设计值。因此在设计阶段，应针对局部人员需求峰值充分考虑末端设备的容量，确保局部、瞬时的人员需求得到满足；同时，将各区域需求加和后考虑全室人员总需求，从而合理设计能源站的冷热源总容量。在运行阶段，一方面可以基于实时交通工具运行数据（如航班

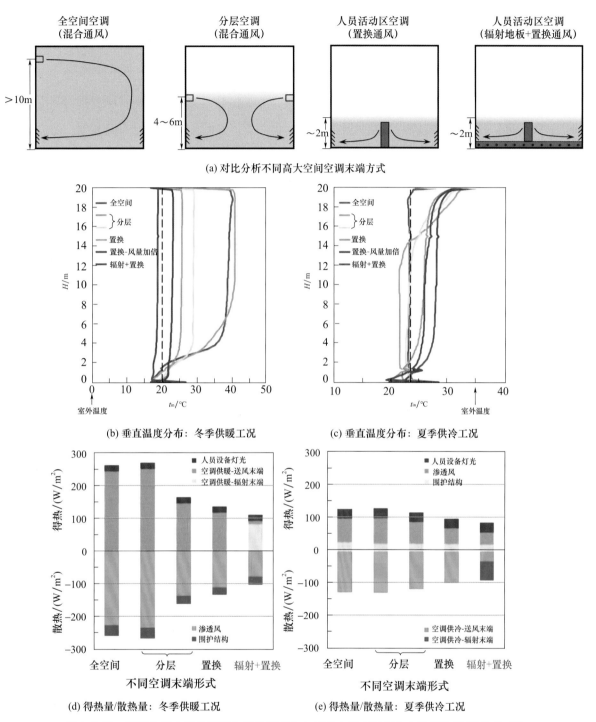

图 6.2-17　不同空调末端作用下交通建筑高大空间室内垂直温度分布及得热量/散热量对比

表、列车表）、历史旅客流动数据等预测未来室内旅客流动情况[91]，为空调系统运行计划的制定提供指导；另一方面，可以基于交通建筑内摄像头视频流，识别图像中人员流动相关信息，构建建筑全室人员分布图景，对该类建筑大空间中各区域空调系统末端进行实时精准调控，以提升室内旅客舒适度并实现降低运行能耗。

3）集中空调系统柔性用能潜力

机场、高铁站等交通建筑通常采用集中空调系统（见图 6.2-19），其由能源站、输配系统和室内多区域空调末端组成，并以外部电网和内部发电设施作为主要电力供给方式。该类建筑的空调系统用电功率大（一般为 MW 级/座），且自身具备蓄能能力，可实现柔性用能，如水/冰蓄冷系统、

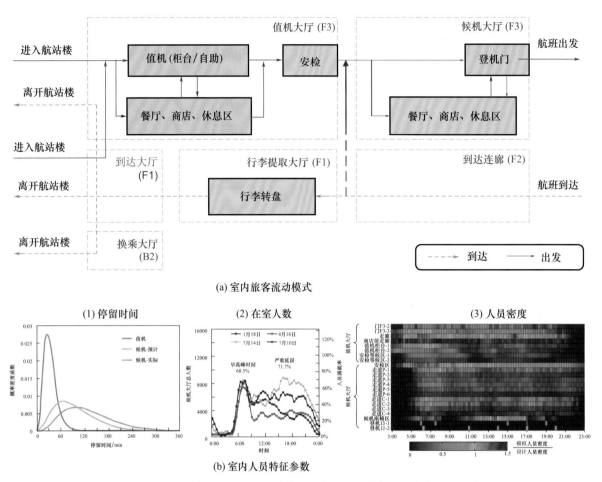

(a) 室内旅客流动模式

(b) 室内人员特征参数

图 6.2-18　交通建筑室内旅客流动特征示意图（以某枢纽机场航站楼为例）

大型输配系统中的空调冷/热水、建筑本体多区域与空调末端结合的热容等。如果能有序利用空调系统中既有的蓄能资源，则可以在不额外增加投资的条件下，有效提高机场对于内部光伏等可再生电力的消纳能力或与外部电网进行友好互动。

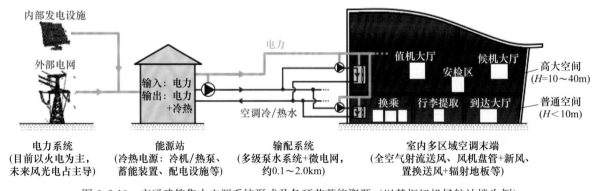

图 6.2-19　交通建筑集中空调系统形式及各环节蓄能资源（以某枢纽机场航站楼为例）

图 6.2-20 给出了交通建筑集中空调系统蓄能资源的典型案例。冷热源侧的空调机组功率等级一般可以达到 MW 级，其中多设置有水蓄冷/冰蓄冷系统，在额定负荷工况下一般可实现 4~8h 的冷热量蓄存。此外，在供冷/热量短时、小范围内变换的情况下，该类建筑的本体热容可做到维持室内温度在合理的范围内，同样实现了一定程度的柔性用能能力。针对我国某枢纽航站楼的模拟仿真研究指出[92]，在提前或延后供冷 1h、在 1h 内最大增、减供冷量 30%~60% 等情况下，依旧可以维持室内各区域温度在 25~27℃ 范围内。

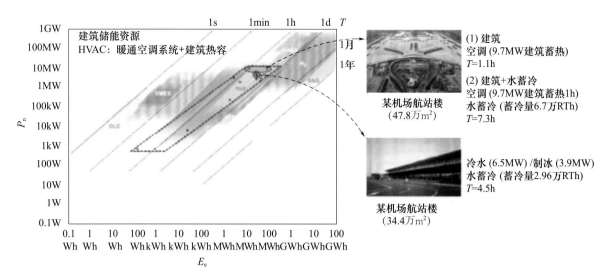

图 6.2-20　交通建筑集中空调系统蓄能资源典型案例

3. 案例分析

1）青岛胶东国际机场[93]

青岛胶东国际机场 T1 航站楼，总建筑面积 47.8 万 m²，已获得国家"三星级绿色建筑设计标识"。该项目是首个采用大型中温冷水系统的航站楼（12℃/19℃＋水蓄冷），其空调系统的创新设计见图 6.2-21，具体介绍如下。

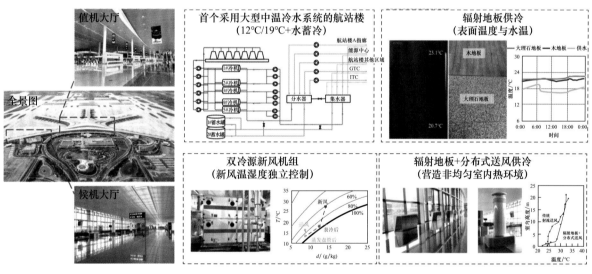

图 6.2-21　示范工程案例：青岛胶东国际机场

该项目冷源采用燃气冷热电三联供与水蓄冷结合的系统，热源为三联供与市政供热结合的系统。设计选用额定发电功率 2.67MW/台、发电效率 43.6％的燃气内燃式发电机 2 台，余热利用设备采用烟气热水型吸收式机组，单台制冷量 2.38kW、制热量 0.79kW（制热量为烟气制热，缸套水制热直接利用板式换热器换热）。设计采用 2 台蓄冷水罐，每台水罐的设计蓄冷量为 120000kWh，罐体直径为 26m，蓄水高度为 28.5m。制冷主机选用 5 台制冷量为 7750kW/台的离心式水冷冷水机组。

该项目空调系统采用温湿度独立控制系统：高大空间采用辐射地板及人员活动区分布式送风末端，湿度处理主要由内冷式双冷源新风空调机组完成。该设备内置直膨式除湿冷源，新风经水冷表冷器用高温冷水预冷后进入直膨式表冷器进一步除湿，再由再热模块（利用冷凝热再热）升温至设定温度后送入室内。

该项目的输配系统采用了供/回水温度为 12℃/19℃的中高温水蓄冷及供冷系统，包含三级输配水泵。用于对流末端的三级泵组供/回水设计参数为：供冷 12℃/19℃，供暖 60℃/45℃。辐射末端三级泵组为混水泵，分为供冷供暖两用和仅供暖使用 2 种。供冷供暖两用的辐射系统三级泵供/回水设计参数为：供冷 16℃/19℃，供暖 45℃/35℃；仅供暖使用的辐射系统三级泵供/回水温度为 50℃/40℃。

2）成都天府国际机场

成都天府国际机场 T1、T2 航站楼，总建筑面积 69 万 m²，已获得国家"三星级绿色建筑设计标识"。该项目应用了"降低需求＋高效供给"的节能设计方法、冷源－水系统－风系统整体协同优化方法、大型集中空调系统输配管网整体优化方法等，在提高冷热源能效、降低输送能耗、控制大空间温度梯度、降低室外空气渗入等方面进行了一系列技术创新，大幅降低了空调系统的运行能耗，设计单位面积空调能耗为 58.6kWh/m²，比同气候区航站楼节能达 26％。该项目的空调系统设计具体介绍如下。

空调冷源采用双冷源系统，常温冷源采用离心式冷水机组加水蓄冷系统，高温冷源采用高温离心式冷水机组；空调热源采用低氮型冷凝式热水锅炉，回收烟气余热，提高锅炉运行效率。蓄冷量设计兼顾负荷均衡蓄冷与绿色建筑评价标准的要求，设计总蓄冷量为 43.9 万 kWh。结合场地情况，设计采用 3 个蓄冷水罐，单个水罐的罐体直径为 31m，蓄水高度为 28m，净蓄冷量为 15 万 kWh。蓄冷水罐与空调冷水系统采用直连方式。按设计负荷和业主提出的预留 16000kW 发展负荷的要求，常温冷源采用 11 台单台制冷量为 8089kW 的离心式冷水机组；高温冷源按设计负荷和业主提出的预留 5200kW 发展负荷的要求，选用 5 台单台制冷量为 5274kW 的高温离心式冷水机组；空调热源采用 5 台燃气燃油两用型冷凝式热水锅炉，单台制热量为 14MW，其中含按业主要求预留的 14MW 发展负荷。

供冷季高温冷水和常温冷水分设输送管路，供热季利用高温冷水管路输送空调热水。空调冷水系统为三级泵变流量系统。常温冷水系统的供/回水温度采用 5℃/12℃，高温冷水系统的供/回水温度采用 15.5℃/20.5℃。空调热水一次水系统的设计供/回水温度为 76℃/50℃，二次水系统的设计供/回水温度为 50℃/40℃。

3）北京大兴国际机场

北京大兴国际机场航站楼及换乘中心由主楼和 5 条指廊组成了一个包络在 1200m 直径大圆中的中心放射形态，总用地面积约 30 万 m²（包括航站楼轮廓之外、楼前高架桥下部的 B1 层轨道交通厅用地面积 2.4 万 m²），总建筑面积约 78.0 万 m²，建筑高度 50m，地上 5 层、地下 2 层。该项目于 2017 年 9 月荣获国内首个绿色与节能最高级双认证，即国家"三星级绿色建筑设计标识"和"节能建筑 3A 设计标识"，并基于实际运行数据于 2023 年荣获国家"三星级绿色建筑标识"。项目空调系统采用了系列创新性节能设计：包括将制冷站置于航站楼停车楼内，以靠近供冷负荷中心；采用大温差系统、风机水泵变频调节等节能措施进一步降低输配能耗；采用高效离心式冷水机组，配合冰蓄冷系统；采用冷凝热回收和新风热回收机组等。基于对 2021 年 7 月至 2022 年 6 月的运行数据分析，大兴机场年运行空调能耗约为 53.5kWh/m²。项目的空调系统创新设计如下。

航站楼制冷站设置在负荷中心附近，位于航站楼停车楼的地下 2 层，制冷站与航站楼最远端距离与其他同规模机场对比：比北京 T3 航站楼缩短 1360m，比昆明机场缩短 560m。在停车楼东西两侧对称位置，设置了两个规模相当的制冷站，建筑面积 15325m²。其中，西侧为 1♯制冷站，东侧为 2♯制冷站，每个制冷站担负 50％的供冷能力。

制冷站供冷采用高能效离心式冷水机组和冰蓄冷系统。其中，1♯、2♯制冷站内各设置 4 台标准工况制冷量 2000RT（7032kW）的双工况离心式冷水机组及 3 台 2000RT（7032kW）的离心式基载冷水机组。1♯、2♯制冷站内分别设置混凝土蓄冰槽，蓄冰量 45600RTh。空调水系统采用大温差运行，供回水温度为 4.5℃/13.5℃。

合理采用废热回收技术制备生活热水。通信机房全年供冷冷源采用冷凝热回收机组，为工艺机房供冷的同时，回收机房空调冷凝废热，用于生活热水加热，冬夏均能同时提供冷水与热水，实现能量的综合利用。

全面推行地井式辅助动力系统（APU）替代设施，创新性地运用飞机地面专用空调系统 PCA（图 6.2-22），降低飞行区排放。近机位设置 95 个地井式地面专用空调系统 PCA，冷热源从航站楼接入，比常规系统总能效提升 50% 以上，并能为旅客提供更舒适的机内空气环境，且建设、运行成本低，综合效益显著。

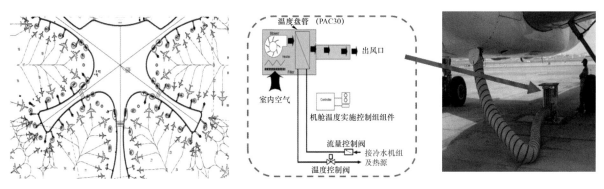

图 6.2-22　机场地井式地面专用空调 PCA 分布

对于整个场区，大兴机场供冷由停车楼制冷站（主要供给航站楼及北指廊综合服务楼）、地源热泵 1 号站、地源热泵 2 号站及用户分散建设的制冷站房承担，供热负荷由集中燃气锅炉房、地源热泵 1 号能源站、地源热泵 2 号能源站及其他分散建设的地源热泵系统共同承担。机场供热负荷以燃气热水锅炉为主，地源热泵承担基础负荷。其中，航站楼的供暖负荷由燃气锅炉承担。

地源热泵 1 号站位于主干一路以南、支十一路以西，热源厂主厂房内，占地面积为 3726.40m²，建筑面积为 8738.28m²。地源热泵 2 号站位于主干一路以北、主干四路以东，蓄滞洪区西北侧地下 1 层，占地面积为 7151.06m²，总建筑面积为 9047.90m²。地源热泵能源站将地源热泵、集中锅炉房、锅炉余热，北侧和南侧蓄滞洪区分别为 2 号站和 1 号站提供地热能利用。地埋管按 5m 间距（局部 4.5m）进行排布，平均布孔密度在 47%，布孔面积达 26.7 万 m²，布孔数量达 10680 个，北区单孔深度 135~140m，南区单孔深度 120m。布孔数量北区（2 号能源站）7560 个，南区（1 号能源站）3120 个，共计 10680 个。北侧蓄滞洪区冬季供热能力为 40.2MW，夏季供冷能力为 36.6MW；南侧蓄滞洪区冬季供热能力为 14.2MW，夏季供冷能力为 12.2MW。针对土壤源热泵热平衡问题，通过冷却塔调节土壤源侧冷热量平衡。地源热泵能源站分布见图 6.2-23。

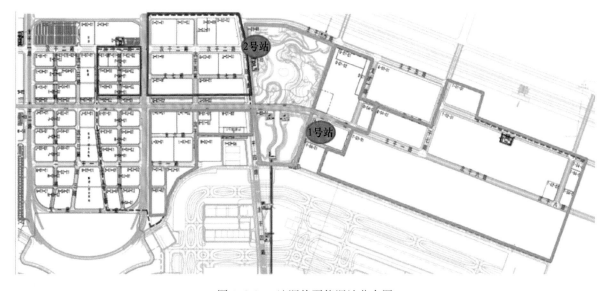

图 6.2-23　地源热泵能源站分布图

本章深入探讨了交通运输领域的节能减碳技术，特别是电动汽车的热管理和运输场站的优化。通过采用先进的热管理技术和智能控制系统，电动汽车的能效得到了提升，碳排放显著减少。优化运输场站的设计和运营，也为整个运输系统的低碳运行提供了保障。下一章将进一步介绍零碳余热回收与远程输热技术，探讨如何通过余热利用和创新输热技术实现供热过程中的碳排放减少，全面推进节能减排的实施。

参考文献

[1] 李晓易，谭晓雨，吴睿，等. 交通运输领域碳达峰、碳中和路径研究 [J]. 中国工程科学，2021，23（6）：15-21.

[2] International Energy Agency. Global EV Outlook 2023：Catching up with climate ambitions [R]，2023.

[3] 江亿，胡姗. 中国建筑部门实现碳中和的路径 [J]. 暖通空调，2021，51（5）：1-13.

[4] 王从飞，曹锋，李明佳，等. 碳中和背景下新能源汽车热管理系统研究现状及发展趋势 [J]. 科学通报，2021，66（32）：4112-4128.

[5] 邹慧明，唐坐航，杨天阳，等. 电动汽车热管理技术研究进展 [J]. 制冷学报，2022，43（3）：15-27，56.

[6] Qi Z. Advances on air conditioning and heat pump system in electric vehicles-A review [J]. Renewable and Sustainable Energy Reviews，2014，38：754-64.

[7] ZHANG X，LI Z，LUO L，et al. A review on thermal management of lithium-ion batteries for electric vehicles [J]. Energy，2022，238：121652.

[8] HU X，ZHENG Y，HOWEY D A，et al. Battery warm-up methodologies at subzero temperatures for automotive applications：Recent advances and perspectives [J]. Progress in Energy and Combustion Science，2020，77：100806.

[9] WANG X，LI B，GERADA D，et al. A critical review on thermal management technologies for motors in electric cars [J]. Applied Thermal Engineering，2022，201：117758.

[10] 陈丽香，付佳玉，张超，等. 电动汽车用永磁电机温升及冷却的研究 [J]. 微电机，2020，53（6）：13-17，23.

[11] LEE J，KWON S，LIM Y，et al. Effect of air-conditioning on driving range of electric vehicle for various driving modes [J]. SAE Technical Paper，2013-01-0040.

[12] LEIGHTON D. Combined fluid loop thermal management for electric drive vehicle range improvement [J]. The SAE International Journal of Passenger Cars—Mechanical Systems，2015，8（2）：711-720.

[13] ZHANG Z，LI W，ZHANG C，et al. Climate control loads prediction of electric vehicles [J]. Applied Thermal Engineering，2017，110：1183-1188.

[14] LIU J，ZOU H，ZHANG G，et al. Experimental study and numerical simulation Concerning fogging characteristics and Improvement of return air utilization for electric vehicles [J]. Applied Thermal Engineering，2018，129：1115-1123.

[15] LEE S，CHUNG Y，JEONG Y，et al. Investigation on the performance enhancement of electric vehicle heat pump system with air-to-air regenerative heat exchanger in cold condition [J]. Sustainable Energy Technologies and Assessments，2022，50：101791.

[16] ZHANG Z，WANG D，ZHANG C，et al. Electric vehicle range extension strategies based on improved AC system in cold climate -A review [J]. International Journal of Refrigeration，2018，88：141-150.

[17] JEFFERS M，CHANEY L，RUGH J. Climate control load reduction strategies for electric drive vehicles in warm weather [J]. SAE Technical Paper，2015-01-0355.

[18] JEFFERS M，CHANEY L，RUGH J. Climate control load reduction strategies for electric drive vehicles in cold weather [J]. The SAE International Journal of Passenger Cars—Mechanical Systems，2016，9（1）：75-82.

[19] ZHANG Z，WANG J，FENG X，et al. The solutions to electric vehicle air conditioning systems：A review [J]. Renewable and Sustainable Energy Reviews，2018，91：443-463.

[20] SHELLY T，WEIBEL J，ZIVIANI D，et al. Comparative analysis of battery electric vehicle thermal manage-

ment systems under long-range drive cycles [J]. Applied Thermal Engineering，2021，198：117506.

[21] QIN F，XUE Q，VELEZ G，et al. Experimental investigation on heating performance of heat pump for electric vehicles at -20℃ ambient temperature [J]. Energy Conversion and Management，2015，102：39-49.

[22] 李海军，秦兴铎，苏之勇. 准二级压缩型电动汽车热泵空调系统制冷性能研究 [J]. 流体机械，2023，51（9）：13-19.

[23] LI K，XIA D，BAO J，et al. Investigation on reverse cycle defrosting strategy of an outdoor heat exchanger in air conditioning heat pump system for electric vehicles [J]. Case Studies in Thermal Engineering，2021，27：101281.

[24] NA S I，CHUNG Y，KIM M S. Performance analysis of an electric vehicle heat pump system with a desiccant dehumidifier [J]. Energy Conversion and Management，2021，236：114083.

[25] LIU N，CUI Q，LI H，et al. Investigating the performance optimization of an outdoor condenser-evaporator for an electric vehicle heat pump system [J]. Energy Reports，2021，7：5130-5140.

[26] 韩欣欣，薛庆峰，田长青. 汽车空调用制冷工质 [J]. 制冷与空调，2017，17（10）：40-47.

[27] 李江峰，李帅旗，阮先轸，等. 纯电动汽车 CO_2 热泵空调及整车热管理概述 [J]. 储能科学与技术，2022，11（9）：2959-2970.

[28] ZHANG G，ZOU H，QIN F，et al. Investigation on an improved heat pump AC system with the view of return air utilization and anti-fogging for electric vehicles [J]. Applied Thermal Engineering，2017，115：726-735.

[29] PAN L，LIU C，ZHANG Z，et al. Energy-saving effect of utilizing recirculated air in electric vehicle air conditioning system [J]. International Journal of Refrigeration，2019，102：122-129.

[30] LIU J，ZOU H，ZHANG G，et al. Experimental study and numerical simulation concerning fogging characteristics and improvement of return air utilization for electric vehicles [J]. Applied Thermal Engineering，2018，129：1115-1123.

[31] YU T，LI X，SHI W. Influence of fresh air utilization strategy on energy-saving in air conditioning systems and driving range extension in electric vehicles [J]. Sustainable Energy Technologies and Assessments，2024，64：103688.

[32] 何贤，胡静，钱程，等. 纯电动汽车两种热泵空调系统的实验研究 [J]. 制冷学报，2018，39（3）：79-84.

[33] ZHANG Z，LIU C，CHEN X，et al. Annual energy consumption of electric vehicle air conditioning in China [J]. Applied Thermal Engineering，2017，125：567-574.

[34] KWON C，KIM M S，CHOI Y，et al. Performance evaluation of a vapor injection heat pump system for electric vehicles [J]. International Journal of Refrigeration，2017，74：138-150.

[35] NING Q，HE G，XIONG G，et al. Operation strategy and performance investigation of a high-efficiency multifunctional two-stage vapor compression heat pump air conditioning system for electric vehicles in severe cold regions [J]. Sustainable Energy Technologies and Assessments，2021，48：101617.

[36] 黄广燕，邹慧明，唐明生，等. R290 电动汽车热泵空调性能实验研究 [J]. 制冷学报，2020，41（6）：40-46.

[37] YANG Y，SHAO W，YANG T，et al. Performance analysis of an R290 vapor-injection heat pump system for electric vehicles in cold regions [J]. Science China Technological Sciences，2024，ISSN 1674-7321.

[38] DONG J，WANG Y，JIA S，et al. Experimental study of R744 heat pump system for electric vehicle application [J]. Applied Thermal Engineering，2021，183：116191.

[39] WANG H，CAO F，JIA F，et al. Potential assessment of transcritical CO_2 secondary loop heat pump for electric vehicles [J]. Applied Thermal Engineering 2023，224：119921.

[40] 方健珉，王静，孙西峰，等. 回热器对电动汽车跨临界 CO_2 制冷系统影响的实验研究 [J]. 西安交通大学学报，2020，54（6）：155-160.

[41] YANG T，ZOU H，TANG M，et al. Experimental performance of a vapor-injection CO_2 heat pump system for electric vehicles in -30℃ to 50℃ range [J]. Applied Thermal Engineering，2022，217：119149.

[42] 刘春晖. 2022 款奥迪 Q5 e-tron 纯电动汽车空调与热管理系统（二）[J]. 汽车维修与保养，2023（10）：58-61.

[43] 刘春晖. 2022 款奥迪 Q5 e-tron 纯电动汽车空调与热管理系统（三）[J]. 汽车维修与保养，2023（11）：62-66.

［44］李夔宁，邝锡金，荣正壁，等．电动汽车热管理系统的研究现状及展望［J］．制冷与空调，2020，20（5）：60-70.

［45］杨世春，周思达，张玉龙，等．车用锂离子电池直冷热管理系统用制冷剂研究进展［J］．北京航空航天大学学报，2019，45（11）：2123-2132.

［46］金露，谢鹏，赵彦琦，等．基于相变材料的电动汽车电池热管理研究进展［J］．材料导报，2021，35（21）：21113-21126.

［47］洪思慧，张新强，汪双凤，等．基于热管技术的锂离子动力电池热管理系统研究进展［J］．化工进展，2014（11）：2923-2927，2940.

［48］朱建功，孙泽昌，魏学哲，等．车用锂离子电池低温特性与加热方法研究进展［J］．汽车工程，2019，41（5）：571-581，589.

［49］王军，阮琳，邱彦靓．锂离子电池低温快速加热方法研究进展［J］．储能科学与技术，2022，11（5）：1563-1574.

［50］吴元强，李施雨辰，庄龙，等．油冷电机定子冷却结构散热仿真研究［J］．微电机，2023，56（2）：25-30.

［51］CHEN Y，CHEN K，DONG Y，et al. Bidirectional symmetrical parallel mini-channel cold plate for energy efficient cooling of large battery packs［J］. Energy，2022，242：122553.

［52］DENG T，ZHANG G，RAN Y. Study on thermal management of rectangular Li-ion battery with serpentine-channel cold plate［J］. International Journal of Heat and Mass Transfer，2018，125：143-152.

［53］ZHU J，WANG J，CHENG D，et al. Numerical investigation and parameter optimization on a rib-grooved liquid-cooled plate for lithium battery thermal management system［J］. Journal of Energy Storage，2024，85：111085.

［54］李浩，刘金伟，施骏业，等．应用于电池热管理的均温板的温度特性研究［J］．制冷学报，2020，41（4）：59-67.

［55］GUO J，JIANG F. A novel electric vehicle thermal management system based on cooling and heating of batteries by refrigerant［J］. Energy Conversion and Management，2021，237：114145.

［56］WANG Z R，HUANG L P，HE F. Design and analysis of electric vehicle thermal management system based on refrigerant-direct cooling and heating batteries［J］. Journal of Energy Storage，2022，51：104318.

［57］张承宁，雷治国，董玉刚．电动汽车锂离子电池低温加热方法研究［J］．北京理工大学学报，2012，32（9）：921-925.

［58］WU X G，CHEN Z，WANG Z Y. Analysis of low temperature preheating effect based on battery temperature-rise model［J］. Energies，2017，10（8）：1121.

［59］WANG C Y，ZHANG G，GE S，et al. Lithium-ion battery structure that self-heats at low temperatures［J］. Nature，2016，529（7587）：515-518.

［60］陈泽宇，熊瑞，李世杰，等．电动载运工具锂离子电池低温极速加热方法研究［J］．机械工程学报，2021，57（4）：113-120.

［61］薛撬，李军求，肖焱升，等．低温环境下车用锂电池预加热策略研究［J］．汽车工程，2023，45（11）：2014-2022.

［62］LING Z，WANG F，FANG X，et al. A hybrid thermal management system for lithium-ion batteries combining phase change materials with forced-air cooling［J］. Applied Energy，2015，148：403-409.

［63］JILTE R，KUMAR R，AHMADI M H，et al. Battery thermal management system employing phase change material with cell-to-cell air cooling［J］. Applied Thermal Engineering，2019，161：114199.

［64］GHADBEIGI L，DAY B，LUNDGREN K，et al. Cold temperature performance of phase change material-based battery thermal management systems［J］. Energy Reports，2018，4：303-307.

［65］ZHONG G，ZHANG G，YANG X，et al. Researches of composite phase change material cooling/resistance wire preheating coupling system of a designed 18650-type battery module［J］. Applied Thermal Engineering，2017，127：176-183.

［66］LIU W，DAI Y，ZHAO J，et al. Thermal analysis and cooling structure design of axial flux permanent magnet synchronous motor for electrical vehicle［C］//2019 22nd International Conference on Electrical Machines and Systems（ICEMS），2019：1-6.

［67］ Tesla Motors，Inc. Liquid cooling manifold with multi-function thermal interface ：US2010/0104938 ［P］. 2010-04-29.

［68］ LIAN Y，LING H，ZHU J，et al. Thermal management optimization strategy of electric vehicle based on dynamic programming ［J］. Control Engineering Practice，2023，137：105562.

［69］ GAI Y，KIMIABEIGI M，CHONG Y，et al. Cooling of automotive traction motors：schemes，examples，and computation methods ［J］. IEEE Transactions on Industrial Electronics，2019，66（3）：1681.

［70］ 陶大军，潘博，戈宝军，等 . 电动汽车驱动电机冷却技术研究发展综述 ［J］. 电机与控制学报，2023，27（4）：75-85.

［71］ TIAN Z，GAN W，ZHANG X，et al. Investigation on an integrated thermal management system with battery cooling and motor waste heat recovery for electric vehicle ［J］. Applied Thermal Engineering，2018，136：16-27.

［72］ HE L，JING H，ZHANG Y，et al. Performance research of integrated thermal management system for battery electric vehicles with motor waste heat recovery ［J］. Journal of Energy Storage，2024，84：110893.

［73］ 比亚迪股份有限公司 . 集成式热管理系统和车辆：CN113059980B ［P］，2021.

［74］ YU T，WANG B，LI X，et al. Performance analysis and operation strategy of a dual-evaporation temperature heat pump system for electric vehicles in winter ［J］. Applied Thermal Engineering，2023，219：119594.

［75］ Tesla，Inc. Optimal source electric vehicle heat pump with extreme temperature heating capability and efficient thermal preconditioning：US2019/0070924 ［P］. 2019-05-07.

［76］ 广州小鹏汽车科技有限公司 . 用于电动汽车的集成式膨胀水壶以及电动汽车：CN110481275A ［P］，2019.

［77］ 于天蝉，王源，石文星，等 . 基于三介质换热器的电动汽车热管理系统及其性能分析 ［J］. 汽车工程，2023，45（11）：2001-2013，2057.

［78］ AHN J H，KANG H，Lee H S，et al. Heating performance characteristics of a dual source heat pump using air and waste heat in electric vehicles ［J］. Applied Energy，2014，119：1-9.

［79］ HONG J，SONG J，HAN U，et al. Performance investigation of electric vehicle thermal management system with thermal energy storage and waste heat recovery systems ［J］. eTransportation，2024，20：100317.

［80］ HAN X，ZOU H，WU J，et al. Investigation on the heating performance of the heat pump with waste heat recovery for the electric bus ［J］. Renewable Energy，2020，152：835-848.

［81］ LEE S，CHUNG Y，KIM S，et al. Predictive optimization method for the waste heat recovery strategy in an electric vehicle heat pump system ［J］. Applied Energy，2023，333：120572.

［82］ 叶立，胡林，张梦伢，等 . 纯电动汽车热泵空调系统模糊控制策略优化 ［J］. 控制工程，2021，28（8）：1526-1533.

［83］ 杜常清，邓文俊，任重，等 . 基于 PID 和模糊推理的集成热管理系统控制方法研究 ［J］. 汽车工程学报，2023，13（2）：218-226.

［84］ XIE Y，OU J，LI W，et al. An intelligent eco-heating control strategy for heat-pump air conditioning system of electric vehicles ［J］. Applied Thermal Engineering，2022，216：119126.

［85］ 孟宪磊 . 地铁空调通风节能方式浅谈 ［J］. 科学与财富，2010（5）：50-50.

［86］ 刘晓华，张涛，戎向阳，等 . 交通场站建筑热湿环境营造 ［M］. 北京：中国建筑工业出版社，2019.

［87］ 刘效辰 . 交通建筑高大空间渗透风特征研究 ［M］. 北京：清华大学出版社，2023.

［88］ LIU X C，LIU X H，ZHANG T. Dimensionless correlations of indoor thermal stratification in a non-enclosed large-space building under heating and cooling conditions ［J］. Building and Environment，2024，254：111387.

［89］ LIU X C，LIU X H，ZHANG T. Influence of air-conditioning systems on buoyancy driven air infiltration in large space buildings：A case study of a railway station ［J］. Energy and Buildings，2020，210：109781.

［90］ LIU X C，LI L S，LIU X H，et al. Analysis of passenger flow and its influences on HVAC systems：An agent based simulation in a Chinese hub airport terminal ［J］. Building and Environment，2019，154：55-67.

［91］ LIN L，LIU X C，LIU X H，et al. A prediction model to forecast passenger flow based on flight arrangement in airport terminals ［J］. Energy and Built Environment，2023，4（6）：680-688.

［92］ 林琳 . 航站楼多区域客流特征与供冷需求研究 ［D］. 北京：清华大学，2022.

［93］ 侯余波，王继伟，戎向阳，等 . 青岛胶东国际机场 T1 航站楼 ［J］. 暖通空调，2020，50（9）：12-13，71.

第7章 余热回收与长输供热技术

7.1 余热为主的低碳供热模式

如何实现零碳供热是城市能源供给系统碳中和的一个关键难题。供热领域主要包括北方地区城镇建筑供暖和全国非流程工业生产用热的供应，目前热源三分之二来自于燃煤热电厂和燃煤锅炉，其余主要来自于天然气锅炉以及少量的燃气热电联产。北方供暖热源中还有约 10% 为各类电供暖、工业余热供热等其他热源方式。煤炭、天然气等化石能源仍然是我国供热的主要能源，实现上述化石能源的替代是实现供热领域的"双碳"目标的关键[1-2]。

我国未来火电厂、核电厂以及其他工业的余热资源丰富，从总量上看完全可以作为非流程工业供热和北方地区城镇供热的主要热源，而我国北方城市都拥有完善的热网，为余热全面利用奠定了输送基础。余热回收利用无论从节能减排还是经济性方面都具有明显优势，是结合我国国情实现城镇清洁低碳供热的主要路径。为此，应构建余热利用为主的低碳供热模式。

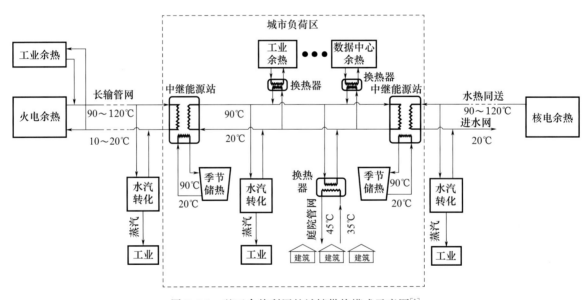

图 7.1-1 基于余热利用的城镇供热模式示意图[1]

如图 7.1-1 所示的余热利用供热模式，利用已有的城市集中供热网络将多种热源和多种热用户整合在一起。然而，大规模的工业余热和电厂余热热源距离城市负荷区较远，传统的热网输送热量成本过高，会导致供热成本的大幅增加，使得余热供热系统的经济性较差。为了解决这个问题，清华大学发明了基于吸收式换热的大温差长输供热模式，利用一级热网供水与二级热网供水温度之间的差作为驱动力，驱动吸收式热泵，从换热后的一级热网回水中进一步提取热量，从而将一级热网的回水降低至比二级热网的回水还要低的温度。这样就拉大了热网的供回水温差，大幅提高了热网的输送能力，降低了热量的输送成本。而较低温度的回水回到电厂等热源处又可以提高余热回收系统的能效，降低热源成本。这两个好处结合起来，就使得供热成本大幅降低，从而让长距离供热变得可行。

7.2 大温差换热机组

热电联产集中供热是北方城镇供暖的主要方向，为了进一步提高热电厂的能源利用效率、提高环保性能，大容量高参数再热式抽凝机组成为目前中国热电联产电厂的主力机型，相应的与之配套的供热管网的覆盖区域较常规系统大大增加。另一方面，近几年随着城市化进程的加快发展，我国大部分北方城市出现了冬季供暖热源不足的问题，而受到环保要求的制约，新建热源又受到严格限制，因此建设长输管线引入外域热源成为一种可行方式。

此前，国内超过 20km 的长距离供热主干线很少，主要因为供热经济性差。而造成经济性差的主要原因包括管网投资昂贵、输送电耗高和管道散热损失大等。清华大学的研究表明，随着大温差余（废）热供热技术、分布式燃气调峰技术等新技术的日渐成熟，通过优化设计系统工艺流程，制定科学合理的供热方案，长距离供热系统可以具备经济上的可行性。归纳起来，清华大学所提出的大幅降低长输管网供热成本的具体技术思路包括。

1）通过降低热网回水温度，使电厂可以大幅度地利用乏汽废热，使余（废）热占整个电厂输出热量的 50% 左右，从而显著降低了近一半的电厂供热成本。

2）通过增大热网供回水温差，即热网供回水温度由传统的 120～130℃/60～70℃（温差约为 60℃）变为 120～130℃/10～25℃（温差约为 110℃），提高长距离供热管线的输送能力 80% 以上，使得长途管线能输送更多的热量，从而降低单位热量的投资折旧成本；同时大温差输送大大减少输送电耗，且回水温度低，减小总散热损失。

3）国内大管径供热管道的制造、安装技术日益成熟，应用日益普遍。随着管径的增加，不仅管道流通截面积增加，而且其经济流速也提高，因此输送能力大幅增加，输送成本降低，同时因散热损失造成的管道温降也变小。

4）通过多热源联网或采取燃气分布式调峰措施，使长途输送管网在整个供热期承担基本供热负荷，提高了长输热网的利用率，进一步降低了长输热网的供热输送成本。

为了增大一次管网的输送能力以降低管网投资和运行费用，可行也是常用的做法是增大管网的供回水温差。其中降低回水温度，不仅可以增大供回水温差，提高管线的热量输送能力，还可以利用低温的热网回水回收工业余热，提高热源厂的供热能力和能源利用效率。因此降低回水温度的大温差供热技术引起广泛重视。

在常规供热系统中，一次网的回水温度受到二次网水温的限制，一般在 50～70℃ 左右，而热电厂出口的供水设计温度一般在 120～130℃，某些新建管网的设计供水温度甚至达到 150℃，而对于热力站后的二次网而言，实际运行的供水温度一般为 55～70℃，回水温度为 40～50℃。这样就存在着一次网与二次网之间较大的换热温差，随着地板供暖等低温末端的逐渐普及，二次网水温可进一步降低，由此导致热力站换热过程产生很大的不可逆传热损失。

为了降低一次网和二次网传热造成的不可逆损失，进一步提高热电联产集中供热系统的能源利用效率，清华大学发明了基于吸收式换热的热电联产集中供热新技术：在用户端安装吸收式换热机组，用于替代常规的间壁式水—水换热器，在不改变二次网供回水温度的前提下，利用一、二次热网之间温差传热所形成的有用能作为驱动力，大幅度降低一次网回水温度（显著低于二次网温度），在热电厂利用汽轮机乏汽和抽汽梯级加热一次网回水。这种供热方式可大幅度提高集中供热系统的管网供热能力并降低热电厂供热能耗，是一种非常有前途的新型集中供热方式，已经在多地进行了示范应用，取得了显著的节能与经济效益。

吸收式换热是新技术的核心内容，是国际首创的一种新型换热方式。近年来，在众多研究者、生产厂家以及应用单位的不懈努力下，吸收式换热技术及产品得到不断丰富与完善，应用范围不断扩大，产销量稳步增长，逐渐形成了一类新型换热设备。

7.2.1 吸收式换热原理

吸收式换热机组是一种新设备，利用吸收式热泵/制冷原理，实现热网一次水与二次水之间的换热。人们使用吸收式热泵的目的是"制热"，使用吸收式制冷机的目的是"制冷"，而使用该设备的目的是"换热",因此称之为"吸收式换热机组"。

吸收式换热机组是一种对集中供热系统一次水热量进行梯级利用,与常规换热装置相比可更大幅度地降低一次网回水温度(低于二次网回水温度),从而增大一次网供回水温差,并能够在二次侧产生出满足使用要求的供暖或生活热水的换热机组,其运行过程称之为"吸收式换热"过程。

1. 常规换热过程

在常规的集中供热系统中,一般采用板式换热器或管壳式换热器完成一次水和二次水的热量交换,其运行原理如图 7.2-1 所示。一次水通过换热器加热二次水,称之为"换热"或"热交换",一次水为热流体,二次水为冷流体。根据传热学基本理论,一次水温度肯定高于二次水温度,即使按传热效率最高的逆流形式布置,一次水出口温度也要高于二次水进口温度,如图 7.2-2 所示,图中 t_1'、t_1'' 分别表示热流体

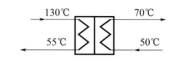

图 7.2-1 常规换热器原理示意图

(一次水)进出口温度,t_2'、t_2'' 分别表示冷流体(二次水)进出口温度。由于两侧流体热容量差别较大(一般一次侧流量小、温差大,因此一次侧热容量明显小于二次侧),热容量大的流体温度变化小,热容量小的流体温度变化大,因此造成换热器两端的传热端差有较大差别,图 7.2-2 中的 $\Delta t'$ 代表热流体进口端的传热温差,$\Delta t''$ 代表热流体出口端的传热温差,很明显 $\Delta t' > \Delta t''$。根据传热学理论,对这种逆流式换热器计算传热面积时可采用对数平均传热温差:

$$\Delta t_{lm} = \frac{\Delta t' - \Delta t''}{\ln \dfrac{\Delta t'}{\Delta t''}} \tag{7.2-1}$$

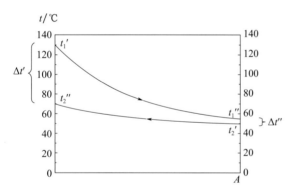

图 7.2-2 常规间壁式逆流水—水换热器中
一次水与二次水温度的变化

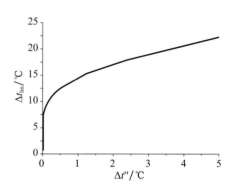

图 7.2-3 对数平均温差与最小
传热端差的关系

当二次水进出口温度为 50℃/70℃,一次水进口温度为 130℃时,计算得到的对数平均温差 Δt_{lm} 与一次水出口传热端差 $\Delta t''$ 的关系如图 7.2-3 所示,可以看出,Δt_{lm} 随着 $\Delta t''$ 的减小而减小,直至趋向于 0,根据传热理论,此时换热器的传热面积趋向于无穷大。一般从经济角度考虑取最小传热端差 $\Delta t''$ 为 3～10℃左右,而在换热器另一端(一次水进口端)的传热端差 $\Delta t'$ 高达 60℃左右,形成所谓的"剪刀型"传热温差,造成较大的传热不可逆损失。

2. 吸收式换热过程

吸收式换热机组主要由热水型吸收式热泵和水—水换热器组成,其运行过程如图 7.2-4 所示。一次网高温供水首先作为驱动能源进入吸收式热泵发生器中加热浓缩溶液,然后再进入水—水换热器直接加热二次网热水,最后再返回吸收式热泵作为低位热源,在其蒸发器中降温后返回一次网回水管;二次网回水分为两路进入机组,一路进入吸收式热泵的吸收器和冷凝器中吸收热量,另一路进入水—水换热器与一次网热水进行换热,两路热水汇合后送往热用户。二次水分两路并联进入吸收式热泵和水—水换热器,两路水流量的分配对机组的性能影响较大,理论分析及实践证明,当进入水—水换热器的流量为一次水流量的 1～2 倍时机组性能最佳,设计及运行时应调整吸收式热泵和水—

水换热器的阻力，必要时通过阀门调节，使进入水—水换热器的流量满足上述要求。图 7.2-5 表示一次水与二次水在吸收式换热过程中的温度变化情况，可以看出，一次水的出口温度 t_1'' 可以低于二次水进口温度 t_2'，突破了在常规换热装置中的换热极限。

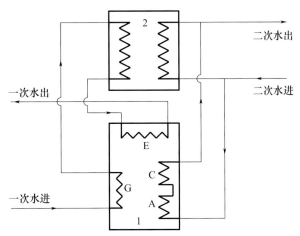

1—吸收式热泵；2—水—水换热器；G—发生器；A—吸收器；E—蒸发器；C—冷凝器。

图 7.2-4　吸收式换热过程示意图

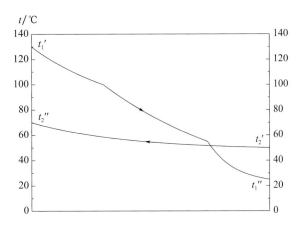

图 7.2-5　吸收式换热过程中一次水与二次水温度的变化

注：本图只是用于定性说明一次水与二次水在吸收式换热机组中温度的变化规律，并不表示两种
流体之间的换热温差，实际上除了水—水换热器以外，两种流体并不直接换热。

　　本机组采用吸收式热泵与水—水换热器组合的方式，能够有效进行一次网热水的梯级利用，通过降低一次网回水温度（低于二次网回水温度）实现了较大的供回水温差，在二次网温度不变的情况下，一次网的平均温度下降，减小了一、二次网之间的不可逆传热损失。该机组通过增大一次网供回水温差降低一次网输送水量，从而降低一次网初投资和水泵运行费用；另外低温的一次网回水回到热电厂后，再通过蒸汽驱动的吸收式热泵梯级加热，同时回收汽轮机乏汽余热，从而使集中供热系统的能耗大幅度降低[3]。

7.2.2　吸收式换热的理论极限

　　由上节内容可以看出，吸收式换热机组突破了常规换热机组的换热极限，作为加热流体的热流体出口温度可以低于被加热流体进口温度，热流体能够达到的最低出口温度称为"极限温度"。

　　冷、热两种流体之间的传热，通常总是在有温差条件下进行的，因而就伴有不可逆㶲损失。当忽略冷热流体流动时的摩阻损耗及传热过程中向环境的散热时，传热过程㶲损失率可由以下公式计算：

$$\dot{\Pi} = T_0 \dot{Q} \frac{\overline{T}_1 - \overline{T}_2}{\overline{T}_1 \overline{T}_2} \tag{7.2-2}$$

式中　$\dot{\Pi}$——㶲损失率，kW；

　　　T_0——环境温度，K；

　　　$\dot{Q}$——热流，kW；

　　　$\overline{T}_1$——热流体平均温度，K；

　　　$\overline{T}_2$——冷流体平均温度，K。

$\overline{T}_1$、$\overline{T}_2$ 可由下式计算：

$$\overline{T}_1 = \frac{T''_1 - T'_1}{\ln \dfrac{T''_1}{T'_1}} \tag{7.2-3}$$

$$\overline{T}_2 = \frac{T''_2 - T'_2}{\ln \dfrac{T''_2}{T'_2}} \tag{7.2-4}$$

式中　T'_1、T''_1——热流体进、出口温度，K；

　　　T'_2、T''_2——冷流体进、出口温度，K。

对吸收式换热机组来说，当所有的传热过程完全可逆，即传热过程的㶲损失为 0 时，可以称之为理想吸收式换热机组。由式（7.2-2）可知，此时热流体的平均温度等于冷流体的平均温度，即 $\overline{T}_1 = \overline{T}_2$。此时热流体的出口温度即为极限温度，用 $T_{1\min}''$ 表示：

$$\frac{T_{1\min}'' - T'_1}{\ln \dfrac{T_{1\min}''}{T'_1}} = \frac{T''_2 - T'_2}{\ln \dfrac{T''_2}{T'_2}} \tag{7.2-5}$$

当已知热流体的进口温度和冷流体的进、出口温度时，可利用式（7.2-5）计算吸收式换热机组理论上能够达到的最低出口温度 $T_{1\min}''$。图 7.2-6 为利用式（7.2-4）计算得到的不同冷流体进、出口温度下热流体出口极限温度与热流体进口温度的关系曲线。可以看出，热流体出口极限温度随热流体进口温度的升高而降低，随冷流体温度的提高而提高。

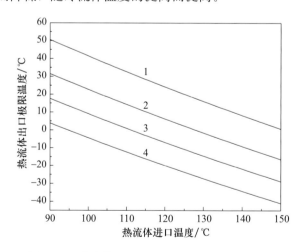

图 7.2-6　热流体出口极限温度与进口温度的关系

1—冷流体进/出口温度 60℃/80℃；2—冷流体进/出口温度 50℃/70℃

3—冷流体进/出口温度 45℃/60℃；4—冷流体进/出口温度 40℃/50℃

由于不可逆损失的存在，实际吸收式换热机组热流体的出口温度不可能达到理想吸收式换热机组所能够达到的极限温度，极限温度是一切实际吸收式换热机组性能的最高标准。

另外，上述分析所得出的影响规律同样适合于实际的吸收式换热机组，即：热流体出口温度随热流体进口温度的升高而降低，随冷流体平均温度的降低而降低。这为供热系统的合理设计与运行提供了重要思路。

7.2.3 吸收式换热机组研发与应用

吸收式换热机组的核心部件是热水驱动的吸收式热泵，吸收式热泵机组所采用的工质对当前主要有溴化锂/水和氨/水两种，其中以溴化锂/水应用最为普遍。目前开发的吸收式换热机组亦采用了溴化锂/水为工质对。对吸收式换热机组来说，虽然采用普通流程、结构的吸收式热泵也能够工作，但由于使用目的、运行参数等不同，普通吸收式热泵应用于该场合不能达到最佳性能。

为了研发适合于吸收式换热机组中应用的吸收式热泵，首先需要分析其与常规吸收式热泵/制冷机在运行工况方面的主要不同点：①一次水在蒸发器进出口的温差大。吸收式换热机组中的热泵蒸发器进出口水温差达到 30℃ 以上，而一般的吸收式热泵/制冷机冷水进出口温差仅有 5℃ 左右。②一次水在发生器进出口的温差大。吸收式换热机组中的热泵发生器进出口水温差达到 30℃ 以上，而一般的吸收式热泵/制冷机热水进出口温差仅有 10℃ 左右。③二次水进出口温差大。吸收式换热机组中的热泵二次水进出口水温差达到 20℃ 左右，而一般的吸收式热泵/制冷机冷却水进出口温差仅有 5～10℃ 左右。如果采用普通的吸收机结构，这种载热介质的小流量大温差变化就会引起机组内部传热工况变化范围大：一次水进水从严寒期的 120℃ 左右变化到初末寒期的 70℃ 左右，二次水供水也由严寒期的 60℃ 左右变化到初末寒期的 40℃ 左右，而常规吸收式热泵/制冷机的热源温度一般比较稳定，其在结构设计时没有考虑如此大的工况变动，因此应用于该场合就会表现出严重的不适应，突出表现在溶液泵、冷剂泵的频繁吸空及传热管的浸没，使机组不能在全供暖季稳定运行。

针对载热介质大温差变化的换热特点，采用了以下几方面主要改进措施：①采用多级蒸发和多级吸收的结构形式，使一次水在多级蒸发器中逐步降温，二次水在多级吸收器中逐步升温；②发生器采用多回程逆流换热；③增大溶液的放汽范围（浓度差），从而减小溶液循环量，提高溶液的温度变化范围。

上述改进都是为了减小各部件中的"剪刀型"传热温差，减小不可逆传热损失。针对运行工况变化范围大的特点，开发了吸收式换热机组全工况模拟分析软件，结合实际运行数据，分析了溶液浓度、温度等参数在全供暖季的变化规律，据此优化了溶液和冷剂水储罐容积与充填量，制订了能够根据工况变化自动调节溶液和冷剂循环量等参数的智能控制策略。

图 7.2-7 是具有两级蒸发/吸收结构的吸收式换热机组流程图，图 7.2-8 为其对应的 p-t 图。发生器出口浓溶液先进入上吸收器，再进入下吸收器，分别吸收上、下蒸发器的冷剂蒸汽，下吸收器出口的稀溶液再通过溶液泵打入发生器，被一次水加热浓缩为浓溶液完成循环。发生器采用了多回程错流滴淋降膜结构，一次水下进上出，溶液上进下出，形成近似逆流的换热方式。一次水先后通过发生器、水—水换热器、下蒸发器、上蒸发器逐级降温；二次水的一部分先后通过下吸收器、上吸收器、冷凝器逐级升温，另一部分通过水—水板式换热器与一次水直接换热，两部分汇合后送出[3-4]。

实际设计与生产时，根据运输与安装的要求，分别采用了整体式与分体式两种结构形式。所谓整体式结构，即将吸收式热泵与水—水换热器等整合为一体化结构，如图 7.2-9 所示，在工厂内完成组装。所谓分体式结构，即将吸收式热泵与水—水换热器分为两部分，或者进而将吸收机再分体为发生/冷凝模块和吸收/蒸发模块，在换热站现场完成组装，解决部分换热站特别是地下换热站进站通道狭窄等运输问题。如图 7.2-10 所示。

几年来，通过深入的研究和不断地改进完善，吸收式换热机组在设计、制造、运行、维护等各方面已基本成熟，机组性能达到了预期效果，并已实现了批量化生产。太古长输供热区域安装的吸收式换热机组参数如表 7.2-1 所示。

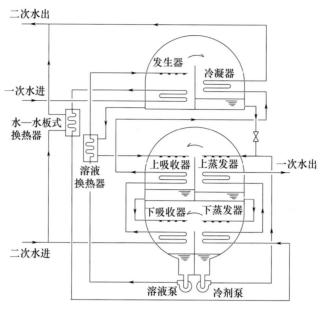

图 7.2-7　两级蒸发/吸收结构的吸收式换热机组流程

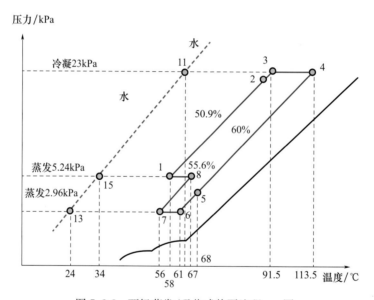

图 7.2-8　两级蒸发/吸收式热泵流程 p-t 图

图 7.2-9　整体型吸收式换热机组

图 7.2-10　分体式吸收式换热机组

表 7.2-1　常规吸收式换热机组参数

机组型号		AHE20T-Ⅰ/Ⅱ		AHE30T-Ⅰ/Ⅱ		AHE40T-Ⅰ/Ⅱ	
额定总供热量（kW）		2000		3000		4000	
分区负荷要求		≤0.5×额定总供热量					
末端形式		挂暖	地暖	挂暖	地暖	挂暖	地暖
一次水流量（t/h）		18.7	16.9	28.0	25.3	41.3	39.7
一次水入口温度（℃）		120	120	120	120	120	120
一次水出口温度（℃）		28	18	28	18	28	18
一次水设计压力（MPa）		2.5	2.5	2.5	2.5	2.5	2.5
一次水阻力（m）		4.5/4.7	4.4/4.6	4.7/4.9	4.6/4.8	5.1/5.3	5.0/5.2
电源类型		AC380V/50Hz					
配电量（kW）		5	5	6	6	10	10
机组净重（kg）		13700/14200		15100/16800		22500/23000	
运行质量（kg）		17800/18500		20200/21800		26200/27200	
噪声［dB（A）］		<70	<70	<70	<70	<70	<70
年利用小时数（h）		3624	3624	3624	3624	3624	3624
故障发生率（%）		<1	<1	<1	<1	<1	<1
机组尺寸（mm）	长	6258	6258	6330	6330	5000	5000
	宽	1600	1600	1790	1790	3095	3095
	高	3740	3740	3740	3740	3100	3100
机组型号		AHE50T-Ⅰ/Ⅱ		AHE60T-Ⅰ/Ⅱ		AHE80T-Ⅰ/Ⅱ	
额定总供热量/kW		5000		6000		8000	
分区负荷要求		≤0.5×额定总供热量					
末端形式		挂暖	地暖	挂暖	地暖	挂暖	地暖
一次水流量（t/h）		46.7	42.1	56.1	50.6	74.8	67.5
一次水入口温度（℃）		120	120	120	120	120	120
一次水出口温度（℃）		28	18	28	18	28	18
一次水设计压力（MPa）		2.5	2.5	2.5	2.5	2.5	2.5
一次水阻力（m）		5.1/5.3	5.0/5.2	5.2/5.4	5.4/5.6	5.5/5.7	5.4/5.6
电源类型		AC380V/50Hz					
配电量（kW）		10	10	10	10	10	10
机组净重（kg）		24800/25100		25300/25900		30500/31000	
运行质量（kg）		27800/28100		28600/29700		35400/36400	
噪声［dB（A）］		<70	<70	<70	<70	<70	<70
年利用小时数（h）		3624	3624	3624	3624	3624	3624
故障发生率（%）		<1	<1	<1	<1	<1	<1
机组尺寸（mm）	长	6210	6210	5460	5460	6745	6745
	宽	2120	2120	3340	3340	3490	3490
	高	3740	3740	3300	3300	3300	3300

机组型号	AHE100T-Ⅰ/Ⅱ		AHE120T-Ⅰ/Ⅱ		AHE160T-Ⅰ/Ⅱ	
额定总供热量（kW）	10000		12000		16000	
分区负荷要求	≤0.5×额定总供热量					
末端形式	挂暖	地暖	挂暖	地暖	挂暖	地暖
一次水流量（t/h）	93.5	84.3	112.2	101.2	74.8	67.5
一次水入口温度（℃）	120	120	120	120	120	120
一次水出口温度（℃）	28	18	28	18	28	18
一次水设计压力（MPa）	2.5	2.5	2.5	2.5	2.5	2.5
一次水阻力（m）	5.7/5.8	5.6/5.7	5.8/5.9	5.7/5.8	5.9/6.0	5.7/5.9
电源类型	AC380V/50Hz					
配电量（kW）	10	10	12	12	14	14
机组净重（kg）	36100/36600		43600/44900		45300/46900	
运行质量（kg）	41500/42600		51800/53600		53700/57100	
噪声［dB（A）］	<70	<70	<70	<70	<70	<70
年利用小时数（h）	3624	3624	3624	3624	3624	3624
故障发生率（%）	<1	<1	<1	<1	<1	<1
机组尺寸（mm） 长	7800	7800	6300	6300	6312	6312
宽	3430	3430	4189	4189	4904	4904
高	3320	3320	37400	37400	3740	3740

图 7.2-11 是其中一台安装于太原市明泰房地产热力站的 AHE60T-I-S 型（额定供热量 6000kW）吸收式换热机组从 2015 年 1 月 28 日至 2 月 28 日连续一个月的实际运行测试结果。

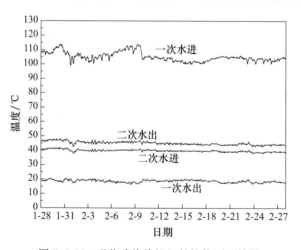

图 7.2-11　吸收式换热机组的性能测试结果

7.2.4　补燃型吸收式换热机组

　　燃煤燃气联合供热（利用大型集中供热网，以大型集中燃煤热电联产热源承担供暖的基础负荷，在末端以小型分布式天然气热源承担调峰负荷）可以降低系统总投资，并充分发挥热电厂的供热能力，是一种适合于我国北方地区的合理供热方式。

　　为了与这种集中供热方式相结合，在常规吸收式换热机组基础上，进一步发明了具备天然气补燃调峰功能的吸收式换热机组（简称"补燃型吸收式换热机组"），如图 7.2-12 所示。

　　补燃型吸收式换热机组与常规型吸收式换热机组相比，增加了一个燃气直燃型发生器，利用一次水高温段作为基础驱动热源，在严寒期需要较多换热量时，利用天然气作为补充驱动热源，使一次水热量、天然气燃烧热量共同加热二次水，实现二次水的升温及一次水的降温。补燃型吸收式换热机组在一次网热量不足的区域更加适用。一方面天然气补燃，进一步降低了一次网回水温度，增加了机组供热能力；另一方面更低的回水温度又使得热电厂可以回收更多的热量，进一步增加了系统整体的供热能力，并通过多能源互补的方式提高了供热安全性。该机组还配备了烟气余热深度回收装置，利用热泵蒸发器产生的冷水与烟气换热，可大幅度降低排烟温度，充分回收烟气冷凝余热。

图 7.2-12　补燃型吸收式换热机组

太古长输供热区域安装的补燃型吸收式换热机组参数如表 7.2-2 所示。

表 7.2-2　补燃型吸收式换热机组参数

机组型号		AHE20ZR-Ⅰ		AHE20ZR-Ⅱ		AHE30ZR-Ⅰ	
额定总供热量（kW）		2000		2000		3000	
分区负荷要求		—	—	≤0.5×额定总供热量		—	—
末端形式		挂暖	地暖	挂暖	地暖	挂暖	地暖
补燃比例（%）		20	20	20	20	20	20
燃气消耗量（m³/h）		49	49	49	49	73	73
一次水流量（t/h）		13.8	13.2	13.8	13.2	20.6	19.8
一次水入口温度（℃）		120	120	120	120	120	120
一次水出口温度（℃）		20	16	20	16	20	16
一次水设计压力（MPa）		2.5	2.5	2.5	2.5	2.5	2.5
一次水阻力（m）		4.5	4.3	4.6	4.4	4.6	4.5
电源类型		AC380V/50Hz					
配电量（kW）		10	10	10	10	10	10
机组净重（kg）		14800	14800	15100	15100	16500	16500
运行质量（kg）		19200	19200	19700	19700	21500	21500
噪声［dB（A）］		<70	<70	<70	<70	<70	<70
年利用小时数（h）		3624	3624	3624	3624	3624	3624
故障发生率（%）		<1	<1	<1	<1	<1	<1
机组尺寸（mm）	长	6258	6258	6258	6258	6330	6377
	宽	2100	2100	2700	2700	2290	2290
	高	3740	3740	3740	3740	3740	3740

续表

机组型号	AHE30ZR-Ⅱ		AHE40ZR-Ⅰ		AHE40ZR-Ⅱ	
额定总供热量（kW）	3000		4000		4000	
分区负荷要求	≤0.5×额定总供热量		—		≤0.5×额定总供热量	
末端形式	挂暖	地暖	挂暖	地暖	挂暖	地暖
补燃比例（%）	20	20	20	20	20	20
燃气消耗量（m³/h）	73	73	93	93	93	93
一次水流量（t/h）	20.6	19.8	27.5	26.5	27.5	26.5
一次水入口温度（℃）	120	120	120	120	120	120
一次水出口温度（℃）	20	16	20	16	20	16
一次水设计压力（MPa）	2.5	2.5	2.5	2.5	2.5	2.5
一次水阻力（m）	4.7	4.6	4.8	4.7	4.9	4.8
电源类型	AC380V/50Hz					
配电量（kW）	10	10	13	13	13	13
机组净重（kg）	17900	17900	27500	27500	27900	27900
运行重量（kg）	23200	23200	33000	33000	33500	33500
噪声［dB（A）］	<70	<70	<70	<70	<70	<70
年利用小时数（h）	3624	3624	3624	3624	3624	3624
故障发生率（%）	<1	<1	<1	<1	<1	<1
机组尺寸（mm） 长	6377	6377	5877	5877	5877	5877
宽	2890	2890	3429	3429	3800	3800
高	3740	3740	3750	3750	3750	3750

机组型号	AHE50ZR-Ⅰ		AHE50ZR-Ⅱ		AHE60ZR-Ⅰ	
额定总供热量（kW）	5000		5000		6000	
分区负荷要求	—		≤0.5×额定总供热量		—	
末端形式	挂暖	地暖	挂暖	地暖	挂暖	地暖
补燃比例（%）	20	20	20	20	20	20
燃气消耗量（m³/h）	122	122	122	122	138	138
一次水流量（t/h）	34.4	33.1	34.4	33.1	41.3	39.7
一次水入口温度（℃）	120	120	120	120	120	120
一次水出口温度（℃）	20	16	20	16	20	16
一次水设计压力（MPa）	2.5	2.5	2.5	2.5	2.5	2.5
一次水阻力（m）	4.9	4.8	5.0	4.9	5.1	5.0
电源类型	AC380V/50Hz					
配电量（kW）	13	13	13	13	15	15
机组净重（kg）	28400	28400	29200	29200	31200	31200
运行重量（kg）	34100	34100	36200	36200	37200	37200
噪声［dB（A）］	<70	<70	<70	<70	<70	<70
年利用小时数（h）	3624	3624	3624	3624	3624	3624
故障发生率（%）	<1	<1	<1	<1	<1	<1
机组尺寸（mm） 长	6210	6210	6210	6210	6377	6377
宽	2620	2620	3120	3120	3522	3522
高	3740	3740	3740	3740	3750	3750

续表

机组型号	AHE60ZR-Ⅱ		AHE80ZR-Ⅰ		AHE80ZR-Ⅱ	
额定总供热量（kW）	6000		8000		8000	
分区负荷要求	≤0.5×额定总供热量		—	—	≤0.5×额定总供热量	
末端形式	挂暖	地暖	挂暖	地暖	挂暖	地暖
补燃比例（%）	20	20	20	20	20	20
燃气消耗量（m³/h）	138	138	184	184	184	184
一次水流量（t/h）	41.3	39.7	55.0	52.9	55.0	52.9
一次水入口温度（℃）	120	120	120	120	120	120
一次水出口温度（℃）	20	16	20	16	20	16
一次水设计压力（MPa）	2.5	2.5	2.5	2.5	2.5	2.5
一次水阻力（m）	5.4	5.3	5.5	5.4	5.6	5.5
电源类型	AC380V/50Hz					
配电量（kW）	15	15	19.8	19.8	19.8	19.8
机组净重（kg）	31900	31900	38700	38700	39200	39200
运行重量（kg）	38500	38500	45700	45700	46700	46700
噪声［dB（A）］	<70	<70	<70	<70	<70	<70
年利用小时数（h）	3624	3624	3624	3624	3624	3624
故障发生率（%）	<1	<1	<1	<1	<1	<1
机组尺寸（mm） 长	6377	6377	7377	7377	7377	7377
宽	4122	4122	3908	3908	4608	4608
高	3750	3750	3750	3750	3750	3750
机组型号	AHE100ZR-Ⅰ		AHE100ZR-Ⅱ		AHE120ZR-Ⅰ	
额定总供热量（kW）	10000		10000		12000	
分区负荷要求	—	—	≤0.5×额定总供热量		—	—
末端形式	挂暖	地暖	挂暖	地暖	挂暖	地暖
补燃比例（%）	20	20	20	20	20	20
燃气消耗量（m³/h）	230	230	230	230	276	276
一次水流量（t/h）	68.8	66.2	68.8	66.2	82.6	79.4
一次水入口温度（℃）	120	120	120	120	120	120
一次水出口温度（℃）	20	16	20	16	20	16
一次水设计压力（MPa）	2.5	2.5	2.5	2.5	2.5	2.5
一次水阻力（m）	5.6	5.5	5.7	5.6	5.7	5.6
电源类型	AC380V/50Hz					
配电量（kW）	19.8	19.8	19.8	19.8	19.8	19.8
机组净重（kg）	46400	46400	47200	47200	55700	55700
运行重量（kg）	55400	55400	56500	56500	72400	72400
噪声［dB（A）］	<70	<70	<70	<70	<70	<70
年利用小时数（h）	3624	3624	3624	3624	3624	3624
故障发生率（%）	<1	<1	<1	<1	<1	<1
机组尺寸（mm） 长	8430	8430	8377	8377	9710	9710
宽	3850	3850	3950	3950	4050	4050
高	3750	3750	3750	3750	3830	3830

续表

机组型号		AHE120ZR-Ⅱ		AHE160ZR-Ⅰ		AHE160ZR-Ⅱ	
额定总供热量（kW）		12000		16000		16000	
分区负荷要求		≤0.5×额定总供热量		—		≤0.5×额定总供热量	
末端形式		挂暖	地暖	挂暖	地暖	挂暖	地暖
补燃比例（%）		20	20	20	20	20	20
燃气消耗量（m³/h）		276	276	391	391	391	391
一次水流量（t/h）		82.6	79.4	110.1	105.8	110.1	105.8
一次水入口温度（℃）		120	120	120	120	120	120
一次水出口温度（℃）		20	16	20	16	20	16
一次水设计压力（MPa）		2.5	2.5	2.5	2.5	2.5	2.5
一次水阻力（m）		5.8	5.7	5.8	5.7	5.9	5.8
电源类型		AC380V/50Hz					
配电量（kW）		19.8	19.8	19.8	19.8	19.8	19.8
机组净重（kg）		56800	56800	57500	57500	58200	58200
运行重量（kg）		73800	73800	74200	74200	75600	75600
噪声［dB（A）］		＜70	＜70	＜70	＜70	＜70	＜70
年利用小时数（h）		3624	3624	3624	3624	3624	3624
故障发生率（%）		＜1	＜1	＜1	＜1	＜1	＜1
机组尺寸（mm）	长	9710	9710	9710	9710	9710	9710
	宽	4050	4050	4520	4520	4520	4520
	高	3830	3830	3830	3830	3830	3830

7.2.5 模块型吸收式换热机组

吸收式换热机组是由吸收式热泵和板式换热器组成的，从表7.2-1和表7.2-2中的数据可以看出，吸收式换热机组的体积比常规板式换热器大。在项目实施过程中发现，传统的板式换热器更换为吸收式换热机组，往往会受到机房占地面积的限制，特别是一些老旧换热站或设置在地下室的换热站。为解决该问题，清华大学联合北京华源泰盟节能设备有限公司，历时3年时间，成功研制出了模块型吸收式换热机组，其特点是模块化设计、单机体积小，供热量1MW的模块尺寸（长×宽×高）为1.2m×1.2m×2.7m，根据用户负荷和机房尺寸，可以多个模块随意组合，不再受机房占地面积的限制。该模块机的结构及现场组合模式如图7.2-13所示，单个模块供热能力为1MW，可以承担20000m² 的供热面积，能够使城市供热一级网的回水温度降至25℃以下。图7.2-14为模块机安装现场图。

图7.2-13 模块机结构及组合样例

图 7.2-14　模块机安装现场

7.2.6　楼宇型吸收式换热机组

楼宇型吸收式换热机组是新开发的一种以模块型吸收式换热机组为主体的换热设备，2018 年供暖季在太原进行了小规模示范。楼宇型吸收式换热机组通常针对单独的一栋供暖建筑或小型供暖区域，以集中供热一次网为热源，对相应区域进行供热。

1. 楼宇型吸收式换热机组特点

1）采用大温差吸收式换热原理，大幅降低一次网回水温度

楼宇型吸收式换热机组利用溴化锂吸收式热泵循环，以高温的一次水作为驱动热源，在加热二次网的同时，一次水梯级降温，最终一次网的回水温度显著低于二次网的回水温度。因此，一次网可以实现"小流量、大温差"供热，有效提高了热网的供热能力，同时也为热源厂的余热回收创造了有利条件。

2）楼宇式或小区域供热，提高管网的热力特性，有利于热网管理

传统的热力站往往承担几个小区或较大片区的热负荷，由于二次网太大，容易出现水力不平衡、供热不均等情况，导致供热效率低下、供热质量保障困难；而且同一个系统的热用户太多，出现"失水"现象也不易排查和管理。楼宇式吸收式换热机组则针对单独的一栋建筑或小型区域进行供热，将二次网小型化，有效提高了庭院管网的水力平衡，大幅度降低了二次网循环水泵的电耗，也便于对热用户实施供热管理。

3）自动化运行水平高

楼宇式吸收式换热机组内集成了吸收式换热模块、二次网循环泵、供热量自动调节、二次网自动补水定压、热量和补水量监测计量等保证供热所需的所有功能，实现了"机组"即"热力站"，各项功能均采用自动控制，实现无人值守，同时具备远传和远程控制功能。

2. 楼宇型吸收式换热机组参数

楼宇型吸收式换热机组单机额定供热量为 $100\sim1000kW$，如表 7.2-3 所示。按热指标 $50W/m^2$ 计算，单机可承担 $2000\sim20000m^2$ 建筑的热负荷，其室内末端形式可为地暖或挂暖。

表 7.2-3　楼宇型吸收式换热机组的参数

机组型号	AHE100LY	AHE200LY	AHE400LY	AHE600LY	AHE800LY	AHE1000LY
额定供热量（kW）	100	200	400	600	800	1000
供热面积（m²）	2000	4000	8000	12000	16000	20000
容量调节范围（%）	20～120	20～120	20～120	20～120	20～120	20～120
配电（kW）	4	5.2	8	10.8	13.8	16.6

3. 楼宇型吸收式换热机组的原理

楼宇型吸收式换热机组内部主要部件有：大温差吸收式换热模块、二次网循环泵套件、电动补

水阀、一次水电动调节阀、过滤器、一次水增压泵套件、二次网补水流量表、热量表、手动阀门及温度、压力仪表等。

图7.2-15是楼宇型吸收式换热机组的原理图，其中：二次网回水依次经过过滤器、二次网循环泵，再进入大温差吸收式换热模块被加热后，作为二次网供水进入热用户；高温的一次网供水经过过滤器后进入大温差吸收式换热模块降温，作为一次网回水返回系统。一次网同时安装了电动调节阀用以调节机组供热量，机组同时具备热量监测功能。当二次网压力低于设定值时，电动补水阀动作，利用一次网给二次网补水定压。

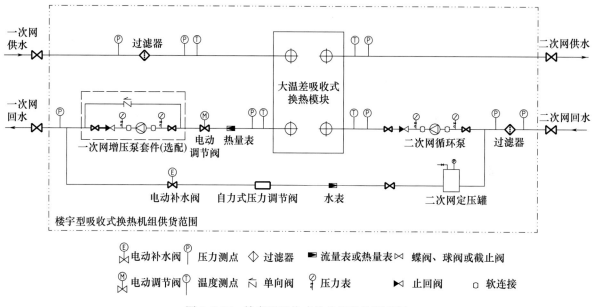

图 7.2-15　楼宇型吸收式换热机组的原理图

4. 楼宇型吸收式换热机组的占地要求

楼宇型吸收式换热机组不用单独设计机房，由于占地面积很小，可充分利用建筑物周边的空地放置，室内室外均可。各机型的外形尺寸及运行质量见表7.2-4。

表 7.2-4　楼宇型吸收式换热机组的尺寸及运行质量

机组型号	AHE100LY	AHE200LY	AHE400LY	AHE600LY	AHE800LY	AHE1000LY
宽度（mm）	500	600	700	900	1000	1200
长度（mm）	1650	1700	1700	1900	2000	2000
高度（mm）	2700	2750	2800	2850	2900	2900
运行质量（kg）	3.5	4	5	6	7	8

5. 楼宇型吸收式换热机组的主要功能

楼宇型吸收式换热机组具有如下主要功能：①采用大温差吸收式换热，在对热用户供热的同时，有效降低一次网回水温度，实现一次网"大温差、小流量"运行；②一次网流量、供/回水温度、压力自动监测，记录实时热量；③二次网供/回水温度、压力自动监测，二次网循环泵自动运行；④自动调节二次网运行压力，利用一次网对二次网进行自动补水，同时记录补水量；⑤内置一次网电动调节阀，根据二次网设定参数自动控制阀门开度，调节机组供热量，电动调节阀也可由热网集中监控系统远程控制，统一调度；⑥通过监测过滤器前后压差，自动判断一次网、二次网水质情况，当出现堵塞时及时报警；⑦全自动无人值守运行，运行数据、报警信号等可远传至热网集中监控系统，同时，也可对机组进行远程操作。

7.3 基于低回水温度的电厂余热回收

7.3.1 多级串联梯级加热的电厂余热回收

常规的电厂乏汽余热回收系统主要基于单元制构建，每台汽轮机组作为一个独立的余热回收系统。热网回水进入电厂后，分别并联进入各独立余热回收系统。这种方式下，热网低温回水通过单级凝汽器直接加热到较高温度，使得凝汽器换热环节的温升过大，换热过程的不可逆损失增大，系统能效下降。

而采用吸收式热泵可以利用高参数的抽汽回收乏汽余热，提高余热回收系统的能效。吸收式热泵是一种利用高品位热能（高温高压蒸汽或高温热水等）驱动，使热量从低温热源提升为中温热源的装置。利用吸收式热泵回收电厂乏汽余热的供热方式在国内已经得到了广泛的应用。如图 7.3-1 所示，在电厂设置吸收式热泵，利用汽轮机抽汽驱动回收乏汽余热，一次网回水先进热泵加热，再进热网加热器被汽轮机抽汽加热，可在一定程度上降低热电厂加热过程的不可逆损失。对于湿冷机组而言，汽轮机冷凝器的冷却循环水进入热泵蒸发器释放其热量；对于空冷机组，汽轮机乏汽可直接进入吸收式热泵蒸发器，在其中凝结放热以减少换热环节，提高余热回收效率。在吸收式热泵中，热网循环水被吸收器和冷凝器两级加热。这种方式由于采用了原来通过直接换热加热一次网循环水的汽轮机抽汽驱动，而这些热量通过吸收式热泵后仍然被释放到一次网热水中，因此与常规热电联产集中供热系统相比，可以认为没有额外的能源消耗就回收了汽轮机乏汽余热，无论是从能源转换效率还是经济性方面都得到了改善。吸收式热泵有单效、双效、两级等形式，目前用于回收电厂凝汽余热的主要是单效吸收式热泵[5-6]。

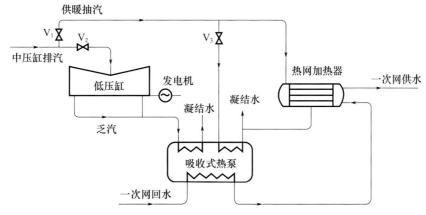

图 7.3-1 电厂吸收式热泵供热流程图

该系统所采用的单效蒸汽型第一类吸收式热泵的性能系数（COP_h）约为 1.7，即吸收式热泵每消耗 1 份蒸汽热量，可回收 0.7 份 40℃的循环水热量，供给一次热网 1.7 份的热量。

而经过大温差改造后，热网的回水温度大幅降低，依靠一次网的低温回水，让热网回水依次通过凝汽器、抽汽驱动的多级吸收式热泵和汽—水换热器的梯级加热流程，大量回收乏汽余热。在实际应用中，可采用上述一级或几级加热环节、吸收式热泵、换热设备及其组合，即"余热回收机组"，如图 7.3-2 所示，选择温度适宜的多台机组抽汽与乏汽对热网水的逐级升温，可使热电厂基本回收全部余热，从而进一步提高供热能力和余热回收供热系统的能效。通过乏汽余热承担基本负荷，汽轮机抽汽承担严寒期调峰负荷，使整个供暖季乏汽余热量占总供热量的比例进一步提升。

该技术可以通过提高汽轮机的背压，实现乏汽余热的全部或大部分回收；也可以不改变背压，吸收式热泵回收不了的乏汽余热完全可以通过冷却塔散掉，而不会影响系统整体能效；另外，该技术中的吸收式热泵仅利用 0.3MPa 的汽轮机抽汽就可以把一次网加热到 90℃，这不仅提高了汽轮机

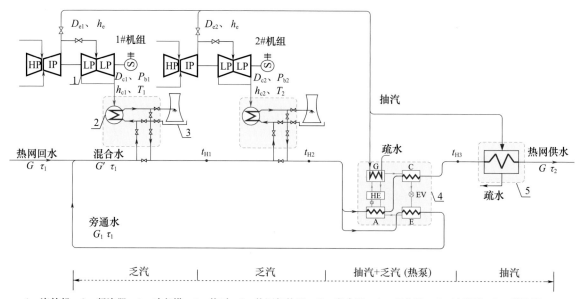

1—汽轮机；2—凝汽器；3—冷却塔；4—热泵；5—热网加热器；G—发生器；A—吸收器；C—冷凝器；E—蒸发器。

图 7.3-2　基于电厂乏汽余热高效利用的热电联产梯级加热系统

发电效率，而且为大容量热电联产机组应用该技术创造了条件。该技术之所以能够实现不提高背压和利用低压供暖抽汽驱动回收冷凝热余热，其主要原因是一次网 25℃ 的低温回水大大改善了吸收式热泵的运行条件。

7.3.2　应用案例

1）大唐云冈电厂乏汽余热利用工程

2013 年设计实施的大同市大唐国际云冈热电厂乏汽余热利用工程中首次采用了 2 台汽轮机组凝汽器串联梯级加热的系统形式，如图 7.3-3 所示。云冈热电厂一期 2×220MW 机组和二期 2×300MW 机组均为空冷抽汽凝汽式热电联产机组，2013 年同时对 4 台机组进行乏汽余热回收改造，两期采用了相同的系统流程。以一期为例，每台汽轮机组空冷岛下面设置 1 台水冷凝汽器和 1 台汽轮机抽汽驱动的乏汽型吸收式热泵，热网回水依次串联通过 1♯ 机凝汽器和 2♯ 机凝汽器，然后分为两路分别进入 2 台吸收式热泵，最后再汇合起来进入原供热首站尖峰加热器加热后供出，即热网水先后经过 4 级加热，实现了能源的梯级利用。特别是 2 台凝汽器串联加热，使得汽轮机背压也呈梯级分布，在设计上使得低温热网回水与低温乏汽余热的能级更加匹配，一方面减少了传热的不可逆损失，另一方面使 2 台汽轮机组的平均背压水平降低，减少了对汽轮机发电量的不利影响。配合上述流程，设计运行调节策略如下：合理分配 2 台机组的抽凝比，充分利用背压较高的 2♯ 机组供热，尽量多抽汽承担供热基础负荷，并尽量提取该机组的乏汽余热，提高机组的热效率；充分利用背压较低的 1♯ 机组发电，使之只承担部分的抽汽负荷，整个供暖季作为调峰运行，多余的低温乏汽热量通过冷却塔散掉。在满足同样供热量的前提下，该方案对发电量的不利影响远远小于传统的并联布置方案，因此能源利用效率大幅度提高。该项目使云冈热电厂增加供热能力 480MW，每年节约标准煤 25.4 万 t，减排二氧化碳 65.61 万 t，减排二氧化硫 0.89 万 t，减排烟尘 3.8 万 t。

2）同煤大唐热电一期乏汽利用工程

2013 年设计实施的同煤大唐热电一期乏汽利用工程中则首次采用了 4 台汽轮机组凝汽器串联梯级加热的系统工艺，如图 7.3-4 所示。同煤大唐热电一期共有 4 台 50MW 直接空冷抽凝式汽轮机组，承担同煤平旺地区集中供热任务。2013 年，大同煤矿集团采用本项目组技术和主设备对 4 台机组进行乏汽余热利用改造，在 4 台汽轮机组空冷岛下方分别设置水冷凝汽器和乏汽型吸收式热泵，热网回水依次串联通过 1♯～4♯ 机凝汽器，然后分为 4 路分别进入 4 台吸收式热泵，最后再汇合起

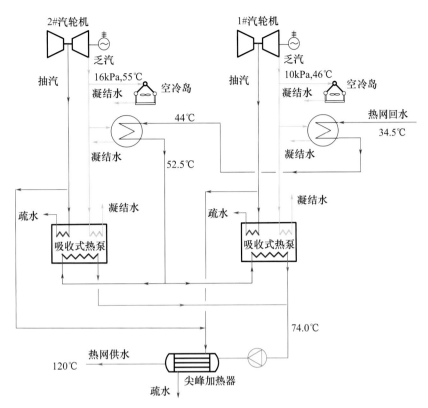

图 7.3-3　大唐云冈电厂乏汽余热利用供热系统流程图

来进入原供热首站尖峰加热器加热后供出，即热网水先后经过 6 级加热，实现了能源的梯级利用。设计工况下 1♯机组排汽背压 12kPa，2♯机组排汽背压 18kPa，3♯机组排汽背压 24kPa，4♯机组排汽背压 35kPa，与并联方式（4 台机组的排汽背压均为 32kPa）相比，由于 1♯机组排汽背压降低而增加的发电量约为 3.0MW，2♯机组排汽背压降低而增加的发电量约为 1.7MW，3♯机组排汽背压降低而增加的发电量约为 0.8MW，4♯机组排汽背压升高而减少的发电量约为 0.3MW，合计增加发电量约 5.2MW。而当气温升高、供热负荷降低时，汽轮机抽汽量减少、排汽量增多，串联循环相对于并联循环增加的发电量将更多，全工况模拟计算表明，每供暖季增加的发电收入达 1900 万元。

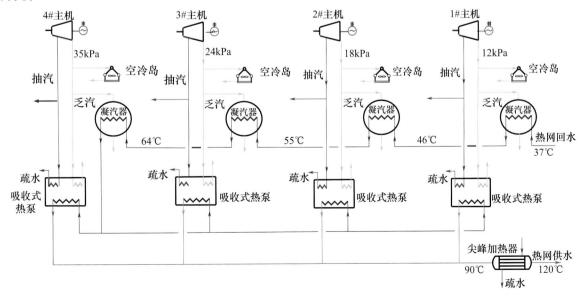

图 7.3-4　同煤大唐热电一期乏汽利用工程系统流程图

3）太原古交兴能电厂乏汽余热利用工程

2015 年设计实施的太原市古交兴能电厂乏汽余热回收利用工程中首次采用了 6 台汽轮机组凝汽器串联梯级加热的系统工艺。古交兴能电厂是太古长输供热工程的主热源，目前古交兴能电厂的装机规模为 2×300MW＋2×600MW＋2×660MW，共 6 台空冷火力发电机组。为满足太原市 7600 万 m² 建筑面积供热需求，并兼顾古交市区、屯兰、马兰矿区以及厂区 1700 万 m² 的供热，必须深度挖掘电厂供热能力，回收全部汽轮机组的乏汽余热。根据长输管网低回水温度的特点，项目组基于全供暖季工况的模拟计算，并综合考虑电厂运行的安全性等因素，对数十种方案进行了详细的技术经济比较，最终设计了逐级串联加热的方式来回收电厂乏汽余热。系统流程如图 7.3-5 所示，在 6 台汽轮机组空冷岛下方分别设置水冷凝汽器，其中 5♯机组与 6♯机组凝汽器水侧并联，热网回水分为两路进入 5♯机组、6♯机组凝汽器后，再合并为一路依次经过 4♯机组、3♯机组、2♯机组、1♯机组的凝汽器以及二期和三期的热网尖峰加热器进行梯级加热，即热网水先后经过 7 级加热，实现了能源的梯级利用。虽然该工程没有采用吸收式热泵回收乏汽余热，但由于串联梯级加热的级数足够多，各级升温幅度都较小，因此换热不可逆损失较小，如图 7.3-6 所示，放热侧平均温度由单纯抽汽加热的 150℃ 降至目前的 90℃，显著减少加热不可逆损失[2]。

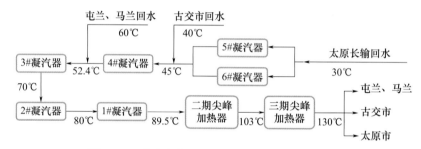

图 7.3-5　古交兴能电厂多机组串联梯级加热流程

古交兴能电厂向太原市区的供热系统设计供水温度 130℃，设计回水温度 30℃，每年向太原市供热 3479 万 GJ，其中抽汽 1017.3 万 GJ，乏汽余热 2461.7 万 GJ，乏汽余热占总热量的 70.8%，折算单位供热量影响汽轮机组发电 25.3kWh/GJ。而古交电厂若采用抽汽直接供热，二期抽汽折算单位供热量等效电 71.0kWh/GJ，三期抽汽折算单位供热量等效电 45.5kWh/GJ。

根据实际运行数据的统计（如图 7.3-7 所示），太古长输供热系统回收的乏汽余热占总供热量比例达到 79.2%，平均单位供热量煤耗（在发电量相同的条件下，电厂因供热增加的煤耗与供热量之比）为 6.21kgce/GJ，明显低于其他供热方式（古交电厂一期机组抽汽单位供热煤耗 21.94kgce/GJ；二期机组抽汽单位供热煤耗 21.84kgce/GJ；三期机组抽汽单位供热煤耗 18.14kgce/GJ；集中供热燃煤锅炉单位供热煤耗 40.0kgce/GJ），与常规热电联产抽汽供热方式相比，能耗降低 50% 以上。

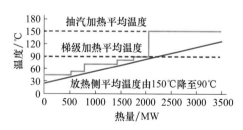

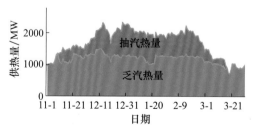

图 7.3-6　古交电厂多机组串联梯级加热效果　　图 7.3-7　古交电厂 2017—2018 年供暖季供热量

上述基于热网回水温度降低的多台汽轮机组乏汽、抽汽串联梯级加热的余热高效回收利用新模式，打破了电力行业惯用的单元制（并联）模式，大幅度减少热电厂换热环节不可逆损失，形成热电厂以乏汽为主的供热新模式，大幅降低热源供热成本，提高长距离供热的经济性。

参考文献

［1］清华大学建筑节能研究中心．中国建筑节能年度发展研究报告 2023［M］．北京：中国建筑工业出版社，2023：130-136.

［2］FU L，LI Y H，WU Y T，et al. Low carbon district heating in China in 2025- a district heating mode with low grade waste heat as heat source［J］．Energy，2021，230：120765.

［3］WANG X Y，ZHAO X L，FU L. Entransy analysis of secondary network flow distribution in absorption heat exchanger［J］．Energy，2018，147：428-439.

［4］WANG X Y，ZHAO X L，SUN T，et al. Analysis of the secondary network flow distribution in absorption heat exchange unit［J］．Procedia Engineering，2017，205：694-701.

［5］LI W T，TIAN X F，LI Y，et al. Combined heating operation optimization of the novel cogeneration system with multi turbine units［J］．Energy Conversion and Management，2018，171：518-527.

［6］YANG B，JIANG Y，FU L，et al. Modular simulation of cogeneration system based on absorption heat exchange (Co-ah)［J］．Energy，2018，153：369-386.